U0640018

成就自我、影响他人的人生密码

图解九型人格

廖春红/编著

中国华侨出版社
北京

图书在版编目（CIP）数据

图解九型人格 / 廖春红编著. —— 北京：中国华侨

出版社, 2017.4（2020.8重印）

ISBN 978-7-5113-6760-0

Ⅰ.①图… Ⅱ.①廖… Ⅲ.①人格心理学—图解

Ⅳ.①B848-64

中国版本图书馆CIP数据核字（2017）第072905号

图解九型人格

编　　著：廖春红
责任编辑：笑　年
封面设计：李艾红
文字编辑：黎　娜
美术编辑：潘　松
插图绘制：徐林龙　韩　莉
经　　销：新华书店
开　　本：720mm×1020mm　　1/16　　印张：29　　字数：816千字
印　　刷：北京德富泰印务有限公司
版　　次：2017年7月第1版　　2020年8月第3次印刷
书　　号：ISBN 978-7-5113-6760-0
定　　价：68.00元

中国华侨出版社　北京市朝阳区西坝河东里 77 号楼底商 5 号　邮编：100028
法律顾问：陈鹰律师事务所
发 行 部：（010）58815874　　　　　　传　　真：（010）58815857
网　　址：www.oveaschin.com　　　　E-mail：oveaschin@sina.com

如果发现印装质量问题，影响阅读，请与印刷厂联系调换。

前言

　　九型人格是远古时代古巴比伦口耳相传的智慧，也是一门实践学问。它通过分析人们行为背后的出发点，即基本欲望和基本恐惧，将所有的人划分为九种类型：完美主义者、给予者、实干者、浪漫主义者、观察者、怀疑论者、享乐主义者、领导者和调停者。这九种人格类型按照九角形排列，彼此相近、相似，并在紧张和放松的情境下相互转化。不同类型的人在不同的状况下会产生不同的行为。九型人格的研究可以帮助我们透过人们表面的喜怒哀乐，进入人心隐秘之处，发现他人真实、根本的需求和渴望。它对人们在自我认知、社会交往，甚至感情生活方面有诸多助益。

　　九型人格是一种深层次了解人的方法和学问，要求我们走出自己的固有观念，去感受他人的思想。它虽然高深，但也通俗实用。它深入问题的核心，帮助我们了解自己及他人的个性、倾向和偏好，让我们明白行为背后的原始动机及需要。只有了解了自己是哪种类型，才能深刻了解自己的性格，从而扬长避短；只有了解对方是哪种类型，才能事先得知对方在特定情势下的反应和行为。

　　如今，九型人格理论已经被广泛推广到制造业、服务业、金融业等多个领域，渗透人际交往的方方面面。1993年，美国斯坦福大学商学院开设了"人格自我认知与领导"课程，把九型人格应用于企业管理的领域。据说，当时上这门课的MBA学生在课堂上欢呼雀跃，他们认为九型人格是一门了不起的学问，为他们的很多困惑提供了解答。自此，有更多的人逐渐意识到了九型人格的妙处，全球大部分国家政府机构和商业机构如美国中央情报局、美国电话电报公司、通用汽车、惠普计算机、可口可乐、尼康、苹果、宝洁等都在广泛研习这一理论，并用它来培训员工，促进他们建立团队、促进沟通、增强执行力等各项能力的提高。人们对九型人格的热情汹涌澎湃，促使全球管理领域掀起了一股"九型人格热"，甚至有人称九型人格是"识人的圣经""人际沟通的钻石法则"。此外，九型人格在医学、教育、创业、恋爱等越来越多的领域也得到了应用。

九型人格理论是一本识人秘籍，让你能够真正认知自己的性格，接受真实的自我，做到自我调整与转型；轻松辨识对方的性格类型，在纷繁复杂的社会交往中对一切了然于心，让一切尽在你的掌握中。

九型人格理论是一份职场规划，让你了解自己在职场中的优势和劣势，化弊为利，营造良好的工作环境，洞悉身边同事的想法，摸透老板的心思，打造高效团队，成就非凡事业。

九型人格理论是一条爱情妙计，让你寻找到完美伴侣，看清楚自己的爱情处境，探究到对方真实的心理，了解恋人的需求，找到正确的行动方向，打造完美姻缘，拥有幸福生活。

九型人格理论是一个处世锦囊，让你通晓人性，了解自己和他人的行为动机及处世原则，改善个人性格和沟通方式，拥有更和谐且更有创造力的人际关系，助你在人际交往方面左右逢源。

本书以浅显易懂的语言，描述了九型人格这种准确、科学、实用、系统的识人方法；详细分析了九型人格的基本原理，深入研究了九型人格运用的心理基础；详细解析了各类型人格的性格特征、发展层级、互动关系。通过阅读此书，你将在有效交流、了解上司、管理员工、打造高效团队、投资理财、经营感情和婚姻、教育子女等方面如鱼得水，最终实现在事业、爱情、交际上的成功。

目录

第一章　走进九型人格的神秘地带

第二章　1号完美型：没有最好，只有更好

第三章　2号给予型：施比受更有福

第四章　3号实干型：只许成功，不许失败

第五章　4 号浪漫型：迷恋缺失的美好

第六章 5号观察型：自我保护，离群索居

第七章 6号怀疑型：怀疑一切不了解的事

第八章　7号享乐型：天下本无事，庸人自扰之

第九章　8号领导型：王者之风，有容乃大

第十章　9号调停型：以和为贵，天下太平

第一章
走进九型人格的神秘地带

"九型人格"理论像所有真正有关个人意识的学说一样，它在每个新的时代都会焕发出新的生命，扩充新的内涵。它就像种子一样，在人类历史的长河中，适应需要而发芽、开花，帮助人们认识自己，从而为自己赢得更好的发展，创造美好的人生。

第1节

研读九型人格的前提

你想了解自己吗

你想了解你自己吗?

当人们被问到这个问题,他们大多会下意识地点头说"是"。在这个世界上,不想了解自己的人实在太少。

那么,我们为什么想了解自己呢?原因可归为两大类。

第一类原因:好奇

心理学家认为,人的本性是不满足,好奇就是不满足心态的一种表现形式,人们往往通过好奇来促使自己去了解更多事物,以缓解自己的不满足心态。因此,人们总是渴望知道自己的大脑、心灵和感觉运作的方式。

比如,人们常常会反思

我为什么感到快乐呢?

我为什么感到悲伤呢?

我为什么喜欢晴天呢?

看战争片时,为什么我感到愤怒,而姐姐却觉得伤感?

我为什么讨厌吃青椒呢?

在内心感到孤单寂寞时,我们常常思考这些问题,也积极地和其他人讨论这些问题,这使人生增添了无穷的趣味。正如哈佛大学第26任校长陆登庭在"世界著名大学校长论坛"上所说:"如果没有好奇心和纯粹的求知欲为动力,就不可能产生那些对人类和社会具有巨大价值的发明创造。"英国学者塞缪尔·约翰逊也认为:"好奇心是智慧富有活力的最持久、最可靠的特征之一。"

著名科学家可以说都具有好奇心。牛顿对一个苹果产生好奇,于是发现了万有引力;瓦特对烧水壶上冒出的蒸汽十分好奇,最后改良了蒸汽机;爱因斯坦从小比较孤僻,喜欢玩罗盘,有很强的好奇心;伽利略也是看吊灯摇晃好奇而发现了单摆……

因为人有了好奇心,所以人生充满了问题,这些问题有的前人已给出答案,有的等待我们去解答。由此看来,人生就是一个不断发现问题、不断解答问题的过程。

在剑桥大学，维特根斯坦是大哲学家穆尔的学生。有一天，罗素问穆尔："谁是你最好的学生？"穆尔毫不犹豫地说："维特根斯坦。""为什么？""因为，在我的所有学生中，只有他一个人在听我的课时，老是露着迷茫的神色，老是有一大堆问题。"罗素也是个大哲学家，后来维特根斯坦的名气超过了他。有人问："罗素为什么落伍了？"维特根斯坦说："因为他没有问题了。"由此可见，拥有好奇心，是人生莫大的幸福。

第二类原因：实用

人们之所以想了解自己，除了满足人本能的好奇心之外，更多的是为了让自己生活得更好、更幸福，这就是追求实用的典型表现。因为很多时候，人们是在感到疑惑、痛苦的情况下提出疑问，滋生了解自己的欲望，从而达到自己激发潜力、规避性格缺陷的目的的。

比如，我们在生活中遭遇不快乐的事情时，常常抱怨

我们不能光看到别人耀眼的成绩，还要看到别人为此付出的艰辛。要想考得和她一样好，或者超越她，就需要付出和她一样或超过她的努力。

为什么她考试成绩总是比我好？

为什么他们看不到我的努力呢？

当出现这种情况，你首先需要明白：你的努力还远远不够，因此你需要继续努力，直到感化他们。

如果今天不堵车，我就不会迟到。

我怎么就没想到这一点呢？

堵车并非不可避免，你只要早出门十分钟，往往就能规避堵车的问题。

多是因为你思维习惯偏窄，看问题不全面，做事情又容易钻牛角尖。你如果能在做事前多听多看多了解，懂得灵活变通，就能避免这类抱怨的产生。

> 当我们不快乐时，我们常常抱怨自己、抱怨他人，但归根结底，这些不快乐因素产生的根源都在于我们自己，这也就是我们要了解自己的原因。

哲学家常说："内因决定外因。"外因太广泛以至于难以掌控，因此人们只有从最容易的入手，了解自己，掌控自己，才易获得人生的幸福。

然而，我们虽然明白这些道理，却难以做到了解自己，更难以掌控自己，因此免不了活在烦恼痛苦之中。为了摆脱这些烦恼和痛苦，许多人选择向专业的心理医生求救。要知道，这些向心理医生求救的人大多是众人眼中的"成功者"，这些被美国心理学家查尔斯·T.塔特称为"成功的不满者"的人大多受过良好的教育，事业成功，婚姻美满，儿女聪慧，但他们不快乐，根本原因在于他们不了解自己。

这些"成功的不满者"的出现，促进了人本心理学和后人本心理学的发展。这些心理学派认为，一旦人们在普通生活层面获得了成功，他们如果想要继续获得健康和快乐，就会进入存在和精神的领域。在此之外，有关普通生活层面的性格分析理论都是有效的，但是如果我们需要进一步发展，这些理论的缺陷就会暴露出来，我们就会对它们感到失望，而且很可能并不知道是什么原因造成的。说得简单一点，这就是成长障碍的问题。

九型人格是解决人生中成长障碍问题的最佳工具

九型人格将世界上的人分为九种人格类型，每一种人格类型都建立在不同的感知类型上，每一种人格类型都各有优缺点。人们如果能够清楚地认知自己的人格类型，并做到扬长避短，就能更好地理解和改造自己的个性，减少自己生活的烦恼苦痛，增添生活的快乐。

需要注意的是，九型人格并不完美，人们如果把它当作绝对的真理来执行，不仅不会快乐，反而会陷入痛苦之中。因此，人们应将九型人格看作一件强大的工具，用它来开启通向深层自我的大门，也就开启了人生幸福的大门。

什么是性格

心理学认为，性格是一个人"典型性的行为方式"，也就是说，一个较成熟的人在各种行为中，总贯穿着某一种典型的方式，这是经常的，而不是偶然的。这就是性格。例如：王某不论是在众人聚会的场合，还是在工作中，都是开朗大方、活力四射的。这样，我们说他的性格是活泼的。如果某一日，他有点心事，因而变得沉默寡言，因为这只是很偶然的情形，我们就不能说他的性格是沉默寡言的。

性格是人的心理的个别差异的重要方面，人的个性差异首先表现在性格上。恩格斯说："刻画一个人物不仅应表现他做什么，而且应表现他怎样做。"

"做什么"，说明一个人追求什么、拒绝什么，反映了人的活动动机或对现实的态度；"怎样做"，说明一个人如何去追求得到的东西，如何去拒绝要避免的东西，反映了人的活动方式。如果一个人对现实的一种态度，在类似的情境下不断地出现，逐渐地得到了巩固，并且使相应的行为方式习惯化了，那么这种较稳固的对现实的态度和习惯化了的行为方式所表现出的心理特征就是性格。例如，一个人在待人处事过程中总是表现出高度的原则性，热情奔放、豪爽无拘、坚毅果断、深谋远虑、见义勇为，那么我们说这些特征就组成了这个人的性格。构成一个人的性格的态度和行为方式总是比较稳固的，在类似的甚至不同的情境中都会表现出来。只要我们对一个人的性格有了比较深切的了解，我们就可以预测到这个人在一定的情境中将会做什么和怎样做。

性格差异是普遍存在的，这就使每个个体都拥有自己独特的个性。事实上，我们生来就有自己的优点和缺点，我们只有意识到了自己的独一无二，才能理解为什么大家在学同一课程，在同样的时间里由同一位老师讲课，却往往会获得不同的成绩。尽管性格的差异是普遍存在的，我们也不能否认人们的性格也存在着共同性，性格是在人的社会化过程中形成的，因此，它总要受到一定社会环境的影响。人是生活在群体之中的，相同的环境条件与实践活动会使人们的性格带有群体的共性特点，像直爽、热情、好客就是东北人的共性。可以说共性是相对存在的，而性格的差异是绝对的。具体地说，性格的特征大致包含了整体性、稳定性、独特性和社会性，以及可变性和复杂性。

① 整体性

性格是一个统一的整体结构，是人的整个心理面貌。每个人的性格倾向性和性格心理特征并不是各自孤立的，它们相互联系、相互制约，构成一个统一的整体结构。一个固执的人同时也可能是坚强果断的，而一个温柔的人也可能同时是宽容的。因此，分析自己的性格，应当在自己身上全面地去看，既要看到自己性格的优势，也要看到劣势，只有这样，才能真正认识自己的性格。

② 稳定性

性格是指一个人比较稳定的心理倾向和心理特征的总和，它表现为对人对事所采取的一定的态度和行为方式。一种性格特征一旦形成，就比较稳固，不论在何时、何地，于何种情境下，人总是以他惯用的态度和行为方式行事。"江山易改，本性难移"形象地说明了性格的稳定性。

③ 独特性

每个人的性格都是由独特的性格倾向性和性格心理特征组成的。即使是同卵双生子，他们在遗传方面可能是完全相同的，而在性格品质方面也会有所差异。因为每个人在后天的实践环境中，阅历不可能绝对相同。而且，即使是生活在同一家庭中的兄弟姐妹，宏观环境相同，个人的微观环境也是有差异的。因此，每个人的性格都反映了自身独特的、与他人有所区别的心理状态。

④ 社会性

人不仅具有自然属性，同时也具有社会属性。一个人如果离开了人类，离开了社会，正常心理发育将无法完成，更谈不上性格的

发展。生物因素只给人的性格发展提供了可能性，而社会因素则使这种可能性转化为现实。性格作为一个整体，是由社会生活条件所决定的。中国古代孟母三迁的故事就充分地反映了人性格的社会性。

⑥ 复杂性

性格的复杂性，缘于社会现实生活中人的复杂性和矛盾性。人是社会属性和自然属性的统一体，从社会属性来说，人是各种社会关系的总和。由于社会生活的复杂纷纭，人的思想、行为不可避免地要受到来

自各方面的影响。因此，人的行为的动机、欲望、需求是相当复杂的，甚至是互相矛盾的。人的性格也往往表现出这种矛盾性。有的人平时温文尔雅、态度谦和，但在面对恶势力时也能疾恶如仇。所以，一个人的性格实际上充满了矛盾性和复杂性，很难用一个简单的词来描绘一个人的性格。必须深刻地解剖自己的内心世界，解剖自己的各种欲念和思想动机，并且把这些因素和自己性格方面的各种表现联系起来加以考察，才能从本质上把握住自己的性格。

⑤ 可变性

整个人类的心理素质都处在不断进化的过程之中，作为人的心理素质之一的性格，当然也在不断进化。性格也会因为年龄的增长、环境的变化而发生改变，总体来说是趋向成熟。一个人，当发现自己的性格特征是好的，对

他自身的发展有利时，他便会通过自我意识来巩固、加强和完善这一性格特征；当他发现自己的性格特点是不好的、有缺陷的，严重地阻碍了他的发展时，他便通过自我意识有目的地节制和消除这一性格特征。人便是通过这两个方式改变不好的性格和培养好的性格，来不断完善自己，塑造优良而完美的性格。

性格的概念是如此的广泛,因此,我们只有准确地了解和把握性格决定行为的规律,不断地认识和了解自己和他人的性格,同时进一步改造和完善自己的性格,才能在真正意义上掌握好自己的命运,成就美好的人生。而要了解自己的性格,不妨使用九型人格这个最简单实效的工具。

每个人都有的五大需求

在心理学家的眼里,人生是一个不断产生需求并不断满足需求的过程。从人出生的那一刻起,人就产生了需求。比如,婴儿之所以啼哭,往往是因为他饿了,需要补充食物;或者是尿布湿了,需要换新尿布;或者是需要妈妈的爱抚。总之,婴儿的啼哭是渴望关爱的一种需求。随着岁月的流逝,婴儿渐渐长大,也就有更多的需求,比如,少年时需要读书,成年之后需要事业、婚姻等。

基本需求层次原理

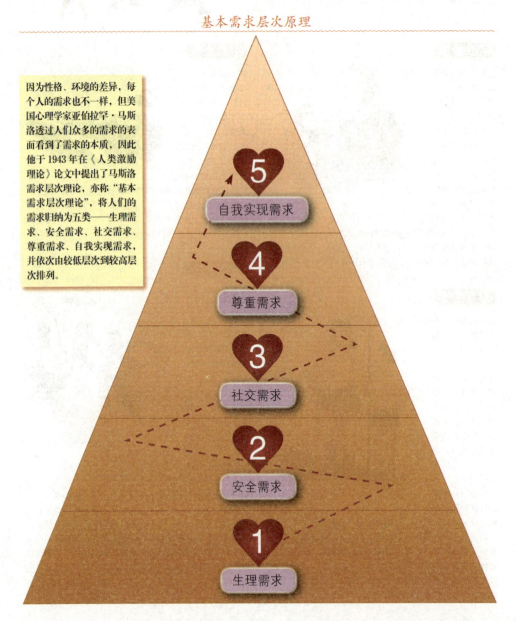

因为性格、环境的差异,每个人的需求也不一样,但美国心理学家亚伯拉罕·马斯洛透过人们众多的需求的表面看到了需求的本质,因此他于1943年在《人类激励理论》论文中提出了马斯洛需求层次理论,亦称"基本需求层次理论",将人们的需求归纳为五类——生理需求、安全需求、社交需求、尊重需求、自我实现需求,并依次由较低层次到较高层次排列。

5 自我实现需求

4 尊重需求

3 社交需求

2 安全需求

1 生理需求

① 生理需求

生理需求是指一个人维持自身生存最基本的需求，主要是呼吸、水、食物、睡眠、生理平衡、内分泌、性。除性以外，如果这些需要中的任何一项得不到满足，人类个人的生理机能就无法正常运转，人类的生命就会因此受到威胁。由此可知，生理需求是推动人们行动最首要的动力。马斯洛认为，只有这些最基本的需要满足到维持生存所必需的程度后，其他的需要才能成为新的激励因素，而到了此时，这些已相对满足的需要也就不再成为激励因素了。

② 安全需求

生理需求得到满足后，人们就会进一步产生安全需求，主要包括人身安全、健康保障、资源所有性、财产所有性、道德保障、工作职位保障、家庭安全等需求，目的在于确保自己生理需求的持续满足。因此，马斯洛认为，整个有机体是一个追求安全的"机器"，人的感受器官、效应器官、智能和其他能量主要是寻求安全的工具，甚至可以把科学和人生观都看成满足安全需要的一部分。当然，这种需要一旦得到相对满足，也就不再成为激励因素了。

③ 社交需求

当生理需求、安全需求得到满足时，人们又会进一步产生对友情、爱情、性亲密的社交需求。生活中，人人都希望得到相互的关心和照顾，而且感情上的需要比生理上的需要来得细致，它和一个人的生理特性、经历、教育、宗教信仰都有关系，因此每个人的感情需求差异较大，也较前两种需求难满足。

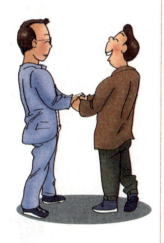

④ 尊重需求

在人们满足社交需求的同时，人们也产生了尊重需求，渴望自我尊重、信心、成就、对他人尊重、被他人尊重等，都希望个人的能力和成就得到社会的承认。尊重需要又可分为内部尊重和外部尊重。内部尊重就是人的自尊，是指一个人希望在各种不同情境中有实力、能胜任工作、充满信心、能独立自主；外部尊重是指一个人希望有地位、有威信，受到别人的尊重、信赖和高度评价。马斯洛认为，尊重需要得到满足，能使人对自己充满信心，对社会满腔热情，体验到自己活着的用处和价值。

⑤ 自我实现需求

当人们满足了前四种需求，他们就会产生最高层次的需求——自我实现需求，也就是人们常说的"成功"。自我实现的需求主要包括道德、创造力、自觉性、问题解决能力、公正度、现实接受能力等。满足了这种需求的人能够实现个人理想、抱负，发挥个人的能力到最大限度。达到了自我实现境界的人，接受自己也接受他人，解决问题能力增强，自觉性提高，善于独立处世，要求不受打扰地独处，完成与自己的能力相称的一切事情。这样的人，才算得上人生中的成功者。马斯洛提出，为满足自我实现需要所采取的途径是因人而异的，自我实现的需要是在于努力发掘自己的潜力，使自己越来越成为自己所期望成为的人物。

将交谈的传统延续下去

交谈分为自我交谈和与他人交谈两种。

自我交谈，是指人们与自身进行连续不断的对话。从我们出生的那一刻起，我们就开始了自我交谈，我们时刻都在发现自己、思考自己。而且，当我们和自己谈话时，我们很难说谎，因为良心支配着交谈。自我交谈之所以有效，是因为我们可以听到自己的想法，这对我们思想有很强的影响力，我们的大脑会像耳朵一样从思想中接收信息，并通过行为的方式体现出来。

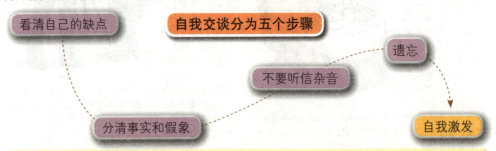

看清自己的缺点

自我交谈分为五个步骤

遗忘

不要听信杂音

分清事实和假象

自我激发

自我交谈的前四个步骤是教我们识别错误的、造成不安全感的反射思维，从而把事实和假象分开，然后学会阻止一连串会造成失控的反射性思维，最后将它们遗忘；而第五个步骤则是前四个步骤完成之后的"连续动作"，可以让我们摆脱被不安全感控制的生活。也可以说，前四个步骤是自我交谈的方式，第五个步骤则是自我交谈的结果。

人的本性是自我的，人往往以自己为先，即便是听取建议，也最先听从自己内心的声音，然后才会听取别人的建议。而当我们的内心提出要求时，我们往往能全力以赴去满足它。因此，通过自我交谈，我们可以接收激励的信号，从而做得更好。

然而，人们如果一味地注重自我交谈，而忽视与他人交谈，就将自己的心理放进了一个病态环境。这是因为，人生活在社会里，免不了和其他人有接触，彼此协助，才能更好地生活。从心理学的角度来讲，每个人的性格都不一样，每个人都是独一无二的，彼此之间不可避免地有着差异性、个体独有的经历和信仰，人们不仅要了解自己的性格和经历，也要了解其他人的性格和经历，从中找出自己性格的优劣势，尽量做到扬长避短，才能帮助自己更好地发展。

交谈是有着不同思维和习惯的心灵之间的聚会

"九型人格"中的每一种人对这个世界的看法都是不一样的，但是通常，我们并不知道别人的看法。我们只是根据自己的看法来判断他人的思想。"九型人格"的教义所强调的，就是要走出自己的固有观念，去感受他人的思想。它使你对他人的处境有更多了解，从而设身处地为他人着想。当你能够透过其他性格类型的人的眼睛来看待这个世界时，你立刻就会发现，没有哪一种性格是完美无缺的。不仅你本身对于其他性格的人是存在偏见的，而且不同性格的人与人之间也是不同的。我们在处理人际关系时会遇到许多烦恼，正是因为我们对他人的观点视而不见。我们没有意识到每个人都有他们自己的生活。

通过自我交谈和与他人交谈，人们能够走出自我性格的束缚，挖掘深层次的自我，去弄清楚那些对自己的生活产生影响的性格模式。也就能不断地提升自我，使自己的生活少些烦恼、多些快乐。

生活中，人们通过与他人交谈，可以交流思想，沟通感情，加深友谊，增强团结，促进工作，激励斗志，增长知识，开阔眼界，陶冶情操，愉悦心灵。

九型人格的优势：实用

和其他帮助个人成长的方法相比，九型人格的优势在于它的实用性，用使用者的话来说，就是："它太好用了！"九型人格是一个少有的能够把自身理论与人们的日常行为和高层次行为都联系起来的系统。这个系统并不像其他系统那样，侧重于复杂的原理分析，而是把大量的心理学智慧汇聚在一个简洁、易懂的体系中。如果你了解了自己的性格类型，并且知道了你关心的人都是什么性格的，你立刻就能获得大量关于如何与这人相处的有用信息。

无论是西方还是东方，自古以来的人们都喜欢占卜和预测，以达到趋利避害的目的。当人们发现能够用九型人格来给所有人分类，因此得以知道他人的想法，预知他人的行动时，他们觉得"九型人格太好用了"，常常陷入对九型人格的迷信中，这也是九型人格分类的一大缺点。

迷信九型人格的误区

将九型人格当成占卜和预言的工具

形成自我实现的预言

按想象的情境去行动

导致并不真实的预言竟然应验

归根结底，人们迷信九型人格的原因在于他们没能深入地理解九型人格，因此他们容易忽略一点：九型人格并不是一个固定不变的系统。它是一个动态的模式，这个模式由相互交织的线条构成。九型人格的九角星结构和它相互交织的线条，还象征着每一种性格的人都会与其他性格的人产生多边的互动关系。这些互相交织的线条还暗示了不同的人所具有的另一面，比如他们在面对压力，或者身处十分安全的环境时，可能做出与日常行为不同的事情。也就是说，九角星的每个角实际上都是由三个主要方面构成的。其中一个是主导性的，构成了属于这种类型的人的主要特征和思想观念。除此之外，还有另外两个方面，揭示了他们在安全环境或者压力环境中的行为表现。这就是说，九型人格只是根据人们身上最突出的那种性格来分类，并不是说人们身上只有这种性格，其实每个人身上都潜藏着九种人格的特质。

但许多人往往只关注那些与我们的性格属性相一致的特征，也就是我们最突出的那种人格，而忽视了其他人格对自己的影响。这样来看待九型人格，我们就不可避免地被关进了这种性格的牢笼中，无法以一个旁观者的眼光来看待自己的行为，我们就变成了自身习性的俘虏，失去了选择的自由，也就压抑了自己的潜力，局限了自己的发展空间。也就是说，如果我们拥有了一个这么好的系统，却要用一种错误的态度来对待它，我们很可能就会忘记了解这个系统的初衷：我们要解读性格类型，正是为了把性格放到一边，去挖掘我们的潜能，去追求更高层面的意识。我们如果用一种狭隘的心思来解读它，就大大削弱了这个系统的价值和作用。要知道，性格类型仅仅是我们通往更高能力的阶梯而已。

但值得庆幸的是，大多数人在深入了解九型人格之后，都能理性而客观地归类自己的人格，并懂得关注其他人格对自己的影响，全方位地来了解自己，也就能从那些限制我们的习性中走出来，进入一个更高层面的发展阶段。

第2节

九型人格的渊源

解读神秘的九星图

"九型人格"的英文，来自两个希腊词汇：ennea 和 grammos。ennea 是数字 9 的意思，grammos 则是尖角的意思，两个词结合在一起组成的 enneagram 就是 9 个尖角的意思，而"九型人格"的图表正好是一颗九角星。在九星图中，3、6、9 构成了一个等边三角形，昭示着三位一体的理念；而其他的 6 个点则两两相连，构成了一个不规则的六角形：这就形成了一个完整的九角星图。人们再根据早期对性格类型的分析，将 9 种不同的性格类型分别代入九星图中的不同数字位置，就形成了一个九型人格图。

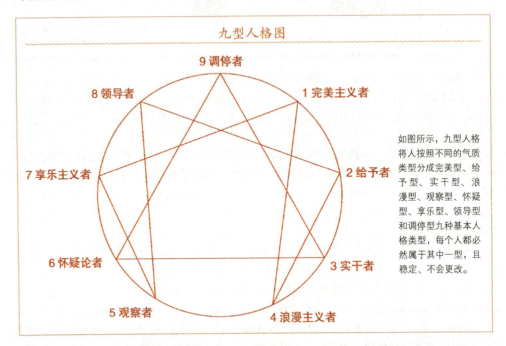

九型人格图

9 调停者
8 领导者
1 完美主义者
7 享乐主义者
2 给予者
6 怀疑论者
3 实干者
5 观察者
4 浪漫主义者

如图所示，九型人格将人按照不同的气质类型分成完美型、给予型、实干型、浪漫型、观察型、怀疑型、享乐型、领导型和调停型九种基本人格类型，每个人都必然属于其中一型，且稳定、不会更改。

在九型人格图中，我们把其中 3 号、6 号、9 号所代表的性格称为核心性格，而位于这三个核心角两侧的邻角，就被称为核心角的两翼，代表的是核心性格内化或外化的变异类型。换句话说，两翼角的性格是由核心角性格发展而来的，其中潜藏着核心角性格的特质，并与之具有潜在的共同特点，如 3 号性格的两翼——2 号和 4 号性格就与 3 号一样具有很强的想象力，6 号性格的两翼——5 号和 7 号性格则与 6 号一样多疑且充满恐惧心理。心理学家根据三种核心性格及其两翼的特征，又进一步将九型人格分成了 3 个三元组。

1 情感三元组
遇事时的直接反应是源于情绪、感觉和感情的

核心性格
3号实干型

内化
4号浪漫型

外化
2号给予型

2 情感三元组
遇事时的直接反应是源于分析、了解和归纳的

核心性格
6号怀疑型

内化
5号观察型

外化
7号享乐型

3 情感三元组
遇事时的直接反应是用即时行动去解决问题

核心性格
9号调停型

内化
1号完美型

外化
8号领导型

> 需要注意的是，在九星图中，只有3号、6号、9号角的两翼是其内化或外化的表现，而其他角的两翼则不存在这样的关系，例如8号性格的两翼7号和9号性格，就不是8号内化和外化的表现。不过，即便如此，任何角的两翼都是非常重要的，因为它们同样会对中心角的性格产生影响，例如4号性格既可能偏向5号性格，将所有的事闷在心里，也可能偏向3号，以积极亢奋的表现来掩盖内心深处的抑郁。

为九型人格疯狂的大师们

我们知道，九型人格是依靠口头传播沿袭下来的，它并没有留下有关自己历史渊源的文字记录。人类在研究它的过程中，也在朝着更高层次的意识不断发展。如今，九型人格之所以能成为风靡学术界和工商界的热门课程，归根结底是因为众多九型人格大师们对其进行了详尽而深刻的解读，化繁为简，使其成为人人可用的性格分析工具、人人赞赏的自我提升手册。

下面，我们就来看看，有哪些大师对九型人格的发展做出了杰出的贡献。

乔治·伊万诺维奇·葛吉夫

首次将九型人格理论带入西方。这位充满个人魅力的精神导师把九型人格最开始的口头传播系统吸收过来，用于自己的教学实验。然而，当时葛吉夫的弟子们在继承九型人格的理论时，只能通过葛吉夫这个老师来学习，大部分弟子难以领悟葛吉夫关于九型人格的深层次解读，往往陷入对九角星图的过度关注中，把大部分精力都放在一种不需要语言表达的肢体运动上，而忽略了研究的核心：如何使用九型人格。

奥斯卡·伊察诺

伊察诺最重要的功劳在于，他为九角星中的每个角找到了相应的性格类型和情感。在这九种性格类型有了正确的位置后，我们才能够解释清楚不同性格的相互关系。许多知名的心理学家、精神病学家都曾追随伊察诺学习九型人格学。从此之后，九型人格便被系统化和广泛地传播开去了。

克洛迪奥·纳兰霍

是一位智利的精神病学专家。1970年，纳兰霍开始着手研究新的解读性格类型的方式，以帮助心理治疗师更好地理解精神病人的心理障碍。历经多次实践后，他最终选择了九型人格的九角星图来解读人的性格类型。他组织了一个由30多位成员组成的研究小组，研究这种紧密联系，以及左边所述两人之间的共通点。1972年，这项研究工作便取得了重大的成果。

戴维·丹尼尔斯

是美国斯坦福大学医学院临床精神科教授，也是九型人格体系的开创者。他将婴儿身上的9种不同的气质与九型人格结合起来，并和著名性格分类专家弗吉尼亚·普赖斯开发出一套九型人格的"五步测试法"。这种九型人格测试法是目前极少数通过了有效性检测的权威测试方法之一，可使人们精准地透视自己和他人的性格，成了斯坦福大学商学院的必修课程，还得到了苹果、保洁、通用汽车等世界500强企业员工和管理者的分享。

九型人格的影响不断扩大

九型人格是一个确定人的本性、确定人的内心如何运作的工具。它能够帮助人们更好地认识自我、认识他人。借助九型人格，我们能够更好地洞察那些强烈的情绪，并且分析它们产生的原因。同时，我们还可以获得很多重要的技巧，应用到生活的方方面面都能取得不错的效果，比如改善夫妻关系、更好地教育子女、更好地与上司沟通等。

由此可见，九型人格的适用范围十分广阔，从哲学到宗教，从儿童教育到职业规划，从夫妻关系到企业管理，几乎每个领域都可以发挥它的作用。而且，九型人格理论也确实被应用到了多个领域中，包括商业、教育、心理疗法、医药、销售和法律。

教育

九型人格理论可以帮助我们了解学生心理和知识情况，从而更好地因材施教。

心理疗法

九型人格理论是心理分析的利器，可用于分析病人的心理障碍，并指导我们的心理治疗。

商业

九型人格理论能够帮助人们全面了解他人的行为，从而更好地培养员工及单位领导的工作能力。

九型人格的适用范围

法律

在案情的陈述、法庭辩论的展开、接受特定客户的委托、进行仲裁，等等方面，九型人格理论都能发挥它的作用。

医药

九型人格理论的应用不仅可以改善医患关系，还会使医生与医生之间的工作关系更加融洽。

销售

可以增强销售人员对客户的感染力，从而增加互动。

九型人格理论可以完美而精确地描述人类变化多端的人格，其实用性是永恒的。由于人际互动的能力对于个人甚至企业的成功有着至关重要的作用，因此无论是在工作中，还是在生活的其他领域中，人类总在探索并寻求增强自身人际交往能力的方法，九型人格理论就可以满足这一需求，因此九型人格的影响正在不断扩大。

第3节

确定自己的人格类型

静下心来，做完九型人格测试题

古老的希腊庙宇上镌刻着哲人苏格拉底的名言——"认识你自己"，认识自己可以说是一个古老的命题。下面我们开始九型人格的测试，借此来了解我们自身与周围的他或她。在做九型人格测试题之前，你需要注意以下几点：

1. 所有题目都要凭借第一感觉选择，不要权衡过多。这样忠实地记录，只是为了更好地了解你自己
2. 在你认为与你相符的陈述前面打"√"，注意遮住每个陈述后面的数字
3. 然后把你所选择的每个陈述后面的数字归类，例如你选择中包括"1""12""15"这三项，而它们后面都是9，那么答案就是3个9。以此类推，你选的哪种数字最多，对照答案便能知道自己是九型人格中的哪一种
4. 数字最多的只是你的主要性格，还要参照其他较多数字所对应的人格类型，并阅读全书，获得更详细、准确的信息

	九型人格测试题	
1	我很容易迷惑。	9
2	我不想成为一个喜欢批评别人的人，但很难做到。	1
3	我喜欢研究宇宙的道理、哲理。	5
4	我很注意自己是否年轻，因为那是找乐子的本钱。	7
5	我喜欢独立自主，一切都靠自己。	8
6	当我有困难时，我会试着不让人知道。	2
7	被人误解对我而言是一件十分让人痛苦的事。	4
8	施比受会给我更大的满足感。	2
9	我常常设想最糟的结果而使自己陷入苦恼中。	6
10	我常常试探或考验朋友、伴侣的忠诚。	6
11	我看不起那些不像我一样坚强的人，有时我会用种种方式羞辱他们。	8
12	身体上的舒适对我非常重要。	9
13	我能触碰生活中的悲伤和不幸。	4
14	别人不能完成他的分内事，会令我失望和愤怒。	1
15	我时常拖延问题，不去解决。	9
16	我喜欢戏剧性的、多彩多姿的生活。	7
17	我认为自己的性格非常不完善。	4
18	我对感官的需求特别强烈，喜欢美食、服装、身体的触觉刺激，并纵情享乐。	7
19	当别人请教我一些问题，我会巨细无遗地给他分析得很清楚。	5

20	我习惯推销自己，从不觉得难为情。	3
21	有时我会放纵自己，或做出僭越职权的事。	7
22	帮助不到别人会让我觉得痛苦。	2
23	我不喜欢人家问我涉及面广泛而又笼统的问题。	5
24	在某方面我有放纵的倾向（例如食物、药物等）。	8
25	我宁愿适应别人，包括我的伴侣，也不会反抗他们。	9
26	我最不喜欢的一种个性就是虚伪。	6
27	我知错能改，但由于执着好强，周围的人还是感觉有压力。	8
28	我常觉得很多事情都很好玩，很有趣，人生真是快乐。	7
29	我有时很欣赏自己充满权威，有时却优柔寡断、依赖别人。	6
30	我习惯付出多于接受。	2
31	面对威胁时，我一边变得焦虑，一边对抗迎面而来的危险。	6
32	我通常是等别人来接近我，而不是我去接近他们。	5
33	我喜欢当主角，希望得到大家的注意。	3
34	别人批评我，我也不会回应和辩解，因为我不想发生任何争执与冲突。	9
35	我有时期待别人的指导，有时却忽略别人的忠告径直去做我想做的事。	6
36	我经常忘记自己的需要。	9
37	在重大危机中，我通常能克服我对自己的质疑和内心的焦虑。	6
38	我是一个天生的推销员，说服别人对我来说是一件容易的事。	3
39	我不会相信一个我一直都无法了解的人。	9
40	我喜欢依惯例行事，不大喜欢改变。	8
41	我很在乎家人，在家中表现得忠诚而有包容心。	9
42	我被动而优柔寡断。	5
43	我很有包容心，彬彬有礼，但跟人的感情互动不深。	5
44	我沉默寡言，好像不会关心别人似的。	8
45	当沉浸在工作或我擅长的领域时，别人会觉得我冷酷无情。	6
46	我常常保持警觉。	6
47	我不喜欢要对人尽义务的感觉。	5
48	如果不能完美地表达，我宁愿不说。	5
49	我的计划比我实际完成的还要多。	7
50	我野心勃勃，喜欢挑战和登上高峰的经验。	8
51	我倾向于独断专行并自己解决问题。	5
52	我很多时候感到被遗弃。	4
53	我常常表现得十分忧郁、充满痛苦而且内向。	4
54	初见陌生人时，我会表现得很冷漠、高傲。	4
55	我的面部表情严肃而生硬。	1
56	我情绪飘忽不定，常常不知自己下一刻想要做什么。	4
57	我常对自己挑剔，期望不断改善自己的缺点，以成为一个完美的人。	1
58	我感受特别深刻，并怀疑那些总是很快乐的人。	4
59	我做事有效率，也会找捷径，模仿力特强。	3

60	我讲理，重实用。	1
61	我有很强的创造天分和想象力，喜欢将事情重新整合。	4
62	我不要求得到很多的关注。	9
63	我喜欢每件事都井然有序，但别人会认为我过分执着。	1
64	我渴望拥有完美的心灵伴侣。	4
65	我常夸耀自己，对自己的能力十分有信心。	3
66	如果周遭的人行为太过分，我准会让他难堪。	8
67	我外向、精力充沛，喜欢不断追求成就，这使我自我感觉良好。	3
68	我是一位忠实的朋友和伙伴。	6
69	我知道如何让别人喜欢我。	2
70	我很少看到别人的功劳和好处。	3
71	我很容易知道别人的功劳和好处。	2
72	我忌妒心强，喜欢跟别人比较。	3
73	我对别人做的事总是不放心，批评一番后，自己会动手再做。	1
74	别人会说我常戴着面具做人。	3
75	有时我会激怒对方，引来莫名其妙的吵架，其实是想试探对方爱不爱我。	6
76	我会极力保护我所爱的人。	8
77	我常常刻意保持兴奋的情绪。	3
78	我只喜欢与有趣的人为友，对一些闷蛋则懒得交往，即使他们看上去很有深度。	7
79	我常往外跑，四处帮助别人。	2
80	有时我会讲求效率而牺牲完美和原则。	3
81	我似乎不太懂得幽默，没有弹性。	1
82	我待人热情而有耐性。	2
83	在人群中我时常感到害羞和不安。	5
84	我喜欢效率，讨厌拖泥带水。	8
85	帮助别人达至快乐和成功是我重要的成就。	2
86	付出时，别人若不欣然接纳，我便有挫折感。	2
87	我的肢体硬邦邦的，不习惯别人热情地付出。	1
88	我对大部分的社交集会不太有兴趣，除非参加集会的是我熟识的和喜爱的人。	5
89	很多时候我会有强烈的寂寞感。	2
90	人们很乐意向我表白他们所遭遇的问题。	2
91	我不但不会说甜言蜜语，而且别人也会觉得我唠叨不停。	1
92	我常担心自由被剥夺，因此不爱作承诺。	7
93	我喜欢告诉别人我所做的事和所知的一切。	3
94	我很容易认同别人所做的事和所知的一切。	9
95	我要求光明正大，为此不惜与人发生冲突。	8
96	我很有正义感，有时会支持不利的一方。	8
97	我因注重小节而效率不高。	1
98	我容易感到沮丧和麻木更多于愤怒。	9
99	我不喜欢那些有侵略性或过度情绪化的人。	5

100	我非常情绪化，喜怒哀乐变化无常。	4
101	我不想别人知道我的感受与想法，除非我告诉他们。	5
102	我喜欢刺激和紧张的关系，而不是稳定和依赖的关系。	1
103	我很少用心去听别人的谈话，只喜欢说俏皮话和笑话。	7
104	我是循规蹈矩的人，秩序对我十分有意义。	1
105	我很难找到一种能让我真正感到被爱的关系。	4
106	假如我想结束一段关系，我不是直接告诉对方就是激怒他让他离开我。	1
107	我温和平静，不自夸，不爱与人竞争。	9
108	我有时善良可爱，有时又粗野暴躁，很难捉摸。	9

测试结果

记录下你所得的数字：

"1" 共有（　　）个，对应 1 号完美型
"2" 共有（　　）个，对应 2 号给予型
"3" 共有（　　）个，对应 3 号实干型
"4" 共有（　　）个，对应 4 号浪漫型
"5" 共有（　　）个，对应 5 号观察型

"6" 共有（　　）个，对应 6 号怀疑型
"7" 共有（　　）个，对应 7 号享乐型
"8" 共有（　　）个，对应 8 号领导型
"9" 共有（　　）个，对应 9 号调停型

看准了，你的人格是哪一类

做完了以上的九型人格测试题，人们对于自己的主要人格类型有了结论。下面，我们就来看看九型人格各自都有着怎样的显著特点。

严 这是一张严肃而认真的脸。他们表情凝重，总是希望得到肯定，害怕出现任何差错，对工作和生活精益求精，追求至善至美。

序 在生活上，他喜欢有秩序的状态，讨厌凌乱肮脏的房间。他们的各种东西都放置在特定的区域内，非常有条理。

责 在工作上，他们是制度的拥护者，是最努力最有责任心的员工，也是一个不折不扣的工作狂。

追求完美的完美型

这就是完美主义者的表情。他们的表情并不丰富，这是他们冷静自制的个性使然。他们不会咋咋呼呼，他们永远稳重优雅，因为他们不会让自己的内心世界轻易地表露在脸上

洁 他还可能是个喜欢穿白色衣服的人，他更可能有精神洁癖。完美主义者眼睛里是容不下沙子的。

则 如果他是一名领导，他喜欢事无巨细的管理风格，他崇尚"没有规矩就不成方圆"的道理。他处处以身作则，对下属要求极高。

谨 他们选择朋友和择偶一样严谨，对友谊和爱情都很忠诚，期盼对方也能一样重视他们。

这就是2号给予者的画像，一幅如同春天般醉人的画面。他们永远温和暖人的笑容就像人间四月天里的阳光和翠柳，不刺激，有希望，还有暖流。

3号的身上有着难能可贵的务实精神，他们不会将精力浪费在"无用"的地方。这不是缺点，而是很实在的优势。

实

利 他们对名利的专注程度在九种人中是最为突出的。

③

追名逐利的实干型

在3号的脸上，我们看不到太多的平易近人与温和，和2号相反，他们可能是很有"表演"人格的一群人。他们会用不同的表情来面对不同的人，有时候难免让人觉得虚伪和做作。

赢 生活上，因为他们永远将事业放在第一位，他们忽略伴侣的事情时有发生，因此也经常会遇到被伴侣埋怨的情况。

效 工作中，他们是名副其实的工作狂，认为这是他们明天成名得利的基础。同时，3号的务实精神还让他们不会盲目行动，工作效率极高。

②

热心的给予型

暖 这是一张讨人喜欢，温暖人心的脸。他们总是温和而友好，他们随时准备帮助别人。

好 他们生活的意义好像就是让别人开心。他们小时候是乖宝宝、好学生，长大后又想尽办法讨好伴侣。

责 他们总是尽力让别人高兴，不为难任何人，而且很有责任感。

想象力丰富的浪漫型

郁 他们的气质中总有一股忧郁的气息，让人难以捉摸又欲罢不能。

④

4号是天生的艺术家，他们的表情最多变。高兴的时候他们尽情地开怀大笑，伤心的时候号啕大哭而不惧怕别人的眼光。他们生活得最自我也最真实，很少见到他们虚伪和做作。

缘 工作上，他们对同事真诚关心，体贴之情常令人感动。他们人缘总是很好，是讨人喜欢的专家。

孝 生活上，他们孝敬父母，关心子女，对爱人无微不至。他们是贴心的人生伴侣，而且总是洋溢着幸福的微笑。

创 他们想象力丰富，也适合在需要创造力的氛围中工作。他们害怕束缚，对他们来讲，能够充分发挥他们天才的工作才值得努力去做。自由和爱对他们来说缺一不可。

幻 生活中的4号可能是长不大的孩童，他们不喜欢现实生活中的种种虚假，因此常生活在自己幻想的世界中。

⑤

慎 生活中的 5 号观察者性格沉稳，不轻易发表自己的言论，因为他们对不确定的事物总抱有审慎的态度。他们有着孤独的、寂寞的、思想深刻的灵魂。

冷静客观的观察型

他们不喜欢与人交往，宁愿孤独地面对整个世界。他们的脸上永远是一副深沉思考的表情，他们注重研究理论与事物要远远超过注重研究人的行为与心理。

理 在工作上，他们的理性让他们很少感情用事。他们和任何人交往都是"君子之交淡如水"，不会让你走进他们的内心，也没有兴趣走进你的内心。他们认为距离是一种安全和尊重。

谨 他们过分谨慎，常常因此裹足不前，但是他们超强的责任心也能弥补这一重大缺陷。他们在生活上和工作上都总是希望能够得到强有力的保护和指引。

⑥

谨慎严谨的怀疑型

他们的脸上总是研究的表情，因为他们不确定事情的真假以及好坏。他们难以相信任何人，他们甚至对自己也不信任。信任危机一直困扰着他们。

疑 工作上，他们怀疑权威者的一切论点，企图找到可以攻击之处。他们总能想到最坏的一面，总是怀疑别人，因此生活得战战兢兢，如履薄冰、如临深渊。

怪 生活上的享受主义者是个开心果，也可能是让人伤心的人。他们惧怕承诺，担心因此失去自由，害怕承担责任，这些都是让人头痛的地方。

⑦

及时行乐的享受型

他们的脸上永远洋溢着快乐，烦恼在他们的心里不会驻足太久。对于他们来说，"今朝有酒今朝醉"是非常好的生活哲学，因为生命太短暂，要抓紧时间享受。

乐 工作上，他们多才多艺，而且不会带给你压力，因为他们认为赚钱是次要的，懂得生活才是重要的。他们很少有世俗的偏见，因而和任何人都能打成一片。

义 他们身上的正义感很强，愿意保护社会中的弱势群体。然而他们喜欢命令人的脾气可能会让人吃不消。

8号领导者的表情是严肃而有威严的。他们从小可能就是那些调皮捣蛋的孩子王，长大了那种领导众人的魅力也就显现出来了。

护 感情生活中的8号，也将保护弱者的个性带到了伴侣身边。他们认为爱他（她）就是要保护他（她）不受伤害。他们不习惯表露感情，有时候甚至用激怒对方的方式来确认对方对自己的感情。

⑧

号令天下的领导型

协 工作中的9号最可能是上传下达的秘书，因为他们极其优越的协调性让他们能够胜任这样的工作。他们胸怀博大，很少和别人争吵。

⑨

温

纵横捭阖的调停型

生活上的9号可能是个被动的人，他们不愿意主动解决问题，喜欢抱怨。但是温和的脾气让他们的伴侣觉得他们还是不错的。不过他们也有固执的毛病。

合纵连横，纵横捭阖，这是9号协调者的强势。他们也许不是最厉害的那一个，但是他们能将最厉害的人聚拢在自己周围。

九型人格的再分类

葛吉夫和伊察诺在研究九型人格时都意识到：人的智慧存在着精神智慧、情感智慧和本能智慧三种形式，而这三种智慧分别对应人身体的3个中心：

三种智慧对应人体的3个中心

产生精神智慧的是思维的中心——大脑

产生情感智慧的是感觉的中心——心脏

产生本能智慧的是身体的中心——腹部

在此基础上，美国研究九型人格的著名学者凯伦·韦布在自己的著作《九型人格：重现古老的灵魂智慧》一书中将九型人格归为3类：

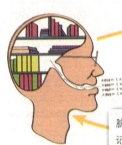

脑中心

或者称为思考中心，以思考和理性为导向，产生精神智慧的是思维的中心，包括5号、6号和7号人格。

脑部中心是我们思考的所在，举凡分析、记忆、投射有关他人和事件的观念以及计划未来的活动都在这里进行。

5号、6号、7号等以头脑为主的人格类型，具有以思想来回应生活的倾向，在看待世界时往往会受到心理能力的影响。这些人往往有鲜明的想象力，以及分析和联结观念的绝佳能力，懂得运用心理能力来减少焦虑，控制潜在的麻烦，以及通过分析、想象、预测和计划来获得确定的感觉。

2号、3号、4号等以心为主的人格类型，在看待世界时往往会受到情商的影响，喜欢依靠关系在世界上运作，有时候被称为"形象类型"，因为他们在乎别人的眼光，以及它和自己的关联。这些类型的人们比其他人格类型的人们更加依赖别人的承认和看法，关心自己的自尊和被爱的感觉。

心中心

或者称为情感中心，以感受和感性为导向，产生情感智慧的是感觉的中心，包括2号、3号和4号人格。

心的中心是我们体验情绪的地方，借由那些无言的感官经验，告诉我们有什么感觉，而非我们对事情的想法。

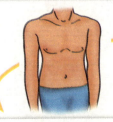

腹中心

或者称为腰中心，以行动为导向，产生本能智慧的是身体的中心，包括8号、9号和1号人格。

腹部中心（有时也称为身体中心）和思考、感觉对应，这个中心是我们本能的焦点，也就是存在感。透过这个中心，我们从肉体体验到和人群、环境的关系。这是我们在物质世界中行动所需的能量和力量的来源。

8号、9号、1号等以腹部为主的人格类型，常常把焦点放在存在本身之上，具有以行动"存在"于这个世界上的倾向，在看待世界时往往会受到身体感觉和内在本能的影响。他们的本能就是行动，即使他们已经思考过所有细节，他们还是会根据根本的感觉，去谈论正在基础阶段的决定和行动。他们通过行动在这世上补充能量，并缓和愤怒。

第4节

激发我们的心理能量

观察我们已经形成的性格

九型人格倡导人们寻找自己的本性。为什么要寻找自己的本性呢？因为我们现在所拥有的性格并不能代表我们真正的自己，是在后天的思想、感情、直觉的影响下得来的，具有很强的片面性，因而使我们难以清楚地认识自己、认识世界。而本体则是我们与生俱来的潜质，是不受外界影响的最纯粹的心灵世界。我们做出正确的行动，我们毫不犹豫地去获得我们想要的东西。说得简单一点，在本体里，我们是快乐幸福的。

中国台湾的心理咨询师张德芬在她的著作《遇见未知的自己》中写道："亲爱的，外面没有别人，只有自己。"其实，她就是在劝诫人们寻找到那个未知的自己——本体。她还说："人所有苦难的根源就是不清楚自己是谁，而盲目地去攀附、追求那些不能代表自己的东西。当死亡来临的时候，它会把所有不能代表我们的东西席卷一空，而真正的自己，是不会随时间甚至死亡而改变的。"人们为什么看不清楚自己？为什么要去盲目地追求那些不能代表我们的东西？这就是人们成长过程中受后天条件影响之下形成的性格束缚的结果，这些我们已形成的性格大多是片面的，也就使我们片面地看待世界，做出盲目错误的事情来，结果自然就难以让人愉快。说得简单一点，这就是人们遗失了本性所导致的恶果。

从心理学的角度来分析本性遗失的原因，我们就会发现：心理防御机制应对这种恶果负主要责任。随着个人性格的发展，人们为了保护原有的本体，使其免受物质世界的伤害，就会下意识地在内心中建立防御机制来保护受威胁的本体，这就叫"本体的遗失"。也就是说，我们随着年龄的增长变成了一个与众不同的自己，我们会拥有自己的智慧、兴趣和防御系统，最终，我们的注意力会集中到我们已经形成的特质上，而且随着注意力的转移，我们与周围环境和他人的本体联系会被渐渐遗忘，被归入无意识的生活中。而取代本体联系的东西，就是传统精神研究中所说的"错误性格"。这是一套我们在日常生活中形成的思想和信

在本体里，我们就像没有长大的孩童：我们的思想、感情、直觉没有冲突，我们对周围环境和他人都充满了信任。

生命来无影去无踪，无法臆测，也难以捉摸，无论身处力争上游的快跑阶段，或逢人生变故减速慢行的彷徨时刻，或是看尽千山万水绚丽归于平淡的踌躇关头，面对其中的悲欢离合、喜怒哀乐，唯有保持观照内心并惜福感恩的心态，一切的真相才会自动还原、水落石出。

仰，是我们通过模仿我们的父母，减少我们受到的伤害，学习伪装自己而形成的。

在此基础上，九型人格利用九角星图来说明本体的存在包括了九个方面，每个方面的实现途径都有所不同。你要寻找本体的某个方面，正是因为这个方面的缺失让你感到痛苦。比如，如果你脾气暴躁，很可能是因为你的本体失去了冷静观察的能力，因此你最欠缺的就是冷静，这就需要我们把成熟的性格和对本体的感应能力融合起来，更好地提升自己了。

总之，观察我们已经形成的性格，找到其薄弱处，就能找到与本体联系的通道，就能寻回真正的自己，使自己得到更好的提升和发展。

虽然他们的生活很精彩，但我要认清自己的处境，活出自己不同的精彩。

一旦我们感到痛苦烦恼，开始思索事物存在的意义及产生的根源，我们已经形成的性格便开始弱化了，我们就踏上了一条"遇见未知的自己"的旅程，只要坚定而持续地走下去，往往能重新找到我们与周围环境和其他人的本来关系。

特别关注心理缓冲带

很多时候，人们不能清楚地认识自己的性格类型，而妨碍人们认识性格类型的主要障碍，葛吉夫称为"缓冲带"。他认为，我们每个人都把自己性格上的负面特征隐藏在了一个精心构建的内在缓冲系统，或称"心理防御机制"中。

我们内心的心理缓冲带，就好比火车上的缓冲器，它们是为了减少火车车厢之间的碰撞而专门设计的装置。

如果没有缓冲器的存在，车厢之间的碰撞震动既让人不舒服，还非常危险，缓冲器在不知不觉中削弱了碰撞造成的冲击力。心理缓冲带则是为了缓解人们自身观念、感觉、言语、行为等方面的矛盾而设置的。有了它，人们就不会因为自己的观点、情感和言语的矛盾冲突而感到不安了。

总之，这种缓冲带的存在，常常让我们无法看到自己性格中的真实力量。

真正提出"缓冲带"概念的人是葛吉夫，他在弗洛伊德等前人对心理防御机制的研究的基础上，将心理防御机制与九型人格结合起来，从而为人们探索内心世界提供了一种更基本的途径。他让人们自己去观察内心的缓冲带，而不是通过专业的心理治疗机构来寻找自己的无意识。

但是，首先发现心理缓冲带理念的并不是葛吉夫，而是精神分析学派的创始人——奥地利精神病医生及精神分析学家弗洛伊德。他率先提出了无意识反抗机制的概念，后由他的女儿——著名心理学家安娜·弗洛伊德对之进行了系统的研究。安娜·弗洛伊德在她的著作《自我和防御机制》中强调："每一个人，无论是正常人还是神经症患者的某种行为或言语，都在不同程度上使用全部防御机制中的一个或几个特征性的组成成分。"

与九型人格中 1～9 号性格相对应的心理防御机制分别是：反向作用、压抑作用、认同作用、内投作用、分隔作用、投射作用、合理化作用、否定作用和麻醉作用。下面，我们就来介绍一下这9种心理防御机制。

从心理学的角度来分析本性遗失的原因

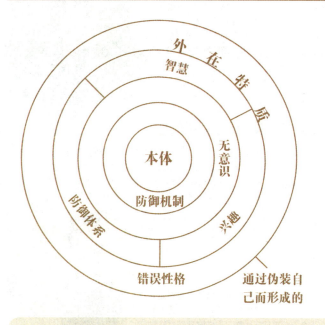

外 在 特 层

外在特层

智慧

无意识

本体

兴趣

防御机制

防御体系

错误性格

通过伪装自己而形成的

我们随着年龄的增长变成一个与众不同的自己，我们会拥有自己的智慧、兴趣和防御系统，最终，我们的注意力会集中到我们已经形成的特质上，而且随着注意力的转移，我们与周围环境和他人的本体联系被渐渐遗忘，被归入到无意识的生活中。

取代本体联系的东西，就是传统精神研究中所说的"错误性格"。

这是一套我们在日常生活中形成的思想和信仰，是我们通过模仿我们的父母，减少我们受到的伤害，学习伪装自己而形成的。

"心理缓冲带"对我们自身的意义

我们都知道火车上缓冲器的作用。它们是为了减少车厢之间的碰撞而专门设计的装置。

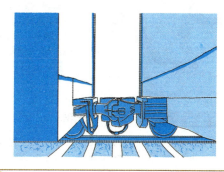

观念的矛盾

行为的矛盾 ← 心理装置 → 感觉的矛盾

语言的矛盾

在人们的内心世界中，也有这么一种装置。这种装置不是自然产生的，而是人们自己设计的。这种心理装置产生于人们自身的矛盾。

人是不可能消除所有矛盾的，但是如果心理有了"缓冲带"，就不会为自己的观点、情感和语言的矛盾冲突而感到不安。

① 反向作用 ←→ 1号完美型人格

在所有的防御机制中，1号人格往往容易突出反向作用，即当个体的欲望和动机不为自己的意识或社会所接受时，唯恐自己会表现出来，乃将其压抑至潜意识，并再以相反的行为表现在外显行为上。简单点说，就是突出反向作用的1号人格，其所表现的外在行为，与其内在的动机是成反比的。比如，有的人明明不同意别人在会议中的发言，却在投票时举起了表示"同意"的木牌。

② 压抑作用 ←→ 2号给予型人格

压抑是各种心理防御机制中最基本的方法，也是2号人格表现最突出的心理防御机制。在面对痛苦时，人们会把意识所不能接受的观念、情感或冲动抑制到无意识中去，这就是压抑的心理防御机制在起作用。比如，生活中，人们常说："我真希望没这回事""我不要再想它了"。这种被压抑的痛苦在睡觉的时候常常在梦境中呈现。

③ 认同作用 ←→ 3号实干型人格

对于3号人格者来说，最常被使用的心理防御机制是认同作用。"认同"意指个体对比自己地位或成就高的人表示认同，以消除个体在现实生活中因无法获得成功或满足，而产生的挫折感所带来的焦虑。就定义来说，认同可借由在心理上分享他人的成功，来为个人带来不易得到的满足或增强个人的自信。比如，人们常常通过模仿成功人物的行为来获得自信。

④ 内投作用 ←→ 4号浪漫型人格

九型人格中的4号人格最常使用内投的防御机制。内投作用是把外部对象或自己所赏识的某些人物的特点，结合到自己的行为和信仰中去的一种防御机制。比如，孩子会模仿父母的言行举止及思维方式，学生会采纳自己所喜欢的教师的人格特质、行为习惯，夫妻之间也会产生心理同化。

⑤ 分隔作用 ←→ 5号观察型人格

九型人格中的5号人格最喜欢使用分隔的心理防御机制，将部分的事实从意识境界中加以隔离，不让自己意识到，以免引起精神上的不愉快。最常被隔离的是与事实相关的个人感觉部分，因为此种感觉易引起焦虑与不安。比如，有人把"上厕所"说成"上一号"，就是一种隔离的行为。

⑥ 投射作用 ←→ 6号怀疑型人格

生活中，6号人格最突出的心理防御表现是投射作用，即把自己的性格、态度、动机或欲望"投射"到别人身上，认为别人和自己持有同样的观点，有着同样的喜好，如口腹之欲。古诗"我见青山多妩媚，料青山见我应如是"，及庄子与惠施"临渊羡鱼"的故事，都是投射的例子。精神分析学者认为，投射是个体自我对抗超我时，为减除内心罪恶感而使用的一种防卫方式。

⑦ 合理化作用 ←→ 7号享乐型人格

7号人格者是典型的享乐主义者，因此他们在面对痛苦时还会无意识地对其进行合理化解释，来为其难以接受的情感、行为或动机辩护，以使其可以接受，这就是合理化的心理防御机制，也称文饰作用。心理学将其归纳为三种表现：一是酸葡萄心理，即把得不到的东西说成是不好的；二是甜柠檬心理，即当得不到葡萄而只有柠檬时，就说柠檬是甜的；三是推诿心理，即把个人的缺点或失败，推诿于其他理由，找人承担其过错，维持个人心灵之平静。这三种形式都是在掩盖人们自己的错误或失败，以保持内心的安宁。

⑧ 否认作用 ←→ 8号领导型人格

生活中，8号人格者为了保持坚强自信的形象，常常在面对某种痛苦时，下意识地否认，从心理上不承认它是痛苦的存在，这就是否认的心理防御机制在起作用。这就好像一遇到危险就把自己的头埋进沙子里的鸵鸟。小孩子闯了祸双手把眼睛蒙起来，也是在潜意识里拒绝直面痛苦的表现。从心理学的角度上来讲，这是一种保护性质的、正常的防御，可使一个人逐渐地接受现实而不致一下子承受不了坏消息或痛苦。当然，这种心理防御机制强化到干扰你的正常行为的地步，就是一种病态的表现了。

⑨ 麻醉作用 ←→ 9号调停型人格

9号人格者最擅长自我麻醉。因此他们经常会无意识地将指向某一对象的情绪、意图或幻想转移到另一个对象或可供替代的象征物上，以减轻精神负担，取得心理安宁。如一个孩子被爸爸打后，满腔愤怒，难以回敬，转而踢倒身边板凳，把对爸爸的怒气转移到身边的物体上（如"替罪羊"），虽然这种迁怒于他人的方式不值得提倡，但这样确实能够减轻自己的痛苦感，起到自我麻醉的作用。

葛吉夫认为，缓冲带能够让生活变得简单，而且减少了系统的摩擦力，而这种摩擦力对于人的自我成长是很有帮助的。在缓冲带的帮助下，我们被带入一种催眠状态，这让我们的行为变得机械化。因为我们被缓冲、被催眠，我们就无法认识真正的自己，也不会知道我们的性格类型影响了我们对现实世界的认识。

总之，人们如果希望能够成为葛吉夫所说的"真正的人"，一定要发现自己性格结构中的盲点、防御机制和矛盾，这就需要格外关注我们内心的"缓冲带"，以免这种无意识的防御机制让注意力发生转移，从而影响我们对现实世界的看法。

激发直觉的力量

生活中，人们常常听到或见到一个词——直觉，人们自己也或多或少地用到过自己的直觉。那么，直觉究竟是什么呢？

直觉，是人们未经逻辑推理而产生的一种直观感受。说得具体一点，直觉就是指人们对一个问题未经逐步分析，仅依据内心的感知迅速地对问题答案做出判断、猜想、设想，或者在对疑难百思不得其解之时，突然对问题有"灵感"和"顿悟"，甚至对未来事物的结果有"预感"的思维。

直觉思维是一种心理现象，而且直觉出现的机制，是在大脑功能处于最佳状态的时候，形成大脑皮层的优势兴奋中心，使散乱出现的种种自然联想顺利而迅速地接通。因此，直觉在创造活动中有着非常积极的作用，主要体现在以下两个方面：

帮助人们迅速做出优化选择

法国数学家庞卡莱说："所谓发明，实际上就是鉴别，简单说来，也就是抉择。怎样从多种可能中做出优化的抉择呢？经验表明，单单运用逻辑思维，就是按逻辑规则进行推理是没法完成的，必须依靠直觉。"也就是说，创造都要从问题开始，而问题的解决，往往有许多种可能性，能否从中做出正确的抉择就成了解决问题的关键。直觉往往偏爱知识渊博、经验丰富的人，只有他们才能够在很难分清各种可能性优劣的情况下做出优化抉择。例如，当普朗克提出能量子假说以后，物理学就出现了问题，究竟是通过修改来维护经典物理理论，还是进行革命，另创新的量子物理呢？爱因斯坦凭借他非凡的直觉能力，选择了一条革命的道路，创立"光量子假说"，对量子论做出了重大的贡献。

帮助人们做出创造性的预见

直觉不仅能帮助人们创造性地解决问题，创造出新的发明，还能够帮助人们更好地预测未来。17世纪法国著名哲学家笛卡儿认为："通过直觉可以发现推理的起点。"古希腊哲学家亚里士多德则说得更为直接："直觉就是科学知识的创始性根源。"英国物理学家卢瑟福就凭借直觉发现了原子核的存在，提出了原子结构的行星模型，并沿着这条道路，在最短时间内在原子物理学和原子核物理学方面做出了一系列重大的开创性贡献。

此外，人们需要注意的是，直觉可以是与生俱来的，也可以有意识加以训练和培养。那么，人们该如何训练自己的直觉呢？可以从以下几个方面入手：

① 获取丰富的知识和经验

生活中，大多数的直觉都不是无缘无故、毫无根基的，它往往是凭借人们已有的知识和经验才得以出现的，因此，直觉往往比较偏爱知识渊博、经验丰富的人。从这种意义上说，获取广博的知识和丰富的生活经验是直觉强化的基础。正如英国数学家阿提雅所说："一旦你真正感到弄懂了一样东西，而且你通过大量例子以及它们与其他东西的联系取得了处理那个问题所需的足够多的经验，你就会产生一种关于正在发展的过程是怎么回事以及什么结论应该是正确的直觉。"

② 学会倾听自己的心声

直觉思维凭的是"直接的感觉"，但又不是感性认识。人们平常说的"跟着感觉走"，其中除去表面的成分以外，剩下的就是直觉的因素。直觉需要你去细心体会、领悟，去倾听它的信息、呼声。当直觉出现时，你不必迟疑，更不能压抑，要顺其自然，顺水推舟，做出判断，得出结论。

③ 培养敏锐的洞察力

直觉突出的特点是其洞察力及穿透力，因此，直觉与人们的观察力及视角息息相关。观察力敏锐的人，其直觉出现的概率更高，直抵事物本质的效果更佳。因此，要有意识地培养自己的观察力，特别是提高对那些不太明显的软事实，如印象、感觉、趋势、情绪等无形事物的观察力。

总之，人们如果能够不受客观环境的影响及个人情感的干扰，就能拥有强大的直觉力量，敏锐地抓住事物发展的核心。要使用九型人格来提升自己，首先就要拥有强大的直觉力量。

时时不忘的注意力训练

九型人格大师海伦·帕尔默认为："所谓直觉，最好的解释就是注意力从习惯思维和感觉中跳出时所发挥的作用。"也就是说，直觉的培养与注意力的训练有着非常密切的联系。人们如果没有接受基本的注意力训练，就容易使自己的注意力总是停留在固有的思想层面上，而忽略了直觉所传达给自己的信息，因此误以为自己没有直觉。因此，注意力训练可谓学习和使用九型人格的基础。

在九型人格大师的眼里，注意力训练可谓一举两得，它不仅能够把人们从一个具有偏差的世界观中释放出来，还能够使人有机会意识到一种潜在的直觉感应，这种直觉感应可能早就在发挥作用，却没有被他们察觉。具有经验的自我观察者在讲述自己关注到的大量个人反应时，会使用启迪性的语言。

有人曾做过这样一个实验：

让他站在一个空旷的操场上，他被要求："注意力下放，到腹部，打开感觉，混合。"当这个人专注于自己的注意力时，让他模仿另一个人的动作。让人惊奇的是，大多数时候，这个注意力高度集中的人都能准确地模仿出另一个人的动作。

一个人在一个屏风后面开始做动作

距他几十米处的另一个人准确模仿

腹部是人体的中心，在不同文化背景的精神修炼中都有提及。开放感觉的练习是一种独特的注意力转移，腹部的感知被扩展开，包括了周围环境和他人所散发的能量。

这就是直觉的力量。当我们注意力高度集中时，我们就开启了"内心的眼睛"——直觉。当我们听到"我看见内在的面孔……"这种陈述时，实际上我们"内心的眼睛"开始发挥作用了。这种情形其实并不少见，比如，传统柔道训练中的乱取练习（在不违背柔道比赛规则和柔道精神的前提下，不受技术动作的限制，全力以赴与一个对手或几个对手进行格斗），或者多人袭击中，受训者往往会被蒙住眼睛，单凭听觉和直觉来感受来自多个方面的攻击。受训者要想免于攻击，就必须对周围的环境，尤其是身后的环境有非常清晰的感知。这些例子都说明，人们只要能够做好注意力练习，就能打开内心的眼睛，更真实地看待世界。

此外，许多人在使用直觉时会问：为什么这种直觉的感知总是出现在我们心理受到损伤的地方呢？这是因为我们性格中的那些固有特质，正是我们注意力的栖息地。我们内心的注意力由此出发，在无意中把我们与周围环境和他人联系在一起。当我们觉得自身有某个方面的需求时，我们的注意力就会朝那个方向发展。我们对于自己想要的东西会特别敏感，高度关注。如果你对于一些问题十分在意，你可能会超越普通的感知，在未察觉任何异常的情况下，进入直觉感应区。

那么，如何做好注意力训练呢？前人在自身的实践中给出了多种方法。在这里，我们主要介绍九型人格专家戴维·丹尼尔斯和弗吉尼亚·普赖斯推荐的一种"呼吸与注意力训练"的方法。

"呼吸与注意力训练"的方法

① 坐在椅子上，两腿不要交叉，双脚着地，闭上眼睛，将你的注意力从外界事物上移开，进入冥想状态。

② 将注意力集中在自己的呼吸上，注意自己的吸气、呼气，将身体完全放松，让精神处于一种接纳状态。

③ 在呼吸时，尽可能缓慢地深吸气，将自身的气集中于身体的重心，想象自己正敞开心扉接受世间的一切。

④ 随着呼吸的深入，渐渐将注意力转移到思绪、情感或感觉上去，然后再放回呼吸上。当注意力能够持续集中在呼吸上时，你就能逐渐摆脱平时的反应与自己所关注的事物，进入冥想状态。

⑤ 在注意力集中在呼吸上一段时间后，慢慢地将它放回外界事物上，听一听周围的声音，再睁开你的眼睛，你会对世界有一种新的感观。

在做这种注意力训练时不要急于求成，而要循序渐进，尤其是在最初做这些练习时，最好是每次练习10 20分钟，随着自己控制力的加强，可适当延长时间。

精神活动的9项观察

在使用九型人格时，为了更好地探索人们性格的发展，更清晰地揭示自我的真正特质，国际九型人格研究会创始人唐·理查德·里索提出了"精神活动的9项观察"。这9项观察并不跟9种人格类型相对应，它们广泛地适用于每个类型，而且人们只要付出足够多的努力，就会发现这些观察的真实性。

下面，我们就来具体介绍这9项观察：

① 第1项观察

学习九型人格的第一步，就是观察自己的本体，因为我们真正的天性就是本体，而人格是由本体创造的。也就是说，人格只是全部自我的一个部分，然而，大多数人误将它当成了完全的自我，忽略了自己的本体，陷入了自我认知的误区中。

② 第2项观察

自我的发展是一个循序渐进的过程，因此自我认识也需要逐层深入，从最外层的人格模式到内在的存在内核。人格的本能带领我们进入一种狭窄的、固化的状态，但是我们只要意识到了这种模式，就可以扭转局面。我们能够解开表层，看到真正的自我。

③ 第3项观察

只有知道了自己身上发生了什么，我们才能在实践中取得成功。真相让我们生活在现实中。我们必须告诉自己真相，并让别人知道我们的感觉。了解了真实情况，我们才能走出自己深陷其中的困境。

④ 第4项观察

只要细心观察一下，每一个人都能发现自己对现实的抵触，对自我印象的依赖，以及内心的恐惧。我们可以观察这些局限性，扫除它们的影响，从而获得心灵的康复。

⑤ 第 5 项观察

事物是循序渐进地发展的，因此人们常常会发现：当我们处理完这个阶段的问题时，下一阶段的问题又出来了，因此有人说："生活就像跨过一个又一个横栏一样。"而心灵拥有其天赋的智慧，并渴望自由。因此，听从你的心灵、你的头脑、你的身体吧。如果我们向自我传输无偏见的意识，坚持不懈地前进，自我就会逐渐展现出来。这个过程没有终点，会一直陪伴我们走完整个人生。

⑥ 第 6 项观察

在我们发现自我的过程中，我们走得越深入，困难就越多。这首先是因为我们揭开了更深刻、更剧烈的痛苦。我们越是接近真相，自我就越会受到威胁。然后，当阻碍变得更加微妙、难以捉摸时，困难就产生了。但是，我们越是深入，收获就越大。

⑦ 第 7 项观察

人们常说："雨过了就会有彩虹。"人们在自我发现、自我提升的过程中会遇到许多问题、许多困难，只有解决这些问题，化解这些困难，才能够从自我或外界的束缚中解脱出来，寻找到我们的本体。我们对自我的不同侧面的包容性越强，这一过程就越迅捷和顺利。

⑧ 第 8 项观察

当一个人真正了解了九型人格，他就脱离了九型人格的分类，不会以人格来定位自己，而以本体或曰真实的自我来定位自己。当然，这要求我们能够认识自己的本体，并把它与人格特征区分开来。我们不能通过判断、厌恶或试图摆脱人格来达到上述目的。事实上，这种欲望和态度正是人格的一部分特征，而不是本体特征。当我们在恰当的情况下面对人格时，其真正的功用便会显示出来。

⑨ 第 9 项观察

当你通过九型人格寻获了我们的本体，你就会开始将注意力转移到你所拥有的天赋权利和自然状态上：智慧和高贵、爱和慷慨、自尊和尊敬他人、对世界充满敬畏和浓厚的兴趣、拥有勇气、快乐和轻松的成功、强壮而有效率、沉着、拥有冷静的头脑，你也就开始懂得享受生活、享受人生。当一个人能够以享受的心态来看待生活、看待世界，他自然就是快乐的

启动生活的三种力量

从人出生开始，人就具有了生活的三种力量，而且，每个人的人生都在运用这与生俱来的三种力量。那么，这三种力量究竟是什么呢？它们就是：活力、接受力和协调力。

启动生活的第一力量

活力

汉语词典将其解释为旺盛的生命力，英语称其为"vigor"，表示身体或精神上的力量或能量。一般来说，活力由三个维度的能量，即体力、情绪能量、认知灵敏性组成。就体力而言，有活力的人身体健康强壮，感觉精力充沛，饮食、睡眠良好；就情绪能量而言，有活力的人通常情绪稳定，积极乐观，能站在别人的角度思考问题，关心、同情他人；就认知灵活性而言，有活力的人思维敏捷，工作效率高，自信，动机强烈。总之，活力是事物发生的原动力，人们在物质世界里的所有作为都需要活力，它为我们的行动和情感表达提供了动力，它被认为是一种创造力，一种正面的、被肯定的力量。有了活力，我们就能够更好地提升自己。

启动生活的第二种力量

接
受
力

一个人要发展，必须不断接受外来的力量，这就要用到自身的接受力。接受力可以接受、吸收和消化所有被感觉所接收的刺激。它是你理解和认识现实生活世界的关键力量。它可以使沟通变得有效，也可以帮助你选择正确的行动。在西方文化中，接受力的重要性不如活力，人们有时甚至忽视这种力量。接受力有时被看作一种理解力，因为它常常吸收和消化我们的感想。另外，接受力也被认为是一种负面的力量，因为它的作用常常与活力背道而驰。然而，接受力是我们所要讲的第三种力量（协调力）能否发挥作用的先决条件。

启动生活的第三种力量

协
调力

人们在进行自我提升的过程中，不仅需要活力和接受力，还需要较强的协调力，它是一种自觉的或者有意识的力量。它能够将你的活力与接受力按适当的比例进行调和，并且使它们保持平衡与协调。因此，人们可以将协调力看作一种中间的力量或者一种维持的力量，因为它在本质上是中立的，它可以平衡其他两种力量，并且可以一直维持一个人的力量。

生活中，这三种力量相互作用、彼此影响。因此，人们在清楚认识它们三者的关系的同时，还要尽力让自身的发展呈现一种平衡和协调的状态，这才是良性的发展。

唤醒潜藏的激情

在分析心理学的创立者卡尔·古斯塔夫·荣格看来，每个人的身上都有两种个性力量是同时存在的，它们就是内向个性力量和外向个性力量。生活中，要想判断一个人是外向的还是内向的，大多数人会通过这个人的行为与情绪类型来判断，但这种判断方式是片面的、不够准确的，因为人的行为可以后天通过学习与强化得到，人的情绪也可以因为经验和年龄变得和谐。

更为重要的是，在这两种个性力量中，内向的个性能力是获得外向个性能力的前提。正如精神分析大师埃里克森在《同一性危机》中所说，自我认同是一种精神朝内的灌注。很多伟人、科学家、哲学家、艺术家、创业者都因为发展了很好的内向能力而让自己能在浮躁的社会里沉静下来，独立思考，富于创意，最终取得成就。

每个人的潜能可以用冰山理论来形容：海面上漂浮着一座冰山，阳光之下，其色皑皑，颇为壮观。其实真正壮观的景色不在海面之上，而在海面之下。与浮出水面上的那部分相比，沉浸在海面下的部分占冰山的7/8。人也是一样的，我们的潜在能力大大超过显在能力。

从生理学的角度来讲，人类的大脑内部有千亿个神经细胞，现代脑生理学的研究证实，人们只使用了自己的大脑的一部分功能，因此人的大脑具有巨大的潜能。有人说一个人如果能够发挥一半的大脑功能，就可以轻易学会40种语言，背诵整本百科全书，拿12个博士学位……更为形象具体地说明了人体潜能的巨大。

那么，为什么大多数人不能像那些成功者一样运用自己的潜能呢？主要是因为他们不懂得对自己进行潜能开发训练，因此不能很好地激发自己的潜能。而很多实践证明，人们通过学习九型人格，进行直觉、注意力等方面的精神训练，往往能激发自身体内的潜能，更好地提升自己。

第5节

躲开心里的暗礁

九型不等于被定型

在观察自我时，九型人格大师往往不建议人们急着确定自己的类型。他们通常会建议人们先收窄范围，因为九型人格中的许多类型之间存在许多相似的地方，具有较大的迷惑性，这时人们应该选择两个至三个可能性最强的类型，留意每一种类型解析段中的"后记"，以得到更深入的启示。同时，人们要训练自己的注意力，提升自我观察的能力。到了某一刻，你自然会有一种豁然开朗的感觉，因为你所属的类型从心底浮现了，你自然也会更相信九型人格心理学的正确性。从佛学的角度来说，就是要人们学会悟空，当你心中空空如也时，你就能清醒地认知自己的优势与劣势，自然也就能判定自己的九型人格类型了。

然而，即便你确定了你自己的人格类型，你也不能将自己固定在某一个人格类型上，偏执地按照这种人格类型的优劣势来约束自己。要知道，找到你的人格类型，只是跨出"自我成长"的第一步。也就是说，九型人格提供给人们一个向内探索自我的起点、一个认识真我的机会，它并非绝对的真理。

严格来说，九型人格中的九种性格分类只是一个大概的框架，并不能完全解释人们性格的学问，因为每一种性格类型加上左右翼与三变数等变化类型，使人们核心性格以外的性格有了无限变化的可能。也正是因为有着这样多的变化，九型人格不仅可以广阔又精准地描述每一种性格类型的特点，同时又能在细微之处区别不同的性格类型。

而且，当我们处于安全状态或长期受到压迫时，我们的性格也会有所变化。九型人格中的性格成长走向与凋零走向可以检测我们目前的压力指数，这也正是九型人格比其他性格分析工具更实用的主要原因。

你的性格误区在哪里

什么是性格误区？在前面"观察我们已经形成的性格"一节中，我们讲到，我们现在所拥有的性格并不能代表我们真正的自己，而是在后天的思想、感情、直觉的影响下形成的。在这些后天影响得来的性格中，有能够促进人们自我发展的好的性格特征，也有阻碍人们自我发展的不好的性格特征。对于这些阻碍我们寻找本体的不好的性格特征，我们就称其为"性格误区"。

九型人格各自的性格误区

①号完美型：无止境地追求完美

1号人格的本质是追求完美，因此1号的性格误区就是过度追求完美。世界上没有十全十美的事，但1号往往难以意识到这一点，常常为了使事情尽善尽美，不仅自己拼命努力，也期待周围的人都能和自己一样，因此也常常对自己和周围的人都感到不满。

③号实干型：只重目标的功利主义

3号人格的本质是注重目标，因此3号的性格误区就是过于注重目标。他们深信唯有获得成就，才能证明自己，以"成功"的尺度来衡量人生的价值，因此对于可能成功、易受关注的工作，会满腔热情地全力以赴，牺牲一切也在所不惜，反之则试图回避。这就是典型的功利主义。

⑤号观察型：逃避内心的空虚感

5号人格的本质是冷静客观地观察，因此5号的性格误区就是过于冷静客观。5号人格者常常觉得周围人肤浅愚昧，难以沟通，因此他们将精力更多地投入知识中去，认为丰富的知识和深思熟虑、观察入微的生活方式，是避免自己成为愚蠢者的最佳保障。

⑦号享乐型：害怕吃苦受累

7号人格的本质是纵情享乐，因此7号的性格误区就是过于注重享乐。他们会制定很多计划，却很难坚持实施下去，因为他们害怕吃苦受累，往往遇到一点困难就退缩。而且，他们又是乐观的自态主义者，只喜欢称赞自己的人，并且只选择对自己最好的东西。

⑧号领导型：权威的忠实信徒

8号人格的本质是追求权威，因此8号的性格误区就是过于追求权威，而忽视了正义和真理。8号非常在乎自己的势力范围，对于侵犯这个领域的人一律加以排斥。常常摆出一副好斗的架势，喜好争吵，周围的人对其望而生畏。

②号给予型：看不到接受的快乐

2号人格的本质是帮助他人，因此2号的性格误区就是过度注重给予，而忽视了接受。2号人格者认为帮助他人的自我牺牲精神比什么都重要，所以会一个劲地为他人付出爱心，但是，周围的人不一定需要他的爱心和帮助，这就让2号觉得很苦恼。

④号浪漫型：不能享受平凡的快乐

4号人格的本质是追求个性，因此4号的性格误区就是过于追求个性。4号人格者往往以特立独行为人生准则，不甘于做一个平庸之徒，总想显示自己的过人之处。因此，他们过于相信自我感受，容易显出无视现实的倾向，而且，因个人的感受性过强，常常觉得不被人所理解。

⑥号怀疑型：不断地怀疑再怀疑

6号人格的本质在于怀疑权威，因此6号的性格误区就是过于怀疑权威。他们心里往往存在这样的矛盾心理：一方面有渴望得到强者的保护，并且向强者尽忠的"恐惧症"，另一方面又要以怀疑的态度反抗权力来缓解内心的不安，具有"反恐惧症"。

⑨号调停型：害怕纷争

9号人格的本质是追求和平，因此9号的性格误区就是过于追求和平，因而常常忽视正义和真理。他们总是努力和周围人协调一致，把平安放在第一位。

"九型人格"潜藏的"本体堕落"

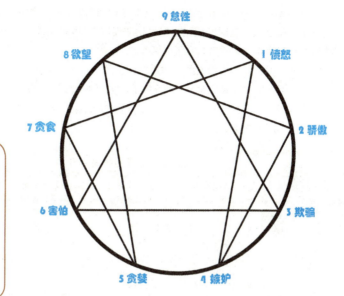

"九型人格"表明了情感生活中的九种主要特征。它们和七宗罪是对应的，另外在3号角和6号角增加了欺骗和害怕。

这些情感习性就是从"本体堕落"的过程中发展起来的。它们也可以被看作孩童早期的家庭生活给他们的情感世界留下的阴影。

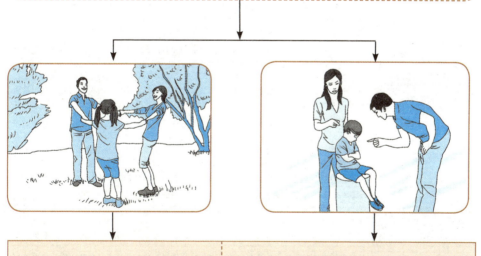

如果孩童的成长过程良好，他们心中这种情感的阴影就会慢慢磨损，仅仅作为一种倾向存在。

如果心理问题非常严重，某一种情感上的阴影就会像火种一样点燃，成为性格的主导力量。这时，自我观察的能力被削弱，而我们也被这种情感所操纵，从而失去了自我，或者危害社会。

时间观念里的性格误区

每个人的性格不同，每个人的性格误区也不尽相同，但在这些性格误区里，也存在一些共通点。其中最突出的就是人们在时间感觉上的性格"误区"。也就是说，不同人的时间观念不同，大致可以归纳为没有时间观念和时间观念很强两类。

从科学的角度来说，每个人每天的时间是一样多的，自然应该度过相同时间。但从九型人格的角度来看，不同类型人的时间观念是不一样的，即这些人感受时间的方式大不相同。因此，在同一时间里，有人有"时光飞逝"之感，有人有"度日如年"之感。不同人之间之所以会有如此巨大的差异，主要是因为不同人格类型的"误区"的作用。

九型人格类型感受时间的方式	
1号完美型： 时间总是不够用	1号人格者的最大特点是追求完美，因此他们往往注重细节，做一件事情总是检查再检查，让时间在不经意间悄悄流失掉。等1号人格者回过神儿来时，已经没有多余的时间了，因此他们才发出这样的感叹："时间怎么总是不够用？"其实，如果1号能够少注重细节一点，他就不会有这样的疑问了。
2号给予型： 时间过得好快	2号人格者最大的特点是帮助他人。他们每天都忙着关注别人的需要，忙着帮助别人成长，或者和人友好相处，因此会觉得很充实。这样的时间是"美好的时光"，他们觉得自己活得有意义，时间非常轻快地就过去了。反之，如果2号处于一个不能帮助别人的环境里，他就会感觉"度日如年"。
3号实干型： 合理使用时间	3号人格者最大的特点是追求成功。为了这一目标，3号往往有着极强的时间观念，并懂得合理有效地利用时间为自己服务。为此，他们分秒必争，很在乎时间的效率。比如，与人约会，3号一看时间还有5分钟，就想着利用这5分钟做些什么事。因此，3号擅长在很短的时间内完成任务，由此可见3号具有极强的调控力。
4号浪漫型： 以个人感受来衡量时间	4号人格者最大的特点是自我意识浓烈，因此在对待时间上较为主观。也就是说，他们没有太强的时间观念，生活中基本上不计算时间。当他们体会到刺激和感动时，他们会强烈意识到时光飞逝；相反，没有刺激和感动的话，他们会感到时间只是在单调地流逝。
5号观察型： 为时间的流逝而焦虑	5号人格者的最大特点是冷眼旁观。他们尽管往往有着较强的时间观念，却总是把时间用在观察时间的流逝上，因而感到时间不是因自己而存在的。他们最常做的一件事情，往往是盯着手表慨叹："啊！表针在走，失去五分钟。"这就容易使5号产生一种焦虑情绪，难以专注地做一件事情。总之，对5号人格者来说，时间应当为自己而存在，所以他们不肯为他人花去太多的时间，很不愿因为社交活动而消耗时间。
6号怀疑型： 严守时间，恪尽职责	6号人格者的最大特点是怀疑，这使他们具有极强的时间观念。如果没有什么严重的事情，他们不会浪费多余的时间，因为时间是自己必须尽忠的主人。他们重视截止期限并严格遵守，原因是如若浪费时间，必会受到惩罚。他们害怕面对不良后果。因此，6号的人格者要是在规定时限内没有完成任务、没能严守时间，往往会陷入极度的慌乱。因此，如果被指派同时做很多工作，他们会因为心绪不宁而不知如何着手，非常窘困。
7号享乐型： 忘情陶醉，享乐时光	7号人格者的最大特点是纵情享乐，因此他们的时间观念往往不强。但7号人格者感到高兴时，会完全没有时间观念，总认为还早，于是趁着兴头继续玩，结果常会苦于时间不够，疲惫困乏。相反，如果碰到烦恼，他们会觉得时间仿佛停止了，想立刻从烦恼中逃脱。所以7号人格者在被指派做枯燥乏味的工作时，会觉得时间难熬，失去活力。
8号领导型： 合理支配时间	8号人格者最大的特点是掌控性强，因此他们的时间观念极强，往往认为自己可以支配和安排时间。他们认为被时间左右是软弱的表现，极力避免被时间摆布。如果被时间追赶，无法把握时间，他们会觉得自己不再是强者，生命的能量自然也会减少。为此，8号不仅严守时间，且为了不被时限所限制，会尽快把事情做完。但是，当埋头于大事时，他们会不在意时间。因此，8号如果在短时间内接到很多指示，会失去活力，为触到自己的弱点而感到屈辱。
9号调停型： 在有规律的时间里，感到最自在	9号人格者最大的特点是和平。和平也就意味着稳定，由此可知9号也有着较强的时间观念。9号认为时间应该像单调的节拍那样，最喜欢的是有规律、没有矛盾、没有变化、缓缓流动的时间。当9号要在规定时间内完成很多事情时，一旦有变化或更改，他们就会产生难以忍受的混乱感，往往干不好事情。

总之，人们根据一个人的时间观念能判断一个人的人格。同样，人们也可根据时间观念来完善自己的性格，使自己得到更好的发展。

我们的优势恰恰也是弱点

生活中，许多事情都不是绝对的，一个人的优势、劣势也不是绝对的。在有些时候，优势容易使人得意忘形，这时优势就可能转化为劣势。许多时候我们不是跌倒在自己的劣势上，而在跌倒在自己的优势上。而通过努力，劣势也会转化为优势。

人们通过使用九型人格，能很清楚地看到自己的优势和劣势，但人们常常只关注自己的优势，并极力将其发扬光大。古人说得好："过犹不及。"过于注重自己的优势，就是"过了头"的一种表现，而任何事物一过了头，好的也就变成坏的了。

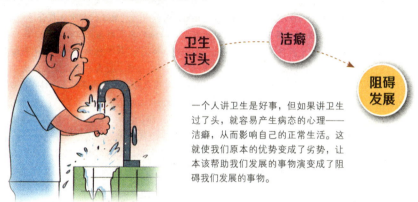

一个人讲卫生是好事，但如果讲卫生过了头，就容易产生病态的心理——洁癖，从而影响自己的正常生活。这就使我们原本的优势变成了劣势，让本该帮助我们发展的事物演变成了阻碍我们发展的事物。

其实，人们着重关注自己的优势的原因在于：在大多数情况下，我们都害怕改变惯常的行为方式，因为我们担心，一旦改变了惯常的行为方式，我们就会失去别人的关注。其实不然，我们如果懂得善用我们的优势，就能有效避免它成为我们的弱点。

要想不让你的优点成包袱，你需要做到以下几点：

永葆优势	扩大优势	善用优势
世间的一切都在改变，优势也不是一成不变的，要想恰当使用优势，就必须永葆优势。	要扩大自己的优势，不仅要让已有的优势更显著，还要懂得将劣势转化为优势。	永葆优势也好，扩大优势也罢，其目的都是善用优势。

如何才能善用优势	
灵活	要随着事物的变化而变化，随着事态的发展而发展。如此，才有成功的希望。
要巧用	猛打猛冲并非一无是处、一无可取，但要想获得更大成功，就必须讲究巧劲，以巧劲取得成功。必须运用智慧，以智慧谋取胜利。
用足	只有用足优势，才能获取最大胜利，谋取最大成功。反之，就可能造成优势的浪费，不能最大限度地获得成功。

其实，九型人格领域的大师一直都在告诫我们要秉持发展的眼光看待自己性格中的优劣势，因为事物是不断变化发展的，人们性格中的优劣势也会随着外界因素的变化而变化，如果过于执着于我们的优势，就容易使优势变成我们的劣势，反而阻碍了我们的发展。

行为会随着经历、生活而改变

很多时候，人们判断一个人的性格，往往是通过观察这个人日常生活中的行为这种方式，认为行为往往能够较为准确地传达一个人的心灵信息。其实不然，作为一个人的内在因素，已有的性格都是受后天影响形成的，而一个人的外在因素——行为，更是后天影响的结果。

从行为的概念来看，行为是人类在生活中表现出来的生活态度及具体的生活方式。它是在一定的物质条件下，不同的个人或群体在社会文化制度、个人价值观念的影响下，在生活中表现出来的基本特征，或对内外环境因素刺激所做出的能动反应。也就是说，人为了生存，已惯于因不同的环境、人物、气氛甚至情绪（包括自己及他人的）而刻意改变自己的某些本能行为。

生活中，许多人都会随着环境的改变而改变自己的行为方式。有这样一个故事：

有一个画师想画一幅神的画像，他想找一位本性纯真的人来作参照，却发现很难找到。几经周折之后，画师终于在一家修道院里找到了一位修道士，这位修道士无论是外形还是秉性，都十分符合画师对神的要求。因此，画师以这位修道士为参照，发挥自己精湛的绘画技艺，将神的形象刻画得惟妙惟肖。画师也凭借这幅画作享誉画坛，那位修道士也从中获得了不菲的报酬。有人对画师说："你既然画了神，你也应该画一幅魔鬼的画啊。"因此，画师开始寻找符合他心目中魔鬼形象的参照人物。最终，他在一个监狱里发现了一个犯人十分符合他心目中理想的形象。然而，这个犯人知道自己要被画成魔鬼时，不禁痛哭起来。画师十分不解地问："只是画张画而已，不会伤害你的，你为什么要哭呢？"犯人说："你真认不出我来了吗？要知道，当年你画神时就是找的我，想不到现在你画魔鬼找的还是我。"画师大吃一惊，仔细一看，这个犯人果然就是以前的那位修道士："你怎么变成这样了啊？"犯人说："当年你以我为参照画了神，不仅使你享誉画坛，也使我成了当地的名人，许多权贵人士都以结交我为荣，时不时地拉我出去交际，久而久之，我就养成了虚荣奢侈的生活习惯，渐渐花光了你当时给我的酬劳，又不甘于贫困，就去骗、去偷、去抢，最终把自己送进了监狱。"

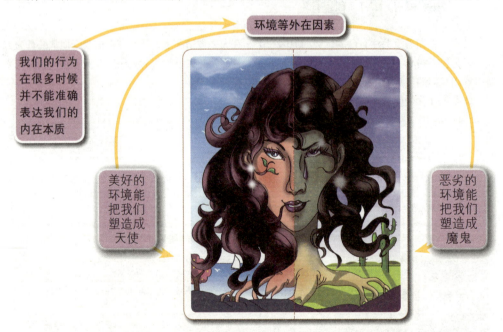

生活中，人们常常会发现多年不见的某某同学大变了模样，如曾经笨手笨脚的丑小鸭，变成了如今举止高雅得体的白天鹅；或者曾经彬彬有礼的英俊少年变成了如今满嘴脏话的人。因此可知，单凭人们的行为来判断一个人的性格，多少有些以偏概全的狭隘感。也就是说，人们在了解自己、了解他人时，要透过自己或他人的行为看到更深层次的东西——人的本质，才能做出最好的选择。

第二章

1号完美型：没有最好，只有更好

1号宣言:世界是不完美的，我要去改善它。

1号完美主义者是很有条理的人，他们办事井然有序，严格遵守各种规则和等级制度。而且，他们的世界观倾向于善恶二元论，在他们的眼里，非黑即白，非好即坏。为了避免自己变成黑的、坏的，他们必须以很高的标准来要求自己，努力改正自己的缺点，也会要求别人和他们一样追求道德、公正和真理。

第1节

1号完美型面面观

1 号性格的特征

1 号是九型人格中的完美主义者，他们眼中的世界总是有太多的不完美，心目中的自己也有很多缺点。他们希望能够去改善这一切。他们对完美的追求甚至达到了苛刻的地步，哪怕已经取得了 99% 的成绩，他们能看到的也只是那 1% 的不足，说他们是鸡蛋里挑骨头一点也不为过。他们的人生信条是："没有最好，只有更好！"

他们的主要特征如下：

	1号性格的特征
1	每件事都力求最佳表现，自我要求很高，喜爱学习和认识新事物。
2	遵守道德、法律、制度及程序，很讨厌那些不守规矩的人。
3	希望比别人优秀，很爱面子，对他人的批评敏感，因此做决定有时会犹豫不决。
4	很少赞扬别人，常批评别人的不好，有点吹毛求疵。
5	很难控制愤怒的情绪，但是一旦发泄怒气，内疚感也会同时随之而来，是外冷内热的典型。
6	善于安排、计划并且贯彻执行，做事很有效率。
7	做事严谨细致，精益求精，但因不放心别人去做而事必躬亲，所以整天忙碌。
8	有时为工作而殚精竭虑，有时又放下一切去尽情玩乐。
9	睡觉、起床、洗刷、吃饭、锻炼等活动像闹钟般准时且定量。
10	外表十分严肃，穿戴十分整洁，表情不多。
11	讲话直来直去，谈话主题常为做人做事，常用"应该、不应该；对、错；不、不是的；照规矩、按照制度"等词汇。

1 号性格的基本分支

1 号性格者因为一味追求完美而把自己的真实愿望给遗忘了，这种严格的自我控制使 1 号性格者具有了分裂的性格：一方面是个人真实的愿望被隐藏，另一方面是要做正确事情的愿望凸显。两种愿望的冲突将导致情爱关系上的忌妒心、人际关系上的不适应感以及用忧虑情绪来进行自我保护的手段。

① 情爱关系：忌妒

1号性格者理想中的爱情是完美无缺的，自己是对方的唯一，并且常常害怕有一个竞争者比自己更具吸引力、更有智慧或更被喜爱，因此经常监控伴侣的行动，并且对两个人之间的任何事情都斤斤计较，唯恐自己的爱人不能全心全意爱自己。

② 人际关系：不适应

1号性格者的人际现状常和自己心目中的理想情况不一致，他们忘记了自己的真实想法，专注于完美的标准，因此他们会发现生活中有那么多的不适应，容易感到困惑、挫折，对团体或者自己公然愤怒，他们批判团体不完美，也会批判自己不能适应某个团体。

③ 自我保护：忧虑

1号性格者自我保护的手段是常常担心自己做的事情不完美，担心什么事情做不好会影响自己的形象，尤其担心自己犯了什么错误会让自己今后的发展受影响，这些在他们看来是无比恐怖的事情，他们会尽力避免这些事情的出现。

1号性格的闪光点与局限点

　　追求完美的1号性格虽然有很多优点，但同时也存在着一些缺点，那些闪光点值得去关注，而那些局限点则应该警醒。下面我们分别对1号性格的闪光点和局限点进行介绍。

1号性格的闪光点	
勤奋和高标准	1号性格者习惯用高标准来要求自己，一旦确定了某个正确的目标，就会通过忘我的工作来让人感到满意，并且要做就做到排名第一。
严谨细致	1号性格者认为，只有严谨细致，才能少走弯路、稳操胜券，严谨的工作态度会给他们带来巨大的收益。
做事井井有条	1号性格者认为任何无条理或无秩序的事都是不可原谅的，因为工作有条理，所以办事效率极高。
重视道德和原则	1号性格者非常正直，有强烈的道德感；坚守原则，面对大是大非问题不会妥协和让步。
改进问题的专家	1号性格者目光精准，通常能够一眼挑出工作中需要改进的地方，立即指出，立即跟进纠正。
天生的改革家	1号性格者事业心比较强，有创新和改革的勇气，是天生的改革家。
有管理能力	管理过程其实是标准和要求不断提高的过程，追求高标准和高要求的1号性格者，由于天性，会不断地进行标准和要求的变更设定。
富于建设性	只要其他人能够承认错误或者承认实力不济，1号性格者的挑剔和批评可以被轻而易举地化解，对于被错误困扰、愿意改善自己的人，1号有百分之百的耐心和热情。
社会精英的摇篮	1号性格者是九型人格中最有智慧的人，具有精确的判断力和旺盛的生命力。他们总是有更高远的目标在前方，一旦改造或抑制了极端完美主义的性格，则很容易成为社会中的精英人才。

1号性格的局限点	
常陷入自我迷失	1号性格者一味关注和追求完美的外在标准，很少享受人生，没有时间思考自己真正重要的需求，常常陷入自我的迷失。

常破坏平衡与和谐	1号性格者极力要求完美，必然会破坏身边的平衡与和谐，影响事业取得成功，而且家庭、人际关系等方面也会面临困境。
常忧心忡忡	1号性格者总是担心会犯错，且担心其他人的看法，冷静的外表下埋藏的是忧心忡忡的恐惧。
顽固清高	1号性格者一旦认定了一个事实，就会坚持其"唯一正确性"，这会限制思想的互动和完善。他们想当然地认为别人的意见不如自己的，也显得过于清高。
忌妒心强	1号性格者以完美为坐标，在与自己较劲的同时还喜欢和他人一争高下，当看到别人比自己优秀时，会有强烈的忌妒情绪。
好为人师	1号性格者是个理想主义者，他们常主动纠正别人的错误行为，却不知自己每每留下好为人师的恶名。
好挑剔及缺乏体谅之心	1号性格者对自己对别人都会相当挑剔，甚至对人出言讽刺。另外，在发现问题并提出解决方法时，他们很少考虑别人的处境，缺乏体谅之心，常给人际关系带来阴影。
对他人缺乏信任，不善授权	1号性格者关注事情的完美和每一个细节，他们不放心让别人代做一件事情，只能事必躬亲，这种不善授权也使其影响力不能发挥到最大。

1号性格者的发展方向

1号性格者的高层心境是完美。

处于低层心境中的1号性格者常以将理想转变成现实为使命，常常陷于比较当中，为现实与理想的差距而痛苦不堪。在他们的世界中，有且只有一条正确的准则，要么是对的，要么是错的。他们意识不到完美其实是有弹性的，周围的每件事情，包括他们自己，即使呈现一些小瑕疵，本身可能已经接近完美了。也就是说，真正的完美主义者能够意识到：不必保持100%的完美，根据现实情况做到最好就是完美，要允许风险和错误的存在，因为这些风险和错误有时反而是通往接近完美的必经之路。

只有1号性格者接受自己不完善和不完美的本质，同时接受靠自己的力量永远无法达到全然的完美这一事实，他们才会发现周围的人和事物本身已经很完美了，只是自己有着一双过于挑剔的眼睛。

1号性格者的高层德行是平静。

不具备此种德行的1号内心常常充满愤怒，无法释放。他们想要发怒却又不允许自己发怒，发怒在他们看来也是一种不完美。他们对现实的不满越多，身体内积压的愤怒也就越多，这些愤怒会四处乱窜，所以允许自己适当发些脾气，对于他们身体内部的平衡将大有裨益。平静并非情绪的缺失，而是时刻对个人情绪保持知觉，让它自由出现，无论是好情绪还是坏情绪，只用心全然体会，而不去论断它们的好或者坏。平静意味着平衡，意味着正面和负面的情绪互相交织却又自由流动，1号性格者逐渐可以意识到所谓的负面情绪也并非不可以接受。

1号性格者只需让理性的自我退居幕后，不去执着于自己的标准，让各种情绪自然流动，这样他们就能获得一种平静的状态。

1号性格者的注意力常常围绕在自己心目中的那个完美标准上。

他们会自动参照这个标准来评判自己的思想和行为，并评判周围的世界。他们在做事过程中常对每一个步骤进行检查，并确保自己在不断进步和提高。这个过程有时相当痛苦，因为他们可能感到自己永远无法达成完美的目标。

即使是普通人，有时也或多或少会把自己的努力与完美的标准进行对比，但是1号性格者与之不同的是，他们完美的标杆永远矗立在那里，他们朝向完美标杆的行动将永不止步。

1号性格者内心进行评判和比较的习惯已经根深蒂固了，他们首先需要意识到内心评判和比较所带来的痛苦，其次，他们需要积极地学习控制注意力的方法。当觉得自己达不到理想的标准之时，他们应该把注意力转移到中立和客观的立场上，用平衡和现实的观点来看待这一切，这样他们的痛苦就会少很多。

1号性格者的直觉来源于他们习惯关注的东西，他们常常发现生活中充满了错误，他们时常能发现完美的可能，并且会迫不及待地去改进自己，他们渴望着一个没有错误的环境。

1号凭直觉的不同表现

事情没按预期进行时

"我总是能很快发现周围存在的各种各样的不完美，并且想着去改正它们。我是一个大学教授，我觉得自己的学生一个个都是那么马虎不认真，他们不仅有时候上课迟到，而且上课的时候很大一部分人像一摊泥一样坐在凳子上。我总是会批评他们，一个人应该保持良好的坐姿，这样才能有高的效率和良好的形象。"

事情按预期进行时

"当一切都在正常地按照我的预期进行着，我的内心就会特别放松，我的头脑中不再有批评的声音，我会有一种特别舒服的感觉，我的整个身体和精神都处于非常愉悦的状态。比如我刚写好了一篇心目中的论文，或者我看到家里的一切都布置得井井有条、一尘不染，或者走在街上很多人都热情地向我问好，或者是我的太太已经按时做好了晚饭，而孩子们都很乖地去吃饭，没有大声吵闹，这些时候我会觉得自己是世界上最幸福的人，这一切多么美好啊！"

当他们内心不再比较和评判时，他们就可能获得"感到正确"的直觉，在一个完全正确的解决方式面前，他们会显得异常放松，他们甚至会说："这一切是多么完美呀！"

41

1号发出的4种信号

1号性格者常常以自己独有的特点向周围世界辐射自己的信号，通过这些信号我们可以更好地去了解1号性格者的特点，这些信号有以下4种。

1号性格者发出的信号	
积极的信号	1号性格者不断向周围世界释放一些积极的信号。他们强调原则性和正确性，守信用并且勇于承担责任。他们不求回报，坚守原则，是规则的守护者。他们身先士卒，激励和鼓舞他人，向人们展示什么是完美的工作。他们技术熟练，且非常努力，他们有坚守独立而不依靠别人的信念。
消极的信号	1号性格者也不可避免地向周围世界释放一些消极的信号。他们常常以批评来表示鼓励和关心。在他们的眼里，似乎一切都需要改进。另外，1号性格者喜欢显示自己的优越，并且会不自觉地与别人进行比较，如果其他人比他差，就会很高兴；如果其他人比他优越，则会陷入深深的自卑和忌妒。
混合的信号	1号性格者发出的信号很多时候是混杂的，会让人难以捉摸。他们过于关注心中的完美标准以至于压抑内心真正的需求。他们所关注的问题是"应该"和"必须"，而不关注自己的真实愿望。这些混杂在一起的信号会让人对其产生误解。
内在的信号	1号性格者自身内部也会发出一些信号。他们会因为对现实不满而不自觉地产生愤怒情绪，但是他们对自己内在的气愤情绪常常不能自觉，他们甚至习惯用虚假的感觉去压制和隐藏心中的怒火。于是，你常常会看到1号性格者内心明明很生气，甚至已经无法掩饰了，却依然装着很大度地告诉对方："我对于你说的话一点都不在意，我也不会为此生气的。"

1号在安全和压力下的反应

为了顺应成长环境、社会文化等因素，1号性格者在安全状态或压力状态下，有可能出现一些可以预测的不同表现：

安全状态

1号性格者在安全的状态下，常常会向7号享乐型靠近。

1号并非转变为7号，而是安全状态带来了简单化的生活，促使他们不需要去无尽地自责。而此时的他们甚至会变得有些极端，有些无所顾忌。他们就像长期节食的可怜人突然面对一桌佳肴，不需要考虑身材什么的，他们只觉得亏欠自己的一定要尽力补回来。

他们不再过分评判和比较，开始放松，甚至可以把工作放到一边去休息和度假。他们不再过度关注责任，能够尽情地玩乐。

他们开始放下严肃拘谨的态度，放下自己追求完美的苛刻态度，开始解放自己，甚至可以自嘲，也不再严苛地要求别人，能容纳他人意见，也能够接纳富有想象力以及多样化的计划。

压力状态

1号性格者在处于压力状态下时，常常会呈现4号浪漫型的一些特征。

他们常常会因为内心的压力得不到有效排解，内心真实的情感无法尽情宣泄而变得自我否定、自我批判，并且变得情绪化、反复无常，被忧郁忌妒的情绪填满，有时候还会自暴自弃、自怨自艾，沮丧并充满无力感。

面对压力之初，他们变得害怕休闲，不允许生活中有快乐存在，强迫自己去工作。他们更加容易发怒，也更加挑剔和容易忌妒，渴望自己没有得到的东西，接着便开始害怕自己因为并不完美而遭人抛弃。他们发现自己的无力，感觉自己一无是处，常常陷入无穷的沮丧和绝望之中。

此时的他们相当脆弱，经不起打击，非常需要别人的理解和帮助。

1号的高层德行：平静

1号性格者的高层德行是平静，拥有此种德行的1号可以接受愤怒的存在，情绪达到和谐的状态。

1号

不具备此种德行的1号内心常常充满愤怒无法释放，他们想要发怒却又不允许自己发怒，发怒在他们看来也是一种不完美。

平静意味着平衡，意味着正面和负面的情绪互相交织却又自由流动，1号性格者逐渐可以意识到所谓的负面情绪也并非不可以接受。

1号性格者只需让理性的自我退居幕后，不去执着于自己的标准，让各种情绪自然流动，这样他们就能获得一种平静的状态。

1号内在信号的真实世界

他们的内心对某一个人说的话可能深恶痛绝，但他们可能会劝告自己，"那个人没有那么讨厌，本质也不坏，我要尽快原谅他，我是一个大度的人"。

他们通常意识不到自己追求完美的欲望使他们无法感觉到自己的怒火，他们只知道自己在做"完美的事情"。

1号

你可能看到1号性格者内心明明很生气，甚至无法掩饰，却依然装着很大度地告诉那个人："我对于你说的话一点都不在意，我也不会为此生气的。"

第2节

我是哪个层次的1号

第一层级：睿智的现实主义者

第一层级的1号是有智慧的人，他们的智慧使他们能够追求理想，但依然被认为是一个现实主义者。现实与理想的完美对接，是一种高超的智慧。

他们不再苛求自己，他们认为自己没有必要完美无瑕，全然地接受自己，能够拥有一种对自己的优点认同、对自己的缺点宽容的心态。他们不再强求自己，反而发展得更加完善。

他们不再苛求他人，给他人一个成长的空间，正如给自己一个成长的空间一样。对别人观点的认同让自己拥有了更宽广的视野，也有了更高的智慧。

他们不再苛求现实，他们眼中的现实开始变得可爱，他们知道事情的发展有其应有的发展秩序，一切发展都在循序渐进、有条不紊地进行。而且，他们逐渐更加认同规则，他们更加认可事物运行的本来面目。

该层级类型是所有人格类型中最聪慧的。他们的聪慧在于其精准的判断力，他们能迅速判断现实的本来状态，也能判断出适应现实的最合适的应对方法，他们是睿智的现实主义者。

第二层级：理性的人

第二层级的1号是个讲求理性的人，在他的世界里，一切都可以客观去看待，这种理性让其可以为现实负责，能够在现实与理想方面达到比较平衡的状态。

虽然智慧比不上第一层级的1号，但是第二层级的1号依然拥有相当好的现实敏感度，能够分辨出现实的真实情况，也能够分辨出事物的价值大小、事情的轻重缓急。他们可以跳出生活的小圈子，站在高处看现实，他们眼中的世界很清晰，他们的行动很有力。

作为一个理性的人，他们具有良好的价值判断能力，他们在道德上具有较高的自我要求，愿意用道德限制自己的言行。他们对于自身的罪恶性十分警惕，有时会为道德的不完美而黯然神伤。

他们的内心比较平衡，因为客观的眼光，因为对道德准则的遵守，还因为他们在现实面前也已经做出自己的贡献。他们是有责任心的人。

第三层级：讲求原则的导师

处于第三层级的1号讲究原则，并把自己当作原则的遵循者，但是他们不会强迫别人，是言传身教的导师，他们信仰自己的真理，相信真理的原则终究胜利。

他们重视真理、公平和正义，他们期待真理之光的降临。他们讨厌和痛恨生活中的不公正，试图改变现实中的各种不平等。他们的生活原则是爱和奉献，甚至愿意做真理的殉道者。

他们的行动以原则为基础，不会以个人的简单愿望行事。他们客观而有远见，讲究个人纪律，不为现实的利益所动。他们认为自己的原则是正确的，在为原则而献身的过程中有很强的信心。他们对外界宣扬自己的原则，他们希望大家明白，生活中如果没有原则，将是多么恐怖的事情。

该层级类型的1号依然是健康而有活力的，他们的行为总是能让世人感受到更多的理想之光，他们是讲求原则的导师。

第一层级：睿智的现实主义者

善于判断现实，完美对接理想。

处于健康状态的1号的三个层级

第二层级：理性的人

带着道德的镣铐，跳出动人的舞曲。

第三层级：讲求原则的导师

健康与活力并存，散发着理想之光。

第四层级：理想主义的改革者

处于第四层级的1号坚持自己的原则，有着坚定的理想，并为之而努力。他们要改变这个世界，在各种事情上坚持较高标准，并且用它们来促使周围的世界向更好的方向发展。

他们常常认为自己是高于他人的，因为自己的原则要高于别人。他们看不惯别人糊涂地过日子，看不惯别人面对事业的那种不严谨、不严肃态度，认为自己有责任教导他们。

他们虽然不会去强迫他人，但总是忍不住要让别人知道：他们在偏离原则了。

他们希望生活能够不断前进，不能容忍自己在同一个水平线上徘徊。他们的生活缺少娱乐，即使在娱乐，也要把娱乐当作实现自己理想的一种手段，日常兴趣也常常和事业联系在一起。

他们在现实面前也会觉得自己有时候缺少支持，觉得自己的想法和他人必须很好地结合，但他们依然要坚持，是坚持理想的改革者。

第五层级：讲求秩序的人

处于第五层级的1号心中有规则，他们拿这些规则去衡量周围的一切事物，他们希望周围的一切都符合自己的规则，觉得这样的世界才是有秩序的。

他们严格控制自己的内心和行为，也试图去控制周围的世界。他们对周围的世界开始充满挑剔，喜欢提前设定一个行事的准则。

　　他们不断评判周围的世界，常常指出别人的错误，常常给出一个更好的做事方法。他们要求一切井井有条，事情的发展也有条不紊。他们常常会强迫自己或别人去做事，不允许这个世界脱离控制。他们也会痛苦，但是常常忽略内心的挣扎，转而投身到秩序的建设中来。

　　秩序是美好的，即使是僵化的，也是自己心中美丽的标准。该层次的1号有点吹毛求疵，在现实中常常感觉到很大的压力。

第六层级：好评判的完美主义者

　　该层次的1号事事要求完美，他们充满对世界和自己的评判，认为只有完美才能带来安宁。

　　他们严格要求自己完美，要求自己做事情注意细节上的完美，不能出现任何差错，对自己犯错误充满愤怒。他们严格要求别人完美，常常主动告诉别人其做事的不完善，并且给其指出正确的方法。

　　他们做事讲求细节，却不自觉地影响进度。他们事必躬亲，不放心让别人去做，对别人的批评常常引起他人反感。别人常常不会觉得他们说的事情不对，只是他们的态度实在难以接受。

　　他们难以倾听，不断发表高见，甚至是自己并不甚了解的事情，常常也会试图告诉别人正确的方法。他们的内心无法平静，常常会陷入走向极端的生活。

　　在第六层级的1号性格者的心目中，一切都需要改变，完美的世界应该到来："我在为之受苦，凭什么其他人可以轻松？我要叫醒他们来承担责任。"

第四层级：理想主义的改革者

高调的口号，孤独的理想。

处于一般状态的1号的三个层级

第五层级：讲求秩序的人

遵守秩序的作风，苛求别人的个性。

第六层级：好评判的完美主义者

充满各种评判，生活缺少安宁。

第七层级：褊狭的愤世嫉俗者

　　处于该层级的1号内心的标准已经绝对化，他们认为自己的标准才是唯一正确的标准。他们变得愤世嫉俗，此时很少会批判自己，认为自己是绝对正确的。他们认为自己应该获得快乐，哪怕自己不完美，只要发现别人更大的不完美，自己就是完美的。

他们虽然认为自己很有道理，握有绝对真理，愤怒的火焰无法熄灭，但是也会让自己频频受伤。受伤之后，他们会试图麻醉自己。这样，他们就会不断陷入发泄、受伤然后麻醉自己的怪圈。

他们无法容忍和自己不同的观点，认为别人必须按自己的想法办事才行，不然这个世界就真的乱套了。他们从来不接受他人的观点和做法，是褊狭的愤世嫉俗者。

第八层级：强迫性的伪君子

处于该层级的1号常陷入自己的妄想而无法自拔，但强迫自己不采取行动，另外又无法压抑内心的冲动。他们的标准自己无法达到，但他们又要求他人达到，这时的他们是典型的伪君子。

他们的内心被自己的原始欲望所充满，思想中充满了扭曲的欲望，充满了各种各样被压抑的阴暗情绪。他们被自己的欲望所控制，他们会去做，并且为之后悔，然后他们就不断惩罚自己。他们可以对别人大力宣扬性道德的纯真，但是无法控制自己内心的渴求。

处于该层级的1号，被自己内心压抑已久的情绪和欲望所控制，长期忽略自我正常的需要，他们很难再控制住自己的内心，已经是强迫性的伪君子。

第九层级：残酷的报复者

处于该层级的1号内心充满了惩罚的念头，完全丧失了自己的爱人之心，已经成为"行使正义的侠客"。他们行为的出发点不是自己的理想，纯粹就是报复他人的不合作。

他们已经无法自控，看到别人不合作，就会怒火中烧，会千方百计证明自己的正确性，会千方百计证明别人的错误。他们不但会证明别人有错，而且要让犯错的人得到惩罚。

他们一旦证明了自己的正确性和高尚性，就会不择手段。他们认为只要自己做的是行使正义的事情，那么手段的道德或不道德，惩罚的力度的大小都显得不那么重要了。

处于该层级的1号，把惩罚当成了追求一切的手段，成了乱行权威的暴君。他们完全丧失了头脑的清晰，内心残酷，手段毒辣，是残酷的报复者。

第七层级：褊狭的愤世嫉俗者
自己就是标准，无法接受他人。

处于不健康状态的1号的三个层级

第八层级：强迫性的伪君子
被原始欲望征服，以道德纯真掩饰。

第九层级：残酷的报复者
一切为了惩罚，残酷而又毒辣。

第3节

与1号有效地交流

1号的沟通模式：应该与不应该

1号性格者追求的是心目中的理想和完美，因而在现实中他们常常不遗余力地强调某件事应该不应该做、应该怎么做或者不应该怎么做，这已经成为1号对外沟通的典型模式，这一点是我们应该认识到的。

车尔尼雪夫斯基说："既然太阳上也有黑点，人世间的事情就更不可能没有缺陷。"1号性格者在沟通过程中常常过于关注黑点而忽略黑点周围的光芒，这样的沟通模式常常会让周围的人感觉到压力，甚至选择逃避和离开他们。

1号性格者经常会说一些这样的话："虽然我不是领导，但是看到你们不能遵守规则，我也很气愤，请按照规定来做，就这么简单，为什么你们就做不到呢？""开车一定要遵守交通规则，否则不但危险，还会造成交通堵塞，难道你们不知道吗？"

我们要清楚1号的沟通模式背后的特点，虽然他们常常提出很多的"应该"以及"不应该"，但是他们的怒气常常是针对某件具体的事情而言的，并没有完全否定另外一个人的意思，这样在受到1号挑剔的时候，我们就能够很好地容忍和理解1号的过度挑剔了。

观察1号的谈话方式

1号注重完美，关注自己心目中的标准和周围事物的差异，他们难以忍受周围的事物不在正常的轨道上边运行。一方面，他们的严谨和认真会让事物的运行朝着更加美好的方向发展，但另一方面，他们也可能给周围的人带来很大的压力。

下面，我们就对其谈话方式进行一个简单的说明。

1号性格者的谈话方式
1   1号性格者的谈话常常是直来直去的，不讲情面、不拐弯、一针见血，直接谈及问题核心。
2   他们不幽默，不做作，不喜欢噱头，常常是以实际问题为导向。
3   他们话语简洁而有力，而且，通常指令清晰、干脆利落，没有拖泥带水、模棱两可的词句。
4   他们喜欢直接沟通，谈话方式沟通效率很高，这样可以消除很多不必要的误会，也不用挖空心思去判断说话者的意思，不需要假设，不需要瞎猜，有疑问也可以直接求证。
5   1号谈话主题常常为做人做事，而且常用"对／错、应该／不应该、好／不好、必须／否则、一定要／不可以、肯定是／不可能、按照规矩／制度／规定／标准／规范／流程／原则"等词汇来表明做人做事的原则标准是什么。

总之，这样的谈话方式可以让人感受到1号严肃的人生态度，坚守原则和真理的美德，而且这样态度分明也可以让听话人清楚1号的直接意图是什么，但是这种方式如果用得过多，常常让人觉得1号太刻板，而且好为人师的唠叨和说教会让人抓狂，他们的话语中透露出来的强势态度也常常引起一些矛盾和冲突。

读懂1号的身体语言

进化论奠基人达尔文说："面部与身体的富于表达力的动作，极有助于发挥语言的力量。"法国作家罗曼·罗兰也曾说过："面部表情是多少世纪以来培养成功的语言，是比嘴里讲的更复杂千百倍的语言。"

当人们和1号性格者交往时，只要细心观察，就会发现1号性格者会发出以下一些身体信号。

	1号性格者的身体语言
1	1号性格者是追求完美和卓越的一个群体。1号的身体语言完全追求文明，他们男人是绅士，女人是淑女或贵人人，他们的身体语言常常也显出比较高雅和严肃的感觉。
2	1号目光专注而坚定，一般先注视对方眼睛，然后打量全身，再回到眼睛上。他们给人一种似乎总是在挑毛病的凌厉感觉。
3	生气时脸色阴沉，沉默不语，给人以压迫和紧张的感觉。
4	他们常常摆出硬挺的姿势，行走坐卧中规中矩，体态端正，从不东倒西歪，而且可以长久保持同一姿势不变。
5	他们的面部表情变化也比较少，他们时常严肃，他们笑容不多，而且常常只是微笑。
6	他们认为手足乱舞、眉飞色舞是无礼和粗鲁的表现，是完美的自己所不应该表现出来的。
7	1号性格者不仅对自己的身体姿势等各方面要求比较严格，有时候也会不习惯别人丰富多变的身体语言，觉得有失礼教。如果别人和他们交往的时候手舞足蹈，他们心里会很不舒服，觉得自己面对的是一个素质不是那么高而且态度过于随意的人。
8	着装整洁得体，男性干净利落，女性端庄严整。

通过1号的身体语言我们可以更多地了解其追求完美的本性。我们和他们交往的时候，应该避免身体语言过于丰富，这样才能更好地和他们进行沟通。我们应该知道他们的原则：绅士的交往者应该是绅士，淑女的同伴也应该是淑女。

1号是讲目标、原则的人

就整体而言，1号是讲目标的人。1号是有着理想主义气质的人，他们的心目中常常有一个接着一个永远不能止步的目标，他们为之而努力、为之而奋斗、为之而殚精竭虑，有着不达目的决不罢休的坚韧意志。

1号是一个有原则的人，不仅关注做什么，还关注怎么做。1号的心理世界里常常悬挂着一架道德和真理的天平，不偏不倚，恪守原则，说他们是真理的卫道士一点也不为过。

因为1号是讲目标、讲原则的人，所以和1号进行交流时，一定要注意的是不能拿他们的目标和原则开玩笑，他们会因此和你划清界限。我们应该尊重他们的目标和原则，甚至赞赏他们在生活中的高标准，这样你才能更好地和他们进行有效的交流。

1号性格者讲原则的具体体现

"我的人生世界里有过很多事情发生，但是我可以说我做每一件事情的时候都是恪守我的良心和准则的。"

"我对自己的人生有着明确的规划，五年以后、十年以后会是什么样，我早已经规划到位，我知道我的将来尽在我的掌控之中。"

和1号交谈，要重理性分析

1号重视原则和真理，他们对于事物的看法常常是出于理性而不是感性的。他们对于说话的对象欣赏的品质常常是理性。因此，和1号进行沟通的时候，一定要重理性分析，而不要和他们云里雾里地谈你的人生感受，或者逻辑混乱地去谈论某件事情。你这样去做的话，常常会让他们感到厌烦，你们的沟通也不会愉快。

1号对人的信任可以分为三个层次

第一个层次是认知信任	第二个层次是情感信任	第三个层次是行为信任
它直接基于事实和逻辑思考而形成，1号重理性、重分析，因而偏好强调事实和逻辑的沟通手段。	在和你交往过后，感觉你提供的信息和事实符合他的要求，便可能形成对你在感情上的信赖。	只有在对你有了足够的认同后，行为信任才会形成，其表现是持久的关系和重复性的交往。

所以，如果想赢得1号的信任，必须注重理性分析，而不能一味强调感性感觉，在此基础上才能获得他们的肯定、认同和信赖。

尽量别和1号争辩

1号常常是固守在自己思想的围城当中，一旦认定了一件事情，常常会划定一些原则和方法。在他们的心目中，这些东西是完全正确的，是不容置疑的，他们一旦认定，就像虔诚的教徒一样，认为这个世界上只有一位所谓的真神，除此以外，其他的一切都是虚假的偶像。

这样的时候，追求完美和原则的1号开始不理智起来，似乎他们拥有的是绝对的感性。对于与自己不同的观点，他们的耳朵像躲在密不透风的墙壁后边，不管你说什么，他们都坚持认为自己的决定是最正确的选择。

所以，当我们在意见上和1号有分歧时，最好不要针尖对麦芒地和他们争辩，因为1号从来都对自己的观点有着盲目且绝对的自信。当我们对的时候，我们要试着温和地、有技巧地引导1号赞同我们的看法；当我们错了时，我们也要对自己及他人诚实，因为每个人都会犯错，我们需要对1号坦然地承认错误，这会比辩解更容易赢得1号的信任。

批评1号前，先批评自己

1号常常会坚持自己的固有想法而不愿低头，他们宁愿为一个错误的原则去死，也不愿意选择主动放弃自己的原则。他们常想：作为生活中的第一名，怎么能够承认自己比别人差呢？

心理学家汉斯·希尔说："更多的证据显示，我们都害怕受人指责。"因批评而产生的羞愤，常常使雇员、亲人和朋友的情绪大为低落，并且对应该矫正的事实状况一点也没有好处。对于对批评尤其敏感的1号群体，我们更是应该避免对其直接加以指责。

在和1号进行沟通时，我们一定要懂得主动示弱，即使是1号错了，在批评他们之前，一定要懂得先批评自己，这样1号常常会感觉到自己的面子得到了满足，即使嘴上不说，也会心里明白自己也有缺点。批评别人之前先进行自我批评，这是一条普遍的人际沟通法则。

别揪住细节不放

1号是靠判断性思维跟外界沟通的，他们关注细节，能迅速地注意到事情的方方面面，一旦发现瑕疵，一定会给出修改意见。在人际交往中，1号常给人爱挑毛病的印象。

但我们在和1号交往时，却不能像他们那样计较，抓住细节不放，而应坚持抓大放小的原则。因为，1号的特点是追求完美的理想和原则，他们会常常显得有些唠叨、有些好为人师、有些鸡蛋里挑骨头。我们应该看到在这些小细节的背后，他们的目的是获得更加完美的结果，坚持更高的价值准则。我们应该因为有1号的存在而庆幸，并赞赏他们的高标准和高品位。

欣赏1号的不完美，别抓着小细节不放，这样你才能更多地去认识1号的价值。有1号的存在，你的生活永远会充满一些不自在，你总需要更加努力，但不自觉地你的各方面在其狂轰滥炸下也会有一个质的提升。让我们忘记那些不爽的小细节，去欣赏他们的苛刻吧。

与1号的交流之道

尽量别和1号争辩

1号对自己有着绝对的自信，针尖对麦芒的做法往往无法改变他们的看法。这时候我们不妨温和地、有技巧地引导他们同意我们的观点，这样也更容易赢得1号的信任。

批评1号前，先批评自己

不管是当面还是通过通信工具与1号交谈，直来直去地对其进行批评都会使敏感的1号变得失落。这时候，自我批评反而会使他们觉得愧疚，并真诚地承认自己的缺点。

别揪住细节不放

抓住细节不放，往往会打击1号的自尊心和自信心，使他们变得自卑、忧郁，影响其工作积极性；相反，采取抓大放小的方式来对他进行劝诚，反而能取得事半功倍的效果。

如何与1号有效的沟通

1号重视原则和真理，他们对于事物的看法常常是出于理性而不是感性，他们对于说话的对象欣赏的品质常常是理性。因此和1号进行沟通的时候，一定要重视理性分析。

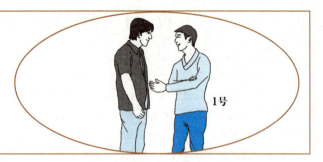

1号常常是固守在自己思想的围城当中，一旦他们认定了一件事情，他们的心目中，这些东西是完全正确的，是不容置疑的。这时无论你说什么，他们都坚持认为自己的观点是最正确的。

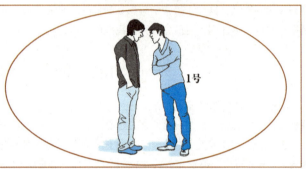

1号常常会坚持自己的固有想法而不愿低头，很多时候，他们宁愿为一个错误的原则去死，也不愿意选择主动放弃自己的原则。

1号是靠判断性思维跟外界沟通的，他们关注细节，能迅速地注意到事情的方方面面，并且以极快的速度找出其中的"不对劲"，一旦他们发现瑕疵，一定会给出修改意见。

欣赏1号的不完美，别抓着小细节不放，这样你才能更多地去认识1号的价值，有1号的存在，你的生活永远会充满一些不自在，你总需要更加努力，但是不自觉的你的各方面在其狂轰滥炸下也会有一个质的提升。

第4节

透视1号上司

看看你的老板是1号吗

在工作中，你也许会有这样一个上司：他总是对你的工作不能满意，甚至为一些不起眼的小细节大声斥责你。你经常会觉得他有些小题大做，太爱上纲上线。这样的时候，你也许应该考虑一下他可能就是1号性格的老板。

1号性格的老板常常有这样一些特点：

	1号老板的性格特点
1	他们眼光常常超越现实，富有改革现实的勇气和热情。
2	他们恪守商业道德和原则，追求卓越目标，富有进取精神。
3	他们事业心强，对工作充满热情，有丰富的感染力和带头作用。
4	他们做事严谨细致，精益求精，是细节化管理的推崇者。
5	他们诚信可靠，顾全大局，极具领袖魅力。
6	他们知人善任，能根据员工的实际情况恰当安排职位。
7	他们善于组织事务，习惯一切井井有条，按部就班，依计划行事。
8	他们是纠错专家，能迅速发现机构漏洞，并习惯及时快速处理。
9	他们为追求完美，常常自己承担过多事务，分权力度不够。
10	他们太恪守标准，而不善于根据现实灵活调整策略。
11	他们严于律己，也喜欢苛求他人，常用批评而不是表扬来督促下属。

你如果发现你的老板满足了以上大多数的条件，那就恭喜你终于发现了他的人格类型。根据他的特点有的放矢，你就能更好地理解他的思维特点和管理风格，你就能更好地和他进行沟通，赢得他的信赖，并快速得到提升。

恭听1号上司的批评

1号上司的高标准和高尚原则导向是他经常对下属不满的根源，他们极度追求完美，极度要求有最好的结果和最好的工作表现。他们是工作中的偏执狂，他们为此而严于律己、兢兢业业。当看到有人竟然对工作马虎应对时，他们的怒火就会油然而生，他们的批评就会呈排山倒海之势滚滚而来，让你招架不住。

当1号上司批评你时，他们的情绪是极度激动的，他们的脸色铁青，语言犀利，语气坚决而富有讽刺性，甚至泯灭你一切的功绩，把你的缺点公布于众，让你在众人面前出丑，让你一肚子委屈和无奈无处发。

但是和1号上司硬碰硬的策略被证明是不明智的，即使你是正确的，他们也不会甘于示弱；如果你是错误的，这样的做法无疑会火上浇油，为你们的关系造成不可弥补的伤害。

这个时候，如果你能够怀着一颗恭敬的心情去聆听他们的愤怒，去理解他们追求完美和卓越的热情，去感受他们内心深恐不能完美的焦虑和恐惧，你会让1号上司感受到你的尊敬和同理心，他们的怒火也会渐渐熄灭。火和火在一起是更多的火，但当火碰到的是水，那得到的就是宁静。

始终挑剔的人，甚至最激烈的批评者，常会在一个忍耐的聆听者面前软化降服。面对1号这样的上司，对于他们的批评，我们要学会洗耳恭听，这样你得到的将不是怒火，而是一颗理解的心。

别触犯1号老板的原则

1号老板常常是极具原则性的人，不管他们自己是否自觉，他们在下意识里常把自己放在规则的守卫者的角色上。他们是原则的卫道士，对于一切敢于挑战原则的人，他们的态度是"杀无赦"。

面对这样的1号老板，我们做下属的要有一件事放在心头，那就是永远不要触犯上司的底线。他们在平时的小事上对你的苛刻可能并不会真正影响你在他们心目中的形象，但是一旦你触及1号老板大是大非的原则问题，他们往往很难原谅你，他们会把你定性为"恶劣分子"，把你永远驱逐在个人信任的心门之外。

1号老板喜欢那些遵守原则的本本分分的员工，他们认为一些事情是做人做事的底线，是工作中的雷区和禁区。如果触犯了原则，那么你会被炸得体无完肤或者受到严惩。他们会认为那是你应该付出的代价，所以不要触犯1号老板的原则。

称赞1号上司要诚恳

1号上司是对自我要求比较高的人，他们的内心常常有一个批评家在不断提醒自己有哪些地方不完美。他们对自己的缺点和不足特别敏感。他们不喜欢别人的批评，但是他们对于表扬也相当敏感，再加上他们极佳的判断力，所谓的违心的赞美对于1号很多时候没有太大的作用，反而会引起他们的反感。

所以，要谨记的一点就是，如果你要称赞你的1号上司，不可以那么夸张和直白露骨。千万不要用那些很空的东西去取悦他们，而应该使你们的谈话围绕身边实际的例子展开，从而使你的赞扬显得不虚假、不做作，这样才能赢得他们的好感。

全力执行1号上司交代的任务

1号上司本身是具有极强执行能力的领导，他们一旦确定做一件事情，就会要求自己做到极致，得到最快最好的结果。他们对自己的要求很严，说到做到，不自觉地也会用这样的标准去要求自己的下属。让他们欣赏的员工就像勤劳的牛，能够无怨无悔全力帮助他们实现心中的工作愿景。

古希腊哲学家德谟克利特说："只靠一张嘴来谈理想而丝毫不实干的人，是虚伪和假仁假义的。"作为1号的下属，就要具有较强的执行能力，得到任务后能够全力执行，不断付出，精益求精，追求完美，只有这样才能让你的1号上司开心。

一年冬天，猎人带着猎狗去打猎。猎人一枪击中了一只兔子的后腿，受伤的兔子拼命地逃生，猎狗穷追不舍。可是追了一阵，猎狗知道实在是追不上了，只好悻悻地回到猎人身边。

①

②

③ 兔子带着枪伤成功地逃生了，同伴们都围过来惊讶地问它："那只猎狗很凶呀，你又负了伤，是怎么甩掉它的呢？" 兔子说："它是尽力而为，我是竭尽全力！它没追上我，最多挨一顿骂，而我若不竭尽全力地跑，可就没命了！"

猎人气急败坏地说："你真没用，连一只受伤的兔子都追不到！" 猎狗听了很不服气地辩解道："我已经尽力而为了呀！"

在1号上司的眼里，如果仅仅像猎狗那样勤奋是远远不够的。你必须像竭尽全力逃生的兔子一样，抱有不成功便成仁的豪迈，才能在1号上司的眼中成为一个值得托付重任的人。也只有这样的员工，才能获得他们的喜爱。

怎样赢得1号上司的喜欢

恭听1号上司的批评

1号上司极度追求完美，一旦看到有人马虎对待工作，就会怒火中烧。这时候，硬碰硬的做法无异于火上浇油，只有恭敬地聆听他们的愤怒，才能平息他们的怒火。

别触犯1号老板的原则

1号老板喜欢看到的员工是遵守原则、本本分分的。只要不触犯他们的原则，双方的关系就会变得非常融洽。即使员工的工作有一些不足，他们也乐意亲自进行指导。

称赞1号上司要诚恳

1号上司并不拒绝表扬，但是他们拒绝那些明显不是事实的表扬，那会使他们感到很不舒服。他们喜欢诚恳的、发自内心的、不偏离事实的表扬。

全力执行1号上司交代的任务

在接到上司的任务之后，有的人认认真真、全力以赴地尽快完成它，有的人却不以为意，消极怠工。很显然，前者更容易获得上司的喜欢，后者则很难避免被炒鱿鱼的结局。

第5节

管理1号下属

找出你团队里的1号员工

在工作中，你也许有这样一个员工：他对你不会阿谀奉承，他说话诚恳而且直接，工作自动自发，而且总是按时保质保量完成任务。他还会时不时向你指出一些公司内部的不足，提供一些合理化的建议。那么这样的时候，也许你应该进一步认识到他可能就是1号性格的员工。

1号性格的员工常常有这样一些特点：

1号员工的性格特点	
1	他责任感非常强，常常会主动承担一些额外的工作。
2	他本身业务水平比较高，但还是会主动参加培训和学习来提高自己。
3	他把大部分时间是花在工作上，很少为自己安排休闲活动。
4	他事业心强，对工作充满热情，有丰富的感染力和带头作用。
5	他很有计划性，你说一下大致工作的方向，他能很快就有一套行动方案。
6	他喜欢指令清晰的命令，他对于规则、原则类的东西通常很熟悉。
7	他有时候会有点犹豫不决，为了追求完美也可能效率低下。
8	他如果犯错，也会主动承认错误，并且会有较强烈的内疚和自责情绪。
9	他是纠错专家，而且常常会提出一些合理化的建议。
10	他为人处世的能力低于他的工作能力，他的挑剔可能引发一些矛盾。

如果你的员工具有以上特征里的大多数，那么他们很可能就是1号类型的员工，你可以根据他们的特点采取合适的管理和沟通方法，让你的管理更加有效率起来，也让你的管理更具人性化。

别给1号下属安排紧急工作

1号下属的特点是追求完美的表现，我们可以告诉1号员工，要把思考的角度放到结果上，而不要太关注过程，如果过度关注过程，追求事事完美，可能影响项目的整体进度。

1号下属在工作中的自发自动性值得上司信任，但是需要注意的是：我们也不能够把时间安排得太紧，因为他们常常追求100%的完美，时间太仓促的话，他们就难以完成工作，这样的话，他们就会把矛头指向他人，批判你和周围的人。

要求1号下属放弃一定程度的完美是可以的，但是我们不能够给他们太大的压力，我们应该把时间安排得更加充分。这样的话，他们就可以一方面追求高效率，另一方面达到高质量，实现质量和效率之间的平衡。

对1号员工要用事实说话

1号员工考虑问题严谨细致，常常根据事实出发。他们喜欢精准的数据，需要权威性的信息，不重视你怎么说，而喜欢看你怎么行。他们常常不只想到事情的一个方面，他们可以把事情的各个角度、正反方面都考虑妥当。

接到紧急工作，追求完美的1号员工会希望能够有更多的时间来把事情做得更好一些。

根据1号员工的这种特征，我们和他们沟通的时候要懂得用事实说话，这样他们才会对你心服口服，才会真正听你的话。事实胜于雄辩，事实的力量很大，事实是把一件事情拿到你的面前让你检验，事实是用你的真实感受说服你自己，事实是追求真理和原则的1号最喜欢的东西。他们在这方面有科学家的严谨，有做试验的原则，重视逻辑和说理，你的事实一旦触动他们的内心，他们将完全投降。

如何激励1号员工

人才是公司最大的财富，员工就是人才的具体体现，爱惜员工就是爱惜人才。1号员工的自发主动精神虽然值得主管信任，但是我们应该知道的一点是，鼓励和激励对于1号员工同样是不可或缺的。

1号员工有自己的特点，因此我们应该学会根据他们的特点对他们进行激励，这样我们就能更好地促使他们发挥自己的价值，也为公司带来巨大的回报。下边的一些方法对激励1号员工比较有效，可以考虑采用：

① 赞赏他们的工作表现

1号员工坚持自己的原则，追求完美的工作表现，他们力求自己的工作每个细节都无可挑剔，他们的工作结果常常也是最优秀的。他们需要肯定，我们赞赏他们的时候需要注意的一点是，我们要懂得更多地去赞赏他们的工作表现，而不仅仅是夸奖他们创造的结果。

② 让他们感觉到关怀

1号员工事业心强，他们常常不会主动去享受人生，他们会压抑自己的欲望，专心于良好的工作表现。他们休闲活动很少，他们的内心是压抑的，他们骨子里也渴望休闲，但是他们心头常常有过多的压力。因此，时不时地，你应该主动给1号员工创造一些可以休闲的机会，比如组织他们去旅游、去K歌、去运动，或者去一些轻松的场合聚餐，他们会很感激公司为他们所做的一切。

③ 不抱怨他们的错误

千万不要抱怨1号的错误。1号具有高度的自省精神，如果犯了错误，常常会有高度的自责和沮丧。这个时候我们应该鼓励他们，告诉他们犯错在工作中是不可避免的，只需要不断进行调适，他们的能力是很值得肯定的。

④ 给他们创造好的工作环境

1号喜欢的工作环境是那种架构清晰、人际关系简单、可以直接沟通的环境。在这样的环境中，人与人的关系比较单纯，大家说话不需要躲躲闪闪，可以把什么话都放在桌面上说。他们希望看到公司鼓励进步和追求细节化经营，他们希望看到自己的上司把一切安排得井井有条，希望上司和同事之间能够真诚相待，希望自己的公司公正公平、一碗水端平、不偏不倚。

这些方法都可以极大促发1号员工的积极性，当然这些方法不仅仅对1号员工有好处，也可以提升公司的企业文化水平，让公司的管理更加人性化和科学化。

与1号员工沟通的3个说话技巧

根据1号员工的特点，我们在和1号员工进行沟通时，要把握一些说话的技巧，这样你就能更好地和他们交流，在工作中形成一种良好的沟通氛围。以下就是和1号员工进行沟通的3个常用的说话技巧。

与1号员工的沟通技巧

使用理性和合乎逻辑的语言

1号员工讲究逻辑和事实而不喜欢感情用事，喜欢弄清楚事情的来龙去脉，是方法论的最佳实践者。和1号员工沟通时，要注意使用理性和合乎逻辑的语言，这样的语言会让1号员工认为自己的上司是一个在事业上有认真负责精神的人，而且是一个头脑清晰的人。相反，如果你和他谈的东西不符合事实或在逻辑上说不通，那么1号员工就会对你产生严重的不信任感。如果你使用理性和逻辑性的语言，则你们的语言风格会接近，他们会有棋逢对手的快感，也会更加愿意为你效力。

适时表现一些幽默感

1号员工为人处世风格严谨，他们相对而言缺少一些轻松幽默的态度以面对人生。和他们交往的时候，你可以适当表现一些幽默感。这样就可缓和他们的僵硬情绪，引导他们放松情绪，为深入的沟通做好的铺垫。幽默的语言能够引发人的良好情绪，是人际关系的催化剂。1号员工虽然并不具有较强的幽默感，但是他们对于机智和充满关怀的幽默语言并不反感，相反，他们会在幽默的空间内享受到一些乐趣。但需要注意的是，幽默不能流于浅薄，否则1号员工会有受侮辱和不被尊重的感觉，那么你的一片心意可能就白费了。

说话要真诚而直接

1号员工十分敏感，而且他们判断力也很好，对别人玩弄伎俩的背后动机了然于心。他们欣赏的谈话是真诚的，而不是虚伪的。如果你真诚对待他们，他们能很快感受到你的心意，并且把你看作值得信赖的领导。另外，他们不喜欢别人说话拐弯抹角，这只会让他们不屑与厌恶。他们往往更喜欢你豪爽一些，而不是像扭扭捏捏的小姑娘，或者像阴险狡诈的政客。他们喜欢你用直截了当的方式和他们交流，对他们提出的问题你也最好直接作答。你完全可以省掉一些话家常的时间，直接谈他们感兴趣而且具有实质性的东西，也可以多就一些关键性的细节加以说明。

这些基本的交流技巧可以帮助你在和1号员工的沟通中，更多更好地把握他们的想法，并且促使他们更有效地为你所用、为公司所用，让他们忙并快乐着。

第6节

1号打造高效团队

1号的权威关系

1号在权威关系中的关键问题就是完美。他们如果是下属，就希望有完美的领导；如果是领导，就喜欢完美的员工。他们的权威关系主要有以下特征：

	1号权威关系的特征
1	1号在团队中一直希望能找到一个完美的权威领导式的人物，当他们真的碰巧遇到一个这样的领导时，他们会愿意放弃自己的想法，做一个追随者。
2	他们心目中的领导权威应该是有着前瞻能力并且追求公平和高效的领导。
3	如果领导本身就没有明确的方向和目标，那么1号在其手下就不知道做什么才好，会感觉到重重隐藏的危机。
4	如果领导的政策和他们的理想有偏差，他们也会不自觉地抱怨。他们的抱怨有原则作参照，仿佛在法庭上定罪的法官，你的每一条失误都会有法条依据。
5	1号希望领导能够保持惯常的政策，他们习惯服于权威的惯例。如果领导者朝令夕改，那么他们会觉得无所适从和心烦意乱。
6	他们一般不会公开直接地反对权威，他们常常会抱怨一些并不直接相关的错误。他们的抱怨是间接的，但是他们真实的意图可能并没有真正显露出来。
7	但是有的时候，如果1号认为自己的想法是绝对正确的，他们又会有着极大的勇气，敢于和领导据理力争。
8	1号人格上司喜欢用明晰的职责作为标准来管理团队以及指导员工的工作行为。
9	一旦员工出现与其标准不一致的情况，则立刻会用"应该"与"不应该"来教导员工。
10	对于工作的结果以及过程均高标准严格要求，甚至对于一些细节都有很高的要求，一定要尽善尽美。
11	1号工作认真、严肃，很少在工作时间发现1号开玩笑或表现出有私人关系的感觉。
12	对工作中的规矩和程序极为重视，比如商务礼仪、行政职位级别应该遵循的礼仪等。

1号提升自制力的方式

1号自制力的三个阶段如下：

1号自制力阶段主要特征		
低自制力阶段：粗暴的法官	认知核心：1号认为世界是恶毒的，有深层的、本质的错误。	处于低自制力阶段的1号性格者心胸狭隘，容易激动，恪守教条，发现别人有一些错误，就会猛烈攻击，反复无常，待人粗暴。哪怕一丁点儿的问题，都会把他们激怒。

中等自制力阶段：挑剔的教师	认知核心：1号害怕出现错误，损害心目中的完美标准。	处于中等自制力阶段的1号有识别力和判断力，无论缘于自己的错误还是他人的错误，只要没有达到自己的标准，他们就会产生极大的负面情绪。他们忍不住要去批评，在一些时候也会勃然大怒，无法压制内心的怒火。
高自制力阶段：安静的接受者	认知核心：接受周围的一切，包括不完美。	处于高自制力阶段的1号自身发展比较完善和平衡，他们有觉察力和判断力，能平静地接受自己周围他人的不完美，对周围的事物具有宽容体谅之心。他们知道如何享受生活，并且会自然流露幽默。

1号性格者追求完美，关注心目中的标准，但他们常常忽略他人的感受，显得吹毛求疵，而且也不能以轻松的心态面对生活，享受生活当中应有的快乐。1号若想领导力有一个提升，则必须提升自己的自制力。因为只有真正掌控了自己的个性，才能够真正有效地去领导他人。

1号可以通过以下方式来提升自己的自制力

认识自己有评判一切的毛病

1号应该时时刻刻关注自己有喜欢评判一切的毛病，自己常常不自觉地将主观标准强加给外界，自己说话的方式常常是强势和不可争辩的，是命令而不是商量沟通式的，自己常常为这些事情而愤怒发火。首先就是要在思想上认识到这一点和这一点可能会造成的危害，时时刻刻警醒自己，才有可能进一步去改正它们。

用积极思想代替消极思想

1号领导应该学会用积极的思想战胜消极负面思想的技巧，当自己内心充满对周围一切的不满的同时，应该及时地学会转换另外一个角度，去欣赏现状的可爱和正面因素，这样才能让自己看问题更加全面，也才是在真正地积极地去面对这一切事情，更好地平衡自己的内心情绪。

走出完美的怪圈

1号领导还应该学会走出个人追求完美的怪圈，避免与周围的人割裂开来，应该时刻警醒自己去欣赏和聆听别人的意见。在自己做决定的时候一定要把他人的意见充分考虑进去。另外，在做事情的过程中应该注意消除自己的不信任情绪，大胆授权而不是陷入细节的误区。

1号战略化思考与行动的能力

在战略化思考与行动方面，1号常常具有以下特点：

1号战略化思考与行动方面的特点	
只见树木不见森林	1号对于最大的愿景、对于价值、对于意义常常没有特别明确的认识。他们常常不能战略化地思考和行动，常被现实当中的一些小目标所吸引，常犯"只见树木而不见森林"的错误。
需要大胆授权	1号如果要谋求更高的领导职位，必须提高自己的战略管理能力，进行战略化思考和行动。要保持自己的宽广视野，尽量把自己手边的琐事交代出去，要放弃自己对完美的苛求。
需要学习宏观的思考	1号要规避自己的弱点，要学习怎么去站在更加宏观的角度看问题，要学会思考人生、人类命运、价值、道德等形而上的有关人类本质的东西，也要从人类智慧的结晶中寻求那些战略大师的眼光和他们的伟大之处。

需要交一些具有宏观视野的朋友	在生活中，1号也应该多多寻求那些有宏观视野的人做朋友，他们有一些不一定在企业界中。他们可能是大学里的教授，可能是寺庙里的高僧，可能是艺术家，他们的特点是具有丰富的思想性和朴素性，他们的目光从来不会被现实所限制。他们是真正的思想家，向他们学习和请教，你的视野也会越来越开阔。

1号愿意接受挑战，也希望成为更高层次的领导，但是在追求的过程中，他们的思路常常是根据现状制定一些小范围调整应急的目标，只知道下一步或下两步是什么样子的，却不能够跳出现状和公司内部，去思考行业的命运和人类的前途。他们常常关注的是下一场产品推介会如何开展、下一阶段的产品样式如何调整、公司下一步要开展哪些促销活动等，但是对于行业的命运却难以有清晰的愿景，他们在这方面还有很多欠缺，有待提高。

1号制定最优方案的技巧

在制定战术方案时，1号往往有着以下一些特点：

制定战术方案时1号的特点

重视战略的同时重视战术	犹豫不决
1号制定战术的时候，有可能和战略大方向有偏差，他们可能会集中精力做所谓正确的事，却把整个企业真正需要的是什么、企业存在的意义和崇高愿景给忘记掉了。	1号在制定具体战术的时候常常犯犹豫不决的毛病，这种毛病存在的原因在于其个性上追求完美，以至于其不敢放开手脚，生怕出现什么失误，导致自己的战斗失败。
不善于群策群力	过度理性
1号在制定战术方面还经常犯的一个错误就是太坚持自己的看法，不善于群策群力。他们甚至会认为向其他人求救是无能的表现，所以，他们有时候可能会走向偏执而不自觉。	1号在制定战术的时候，常常喜欢从理性的角度从逻辑的角度去进行分析和策划，但是他们较少考虑到实践当中的方方面面不像理论那样严谨和单调，世界充满着变化和格局的调整。

1号制定战术方案有自己的独特优势，但是，他们确实也应该注意规避这些常见的战术制定的误区，那样他们的战术方案将更加科学和符合实际，他们才可以获得最大的成功。

1号目标激励的能力

一般来说，1号目标激励的能力主要有以下特征：

① 善于发挥榜样的力量

1号领导在团队中常常是首先把一切安排得井井有条，为自己和他人设定一个奋斗的方向，并且设定达成这一目标的时间表和具体安排。在此基础上他们常常是身先士卒，全力投入，用自己的良好表现来带动他人的一起努力奋斗，他们的投入和激情在很多时候确实能够让团队成员感觉到力量和远大的前途，并且跟随他们投入事业当中去。

② 忽略团队成员的想法

1号因为常常是自己一个人安排工作的流程和标准，所以有时候会忽略了团队其他成员的想法。可能他们最后制定的方案只是他们个人的想法而已，不能得到团体成员的一致认可。1号如果可以召集自己的团队进行讨论，让他们更多地表达自己的愿景和想法，最后自己加以综合形成一致的意见，令他们的想法能够在工作当中体现出来，相信他们的工作积极性也会有较大的提高。

③ 常常忽略对员工的激励

1号在团队的工作当中，常常犯过度关注工作细节错误而忽视对员工进行激励的错误。他们常常有很多的要求，会经常批评自己的员工。他们对他人的内心情绪需求不是那么关注，反而常常过度关注事情的发展和标准而给别人的内心造成伤害。他们要转变自己的思维，用自己的意念更多地去考虑一下别人的优点，并且进行及时和真诚的赞美，这样让员工能有较高的心理认同感，也能极大地鼓舞他们的士气。

④ 需要更多地关心员工的生活

1号常常关注员工的工作表现，而忽视员工的工作实际需求和日常生活。他们在项目完成过程中，常常不注重和员工进行沟通，了解他们工作的实际困难和思想状况。他们希望员工可以自己解决好自己的问题或者认为他们应该主动找自己来沟通。他们常常认为工作就是工作，生活就是生活，工作和生活是划分开来的不同部分，所以他们常常只关注员工在工作中的情况，而很少去关注员工生活中有什么地方需要帮助。

1号如何有效地推动变革

1号常常过于关注自己的理想，而忽视共同的愿景，因此在领导团队改革时需要时刻注意。

需要大胆授权

1号在改革中如果让团队成员更多参与事务，依靠他们做更多的细节工作，自己则能站在更为宏观的角度把握和掌控改革的节奏和大方向。

团结就是力量

需要注重发挥团队的力量

1号应该认识到改革现实不是靠一人一力可成的，这是一个系统工程。所谓历史潮流只应该顺应而不是抵抗，应该学会发动团队的内部积极性而不是强力而为，这样的改革从下而上才是自然健康的。

1号掌控变化的技巧

1号常常是变化的支持者

天生的改革家

1号是天生的改革家，他们全心全力地支持变革，只要这个变革是符合他们内心憧憬的标准和理想的。

> 这次改革完全符合我的理想，我一定全力支持。

公司改革意见

> 生产速度太慢了，我得想办法改变一下。

具有较强的引领变革能力

1号领导者为了自己的理想能够实现，无时无刻不在关注周围的一切哪些东西可以改变，可以向一个更好的方向发展，并能够推进这一工作，所以1号具有较强的引导改革发展的能力。

忽视共同愿景的建设

1号太关注于自己的理想了，因此他们不善于为群体创造出一个共同的目标和愿景，只努力实现自己心中的这个梦想了。

> 这样我们的理想一定可以实现！

> 是你的理想，又不是我们的。

1号领导应注意要好好和团队成员进行沟通，要让他人意识到自己的参与不仅仅是为了帮助自己实现其个人理想，而且可以实现他们的想法，这样他们的积极性才能够发挥出来，才能够最有效地推动变革的发展。

1号处理冲突的能力

1号在团队当中也会遇到不少冲突，他们需要处理冲突的能力来解决这些冲突。下边的几个方面是他们所需要注意的：

① 言语情绪太直接

1号作为领导常见的沟通特点是能够直接表达自己的意见，快速和团队成员沟通，这样的沟通常常具有高效率，而且可以让他们和他人迅速建立较为信任的关系。但是1号在遇到自己不欣赏的人或者自己不尊敬的人时，常常也会不自觉地表现出自己的厌倦和轻视，这会造成一些人际关系方面的障碍。

③ 过于强势

1号的沟通特点是比较强势，他们常常在谈话中加入很多评判性的词语和结构，总是在要求别人做什么和不做什么，要求别人用他们所提供的方案去做，这样会让别人感觉到压力并对其产生反感。

② 过度批评及吹毛求疵

1号喜欢提供意见和建议，他们有改善事物的良好愿望和帮助人的真实想法，即使是在面临冲突时也常常会希望事情能够向好的方面发展。他们这方面的精神是难能可贵的，但是他们在提供自己的意见或者建议时，常常犯过度批评以及吹毛求疵的毛病，常常不对别人的正确表现进行认可，他们这样的方式常常是有点吃力不讨好。

④ 忽视他人意见和看法

他们很少去主动了解他人内心的真正想法，在和别人沟通时，很少去用心听取别人的意见。只有在另外一个人是自己认为比自己强的人时，他们才会去认真去听，否则，他们会常常抱定一个先入为主的意念而坚持己见。

1号打造高效团队的技巧

领导的首要任务是构建和打造自己的高效团队。1号打造高效团队时，下边的一些方面是需要加以注意的：

1号打造高效团队时需注意的方面	
高效团队的建设者	1号由于追求完美的工作表现，常常会表现出来的特点是追求高标准。他们的理念是要用一流的产品和服务赢得自己的生存空间。其领导建设的团队，常常因为追求较高的目标而划分较为清晰的成员职责范围，每个人都可以有其责任和角色，为实现1号设定的目标而持续努力。
科学流程的设定者	因为追求较高标准，所以1号常常能看到团队及工作中的不足和可以改进的地方，并为此不断设定更科学的工作流程，不断在一些关键环节上进行思考和加强管理，从而能够表现出完美的执行能力。
常常过度批评	1号在团队执行任务过程中，常常有过多的批评，以至于可能打消团队成员的积极性，而且他们常常对团队成员的意见不是特别看重，会对自己认为不对的意见直接加以批评，也会让团队成员参与活动的积极性降低下来。这些是1号领导应该反思的方面。
需要大力授权	1号追求较高目标，但是他们却又常常认为别人不会像他那样尽心尽力，不能够用完美的标准要求自己，所以他常常承担过多的工作，团队成员的锻炼也会比较少，会形成一种领导者劳心劳力、团队成员无事可做的局面。1号必须懂得分权和跳出工作细节的藩篱，这样他们的领导能力才能有大的提高。
偏爱偏信	1号比较容易犯偏信偏爱的毛病，他们常常根据自己的做事风格而喜欢那些和自己的风格较为一致的人，常常将团队成员划分为值得信赖的和不值得信赖的两类。他们对于值得信赖的人偏爱偏信，对于他们的缺点有时候却视而不见，这样的行为会让团队内部产生不满和分裂，这一点值得1号注意。
需重视休闲和娱乐	1号的管理风格是追求"工作狂"式的工作，他们会经常对团队成员的很多正常的休闲娱乐进行批评教育，认为他们是在偷懒。1号应该正确看待休闲娱乐的积极作用，不仅要能够支持员工去休闲和娱乐，而且自己也应该创造条件和机会去休闲和娱乐，他们的团队才能更加人性化，而团队的发展也才能更加健康。

第7节

1号销售方法

看看你的客户是1号吗

1号作为客户具有什么样的特点，是销售人员所应当知道的，这样在面对他们的时候才能够第一时间识别出来。他们的主要特征如下：

	1号客户所具有的特征
1	外表十分严肃，穿戴十分整洁，表情不多。
2	家里环境非常整洁，东西摆放井井有条。
3	与人交往彬彬有礼，很有礼貌，有绅士淑女风范。
4	善于安排、计划，工作、睡觉、吃饭等活动像闹钟般准时而定量。
5	大小东西担心别人买不好而一定要亲自去买，有时会有怨言。
6	对于产品和服务常常比较在行，是严谨和重视知识的购买者。
7	很少赞扬你的产品或服务，常批评产品或服务的不好，有点吹毛求疵。
8	讲话直来直去，谈话主题常为各种标准，常用"应该、不应该；对、错；照规矩、按照制度"等词汇。
9	遵守道德、法律、制度及程序，你如果不按规矩走，他们会很生气。
10	很爱面子，你如果批评他们，他们会反驳你，并且要在言语上战胜你。
11	很难控制愤怒的情绪，但是一旦发怒又会内疚，是外冷内热的典型。

如果你的客户满足以上条件中的大多数，那么很可能他们就是1号性格的客户，你就可以利用1号客户的心理特点有效地进行你的推销活动了。

推销手段正当，说话真诚直接

1号客户的特点是遵守国家法律法规，重视道德品质，看重制度程序，所以当你要向他们推销东西的时候，要采用正当的推销手段，不然，他们会因为你的行为不正当而不愿和你交往。

和1号客户交往，首要的一条就是要在道理上让他们感觉到你和你的产品站得住脚。你和他们交往的时候，他们更看重的是道理而不是人情。所以，传统当中所谓的一些套近乎、托关系、送礼走后门、拿回扣之类的方法在他们那里恐怕不容易走得通，而且常常会引起1号客户的反感和厌恶。他们会认为你的做法侮辱了他们的人格和形象。

当你跟1号沟通的时候，要主要阐述产品或者项目的合法化、合情化、合理化、标准化以及完美化。这样，不管他们是否能听进去或接受你的要求，在他们心中，你都是一个对自己和对事情有标准的人，而他们也因此对你产生好印象。

1号说话常常直来直去，和他们说话时也可以像他们一样，采取真诚直接的方法来进行交谈。因为1号特别敏感，判断力超佳，很多玩弄伎俩的行为他们常常能够一眼就看清看透。一旦被他们发现你在言语背后的不好的目的，他们会对你无比蔑视，很难和你有进一步的深交。

所以，在介绍你的产品和服务时，和他们尽量用比较真实的语言，不要搞那么多阴谋诡计。你对他们真诚，他们也会给你适当的利润，这也是1号顾客的可爱之处。

产品质量过硬，同时肯定1号的挑剔

1号的挑剔具体体现在购物方面，就是对于产品质量的挑剔和高要求。他们一般不会挑选那些质量很差的产品。在生活上，他们是追求高品质的一个群体，对于质量很差的产品连看都不想看一眼，即使他们的经济承受能力有限，他们也会在有限的经济预算内追求更好的产品和服务。

所以，在推销的时候，不要浪费时间拿一些次货蒙混过关，因为这些蒙蔽不了1号客户的法眼。要用对待行家的态度对待他们，拿出你最好的产品，不要浪费彼此的时间。但有时候，即使你拿出来的产品是质量过硬的产品，1号仍能够迅速而明确地指出你的产品有哪些缺点。

这就是1号顾客，对于这样的顾客我们不能对他们的挑剔态度进行针锋相对的争辩，因为一旦你和他们争辩，这个类型的顾客会给你来个大辩论。这个时候他们通常口才特别好，他们不把你辩倒誓不罢休，那样你只有听话的份儿，很难插上任何话了。

应该肯定和欣赏他们的高标准和高品位，感谢他们指出你们产品的缺点，并向他们声称，如果所有的顾客都像他们那样懂行就好了，这样你们公司的进步会更快。称他们为公司的明星顾客，指出他们的生活是很有品位的，比很多的人都要有眼光，这样的话，1号顾客常常就会感觉到自己得到了肯定而不再和你争辩了。

推销态度热情，介绍方式严谨

1号顾客虽然表面严肃冷淡，但是常常喜欢那些热情四射的推销人员，他们常常会为这样的推销态度打动，开始自己的购物行为。也许这是因为自己的个性中缺乏的那种热情，在这样的推销员的身上得到了充分展现吧，他们甚至会想："世界上还有这样的人，看他们这样有激情，真是让人羡慕，和他们在一起真是很愉快。"

1号顾客是很讲究礼节的顾客，你可以表现出你在礼节上对他们的尊重，这样他们首先就会在心理上认可你的态度。在推销你的产品的时候，你可以充分表现出你对自己产品的信赖，表达出自己的产品如果应用于客户会有怎样的好处，似乎此时此刻正是你们公司产品的明星代言人，这样的态度一定能打动1号顾客的心，也能让他们感觉到你的信心和活力，愿意和你交往和购买你的产品及服务。

同时，也不能单单表现自己的热情，因为1号顾客是严谨细致的人，如果仅仅是热情，他们会对你的热情不能放心，担心你热情的背后会有不可告人的目的。所以，对产品的说明一定要严谨细致，这样就可以打破他们的疑虑，而且会让他们觉得你是一个注重专业品质、有着认真精神的人，那么他们就会对你产生良好的印象，这样，你们离成交就不远了。

针对1号顾客，采取这些方法，相信你能够让他们对你留下良好印象，打动他们的心，从而顺利为自己的推销加上一份完美的订单。

面对 1 号客户时的推销策略

1号是遵守法律法规，重视道德品质和制度程序的人，并且非常敏感。对于这样的客户，千万不要玩弄伎俩，真诚直接的推销反而更容易赢得他们的喜欢。

1号客户最看重的是产品的质量，有时候就算已经把东西买回去了，也还会转过头来挑毛病。对这样的客户，拿出质量过硬的产品，以及肯定他们的挑剔就显得尤为重要。

1号表面冷淡，内心却喜欢热情的人。对这样的客户，你只要表现出热情的推销态度，并让他感受到你身上的专业气质，成交就不是难事。

1 号销售员的销售方法

1号销售员是完美主义者类型的销售员，下面分别将其针对九型人格各个类型的客户所应采取的销售方法进行简单的介绍：

1 号销售员的销售方法

遇到 1 号顾客时

强调产品来源正规、质量一流，并用严谨和真诚的语言为其分析产品的专业和优势，保持礼貌和热情，避免争论。

遇到 2 号顾客时

放下自己的身架，谦卑地进行交流，站在他们的角度，向他们描绘自己的产品将让他们开心，而且实用。

遇到 3 号顾客时

不要对他们的虚荣和好摆架子表示厌恶，尽量让他们高兴，顺着他们的意思，夸奖他的工作等各方面的表现。

遇到 4 号顾客时

给他们推荐有独特艺术气质的产品。向他们介绍自己的产品时，让他们感觉到这个产品可以让他们和很多人都不同。

遇到 5 号顾客时

从专业的角度去进行分析，将与产品有关的资料完整地整理出来向他们介绍，用专业打动他们。

遇到 6 号顾客时

耐心解答他们的疑问，展示产品的安全保障、售后服务之类的详情，并给他们提供可能出现的问题的解决方案。

遇到 7 号顾客时

适应他们追求高兴和快乐的个性，多去了解他们，站在他们的角度去介绍自己的产品为什么好。

遇到 8 号顾客时

学习他们豪爽的讲话方式，把自己的产品的特征介绍好，保持自信，不为他们的威逼所吓倒。

遇到 9 号顾客时

给他们足够的时间去考虑各方面的优缺点，在适当的时候推荐一下适合他们的型号，保持微笑、尊重和耐心。

第8节

1号的投资理财技巧

低风险理财是1号最好的选择

1号在投资理财过程中经常患得患失，他们应对高风险理财的能力相对较弱，因此可以说低风险理财是他们最好的选择。下文的一些理财方式是相对具有低风险和稳定回报的，1号性格者可以加以参考，根据自己的情况选择适合自己的理财方式。

1号可选择的理财方式	
储蓄	储蓄是传统的理财方式，是普通百姓最主要的投资手段，具有很低的风险和稳定的回报。关注储蓄的种类以及一些特别的储蓄政策，制定出合适的储蓄策略，也可以给你的理财事业打下坚实的基础。
债券	债券是国家政府、金融机构、企业等机构直接向社会借债筹措资金时，向投资者发行，并且承诺按规定利率支付利息并按约定条件偿还本金的债权债务凭证。债券的风险性也很低，而且有稳定的投资回报，可以选择。
保险	保险是最古老的风险管理方法之一，目前也是很重要的一种理财手段，选择合适的险种和搭配，可以让你的理财计划更有保障和有较好表现。
货币型基金	货币型基金主要投资于债券、央行票据、回购等安全性极高的短期金融品种，又被称为"准储蓄产品"，其主要特征是"本金无忧、活期便利、定期收益、每日记收益、按月分红利"。投资货币型基金可以赢得稳定的高于银行利息的收益。
低风险的股票	在风起云涌、大起大落的股市，总是有一些股票具有较低风险和稳定的回报，但是很多股票投资者不愿意去投资。这些股票投资的收益常常比储蓄和债券的投资收益要高，也是值得去关注的。
个人能力	不可忽视的是，在个人身上进行投资也是一种比较稳健的投资方式，有一个说法叫"有钱人投资自己"。当个人能力提升后，钱财也跟着来到。而且，对于一些学历和技术，国家在政策方面也有倾斜。这是一个很好的投资方法。

完美主义是投资的最大天敌

完美主义是投资的最大天敌。真正的完美在投资活动中是不存在的，投资的过程当中会不断出现错误，投资技巧提升的过程只能是不断去减少错误，而不是消除错误。市场不只是一门严密的科学，更是一门充满变化的艺术，一味追求一些小得小失的完美有可能造成整个投资的失败。

1号作为一名完美主义者，在其投资活动中常常也是追求完美的投资表现，他们对自己的要求是精确地判断顶底，买入立刻就处于盈利的态势，卖出就是高高的山冈，但是不自觉地走进了一条黑胡同。这样的一种苛求心态常常使1号这个完美主义者陷于懊悔和恐惧之中。市场变化无穷，投资风险无时无刻不在，失误不可避免。他们不断为自己的失误而懊悔，却又不断为不能完美表现而担心。他们不断失望和受伤，追求完美反而让他们不能完美。

1号性格者只有认识到人相对于市场永远不可能做到完美，才能取得较好的投资表现。

1号喜欢目标清晰，按部就班

1号的投资风格常常是有一个提前的规划，他们有自己明确的目标，并且为这个目标设置步骤和进程方案。他们很严谨，也很自律，喜欢按部就班、一步步地去创造自己的财富之梦。

他们清晰的规划常常让他们的投资理财少了很多盲目和跟风，他们的投资风格是稳健的，这使他们能够充分实现资金和财产的保值增值，但是他们常常会走向过分保守和不知道灵活变通的极端，他们有时候甚至不愿意去进行投资，只是把钱放到银行里收取长期的银行利息。哪怕利息很低，他们也依然是选择如此。这样的习惯虽然不会让他们一下子变成穷光蛋，可以保证保值增值，但是另一方面也使1号难以获得较大的投资回报。他们不会太穷，但也很少会大富大贵。

冒险与收获常常是结伴而行的，要想有卓越的结果，就要敢冒风险。"高风险，意味着高回报"，生活中很多成功人士也都是敢于冒险的人，不敢冒险的人大多不会取得大的投资回报。

学会放松，1号的成就更大

1号一方面是追求完美的投资理财表现，另一方面却常常担心自己的某个决定会带来什么样的不良后果，让自己血本无归，处于无穷的担忧之中。他们还会因为自己没有把握好的一些投资理财失误而悔恨，不断地自责，认为自己不应该丧失这样好的机会，或者不应该犯某些错误。

1号对于自己的投资表现是不满的，对于自己的投资决定是担忧的，他们因此无形当中已经让自己背上了一个沉重的心理包袱，这样的心理包袱常常让他们难以有最佳的表现。其实，如果能够学会放松一下，不追求100%的完美，放得开一点，他们的成就本来可以更大的。

1号在投资活动中给自己施加的压力太大了，有太多的担心，而事实证明这种患得患失完全没有必要。因为担心不完美，1号常常不能够放开手脚去做，最终也很难取得较大的投资回报。

1号选择生意搭档，着重互补

1号如果去投资做生意，最好是选择那些和自己的个性等方面具有互补性格的人作为搭档。每种个性都有自己的优点，但这些优点从另外一个角度来看可能又是他们的缺陷。

1号常常追求完美，因此在事业中会追求细节，将一切安排得井井有条。但是1号的节奏可能会显得过于保守，而且1号在团队沟通中可能忽视团队作为整体的作用，他们有时会固执己见，而且对于团队成员的激励可能会比较少，容易引起团队成员内部的人心涣散和缺乏激情。

如果1号有一个生意伙伴，能够突破其个性的限制，那么对于整个团队的发展是有很大好处的。适合1号的生意伙伴一般需要具有更为宏观的视野，而不会拘泥于细枝末节。他们会善于人际沟通和团队激励，他们能够将1号相对激进的行动计划和团队其他成员的想法相结合。而且，这个人如果更加具有生活情趣，就更好了，这样也可以使团队的气氛更加活跃和具有生命力。

1号守业易，创业难

守业的人应该能够遵循旧有的体制，能够将开创者的理念一代代传达下去，因此这样的人需要有顺应规则的意识。1号性格的人常常就是这种注重旧有规则的人。如果一个规则在他们看来是好的，他们可以长期坚守，这样的素质使他们十分适合守业。

1号常常具有遵循完美体制的愿望，使他们十分适合做一个守业者，但是他们难以做一个创业的领袖。因为他们虽然对不美好的体制常常有改革现实的愿望，却常常不敢轻易突破旧有体制的束缚。他们更愿意去做一个顺服于旧有规则的人，除非忍无可忍，否则绝对不会下定决心去冲破它。

1号在创业过程中，常常过分关注心中的美好理想，他们很可能把自己的想法强加给别人，而不善于调动其他人的积极性，让大家拥有一个共同的愿景。他们在团队当中挑剔的态度和直言批评的作风常常会打压士气，或者引起跟随者的不满，难以承担起领导大家到达预定目标的重任。

不要过分追求完美

苛求完美者常常因为小得小失而陷入懊悔和恐惧之中，不断地失望和受伤。只有放弃对完美的苛求，接受细节上的不完美，才能取得理想的投资效益。

1号喜欢坐享安稳的投资领域，缺少冒险精神。他们最需要明白的是：任何事情的成功都需要冒点险，如果事事都要等风头过去了再做，就很可能贻误"战机"。

要有冒险精神

1号在投资理财过程中要注意的问题

学会放松

投资就像走钢丝，过分紧张反而容易造成失足，最严重的结果就是坠落致死。只有放松自己，不在投资收益上给自己太大压力，才能真正运筹帷幄、收放自如。

不要把自己的想法强加给别人

把自己的想法强加给别人是1号在创业过程中常犯的错误，加上过分挑剔的态度和直来直去的作风，员工的工作积极性往往因此受到影响，这一点必须引起注意。

寻找合适的合作伙伴

1号过分追求完美，行事保守，有时候还比较固执。如果能找到一个视野广阔、不拘泥于小节，且善于人际沟通和团队激励的伙伴，在投资过程中将会如虎添翼。

第9节

最佳爱情伴侣

1号的亲密关系

1号在亲密关系中，常常有着完美主义的倾向。在他们的心目中自己，是完美的，自己的爱人也是完美的，他们俩是白雪公主和白马王子般的完美。而现实常常不尽如人意，他们会发现自己和对方都不是那么完美，这个时候他们常常会出现一些问题，无法接受不完美的自己和对方。

一般来说，1号的亲密关系主要有以下一些特征：

1号的亲密关系具有的特征
1	他们希望和爱人一致，共同为美好的生活努力，一起进步。
2	难以接受不完美的伴侣，常常会苛求对方，这样常常会给对方造成很大的压力。
3	他们认为自己不优秀的话，对方可能会离开自己而去，常常会掩藏自己的缺点。
4	他们更多的是挑剔自己的伴侣，很少主动赞赏自己的爱人和释放甜言蜜语。
5	他们会因为小事而发怒，常常给伴侣造成伤害。
6	很容易吃醋，他们经常监控自己的伴侣，希望爱人对自己忠贞不贰。
7	他们有强烈的控制欲，要自己的伴侣按照自己的想法去做，不然就会闷闷不乐。
8	他们常常缺乏生活情趣，不太喜欢那些热闹的场合，也不喜欢休闲娱乐。

1号爱情观：要么完美，要么毁灭

1号的爱情观常常是典型的二分思维，在他们的世界里，非黑即白，爱情要么是完美的，要么就是毁灭的噩梦。

当爱情事事顺心时，1号常觉得一切都是那么完美，一切都是那么激情澎湃，他们的内心充满阳光。自己是完美的，自己的爱人是完美的，一切都是完美的，他们会难得地宁静，他们会想："这样多好啊，这不正是我期待的爱情吗？"

当爱情和设想的不一样时，他们常常觉得天似乎塌下来了一样。他们会觉得事情不应该是这个样子的，一切都和自己的理想差得太远了。他们掉进抱怨的旋涡，他们要毁灭这一切不完美，他们痛苦和愤怒，觉得自己就像在地狱中受苦一样。

事实上爱情是没有完美可言的，完美的爱情只在理想中存在，生活中的爱情处处都有遗憾，这才是真实的人生。因为不断追求那所谓的完美而苦恼，可能留给我们更多的遗憾。

俗话说："金无足赤，人无完人。"爱情确实有许多不完美之处，每个人都会有这样那样的缺憾。真正完美的人是不存在的，即使是中国古代的四大美女，也有各自的不足之处。道理虽然浅显，可1号在真正面对自己和爱人的缺陷、生活中不尽如人意的事之时，却又总感到懊恼、烦躁。

苛求会给爱人带来痛苦

苛求自己的爱人去改变自己是1号常常会做的一件事，他们的内心常常给自己的爱人设计好了模型，让自己的爱人按照这个模型去改变。这样的行为常常让自己的爱人压力很大，而且常常会因为1号的苛刻而使自己痛苦不堪。

《百喻经》中有这样一个故事，值得1号去不断反思，他们也能体会苛求可能给自己的爱人带去什么样的痛苦：

① 有一位先生娶了一位性情温和、体态婀娜、面貌娟秀的太太，两人恩恩爱爱，是人人称美的神仙美眷。美中不足的是这位太太长了个酒糟鼻子，显得非常突兀怪异。这位丈夫对于太太的鼻子终日耿耿于怀。

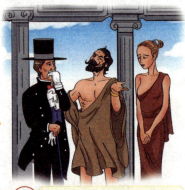

② 一日出外经商，行经贩卖奴隶的市场，这位丈夫以高价买下了长着端正鼻子的女孩子，兴高采烈，带着女孩子日夜兼程赶回家门，想给心爱的妻子一个惊喜。

替老婆换鼻子的故事

④ 接着，他抽出怀中锋锐的利刃，将太太的酒糟鼻子一刀砍了下来。太太霎时血流如注，他赶忙双手把端正的鼻子嵌贴在伤口处。但是无论丈夫如何努力，那个漂亮的鼻子始终无法粘在妻子的鼻梁上。

③ 到了家中，把女孩子安顿好之后，他用刀子割下了女孩子漂亮的鼻子，端着血淋淋而温热的鼻子，大声疾呼："太太，快出来哟！看我给你买回来的最宝贵的礼物！"

苛求自己的爱人意味着违背人的自然本性去要求对方改变成自己所希望的样子，而不是接受自己爱人本来的样子。这种行为就像故事中的那位先生所做的傻事，会让爱人因为自己的苛求而受到深深的伤害，而自己心目中的爱人则迟迟不能到来。

对爱人要学会赞扬和鼓励

1号爱人最不善于甜言蜜语，他们对自己的爱人常常施以批评和指教，所以做1号的爱人是很累的，因为他们总是能看到你的不足，让你对自己的评价永远不能达到一个满意的高度，这一方面促进你的进步，但是另一方面使你内心渴望肯定，渴望获得满足和赞扬。特别是在你脆弱的时候，如果1号依然是冷酷无情地指出你的缺点，那么你的内心会觉得生活太单调、爱人太无情，慢慢地，你们的感情可能也会走进黑暗的角落。

在爱情当中，甜蜜的赞扬和鼓励是必不可少的。生活当中很多人已经受够了外界强压在自己内心上的各种标准，他们回到家里，绝不希望有这么一个人，用着一个更为严格的标准要求自己，这种无形的压力会让他们厌烦这种关系。

家庭不是讲究对错的场所，清官也难断家务事，家庭当中不应该一味地去追求事情的正确性和唯一的标准。家庭中最关键的是营造和谐的家庭氛围，家和万事兴并不是一句空话，凡是在家庭生活中能够感觉到满足的人，往往都能够更加开心、更快速健康地发展。

罗勃·杜培雷1947年开始学习销售，他销售的是保险，但不管他多么努力，事情都没有好转。他有点忧虑——对没有卖出的保险感到担忧。他紧张而痛苦，最后，他觉得必须辞职以免精神崩溃。

但是桃乐丝——他的太太，不允许他这样做，坚持认为这只是个暂时的挫折。"下一次你将会成功，"她不断地告诉罗勃，"不要担心，罗勃，你具有这种能力，我知道你有办法成为一名成功的推销员。你只要努力，就一定能够办到！"桃乐丝还不断地赞美罗勃的美好气质，指出他具有适于推销工作的很多天赋才华。

罗勃深深感受到了妻子对自己的信心，决定坚持下来，自己也越来越信任自己了，他最终成为一名优秀的推销员。

作家普瑞西拉·罗伯逊在《竖琴家》杂志上为爱下过这样的定义："爱，就是给你爱的人他所需要的东西，为了他而不是为了你自己。"1号关怀自己所爱的人，就需要肯定和鼓励爱人个性化的存在，为他们的成长创造自由和温情的气氛，这些都是1号想要学会爱所应持的态度。应该给自己的爱人更多的赞扬和鼓励，而赞扬和鼓励，对自己的爱人则有着一种神奇的魔力。

在爱情中要保持新意和乐趣

爱情是人间最美好的一种感情，但是很多人不知道为自己的爱情保鲜，使自己的爱情之花枯萎。

为爱情不断注入新鲜的创意和乐趣是必须的，1号性格者尤其应该注意。因为，他们的生活态度常常过于严谨，他们在爱情生活当中常常也有点放不开，他们的感情生活有时候有点公事公办的感觉，逐步会走向程式化，少了惊喜，也丧失了乐趣。

这时，1号性格者就应该好好学习一下如何在爱情中加入一些新意，也给自己的爱情加入一些乐趣。1号应该学会突破自己的常规心理，懂得时不时改变一下自己的做法。

有时候改变一下自己的形象能让自己的爱人大吃一惊，觉得你似乎变成了一个新的对象，也会觉得一切都是那么新鲜。

有时候你可以放弃你严谨的态度，变得调皮一点，让他看到你的另一面。你可以和自己的爱人隔一段时间做一些平常不做的事情，比如带你的爱人去参观你健身的地点，两个人一起报名参加一个瑜伽课，甚至有时候你们可以一起共用一些东西，这些都会让你们的生活多一些乐趣。

有时候你们可以像刚开始交往的时候那样约会，你们两个人可以到一个陌生的地方旅游，这样的一些小变化都能给你们带去很多乐趣。你们享受着乐趣的时候，你们的爱情也会加深。

1号在爱情中需要注意的问题

不要过分追求完美

1号常常以为自己追求完美的心理是积极向上的表现，其实他们是在追求不完美中的完美，而这种完美根本不存在，只是一个幻影而已。

不要苛求自己的爱人

1号对自己的爱人过于苛刻，总希望爱人变成自己想要的样子。这其实是违背人的本性的，最后可能既得不到自己想要的，已有的也可能失去。

1号对爱人缺少赞扬和鼓励，常常让爱人感到有种无形的压力。只有懂得赞扬和鼓励爱人的优点和个性，给她以足够的自由，爱情之树才会真正常青。

1号的爱情生活过于严谨，缺少惊喜和乐趣。如果能够将心态放松，变活泼一些，创造一些温馨浪漫的气息，你的爱情也会有更多的快乐和欣喜。

学会赞扬和鼓励爱人

爱情需要新意和乐趣

1号如何给自己的爱情保鲜

为爱情中不断注入新鲜的创意和乐趣是必需的，1号性格者的生活态度常常过于严谨，他们的感情生活有时候有点公事公办的感觉，逐步会走向程式化，少了惊喜，也丧失了乐趣。

1号性格者就应该好好学习一下如何在爱情中加入一些新意，也给自己的爱情加入一些乐趣。1号应该学会突破自己的常规心理，懂得时不时改变一下自己的做法。

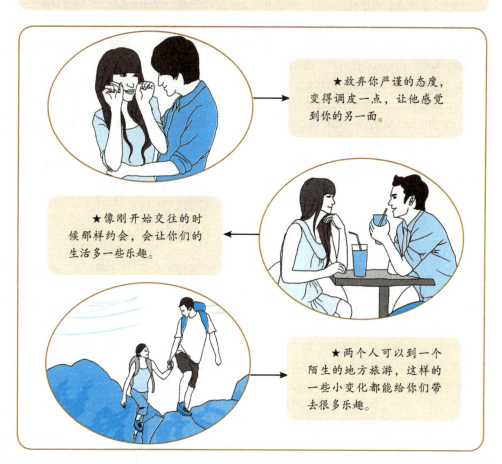

★放弃你严谨的态度，变得调皮一点，让他感觉到你的另一面。

★像刚开始交往的时候那样约会，会让你们的生活多一些乐趣。

★两个人可以到一个陌生的地方旅游，这样的一些小变化都能给你们带去很多乐趣。

第10节

塑造完美的亲子关系

教1号孩子尽力做好，不求最好

1号孩子的童年常常是充满着父母的苛责的，父母在各种小事上都会对他们严格要求。他们生怕犯错，小心谨慎，希望自己用完美的表现让父母满意。渐渐地，他们便习惯用完美的标准要求自己，形成自己追求完美的性格。

1号孩子非常需要父母的肯定，但他们常常得到责罚，他们被寄予高度期待，又常常得不到奖赏和回报。于是，他们总在叩问自己："我做得够不够好？""他们对我满意吗？"而父母的一句肯定能让他们心里松一大口气，感觉非常快乐。为了得到肯定，1号孩子常常主动做出大量的自我牺牲，从内心里对自己严格自控，要满足父母对自己的要求。最终，为了获得奖赏，他们开始严密地自我控制，他们的内心也会因此产生极大的压力。

所以，在教育1号性格孩子的时候，要告诉孩子只要尽自己的努力做到最好就行了，不一定要做到最好，不给自己太大的压力，才能发挥出自己的最大的潜力。要孩子明白一个道理，那就是完美不是一步到位的，完美是一次比一次进步才能产生的，只要尽力追求，就不必追求结果的完美，这种追求本身是最重要的。

尽力做好，不求最好，这正是上进的1号孩子最需要的一种精神。本身不一定完美，但只要有一种尽力追求的精神，那么自己的孩子就是完美的孩子。

化解1号孩子时刻存在的自责心

1号孩子因为追求自己最好的表现，常常对自己做过的事情不满意，会不断自责，觉得自己不是一个好孩子，如果自己是好孩子的话，就不会表现得那么差了。

这时候，父母应该学会及时发现1号孩子情绪上的变化，及时给他们一些关怀，并帮助他们化解内心深处源源不断的自责。这样他们才能够更加健康和快乐地成长，成为一个内心平衡的人。

你可以告诉1号孩子，即使自己的表现并不完美，甚至犯了一些错误，也不需要自责，因为自责从来都不能改变已经发生的事情，你可以给他们讲下边这个少年的故事：

古时候，一个少年背负着一个砂锅前行，不小心绳子断了，砂锅也掉到地上碎了，可是少年却头也不回地继续前行。路人喊住少年问："你不知道你的砂锅碎了吗？"少年回答："知道。"路人又问："那为什么不回头看看？"少年说："已经碎了，回头何益？"说罢继续赶路去了。

这位少年的话很有道理。既然砂锅已经碎了，干吗还回头去看呢？一味地惋惜与自责并不能使砂锅复原。生活当中难免出现一些不完美，但是因为这些不可改变的事情耿耿于怀，沉浸在痛苦和自责中，只会耽误时间，是没有智慧的表现。

你可以劝慰 1 号孩子，只需要吸取教训，在以后的生活中不去犯同样的错误就好了，自责常常是没有用的，如果把眼光放到未来，这些不完美反而会成为自己人生的宝贵财富。

另外你还可以告诉 1 号孩子，生活当中的人都是不完美的，不要给自己太大的压力，人的一生都是在不断犯错误的过程中才能一步步成长起来的。自责是对自己要求严格的表现，这是一个好的品质，但是不能过度自责。你如果不断地责备自己，会让自己有太多负担，而一个人背着太多包袱，是怎么跑也跑不快的。

教 1 号孩子将关注点从外在转回内心

1 号孩子有一个特点：他们常常非常关注外在的标准，关注父母和其他人的看法。他们希望自己能够满足父母和其他人对他的要求，常常心怀一种恐惧，担心自己如果不能表现优秀，就不能够得到外界的认可，就不能够得到别人的爱。所以，他们常常非常努力，但另一方面他们却常常陷入自我的迷失。他们常常不知道自己到底想要什么，内心深处自己的愿望被掩盖了，这是孩子发展中的一个非常严重的问题。

因此，作为父母应学会帮 1 号孩子找回自己的内心想法，让孩子将外在的关注转回内心。在此过程中，常常需要父母的积极配合，父母应该让 1 号孩子在自己的事情上能够做主。比如说上哪个学校、参加什么培训班、要不要在家庭聚会上表演自己刚学的曲子，甚至以后大学选哪个专业，都要逐渐学会让孩子说出自己的看法，慎重考虑他们的意愿。

当他们感觉自己的愿望被尊重的时候，他们自然而然地就会重视自己的真实想法，不再把迎合外界的标准当成唯一的目标。这样一件事一件事积累下来，他们就能逐渐养成重视自己内心的好习惯，他们就会把真实的感受放在首位，而不只是为了迎合别人的期待而活了。

教 1 号孩子正确认识自己的缺点

1 号孩子常常期待自己是完美的，因此常常关注自己的缺点，并且把缺点放大。缺点会像一个大包袱一样地压在他们的身上，让他们痛苦不堪。我们要学会教 1 号孩子正确认识自己的缺点，这样他们才能够更加平衡地认识自我，更健康地成长。可以告诉他们下边这个教授的故事：

有一位教授住在一个离郊区不远的街区，那里有很多卖小吃的商贩。一次，这位教授带孩子散步路过，看到生意极好，就和孩子停下来在街上边走边看。

他们来到一个面馆前，只见卖面的小贩把面放进烫面用的竹捞子里，一把塞一个，很快就塞了十几把。然后他把叠成长串的竹捞子放进锅里烫。接着他又将十几个碗一字排开，放盐、味精等佐料，随后捞面、加汤，做好十几碗面的过程竟没有用到 5 分钟，而且还边煮边与顾客聊着天。

教授和孩子看呆了。当他们从面摊离开的时候，孩子突然抬起头来说："爸爸，我猜如果你和卖面的比赛卖面，你一定输！"

对于孩子突如其来的话，教授莞尔一笑说："不只会输，而且会输得很惨。我会输给很多人的。"

然后他们来到一个早点店，看伙计揉面粉做油条，动作麻利，刀工一流，油条在锅中胀大起伏，香气四溢，教授就对孩子说："爸爸比不上炸油条的人。"

他们又到一个饺子店，看见一个伙计包饺子如同变魔术一样，动作轻快，双手一捏，个个饺子大小如一、晶莹剔透，教授又对孩子说："爸爸比不上包饺子的人。"教授有自己的优点，就是比较有学问，但是他也有自己的缺点：他做面比不上专业做面的人，炸油条比不上专业炸油条的人，包饺子比不上专业包饺子的人。

一个有智慧的人总能一方面认识到自己的优点，一方面看到自己的缺点。一个有智慧的人也常常善于放大自己的优点，缩小自己的缺点。1 号孩子如果能认识到这一点，就能对自己的缺点有一个理性的认识。

与孩子一同走出完美的误区

1号完美主义孩子的家庭常常有一种无法驱除的"望子成龙""望女成凤"情结，家长对孩子有一种"超值期待"。

他们要求孩子只能成功不能失败，认为只有一路优秀的人才可能取得最后的人生胜利，只有完美地表现才配有完美的结果，他们不能接受孩子一丁点儿的失败。

事实上，这样做不但没有起到鼓励的作用，反而给孩子增加了心理压力，让他们也对自己产生过高的期望。就这样，无形当中父母和孩子就一起陷入了完美的误区。

所以，不要要求你的孩子每次考试都得100分，不要苛求你的孩子今天得个钢琴奖、明天得个绘画奖、后天得个外语奖，不要把自己不曾实现的完美愿望强加给孩子，让孩子苦不堪言。要帮助1号孩子健康发展，给自己的孩子犯错和不完美的空间和机会，和孩子一同走出这种完美的误区。

告诉孩子，不要为已犯下的错误过分自责。比如，当他走路太急把砂锅摔破了时，就告诉他，破了就算了。

化解孩子的自责心

告诉他，只要尽力就行了，就像爱因斯坦小时候做凳子一样，只要一次比一次做得好，最后一次仍然不好也没关系。

让孩子尽力做好就够了

经常引导孩子观察自己。外表的整洁、雅致可以通过经常照镜子来习得，内心的善良、乐观则须言传身教。

教孩子关注自我

与1号孩子塑造完美的亲子关系

教孩子接纳自己的缺点

给孩子做好敢于承认自己缺点的榜样。比如在早餐摊点买早餐时，孩子会说厨师做的面比你好，这时你可以大方地夸厨师一番。

告诉孩子不要苛求完美

1号孩子常常因为苛求完美而背负各种奖项和好成绩带来的巨大压力，教会孩子放下负担便显得尤为重要了。

第11节

1号互动指南

1号完美主义者 VS 1号完美主义者

当1号完美主义者遇到了相同的型号——1号完美主义者，他们之间有很多的和谐点，但是也会产生一些沟通上的问题。因为两个人都是完美主义者，两个人常常会拥有类似的信念和共同的行事法则，他们都重视原则的必要性，追求完美的标准。他们都更加看重事业，认为休闲和娱乐应该服从于工作，可以压抑。他们认为人际交往应该遵循理性和公平的原则而进行，不能掺杂过多的个人情感。但是有时候他们对完美的看法并不一样、标准并不一样，他们彼此会相互抱怨，认为对方没有达到自己的标准，都想让对方改变和让步，他们的矛盾就会产生。

组成家庭

如果两个1号组成家庭，他们都会关注责任和成就，这会使他们的家庭发展顺利，但是他们忙于为生活而奔波，常常忘记彼此温存和关心，让他们内在深层需要不能够得到最大满足，可能爆发一些冲突。

成为工作伙伴

如果两个1号成为工作伙伴，他们往往能够彼此欣赏，一起努力和追求进步。但是，他们常常争夺话语权和控制权，彼此都认为自己的观点或者策略是正当的，这个时候他们经常互不相让，常常形成僵持的局面。

这两个类型互动需要关注到双方的共同问题，彼此都要学习去关注对方的内心深处的情绪需要，而不要只是关注外在的标准。另外，在发生冲突的时候，要懂得相互妥协，去理解对方标准的合理之处，而且如果对方做出让步，一定要懂得赞赏和理解对方，这样，两者的关系才能正常化。

1号完美主义者 VS 2号给予者

1号完美主义者和2号给予者相遇在一起有很多和谐，但是也会有一些沟通上的矛盾。

两者相对而言都是负责任的人，都愿意把事情做好、帮助别人，他们在这一点上常常会有共鸣。而且和给予者在一起，完美主义者常常能感受到很多无微不至的关心和照顾，以及同情和理解的态度；给予者和完美主义者在一起也能感受到对方的坦诚以及忠诚，能够得到一份难得的安心。完美主义者和给予者的注意力常常都是关注外边，忽视自己的内心需要，他们帮助别人却迷失了自己，长久下去，就会因为真实需要缺乏满足而闹矛盾。

组成家庭

如果1号和2号组成家庭，给予者喜欢被需要的感觉，所以他们常常主动提供自己的帮助，去感动对方；完美主义者则看重责任，又不善于表达自己内心的感情，会让给予者常常觉得完美主义者把自己疏忽了。

成为工作伙伴

如果1号和2号成为工作伙伴，完美主义者会非常关注技术方面的细节问题；而给予者则非常期待别人的回应。后者常常会抱怨前者没有给自己认同，前者则经常会抱怨后者不能理解自己完美的计划。

1号完美主义者VS 3号实干者

1号完美主义者和3号实干者相遇有很多和谐，但是也会有一些沟通上的矛盾。

完美主义者和实干者有不少共同点：他们都关注自己的工作；他们常常会压抑自己的欲望来实现更好的结果；他们都比较理性，讲究现实和效率。同时，完美主义者可以让实干者更多地认识细节并变得踏实，而实干者可以让完美者学到结果导向的重要。但是交往久了，完美主义者常常会认为实干者没有原则，只是关注结果，不择手段，而且太爱夸夸其谈，虚荣做作；实干者也会觉得完美主义者太刻板，顽固不化，太关注细枝末节，不注意大方向，双方会有很多抱怨。

组成家庭

如果1号和3号组成家庭，他们常常会忽视家庭生活，把太多时间放在工作上。他们都在乎外界的评价，但完美主义者常常希望自己是真正的最优秀的，而实干者更注意自己的优秀者形象。这时候完美主义者会认为实干者在骗人，实干者则会觉得对方太古板。

成为工作伙伴

如果1号和3号成为工作伙伴，完美主义者会追求细节的完美，十分关注产品的质量，而实干者则会更关注整个流程产生的结果，宁可牺牲一定程度的质量也要达到效果。双方常常会因为这一点吵闹，不太能够相互理解。

完美主义者和实干者互动的时候，双方都应该学会关注自己的内心，满足自己的真实需要。另外，完美主义者要理解实干者对于情感支持的需要，学会赞扬和感激；实干者在感觉受到冷遇时要理解对方，并且主动帮助完美主义者承担一些责任，也可以大胆说出自己的意见。

1号完美主义者VS 4号浪漫主义者

1号完美主义者和4号浪漫主义者在一起有很多和谐，但是也会有一些沟通上的矛盾。

两者都具有奉献精神，完美主义者希望通过努力将完美的标准实现，浪漫主义者希望通过自己的独特让世界具有很多美好的变化。完美主义者可以学习浪漫主义者的创意和细腻，浪漫主义者则可以学习完美主义者的理性和原则。完美主义者常常依靠理性行事，他们常常看不惯浪漫主义者的随意和感性，而浪漫主义者则会觉得完美主义者没有人情味且生活太刻板。

组成家庭

如果1号和4号组成家庭，完美主义者常能感觉到自己的内心，也更加容易感觉快乐，浪漫主义者也常常会为完美主义者的专一情感和坚定行为所打动。但前者有时候害怕后者的随性，后者则会觉得前者太没有感情，生活太刻板且没有变化。

成为工作伙伴

如果1号和4号成为工作伙伴，他们都注重良好的工作表现，但完美主义者按部就班，关注细节，他们会觉得浪漫主义者的工作常常没有计划，盲目冒险，反复无常，非常不可靠；而浪漫主义者则会认为完美主义者的方法会抹杀自己的个性。

完美主义者应该理解浪漫主义者的随意和感性，给他们创造一些自由的空间让他们发挥，同时也可以在一定程度上帮助他们学会理解外在的规则，适应正常的外界节奏；浪漫主义者应该理解完美主义者压抑自己是为了更好地做事情，要允许他们按章程行动，同时给他们一些建议，让他们了解创意和细腻。

1号完美主义者VS5号观察者

1号完美主义者和5号观察者类型有些相似，两者有沟通上的优点，也有沟通上的难处。

完美主义者和观察者都非常理性，他们都能保持客观，而且都难以接受和自己意见不同的人。但完美主义者常常有完美的目标，他们希望周围的世界因为自己而能有所改变；可是观察者常常只是满足于自己去了解和获取信息，不愿意对周围的世界产生影响。

组成家庭	成为工作伙伴
如果1号和5号组成家庭，他们往往是只关注生活中的琐事，缺少足够的情感交流。两者一般不会产生什么矛盾，但是彼此都不表态，就可能造成一些误解。完美主义者会因为观察者没有情感交流而有一些着急，希望观察者能够说出自己的看法，表明自己的态度。	如果1号和5号成为工作伙伴，他们会是很好的搭档，他们都愿意努力工作，但是完美主义者努力工作是为了把事情做好，可是观察者只是为了了解情况，与世无争。这样的时候，完美主义者经常会觉得观察者不愿意说出自己的意见，自己的态度却不外露。

完美主义者应该理解观察者不愿意去表白自己的看法是他们的个性，不能随意批评是因为他们对事情本身不在乎、对你本人不在乎，可以鼓励和诱导他们说出自己的意见和看法。观察者应该理解完美主义者希望能够改变周围的世界。他们希望改变的愿望是美好的，应该支持他们，不应该活在自己的小世界里，只要他们不干涉你太多的自由。

1号完美主义者VS6号怀疑论者

1号完美主义者和6号怀疑论者相遇有很多和谐，但是也会有一些沟通上的矛盾。

他们都比较有危机意识，完美主义者害怕错误，怀疑论者担心成功，两者都富有责任感，渴望改进世界。前者可以从对方那里可以学到温情和慷慨，后者也可以从前者那里学到理性和判断力。

组成家庭	成为工作伙伴
1号和6号组成家庭，一般是因为志同道合，他们都愿意接受生活中困难的考验，相互扶持、不离不弃，因此对彼此会有很强的信任感。但是完美主义者会认为怀疑论者做事情不配合，很多事情不好好处理；而怀疑论者则认为完美主义者不能体谅自己内心的担忧和恐惧，会认为完美主义者是在苛求自己，这样矛盾就会产生。要解决这个问题，双方必须加强沟通。	如果1号和6号成为工作伙伴，他们都喜欢提前为危机做好准备，他们的计划常常非常严谨。完美主义者常常喜欢指出各种错误，高高在上；怀疑论者会觉得自己不被信任，这样两者之间常常发生误解。这个时候，如果完美主义者能够以平和的态度对待怀疑论者，而怀疑论者能够去理解完美主义者并非指责自己，那么他们可以相处得更加融洽。

平和的沟通在完美主义者和怀疑论者之间起着非常大的作用，这样他们之间可以减少误会，朝着共同的目标前进了。

1号完美主义者VS7号享乐主义者

1号完美主义者和7号享乐主义者在一起有很多和谐，但是也会有一些沟通上的矛盾。一方面，完美主义者和享乐主义者两者常常会因为彼此之间的不同而相互吸引，但是另一方面也会因为彼此之间的这些差异而发生矛盾。完美主义者可以从享乐主义者那里学到冒险及轻松娱乐的态度，享乐主义者则可以从完美主义者那里学到高标准和秩序的重要。

组成家庭

如果1号和7号组成家庭，完美主义者会因为享乐主义者的存在，活得比较轻松；享乐主义者朝三暮四的习性也会有所收敛。但如果生活中出现了压力，完美主义者常觉得享乐主义者不负责任，只知道玩；享乐主义者则会觉得完美主义者在小题大做，会逃避矛盾。

成为工作伙伴

如果1号和7号成为工作伙伴，完美主义者常常是依靠逻辑来制定和执行计划，一条路走到底；享乐主义者则常常依靠发散性思维去做事情，喜欢变化，不断改变方向。前者常常会厌烦后者的多变和不可靠，而后者也会厌倦前者的刻板和缺乏新意。

完美主义者和享乐主义者互动的时候，完美主义者应该注意给享乐主义者一个相对比较宽松自由的空间，但要向他们强调结果的重要性；享乐主义者应该注意学习完美主义者的秩序，这样自己才能有更好的沟通结果。

1号完美主义者VS8号领导者

1号完美主义者和8号领导者相遇有很多和谐，但是也会有一些沟通上的矛盾。

他们都喜欢为理想而战，认为自己代表着真理和正义，如果方向一致，常常会合作得非常有效率。但前者常常会讨厌后者的强势和无原则，后者则会不屑前者的过分理想主义和虚伪清高。

组成家庭

如果1号和8号组成家庭，完美主义者常常为领导者的力量所吸引，而领导者也会欣赏完美主义者的自制力和良好愿望。但随着关系发展，领导者常常受不了完美主义者的挑剔，而完美主义者也受不了领导者向自己发泄怒火，于是他们会陷入不断争执的局面。

成为工作伙伴

如果1号和8号成为工作伙伴，他们要么会同仇敌忾，要么会陷入不断争斗之中。完美主义者对细节和计划的谨慎可以让领导者更有自制力；而领导者的大胆，可以让完美主义者更加具有行动力。前者应该适当减少对对方的控制，而后者则应对言行有所限制。

完美主义者和领导者二者可以较为有效地互补，但是处理不好的话，也会造成很多麻烦，两者互动的时候要小心谨慎。

1号完美主义者VS9号调停者

1号完美主义者和9号调停者在一起有很多和谐，但是也会有一些沟通上的矛盾。

完美主义者和调停者都希望让世界更美好，完美主义者希望没有错误，调停者希望有和谐。完美主义者从调停者那里可以学到调和人际关系的技巧，而调停者则能从完美主义者那里学到理性以及追求改变的信念。

组成家庭

如果1号和9号组成家庭，完美主义者常常没有了害怕冲突的焦虑，调停者也能学会"正确"的世界观而懂得坚持原则，他们的生活常常会平和而舒适。但是，在面对行动的时候，完美主义者常常会不知道调停者的立场，于是常常强迫调停者表明立场，但调停者会更加显得态度麻木而无动于衷。

成为工作伙伴

如果1号和9号成为工作伙伴，他们都常常强调细节，努力避免风险，但完美主义者喜欢关注规则中的错误；而调停者则常常只是依附于规则，有时候还有点阳奉阴违。完美主义者要学会给调停者足够的认可，并让他们觉察到自己对改进规则的需要；而调停者则应学会理解和利用完美主义者对工作安排的界定和规范。

完美主义者要学会给调停者以鼓励，并让他们理解自己对原则的要求；而调停者则要学会理解原则在生活中是必需的，自己要懂得适应和利用原则，而不是只是专注于周围世界的和平。

第三章

2号给予型：施比受更有福

2号宣言：如果我不能帮助别人，我的生活就没有意义。

2号给予者心中充满了爱，他们渴望给予爱，也渴望得到爱。他们倾向于把世界看作一个需要帮助的人的综合体，而他们又能够十分敏捷地判断出别人的需要，并调动自己的感情去适应他人，即便因此而放弃自己的需要也在所不惜，但他们更希望自己为别人所做的一切都能赢得感激，使自己获得爱。

第1节

2号给予型面面观

2 号性格的特征

在九型人格中，2号是典型的助人为乐者，他们时刻关注他人的感受及情绪变化，习惯主动采取行动帮助、关爱他人，以满足他人内心需求；也会应他人要求改变自己的言谈举止，以迁就对方。也就是说，在2号的眼里，他人的需求比自己的需求更重要，为了满足他人的需求，他们能够牺牲自己的一切。这种极端的利他主义者其实潜藏着极端的利己主义，2号是想以帮助他人的方式来掌控他人，以换取他人的认同，因此，一旦2号的帮助被拒绝，他们就会觉得自己不被认同，从而认为自己没有存在价值，总是痛苦万分。

2号的主要特征如下：

	2号性格的特征
1	外向、热情、友善、快乐、充满活力。
2	有爱心，有耐心，喜欢结交朋友，并且乐于倾听朋友的心声。
3	感受能力特别强，敏感而细心，能够在一瞬间看透别人的需要。
4	对他人关怀备至，懂得赞赏别人，体谅别人。
5	懂得如何令人喜欢自己，很容易讨人欢心。
6	争取得到他人的支持，避免被他人反对。
7	重视人情世故，懂得礼尚往来。
8	重视人际关系，如果遭遇人际冲突或被批评，会感到不安。
9	爱打听别人私事，常常不自觉地侵犯他人隐私。
10	为自己能满足他人的需要而感到骄傲，从而认为自己是一个重要的人。
11	常常为了满足不同人的需求而扮演不同的角色，容易使自己困惑："哪一个才是真正的我？"
12	常常忽视自己的需求，不清楚自己真正想要的是什么。
13	朋友很多，人缘很好，但常常忽视家庭生活。
14	对"成功的男人"或"出色的女人"十分依恋。
15	渴望获得自由，感到自己被他人的需求所束缚，却又难以摆脱。

16	看淡权力和金钱。
17	认为自己很有魅力，很性感。

2号性格的基本分支

2号过于关注他人的需求，而忽视自己的需求，当他们想要关注自己需求的时候，常常产生困惑，看不清自己的需求。这时，他们就想要将自己投放到他人身上的注意力收回来，转移到自己的内心中来。然而，根深蒂固的付出性格阻碍了他们追求自由的行动，于是他们的内心就处于矛盾之中：到底该满足自己的需求还是满足他人的需求？这种矛盾心理突出表现在他们的情爱关系、人际关系、自我保护的方式上。

① 情爱关系：诱惑、进攻

2号希望获得他人的认可，他们首先要吸引他人的注意力，因此他们会以满足他人需求的方式去诱惑他人认同自己。而说到2号的进攻性，这主要表现在他们常常不顾对方愿意与否，主动为他人提供帮助，或是克服种种关系中的困难，努力争取接触机会。

② 人际关系：野心勃勃

2号喜欢与强势人物交往，他们总是为"成功的男人"或"出色的女人"所倾倒，并希望通过帮助这些强势的人物来获得强权的保护，以提升自己的社会地位。

③ 自我保护：自我优先

尽管2号常常以他人的需求为先，但那是建立在从上而下的施与基础上的。也就是说，2号在帮助他人时往往是把自己定位在一个比他人高的位置。因此，当2号的需求与他人的需求冲突时，他们就不再有什么"绅士风度"，而是拥有极强的自我优先感了。

2号性格的闪光点与局限点

九型人格认为，2号性格者虽然有很多优点，但同时也存在着一些缺点。下面我们分别对他们的闪光点和局限点进行介绍：

2号性格的闪光点	
富于爱心和奉献精神	2号性格者往往内心充满了爱，无时无刻不想把自己的爱无条件地奉献给别人，尤其能对社会上的弱势群体给予强烈的同情并支持他们，肯发挥完全奉献精神以及付出劳力。
站在他人立场看问题	2号很容易接受别人，十分敏感周围的气氛，能站在别人的立场去看、去想、去听，具备和别人一起承受苦痛的能力，愿意对他人付出爱、关心和赞美。
及时洞察他人的需求	2号往往具有较强的识人能力，因而他们拥有直接进入他人内心世界的本领，故很容易感受到别人的需要。几乎不用别人开口，他们便可以感受到对方的心声。

善于倾听他人的心声	2号不仅拥有极强的识人能力，更重要的是他们懂得倾听别人的心声，因而能更好地理解他人的需求，找到问题的症结所在，使问题更容易解决。
容易赢取人心	2号非常重视人际关系，他们拥有很强的适应能力和社交能力，能够适应各种各样的环境，能够与各种人打交道，是出色的交际家。
擅长营造关爱的氛围	在一个团队中，2号最擅长运用自己的热情和个人魅力来打造一个特别融洽并充满关爱的企业氛围，会做出很多关心他人的事情，以获得他人的尊敬和认同。
权力追随者	2号内心潜藏着极强的控制欲，因此喜欢结交权贵人士，而且他们非常善于发现环境中潜在的胜利者，并能够让自己占据恰当的位置，成为领导者在制定策略和行动时的助手。
幕后的支持者	与其他野心家不同的是，2号追求权力并不谋求个人的经济得失，而是为了满足他们内心得到尊重的需要。也就是说，即便拥有领导者的才能，他们也不愿意当"老大"，而倾向于扮演"老二"的角色，因为这个位置让他们更有安全感。

2号性格的局限点

容易忽视自己的需求	2号在忙着满足他人需求的同时，常常忙得忘记了自己的需求，因此他们自己的时间和资源总是严重透支。
期望对方的回应	2号帮助别人时，不一定要求对方有所回报，但一定要对方有所回应，至少从精神上认同他们的行为，否则他们会很沮丧，同时又会加大这种投入，以期得到更多的回应。
迎合他人而失去自我	2号希望每一个人都能喜欢自己，因此他们会根据不同的对象来演绎出不同的自我，结果最后他们自己也弄不清自己的本来面目。
惯于恭维和讨好	要想取得他人的好感，赞美他人是最佳的方式。2号就是一个擅长赞美他人的人，他们在任何场合、对任何人都可以把赞美挂在口头的表现却让人认为他们不诚实、圆滑、过度恭维和讨好。对此，特别敏感的严肃主义者，更会对他们流露不屑的神色。
以有无价值区分人	2号崇拜有权力的人，认为顺从权力能够相应地提高自己。因此，在人际交往时，他们常常会以有无交往价值来看待对方。对于"有价值"的人，他们会施展自己的能力，巧妙地利用；对于"无价值"的人，他们则鲜有关注。
用爱来控制他人	2号并不是完全不图回报的人。他们其实是在遵循"先付出后收获"的原则，希望用爱来束缚你，使你自觉地知恩图报，满足他们的需求。
过于注重人际关系	2号擅长人际交往，他们为了和他人保持良好的关系，即使自我牺牲也在所不惜。这种"对人不对事"的生活方式常常使公平公正的环境被破坏，容易阻碍自己和他人的发展。
为他人花去大量时间	2号每天都忙着帮助他人，将自己的大部分时间都花在他人的身上，因此他们花在自己身上的时间很少，他们也就不能去思考自己和自己的事，从而难以真正认识自己，很大程度上阻碍了自身的发展。
忽略家庭生活	2号将太多的时间花在了他人身上，因此也就容易忽视自己及身边的人，忽略了自己在家庭中应尽的责任，容易激发或恶化家庭内部矛盾，不利于家庭的和睦。

2号的高层心境：自由

　　2号性格者的高层心境是自由，处于此种心境中的2号性格者对自己有了更深的认识和了解。

　　2号喜欢帮助别人，因此大部分时间都把注意力放在他人的身上，很少将注意力放在自己身上。因此，2号如果开始把注意力转移到自身，往往会让自己产生焦虑感。虽然这种注意力转移能够让他们发现自己的真正需求，但这还是有违于他们的习惯，会让他们无法获得情感上的安全感。这是因为2号害怕内心中并不存在真正的自我，可能身体的中心不过是一个空洞，因此对于2号来说，将注意力转移到自身，并不是一件多么让人快乐的事情，反而可能让他们觉得痛苦。

　　究其原因，2号这样用他人的需求束缚自己，是因为他们并非真正的无私奉献，在他们积极热情的付出背后，是渴望认同、渴望回报的本质。正是这种回报，让他们产生了依赖感；而这种依赖感，让他们失去了感觉的自由。当他们必须单独行动时，他们就没有了依赖，他们会变得焦虑不安，尤其是这种行动很可能有违他们喜欢的人的心愿时，2号总是害怕因为违背对方的心愿，而永远失去对方的爱。也就是说，他们害怕没有回报，所以不能停止付出。

然而，一旦2号独处，他们就不得不将注意力转移到自己的内心，更容易发现自己的需求，从而满足自己的需求。这时候，他们往往能充分感受到自由的快乐，这也就是2号的高层心境。当2号达到这种高层心境时，在独处的时候，他们就能非常清楚自己想要什么；和他人相处的时候，他们也依然会以别人的需求为先，忘我地帮助他人。

2号的高层德行：谦卑

2号性格者的高层德行是谦卑，拥有此种德行的2号可以接受他人的拒绝，放下强烈的掌控欲望，从而使自己的情绪达到和谐的状态。

一般来说，2号满足他人需求的服务者形象看似谦卑，其实更多地意味着一种意图操控他人的野心。他们在内心里渴望他人的感恩、回报和认同。如果2号帮助他人的愿望被践踏，被他人拒绝，2号就会陷入焦躁的情绪之中，就会由一个谦谦君子变为愤怒的暴徒，真正谦卑的2号可能并不知道他们能够给予正常的帮助，也不知道他们的帮助将会受到感激，而且并不期望得到他人的回报，他们才是真正的给予者。举个形象的例子来说，谦卑就好像一丝不挂地站在镜子前面，并满意于镜子中的影像，既不会骄傲地夸大自己，也不会沮丧地不接受现实。同样的道理，个人应该客观看待并欣然接受与他人的关系，不要习惯性地控制他人，或者一定要把自己摆在重要的位置上。也就是说，2号只有看清楚自己的真实需要，才更有可能为他人提供恰如其分的帮助。

2号要达到高层德行——谦卑，就要学会自我观察，以区分两种感觉：一种是自身通过帮助他人而产生的客观反映，一种是在付出即收获的思想控制下所产生的感觉。

2号的注意力

2号性格者的注意力常常围绕在那些他们认为值得关注的重要人物身上，因为他们希望自己能引起对方的注意，赢得对方的关爱。

从表面上看，2号会关注他人所关注的。他们会注意到什么话题让对方露出笑容，什么话题让对方皱起眉头，然后尽量选择对方感兴趣的话题以示讨好。但是从内在来看，2号往往会在没有获得任何外在线索的情况下，就主动改变自己的形象。当他们的注意力被吸引时，他们就会想象对方的内心愿望，并根据这种愿望来打造自己，让自己变成对方心中理想的原型。

2号性格者的注意力总是放在他人的需要上，他们忽视了自身的需要。从心理上来看，他们是通过帮助他人去实现一种他们自己可以接受的生活，让内心被压抑的需求得到满足。心理治疗可以帮助2号发现他们自己的需求，让他们找到一个稳定的自我，不再根据他人的需要而改变。

在注意力练习中，2号可以尝试把注意力放在与自身相关的某个方面。通过训练，他们能够发现坚持自己的感觉与关注他人的感觉是不同的。

2号的直觉类型

每个人的直觉都来源于他们关注的东西，2号的直觉来源于他们对于他人需求的密切关注，因此他们的直觉就表现为对他人深层感受的敏锐感受能力。

早在孩童时代，他们这种敏锐的直觉能力就有所体现，他们因为讨人喜欢而受到欢迎。在成人之后，他们依然能够敏锐捕捉他人的需求。九型人格理论认为，每个人格类型的直觉都产生于童年时代的生存方式。也就是说，2号性格者这种感知他人内心愿望的直觉，也正是来自童年时代对爱和认同的渴望。

当然，只有2号性格者才能分辨出他们对于他人需求的这种敏锐感知到底是一种人的本能使然，还是后天环境迫使他们换位思考造成的感觉，又或者是他们凭空想想而已，外人是难以了解其中的奥秘的。

2号性格者的发展方向

高层心境：自由

2号最大的缺点在于用他人的需求束缚自己。只有将注意力转移到自己的内心，发现并满足自己的需求，他们才能真正获得快乐。这时候的他们是最自由的。

高层德行：谦卑

2号将满足他人需求当成谦卑的表现，但心中常怀有操控他人的野心。要想达到真正的谦卑，就应该对自己帮助他人的行为进行认真的思考，以免陷入付出为了回报的泥潭。

注意力：他人的需要

2号关注他人的需要而忽视自己的需要，实际上却是在通过满足他人需要来获得自己想要的东西。如果能关注与自身相关的方面，他们会发现自己实际上与别人是不一样的。

直觉：他人的深层感受

2号密切关注他人的需求，因而往往能够理解他人最深层的感受，并及时给予必要的帮助和认同，也就很容易获得他人的好感。

2号的高层德行：谦卑

2号性格者的高层德行是谦卑，拥有此种德行的2号可以接受他人的拒绝，放下强烈的掌控欲望，从而使自己的情绪达到和谐的状态。

我现在这样对你，只是因为你对我还有点用，以后我得踩到你头上！

一般来说，2号满足他人需求的服务者形象看似是一种谦卑，其实更多是一种意图操控他人的野心，他们在内心里渴望他人的感恩，渴望他人的回报，更渴望他人对自己的认同。

你离开我什么也干不成！

如果2号帮助他人的愿望被践踏，被他人拒绝，2号就会陷入焦躁的情绪之中，就会由一个谦谦君子变为愤怒的暴徒，对拒绝者百般刁难，慢慢地强迫对方重新接受自己的帮助。

2号要达到高层德行——谦卑，就要学会自我观察，以区分两种感觉：一种是自身通过帮助他人而产生的客观反映，一种是在付出即收获的思想控制下所产生的感觉。

别人眼中的2号内心世界

那些和2号相处过的人们会告诉我们：2号确实是每天都忙着为我们提供服务，但是他们提供服务的出发点在于他们自己。

他们只是按他们的想法来设定我们的需求，并满足这些他们认可的需求，而从来不管我们需要不需要。

如果我们拒绝他们的服务，他们就会感到难堪，就会觉得我们是"狗咬吕洞宾，不识好人心"，甚至可能对我们发脾气。

他呀！人是不错，就是经常按自己的思维强加给我们。

就是，其实他想得更多的是他自己！

究其原因，是2号内心深处的骄傲情绪作祟，如果2号能够更多地关注自己的内心，无论是主观上还是客观上来看，都能有效降低2号内心的骄傲情绪，增添多一点谦卑的情绪。

2号

89

2号发出的4种信号

2号性格者常常以自己独有的特点向周围世界辐射自己的信号，通过这些信号我们可以更好地了解2号性格者的特点，这些信号有以下四种：

2号性格者发出的信号	
积极的信号	当你和2号相处时，2号会努力让你觉得你是特别的，因此你值得他们花精力、花时间，你的需求会很快得到满足；他们帮你联系你想找的人，帮你达成你所追求的目标，帮你争取你希冀的利益。
消极的信号	2号对自己的服务和帮助对象极其依赖。他们一刻也不让你离开他们的视线，每时每刻都在向你付出，而不管你需要不需要。而且，他们希望被帮助时是欢欣鼓舞的，并给予他们高度的认同和赞美。
混合的信号	当你的利益和2号的利益发生冲突，2号不会为了利益直接跟你撒谎，但他们会精心设计和你的交流过程，将你渐渐引向偏离的方向，让你脱离利益中心，渐渐让你处于完全的无知状态。
内在的信号	2号看似甘于服务众人的谦卑者，内心却无时无刻不为自己骄傲，不过他们总是将这骄傲巧妙地隐藏起来，因此许多人才会觉得：2号多么谦卑啊！而且，许多2号也没有意识到自己的骄傲。

2号在安全和压力下的反应

为了顺应成长环境、社会文化等因素，2号性格者在安全状态或压力状态下，有可能出现一些可以预测的不同表现：

安全状态

在2号有一份稳定的工作，有一个美满的家庭，有较高的社会地位后，2号就会放松下来，不再时时刻刻都需要他人的认同和赞美。这时，他们就会逐渐改变时时刻刻为他人着想的态度，不再为了他人的需求而勇于牺牲自己，而是变得十分有原则，不会有丝毫奴颜谄媚的谦卑态度。

在这样的环境里，2号感到安全，因此他们更多地把注意力转移到自己的需求上，更多地为自身的发展考虑，因此他们的性格特征开始向4号转移。他们开始渴望塑造一个特立独行的自己。当他们在寻找自我的过程中遇到阻碍时，他们常常感到沮丧，会自我怀疑；而顺着他们的悲伤情绪，2号往往能发现自己被压抑的需求，并想办法给予满足。因此，安全状态下的2号最大的幸福就是自给自足。

压力状态

2号注重人际关系，因此，人际关系往往是2号最大的压力所在。当2号感觉他人不需要他们，他们的付出不被理解，就会对自己的需要感到疑惑。为人际关系投入太多而产生情绪波动时，他们就会感到一种压力。

而一旦2号感到压力，他们就会本能地保护自己。他们会尽心尽力地满足别人的需求，压抑自己的需求，希望以此来维系双方的关系，但是结果往往适得其反，他们会觉得压力越来越大。如果这种压力继续存在，一向爱与他人接触的2号会转而采取8号性格者的立场，开始反对他人。

在这种情况下，平日是个老好人、到处受人欢迎的2号可能会变得越来越冷酷，以往的温暖与体贴被专横与无礼所取代；向来喜欢委婉要求别人的他们，开始变得尖锐直接，甚至粗暴地命令他人做事。

第2节

我是哪个层次的2号

第一层级：利他主义的信徒

处于第一层级的2号是利他主义的忠实信徒，他们总是无私地、源源不断地为他人奉献关爱，他们在这种无私的奉献中完全忽视了自己的需求，因此他们并不要求对方给予回报。

他们有着根深蒂固的利他主义思想，他们并没有注意到自己的善与好，也不会四处张扬自己的作为。他们心中似乎充满了无尽的善意，也高兴看到他人的好运气。

他们看重自由，认为自己可以自由选择付出或不付出，同样，他人也可以自由地选择回应或不回应，而且，人与人之间的关系也是自由的。

他们还能客观地看待他人的需求，在尊重他人意愿的基础上有选择地给予满足，也懂得适时接受他人的帮助来促进自身的发展。

该层级类型是所有人格类型中最利他的，他们帮助别人不是出于隐秘的一己之私，而是纯粹以别人的利益为导向，因而在其人际关系中，他们有一种特别的率真，更易赢得人心。

第二层级：极富同情心的关怀者

处于第二层级的2号是所有人格类型中最具同情心的。尽管他们不如第一层级的2号那样无私地利他，他们也能够时刻关心他人的需求，饱含同情心，能够设身处地地为他人着想。

他们具有高度的同情心，会同情人、关怀人。尤其是当听到你的不幸遭遇时，他们常常具备与你一起感受苦楚的能力，会陪着你一起伤心，并竭尽所能地安慰你，帮助你走出痛苦的心境。

他们慷慨大方，并且更多表现在精神上。当然，在经济状况允许的情况下，他们也愿意为他人付出自己所拥有的物质力量。这种精神上的慷慨更多表现为他们对人的慈悲和宽容，他们对任何事都会做出正面的解释，强调别人身上的优点，而尽量淡化他人身上的缺点。

处于第二层级的2号不如第一层级的2号那样重视自由，而是较为看重他人的需求，容易忽视自我的需求。他们把自己看作对他人怀有善意的人，因此会尽量表现出自己性格中好的一面。

第三层级：乐于助人的人

处于第三层级的2号在对他人的帮助上比第二层级的2号进了一步，因为此时的2号不仅在精神上慷慨，还能在物质上慷慨。

他们喜欢将自己对他人的爱表现在行动上，因此更愿意给予他人实际性的帮助。当发现那些需要帮助、不能照顾自己的人，他们会慷慨地给予食物、衣服、药品，用自己所有的方法帮助别人。

他们对自己的能力和需要有着清醒的认识。虽然他们乐于以力所能及的方式真诚地帮助别人，但他们也知道自己的精力和情感的限度，他们不会超出这个限度，懂得照顾自己。

处于第三层级的2号喜欢和他人分享生活中的快乐，愿意和他人分享自己的兴趣爱好，寻求共同的快乐，因此他们常常和他人聚在一起，进行读书、唱歌、表演、烹饪等分享活动。此外，他们在帮助别人的行为中体会到了仁爱的快乐，也乐于和别人分享这种快乐。

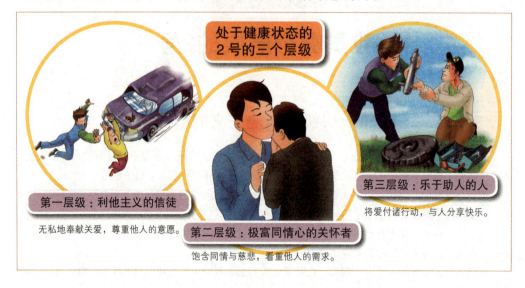

处于健康状态的
2号的三个层级

第一层级：利他主义的信徒
无私地奉献关爱，尊重他人的意愿。

第二层级：极富同情心的关怀者
饱含同情与慈悲，看重他人的需求。

第三层级：乐于助人的人
将爱付诸行动，与人分享快乐。

第四层级：热情洋溢的朋友

处于第四层级的4号开始将注意力转向自己，以自己为焦点。他们的注意力从做好事转到不断确认他人是否爱他们、是否对他们有感情。他们开始从自己的角度来看待他人的需求。

他们过于看重人与人之间的亲密关系和接近程度，而忽视了影响人际关系的其他因素，他们希望别人看到自己的付出。

他们自信拥有有价值的东西可与他人分享，那就是他们自己，他们的爱和关注。

他们多信仰宗教，有着十分虔诚的宗教情怀，并会因为他们的宗教信念而想为别人做点好事。因为宗教强化了他们心存善念的自我形象，使他们能够更有依据地界定真诚。

他们喜欢和人进行身体接触，接吻、触摸及拥抱等都是他们外向的自然表现，也是他们外露的风格。在人际交往中，当他们想要安慰或赞同他人时，他们经常紧握对方的手或搭对方的肩膀，给对方温暖和力量。

第五层级：占有性的"密友"

处于第五层级的2号开始凸显自己的占有欲，他们喜欢营造一个以自己为中心的大家庭或共同体，这样，他们便成了他人生活中的重要人物。

他们仍旧以爱为人生的最高价值，但他们过于看重爱的力量，偏执地认为只有他们的爱才能满足每个人的需要。因此他们总想通过帮助他人来对别人施加强烈的影响。

在和他人相处时，他们总喜欢和他人建立牢不可破的关系，然而，世界上没有绝对的朋友，因此2号开始担心受到他们照顾的人爱别人胜过爱他们，于是越来越多地用各种方式让他们所爱的人需要自己，而且，他们还决不允许他人将自己的这种行为看作自私的表现，而认为那是无私的爱。

他们对自己亲密的朋友开始表现出较强的占有欲，忌妒心也越来越重，对他人的情感变得越来越没有安全感，担心一旦所爱的人走出了自己的视线，就可能离开他们。

第六层级：自负的"圣人"

处于第六层级的2号开始变得自负起来，自觉做了很多好事，并开始认为获得别人的感激是理所当然的。因此，面对他人对自己付出的忽视，他们会变得愤怒，责怪对方忘恩负义。

他们努力将自己塑造成一个无私的圣人，自负地认为自己是不可或缺的。他们用看似谦逊的词语来吹捧自己的种种美德。而当别人忽略他们的美德时，他们就会表现出一定的攻击性。

他们开始渴望他人的回报，需要他人不断地感激：没有终止的感激、关怀及赞扬必须像河流一样向他们流去。他们总是高估以往自己为他人所做善事的价值，却低估了他人为他们所做的一切。

他们从不承认自己的负面情绪，因为他们害怕自己因此而被抛弃。当他们不想承认自己日益增长的伤害和愤懑时，他人无疑会感觉到，因而对2号发出的混杂信号产生厌烦感。

他们对他人情感上的回应一直怀有极端的渴求，因此他们从来不会去想这些情感是否合理。一旦他人给予他们关怀的暗示，他们就会急切地想要融入能给予他们某些关注或情感联系的情境中。

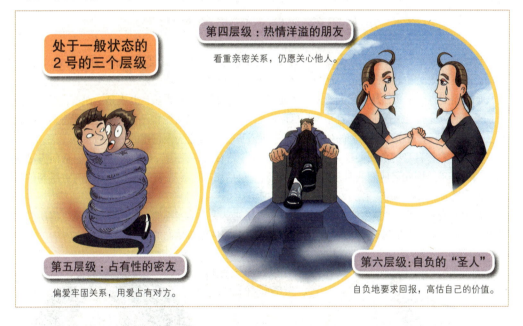

处于一般状态的2号的三个层级

第四层级：热情洋溢的朋友
看重亲密关系，仍愿关心他人。

第五层级：占有性的密友
偏爱牢固关系，用爱占有对方。

第六层级：自负的"圣人"
自负地要求回报，高估自己的价值。

第七层级：自我欺骗的操控者

处于第七层级的2号又向性格中不好的一面迈进了一步，最明显的表现就是开始自我欺骗。

他们的性格中开始出现邪恶的念头，滋生出较强的攻击性。然而，因为他们要维护"好好先生"的形象，要掩饰自己的攻击性，他们又通过操纵他人来攫取他们想要得到的那种爱的回应。

他们喜欢以"助人者"的形象出现，通过帮助他人来操控他人。他们撕开你的旧伤，然后又赶紧跑到你身边把伤口缝合起来。他们成了你最好的朋友，也在不知不觉中成为你最可怕的敌人。

他们对自己的操控行为带给他人的伤害视而不见，无论他们造成了多大的破坏，都会通过自我欺骗来解释自己所做的一切"好事"。在他们的心中，他们总是充满善意，爱着所有的人。

他们害怕被抛弃，具有强烈的不安全感，因此常常怀疑别人，对他人感到愤怒，对生活感到挫折，而随着愤怒和挫折继续"积聚"，他们会开始暴饮暴食和用药，并出现疑似病症的倾向。

第八层级：高压性的支配者

第八层级的 2 号对他人的操控欲更加恶化，甚至以神经质的方式强制性地要求他人付出爱。他们自认为有绝对的权力向别人索取一切，认为以前他们自我牺牲，现在该别人为他们牺牲了。

他们时刻都希望得到爱，也时刻都害怕失去爱，这种对失去的恐惧常常使他们歇斯底里，甚至变得极其不理性，而且非常难以对付。

他们基本丧失了正常的人生观、价值观，偏执地渴望爱，他们力图借助一切手段来发现爱。他们无法理解爱的真意，常常将身体的接触当成爱。

他们会毫不客气、尖锐地抱怨别人是如何糟糕地对待他们，他们的健康如何受到了损害，他们是如何得不到感激……引起他人的怨恨和愤怒。但他们已不在乎这点，他们更关注抱怨、批评别人带来的复仇的快感。

第九层级：身心疾病的受害者

到了第九层级，2 号已经完全走入了其性格的误区。当他们感觉自己不能得到他人的关爱时，他们会潜意识地试着走旁门左道，甚至因此成为罪犯也在所不惜，这完全是一种病态的行为。

他们希望自己生病，从而引起他人的关注和关爱。被照顾和被爱虽然并不是一回事，但离他们一直渴望的被爱已经很近了。而且，生病可以使他们在潜意识里摆脱自己伪善待人的罪恶感，逃脱自己应尽的责任，避免受到更大的惩罚。他们还把生病当作自己为人付出的一种结果。

他们常常将自己的负面心理传达给自己的身体，将自己的焦虑转化为生理症状，从而满足他们生病的需求。因此，他们通常是许多神秘疾病，包括皮疹、肠胃炎、关节炎以及高血压等的患者——在所有这些疾病中，压力都是主要致病因素。

在他人看来，2 号希望生病的行为是一种受虐狂的享受，其实不然，他们并不享受生病所带来的痛苦，他们享受的是病痛带给他们的种种好处，尤其是他人对他们的关爱。

处于不健康状态的
2 号的三个层级

第七层级：自我欺骗的操控者

充满攻击性的操控者，自我欺骗地掩饰自己。

第八层级：高压性的支配者

发泄仇恨与愤怒，神经质地索取爱。

第九层级：身心疾病的受害者

将负面心理传给身体，用身心疾病换取爱。

第3节

与2号有效地交流

2号的沟通模式：总是以他人为中心

2号是一个非常重视人际关系的人，他们在与人相处时能够很好地表现自己。在你与2号沟通时，他们往往会很快聚焦到你的需要上，并在沟通中根据你的反应来调整自己的行为。

但是，2号是不擅长谈论自己的。当你与2号沟通时，你总会发现，本来是谈2号自己的事情，结果谈着谈着就谈到你身上来了。如果你和他们说话，整个过程中他们多半是在谈你或别人。即便你试着把2号的思维拉回他们自己身上，谈着谈着，他们又不自觉地开始谈论起你或者他人了。总之，2号因为不关注自己的需求，在谈话中总是不怎么提及自己。

心理学家认为，一个人应该至少让一个重要的他人知道和了解真实的自我。这样的人在心理上是健康的，也是能够实现自我价值的。所以，在与人交往时，你不妨向对方袒露一下自己的内心，吐露一下秘密，这样会一下子赢得对方的心，赢得一生的友谊。

也许，你也有过这样的感受：当自己处于明处，对方处于暗处，自己表露情感，对方却讳莫如深，不和你交心时，你会感到不舒服，对这个人也不会产生亲切感和信赖感。而当一个人向你表白内心深处的感受时，你会觉得这个人对自己很信赖，而你也无形中和他一下子拉近了距离。

而对于2号性格者来说，他们习惯在与人交际时隐藏自己，只谈生意等与自己无关的东西，往往给人以一种难以接近的感觉，也就难以获得他人的信任。因此，2号在与人沟通时，不妨试着将注意力转移回自己的身上，适当抛出一些自己的个人信息，往往能激起他人的心理共鸣，也就找到了你们的共同话题。一旦有了共同话题，彼此的交流便得以加深，彼此的信任感就会迅速增强，彼此的关系就会更稳固。总之，2号如果懂得适时表现自己，对自己是有益无害的。

观察2号的谈话方式

2号是一种非常重视人际关系的类型的人，他们在与人相处时能够快速地赢得他人的好感，拉近彼此的关系。单从2号的谈话方式上，人们就容易感到一种被呵护的温暖，也容易对2号产生一种感激心理，愿意和2号交谈。

下面，我们就来介绍一下2号常用的谈话方式：

	2号性格者常用的谈话方式
1	2号喜欢关注他人的需求，并尽力满足他人的需求。人们在和2号相处时，常常会从2号口中听到这样一些词：你坐着，让我来；不要紧，没问题；好，可以；你觉得呢？适当运用这类语言总是让人有一种很舒服的感觉。
2	2号的基本恐惧是不被爱、不被需要，因此他们常常没有安全感，会不断地向他人索取赞美或认同。比如，2号经常会问孩子："爸爸/妈妈好不好？"他们也会经常问爱人："你爱我吗？"
3	在和他人聊天时，2号为了赢得他人的认同，往往对他人的观点表示认同，先满足对方的认同心理，因此他们常说："你说得对啊。""就是啊。"
4	在和人相处时，即便被对方惹怒，2号一般都会否认自己有不好的情绪。比如，如果你问面色不住的2号"你生气了？"2号会肯定地回答："没有，怎么会呢？"
5	当2号感到自己遭到背叛时，他们就会变得暴躁起来，态度也会变得强硬，会用命令的口气对他人说话："你，去给我倒杯水。""快去把这份文件打印10份。"

读懂 2 号的身体语言

当人们和 2 号性格者交往时，只要细心观察，就会发现 2 号性格者会发出以下一些身体信号：

	2号性格者的身体语言
1	2号喜欢穿深色服装，款式也讲究简单大方，因为大众化的服装容易得到他人的认同，而且，颜色过于鲜亮或款式过于新潮的服装也容易妨碍2号对他人的服务。
2	2号脸上总是洋溢着亲切的笑容，其友善的态度、主动开放的气质，给人一种亲人般的、知心的、一见如故的温馨感觉。
3	2号的眼神中总是流露出一股充满关爱的灵光，而且身体会下意识地向前倾。
4	2号在与人相处的过程中，身体总是有意无意靠近对方，但不会让人觉得有压迫或不舒服。2号人格者总是能够找到那个黄金位置，给人一种体贴、关怀的感觉。
5	2号会时刻留意身边人的感受和需要，并非常及时地在对方未开口之前便采取行动给予满足。比如当你觉得椅子不舒服时，2号会主动为你重新换一张椅子。
6	2号是感性的，因此他们很容易把喜怒哀乐写在脸上，也正是因为他们的直接情绪表现，他们很容易与他人在情绪上产生共鸣。
7	2号不擅长关注自己，因此他喜欢用暗示性语言表达自己的情感；而且，因为他们具备敏锐的观察力，他们能很快觉察到对方暗示性的情感表达，但有时候也可能觉察不到位或暗示不到位造成双方误会。

和 2 号建立感性关系

2号性格者往往倾向于感性做人，因此，2号在与人的交往中往往带有较浓的感情成分，私人情义的价值超过社会公共规范，使交往双方彼此信任，彼此的关系也十分稳固。因此，人们在和2号接触时，也要注意和2号建立起感性关系，建立私人间的情谊。

其实，人们不仅要在和2号的交往中注重建立感性联系，在和其他人格类型的人接触时也要尽量建立私人情感，从朋友做起，才能使彼此的关系越发稳固。保持距离，虽能保护自己，却也注定永远寂寞。我们如果不交出真心，又怎能得到真心呢？凭借出色的交际手腕和三寸不烂之舌，可以让很多人成为"认识的人"，但并不一定能找到很多"贵人"。

对于一贯注重感性关系的2号给予者来说，每天要帮助的人实在太多，如果你不能和他建立起私人友谊，他们可能就感受不到你的回报，你就难以优先获得他们的帮助。

对 2 号直接说出你的需求

人际交往中，免不了求人办事。作为求人者，大多数人碍于面子，害怕被拒绝，因此往往不敢直接开口求人，不是借第三者传话，就是说话绕圈子，常常听得被求者莫名其妙。如果被求者领悟力高一些，他们还能从你旁敲侧击的行为中猜出你的意图；如果被求者领悟力差一些，他们往往就会觉得"丈二和尚摸不着头脑"，觉得你故弄玄虚，反而对你没有好印象。而且，这样拐弯抹角地求人，太耗时间，容易使求人者错过办事的最佳时机。

所以，在求助于 2 号性格者时，不必采取拐弯抹角的求人方式，而应直接对他们说出你的需求。对于喜欢帮助他人的 2 号来说，被人需要是一件值得高兴的事情。这是证明自己存在价值的时候，他们不仅不会拒绝，反而会全心全意帮你办事，他们的付出甚至远远超过你的需求。

而且，2 号性格者善于观察他人，他们往往具有极强的观察力，可能比你更清楚如何满足你的这些需求。形象点来说，他们是天生的护士，擅长按病情的轻重缓急分送救治。当大祸临头时，他们知道如何安排事情的优先顺序，并且总是能保持冷静。

对 2 号的帮助表示感谢

2 号的付出看似无私，其实他们在本质上渴望对方的回报，如果得不到对方的回报，他们就会怀疑自己付出的正确性，甚至会迁怒对方，认为对方是"忘恩负义"之人。因此，针对 2 号的这种性格特点，人们要注意培养自己的感恩心，对 2 号的帮助及时表示感谢，并在自己力所能及的范围内给予一定的回报，这样才能维系彼此友好的关系。

感谢在很多情况下其实是一种对对方心理需求的满足。就不同的人来说，其心理需求是大相径庭的。有的人希望你对他的一举一动本身表示感谢，有的人希望你对他的行为的效果进行感谢，有的人则希望你对他个人进行感谢。因此，感谢就应首先满足对方这种心理需求。

此外，感谢还要针对对方的不同身份特点采取相应的方式。老年人自信自己的经历对青年有一定的作用，青年人在表示感谢时就应感谢对方言行的效果："谢谢您，您的这番话使我明白了许多道理……"这会使老年人感到满足，并感到满意，认为：这个小青年修养好啊，孺子可教也。女人常以心地善良、体贴别人为自己独特的人格魅力，因此在感谢时，说"你真好"就比"谢谢你"更好一些，说"幸亏你帮我想到了这点"就比"你想到这点可真不容易呀"要好得多。

及时感谢的力量在人际交往中举足轻重。无论是你对别人说，还是别人对你说，你都会体会到它的重要性。"谢谢"不仅仅是一句客套话、一句礼貌用语，它已经成为沟通人们心灵的润滑剂。

总之，如果你不懂得及时感恩，下次再去找朋友帮忙的时候也许会碰壁；相反，懂得感恩，及时感谢，才能让你与别人之间暖意融融。

适时拒绝 2 号的帮助

2 号性格者在帮助别人时，往往是从自己的立场出发，站在自己的角度来推测他人的需求，因此，他们常常会遭遇"好心办坏事"的尴尬。而作为被帮助者，别人也往往是有苦难言：一方面他们难以招架 2 号帮助他人的热心肠，一方面他们又确实不需要 2 号的帮助。

为了顾及 2 号的面子，不伤及 2 号的自尊心，人们又不应直接拒绝，而要尽量采取婉转拒绝的方式，既要表明对 2 号提供帮助的感激，又要让 2 号觉得收回他们的帮助其实是更好的一种帮助。

一般来说，人们拒绝 2 号的帮助时可采取以下几种委婉的拒绝方式：

婉拒 2 号帮助的方式

巧妙转移法

不好正面拒绝 2 号的帮助时，人们可以采取迂回的战术，转移话题也好，另有理由也罢，主要是善于利用语气的转折——绝不会答应，也不致撕破脸。比如，先给予对方赞美，然后提出理由，加以拒绝。

幽默回绝法

幽默地拒绝 2 号的帮助，是希望对方知难而退。钱锺书在拒绝别人时用了一个奇妙的比喻。一次，钱锺书在电话里跟对他的作品非常有兴趣并想拜访他的英国女士说："假如你吃了个鸡蛋觉得不错，又何必认识那个下蛋的母鸡呢？"

肢体表达法

如果难以直接开口拒绝，那就巧妙使用肢体语言。一般而言，摇头代表否定，别人一看你摇头，就会明白你的意思。另外，微笑中断也是一种拒绝的暗示。

总之，委婉拒绝 2 号的帮助不仅是一种策略，也是一门艺术，只有做到这点，才能避免自身的损失，也在一定程度上促使 2 号更清醒地看待他人的需求，从而促进他们的自我提升。

与 2 号建立起私人感情

2 号为人比较感性，所以只有与之建立起比较深厚密切的私人感情，彼此之间的关系才会比较稳固。

适时拒绝 2 号的帮助

当 2 号提供的帮助与我们自身的需求相违背时，适时拒绝，才能避免"好心办坏事"，让彼此都不受害。

与 2 号性格者的交往之道

及时感谢 2 号的帮助

当我们对 2 号表示谢意时，尽管常常会遭到善意的拒绝，对他们的帮助表示感谢仍然是必不可少的。

直接说出自己的需求

拐弯抹角地说话容易给人故弄玄虚的印象。在寻求 2 号的帮助时，只要直接说出自己的需求就行了。

与2号有效地交流

和2号建立感性关系

2号性格者往往倾向于感性做人，因此人们在和2号接触时，也要和2号建立起感性关系，建立私人间的情谊，这样更容易获得2号的认可，也能优先获得2号的帮助。

对2号直接说出你的需求

对于2号性格者，应直接对他们说出你的需求。对2号来说，这是证明自己存在价值的时候，他们不仅不会拒绝，反而会全心全意帮你办事。

对2号的帮助表示感谢

2号在本质上渴望对方的回报，因此，对2号的帮助要及时表示感谢，并在自己所能的范围内给予一定的回报，这样才能维系彼此友好的关系。

委婉拒绝2号的帮助

为了不伤及2号的自尊心，人们要尽量采取婉转拒绝的方式，要让2号觉得收回他们的帮助其实是更好的一种帮助。

第4节

透视2号上司

看看你的老板是2号吗

工作中，我们会遇到一些对下属关怀备至的领导，他们会全心全意帮助下属发展。即便下属在工作中出现了失误，他们也不会严厉斥责下属，反而帮助下属找出原因，努力帮他做好。更有甚者，当他们发现下属完不成任务时，可能还会帮助下属达成目标。这样的领导方式一方面利于构建和谐的团队，一方面也容易限制员工的个人发展。因此，当你在职场中遇到这样的领导风格，就要看看你的领导是不是2号性格者。

2号性格的老板主要有以下一些特征：

	2号老板的性格特征
1	性格温和，微笑待人，给人以亲切随和、值得信任的感觉。
2	富有同情心，善于聆听，能够感受别人的需要，与人产生共鸣。
3	关心、体贴他人，极有耐性，对他人予以热情的关注，能不厌其烦地关心别人。
4	善于洞悉别人的才干和潜能，能够给人鼓舞，激发他人的斗志。
5	喜欢帮助别人，乐于付出，能够全心全意帮助下属解决工作问题。
6	外在表现具弹性，能调整自己以迎合他人的需要，但常在无私与渴求回报之间挣扎。
7	能赢得不同人格类型的下属的信任和尊敬。
8	协调能力强，擅长构造和谐温馨的团队氛围。
9	喜欢和下属建立私人感情，并喜欢以私人感情的厚薄来对待他人。
10	过度看重"人"的因素，常常对人不对事，忽视系统管理的功能。
11	将自己的需要或愿望寄托在别人身上，勉强别人去实现自己的愿望。
12	不喜欢被拒绝，一旦被拒绝，会变得冷酷无情，想尽办法去操纵别人。
13	顾全大局，以人为本，会为了他人需求而牺牲自我。
14	不善于自己做决策，缺乏主心骨，做事显得拖泥带水，原则性不够强，容易被人左右。

当你发现你的上司符合以上特征中的大多数时，你就基本可以断定你的上司是一个2号性格者，你就要根据2号性格者的优劣势来制定相应的相处策略，尽量投其所好，帮助上司把注意力更多地投放到他自己身上，降低上司对下属的控制欲，才能进一步促进团队的和谐发展。

明白2号上司的心理：服从即是尊重和高效

职场上，大多数老板都喜欢听话的员工，但2号老板更喜欢听话的员工。这是因为2号性格者往往有着较强的控制欲，他们希望通过付出的方式来赢得别人的认可，并据此达到他们与他人保持良好关系的目的。因此，2号上司的管理方式往往是：谁听话我就喜欢谁。

如果你的上司是2号，你只要尽量服从上司的安排，你就能讨得上司的欢心，让他喜欢你，并提拔你，给你涨工资，为你提供好的福利。相反，如果你面对2号上司的安排，总是持不满意见，据理力争，表达你自己的想法，就会给2号上司留下一个"不听话"的坏印象。要知道，2号最讨厌别人拒绝他的帮助，当一个下属拒绝2号上司的安排，2号上司就觉得这个下属辜负了他们的好心，就会认为这个下属不会分辨事物的好坏，进而陷入不知道如何指点这个下属的困难局面。

要做一个听话的员工，讨得2号老板的欢心，同时又表达自己的观点，并争取到上司的支持，你需要注意几点和2号上司的相处技巧：

与2号老板的相处技巧
1　定期向上司汇报工作情况和情绪，以便让上司做出准确的下一步行动判断。
2　接受领导交付的任务时，不要问太多细节。
3　自己对任务进行分析，拟一套执行方案后，再与上司进行较为深入的沟通。
4　遇到问题后自己先想办法解决，解决不了就要及时寻求上司的帮助。
5　和上司意见不同时，不要直接与其发生冲突，而应私下里找机会或者发邮件表示不同看法。

此外，人们还要明白：听话并不是要员工绝对遵从老板的安排，不是叫你当老板的应声虫，他叫你往西你就不敢往东，而是在尊重老板、尊敬前辈、遵守工作条规的前提下，还不断自我精进，认真打拼。

和2号上司保持经常性的接触

2号领导者注重人际关系，因此他们喜欢和员工经常沟通，以了解员工的工作状态、自我提升方向，尽力满足员工需求，帮助员工成长。然而，许多人有"畏上"情绪，总是害怕和上司沟通。这种情况，多发生在一些初入职场的年轻人身上，以年轻女白领最为突出。这样，你容易给2号一种"我不被认同"的感觉，而渴望回报的2号就会选择忽视你，转而关注那些认同他的员工。

因此，见到上司时，你最好面露微笑，落落大方地和他们打声招呼，有机会的话，不妨多和他谈谈工作上的事情，让他们知道你的想法，看到你的努力，一来表明你很懂礼貌，二来说明你对工作很上心，三来他们兴许会提供一些不错的建议给你……简单地说上几句话就有这么多好处，何乐而不为呢？

其实人与人相处，关键是信任。和上司相处，首先也得赢得他的信任。要获得2号上司的信任，其实很简单，只要你多和2号上司接触，多谈谈你的工作状态，多听听2号上司的建议，多赞美2号上司的优点，你就能和他们建立较为亲密的关系，就能以"朋友"的心态来对待彼此。

总之，你如果与上司之间缺乏联系，会使双方愈来愈不信任和不尊重，更重要的是会很强烈地影响到你"加官晋爵"的机会；相反，你如果与上司保持经常性的接触，就能保持良好的沟通，并取得上司的信任，对自身的发展是十分有利的。尤其是对于喜欢帮助他人的2号上司来说，你经常和他们接触的行为就是对他们最大的认同，也是他们最大的快乐。

你再腼腆，如果迎面碰上了顶头上司，也一定要鼓足勇气主动开口说话。不管出于什么目的，和顶头上司玩"藏猫猫"的游戏绝非明智之举。要知道，他可是掌握你生杀大权的人，从任何角度来说，多和他们沟通交流对你的职业发展都是有益无害的。

不要泄露2号上司的秘密

2号性格者把大部分的精力都放在关注他人的需求上，因此很少有时间来关注自己，在与人交往时也很少提及自己，会将自己的私人信息尽量模糊化处理，以实现他们服务他人的核心价值观。同样，2号上司也不喜欢在工作中谈及自己的私事，更不喜欢员工们私底下谈论自己的私事。

其实，谁都不喜欢自己的私事被泄露，身为领导者，为了维护自己在员工心目中的威信，更是不容许他人泄露自己的秘密。而2号领导又喜欢和员工建立私人感情，员工在和2号领导交往的过程中多多少少会发现一些领导的秘密，这就需要员工闭紧自己的嘴，不要泄露上司的私密。

一般来说，一个下属如果不注意保守上司的秘密，就得小心被"炒了鱿鱼"。而如果他泄露了重要信息，还有可能被诉诸法律，追究法律责任。在日常工作中，有些事虽不会造成严重的损失，也会带来不好的影响。更重要的是，领导者的秘密还可能对工作造成极大的影响，阻碍团队的和谐发展，甚至可能产生严重的破坏力，关系到整个公司的存亡兴衰。因此，做下属的一定要牢记病从口入、祸从口出的道理，对这些秘密守口如瓶。

向2号上司学习：把公司当成家

2号性格者极具奉献精神，因此2号上司往往具有极高的工作热情，在内心当中把企业视为"家"。他们希望员工在人际关系上相处得像一家人一样亲密，像关爱家人一样关爱身边的同事，在处理工作时也像处理自家事务一样认真、上心。如果你能把公司当作自己的家来努力工作，你就能和上司像家人一样相处，上司也就会像关爱家人一样关爱你。

在美国标准石油公司里，有一位推销员名叫阿基勃特。虽然他只是公司里一个名不见经传的小职员，但他尽心尽职，努力维护公司的声誉。当时公司的宣传口号是"每桶4美元的标准石油"，因此，不论何时何地，凡是要求自己签名的文件，阿基勃特都会在自己名字的下面，写上"每桶4美元的标准石油"这样的字，甚至在书信或收据上，也不会忘记写这几个字。时间长了，阿基勃特就得了个绰号——"每桶4美元"，而他的真名倒没有人叫了。面对他人的嘲笑，阿基勃特并不在意。

多年后的某一天，公司的董事长洛克菲勒无意中听说了此事，他想："竟有职员如此努力宣扬公司的声誉，我要见见他。"于是，洛克菲勒请阿基勃特吃了一顿饭。吃饭时，洛克菲勒好奇地问阿基勃特："你为什么会想到签名时写上'每桶4美元'呢？"

阿基勃特说："这不是公司的宣传口号？每多写一次就可能多一个人知道。"

后来，洛克菲勒卸任，阿基勃特成了第二任董事长。

阿基勃特能够时时刻刻不忘公司"每桶4美元"的宣传口号，说明了他一直把公司当作自己的家来维护，把工作当作自己的家事来做；洛克菲勒不是傻瓜，如果不是看到阿基勃特对公司的赤诚之心，他也不可能放心地把董事长之位给阿基勃特。

只要你是公司的一员，就应当以公司为家，和公司荣辱与共。要抛开任何借口，投入自己的忠诚和责任，将身心彻底融入公司，尽职尽责，处处为公司着想，理解公司面临的压力，以公司主人的态度去应对一切。当你做到了这些，你也就和2号上司达成了心理共识，你就被划入了他们的"自己人"一类，他们自然会对你日后的工作多多关照。

考虑周全，更易赢得2号上司的信任

　　根据2号习惯针对不同的人的需求来扮演不同的角色的性格特点，人们可以发现，2号上司在考虑问题时较为全面，总能周全地顾及与之相关的每一个人的利益。因此，作为2号领导的下属，你也要在做工作规划时做到考虑周全，才更容易获得2号上司的认可和支持。

　　与工作有关的所有人的层面形成的影响，都在2号上司关注范围内。因此，你所汇报的工作内容或新计划一定要包含所有人的情况因素，否则就会给2号上司一种"你考虑事情不周全"的感觉，他们就会将你划入"不值得信任"的一类。

　　面对2号上司，做事情时要考虑周全，顾及方方面面的影响力，最好是注意到那些领导忽视了的方面，才容易赢得领导的赏识，也容易为自己赢得更多更好的回报。

　　此外，人们在向2号上司汇报工作时，一定要以专注的眼神及微笑来关注他们，并在他们以眼神向你要求回应时，立即以点头等方式表示回应，这样就能给2号上司一种被认可的感觉。

与2号上司的相处之道

与2号上司建立比较亲密的关系

2号上司对人际关系的重视程度是很深的。如果你过于腼腆，甚至在经过上司身边的时候都不好意思打个招呼，就往往容易失去他们的信任。

不要太注意2号上司的私人问题

2号在工作和生活中都非常关爱下属，如果下属传播2号的私人信息，他们会觉得这种形象会被破坏。所以，千万不要对2号的私人问题太过关注。

像2号上司一样把公司当作家

2号上司会努力构建一个和谐温馨的氛围，是为了给员工一个温暖的家的感觉。作为员工，也应该把公司当家看待，因为这同样是2号所喜欢的。

在工作中要尽量考虑周全

2号喜欢考虑周全的员工。比如在向2号上司进行工作汇报时，一定要事先考虑好这一工作所涉及的所有方面，这样才能获得2号上司的赏识。

第5节

管理2号下属

找出你团队里的2号员工

身为领导，你时常会发现你的身边有这样的员工：他们工作积极热情，不仅能尽心尽责地做好自己的本职工作，还积极地帮助其他同事进步。从九型人格的角度来看，这样的员工往往是2号性格者。

下面，我们就来具体介绍一下2号员工的特征：

	2号员工的性格特征
1	2号员工做事积极认真，经常加班加点地努力完成自己的任务。
2	2号员工会自发地承担更多的工作，比如他们会每天打扫卫生，给净化器加水，照料办公室植物等。
3	2号员工的人缘很好，他们擅长处理和维护各方人际关系，人人都很喜欢他们。
4	2号员工非常留意身边同事眉宇之间的变化，一旦发现他们眉头紧锁或面露难色，就会主动走过去给予关心和帮助。
5	2号员工在工作中总是很勤奋，并且主动帮助身边的其他人，甚至牺牲自己的工作时间来帮助他人。
6	在与人接触的过程中，2号员工喜欢用真诚的方式赞赏同事和上司，同样他们也希望得到身边人的及时回应。
7	当2号员工的付出得到了同事和领导的认可时，他们会更加不惜付出一切，以回报这份认同，所以只要感受到了企业对自己的需要，2号员工是不计较加班的。
8	当2号员工的付出被忽视或被否定时，他们会自暴自弃，或变得冷酷无情。
9	2号员工常常为了帮助他人完成工作，而忽视了自己的工作进度，导致自身的工作延误。
10	希望通过权威的肯定来证明自己，可以成为领导的得力助手、掌握内部秘密的秘书、权威背后的力量。

当你身边的员工符合以上的特征，基本就可以断定他是一个2号性格者，你就需要根据2号性格者的特点来制定相应的管理方式，才能最大限度地激发他的潜力，凸显他的真正价值。

跟2号员工沟通要有真情实感

身为领导者，在与2号员工相处时，要注意经常与他们保持情感上的沟通，因为2号员工总是留意身边人的情绪、情感并主动关怀，同时，他们也渴望得到身边人对自己情绪、情感的关注，并且渴望与身边人倾诉。因此，领导者如果能够保持与2号人格下属的情感沟通，就能够让他们感受到自己被关注和被爱的感觉，2号就会更积极地工作，为企业贡献更多。

因此，领导者要对2号员工优异的工作表现给予及时的赞赏，对于他们偶尔出现的工作失误或业绩欠佳情况，要以鼓励的方式劝导他们专注于自己应该完成的本职任务，以帮助其提升业绩。2号人格下属的表现欠佳，往往是太过关注身边人的状态，并帮助后者处理事情，以致占用自己过多工作时间及精力造成的。因此，不断提醒2号人格下属关注本职工作，是对他们的有效帮助。这样做，也会让他们感受到被真正关注的价值感。

法国企业界有句名言："爱你的员工吧，他会百倍地爱你的企业。"一个不懂关心自己手下员工的管理者，他的企业永远不会成功。尤其对于不断付出并时刻期望认可和回报的2号员工来说，领导如果能够充满真情实感地对待他们，赞美他们的付出，宽容他们的失误，让他们会更加卖力地工作、更加快乐地付出就不是件让人为难的事。这就意味着企业的业绩将进一步提高。

要让2号员工觉得自己很伟大

2号喜欢用付出来换取回报，从而达到他们操控他人的目的。由此看来，2号性格者也是一个典型的权力追随者，只不过他们不像8号领导型那样直接追求权威，而是通过"服务者"的形象来扮演权威的幕后操控者。他们认为，间接地参与领导要比直接面对对手的敌意和拒绝更轻松。

通过扮演幕后操控的管家的角色，2号能够自由观察、试探他人。他们在完全认同领导者的安排的同时，也会在团体内部发展一强大的内集团。对于2号来说，这是个完美的权力位置。他们的建议决定了什么样的需求能够得到满足，他们能够帮助整个内集团，同时又能维护他们的自身利益。而且，在面对压力时，他们会让内集团的成员齐心协力，共渡难关。

面对这样的幕后管理者，领导者不得不忍让三分。只要领导者能给予2号员工足够的尊重和认可，给2号员工"我很伟大"的感觉，2号不仅会甘心屈居幕后的位置，还会全心全意地为领导者出谋划策，并调动自己所拥有的强大的力量，帮助领导者获得更好的发展。

很多时候，2号性格的员工都具备强大的影响力，也具备领导者的才干，但他们更愿意享受幕后管理的乐趣，甘愿做领导者的管家，在背后为其出谋划策。领导者如果不想失掉一个好帮手、多一个强大的敌人，就要懂得适时认同和赞美2号的付出，给予2号希冀的伟大感。

放心地分配任务给2号员工

当领导者分配给2号员工一项任务，并对他说"我相信你一定会做得很好"时，2号员工会感到自己被认可了、自己被需要了，他们就会拥有超强的自信，就能滋生出强大的奋斗欲望来，尽心尽力地做事。因此，领导者大可放心地分配任务给2号员工，只要能同时做好过程中的监督，就能促使2号高效率、高质量地完成任务。

职场中的2号员工，只要是领导交代的任务，往往都会选择竭尽全力去完成，即便牺牲自己的利益也在所不惜。因此，2号员工的领导者也应对自己的下属充满信心，给予他们最有力的支持，才能帮助2号员工出色地完成任务。

此外，领导者常常会发现2号员工在工作过程中喜欢与人相处，甚至是过多地开展人际交往，不要因此而判定2号渎职，更不要去干涉2号的这种行为。因为这是2号人格下属开展工作的方式，他们并不因此觉得辛苦。你需要做的是留意他们是否因为人际交往占用了太多本职工作时间，以致其经常加班。若有这种情形，就应以劝导的方式帮助他们意识到其本职工作更重要，提醒他们从过多的人际交往中抽身出来，专注于自己的工作任务乃当务之急。

给足2号员工自尊感

工作中，2号员工为了体现自己服务者的形象，往往会把企业生活中的细节事件都看作自己的工作内容，比如帮同事冲咖啡、打扫卫生，甚至帮他人安排工作以外的行程，如帮领导接孩子、帮同事预约相亲等。很多时候，2号员工给人以"热心过了头"的感觉，人们心里不禁有些烦恼，态度上便带些怠慢。这种现象在职场中并不少见。

但作为一个领导者，你不能像普通同事那样以轻视或冷淡的态度，去回应2号员工这种对他人过度热心和关心，否则会极大地伤害他们为身边人奉献，关爱、支持他人的爱心，致其陷入自己的存在没有价值的苦闷中，导致其人际关系冷淡和工作业绩滑坡，也不利于构建和谐的团队。相反，领导者要给足2号员工自尊感，在忍耐他们这种婆婆妈妈的热心行为的基础上，加以引导，帮助他们将注意力投放到他们自己身上，投放到他们的本职工作上。

每个人都有自尊，都希望别人凡事都能顾及自己的自尊心。然而，许多领导者很少有人会真正意识到这个问题的重要性。如果领导者能够顾及员工的自尊心，也就能避免将自己置于一个尴尬的局面。

对待2号员工的4项策略

让2号感受到你的鼓励

2号重视他人对自己情感的关注，如果能给予他们必要的关注，对其付出给以应有的赞美，他们在工作中会更有干劲，这对企业的发展无疑是件好事。

给2号以幕后操控者的感觉

2号聪明能干，且领导才能突出，但不喜欢直接显露权威，如果能给他们一个幕后操控者的地位，多征求他们的意见，他的工作积极性和工作能力将让你感到惊讶。

放手将事情交给2号

领导者如果能放心地把工作交给2号，并表现出对他们的信任，他们在工作中也会很有自信心和成就感，并且能非常出色地完成任务。

别伤了2号的自尊感

2号性格者比较看重自尊感，因此领导者在对待2号员工时更要顾及他们的心理感受，尽量赞美他们的优点，指正他们的缺点时要委婉含蓄，并帮助他们改善自己、发展自己。

别让2号员工承担太多责任

虽然2号员工具有极强的奋斗精神，往往能够出色地完成领导分配的任务，但2号自身的性格存在一个误区，那就是他们抗干扰能力较弱。也就是说，一旦受到外界干扰，他们的注意力就会分散到其他人的身上，忙于满足其他人的需求，而忽视了自己的任务，就难以按时完成任务。

而且，2号之所以付出，是因为他们渴望回报。如果领导者只看到2号的自我牺牲精神，而不顾及其承受能力，给其安排过量的任务，2号就会担心自己做不好这些事情，担心无法获得他人的认同，就会产生抱怨心理。

针对2号的这种性格特点，领导者在为2号员工分配任务时应尽量做到：让2号员工一次只做一件事，这样不仅让他们容易专注于自己的任务，也能有效防止他们因为不安全而产生消极抵抗的情绪。而且，在2号工作的过程中，领导要尽量为他们排除外界的干扰。

其实，每一个人的承受能力都十分有限，正如某一个寓言故事所讲：

有一只兔子，身材很修长，天生就很会跳跃。一天，森林里的国王宣布，要举办运动大会，提倡全民运动。于是，兔子报名参加了跳远项目。最后，兔子击败了鸡、鸭、鹅、小狗、小猪……夺得了跳远比赛的冠军。

正当兔子得意之际，有一只老狗告诉兔子："兔子啊，其实你的天分资质很好，体力也很棒，你只得到跳远一项金牌，实在很可惜。我觉得，只要你好好努力练习，你还可以得到更多比赛的金牌啊！"

在老狗的极力怂恿之下，兔子开始每天练习"跑百米"，早晚也跳下水游泳，游累了，又上岸，开始练举重；隔天，又开始跳高，甚至撑着竿子不断往前冲，也想在撑竿跳比赛中夺魁，接着，又推铅球，跑马拉松……

第二届运动大会又来了，兔子报了很多项目，可是它跑百米、游泳、举重、跳高、推铅球、马拉松……没有一项入围，连以前最拿手的跳远，也在初赛里就被淘汰了。

如果领导者为2号员工安排过多的任务，就会使2号员工像故事中的兔子一样，丢掉自己原本的优势，一事无成。这常常引发2号员工强烈的抱怨情绪，继而激发上司和2号员工之间的矛盾。这无论是对2号员工自己来说，还是对企业整体发展来说，都不是一件好事。

第6节

2号打造高效团队

2号的权威关系

在2号性格者看似无私付出的背后，隐藏着2号对于权力的渴望。他们深知，获得权力，是满足他们自身操控欲的最基本前提。

一般来说，2号的权威关系主要有以下一些特征：

	2号权威关系的主要特征
1	2号性格者是权力的追随者，他们即便不是掌控权力的领导者，也希望得到当权者的喜爱，会以种种方式去满足当权者的需求，以讨得当权者的欢心。
2	对于2号来说，当权者喜欢什么样的人，把自己变成什么样的人就是很有必要的。他们非常善于根据当权者的喜好来改变自己。
3	虽然2号也具备领导者的能力，但2号还是倾向于扮演"垂帘听政"的角色。他们更喜欢扮演宰相，而不是国王。这个位置让他们更有安全感。
4	2号具有敏锐的识人能力，因此他们非常善于发现环境中潜在的胜利者，并懂得投其所好，在幕后为其出谋划策，扮演一个好帮手的角色。
5	通过维护权威，2号不但确保了自己的未来，也获得了他们想要的爱。
6	虽然2号并不承认自己帮助领导者是为了获得回报，但他们的确非常在意权威的表态和意见。他们会从自己的角色中谋取利益，不过对他们来说，最大的利益就是永远位于当权精英的核心关系内。
7	2号深知要想获得权力，先要获得人心，因此他们十分注重人际交往，也十分擅长处理人际关系，总是能够让自己融入团队的主流中，在团队中拥有较大的影响力。
8	2号希望人人都喜欢自己，因此他们很少选择一个不受欢迎的位置，除非这个位置背后有一个更强大的权力集团。
9	2号善于观察他人的需求，因此他们能轻易分辨出哪些人物是需要精心对付的，哪些人物是不用浪费时间去应对的。

2号提升自制力的方式

2号自制力的三个阶段如下：

	2号自制力阶段主要特征	
低自制力阶段：操纵者	认知核心：2号害怕自己不被需要、不被认可、被抛弃。	处于低自制力阶段的2号性格者害怕自己不被认可，因此他们更希望通过不断付出的行为来操控他人。他们会使用罪恶感、责备或羞愧感等心理工具去强迫他人接受他们的安排，并要求他人给予相应的回报。

中等自制力阶段：朋友	认知核心：2号焦虑自己到底有多大的价值，有多少人喜欢、欣赏、尊敬自己。	处于中等自制力阶段的2号已经懂得隐藏自己的控制欲，更擅长扮演"服务者"的角色。而且，他们能很好地读懂别人，喜欢通过赞美、关注、帮忙和其他形式的人际交往形式去迎合他人。
高自制力阶段：谦谦君子	认知核心：2号能在尊重他人意愿的基础上满足他人的需求，并开始思索自己的需求。	处于高自制力阶段的2号已经摆脱了"付出是为了收获"的生活方式，他们淡化了自身的控制欲，并逐渐做到了真正的无私付出，能够温柔、慷慨、谦逊、包容地待人。同时，他们也关注自身的需求，更多地关注自身的发展。

2号性格者内心具有极强的操控欲，为了满足自己的这种操控欲，他们必须时时关注他人的需求，并给予满足。一旦不被他人需要，2号就满足不了自己的操控欲，他们就会慌乱不已，找不到生活的方向。

由此看来，2号提升自制力的重点在于：尽量有选择地付出，尽量压抑自己的控制欲。

2号可以通过以下方式来提升自己的自制力

多给自己独处的机会

2号性格者成天为了别人的需求忙碌，然而，当2号真正独处的时候，他们因为无人可帮助，只好把注意力转移到自己的身上，开始探索自己的内心世界，往往能在自我发展的道路上有质的突破

思考付出行为的影响

2号如果能在每一次付出后，总结对他人的影响、自己所付出的代价、自己的收获等，就能明白真正的付出的价值所在，就能更好地付出，也能有更好的收获

多为自己付出

每天起床后，2号要问问自己：我今天需要的是什么？当你将自己看作自己需要服务的一员，你就能抽出时间来满足自己的需求。长此以往，2号就会将关注自己视为一种习惯，也就不会因帮助别人而忽视自己的发展了

2号战略化思考与行动的能力

2号战略化思考与行动的能力较强，他们十分擅长评估团队成员的优势和弱势，激励和协助他人前进，以达成组织目标。

2号战略化思考与行动方面的特点	
善用人际关系	2号重视人际关系，因此人际关系导向一直都是2号的优势，这能帮助2号更好地了解企业运作，关注环境和组织的推动力。此外，2号还能够通过自己强大的信息源来打探竞争对手的情况，做到知己知彼。
擅长感召他人	2号热情帮助他人的行为，在无形中为其他人树立了一个可供学习的榜样，激发了整个团队的活力，促使每一个人都努力工作。
发展员工优势	2号把发展员工优势当成了自己的责任。他们在员工需要发展的方面去帮助员工，同时也能确保在了解组织结构、系统和流程的基础上让组织结构和系统帮助员工发展技能与优势。

关注客户需求	2号喜欢关注他人的需求,并尽已所能给予满足。因此,2号总是十分关注客户的需求。他们会全神贯注地去了解自身企业状况,特别是它的产品、服务和技术,使其更好地满足客户的需求。
不容忽视的财务规划	2号在做任何事情时,都不能忽视财务规划的影响力。
详细规划战略过程	2号大部分时间都把注意力投放在他人的需求上,因此2号在做事情时容易受到他人的干扰,最佳的应对办法就是详细规划战略过程,将大目标分化为许多阶段性的小目标,督促自己按时优质地完成小目标。

虽然2号喜欢满足他人需求的性格使他们具有较强的战略化思考与行动能力,但2号也常常因过于关注他人的需求而忽视某些发展的关键因素,比如,在事业早期,许多2号都会因为过多地关注如何取悦客户,而忽视了从长期发展的角度来看这些客户是否有价值;2号也会因为要确保为他们工作的员工感到快乐和受到激励,而消耗了自己的时间和精力,导致自己工作的延误。此外,2号在下达命令时,常常为了顾及他人的感受而将命令模糊化处理,这常常造成了沟通的不畅,阻碍了工作的顺利进行,也容易损害自身的威信。

2号制定最优方案的技巧

作为一个团队的领导者,2号能轻易地看到团队成员的个人需求,并努力给予满足。在他们看来,领导者应该这样解释:"我的任务就是评价每个团队成员的优点和缺点,然后鼓励和推动人们为实现公司的目标而不断努力。"在2号看来,为公司目标努力的过程其实就是为自我目标努力的过程,一旦公司目标实现了,人们的个人目标也容易实现。

在制定方案时,2号往往有着以下一些特点:

制定战术方案时2号的特点

预测能力强

2号善于观察他人的需求,因此常常有着高度敏锐的直觉,在面对众多方案时,经常能预测出哪一个方案将被欣然接受、哪一个方案将会遇到阻力

重视权威性

面对一个方案,2号习惯把注意力放在方案制定的权威结构上,这样只需微调,他们的能力就能精心安排其他人或事。但是,内心的控制欲使他们不愿受人操控,因此他们并不总是遵守正式的方案制定结构

更喜欢影响方案

2号并不喜欢当领导者,而是喜欢当领导者幕后的助推手。因此,2号并不喜欢主动制定方案,而是喜欢在了解其他人的方案的基础上,全面思索一番,再提出自己的意见。而且,这样的意见往往能扬长避短,操作性较强,容易为2号赢得大家的称赞

易受他人影响

2号在制订方案时,非常关心权威人士和那些他们所喜欢和敬重的人的反应,同时也关心那些下属的反应。2号相信,如果他们的跟随者对他们感到失望和气愤,那他们的领导力将会减弱

运用理性和本能

2号在制定方案时,不仅能充分利用自己心脏中心产生的直觉,也懂得利用直觉感知的次要(脑中心)和本能(身体中心)方面,也就是人们常说的理性和本能,从而更为全面地制定方案

2号目标激励的能力

在一个团队中，2号性格者往往有着较大的影响力，因为他们通常善于帮助每一位员工共同关注组织、团队和个人目标的交叉融合，并让彼此达成共识、成为一体。也就是说，2号具有较强的目标激励的能力。

一般来说，2号目标激励的能力主要包括以下几点：

① 激发他人的潜力

2号察觉力强、直觉敏锐，喜欢为别人投入时间，想人之所想，急人之所急，为他人提出很多有用的点子，或者是达成目标的建议，这些方法经常能抛砖引玉，激发出他人的最佳状态，很好地达成目标。

② 用认真的态度影响他人

2号为了赢得他人的认可和赞赏，往往秉持小心谨慎的态度，能够认真做事，关注事物发展的方方面面，因此他们常常能出色地完成任务。而且，他们还将这种认真做事的态度化为积极助人的热心，去影响他人，帮助他人和自己共同进步。

③ 关注他人也关注目标

2号总是对他人的个人需求很敏感，常常在帮助他人满足个人需求的忙碌中忽略工作目标。如果遇到了这种情况，2号就要注意转

移自己的重心，用同样的注意力关注工作目标。这有利于培养他人独立工作的能力，也能减轻你的负担。

④ 及时了解情况并反馈

要想激励团队成员努力工作，2号不仅要了解他人的工作状态，更要了解他人的个人状况，这样才便于及时做出反馈，给出建设性的意见，引导他人向有利于他们自己也有利于团队发展的方向前进。

⑤ 不要透支你自己

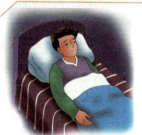

2号每天在忙着满足他人需求时，常常把自己当作"超人"来看，因此也常常将自己累得筋疲力尽。因此，2号在透支自己的时候，应确保自己像考虑他人一样考虑自己，给予自己充足的休息，储备精力，才能最终出色地完成任务。

总之，2号要懂得有选择地帮助他人，适当拒绝他人不合理的要求，适当放松自己，才能真正提升自己的目标激励的能力。

2号掌控变化的技巧

2号性格者对待变革时常常产生矛盾心理。在面对变革时，2号常常从人的心理承受能力出发来看待它，他们如果相信这些变化是对人和组织都有益的，那么他们就会全心全意地支持变革，并享受领导变革的结果；反之，如果一个变革虽然对组织来说是好的，但是会给人们带来痛苦，2号就很难拥护这个变革，但2号并不是要否定这个变革，而是会变得富有创造力、拓宽渠道去找一个可接受的中间地带。由此可见，2号具备较强的掌控变化的能力。

一般来说，2号喜欢采取以下方式来掌控工作生活中出现的变化：

2号掌控变化的方式

执行复杂活动

2号喜欢掌控变化，精心安排他人、任务和事件对他们非常有吸引力。他们希望能在组织中扮演一个重要角色，并喜欢做一系列复杂事情，按照时间要求取得成果，这能极大地满足他们的成就感，让他们感到自己得到了充分的认可。

一分为二地看问题

当2号面对一个非常复杂的问题时，他们常常因为遭遇许多阻碍而产生强烈的挫败感，变得十分情绪化，难以清醒地看待问题。其实，这时2号需要反思一下自己的计划，开始观察那些自己以前忽略的方面，尽量做到一分为二地看问题，往往能很快发现问题的症结所在。

关注变革的正面影响

2号总是不忍心看到有人或物因变革受损，因此他们会在潜意识里排斥变革，并希望能找到其他的方式来代替变革，这就在一定程度上阻碍了变革的顺利进行。此时，2号应该更多地关注变革的正面影响。

让他人独立工作

很多时候，2号无微不至的关怀常常使人们对他们具有极强的依赖性，难以独立工作，因此，2号要学着放手，培养他人独立工作的能力，才能为2号自己培养优秀的人际资源以及团队力量，才能在变革中处于不败之地。

2号处理冲突的能力

也就是说，如果有人在接受了2号的帮助后，没有表现出半点感激之情，而是一副心安理得的态度，或是他人给予的回报违背了2号的预期，他们就容易激起2号的怒火，也就容易和2号发生冲突。要平息这些冲突，就要考验2号处理冲突的能力了。

一般来说，2号会采取以下方式来处理冲突：

① 建立坦诚关系

2号十分注重人际关系，而且他们也十分擅长利用人际关系来满足自己的操控欲。因此，他们在面对冲突时，第一时间会表现出绝对的坦诚：渴望倾听、为他人提供帮助、给出意见。正是因为2号的这种坦诚态度，2号总是能轻易地建立起融洽的人际关系，让很多人都相信能够依赖2号及时满足自己的需求。但是，2号常常因为过于关注他人而透支自己的精力。

② 有效沟通

在与人沟通时，2号总是一味地关注他人的需求，而很少谈论自己。但沟通是双方的信息交流，2号避而不谈自己的信息，就容易给人以不易亲近的隔阂感，就使沟通难以深入下去，也就容易与他人发生冲突。针对这种情况，2号应更多地反省自己，试着向他人适当透露一点自己的内心世界，赢得他人的理解和包容，冲突也就会渐渐淡化。

③ 全面倾听

2号渴望探知他人的需求，因此他们常常是很好的倾听者，但是大多数时候只是完全倾听那些让他们感觉亲近的人、那些他们相信需要他们帮助的人、那些他们想取悦的人，还有那些有显赫地位和影响力的人。而且，2号在倾听的时候容易受先入为主的想法影响，难以对他人做出客观的评价，从而引发冲突。为了避免这种情况，2号在与人接触交流前，最好对他人有一个较为全面的了解，以便对对方有一个尽量客观的评价。

④ 提供有效反馈

很多时候，2号擅长给出正面反馈，有着出色的把握时机的能力，因为他们能轻易地读懂身体语言，为了不伤害反馈接受者的感受或者伤害彼此的关系，2号也可能不愿给出建设性反馈，对负面的事情避而不谈。对方一旦受到伤害，可能会怪罪2号这个参谋思考不周，从而引发冲突。针对这种情况，2号要尽量客观而全面地分析形势，既给予对方正面反馈，也要适时地给予对方负面反馈，才能帮助对方扬长避短，更好地发展

发生冲突时，非常激动的2号可能言辞激烈，特别是当他们感到没有被欣赏或者没有优势或者他们关心的人有危险时，2号会变得非常莽撞，语气带有指责意味，甚至反应更强烈。然而，当2号冷静下来，他们又会十分后悔，陷入自责之中。因此，应在冲突中时刻保持冷静，以绝对坦诚的态度来化解彼此的矛盾，这才是2号应该具备的处理冲突的能力。

2号打造高效团队的技巧

在打造一个高效的团队时，2号喜欢把注意力放在以下三个方面：评定、激励、专业化训练团队成员；打造正向、积极的团队文化；发展恰如其分的组织流程以完成工作任务，不让员工创造力和主动性有所下降。这是因为，2号相信，当这些因素具备时，团队就会有高质量的产品和服务。

一般来说，2号喜欢采取以下一些方式来打造高效团队：

2号打造高效团队时需注意的方面
增进团队成员彼此间的了解 与其他类型的人格不同，2号在创建团队时就花时间让团队成员彼此了解，让他们发展出相互信任和相互支持的人际关系，然后集中精力创造中等程度到高等程度的相互依赖的团队。在这样的团队中，团队成员一起工作，能形成一个高效率的工作组织。
积极地鼓励成员 2号喜欢为他人带去积极的情绪，因此他们常常像啦啦队队长，一个一个地教练、敦促、挑战团队成员。而且，在公众场合，2号不愿对任何人说任何负面或消极的话，他们害怕这会打击个人或团队的士气，甚至可能一下子把个人和团队士气都打击了。
承认自己的领导力 虽然2号在制定目标上很有能力，但很多2号会对扮演一个高调亮相、让大家长时间关注自己的领导者角色不舒服。因此，当2号听到别人表扬他的时候，他们最典型的反应就是把表扬传递给他的整个团队，他会说如果没有整个团队的努力，这个成就是不可能实现的。虽然这可能是事实，但它也许会削弱2号的贡献，降低2号的精神境界，减少2号作为领导者的远见。即使2号确实处于这个活动的中心位置，他们也宁愿在幕后工作。但是，每一个团队都需要一个领导者愿意承认和接受一个显而易见的领导角色。也就是说，无论是对团队成功还是对2号个人的职业成长来说，2号都必须增强自己的领导意识，敢于承认自己的领导力。这样做会让其他人更容易跟从2号，也对这个领导职位表现出更多的尊敬。因此，2号要学着当众安排，指出自己是这个团队的领导者，自己主持团队会议，而不是让其他人主持，注意避免那些减少自己领导职责的方式方法。
不要陷入细节工作 要打造一个高效团队，2号首先要有领导意识，这就需要2号适当拒绝他人的求助。也就是说，2号要训练自己：当别人要求你帮忙的时候，既不提供帮助，也不主动说"是"。如果做不到这点，2号就会将自己深陷细节工作，而忽略了团队的大框架，变得缺乏大局观念，这就容易使自己难以掌控团队的发展方向。
做好阶段性规划 2号知道如何建立程序，以确保人们在一起能有效工作，但是他较少致力于把团队的架构、角色和特定职责清晰化，也就是说2号缺乏阶段性规划的思维。而做好阶段性规划，能给予团队成员更清晰的目标，会让团队成员更有效地工作，也可以减少团队成员间不必要的依赖。

总之，2号要想真正满足自己的操控欲，就要凸显自己的领导地位，让团队内的人和团队外的人都能看到2号像个领导者而不是工作者，从而能够更好地调控团队内部力量，打造一个高效的团队。

第7节

2号销售方法

看看你的客户是2号吗

作为一个销售员，必须具备较强的识人能力，一眼看出客户的人格类型，制定相应的销售策略。一般来说，2号客户会表现出以下一些特征：

2号客户所具有的特征	
1	体型大多圆润，重量集中在上半身，双腿相对纤细。
2	外表柔和，笑容满面，富有诱惑性，给人以亲切随和的感觉。
3	喜欢穿深色的简单大方的服装，但较为注重服装品质。
4	说话时往往语速较快，声线较沉。
5	与人交谈时，喜欢自嘲，有幽默感。
6	不愿意麻烦他人，更愿意自己动手测试产品性能。因此他们常常说："哦，你先去忙吧，我自己先四处看看。""我自己来就可以了。""你能帮我换一下这个××吗？要是不方便就算了。"
7	专注地看着销售人员的眼睛，仔细聆听销售人员的介绍。
8	倾听他人说话时，习惯倾斜身体，一直关注，不断点头。
9	爱与人身体接触，肢体动作丰富夸张，比如轻拍他人后背或肩膀。
10	听到销售人员赞美自己，往往乐不可支，极易接受销售人员的推销。
11	感受能力强，往往销售人员才说一两句话，他们就明白了销售人员的目的。
12	喜欢和销售人员拉近关系，借机砍价。
13	在拒绝销售人员的推销后，心存歉意，因此当销售人员再次推销时，往往难以拒绝。

如果你的客户符合以上大多数特点，那么你基本可以断定：他是一个2号性格者。这时，你就可以采取针对2号客户的指定销售策略了。

肯定并赞美2号客户

2号性格者内心的真正追求是获得他人的友爱和好感，以及他人的特别理解。他们希望他人能对自己"另眼相看"。因此，2号喜欢用不断付出的方式来获取他人的认同和赞美。针对2号的这种特点，销售人员应该采取主动肯定并赞美的方式，先人为主，赢得2号客户的好感。

美国哲学家与心理学家威廉·詹姆士说过："人类本质中最殷切的需求是被肯定。"人际交往中，赞赏是对一个人价值的肯定，而得到你肯定评价的人，往往也会怀着一种潜在的快乐心情来满足你对他的期待。这在心理学上叫作赞赏效应。这种赞赏效应在2号性格者身上表现得尤为突出。这是因为2号比其他人格类型更渴望他人的认同与赞美，而且他们坚信"付出是为了收获"的原则，因此，一旦收获了他人的赞美，他们就会努力地回报他人的付出，尽量去满足他人的需求。

针对2号客户的这一特点，销售人员可以在销售工作中尽量赞美对方，给予对方想要的认同感。为了表示回报，他们往往不会拒绝你的需求，而且尽量满足你的要求。

认真听取2号客户的建议

2号性格者有着较强的操控欲，他们往往以满足他人需求的方式，来实现自己操控他人的目标。在付出的过程中，2号会竭力避免使别人失望、被拒绝或不被欣赏。他们会细心地洞察到他人的需要，甚至他人的潜在需要。他们会注意到什么样的话题会让对方露出笑容，什么样的话题会让对方皱起眉头，然后尽量有针对性地去选择对方感兴趣的话题以示讨好。

也就是说，2号的每一次付出都是他们自己在内心精心思考后的结果，一旦被拒绝或不被欣赏，2号就会开始怀疑并否定自己，他们的情绪就会变得糟糕，对拒绝者也会变得冷酷无情，不再继续满足拒绝者的需求，转而投向他人去寻求认同。

销售人员如果能注意倾听2号客户的建议及牢骚，就能从心理上给予客户一种认同感，就容易化解客户的怒火，更容易和客户建立起友好的合作关系，于人于己都有利。

因此，在面对2号客户时，先要认真倾听他们的建议。这其实就是接受2号付出的一种行为，往往能给予他们极大的心理认同感，也就能使他们将你纳入"可信任"范围，愿意和你建立起亲密的关系。一旦2号客户将你视为亲密的人，他们就会甘愿为你付出，乐意接受你的销售计划。

给予2号客户人文关怀

2号因为过于关注他人的需求，往往忽略了自己的需求。因此，人们如果主动满足2号的需求，往往会激发2号强烈的感激心理，从而使他们将你视为值得他们信任和尊敬的人，优先给予你帮助和支持，优先满足你的需求。这就是人们在销售工作中常用的人文关怀的营销策略。

其实，这种人文关怀的营销策略不仅仅适用于2号客户，也适用于所有人格类型。著名关系学家卡耐基认为，对交易来说，成功交易85%来自人际关系。若能成为客户信任的推销员，你就会得到客户的喜爱、信赖，而且能够和客户建立亲密的人际关系。一旦形成这种人际关系，有时客户会碍于你的情面，自然而然地购买商品。而要建立这种关系，就要求推销员真诚地付出，时时关注客户，适时给予客户人文关怀。而在2号客户身上，这种营销策略的影响尤为明显。

因此，销售人员在向2号客户营销时，要懂得适时给予2号客户人文关怀，往往看似微不足道的一点付出，会为自己带来莫大的收获。

在2号客户面前，适当示弱

2号性格者喜欢关注他人需求，具有天生的同情心，乐于助人，尤其愿意帮助生活中的那些弱者。也就是说，在针对付出型客户的营销上，你一定要做到让他们觉得你很需要帮助，需要他们的支持，离开了他们就不会成功，让他们有一种成就感——离了他们不行。一旦2号将你划为他们心目中的"弱者"一类，你就能享受到他们无微不至的关照和爱护，你各方面的需求都容易被满足。

　　赫蒙是美国有名的矿冶工程师，毕业于美国的耶鲁大学，又在德国的佛莱堡大学拿到了硕士学位。可是当赫蒙带齐了所有的文凭去找美国西部的大矿主赫斯特的时候，他遇到了麻烦。那位大矿主是个脾气古怪又很固执的人，他自己没有文凭，所以就不相信有文凭的人，更不喜欢那些文质彬彬又专爱讲理论的工程师。当赫蒙前去应聘，递上文凭时，满以为老板会乐不可支，没想到赫斯特很不礼貌地对赫蒙说："我之所以不想用你，就是因为你曾经是德国佛莱堡大学的硕士，你的脑子里装满了一大堆没有用的理论，我可不需要什么文绉绉的工程师。"

　　聪明的赫蒙听了不但没有生气，相反，他还心平气和地回答说："假如你答应不告诉我父亲，我要告诉你一个秘密。"赫斯特同意了，于是赫蒙小声说："其实我在德国的佛莱堡并没有学到什么，那三年就好像是稀里糊涂地混过来的一样。"想不到赫斯特听了笑嘻嘻地说："好，那明天你就来上班吧。"就这样，赫蒙在一个非常顽固的人面前通过了面试。

　　赫蒙将自己扮演成一个弱者，从而满足了那位美国西部的大矿主赫斯特的自尊心，也成功推销了他自己。许多销售人员在与客户接洽时，都会面临三种恐惧：丢掉客户或订单、失去颜面以及处于弱势。因此，销售人员常常认为，示弱就是认输，从而本能地在客户面前展示自己的强项。其实不然，拒绝示弱、伪装坚强，往往得不到客户的信任。因此，销售人员应针对丢掉客户或订单的恐惧，铤而走险地说出你的真实想法，真正做到和你的客户"商量"，并做好失去这笔生意的准备；面对失去颜面的恐惧，应该勇敢地提出"愚蠢"的问题和建议，并为自己的错误欢呼；针对处于弱势的恐惧，应该肯定和尊重客户的想法和要求，并竭力表现出谦逊的姿态。

激发 2 号客户对亲朋的关爱

　　生活中，2 号性格者关注他人的需要胜于关注自己的需要，他们在购物时，常常会想着其他人的需求："这个东西我用不着，但是 ×× 需要这个。"抱着这种心态，2 号常常买下不少东西。

　　因此，销售人员在向 2 号客户营销时，不仅要激发客户自身的需求，更要懂得激发 2 号对他身边的亲朋好友的关爱心，更好地刺激 2 号成交的欲望。

　　2 号有一种典型的消费行为：即便自己不需要，只要能满足他人的需要，也会购买。因此 2 号时刻关注他人需求，一般来说，如果有能够满足他人需求的机会，2 号都不会错过。

　　因此，假若销售人员要攻克 2 号客户，在激发 2 号自身需求失败的情况下，不妨把你的产品与2 号喜欢关爱家人、关爱身边的人的习惯有效地连接起来。这样往往能获得 2 号的认同，促进成交。

让 2 号客户替你营销

　　2 号喜欢帮助别人，满足他人的需求。只要你细心观察，你就会发现，2 号总是带给人们大量的经验信息，比如，你正准备买手机，2 号就会根据他自己的经验来帮你分析哪款手机性价比高。总之，只要身边的人有需求，2 号总是竭尽所能地尽量满足。此外，2 号带给他人的大量信息常常刺激他人的欲望，促使消费行为的产生。

　　从这个性格特征来看，2 号可算得上企业之外的最佳推销员。因此，销售人员在面对 2 号客户时，要有"让客户替我营销"的营销概念，尽力取得 2 号客户的信任和支持，并维持良好的合作关系，也就能让 2 号替你营销，提高你的销售业绩。

　　2 号性格者不仅热衷于帮助朋友推销，也热衷于给朋友介绍好的产品。在 2 号看来，这是一件两全其美的事情，因此他们总是干得很卖力。

　　向 2 号客户推销，是销售人员增加销售业绩的最好方式。他们只要取得 2 号客户的信任，服务好 2 号客户，就赢得了 2 号所拥有的庞大的人际资源，业绩节节攀升的局面也就指日可待了。

面对2号客户的营销策略

肯定并赞美2号客户

2号内心渴望他人的友爱和好感，销售人员只要主动肯定并赞美2号，就能赢得他们的好感，从而让他们尽量满足你的要求。

给2号客户以弱者印象

2号天生具有同情心，喜欢帮助别人。当销售人员表现出一种相对弱小的姿态时，他们往往会出于同情而爽快地提出购物意向。

认真听取2号客户的建议

2号的付出如果得不到接受和欣赏，他们就很容易情绪失控。因此，我们应该虚心接受他们的建议和牢骚，这样他们就会平静下来。

激发2号客户对亲朋的关爱

2号比较关心自己的亲人和朋友，将商品的特性和他们的亲人、朋友的需要联系起来，也是促成交易的一种方法。

给予2号客户人文关怀

2号对主动满足自己需求的人会怀有强烈的感激心理。如果能给他们一定的人文关怀，你一定能有意外的收获。

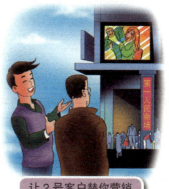

让2号客户替你营销

2号比较喜欢给身边的人介绍自己所掌握的经验和信息，因此，只要努力取得他们的信任和支持，他们就会主动成为你的营销助手。

2号销售人员的销售方法

如果销售人员是2号性格者，在应对其他几种人格类型的客户时，要结合自己的优劣势，分析其他各种人格类型的优劣势，制定相应的销售策略。

2号销售员的销售方法

遇到1号顾客时

我遇到1号客户时，会以微笑的态度面对他们的不满和挑剔。对于他们提出的要求，我都会尽量给予满足，实在难以满足的，也会坦诚地告知他们理由，只要理由合理，他们都能接受。

遇到2号顾客时

我遇到2号客户时，会尽量淡化自己服务者的心态，以接受者的心态面对对方，暗示对方我需要他们的帮助。这时候，他们总能敏锐地觉察出我的需求，并以保护者的心态尽量帮助我。

遇到3号顾客时

我遇到3号客户时，总是尽量渲染产品的正面价值，尽量向他们描绘这个产品可能为他们的生活工作等各方面带来的价值和好处。总之，只要让3号客户觉得产品有价值，他们就会购买。

遇到4号顾客时

我遇到4号客户时，为了迎合他们心中那种根深蒂固的浪漫感，会尽量为他们介绍新潮时髦的产品，尽量介绍产品中特别的功能，尽量让他们感受产品的独特之处。

遇到5号顾客时

我遇到5号客户时，一般习惯让他们先自行观察一番。当他们自己在几款产品间犹豫的时候，我再适时给出理性和实效性强的建议，并给予他们充分的思考时间，以便他们做出决定。

遇到6号顾客时

我遇到6号客户时，会尽量客观地评价产品的性能，告知产品的优缺点，我更鼓励他们亲身体验产品的效率，让他们自己判断产品的优劣。总之，我从来不在言语上反驳他们的怀疑，而是让他们自己去实践、去判断，并做出选择。

遇到7号顾客时

我遇到7号客户时，会尽量介绍产品的优势，告知他们这些产品所能带给使用者的快乐，然后让他们自由选择。

遇到8号顾客时

我遇到8号客户时，会尽量克制自己的操控欲，任由8号客户对我指东打西，让我帮他们拿这拿那。但是，如果8号客户用藐视的态度来对待我，我则一改柔弱形象，树立一个坚强权威的形象，强势地给出自己的意见。总之，要么一味地柔弱，要么一味地强硬，绝不会模棱两可。

遇到9号顾客时

我遇到9号客户时，往往秉持淡定随缘的心态，只是尽量做好本职工作，尽心尽责和他们交谈，探知他们的需求，并根据他们的需求来详细介绍产品的特征和优劣，顺势引导他们满足他们自己的需求，从来都不去催促他们成交。

总之，在销售过程中，只有做到知己知彼，根据各种人格类型客户性格中的优劣势，才能制定有针对性的销售策略，从而促进成交。

2号的投资理财技巧

2号要为自己的目标努力

2号性格者在不断帮助和支持别人成就梦想的过程中，常常失去了关注自己内心的兴趣与梦想的机会，也就失去了努力实现自己梦想的机会。2号一味地帮助别人、满足别人，从而失去了展示自己才华、发展自己、成就自我价值的机会，并因此停滞不前。他们有可能在帮助他人成就梦想之后，因为自己的落后而与身边人产生距离，从而使自己产生一种失落、空虚的感觉。

因此，每天忙着满足他人需求的2号并没有多少投资理财的意识，因为他们认为投资理财是自己的需求，是自私的行为，不符合他们"服务他人"的人生原则。然而，正如民间常说的："你要做一个慈善家，你首先得让自己成为富翁。"也就是说，你必须使自己拥有他人所没有的东西，你才能给予他们想要的东西。从这个角度来说，2号要想更好地服务他人，先要不断地提升自己、丰富自己，这就需要2号关注自己的需要，制定自己的投资理财目标。

2号适宜选择长期性的投资

在2号性格者看来，只有先付出才能有回报，而付出之后，等待回报还需要一段时间。而在这段时间里，2号依然会抱着"付出是为了回报"的心态不断地付出。由此来看，2号具有较强的忍耐力，因此在投资理财时更适合选择长期性的投资，它的风险要比短期性投资少，而最终的回报却比短期性投资大，这能带给2号更大的满足感和认同感。

生活中，2号虽然没有极强的爆发力，却拥有较强的耐力，能够承受付出和回报之间的时间差，能够为了目标而不断努力、不断付出，直到获得他们期待的认可。如果把投资理财看作赛跑，虽然2号会在长期投资中占优势，而在短期投资中不仅占不到优势，还容易为2号带来深深的挫折感，从而挫伤2号投资的积极性。而且，长期投资更受到投资专家的青睐，很多成功的投资大师都是长线持有，因为"放长线才能钓大鱼"。

充分利用2号自己的人缘存折

2号性格者总是以他人需求为先，将自己大部分的时间和精力都花在满足他人需求的行为上。也就是说，2号是一个善于交际的高手，他们能以一个热忱的服务者的形象赢得大多数人的信赖，和许多人都建立起友好亲密的关系。因此，2号往往拥有强大的人际资源。

纵观古今中外的富豪发家史，我们可以发现：人缘是决定能否致富的重要因素。因此，一个人要想成功，就一定要建立适于成功的人际关系，储存人缘资本要比储存黄金本身更有价值。一个没有良好人际关系的人，知识再丰富，技能再全面，也得不到施展的空间。对于拥有强大人缘的2号来说，凭借人缘力量致富，走向成功并不是件难事。

人缘的获得不一定非要依靠慷慨的施舍和巨大的投入。有时候一个温馨的微笑、一句热情的问候之类看似微不足道的付出，可能在未来成为帮助你走出绝境的强大助力。

2号要学会人事分离

2号性格者的内在驱动力源于他们渴望有非常好的人际关系，而他们的策略是通过帮助别人来体现自己的价值。因此，2号习惯把人的因素放在首位，并把它视为产生最终结果的决定性因素。他们在做决定的时候，往往会对相关人员作主观考量，考虑他人的处境，寻求与自己的价值观紧密结合的问题解决方案。这一过程本质上是人性化和主观化的，常常导致2号看问题片面化，也常常使问题难以解决。人们常说做事时要"对事不对人"，而2号却常常做事"对人不对事"。

在投资理财时，2号也容易犯"对人不对事"的毛病，对身边一些朋友的观点偏听偏信，从而做出错误的投资决定，常常给自己带来重大经济损失。

所以，2号性格者在投资理财时，一定要规避自己"对人不对事"的毛病，不能因人废言，也不能因言废人，这样才能真正将人和事分开，冷静客观地分析形势，针对个人经济状况，做出合理的投资理财选择，真正为自己创造财富，而不是创造债务。

增强自己的规划能力

2号性格者喜欢以人为本，注重和他人搞好人际关系。他们认为，拥有了强大的人际关系，就能拥有更多的发展机会。然而，要想做通过投资理财的方式来致富，不仅需要2号拥有强大的人际资源，更需要2号具备较强的规划能力。

然而，2号把注意力更多地放在他人的需求上，很少有时间来关注自己的内心需求，缺少思考和成长的空间，因此他们倾向于感性化，难以采取抽离角度来审视客观形势，因而缺少规划能力，更缺少必要的创造力。在投资理财时，2号如果没有规划，盲目地随大流，就容易坠入投资理财的误区，与财富越来越远。对于不擅关注自身需求的2号来说，规划能力是他们的弱项，只有增强规划能力，才能够找到适合自己的投资理财道路。

2号不得不正视的债务问题

2号性格者往往认为要获得别人的承认和关爱就必须满足别人的需求，因而对自己需要什么往往并不关心。因此，如果因为自己的需要与他人的需要相悖而拒绝了帮助他人，他们就容易产生一种罪恶感，觉得自己很自私。因此，他们宁愿牺牲自己的需要来满足他人的需要。

然而，如果2号性格者在投资理财时也抱有这样"先人后己"的态度，就容易产生三角的债务问题。当2号面对别人的需求，需要自己付出金钱的时候，他们往往难以抗拒，因为那是"别人的需求"；需要收回债务的时候，则是他们最最难以启口的时候，因为这是"自己的需求"。

因为重视他人需求，而忽视自我需求，2号确实很难重视债务关系。因此，在很多时候，2号宁愿自己背负债务，也不愿意向别人去追回自己应得的欠款，这并不是因为他们害怕自己没面子，而是因为他们担心会令欠债者不舒服。

然而，正是因为不能正视这种债务关系，2号常常使自己的财产受损，甚至使自己陷入负债累累的困境。因此，学会正视债务关系，是2号在投资过程中不得不做的事。

2号的投资理财攻略

为自己的目标努力

2号一心帮助他人完成梦想，却忽视了自己内心的兴趣和梦想。只有关注自己的需要，制定自己的投资目标并努力实现它，才能更好地满足帮助他人的需要。

选择长期性的投资

短期投资风险大，很容易遭受损失，挫伤2号的投资积极性；而且，2号强大的忍耐力也比较适合长期投资。因此，建议2号放弃短期投资方式。

要学会人事分离

2号常犯"对人不对事"的毛病，偏听偏信朋友的投资建议。只有学会将人和事分开来看，关注股市，而不是投资受益者，才能真正获得投资的成功。

充分利用人缘存折

中国人讲天时、地利、人和，其中，人和是最重要的。2号要学会与他人建立良好的人际关系，为自己的发展和致富创造有利环境。

增强规划能力

凡事预则立，不预则废。在投资理财时，只有提前做好投资理财计划，才能保证投资过程中的有条不紊，才易于获得财富。

正视自身的债务问题

2号总想着他人，对于自己应得的钱款也不好意思追回，常因此变成负债者。他们应该敢于提出合理的要求，收回属于自己的财物，以免自己陷入困境。

第9节

最佳爱情伴侣

2号的亲密关系

2号以他人的需求为先，时刻期望他人的认同和赞美，因此，2号总是以活泼、精力充沛的面貌，敏锐地探测着他人的需求，一旦发现他人的需求，就会把全部的热情投入情感关系中。

一般来说，2号的亲密关系主要有以下一些特征：

	2号的亲密关系具有的特征
1	2号喜欢具有挑战的两性关系，他们的目标总是那些有点距离感、无法轻易得到的人，因为追求这样的人让2号很兴奋，容易激发2号的潜能。
2	2号容易被充满障碍、无法开花结果的情感关系所吸引，这样他们就不需为对方付出过多。
3	2号容易被一些外表卓尔不凡的"人物"吸引，喜欢接近那些"成功的男人"或"出色的女人"。
4	2号认为性和吸引就等同于爱。
5	2号害怕被拒绝，因此他们常常主动出击，希冀用自己的付出来换取他人对自己的信赖，如此便可拥有安全感。
6	表面情感的短暂爆发实际上是在分散注意力。2号会借助突然的放声大笑、极度活跃的表现，或者挑逗调情来掩盖他们对自身需求的不安全感。
7	2号喜欢迎合那些他们喜欢的人，根据对方的喜好来改变自己，以吸引对方的目光。
8	2号倾向于以表现尊卑及服务别人来操纵关系，想占有别人生命中不可取代的位置。
9	当2号和伴侣的关系确定后，对方就可能发现2号真正的性格，更可能发现2号不是自己喜欢的类型，从而引发分手。
10	2号容易与伴侣融为一体，在精神上为对方承受很多压力，乐于分享对方的成就。
11	当2号花在伴侣身上的心思不被体察时，他们会有过度的情绪反应，比如埋怨、愤怒、指责等，目的在于竭力激发对方产生内疚感，给予2号期望的回报。
12	当2号和伴侣的关系稳定后，2号就会对伴侣产生极强的依赖感，希望时时刻刻和伴侣厮守在一起，使彼此没有自己的空间，常常让伴侣喘不过气来。
13	当2号和伴侣关系稳定后，2号就会逐渐发现：自己为了讨好伴侣而出卖了真正的自我。这时，他们感到自我被束缚，就会发脾气，就可能开始反对伴侣想要得到的一切东西。

综合以上的特征，我们可以发现：从好的方面来说，2号能够帮助伴侣发展，因为他们认为"如果对方获得了发展，他们也会激发我的优点"，因此他们常常集中精力，制定相关目标和策略，帮助伴侣获得成功；从不好的方面来看，2号也容易成为伴侣的监控人，他们希望能成为两性关系中的核心人物、真正的掌控者，而为了完全控制对方，他们会对伴侣给予过度的关怀，这种过度的关怀常常引起伴侣的反感，从而激发彼此间的矛盾。

2号的亲密关系

2号以他人的需求为先，时刻期望他人的认同和赞美，因此，2号总是以活泼、精力充沛的面貌，敏锐地探测着让他人的需求，一旦发现他人的需求，就会把全部的热情投入到情感关系中。

★2号喜欢具有挑战那些有点距离感、无法轻易得到的人，因为追求这样的人让2号很兴奋，容易激发2号的潜能。

★2号喜欢迎合那些他喜欢的人，根据对方的喜好来改变自己，以吸引对方的目光。

★2号害怕被拒绝，因此他们常常主动出击，希冀用自己的付出来换取他人对自己的信赖，如此便可拥有安全感。

★当2号和伴侣的关系稳定后，2号就会对伴侣产生极强的依赖感，使彼此没有自己的空间，常常让伴侣喘不过气来。

从好的方面来说，2号能够帮助伴侣发展，他们常常集中精力，制订相关目标和策略，帮助伴侣获得成功。从不好的方面来看，2号希望能成为两性关系中的核心人物、真正的掌控者，而为了完全控制对方，他们会对伴侣给予过度的关怀，这常引起伴侣的反感，从而激发彼此间的矛盾。

2号爱情观：爱你等于爱自己

2号人格的人对别人的感觉很敏感，对自己的感受却很迟钝。他们往往很在乎周围的人是否开心、快乐，是否被照顾周全，却很少考虑到自己是否幸福。所以，2号在亲密关系中往往扮演无私奉献的角色，像传统的妻子和母亲。

生活中，有许多人甘心为自己所爱的人付出一切，然而，爱情不比寻常的人际关系，不是有付出就一定有回报的。而且，你默默付出的行为，往往给对方造成一种潜在的压力感，束缚着他们的心灵自由，促使对方拒绝你的付出。面对这样的结局，许多2号感到自己很受伤，心理上容易产生阴影，变得不再相信爱情。

2号对自己的爱人能做到无微不至的关怀，给人以温馨感，但也常常忽视自己的需要，其过分的关心也容易给人一种压力感。

2号要想获得自己的情感幸福，需要尊重他人的需求。选择适合你付出的目标，你才能收获甜蜜的爱情。

大声说出"我爱你"

2号性格者往往羞于表达自己的需求，认为那是一种自私的行为。因此，2号在表达内心的需求时通常不会直接说明，多采取暗示的方式让对方了解。因为他们总能够在对方未开口前就察觉到对方的需要，并立即给予关照，所以也希望能够获得对方同样的回应。

在面对爱情时，2号也秉持"羞于启齿"的态度。他们总是制造一些浪漫的氛围，让两人沐浴在爱的气氛之中，并希望对方能够加强对自己的关注，注意到自己内心的需求并给予满足。这种被动等待爱情的态度常常使2号错失良人，后悔不已。

莎士比亚说："犹豫和怯懦是爱情的大敌，当爱来临，请勇敢地射出爱神之箭。"如果心中有了爱的萌动，那么就要勇于表达你的爱。否则，白白浪费了机遇。默默地等待固然美好，但韶华易逝，时不我待，"莫待无花空折枝"。

习惯被动等待爱情的2号，不要再用你默默的付出，来向你心爱的人暗示你的爱，因为对方如果不具备超强的洞察力，就容易感受不到你的爱意，给不了你想要的回应，也就会带给你无穷的折磨和痛苦。相反，只有对心爱的人大声说出"我爱你"，才容易赢得对方的爱情关注。

给予，也要学会表达被爱的需求

在爱情中，2号性格者非常关注对方的感受和需要，他们会把对方的需要和感受放在首位，不惜改变自己来适应对方，有时甚至牺牲自己来迁就对方。

当2号爱上一个人，他们会以对方的兴趣和梦想为目标，主动学习对方喜欢的东西，涉足对方感兴趣的领域，并付出自己的一切努力，调动自己的一切资源，来帮助对方实现梦想，希望借由这样不断付出的行为来获得对方爱的回应，因为自己被对方需要而满足。

但是，在爱情的世界里，不是有付出就有回报，许多时候，2号单方面付出的行为换来的不是对方的肯定，而是对方的否定。

曾经有一对夫妻，妻子非常爱自己的丈夫，她每天早起为丈夫准备早餐，烫好衬衫，下了班要忙着买菜做饭，饭后还要刷碗、收拾屋子，周末则要忙着清洗平日积攒下来的一大堆衣服。而丈夫呢？他从来不会帮着妻子做家务，坦然地享受着妻子的服务。他一回到家里，就是看电视、上网，电话响了也懒得接。

一天，妻子不小心摔伤了腿，需要卧床休息，生活的担子突然降落到丈夫身上。丈夫在开始的几天，还信心十足地拍胸脯认为自己没问题，没过几天就开始不耐烦起来，脾气变得暴躁，对妻子尖酸刻薄："你是不是故意受伤，好折磨我？"妻子难过地躺在床上哭，感到这么多年来对他的点点滴滴的好，非但没换来他一点珍惜，反而使他转而责怪她不该摔伤自己，仅仅是几天的家务活他都不愿意承担。

2号如果不想经历故事中妻子的遭遇，就要懂得：一厢情愿的付出，不仅会让自己迷失在恋爱的大海里，更多时候，看似全心全意的付出，其实会变成无形的压力。对方不能承受这负担的时候，自然就会选择离你而去。因此，2号在付出爱的同时，也别忘了向对方表达被爱的需求，这才是真正惺惺相惜的爱情。

再相爱，也要留一点空间

2号性格者以满足他人的需求为己任，时刻关注伴侣的需求，时刻都希望能够与对方厮守，追求一种如胶似漆的亲密感。因此，2号会非常细心地关照和重视对方的一切，包括对方的家人和身边的朋友，有一种爱屋及乌的感觉。与此同时，2号也需要感受到对方对自己的关爱和重视，需要感受到对方感激自己所付出的爱，因此2号在倾心付出爱的同时，亦需要能在对方身上收获一种能够依赖的感觉。这种依赖常常让2号的伴侣备感压力，从而产生逃离的念头。

有一位年轻聪明的女人，嫁了一位既能干又体贴的如意郎君，她心中的幸福自然是不言而喻的。但是那位如意郎君又极爱交友，和朋友在一起，他感到是一种鼓舞、一种力量、一种鲜活的空气。可他每每兴犹未尽，便记起身后的家，感到家像一只遥遥伸过来拽他的衣裙。

回到家中，有修养的妻子也并不十分责怪他游玩后的晚归，但那种不悦与忧伤在丈夫的心中蒙上了一层阴影。疲惫的丈夫靠在沙发上，家还是那样明亮、清爽、舒适宜人，端来喷香、可口饭菜的妻子却一脸伤心。在丈夫埋头吃饭时，她流泪说："你还记得家呀！"于是丈夫忙不迭地照例解释，照例诅咒友人如何蛮横地挽留，最后照例保证不再发生类似事件。

丈夫于是常对妻子说：林子里树与树之间离得远点才长得粗、长得高，形影不离不应是夫妻的最佳境界。天长日久之后，妻子也明白了丈夫的喜好，于是鼓励他外出，但又很细心地叮嘱他注意安全。因此，虽然每一次都玩得很晚，丈夫总是都会回到家里。

故事中的妻子如果一味地黏着丈夫，控制丈夫交友的行为，久而久之，丈夫心中就会产生反感，甚至可能与妻子争吵不休。长此以往，婚姻也将走到尽头。

人与人总是处在一定的空间距离的位置关系上，人们在友好时接近，在对立或关系疏远时保持一定距离。在人际交往中，保持适当的空间距离是必要的，必须把空间的远与近有机地结合起来。爱情更是如此，要想维系一段甜蜜的爱情，必须懂得营造彼此之间的距离感。

因此，不要时时刻刻地关注伴侣的需求，更不要像个保姆一样时时刻刻为你的伴侣服务，而应更多地关注自己的需求，这样不仅可以提升自己，也能拥有源源不断的吸引力，吸引伴侣的关注。

不要陷入三角恋情

2号性格者因为喜欢关注他人，也喜欢对他人做出有价值、无价值的区分判断，从而让自己接近并迎合那些权威人物，来满足自己被认可的欲望。因为具有这样的性格特点，2号容易被那些"成功的男人"或"出色的女人"所吸引，不自觉地迎合他们，竭尽所能地讨好他们，以博得他们对自己的好感。2号这样的行为，常常造成自己和那些"成功的男人"或"出色的女人"的暧昧关系，陷入三角恋情而不自知。

　　而且，即便是2号发觉了自己和他人的这种暧昧情愫，也不会强迫对方接受自己的感情。因为2号喜欢付出胜于索取的性格决定：他们并不要求完全占有自己的爱人，但希望自己是那个能够真正理解对方并被深爱的人。即使不能得到承诺和名分，只要他们认为自己才是对方生命中不可或缺的一部分，他们就满足了。所以，当2号和已婚者发生暧昧关系时，他们往往不希望破坏对方的家庭，也不想侮辱对方的合法伴侣，只是想在对方心中占据特殊的地位。但是，2号这种对待暧昧关系的态度，不仅是对他人的伤害，更是对自己的伤害。而且，2号内心深处还是坚信"付出是为了回报"的。也就是说，在暧昧的感情里，当2号发现自己不再是对方心目中的"女神"或"男神"之后，就会变得冷酷无情，对对方实施一些报复。

2号在爱情中要注意的问题

勇敢表达自己的爱

2号羞于表达自己对爱人的感情，往往因此失去自己的所爱。要想获得幸福的爱情，首先要改变自己被动等待爱情的态度，主动出击，大声说出"我爱你"。

敢于提出合理的要求

2号总是一味地付出，怯于提出合理的要求。比如，在约会时，他们宁可干等着，也不询问对方为什么还没来。学会向爱人提出合理的请求是2号的必修课。

不要显得过分亲密

过于亲密的接触往往给2号的爱人一种压力感，让其产生逃离的想法。在爱情中，2号应该学会与对方保持必要的"距离感"，这样反而更有吸引力。

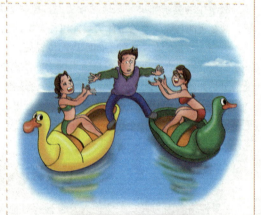

严防陷入三角恋情

2号不断付出的行为很容易赢得异性的心，这就容易使2号陷入三角恋情而不自知。要想免除这种烦恼，2号应该学会和异性保持适当的距离。

第10节

塑造完美的亲子关系

2号的童年模式：父母的冷漠

许多2号性格者都表示，他们之所以能够特别敏感地觉察出他人的需求，主要是因为童年时期受到父母的冷漠对待，而他们为了引起父母的注意，不得不学会察言观色，对父母投其所好，以满足父母需求的方式来获得父母对他们的关爱。也就是说，正是父母的冷漠锻炼了他们敏锐的识人能力，并养成了他们"付出才有收获"的不安全心理。

在漠视中长大的孩子，心里实在是太渴望爱、渴望得到别人的需要了。所以，他们喜欢与人相处，独自一人的时候就开始情绪低落，因为不知道自己是否受欢迎，得不到别人的认可和保护，他们心里就会严重缺乏安全感。于是他们努力调整自己的感情去适应他人，养成了通过满足他人的愿望来获得爱和安全感，以确保自己得到别人的关爱的习惯。

长期对孩子的情感需要漠视不理的父母，可以说犯了消极虐待的过错。虽然这种虐待很难让人记得，也很难去定义，它却是对孩子身心伤害最大的，也是一般家庭里最普遍存在的行为。这种虐待犹如一位隐形的杀手，孩子虽然没有被大声责备过，但是也没有被爱过。对于孩子，没有关爱，没有欢乐，没有支持，本身就是一种严重的虐待。

2号孩子的父母，更要懂得用爱去呵护他们敏感的小心灵，化解他们的不安全感。因此，2号孩子的父母应做到以下几点：

2号孩子的父母怎样应对孩子的敏感

给孩子安全感	认真回答孩子提出的问题	保持人格的公平
当孩子感到孤独无助的时候，用温柔、鼓励的眼神关爱孩子。一个拥抱、一句话语，都能在无言之中告诉他们："宝贝，我爱你。"	有些父母工作繁忙无暇关心孩子，因此对孩子提出的问题常常置之不理。我们不能指责这样的父母，但是他们对孩子的漠视会让孩子觉得自己受到了轻视。	父母不应该因子女年纪小而漠视他在家中的地位。平等是营造良好的家庭氛围的前提，父母、子女任何一方的优越感都会使双方产生心理隔阂。

如今，许多父母因为工作的原因被迫与孩子两地分离，或是因为工作的繁忙而无暇顾及孩子的生活，就容易给孩子一种父母漠视他们的感觉，从而使他们产生不安全感，也就使他们为了讨得父母的欢心而开始忽略自己的内心，对孩子的成长不利。因此，父母要关心孩子的情感需要，孩子内心深处对于爱和亲密关系的渴望就会得到满足，而且父母还可以在这个过程中充分体验到身为父母的幸福感，何乐而不为呢？

雨伞效应：为了获得而给予

2号孩子善于观察他人的需求，而且他们还针对不同人的需求来扮演不同的角色。但他们在不同的角色之间来回转变时，就容易遗失真正的自己。因此，2号常常说：我发现，要想变成别人希望的样子很容易，但要想成为自己很难。而且，2号性格者尤其愿意为掌握权力的人而改变自己。对于2号孩子来说，父母往往就是他们眼中掌握权力的人，因此他们愿意为父母改变自己。

① 小强生日的那天，父母给他买了个大大的生日蛋糕，还给他买了他最喜欢的玩具，但他还是一脸不高兴的样子。

② 爸爸问小强："儿子，你为什么闷闷不乐？"小强说："爸爸，每当我的朋友有什么活动邀请我，我从来没有缺席过，他们需要帮助的时候我也尽最大的努力给他们支持，他们每一个人的生日我都记在心里想给他们个惊喜。可是为什么今天我过生日，却没有一个人记得给我送上祝福？"

③ 爸爸："那你告诉他们今天是你的生日了吗？"小强："没有，可是他们应该记住才对，我平常对他们那么好。"

从这个故事可以看出，小强是典型的2号性格者，生活中，他们总是"无私"地帮助别人，但是"无私"过后，却会为自己没有得到相应的回报而耿耿于怀。

对于2号孩子的这种表现，我们称之为"雨伞效应"，就像他们在下雨的时候为他人提供一把雨伞，然后希望自己能够依偎在对方的臂弯里一样。也就是说，2号孩子给予对方的东西，一定也是他们希望别人给自己的。2号孩子这种为了获得而给予的习惯，往往是无意识的行为，只是他们的性格使然，但是和其他需求一样，需要被带到意识的层面才能释放出来，于是在帮助别人的时候，他们才强烈地希望得到别人的回报。这是一种对他们付出的肯定，也是他们获取爱的一种方式。一旦没有回报，他们就会痛苦万分。对于2号孩子的这种表现，父母可以通过以下几点来引导：

引导2号孩子避免"雨伞效应"的方法	
教孩子量力而行地帮助别人	对于付出便要求回报的2号孩子来说，当他为自己的付出贡献的力量越大、费的周折越多时，心里对别人回报的期望值便也越高。当这个期望得不到满足，他们心里的疙瘩自然而然就生成了，而且如影随形，挥之不去。所以让孩子对别人的要求量力而行，是减轻他们不良情绪的好方法。
让孩子摆脱依赖的思想	寻求心灵的认同，让孩子过于关注外界的反应，从另一个角度来说便是让孩子过于依赖他人。大多数时候，2号孩子的付出都是有回报的，也正是这种回报，让2号孩子产生了依赖感，从而限制了2号孩子的自由。这时，父母应培养孩子独自思考、独自行动的能力，帮助他们摆脱渴望他人认同的依赖思想。
别把养育子女当成艰苦的义务	一些父母习惯把养育儿女当成艰苦的义务，并常常暗示或明示子女要回报、孝顺，在无形当中，孩子就养成了凡事需要回报的习惯，这更会加重2号孩子的心理负担。比较正确的态度是：养孩子是一种命运赐予的享受，应该享受和子女相处的时光，享受看着他们成长的乐趣。

总之，父母不把养育孩子当作一次投资，时时提醒孩子以孝顺作为回报，孩子就能获得一个相对自由的心理成长环境，更能快乐健康地成长。

别让2号孩子背负父母的理想

生活中，许多父母抱着"望子成龙、望女成凤"的思想来养育孩子，把自己未完成的理想寄托在孩子身上，严格要求孩子照着自己规划好的道路前进，常常忽视孩子自己内心的真正需求。父母这种看似帮助孩子成长的行为常常阻碍了孩子的发展。

对于以他人需求为先的2号孩子来说，父母是他们心目中的权威人物。他们愿意为了父母而改变自己，因此常常放弃自己内心的真正需求，背负起父母的理想。这样成长起来的2号，往往依赖感极强，难有担当，给人以"永远是妈妈身边长不大的孩子"的感觉，也就难以干出辉煌的大事业来。

生活中，父母要做到尊重孩子的意见，需要注意以下几点：

怎样做到尊重孩子的意见

不要把自己的喜好强加于孩子的身上

不要把自己的喜好强加于孩子的身上，孩子不是你的私有财产，他们有自己的思想，知道真正适合自己的是什么，他们完全能够明确自己将来的方向。要知道，只要孩子够努力，就一定能在他们喜欢的行业里创造辉煌。

客观而清醒地分析孩子的特点

每一个孩子都有自己的优点和缺点，父母应依据孩子的优缺点，客观地分析孩子以后的发展方向，不要盲目地随波逐流。要知道，只有帮助孩子扬长避短，激发自身潜能，才能让孩子更好地成长。

对2号孩子，多听少说

亲子之间的沟通交流是影响亲子关系、孩子性格发展的重要方面。然而，许多父母都陷入了交流的误区：交流就是不断教给孩子正确的生活方式。之所以说它是误区，是因为在这种方式中，只有父母在说，而父母没有听孩子说，单方面的付出算不得交流。

而且，2号孩子非常希望获得交流的主动权。他们努力把自己塑造成父母喜欢的样子，其实就是为了让父母更关注他们的想法、更支持他们的决定。以此来看，父母在对2号孩子的教育中更要注意多听少说。

科学研究表明，孩子的语言敏感期是0～6岁，在这期间，婴儿从注视大人说话的嘴形，并发出牙牙学语的声音开始了他们的语言敏感期。孩子2岁以后进入了"语言爆发期"，不但会自言自语，也特别会模仿成人说话，就如同模仿人说话的鹦鹉。在儿童语言发展的关键期，父母如果没有引导孩子说的欲望，就会阻碍孩子语言表达能力的发展。那个时候，父母一般很乐意抱着孩子逗他们玩，但是等孩子长大了，父母就认为学习才是最重要的事情。所以生活中，大多数父母对孩子在生活上十分关爱，可在真正了解孩子的内心需求方面做得很不够。孩子学习和生活上有什么问题，在向父母诉说时，稍不如意，就被打断。家长不让孩子把话说完，轻则斥责，重则打骂，对此，孩子只能将话咽回去。据某一项调查，70%以上的父母承认没有耐心听孩子说话。

倾听对孩子来说是在表示尊重、表达关心，也促使孩子去认识自己和自己的能力。如果孩子感到他们能自由地对任何事物提出自己的意见，而他们的认识又没有受到轻视和奚落，他们就会毫不迟疑、无所顾忌地发表自己的意见。先是在家里，然后在学校，将来就可以在工作上、社会中自信、勇敢地正视和处理各种事情。

鼓励孩子勇于挑战

2号为了保证自己的安全，往往会选择迎合权威人物的喜好，期求获得权威人物的保护。在2号孩子的眼里，父母往往就是权威人物，因此他们总是唯父母之命是从，是个听话的好孩子。

2号孩子上学以后，又会将老师看作他们需要迎合的权威人物，对于老师的要求，他们总是尽全力做到，因此老师们都很喜欢2号孩子。总之，只要2号认为一个人是权威人物，他们就会以那个人的喜好为标准来改变自己，以讨得对方的欢心。长此以往，2号孩子就会变得没有主见，难以担当重任。这时，就需要父母帮助孩子重新认识自己的需求，敢于肯定自己。

对于成长中的孩子来说，每一件事情都值得他们惊奇、值得他们思考。只有在这样的思考中，他们才能够分辨什么是好、什么是坏，从而树立正确的人生观。由此看来，每一次思考都是一次新奇的探险，在这样的探险历程中，2号孩子会渐渐走出自己的性格误区，让注意力重新回到自己的内心，拥有越来越强大的自信心，最终也将为自己赢得更好的发展。

每个人都要对自己的人生负责，也只有自己才能对自己的人生负责。别人的帮助固然对你的人生有着重大的影响力，但发展的根源还是在于你自己，在于你内心深处的需求。因此，父母如果能够引导2号孩子建立自己的主见，树立强大的自信，他们也能成为又一个敢于挑战权威、坚持自我的成功者。

教孩子学会说"不"

2号孩子的核心价值就是付出，因此他们常常为满足不同人的需求不断地改变自己，长此以往，就使他们找不到真正的自己，迷惑不已。在这样的情况下，2号自身的发展就受到了严重的阻碍。而避免这种情况出现的最佳方式，就是让2号孩子学会拒绝，对那些和自身需求背道而驰的他人需求说"不"。

心理学家说，人类所学的第一个抽象概念就是用"摇头"来说"不"。譬如，一岁多的幼儿就会用摇头来拒绝大人的要求或者命令，这个象征性的动作，就是"自我"概念的起步。"不"固然代表"拒绝"，但也代表"选择"，孩子通过不断的选择来形成自我，界定自己。因此，他们说"不"，就等于说"是"：我"是"一个不想成为什么样子的人。

可以说，孩子不会说"不"，在很大程度上是受比较强势家长的影响而形成的"畏缩心理行为"。畏缩心理行为的诱发因素，在于孩子长期受家长的压制而形成的一种畏缩、不敢表达的心理行为。由此可见，父母帮助孩子克服不敢说"不"的心理，要先从自己对待孩子的态度开始改变，将以前的命令态度改为商量态度，不再强迫孩子做他们不愿意做的事情，尊重孩子的意愿，尊重他们的选择。即使他们的选择违背了父母的意愿，父母也不应为之动怒，更不要因此惩罚孩子，而要试着给他们摆事实、讲道理，帮助孩子树立正确的是非观、价值观。

要想孩子学会说"不"，父母就需要帮助孩子建立正确的人生观，懂得什么是有利于自身发展的、什么是阻碍自身发展的，他们也就能为自己做出最佳选择。

怎样培养2号孩子的独立精神

耐心听孩子说话

对于天真烂漫的孩子来说，将自己每天的发现和父母分享是一大乐趣。如果父母能够听听孩子说什么，体会孩子心中的想法，孩子便能感受到成长的快乐。

引导孩子挑战权威

父母如果能够引导2号孩子建立自己的主见，树立强大的自信，敢于挑战权威（比如学校里的老师）、坚持自我，将对孩子将来的发展起到很好的作用。

教会孩子说"不"

2号孩子总是为了满足别人而改变自己，又因为害怕别人不高兴而不敢拒绝别人的东西，很容易迷失自我。学会说"不"，其实就是找回自我的开始。

教2号孩子关注自己的需求

2号孩子最关注他人的需求，喜欢根据他人的喜好来改变自己，因此他们常常让别人为他们做出选择，喜欢依附在别人的思想里。长此以往，这种依赖感就会使2号孩子失去独立思考的能力和创造的勇气，因为他们总是需要借助别人的扶助来获得自己的利益，就会严重阻碍自身的发展。

2号孩子之所以喜欢让人帮他们做出选择，不仅是因为2号孩子以他人需求为先，也因为2号孩子害怕承担选择所带来的责任。殊不知，天地万物都有两面性，在你庆幸自己避免了许多麻烦的时候，人生的机会也悄然逝去了。

如何让孩子勇敢地表达自己的思想，做回自己呢？家长可以尝试以下几种教育方式：

教育2号孩子勇于表达自己想法的方法

让孩子有参与的机会

孩子做事缺乏主见，与家长缺乏和孩子的沟通、做事武断、不注意尊重他们的要求有关。所以，家长应该给孩子参与的机会，给孩子独立思考的机会。孩子受到了父母的重视，自然会勇于表达自己。有时候，孩子自己拿不定主意，可以用启发式的话语替命令，例如："如果是你，你该怎样做？""我想听听儿子你的意见。"这种沟通方式让孩子感觉到大人非常重视他们，他们会备受鼓舞。

避免孩子理想的空缺

心理医生们认为：让孩子敢于变化的力量，来自他们内心的理想。树立这些理想，父母要信任孩子，要鼓励孩子注意倾听自己内心的愿望。孩子有了自己迫切的愿望后，自然会追随内心的声音行走。因此，父母应帮助孩子分析自己的喜好，从中找到自己擅长的东西，并尽力去发展它，并且鼓励孩子将其作为自己的理想去努力。

培养孩子的自信心

有时，孩子要自己去买东西，但父母说："路上车那么多，太危险。""万一迷路了怎么办？"也许刚开始孩子还会争辩一下，但是天长日久之后，孩子也不相信自己的能力了。所以，父母要避免让孩子的精力在无端的纠缠和烦恼中耗尽，以致孩子成为"鸵鸟人"和"鹦鹉人"。父母要使孩子明白：做人要有自己的价值判断和主见，不能随波逐流或困于某种外在因素的控制。

如何让孩子做回自己

让孩子有参与的机会

你觉得哪个颜色好看呢？

家长应该给孩子参与的机会，给孩子独立思考的机会。当他受到了父母的重视，自然会勇于表达自己。

避免孩子理想的空缺

心理医生认为：让孩子体验变化的力量，来自他们内心的理想。树立这些理想，父母要信任孩子，要鼓励孩子注意倾听自己内心的愿望。当孩子有了自己迫切的愿望后，自然会追随内心的声音行走。

宝贝，你是不是特别喜欢画画？

父母应帮助孩子分析其喜好，从中找到自己擅长的东西，并尽力去扩大它，并且鼓励孩子将其作为自己的理想去努力。

培养孩子的自信心

缺乏自信的孩子都有过独特的经历，没有人天生就是害羞自卑的，他们有一个共同特点：孩子不自信的因素都是在同父母扭曲的关系中孕育的。即使父母不应该对孩子的精神不独立负全部责任，但是父母的某种有意识或无意识的态度还是诱因之一。

孩子，你是最棒的！

父母要使孩子明白：做人要有自信心，不能随波逐流或困于某种外在因素的控制，否则，人生会遭遇许多意想不到的麻烦和困局。

第11节

2号互动指南

2号给予者 VS 2号给予者

当2号给予者遇到自己的同类——2号给予者时，不仅不会产生和谐的局面，反而可能激发彼此间的矛盾。

2号喜欢付出，因此更希望接触那些愿意接受帮助的人。如果两个2号走到一起，就没有了接受帮助的一方，这容易激起2号的愤怒，造成双方的对抗。从另一个角度来说，2号之所以喜欢帮助别人，是因为他们习惯在幕后操控他人。而当两个2号相遇，双方都会感到自己由幕后被推到了前面，心中的不安全感会增强，因为他们害怕自己当众出丑，更害怕自己的弱点暴露出来。

组成家庭

如果两个2号组成家庭，因为他们都渴望付出，又对对方的付出毫不领情，他们会感到自己不被对方接受、理解，夫妻关系容易陷入僵局。这其实是2号夫妻间彼此目标不一致所致。相反，双方如果有一个统一的目标，就能联合两人的实力，更好地实现这个目标。

成为工作伙伴

如果两个2号成为工作伙伴，则容易形成一个双赢的局面，因为工作就是能够让他们提供帮助的对象。但是，如果一个2号是领导、一个2号是下属，身为领导的2号就会对对方展现出极强的控制欲，又必然遭遇2号下属的反抗，容易导致上下级关系的恶化。

无论是在家庭中还是在工作中，两个2号相遇，都应更多地关注自己的需求，努力地提升自己，而不是将注意力放在对方身上，这样才能有效避免彼此的对抗，从而建立一个良好的合作关系。

2号给予者 VS 3号实干者

当2号给予者遭遇3号实干者，容易出现一个较为和谐的局面，但也存在一些小矛盾。

2号喜欢关注他人，而3号希望受到关注，两者的性格正好形成互补关系：2号从帮助3号的过程中得到被认可的满足感，而3号在2号的帮助下不断发展，从而形成一个各取所需的双赢局面。但是，当2号忽略自我一味地关注3号时，他就容易干涉3号的个人自由，使3号感到被束缚，3号就会反抗。而3号这种反抗的行为也会激起2号的愤怒，从而导致双方关系的恶化。

组成家庭

如果2号和3号组成家庭，2号追求爱人的肯定，而3号追求个人的成功，2号会将3号的目标当作整个家庭的奋斗目标，竭尽所能地帮助3号成功。但是，当3号过于关注工作而忽视家庭时，2号就会感到自己被忽略、不被需要，就容易激发矛盾。

成为工作伙伴

2号和3号成为工作伙伴，有利于工作进展。他们都精于产品制造和推广，而且3号喜欢当领导，2号喜欢做背后支持者，这就免去了职权之争。但是如果3号过于关注自我的发展，而忘记给予2号必要的认可，就容易激起2号的愤怒，使2号选择倒戈。

无论是在家庭中还是在工作中，2号和3号相遇，要注意加强沟通，才能形成互补的合作关系，各取所需，形成双赢的局面。

2号给予者 VS 4号浪漫主义者

当2号给予者遭遇4号浪漫主义者时，能够形成和谐的关系，但也会因性格的不同而产生矛盾。

2号喜欢关注他人的需求，而忽略自己的需求。4号则十分关注自我的需求，而忽略他人的需求。当2号遇到4号时，2号在4号的性格中看到他们自己被夸大的情感，开始关注自身的需求，而4号也很佩服2号吸引他人的能力，开始学习关注他人需求。但是，双方都害怕完全的投入会对自身造成伤害，所以他们常常保持一定的情感距离。

组成家庭

如果2号和4号组成家庭，他们会是浪漫的一对，而且他们能够将浪漫的爱情变成现实。在感情中，他们都喜欢若即若离的感觉，并且4号往往处于主导地位；2号总是害怕自己太平庸，难以满足4号对个性的需求；而4号在面对2号时，又总是喜欢关注2号的缺点，而忽略了2号的优点，因此常常加深2号的自卑感。如果有了彼此之间对爱的承诺，他们就能完全投入彼此的情感中，维系浪漫的爱情。

成为工作伙伴

如果2号和4号成为工作伙伴，他们都会关注环境中的情感基调，都希望营造一个充满人性关怀的工作气氛。但是，2号注重人际关系，喜欢关注身边的每一个人，并竭尽所能给予他人所需的帮助；而4号喜欢与众不同，不喜欢人际关系，会批评那是一种虚伪的表现。这时候，他们都会变得十分好强，互不相让，也就容易产生矛盾。他们如果能够尊重彼此的性格，寻求共同的目标，就会朝着好的方向发展。

无论是在家庭中还是在工作中，2号和4号相遇，需要4号给予2号更多的尊重和理解，并适当向2号学习帮助他人，融入团队，才能更好地促进自我的发展。

2号给予者 VS 5号观察者

当2号给予者遭遇5号观察者时，容易形成一种完全互补型的关系，能大大促进彼此的发展，但也会产生一些小矛盾。

他们尽管性格迥异，却能像吸铁石一样相互吸引：2号被5号的镇定和安静所吸引，2号对生活的积极态度和他们愿意加入各种活动的热情也让与世隔绝的5号很羡慕。随着双方接触的深入，双方也会因性格不合而发生矛盾，这时双方都会把对方视为"问题根源"。2号会认为，5号那种深居简出、朴素节俭的生活方式是对情感的剥夺。他们会认为5号有问题，需要自己帮助。但5号则认为2号的行为是对自我空间的侵犯，会越发封闭自己，保护自我空间。这种拒绝2号帮助的行为就容易激起2号的愤怒，引发彼此间更尖锐的矛盾。

组成家庭

如果2号和5号组成家庭，2号往往是这对夫妻中的社交活动家，平静而理性的5号则愿意参与更具知识性和思考性的话题讨论。这种巨大的差异既可以让双方都保持各自的世界观，也可能造成2号拉着5号进行情感接触，而5号则拼命往后退的局面。如果2号懂得尊重5号的选择，5号能试着打开心扉，学会面对自己的情感，他们就能保持长久的甜蜜爱情。

成为工作伙伴

如果2号和5号成为工作伙伴，2号关注他人和他人的需求，5号能够独立工作，研究抽象的问题，双方不用过多交流，就能各自找到适合自己的位置。不过，2号领导如果开始关注5号员工的个人感受，就可能使5号感到不适，反而使5号无法好好工作。而5号领导面对2号员工源源不断的信息提供时，常常产生窒息感，从而逃避2号，容易忽视团队感。

无论是在家庭中还是在工作中，2号和5号相遇，需要2号给予5号更多的尊重和理解，不要过度地关注5号的需求，给予5号自由思考的时间，要向5号学着思考自我的发展；5号也要主动积极一点，适时接受2号的帮助，以获得更好的发展。

2号给予者 VS 6号怀疑论者

当2号给予者遭遇6号怀疑论者时，能形成良好的互补关系，但也会因性格的不同而产生一些小矛盾。

2号喜欢关注他人，因此往往是主动前进的一方。面对2号的主动接触，6号不会直接拒绝，而且2号的亲和力也在一定程度上降低了6号对亲密关系的畏惧感。而6号的怀疑也容易激起2号的挑战欲，刺激他们进一步接近6号。在面对2号的帮助时，6号的第一反应往往是：2号别有用心，想利用我来实现他们自己操控权威的野心。在这种情况下，6号往往会抗拒2号的帮助，甚至可能破坏2号已经付出的努力。面对6号的反复无常，2号会十分反感，进而放弃6号。

组成家庭

当2号和6号组成家庭时，2号能够以自己无微不至的关爱打动6号，使其渐渐放松防御，用爱回应2号的爱，满足2号的被需求、被认可感，促使2号付出更多。但是，一旦双方发生误会，6号根深蒂固的怀疑主义气质就会凸显出来，故意曲解2号的奉献，甚至攻击2号是别有用心；2号感到自己的付出不被认可，也会感到愤怒，双方就会像斗鸡一样争吵不休。

成为工作伙伴

当2号和6号成为工作伙伴，2号喜欢权力，6号则喜欢对抗权威，他们如果都身处逆境中，他们会自然地结成同盟。但是，当2号领导者遇到6号员工时，2号的付出往往会遭遇6号的反抗，进而引发2号的愤怒；当6号领导面对2号员工时，他们会认为2号去讨好其他人的行为是不忠诚的表现，从而主观上忽视2号，压制2号的发展。

无论是在家庭中还是在工作中，2号和6号相遇，需要6号学会表达自己的情感，同时接受他人的好意，不要刻意曲解2号善意的关怀；2号也应该学会表明自己对他人的帮助是否包含了私心，尽量给予6号无私而善意的关怀，彼此就能建立和谐的关系。

2号给予者 VS 7号享乐主义者

当2号给予者遭遇7号享乐主义者时，能形成良好的互补关系，但也会因性格的不同而产生一些小矛盾。

2号喜欢帮助他人，因此他们能够积极帮助7号找到他们的计划，也愿意分享7号为情感关系带来的兴奋与狂热，也就是说，2号在帮助7号的过程中不仅能得到认可，还能享受生活。但是，随着接触的深入，7号会觉得受到了限制，而2号则害怕暴露真实的自己。7号选择逃跑，去寻找其他快乐。2号感到这是对他们的挑战，会去追逐7号。2号想要得到更多关注，这大大超过了7号能够给予的。于是，矛盾就产生了。

组成家庭

当2号和7号组成家庭，两个人可以一起尝试各种活动，夫妻俩会讨论各种娱乐和时事，这让他们总是有新鲜的东西可以分享。但是，7号缺乏持久的专注力，常常使2号认为他是一个轻薄的"花花公子"，因而由迎合变为控制，容易引发7号的逃离行为。

成为工作伙伴

当2号和7号成为工作伙伴时，他们往往是一对非常受欢迎的工作组合，但也面临着缺乏持久性的困扰。因为，7号更看重享乐，而2号愿意满足7号对享乐的需求，这就容易使整个团队陷入享乐主义的误区，缺乏艰苦奋斗的工作精神。

无论是在家庭中还是在工作中，2号和7号相遇，需要7号学着收敛自己的享乐主义行为，减少自恋情绪，更为客观冷静地看待世界；2号也需要冷静客观地分析自己对7号的帮助是否正确，不要一味地迎合7号对享乐的需求。这样，双方才不至于在追求发展的道路上迷失方向。

2号给予者VS8号领导者

当2号给予者遭遇8号领导者时，能形成良好的互补关系，但也会因性格不同而产生些小矛盾。

2号喜欢关注那些成功者或者潜在的成功者，往往会对8号表现出格外的关注，更会通过改变自己的形象来讨好8号。而面对顺从自己的2号，8号领导欲能得到极大的满足，也会给予2号相应的权威保护。但是，8号感到安全时，会向2号性格靠拢，会用8号的方式表现出2号对关注的需求。也就是说，8号可能会控制2号的生活，或者为他们的目标提供坚实的支持。因此就容易激发2号的反抗意识，使2号在压力状态下向8号性格靠拢。双方的矛盾也就由此激发。

组成家庭

当2号和8号组成家庭时，他们可以成为相互支持的爱人，也可以成为分外眼红的仇人。他们都希望成为伴侣生活的中心，8号渴望获得成功，2号则希望帮助8号实现愿望；但是当两人在九型人格的8号位相遇时，他们往往充满了强烈的憎恨，变得像仇人一样。

成为工作伙伴

当2号和8号成为工作伙伴时，他们能够因为彼此信任而同步行动：8号唱红脸，2号唱白脸。只要2号能够获得足够的关注，而8号也愿意放弃一定的控制权，双方的合作会非常出色。反之，如果都表现出超强的控制欲，就容易引发矛盾和冲突。

无论是在家庭中还是在工作中，2号和8号相遇，需要8号给予2号所期望的关注和认可，而2号也要持续给予8号善意而真诚的帮助。只要彼此能守住自己的性格防线，不向对方的性格靠拢，往往能维持和谐的关系。

2号给予者VS9号调停者

当2号给予者遭遇9号调停者时，能形成良好的互补关系，但也会因性格不同而产生些小矛盾。2号和9号有着共通之处：忽视自己的需要。因此，他们常常把对方当成自己，生出"惺惺相惜"之感，他们甚至不需要语言交流，就能深深影响对方。然而，随着接触的深入，9号会逐渐察觉出2号隐藏的控制欲，就会觉得自己受到了控制，危机就出现了。9号认为自己是在满足2号没有表达出来的愿望，他们不再愿意与2号合作，这就使2号感到自己不被认可，因而暴跳如雷；或者激起2号的挑战欲，使其对9号纠缠不休，而9号又以沉默相对，进一步激发2号的愤怒。

组成家庭

当2号和9号组成家庭时，他们往往是默契较好的情侣。他们能很好地融入对方的生活中，能够感知对方的情绪，能够满足对方的需要。但2号对于9号的过于关注也常常束缚了9号的自由，这就容易引起9号的反抗——冷暴力，进而激发2号的愤怒，矛盾也就因此产生。

成为工作伙伴

当2号和9号成为工作伙伴，他们默契十足的合作就好像为一个潜在的能力源安装了一个动力十足的启动装置，常常能高效优质地完成工作任务。2号擅长发现潜在的胜利者，并把他们安置在机构的重要位置上，9号会去倾听他人的心思和感受，而且他们愿意听取各方面的意见，努力避免冲突的发生。

无论是在家庭中还是在工作中，2号和9号相遇，需要2号适时激发9号潜力，而9号则要专注于自己的潜力开发，才能真正融入彼此的情感中，维系亲密和谐的合作关系。

第四章

3号实干型：只许成功，不许失败

3号宣言：我必须是优秀的，我所做的每件事都必须成功。

3号实干者追求成功，重视名利，喜欢出风头，渴望获得鲜花和掌声。他们倾向于把人生看作一次赛跑，在这次比赛中他们要求自己必须有优异的表现，因为他们认为，一个人的价值是以他取得的成就和社会地位来衡量的。因此，他们往往是充满自信、喜欢竞争、喜欢做第一的"工作狂"。

第1节

3号实干型面面观

3号性格的特征

在九型人格中，3号是典型的实干主义者。他们有着较强的竞争意识，倾向于把人生看作一次赛跑，在这次比赛中他要求自己必须有优异的表现。他们认为，一个人的价值是以他取得的成就和相应的社会地位来衡量的。因此，他们重视效率，追求成功，很善于表达自己的想法。他们的示范，对周围的人也有激励作用，因而能产生成就大事的能量。而且，他们总是关注目标，任何事情都要有明确的目标指引，绝对不做无意义的事情。

3号的主要特征如下：

	3号性格的特征
1	充满活力与自信，在与人交往时表现出风趣幽默、处世周到、积极进取的一面。
2	非常注重自己的外在形象，希望时刻给人绅士、淑女等好印象。
3	适应能力强，见什么人说什么话。
4	害怕亲密关系，不喜欢依赖别人，不喜欢跟别人太过亲密，怕受到伤害，怕被人发现弱点。
5	喜欢竞争，有着强烈的好胜心，不愿接受失败。
6	一旦失败，会非常沮丧、意志消沉。
7	是个雄心勃勃的野心家，希望引起别人关注、羡慕，成为众人的焦点。
8	是典型的工作狂，他们在工作的时候往往能全心投入，忽视个人情感。
9	行动能力强、工作效率高。
10	靠自己的努力去创造，相信"无功不受禄"，亦相信"天下没有搞不定的事"。
11	看重自己的表现和成就，喜欢通过一些具体的行为来衡量自己在他人心目中的地位。
12	信奉理性至上的原则，不注重自己的精神需求，也不懂得顾及别人的感受。
13	认为经济基础决定精神生活，相信只要有足够的物质基础，就能获得爱情。
14	重视名利，是个现实主义者，为维持一些外在假象，甚至可以冷酷无情，不择手段，有时甚至牺牲情感、婚姻、家庭或朋友。
15	喜欢炫耀，常常在别人面前夸耀自己的能力、才华、背景、家庭、伴侣，自我膨胀得很厉害，有些更是自恋者。
16	基本上是一个受人欣赏、有能力、出众的人。

3号性格的基本分支

3号性格者偏执地认为名利、地位是评判一个人好坏的标准，而为了不被人看不起，他们需要成为好的标准，因此任何能够带来金钱、占有（安全感）、名望，或者增强他们女性/男性形象的环境，都是他们喜欢的。因此，3号总是关注成就，而不是感受。他们在乎的是行动，而不是感觉。这就容易导致3号精神上的空虚，使他们陷入选择的危机："该走哪一条路呢？该去争取成功，还是该去面对自我？"这种迷茫心理往往突出表现在他们的情爱关系、人际关系、自我保护的方式上：

① 情爱关系：性感

3号为了吸引异性的关注，常常倾向于选择一个性感的形象。他们把自身的性感和对他人的吸引力视为一种个人价值，他们会努力在他人眼中表现得魅力十足。也就是说，他们能够把自己打扮成伴侣的梦中情人，具有极强的持久伪装能力。他们喜欢用时尚新潮的外表来吸引异性注意，却常常忽视自己的风格。

③ 自我保护：安全感

3号认为，金钱和地位能够给他们带来安全感，让他们感到自己被关注、被赞赏。因此，他们喜欢追求对金钱和物质的占有，努力工作，这样能够减少他们在个人生存中的焦虑感。但是即便过上了富裕的生活，他们还是会担心有朝一日会丢掉饭碗，变得一穷二白，所以他们在工作上从不懈怠。

② 人际关系：重视声望

3号认为，要吸引他人的关注，首先要使自己有较高的声望。他们非常在乎社会资历、头衔、公共荣誉，以及与社会名流的关系，更时刻渴望自己成为名人，因此

他们会利用一切方式来帮助自己获得更高的声望，他们会改变自己的个人特征来适应群体的价值特征，并努力成为群体的领导者。

3号性格的闪光点与局限点

追求成功的3号性格虽然有很多优点，但同时存在着一些缺点，那些闪光点值得去关注，而那些局限点则应该警醒。下面我们分别对其闪光点和局限点进行介绍：

3号性格的闪光点	
注重形象	3号注重自己的形象，他们喜欢以自己最体面的一面出现在别人面前。他们一直认为自己是人群中成功的典范，所以会用成功者的形象来显示自己，往往给人以雄心勃勃、意气风发的潇洒形象。
充满激情	3号对于手头的工作和未来的目标总是充满激情。为了实现目标，他们干劲十足，好像有用不完的精力。他们总是把工作安排得满满的，在工作上尽心尽力，不成功不罢休，是个名副其实的工作狂。
追求成功	3号以追求成功为乐，具有强烈的成果导向和成果意识。他们认为，虽然实现目标的过程和努力十分重要，但成果本身是比它们更为重要的。而且，3号能够为了目标而不懈努力，不到成功不肯罢休。

善于激励他人	3号对待工作的激情常常对他们身边的人产生激励作用，他们的成功者形象和成功经验让他人羡慕不已，从而促使他人投入更多的精力到工作中去，也容易促使他人成功。
极强的说服力	3号很善于表达自己的想法，在工作开始前，就备好"怎样完成工作"的方案，并让周围人理解、接受。
勤奋好学	3号具有强烈的上进心，为了追求成功或者维持成功，总是坚持不懈地探索新的目标，争做行业先锋人物。
喜欢竞争	3号把胜利作为自己的第一需要，所以处处表现出竞争性。他们喜欢竞争、迎接竞争、参与竞争，甚至挑起竞争，只因为他们希望通过竞争的方式来证明自己的价值。
擅长交际	3号是天生的交际能手，他们开朗健谈、机智幽默，常常给人留下深刻的印象。他们自己也喜欢接近那些能帮助他事业发展的人，并懂得利用所拥有的人脉资源来寻求更多的发展机会。
天生的领导者	3号具有天生的指挥欲和领导欲，他们忽视个人感受，只重视他人的价值，并懂得利用他人的价值来为自己的目标服务，突出自己的成功。当在领导岗位上时，他们能够纵观全局，知人善任，合理地委派工作，营造最高效的团队。
注重效率	3号注重效率，他们认为速度胜于一切。他们总是能专注于手边的任务，在工作上特别投入，而且精明敏捷，致力于完成工作所需的步骤，绝不拖泥带水。

3号性格的局限点

忽视感情	3号注重成就，因此他们会透支自己的精力、身体甚至人际、家庭关系等。他人会因此产生被3号忽略的感觉。
自我欺骗	3号是形象多变的，他们喜欢根据所处的环境来改变自己的角色，维持自己受人赞赏和羡慕的成功者形象。在这样不断变换形象的过程中，3号常常忽略了真正的自己。
独自承受负担	3号有着天生的优越感，认为别人不及自己优秀，因此他们总喜欢亲力亲为，重要的事自己做，不善于求助和利用团队的力量。
不择手段地成功	为了获得成功、声望、财富等，他们往往会走捷径，甚至破坏规则，采取一切手段，只要达成目标就行。许多时候，他们甚至会为了追逐成功而牺牲自己的情感、婚姻、家庭和朋友。
不能面对失败	3号害怕失败，因此他们喜欢做必胜的事情，而不愿意冒险去做成功概率较低的事情。当3号遇到一些经过努力但仍然没有得到解决的问题、困难时，他们会非常烦躁和沮丧。
过于追求名望	3号认为地位是评判一个人成功的重要标准，因此他们十分看重荣誉、头衔，并努力获取更多的荣誉和头衔来升高自己的地位。
典型的工作狂	3号认为工作是实现成功的重要方式，因此他们全心全意投入工作中，每天从早忙到晚，无视家庭和个人健康，一味地追求工作所带来的金钱、成就感、荣誉，将自己变成了一个彻头彻尾的工作狂。
唯才是用	在3号的眼里，人只有两种：有价值的与无价值的，他们坚信："不管白猫黑猫，抓到老鼠就是好猫。"因此，只要下属工作能力强，3号就会忽略这个人的品德等其他方面，选择重用他；相反，如果一个下属工作能力较差，3号又缺乏深入了解其内心世界的耐心，就会干脆地放弃他，甚至是找能者代替。这时的3号容易给人自私、不近人情的恶劣印象。
急功近利	3号过于关注结果，就容易忽视过程，因此他们做事情总是急功近利，而且为了摆脱眼前的状况，不顾未来的利益，当时往往能够得到，实则导致了最终的失败。
自恋自大	3号自视极高，总是把自己看成举足轻重的关键人物。确实获得了一定成就后，他们就容易自信心膨胀，出现自恋、自负的倾向，这就容易使他们看不到自己的缺点。

3号的高层心境：希望

　　3号性格者的高层心境是希望，他们把希望寄托在自己的努力上，希望通过努力工作获得成功。

　　3号认为工作是体现自身价值的重要方式，因此他们习惯了去适应不同工作的不同要求，并总能够从匆忙的活动中感到活力。当他们不遗余力地推动一个项目时，他们已经忘记了自己，注意力都集中在工作之中。虽然3号也会记得忙碌的工作带给他们的疲惫和精神消耗，但他们更关注自己在与某项具体工作节奏和步伐一致时，所产生的良好感觉：好像自己是被悬浮在无尽的能量之中，所有困难都能迎刃而解；虽然你是在紧迫中全力以赴地工作，但是感觉时间仿佛放慢了脚步；你的烦恼和担忧都没有了，你不需要反思或质疑，就能自然而然地发现需要解决的问题。

当3号在实现目标的过程中懂得重视自己的心理感受时，他们更能使每一步工作都必然通向正确的结果，从而自己更充满希望，对成功有着更坚定的信心，也就不再惧怕失败了。

3号的高层德行：诚实

3号性格者的高层德行是诚实，拥有此种德行的3号，不会挖空心思扮演别人心目中的角色，而是选择诚实地面对自己的内心世界，关注自己的心理感受。

一般的3号常常自我欺骗，将自己塑造成公众最喜欢的人物。他们常常会把这种表面的自我误认为真正健康的自我。而诚实的3号不再会为了维持自己的"良好形象"，而在欺骗他人的行为中迷失自我。相反，他会坦然接受真实的自己，并相信自己能够获得他人的爱。

一般的3号不关注自己的感受，因为他们认为自己的心理十分健康。这就容易导致3号片面地重视自己的正面情绪，对负面情绪一无所知。但是诚实的3号敢于面对自己的负面情绪，并懂得通过自身的努力来化解这些负面情绪，也就不会出现物质丰富、精神空虚的迷茫心理。

只要3号能够诚实地面对自己的感受，不仅看到自己性格中积极乐观的一面，也看到自己性格中消极悲观的一面，他们就能获得真正的成功：物质、精神上的双丰收。

3号的注意力

3号性格者的注意力都集中在成功上，为了获得成功，他们努力工作，不惜改变自我形象来讨好大众，努力获取金钱、声望、地位等成功的象征。

在旁人看来，3号是拥有高度注意力的人。但3号自己并不这样认为，他们认为自己需要同时关注许多事情，让自己总是处于活动的状态，因此他们喜欢同时做多件事情。从心理学的角度来说，3号这种注意力的支配方式叫"多相性思维"。正是3号的这种多相性思维，使3号无法将内在注意力集中在手中的具体事情上，他们更关注接下来要做的事情。

当3号被迫要将注意力集中在一个重要项目上时，他们会动用所有的精神力量，向实现目标的方向前进。他们让自己表现出完成该项工作所需要的所有个性特征，将自己变得和周围人一样，或者变成某种环境中的佼佼者。

3号的直觉类型

每个人的直觉都来源于他们关注的东西，因此3号性格者的直觉来源于他们对于成功的密切关注，因此他们对于影响成功的因素具有敏锐的感知能力，习惯将身边的人、事分成两种：有价值的和无价值的，并努力去追求那些有价值的，能带给他们成功的人、事，而忽略那些无价值的人、事。

3号之所以会产生这样的功利主义思想，根源在于他们缺乏关注和安全的童年时期。童年时期的3号常常受到父母的忽视，而他们发现通过成功形象和表现能吸引父母及周围人的关注，要想在多变的环境里保持不变的成功形象是困难的，这就极好地锻炼了3号对于环境的观察能力。

当3号成年以后，这种对环境的敏锐观察力常常使3号受益许多，极大地给予了他们安全感和成就感，尤其对于从事商业销售的3号来说，效果十分突出。

3号的高层德行：诚实

3号的高层德行是诚实，拥有此种德行的3号，不会挖空心思扮演别人心目中的角色，而是选择诚实地面对自己的内心世界，关注自己的心理感受。

现在大家都喜欢温柔的女孩。

我就是这样的女孩。

一般的3号常常自我欺骗，将自己塑造成公众最喜欢的形象。

VS

我虽然不够温柔，但一定会有人喜欢这样的我。

诚实的3号会坦然接受真实的自己，并相信自己能够获得他人的爱。

我是一个乐观的人，这样才能受欢迎。

一般的3号不关注自己的感受，因为他们认为自己的心理十分健康。他们总是充满活力，努力把自己打造成乐观的成功人士。

VS

一定要将情绪发泄出来。

诚实的3号敢于面对自己的负面情绪，并懂得通过自身的努力来化解这些负面情绪。

3号的工作总是忙碌的，在这忙碌的过程中，只要能注意到自己心里的感受，他便能时时找到正确的方向，心中充满希望，就像每天早晨起来宁静地看着日出一样。

达到了高层德行的3号已经能够诚实面对自己的内心而不存偏见，就像一个人照镜子时，既能看到自己微笑着的一边脸，也能平静地接受哭泣着的另一边脸一样。

高层心境：希望

高层德行：诚实

3号性格者的发展方向

注意力：成功

直觉：分辨

3号的注意力全在成功上，缺少思考和反省，不关心内心感受，就像高速公路上的一辆汽车，为了找到出口而不断地高速前行，却常常因过多的磨损而损害自身。

3号有着很强的辨别哪些是有利于自身发展的事物，哪些是阻碍自身发展的事物的能力，这一点在他们还处于童年时期的时候就表现出来了。

3号发出的4种信号

　　3号性格者常常以自己独有的特点向周围世界辐射自己的信号，通过这些信号我们可以更好地去了解3号性格者的特点。这些信号有以下4种：

3号性格者发出的信号	
积极的信号	无论是对待生活还是工作，3号都秉持一种积极乐观的态度，他们对未来充满信心，认为"我们一定会成功"，因此努力工作，努力生活，并用自己积极乐观的精神影响身边其他的人，激发其他人的正面情绪，从而带动一个团队的发展。从这个方面来看，3号可以成为非常敬业的领导者：他们有坚定的信念，敢于承担责任，愿意把大部分任务都揽到自己身上。
消极的信号	3号喜欢关注人、事的价值，而且只关注对他们有价值的人、事，因此容易忽略身边人的心理感受。因此，3号的朋友、伴侣时常会感到孤独，因为3号将大部分时间和精力都投入了工作，没有时间也不懂得给予对方精神上的安慰和帮助。总之，3号经常为了工作而牺牲友情、爱情。
混合的信号	为了追逐成功，3号让自己处于一直忙碌的状态，因为他们害怕一旦自己停止忙碌，自己就会失败，那是他们无法承受的结果。他们认为快乐就是他人的认可，以及实质性的财富和社会奖励。由此可见，3号往往将物质和精神混为一谈，狭隘地认为物质决定精神，只要物质丰富，精神就不会贫乏。在这种思想误导下，3号经常成为物质丰富、精神空虚的所谓成功者。
内在的信号	3号注重目标，因此他们经常只看到结果，而不关注过程。3号也注重效率，因此他们喜欢做了再说，认为细节问题不必预先计划，完全可以在做的过程中解决。然而，一旦3号上了路，他们往往集中精力高速前进，就很难再顾及细节问题，因此常常因细节而遭遇失败。

总之，他们内心中总关注着自己成功之后的感觉，这往往加剧了他们对成功的向往，使他们信心暴涨、耐心骤降。当3号内心被完成的目标和最终的结果所占据的时候，3号需要提醒自己减速前行，并问问自己"这个目标到底是服务于我，还是服务于我的形象"，从而做出最有利于自身发展的决定。

3号在安全和压力下的反应

为了顺应成长环境、社会文化等因素，3号性格者在安全状态或压力状态的情况下，有可能出现一些可以预测的不同表现：

安全状态

处于安全状态下，3号常常呈现6号怀疑型的一些特征。

无论3号主动还是被动进入安全状态，这种状态都能够促使他们关注自己真实的情感，这让3号能够体会他人的感觉，并忠贞于自己的情感。但这种安全状态也可能产生负面作用，就是使3号产生不安全感，怀疑自己及他人情感的真实性，因而向6号性格转化。而当产生这些怀疑时，3号就突然变得不那么肯定、不那么自信了。

3号在安全状态下的怀疑思维能够帮助3号调整他们的过度自信，抛开他们的面具，帮助他们学习重新考虑、思考和等待，并学会如何去爱，更能放弃以前急功近利的心理，用心去感受他人真挚的情感。

压力状态

处于压力状态下，3号常常会呈现9号调停型的一些特征。

当3号感到压力、危险时，首先会加强他们的防范心理，将注意力集中到他们手头的任务上，借此来压制内心的焦虑感。如果焦虑感还在提升，3号会开始自我安慰："我做得很好，我一直在努力。"而随着压力逐渐变强，自我安慰已经不起作用，3号为了避免自己失败，就会朝着任何一个能够让他们保持动力的方向前进，他们的性格也会向9号转化，找不到前进的方向，只得将精力更多地投入身边的琐碎事务上，比如看电视、打游戏、做家务。但是，这样并不能消除3号内心的焦虑，反而加深了他们心里的脆弱感，使他们开始抱怨命运。

在压力状态下，3号因为找不到正常生活的节奏，不得不把自己的希望寄托在他人身上，使3号开始看到了真挚情感的重要性。这种因为自己而被爱，而不是因为自己的所作所为才被爱的感觉，将成为他们对抗压力的强心剂。

第2节

我是哪个层次的3号

第一层级：真诚的人

处于第一层级的3号追求真诚。他们开始关注内心深处真挚的情感，也能顾及他人的心理感受，更客观地看待自己追求成功的行为，认为自我的发展才是成功，而不再刻意追求别人的肯定。

他们的注意力集中在自己的内心与自我成长上，他们真实地表达自己的情感，但并不感情用事。这样真诚的态度使他们具有强大的影响力，能够感染和激励他人追寻更高的目标。

他们能够自我接纳，以同情之心看待自我，完全地爱自己。他们通过自我接纳，能够抛开满是浮夸幻想的世界，不再受诱惑而接受有关自身的任何形式的虚妄，从而认识到真正的自我，既能认识到自身拥有的许多天赋和才能，也能大方地承认自己的弱点和局限性。

他们懂得仁慈和慷慨的真正意义，他们真心希望对他人好，并誓以用实际行动去保护比他们不幸的人为自己的人生目标。

他们不再关注"事事占先"和与众不同。他们开始把自己看成人类大家庭的一分子，并决心在其中承担自己的一份责任，谦恭地利用自己可能具有的才干和地位去做有价值的事。他们会因为他人投注于自己身上的爱而感动和快乐。

第二层级：自信的人

处于第二层级的3号追求自信，当他们遭遇健康问题或人生阻碍时，他们会放下以内心为导向的行为方式，开始更为明显地朝向自身之外寻找他人重视的东西。他们虽然仍是真诚的人，但已经开始从尊重自己的内心转向寻找他人的认可。

他们开始害怕失败，害怕自己毫无价值，为了消除内心的这种恐惧感，他们迫切希望得到他人的尊重和赞赏，希望得到价值感。他们也总能轻易地了解他人的期望，并且有着较强的适应能力。

他们具有极强的社交能力，能轻易吸引他人的注意，并很快融入他人的话题中，还常常使自己成为掌控话题的重要人物。这种能力使其他人很自在，使3号的到来常常得到友善的欢迎。而当3号笼罩于别人赞赏的关注之中时，他们就会积极地发出光芒。他人的肯定也使他们觉得自己还活着，能感觉出自己的好。

他们擅长激发自己的潜能，致力于维持一种"能干"的姿态，认为他们能实现目标，并把事情做好。这种潜在的感觉和可能性会通过一种根深蒂固的务实精神和使他们有能力实现许多目标的坚定性而得到加强。

他们努力表现出自信积极的人生态度，对他人具有较强的吸引力。他们会通过塑造迷人的外表、展现自己一切正面特质的方式来吸引他人，让他人对他们产生兴趣，进而鼓励他们给予自己更多的互动和肯定。

第三层级：杰出人物

处于第三层级的 3 号追求杰出，他们努力相信自己的价值，总希望拥有良好的自我感觉，开始害怕他人会拒绝他们或对他们感到失望，因此他们认为自己必须做一些建设性的事情来增强自己的自尊，投入了大量的时间和精力来发展自己，把自己造就为杰出人物。

他们开始有成功的野心，喜欢用各种方式来提升自己在学术、体育、文化、职业及智慧等方面的成就，但他们并不对金钱、名声或社会名望感兴趣。

他们热爱工作，并在工作中表现出较强的竞争力：他们能够专注于自己的工作目标，能承受逆境，能以高亢的热情和勤奋激励团队的士气；常常作为组织的发言人，向公众传达组织的意见。

他们是有启发性的交谈者，也就是说，他人在 3 号身上可以看到自己可能喜欢的东西。他们富有幽默感，敢于自嘲，能够对自己的不足和些微的自负一笑而过，而这既可以让人轻松，也能增添他们的魅力，更加引起人们的赞赏和羡慕。

第一层级：真诚的人

真诚对待自己和他人，激励他人追寻高目标。

处于健康状态的 3 号的三个层级

第二层级：自信的人

以自信赢得关注，以实干寻求认可。

第三层级：杰出人物

富于魅力的杰出者，自尊心强的野心家。

第四层级：好胜的强者

处于第四层级的 4 号开始表现出好胜心，他们开始希望自己与众不同，认为只有独特的自己才容易吸引他人的注意力，而要展示出自己的独特，就必须将自己和他人进行比较。

他们开始喜欢竞争，并渴望在竞争中获胜，从而向自己和同行证明自己是非凡的优秀人物。为了不被他人比下去，他们比他人更努力地工作，寻找各种代表着成功和成就的象征：社交能力、加薪、受欢迎的演讲、签订合约、显要的地位……总之，超越他人可以强化他们的自尊，使他们不致产生太深的无价值感，暂时感觉自己更可爱、更值得关注以及被羡慕。

他们开始追逐名利，并将职业成就看作他们衡量自己作为人的价值的主要砝码，因此他们不断地谋划着自己的升迁，想要尽可能快地向上推进，并愿意为此付出巨大的牺牲：牺牲健康、牺牲婚姻、牺牲家庭、牺牲朋友……总之，一个有声望的头衔或职业能够极好地强化3号的成就感。

他们不再真诚，而是注重社交技巧，掩盖自己的动机，喜欢在人际交往中出风头，以吸引那些对他们来说有价值的人，来帮助他们提升自己的事业，增加自己的社会魅力。

第五层级：实用主义者

处于第五层级的5号变成了一个以貌取人的实用主义者，他们更注重塑造具有吸引力的外在形象，并以此来掩盖他们内心的基本恐惧，隐藏他们真实的情感和自我表达。

他们在追求成功时，关注形式重于实质，更多地关注提升自我形象。他们希望给他人一个可爱的印象，而不管他们投射出来的形象是否反映了真实的自己。因此，他们把旺盛的精力倾注于塑造更加亮丽的外表上，以帮助自己赢取自己渴望的成功。正是由于他们过于关注形象，他们在根本上缺乏真诚的自尊。

他们开始将自己看作一件商品，而不是一个人。商品需要通过他人购买的形式来证明自身的价值，3号也认为自己需要他人的认同来证明自我的价值。因此，对于3号来说，让别人接受自己成了第一要务，他们时刻都在做一个规划：怎样让自己成为十分成功和十分有吸引力的人？

他们开始变得不那么自信，害怕真正的亲密关系，担心别人发现他们内心的空虚，看到他们那个脆弱的自我。因此，他们强迫自己产生情感上的疏离，将精力都投入工作中，全力以赴地追求专业目标，常常带来事业上的成功，这更使3号认同情感疏离的方式。总之，在他们看来，他们的情感逐渐成为一个陌生和不熟悉的领域——威胁着要毁灭他们的焦点和他们强有力的形象。

无论是在工作还是生活中，他们都更倾向于使用技巧和规则来帮助自己成功。他们对各种行业术语驾轻就熟，为了实现目的不惜应用各种语言符号，不论是参选总统、卖牙刷还是自吹自擂，他们总是能说得头头是道，让自己看起来像个专家。

第六层级：自恋的推销者

处于第六层级的3号开始有自恋的倾向，他们总是认为自己是聪明的、能干的、优秀的、美好的、成功的。他们会用许多代表成功的词来定义自己，并希望别人也能这样看自己。

他们想要逃避性格中的缺点——那越来越匮乏，且持续引起羞耻感和痛苦的内在自我，更不希望别人看到它们，关心自己在他人面前苦心经营的完美形象，因此他们常常过度地自我推销，向别人反复突出那些他们身上美好的一面，从而得到别人的羡慕及忌妒，以此来增强自己的自信心。

他们为了抵消越来越强的恐惧感——害怕自己变得毫无价值，开始塑造华而不实的外表来包装自己，并无休无止地替自己做广告，吹嘘自己的才华，卖弄着自己的教养、地位、身材、智慧、阅历、配偶、性能力、才智——所有他们认为能赢取羡慕的东西，用听起来很重要的名头宣传自己的成就，或是让别人了解他们将要取得的巨大成功，使自己听起来很了不起，似乎自己永远比别人做得好，而且比实际的样子更好。然而，他们这种浮夸的表演常常引起他人的反感。

他们竞争意识进一步加强，喜欢将别人当成通向成功的威胁和障碍，因此常常给别人制造难题，阻碍别人的进步，以防别人超过自己。而且，他们看不起那些地位、声望不及自己的人，更看不起那些曾经输给他们的对手。在这种心理下，3号容易和他人发生冲突，并有愈演愈烈的趋势。

当他们取得一定成绩后，他们极易骄傲自满，沉迷于自恋的短期满足，开始虚度光阴，沉迷于性吸引和性魅力，以致逐渐无法关注现实而长远的目标和成就，也阻碍了自己的发展。

处于一般状态的
3号的三个层级

第四层级：好胜的强者

渴望在竞争中获胜，
怀有强烈的自尊心。

第五层级：实用主义者

关注自己的外在形象，
外表成功而内里空虚。

第六层级：自恋的推销者

标榜成功来推销自己，
骄傲自满而受人忌妒。

第七层级：投机分子

处于第七层级的3号开始变得不诚实，他们固执地认为失败是一件丢脸的事情，因此当他们以常规的方式无法取得成功时，他们就可能采用某些极端的方式。只要这些方式能帮助他们获得成功，他们并不觉得有什么不对。

他们视生存为人生第一要务，但因为他们不关注自我，常常使自己找不到人生的目标，对在何时该做何事没有任何主见。此时，他们的实用主义已经降格为一种没有原则的权宜之计，他们所做的任何事几乎是为了让他人相信自己仍是特别的人。他们可能为了突出自己的特别而歪曲自己的真实处境：钻牛角尖、隐瞒自己的简历、剽窃他人的成果，或是编造从未有过的成就以使自己看起来更加出名。总之，为了生存，为了成功，他们不惜一切代价。

他们开始倾向投机主义，为人处世都喜欢投机取巧，擅长在不同的环境中转变身份，赢取他人的认同，为自己获取利益，但他们常常是总想占尽先机却又搬起石头砸了自己脚的机会主义者。

他们喜欢以价值来评判他人，选择和那些对自己有价值的人建立关系，并不假思索地利用对方为自己获取价值。一旦对方没有了价值，他们会毫不犹豫地放弃对方。因此，他们的朋友寥寥无几，而且常常和他一样是投机分子。

第八层级：恶意欺骗的人

到了第八层级，3号发现自我欺骗已不再能麻醉自己，不再能抑制他们心中对失败日益强烈的恐惧感，而他们又不愿向别人承认他们的失败，他们只好动用非常规手段——恶意欺骗来继续伪装成功者。

他们开始变得神经质，时刻都在怀疑自己的形象是否有魅力，是否对他人有足够的吸引力。当他们发现他人不够关注自己时，他们会谎话连篇，强迫对方重新关注自己，即便这些谎话可能会对他人造成伤害也在所不惜。这时的3号，已经变成了一个病态的说谎者，他们的语言和行为中都只有他们想要的成功，而没有事实的真相。

无休止的谎言给他们带来不断激增的压力，但他们竭力压抑这种压力，努力给人以镇定和有自制力的良好形象，但这往往越发加剧他们内心世界的崩塌，使他们变得极度危险，犯下种种罪行：他们变得无情无义，完全有可能出卖朋友、愚弄他人或毁灭证据，以掩盖自己的恶行；他们阴谋破坏别人的工作，伤害爱他们的人，因为看到别人毁灭是他们获得优越感的唯一方法。而随着一项项罪行的增加，他们会越发恐惧被人发现他们的真面目，恐惧因这些罪行而受到惩罚。为了逃避惩罚，他们可能犯下更多的罪行，最终使自己变成十足的恶棍和疯子。

第九层级：报复心强烈的变态狂

到了第九层级，3号已经陷入了严重病态，产生强烈的自卑心理，认为其他人都比自己优秀，又同时带有强烈的好胜心，不希望别人比自己优秀。这两种心理综合的结果，就是他们对他人怀有疯狂的怨恨心理。当他人在竞争中击败他们时，他们更会产生疯狂的报复心。

他们的优越感不复存在，因此他们在面对他人的优越时，潜意识里常常怀着不可遏制的冲动，总想在人际关系上挫败、智取或击败他人。尽管这些毁灭某人或某事的行为，总会让他们想起自己一直以来都在力图避开的那些不幸往事，可他们已没有能力控制自己这种偏执性强迫症的行为。也就是说，此时的3号已经没有任何能力移情于任何人，所以也就没有什么东西可以约束他们对他人的严重伤害了。

他们喜欢竞争，更喜欢制造和他人的敌对关系，因为他们总是极端忌妒他人，总是觉得他人拥有自己所需要的东西。在他们眼里，所有人都是对自己破碎的自尊的一种威胁，都是他们恶意报复的对象，即便这个人或许只是一个心态正常的普通人，并无任何优越之处。别人不反抗还好，一旦反抗，就会促使3号彻底堕入罪恶的深渊，后果的严重性往往无法想象。

一旦3号丧失最后的一点正常心智，他们就会无所畏惧，完全陷入病态的精神世界，他们可能随心所欲地制造罪行：袭击、纵火、绑架、杀人……而且，公众的谴责和臭名远扬给了他们所渴望的关注：被害怕和被蔑视恰好证明自己仍是个"人物"。

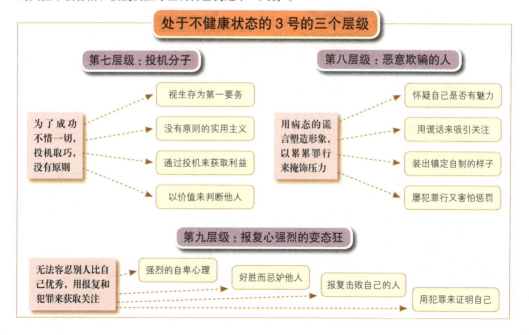

第3节

与3号有效地交流

3号的沟通模式：直奔主题

3号追求成功，注重效率，他们时常觉得"人生苦短"，要抓紧时间努力工作，才能获得自己想要的荣誉、声望、金钱、地位等成功者的必备元素，因此他们总是急匆匆地走在前进的路上，难有停歇的时间。为了保证自己的高效率，让自己尽快达成成功的目标，他们习惯快速沟通和办事的方式，喜欢直奔主题，绝不拖沓冗长。

因此，在与3号沟通交流时，要直中要害，直奔主题。先了解对方最关心什么，再重点分析。切忌什么都说，太烦琐会让他们注意力分散。虽然在谈话时，3号有时看起来挺有耐心，就算你说再多烦琐的东西，他们看起来也专心致志，但那是为了给你面子并保有专业的形象，他们的内心可能早就远离你的话题了，所以跟3号谈话要懂得把握节奏和突出重点。如果你还是怕他们知道得不够全面而继续讲下去，也许他们就开始变得烦躁，就可能对你发脾气了。

这么简单的东西你跟我说了半小时！

在3号的眼里，啰里啰唆地叙述一些简单的东西，是对时间的一种浪费。这样做不仅无法得到他们的好感，反而容易激起他们的愤怒。

观察3号的谈话方式

3号注重效率，因此他们说话时喜欢直奔主题，直截了当地说出自己的观点，提出自己的意见，绝不拖泥带水，给人以干脆利落的感觉。

下面，我们就来介绍一下3号常用的谈话方式：

	3号性格者常用的谈话方式
1	3号注重效率，因此他们说话常常语速较快。这是为了在单位时间内表达更多的信息，以便在下一刻能做更多的事情。
2	3号说话时喜欢用简单的字词、句子，不仅能直达中心思想和目标，还给人一种有力量的感觉。他们常说的字词有：目的、目标、成果、价值、意义、抓紧、浪费时间、做事情、行动、赞扬、认同、能力、水平、第一、最好、竞争、形象等。
3	3号声音洪亮，喜欢使用抑扬顿挫的语调说话，能有效调动听众的情绪，获得他人的高度赞同。甚至在许多时候，人们会跟不上3号的讲话节奏，以致错过精彩而引以为憾。
4	3号注重思维的逻辑性，以及行动的快速性。他们在说话时也非常有逻辑、有效率，同时只关注重点。

5	3号不喜欢谈论哲学话题，那些冗长的分析和感性的认知让他们感到无聊。同样，他们也不喜欢和他人进行长时间的谈话。
6	3号喜欢为自己塑造积极乐观、能干的形象，因此他们通常避免显示自己消极一面的话题或一些自己所知甚少的话题。
7	3号不喜欢和能力差、没有自信的人谈话。当他们认为对方没有能力或不自信时，他们会变得不耐烦，而且不太相信那些没有能力或不自信的人所提供的信息。
8	3号在说话时喜欢配合相应的身体语言，讲到高兴处，常常眉飞色舞、手舞足蹈，使人们能够通过3号的声音以及神态，看到3号所描述的画面，有一种身临其境的感觉。

读懂 3 号的身体语言

人们和 3 号性格者交往时，只要细心观察，就会发现 3 号性格者会发出以下一些身体信号：

3号性格者的身体语言
1	3号十分注重形象，他们多保持适中的身材，以满足当下审美对身材的要求。
2	3号十分注重自己的着装，既要达到光鲜亮丽、夺人眼目的效果，又要避免出现哗众取宠的情况。一般来说，3号男性喜欢给人一种洒脱的感觉，3号女性喜欢给人一种干练的感觉。而且，他们喜欢针对环境来着装，以使自己更好地融入环境中，但又不失自己的独特风格，轻易抓住他人的眼球，获得他人的好感。
3	3号在与人交流时，常常眼神专注且充满自信，时时流露出自己内在的实力和魅力，其以充满"杀伤力"的眼神投向身边的人，让人有一种渴望与其接触但又怕被刺伤的"欲罢不能"的感觉。
4	3号喜欢塑造挺拔的形象，因此努力让自己"站如松、坐如钟"，但他们的肢体语言非常丰富，大多数情况下很难安静坐好，但是其刻意控制自己体态的做法，会给人一种"表演"的感觉。
5	3号注重肢体语言的表现力，因此他们在谈话时常常搭配相应的肢体动作，尤其在手势方面更加懂得与眼神所传递的信息配合，给人一种活力四射的感觉。比如，3号在向他人表示友好时，总是摊开双手给人一种态度开放的亲切感。
6	3号态度灵活转变，擅长根据不同的场合及公众的要求做出相应的改变，以恰当的言语沟通方式迅速融入所置身的公众场合。

对 3 号，不相争，多合作

3号性格者的好胜心和比较心都特别强，事事都要求自己比他人强，事事都要求别人的认同和赞美，这也成了他们的上进心和追求成功的原动力。当看到别人成功时，他们的第一个反应就是："总有一天我会比你成功。我一定要做得比你好，我一定要比你强。"

因此，当你遇到3号时，如果你喜欢他们，欣赏他们的勤奋和拼劲，就不妨削弱自己的竞争心，尽量配合他们，帮助他们达成目标。而且，当你与他们站在同一阵线时，3号也乐于保护你，与你分享他们的成就。

人们在面对3号那样极富竞争力的对手时，与其与之对抗，弄得两败俱伤，不如适当服软，甘当配角，积极配合3号的行动，帮助3号获得更大的成功。这样，你不仅为自己赢得了3号的保护，也为自己赢得了更好的发展。

3号好胜心强，我们如果与之对抗，只能落得个两败俱伤，而与他们相互配合，积极帮助他们，反而能为双方赢得更好的发展。

对3号，多建议，少批评

在3号的眼里，人只有两种：有价值的人和没有价值的人。而为了追求成功，他们会主动接近那些对他们有价值的人，而自动忽略那些对他们没有价值的人。为了讨好那些有价值的人，他们会努力将自己塑造成对方心目中理想的形象，从心理上强迫对方臣服自己，而为了保持这种优越性，他们常常会根据他人的想象来改变自己的形象。简单点说，就是批评只会使3号更好地伪装自己。

对于渴望用成功形象来吸引他人注意，获得他人赞赏，满足自身优越感的3号来说，他人的批评往往是否认他们成功的表现。而为了维持自己的优越感，3号会选择忽视或者反击那些批评，从而引发和他人之间的冲突，对双方都不是好事。

人们常说"一个建议胜过十个批评"，就是要求人们在面对他人的缺点时多建议少批评。

因此，人们在面对强势的3号时，不妨多建议，少批评，尽量在不破坏其优越感的情况下给出客观意见，引导3号认识自己的内心世界，从而帮助他们获得更好的成功，也容易为自己争取到3号的保护和帮助。

给予3号客观的回应

3号性格者追求成功，他们喜欢在人前塑造一个极富吸引力的成功者形象，因此他们时刻关注大众对于成功这个概念的理解。大众认为成功者应该是什么样子的，3号就会以什么样子出现，从而彰显自己成功者的身份，满足自己的优越感。

因为3号是擅长交际的高手，往往有着极强影响力，所以他们很容易帮助一个人成功或是毁掉一个人的成功。也就是说，得罪3号不是一件好事。

如果你在3号性格者面前信口雌黄，说出一连串的谎言，你很容易被3号一眼看穿，你的丑恶行径也将被揭露，受到众人的谴责，极大地损害你的发展，就像下面故事中的外乡人一样。

① 托斯康是一座边远的小城。有一天，城里来了一个外乡人。这个人为了提高自己的身份和声望，真真假假地讲了些老家的逸闻趣事。在他的嘴里，他的老家充满奇迹，和这里的单调、荒凉相比，真像天堂一样美妙。客人很健谈，在他的身边聚集了不少人。

② 不一会儿，本地一位受人尊敬的市民也来了。他伫立在人群中听这位外乡人夸夸其谈。最后，他很有礼貌地插了一句："你说的那个地方那么遥远，如果你真是出生在那里，我们也用不着怀疑了，相信你讲的都是实情。"愚鲁的外乡人听了这几句话非常得意，他双手叉在腰间，傲视四顾，摆出一副自命不凡的架势。

③ 这位市民是非常聪明的，他接着又说："老兄，你说的那个城市里的稀罕事，我们亲眼见识过，我们相信。不过你也应该明白，在我们这个偏远的小城，我们还从来没有见识过像你这样丑陋的人。"

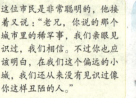

与3号有效地交流

和3号进行有效交流，要注意讲究方法，可参考下面三条：

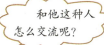
和他这种人怎么交流呢？

3号

我非常赞同你的观点，希望合作愉快。

对3号，不相争多合作

3号性格者的好胜心和比较心都特别强，事事都要求别人的认同和赞美，因此在交流中要尽量避免相争。

你开车的技术很好，不过我觉得再慢一点的话我们可以更好地看风景，你觉得呢？

对3号多建议少批评

当人们给予3号建议时，可以帮助3号从他们的主观情感上来思索发展的问题，建立3号自己对于成功的标准。

他怎么穿成这样了？这不是上次说的成功人士的装扮吗？

给予3号客观的回应

3号性格者追求成功，他们喜欢在人前塑造一个极富吸引力的成功者形象，大众认为成功者应该是什么样子的，3号就会以什么样子出现，从而彰显自己成功者的身份，满足自己的优越感。

第4节

透视3号上司

看看你的老板是3号吗

工作中，人们可能遇到一个极具实干精神的领导，他们视业绩为生命，每天加班加点地为工作忙碌，并不断关注外界有关自己工作的新动向，以便及时调整目标。而且，他们不仅把自己变成一个工作狂，也要求下属能够勤奋、高效地工作，能有效激发整个团队的战斗力。你如果在职场中遇到了这样的领导风格，就要看看你的领导是不是3号性格者。

3号性格的老板主要有以下一些特征：

	3号老板的性格特征
1	性格外向开朗，充满活力，给人以积极乐观的印象。
2	具有较强的逻辑思维能力，擅长制定目标。纵然置身混乱的情境中，亦不会在工作中迷失方向。
3	口齿伶俐，能够轻易说服别人。
4	工作认真拼命，不断地冲，不断地做，只求能够达成所定的目标。
5	注重工作效率，做事时喜欢走捷径，期望尽早达成目标。
6	懂得灵活变通，时刻关注和工作有关的变化，并及时调整自己的工作目标。
7	重视目标胜于一切，往往只关注目标的实现，而非意义。
8	组织能力、领导能力强，最善于制定目标、分配责任及团结他人。
9	面对团队危机时，能冷静应付，知道如何避免冲突。
10	在团队中具有较大的影响力，能以自身积极奋斗的形象激发他人的工作热情，有效增强团队的凝聚力。
11	善于在分裂的团体成员间组合共识，催化向心力。
12	注重成功的形式胜于成功本身，因此他们成功后，希望得到鲜花和掌声，以满足他们的优越感。
13	看重声望、荣誉、地位等成功的形式，为人处世带有较强的功利主义色彩。
14	忽视个人感情，可能会为事业成功、声望、财富而牺牲自己的健康、家庭和朋友。

如果你发现你的上司符合以上特征中的大多数，那么你基本可以断定你的上司是一个3号性格者。你就要根据3号性格者的优劣势来制定相应的相处策略，尽量激发自身的奋斗精神，积极努力地工作，并注意提高工作效率，争取更快更好地完成任务。

实干的你易受3号老板青睐

3号性格者追求成功，能够为了自己的目标不断努力，有着强烈的实干精神。他们不喜欢高谈阔论，对理论家没有好感。他们觉得这个世界是由实干家支撑起来的，理论家只能沦为配角。

在3号看来，目标的达成在于行动，因此他们视行动为生活的重心，使自己永远投身于实际的行动中。因此，当别人在探讨一些不切实际的理论时，他们却在努力将一个主意转化为一个实际的行动，并且具体去实施。由此来看，3号是个十足的实干主义者，他们不仅要求自己具有实干精神，也在很大程度上激发着身边人的实干精神。

"我们强调知行合一，但人们往往知而不行。"空谈只会阻碍我们的行动。工作中，很多人都有许多很好的想法，但面对落实的具体方法、关键措施很少花心思、动脑筋、费精力。

3号追求真实存在的利益，而不去管那些虚无缥缈的理论。相较未来，他们更看重现在；相较口才，他们更看重能力。因此那些喜欢空谈、不重实干的员工违背了3号上司的实干主义，也就不会得到3号上司的赏识。

3号老板喜欢高效率的员工

3号注重效率，他们认为，速度重于一切。因此，3号总是风风火火地忙碌着，他们的工作效率之高，往往令人望尘莫及：他们专注于手头的任务，在工作领域特别投入而且精明敏捷，致力完成工作所需的步骤，绝不拖泥带水。

当3号成为领导者时，他们需要带领一个团队成功，他们就会要求团队的每一个成员都能像他一样高效工作，促使团队更快地达成一个又一个目标。

有两只蚂蚁想翻越一段墙，寻找墙那头的食物。一只蚂蚁来到墙脚，就毫不犹豫地向上爬去。可是爬到大半时，它就由于劳累、疲倦而跌落下来了。可是它不气馁，一次次跌下来，又迅速地调整一下自己，重新开始向上爬去。另一只蚂蚁观察了一下，决定绕过墙去。很快地，这只蚂蚁绕过墙来到食物跟前，开始享受起来。而第一只蚂蚁仍在不停地跌落下去又重新开始。

在工作中的人们就好像这两只蚂蚁，一种人每天都忙个不停，但是由于工作方法不正确，效率很低，工作绩效平平；另一种人尽管平时并不是很忙，但工作方法正确，能用较少的时间来完成工作，绩效相当好。对于前者，或许最初上司会因为你的刻苦努力而欣赏你，但是，我们这个年代是一个重视过程，更重视结果的年代，人们不仅要勤奋，更要用合理的方法做事。

3号上司注重结果，不注重过程，因此他们往往只根据员工的成绩来判断员工的优劣，而很少去关注员工在过程中的经历。在同等的时间里，谁能更快地完成任务，或是完成的任务更多，他就容易得到3号上司的赏识。

猜透3号上司的心理：变通

3号追求成功，但是他们注重效率，缺乏耐力，因此不适合制定那些需要长时间付出才能有所回报的目标，而应尽量选择那些成功率较高、获得回报较快的目标。这就需要3号拥有超强的观察能力，并富有变通精神，能够在外在因素不断改变的情况下不断调整自己的目标，增加自己获得成功的筹码。

同样，3号上司也喜欢那些懂得变通的员工，因为这些员工能够及时地调整自己的目标，更好更快地完成任务，从而帮助3号更好更快地达成目标。

有哲人说过："人的智慧如果滋生为一个新点子，它就永远超越了它原来的样子，不会恢复本来面目。"遇到问题，人们必须打破常规，学会变通。

如果你在工作中具备了变通思维，你就能成为3号上司眼前的"红人"，因为对于注重结果的3号来说，这种变通思维能使他们更快地达成目标，获取更多的利益，而为了这些利益，他们愿意付出代价：保护你、提升你。

有担当的员工，易得3号上司欢心

3号性格者总是有着较强的优越感，认为自己高人一等：在这种思想的长期影响下，3号就养成了"一贯正确"的意识，拒绝承认错误，总认为那些自己所谓的缺点都是由别人的错误造成的，却不知，正是这种不能正确认识自我的行为，使他们在前进的途中偏离了正确的方向，阻碍了他们最大限度地挖掘自己的潜力，也阻碍了他们追求成功。

但是当3号看别人时，则不会有这样偏执的念头。他们能轻易看到他人的错误，并认为这是别人劣于自己的表现。这个犯错的人如果敢于承认错误，敢于承担责任，则更是承认了3号的优越感，常常得到3号的理解。而且，在3号看来，这种敢于认错的行为也是变通思维的一种表现。

因此，当你面对3号上司时，要勇于承认错误，敢于承担责任，这不仅能够更好地解决问题，也能在一定程度上帮助3号上司反省自己的错误，更客观地看待自己，促使他们更好地发展，并带领团队更好地发展。

3号是典型的实干家，为了成功愿意付出一切努力，甚至夜深人静的时候也还在埋头苦干。作为3号手下的员工，如果像上司一样实干，无疑会获得他们的好感。

要有实干精神

就像蚂蚁要吃墙后面的面包一样，只管一个劲儿地翻墙只会一次次摔倒，绕过墙才能轻松吃到。在工作中，要努力学会这种"绕过墙"的办事方法。

办事要讲方法

怎样做3号上司喜欢的员工

学会变通思维

敢于担当过错

解决问题就像我们在学校里学的因式分解一样，我们可以通过组合、分解、求同、求异等方法，让思路发展拓宽，寻求多种多样的方法和结论，从而创造出一种更新更好的事物或产品。

"过而不改"是人们工作中的一大弊病。错误一旦犯下，就像射出去的箭，不可能掩盖得住，与其最后被别人揭下面具，不如自己揭去，后者失去的是面具，前者失去的则是人格。

第5节

管理3号下属

找出你团队里的3号员工

身为领导，你时常会发现你的身边有这样的员工：他们工作积极热情、目标明确、工作效率高，而且，为了尽快达成目标，他们总是牺牲自己的生活时间，加班加点地干活。自然，这样努力工作的结果，换来的往往是优秀的成绩。从九型人格的角度来看，这样的员工往往是3号性格者。

下面，我们就来具体介绍一下3号员工的特征：

	3号员工的性格特征
1	3号员工总是充满活力，积极进取，有一股不断冲、不断做的拼搏精神，因为他们认为这才是表现自己实力并得到广泛认可的方式。
2	3号员工办事能力强、执行力强，因为他们擅长将企业目标转化分解成自己可以承担并实现的业绩目标，马上为之奋斗拼搏，且把这种对于目标的奋斗看作在为"自己"奋斗。
3	3号员工口才极佳，擅长演讲，懂得利用语言的艺术来增加自己的吸引力，更好地表现自己。他们的这种口才以及人格魅力可以有效带动其他员工的工作积极性，也能帮助他们掩盖其失误所造成的损失。
4	3号员工极少会因为工作困难表露出消极情绪，他们总给人一种愈挫愈强的感觉。因为其人格特质中目标驱动的缘故，他们在工作过程中一旦遇到阻碍或出现问题，不但不会一筹莫展，反而会增强其对自己实力的自信心。
5	3号员工会把解决工作问题或阻碍当成新的工作目标，同时因为顺利解决所遭遇到的工作问题而增强对自我工作能力的评价。
6	3号员工不愿坦诚面对错误和失败，因为在3号员工的"工作辞典"中没有"错误"这个概念，他们总是把错误看作又一次展现自己创造性解决问题实力的机会。
7	在向上司汇报工作时，3号员工总是强调解决问题之后的结果以及自己是如何创造性解决问题的，很少谈及问题的原因和影响，因此容易给人一种不是在承认错误，而是在表现自己工作能力和业绩的感觉。
8	3号员工喜欢察言观色（这也是他们自身社交天分的表现），并以领导关注的焦点为其当下工作的重点。这样虽然可以得到领导的认可，甚至博得领导的欢心，但亦容易因此而忽略领导真正希望其关注的工作重点或本职工作重点，以致没有得到上司赞赏，落得个"没有功劳，只有苦劳"的结果。

给3号员工清晰的工作目标

3号性格者注重目标，一旦确定了目标，就能够投入全部的精力去达成目标。因此，领导者在管理3号人格下属开展工作时，要给他们描述清晰的工作目标：强调目标以及实现目标的意义，标明目标达成后明确的奖励方式和晋升通道。因此，对于如何去达成这个目标，应由3号自己考虑，领导者不要干涉过多。

而且，3号还喜欢同时关注多件事情，为自己设定多个目标。在工作中，3号总是将对工作目标本身的追求与目标完成之后自身所理应得到的报酬或职位提升进行联结，甚至在明确任务目标的同时就已经把目光锁定自己的职位晋升或薪水提高上了，并以此作为奋斗目标。总之，他们把职位、薪水、奖金、公众认可等各方面内容都看作其工作实力的表现。所以，3 号总是一个目标连带多个目标出现并同时追逐。但是，这样容易分散 3 号的精力，看似效率很高，实则降低了他们做事的效率。

为了避免 3 号员工因目标过多而出现工作效率低下的情况，领导者在管理 3 号员工时要将焦点放在阶段性满足其不同需求上。尽量阶段性地给予其清晰的目标，才能有效激发 3 号的潜能。

嘉奖 3 号员工的成就

3 号员工特别喜欢得到别人的赞许和表扬，认为这是优秀、成功的一种表现，能够极大地满足他们的优越感。因此，如果一个 3 号员工因为工作业绩突出，而被老板叫到办公室里表扬一番，他出来之后，往往会自我宣扬一番："老板表扬我了！"因此，领导者管理 3 号员工，一定要在工作过程中对其出色的工作业绩给予及时的赞赏，并在公共场合公开表扬，这相当于在认可他们业绩的同时还满足了他们与人竞争的内心渴望。

从另一个角度来看，在公共场合对其进行表扬，还是有效帮助 3 号建立自我认可公众形象的方法。3 号总是将自我成就与形象对应起来，因此一对一的领导单方赞赏只能满足其一时的成就感需要，只有帮助其建立公众认可的成功形象，才能真正满足他们内心的需要，促使其保持战斗力，从而提升组织业绩。

在一个团队中，领导者能够适时对员工的成绩给予赞赏，往往能进一步激发员工的奋斗精神。这种方法对于 3 号员工尤其有效。因此，如果领导者想要激励成绩卓越的 3 号，使其更加努力地工作，最好的方式就是：开一个员工大会，让 3 号站到讲台上来，给他鲜花和掌声。

监督 3 号员工的工作进展

3 号性格者注重目标，但他们是注重有价值的目标。一旦发现目标已降低或丧失了预期的价值标准，他们就会运用自己变通的能力，及时修正目标。也就是说，3 号员工容易阶段性地关注某一项任务，但他们其关注的焦点容易受到"察言观色"误差的影响，就是说某一阶段时间内，3 号性格下属容易把焦点错放在领导关注的其他领域，而忽略对自己本职工作目标的关注，从而导致任务完成率的下降，并因此产生对自我价值评价的迷失，这就大大降低了 3 号的工作效率，也会为团队的发展带来不利影响。

在 3 号看来，在公司里工作，博得核心人物的注意就是取得了战斗胜利的一半。为了博得上司的欢心，3 号更是时刻关注上司的需求，并尽力给予满足。在他们看来，上司的时间比自己的时间宝贵，不管上司临时指派了什么工作给自己，都比自己手头上的工作来得重要。这种事事以领导为先的思维常常限制了 3 号的发展，容易使他们忽略事情的轻重缓急，违背他们高效做事的原则。而一旦本职工作干不好，3 号就从众人眼中的优秀者沦为落后者，极大地挫伤 3 号的优越心理，更容易激发 3 号的悲观情绪，使其陷入目标丧失的迷茫之中。

针对 3 号员工的这种性格特征，领导者需要定期检视 3 号员工的工作目标，以及其在工作过程中各项任务的达成情况，并提醒他们把焦点放在真正应该关注的任务上。这是保持他们工作高效率的关键。并且，这样也能够与他们建立深厚的友谊，让 3 号员工认为领导真的在帮助自己发挥实力达成目标，更加信服领导者。

引导3号员工进行良性竞争

3号性格者具有极强的比较心和好胜心。他们喜欢和他人比较，并力求在这种比较中获胜，所以他们处处表现出竞争性。他们在工作生活中不仅迎接竞争、参与竞争，勇于面对挑战，也常常主动挑起竞争。

3号过于关注目标，为了在竞争中获胜，他们常常不择手段，陷入恶性竞争。而且，他们忽视个人的情感，也就难以意识到这种恶性竞争对自己及他人所造成的感情伤害。因此，当他们的成功使别人失败时，他们会说："我并没有击败他的意图。"在他们看来，这种竞争只不过是想争一口气，出人头地，并非为了击败对方，而是完全出于他们对事业的爱。

曾经有一个3号这样描述自己的一次竞争经历：

我和同事李芒同一天进的公司，又同在一个部门。李芒开朗活泼、漂亮而富有亲和力，来部门的第一天就和部门的人打成了一片，不到一个月的时间，她就让公司上上下下的人都记住了她。虽然我很羡慕她的交际手腕，但我觉得还是先把事情做好的好，因此我在工作上十分努力，也最终以独当一面的能力在同事间赢得了好口碑。

一年后，我们的部门经理公开了他要跳槽的计划，并点名李芒和我为部门经理候选人。不过，他表示需要认真考虑一番，并与管理层进行商谈，谜底在3个月后揭晓。3个月后，当部门经理宣布接替他位子的是李芒时，周遭的同事议论纷纷，感到有欠公允。我虽然内心感到愤慨，但还是平静地接受了这个结果，并第一时间对李芒表示祝贺。私下里，当面对他人对李芒的质疑时，我并不附和，反而赞扬了李芒身上的许多优点，认为这样的结果很合理。总之，我的大度引起同事交口称赞，给我带来了通情达理的美名。

而我的这些大度的行为，很快传到了新任经理李芒的耳朵里，李芒其实也明白她自己的业务能力不如我，升职靠得更多的是人际关系。因此，她对我又多了分歉疚。而我呢，则继续努力工作，继续维持我的优秀业绩。于是，第二年的绩效考核中，正是李芒的批示使我得到了最高幅度的加薪，而我的优异成绩也最终引起老板的青睐，被调至另一个部门当主管。

故事中的"我"正是因为懂得良性竞争的道理，坦然接受失败，不悲观、不气馁地继续努力工作，才最终为自己迎来了成功——升职。不然，故事中的"我"则可能前途渺茫。

而作为领导者，更应该注意引导3号员工的竞争心理向良性发展，让3号员工明白：竞争没问题，但不要踩着别人的肩膀往上爬；要向别人学习，但不是跟别人比，而是跟自己比；要积极竞争，避免恶性竞争，这不仅对团队有益，更对他们自己有益。

帮助3号员工管理时间

3号性格者注重高效，他们认为时间是达成目标的重要因素，必须有效地加以使用。很多时候，他们也能够做到合理分配时间，适时调节工作目标，往往能在短时间内做很多事情，也可以如期完成一项紧急重任，只要这项任务足够引人注目。因此，他们在工作中总是分秒必争，一刻也不肯停歇，让自己成为名副其实的工作狂。

曾经有一个3号性格者这样描述自己：

虽然我是博士，工作很顺利，但我仍然能时时刻刻感受到潜在的压力和危机，尤其是主动申请调到了和我专业完全不沾边的业务部门后，面临的挑战更大了。我常会感到同事们不信任的目光，也曾听到一些风言风语，没办法，只好咬牙撑着。为了尽快上手，我每天都看书到深夜两点，白天除了拼命工作还要赔着笑脸，苦不堪言。还有，本应两三个人做的事情，而我要一个人做。而且，不能把事情办砸，不然，就会被指责"还是博士呢，连这点事都做不好"。虽然很多人都羡慕我现在的地位和收入，但我清楚说不定哪一天自己也会卷铺盖走人。现在我们公司有几个管理学的硕士，都是风头正劲，我想也许他们就是我的"后备力量"。

要知道，人的思维可以无限，但人的体能毕竟有限。如果人们的身体长期处于高效运转的状态，身体的平衡就会被打乱，导致疾病的滋生，造成身体机能、思维的瘫痪，人们也就丧失了工作的能力。在许多3号"工作狂"的身上，都能看到这样的情况。

作为领导者，在管理3号员工时，要避免3号员工因为过度劳累而出现能力危机的情况，就要帮助3号建立合理的时间表，引导他们合理有效地分配自己的时间，适当提醒3号放慢脚步，防止他累坏了、崩溃了。领导者还应帮助3号树立团队观念，使3号明白：虽然他们的脚步很快，但不是所有的人都能追得上他们的步伐，这不利于整个团队的和谐发展。因此，领导者如果帮助3号员工放缓前进的步子，无论是对个人还是团队来说，都是一件好事。

3号注重目标，只有了解了工作的目标时，才能集中精力为之奋斗，所以，上司在向3号分派任务时，应该尽量把公司的目标讲清楚。

向3号讲清工作目标

3号对来自别人的赞许非常喜欢，如果能经常赞许他、表扬他，他就会感到很有成就感，工作积极性也会有很大的增强。

适时嘉奖3号

管理3号下属的技巧

注意监督3号的工作

3号努力工作，很大程度上是为了得到上司的表扬和嘉奖，因此很容易偏离正轨，所以上司要注意监督3号的工作进展，以免其忽视了最重要的工作。

引导3号良性竞争

引导3号放慢脚步

3号追求工作效率，办事总是争分夺秒，是典型的工作狂，领导者应该引导他们合理分配时间，适当放慢脚步，免得累坏了身子，得不偿失。

3号对竞争缺少正确认识，往往阻碍了团队的健康发展。领导者应该引导3号向良性竞争发展，让他多跟自己，而不是别人比，以免步入恶性竞争的误区。

第6节

3号打造高效团队

3号的权威关系

3号性格者追求成功，是追求功名利禄的功利主义者。在他们看来，权力是实现成功的一种重要手段，也是成功的一种重要表现形式。因此，他们总在积极地追逐权力。

一般来说，3号的权威关系主要有以下一些特征：

3号权威关系的特征	
1	3号喜欢管制他人，是天生的领导者，他们的天性促使他们去占据操控者的地位。他们天生就有指挥欲和领导欲，因为他们认为，在领导位子上的他们更易受到人们景仰。
2	3号时刻关注人们对成功者特征的总结，并努力将自己塑造成人们眼中的成功者，从视觉上取得人们的信服。
3	3号具有极强的感染力，他们积极乐观的精神和勇敢拼搏的斗志会积极带动大家，发挥领导者的作用，不断推动团队向前发展。
4	3号在管理工作中表现出极强的组织能力和办事能力，往往表现出眼观六路耳听八方的大将风范，懂得时刻调整目标。
5	3号有着极强的社交能力，凭借其八面玲珑的本事，总是能够收获良好的人际关系。他们懂得发挥自己在社交方面的能力来揣摩和分析身边人（包括下属、同级、其他部门的领导）关注的焦点或追求的目标，然后以他们出众的口才利用对方内心的追求来说服其帮助自己达成目标。
6	遇到问题时，3号会与多方交流，适时变通，尽快解决问题，并尽量避免同样的问题再次发生。
7	3号佩服那些有能力、有勇气的人。如果有人要挑战高风险的工作，他们也会给予支持和鼓励，消除对方的紧张和害怕情绪。
8	3号天生具有权威感，他们会在工作中自作主张，而把领导撂在一边，这种行为很可能让真正的领导处于尴尬境地。
9	3号喜欢夸大自己的角色，或者把自己与他人的关系建立在纯粹的工作基础上，而不带丝毫感情色彩。

3号提升自制力的方式

3号自制力的三个阶段如下：

3号自制力阶段主要特征		
低自制力阶段：算计者	认知核心：3号十分恐惧失败，因为失败会让3号觉得自己没有价值。	处于低自制力阶段的3号性格者只关注自己的成功，几乎不关注其他的人、事。为了塑造自己的成功者形象，为了获得自己的成功，他们可以忽略内心的真正情感，可以损害他人的利益。

中等自制力阶段：明星	认知核心：3号焦虑与成功相关的问题，时刻期望获得他人的尊敬。	处于中等自制力阶段的3号经常以他们的人际关系为代价来满足目标和工作的需要，他们横冲直撞，争强好胜，渴望得到别人的认可，希望把竞争对手甩得远远的。从不关注自身情感的3号时常为"我是谁"而困惑。
高自制力阶段：可信任的人	认知核心：3号开始看到自己内在的价值观，并懂得遵循事情发展的规律和顺序。	处于高自制力阶段的3号开始关注自己的内心情感，经常自省。他们清醒地认识到自己并不总是处于高峰上，也敢于承认自己的种种缺点，会表现出真诚、自信、发自内心的坦率等特征，具有很强的感染力。

　　3号性格者追求成功，而且能够为了成功不懈努力，竭尽全力去达成特定的目标。并且，为了获得他人的尊敬和认可，他们十分注重形象，竭力将自己塑造成一个成功者，并极力表现他们的成功。

　　由此看来，3号提升自制力的重点在于：尽量关注自己及他人的情感世界，更客观地看待成功。

3号可以通过以下方式来提升自己的自制力

开始关注"我是谁"

工作中再忙，3号也要抽出时间来关注自己的内心情感，并写下自己的心理感受。长此以往，你就会越来越清楚自己的优劣势，拥有更清晰的目标，也有更高的工作效率，获得更好更快的发展。

承认你的弱点

当你感到烦恼、焦虑、悲伤，如果你能勇于承认，并敢于和他人讨论你的错误和失败，从中找出错误和失败的原因，你不仅容易赢得他人的尊敬，更能促进自己的发展。

适当克制工作欲

3号性格者常常将生活时间用于工作，从而损害了生活的利益。因此，3号不仅要为自己的工作设定目标，也要为自己的生活设定目标，将其放在心灵天平的两端，并审视这两个目标的完成情况，时刻保持天平的平衡。

3号战略化思考与行动的能力

　　3号战略化思考与行动的能力较强，他们擅长制定目标，并以自身积极的奋斗精神激励团队成员前进，也懂得知人善任，发挥团队成员各自的优势，尽快达成团队的目标，也就达成了3号的目标。十分擅长评估团队成员的优势和弱势，激励和协助他人前进，以达成组织目标。

3号战略化思考与行动方面的特点	
擅长制定目标	3号追求成功，关注结果，因此他们首先关注的是瞄准好的目标和有效的策略。他们喜欢制定工作计划，采用从A点到B点最快的捷径，他们也擅长根据需要变化策略。
善于关注环境变化	3号十分关注环境的变化，并懂得利用环境，去进行商业运作，因此，他们常常在专业会议上向其他人解释市场和行业发展趋势，分析环境可能对目标所造成的有利或不利影响。

时刻关注竞争对手	3号具有较强的竞争欲和好胜心，他们不喜欢被那些比他做得好、有更多客户，或是知道更多行业信息的对手排挤在外，所以经常更关注竞争对手。
极强的执行力	3号注重效率，一旦确定目标，就激活全身细胞，调动所有资源，给每个团队成员分配具体的任务，使用一切手段，为实现目标而奋斗。由此可见，3号具有极强的执行力。
多了解企业运作	3号有时过于注重速度，而忽略了过程中的细节，因此对他们来说，花时间去更好地了解企业确实是个挑战。没有深入了解企业运作的3号可能会感到威胁，他们会被轻易地击败。
多和团队成员沟通	在制定了目标之后，要多和团队成员沟通，使他们都了解并理解你的想法和策略，更积极地配合你的工作。这样，他们工作就越有效率，也就更容易达成整个团队的目标。

3号制定最优方案的技巧

3号追求成功，并愿意为成功付出一切努力。当他们担任一个团队的领导者时，他们通常会这样理解自己的作用："我的任务就是在人们理解了公司的目标和结构后创建一个能够达成最终成果的环境。"那么，如何创建这个能够达成最终成果的环境？这就需要考验3号制定最优方案的能力。

在制定方案时，3号往往有着以下一些特点：

制定战术方案时3号的特点

具有预见性

追求成功的3号十分注重方案的好坏。在他们看来，制定一个好的方案然后执行，将会带来成功，而一个不好的方案，不管最后执行得如何，都将不可避免地导致失败。

全面收集信息

3号在制定方案时，习惯全面收集信息。他们通常会考虑组织文化、制定方案的权力范畴，以及围绕这个特殊问题的环境背景。他们处理相关信息，以便做出理性选择，制定方案，然后转而执行。

注重执行力

3号在制定方案时十分看重方案的执行力，将其当成制定方案的要素之一。他们喜欢假设不同的执行情况，最终再根据这些假设的情况，来选择一个最可能带来最大成功的方案。

较强的计划性

3号喜欢做事有计划，也想知道计划会将他们引向哪里。因此，3号常常很喜欢制定方案，因为这样做让3号感到他们在为那些直接影响他们的重要结果负责。

领悟个人感情

3号不关注自己的感情世界，因此当方案中卷入了自己或别人强烈的个人感受时，身为快速方案制定者的3号可能就僵住了。这时，3号不要急着下决定，而要学会领悟个人感情，找时间去获得更多的信息和反思。

3号目标激励的能力

在一个团队中，3号性格者往往是一个天生的领导者，因为他们擅长制定目标，还能够投入全身精力为目标而奋斗，并懂得调动一切资源为己所用，以最终达成目标。因此，3号总是给人以聪明、能干的成功者印象。也就是说，3号具有较强的目标激励的能力。

一般来说，3号目标激励的能力主要包括以下几点：

① 精准制定目标

3号可谓精准的目标管理的行家，他们拥有像激光一样瞄准目标，取得杰出成就的能力。也就是说，他们知道如何选择重要目标，然后用最有效的方式组织自己和他人的工作，快速完成任务，达成预期的目标。

② 给予下属明确指导

每个人看问题的角度不同，因此每个人的理解能力也不同。你制定的目标即便从你的角度来看已十分清晰，在他人眼里，可能还是有许多难解之处。因此，在制定完目标之后，一定要针对那些为你工作的下属，对任务进行清晰而明确的说明，甚至要给予他们一些有效开展工作的指导。这些人的工作模式并不意味着他们不如你有能力和自信，只意味着他们需要更加细致的指导。

③ 擅长处理与客户的关系

3号具有较强的察言观色的能力，在与客户交往的过程中，能轻易探测出客户的需求，也能够高度回应客户的反馈，并且能够通过自身强大的吸引力和实干精神赢得客户的信任，并与之建立长期关系。

④ 多关心你的同事

3号具有功利主义思想，因此在他们看来，客户是对自己有价值的，应该竭力讨好，而同事之间多存在竞争关系，而无利益关联，因此他们常常忽视同事。然而，作为一个领导者来说，3号必须多关心同事，适时给予他们人文关怀，才能有效激励他们为团队目标努力，为团队争取到更多的利益。

3号掌控变化的技巧

3号追求成功，而成功总是受到外界变化的影响。3号要想获得成功，就必须具备掌控变化的能力。其实，早在3号的童年时期，他们就开始锻炼自己掌控变化的能力，以获得父母的关爱了。随着年岁的增长，他们这种能力日益强大，使他们收获更多利益。

在3号成为一个领导者之后，他们这种掌控变化的能力，就使他们能够带领整个团队达到预期的目标。

3号喜欢采取以下方式来掌控工作生活中出现的变化

制定共同目标并监督

3号擅长制定计划，因此3号领导者喜欢有一个让自己和他人遵守的计划，来分析现状、制定目标、制定变化的行进路线图、预期结果，并努力做好监督工作。

根据变化来及时沟通

3号时刻关注外界变化，他们把很大一部分注意力放在其他人——特别是客户、老板、同事——对他们的努力如何回应之上，然后相应地调整他们的计划。

将自信传染给他人

3号对未来充满信心，尤其是当3号身后有个有能力的团队时，3号"我能"的态度也让他们成了可靠的变革赢家，同时3号的激情和斗志常会感染周围的人。

不要超负荷工作

当你的身体出现失眠、焦虑和愤怒等症状时，你就已经处于超负荷工作的状态了。这时，你不妨让自己停下来，开始寻求帮助，找时间休息，或者多锻炼身体，重新找回身体和精神的默契配合，才能快速应对变化。

预留处理意外的时间

虽然3号注重效率，具有较强的执行力，也能够主动地推动变革，但是变革的努力比做一个项目要复杂得多，而且未来是充满变化的，因此，3号在制定计划时需要预留一点处理意外的时间。

3号处理冲突的能力

大多数时候，3号习惯关注个人的成功多过关注团队的成功，因为他们通常认为其他人不如自己，可能在前进的过程中"拖后腿"，反而影响自己目标的达成。他们有着浓厚的功利主义思想，因此他们不愿意接受那些没有价值的、容易失败的事情。一旦遭遇这些事情，他们就感到自己的目标被强行偏离，感到自己的成功受到了威胁，就会走极端，不择手段地获取成功，就容易与他人发生冲突。要平息这些冲突，就要考验3号处理冲突的能力了。

一般来说，我们主要通过4个方面来分析3号处理冲突的能力：

① 建立坦诚关系

3号擅长处理人际关系，而且十分依赖他们的人际关系以获得广泛支持。他们愿意与人分享个人信息，这是建立所有真诚关系的基础。但是，大多数3号都是典型的"工作狂"，他们往往抽不出时间来发展深层的人际关系。其实，3号完全可以在自己周围的同事身上施展自己的社交技巧，在彼此间建立坦诚、互助的和谐关系。

② 有效沟通

和3号沟通往往是一件愉快的事，因为他们能用一种清晰、有效的方式表达他们的想法，这是因为他们喜欢在说话之前做好准备。而且，3号喜欢讨论那些让他们感到自信的话题。为了评估团队对他们所说内容的反应，他们经常关注他们的听众。他们如果发现其他人不是很赞成，3号就会转移话题，或者是调整他们的讲话方式，以时刻吸引听众注意力。

③ 全面倾听

3号更喜欢表现自己，因此在沟通过程中他们往往是传达信息的那方，但有时候3号也喜欢倾听，（那往往是想要获得信息）以便他们能更好地工作。而且，3号喜欢那些言简意赅、不烦冗拖沓的发言，而不愿倾听那些长篇大论或是晦涩难懂的谈话。而且，3号不关注个人的感情世界，因此他们不喜欢听别人谈及感情方面的话题。

④ 提供有效反馈

3号深知反馈的价值，因此在给出反馈时，会力求自己的反馈清晰、真实。但是，如果3号能在心里给他们自己和其他人留出感受的空间，那么他们提供的反馈将更有效。因为，3号在反馈时过于重视反馈的真实性，而忽略了这种真实性是否超出了他人的个人心理承受能力，从而常常让他人感到被伤害，进而导致彼此的对立情绪与冲突。

当3号自己的利益与他人的利益发生冲突时，3号可能不择手段地保护自己的利益。3号这种自私的态度容易引发和他人的冲突，使他们被看得竞争欲太强、野心勃勃、唐突鲁莽、目的性太强。这些认识减弱了3号的影响力，加大了3号成功的阻力。因此，3号要在冲突中保持冷静，适当做出让步，更多地关注他人的情感因素，增强彼此的沟通，就能有效化解冲突。

3号打造高效团队的技巧

3号是天生的领导者，因为他们是打造高效团队的高手：他们组织他们的团队围绕着确定的目标，既能打造清晰描述职责的团队风格，又能建立与团队目标直接契合的团队架构。这些都是一个高效团队必备的因素。

一般来说，3号喜欢采取以下一些方式来打造高效团队：

3号打造高效团队时需注意的方面	
让目标清晰化	为了更快地达成目标，3号喜欢制定清晰的团队流程，以激励团队成员更努力工作。同时，清晰的目标还有利于消除那些会影响3号和团队成功的障碍，避免挫伤3号及整个团队的积极性。
让目标可量化	为了更快地达成目标，3号喜欢将宏观的团队目标分解为具体的、可量化的目标，同时也是明显地与团队和个人表现相关的目标，这种对目标和架构的依赖反映了3号是如何进行最佳运作的：他们要知道他们的目标是什么，并且制定一个快速有效实现的行动计划。
善于接受反馈	为了更好更快地达成目标，3号时刻关注市场变化，因此他们带领的团队往往善于接受反馈，把客户满意度当成首要的考虑要素，以便及时调整自己的企业方针，满足客户的需求，也为自己赢得利益。
注重团队内的人际关系	3号注重结果，不注重过程，而他们往往认为客户是结果，自己的团队是实现结果的过程，因此他们常常忽视团队内的人际关系。3号应该像关注团队架构和团队成员间的工作流程一样，将同等注意力放在对工作中人际模式因素，比如动机、奖励、团队士气、培训和指导、内部人际关系的关注上。
激发员工的主动性	3号具有较强的优越感，但是没有意识到他们自己的强势领导可能阻碍团队成员，让大家感觉没有足够的空间去表达自己的意见，或提出与团队发展方向不同的建议。也就是说，3号的强势在一定程度上阻碍了团队成员的主动性。
不要提供太多的团队指导	对于一个团队来说，有一个清晰的目标是发展的前提，领导者给予每个团队成员一个清晰的指导也是有价值的，但你也需要清楚有多少团队的战略和路线是需要你提供的，有多少是需要团队自己制定的。过多、过早、过度频繁的指导都会阻碍团队发展中自我依赖、自我肯定的能力，因此要多给他人自我思考的机会。
注重团队的分享	作为一个领导者，3号如果能够学会和团队成员分享你的主意、意见、成功经验，同时真诚接纳其他人的反应和意见，就能在工作中更放松，更能享受和团队在一起的感觉，团队成员将会更跟从你的领导，将会更有效地、更少压力地工作。

总之，3号领导者要想打造一个高效的团队，实现自己的成功，需要做到一点：发挥团队的力量。这样就能充分激发团队成员的潜力和奋斗精神，增强团队凝聚力，在实现共同目标的同时也实现个人的目标。

3号提升自制力的方式

开始关注"我是谁"

我是谁？

工作中再忙，3号也要抽出时间来关注自己的内心情感，每天至少用30分钟的时间来独处，不要做任何工作或从事那些你所关注的事情上，并写下自己的心理感受。

承认你的弱点

这件事是我做得不对，不好意思！

当你感到烦恼、焦虑、悲伤，如果你能勇于承认，并敢于和他人讨论你的错误和失败，从中找出错误和失败的原因，不仅容易赢得他人的尊敬，更能促进自己的发展。

适当克制工作欲

都已经下班一个小时了，我也要早点下班才行啊。

3号性格者常常将生活时间用于工作，从而损害了生活的利益。3号要懂得克制自己的工作欲，将注意力投入到生活中去。

阻碍3号提升自制力的重点在于他们过于关注工作，而忽视了对自己内心情感的关注，只要他们能够清楚地认识到"我是谁"，适当将注意力从工作转移到生活中去，就能解决这个问题。

第7节

3号销售方法

看看你的客户是3号吗

作为一个销售员，必须具备较强的识人能力，一眼看出客户的人格类型，制定相应的销售策略。一般来说，3号客户会表现出以下一些特征：

3号客户的特征	
1	多呈不胖不瘦的标准体型，身材线条较为流畅，给人干净利索的感觉。
2	面露精明之色，目光犀利，表情时而柔和，时而严肃，给人以压迫感。
3	注重衣着打扮，常以衣着光鲜、仪表出众的形象出现，容易成为众人瞩目的焦点。
4	说话时，语调夸张活跃，声调铿锵有力，喜欢配合相应的手势等动作，且动作快，转变多。
5	喜欢说这些词汇，如没问题、保证、绝对性、最、顶、超、对啊、是的、嗯等简短有力的字词。
6	爱给销售人员讲成功的人、事，常常将一些大人物、名人的名字与自己联系在一起，表示自己交友广、有办法，以此来夸耀自己。
7	倾听销售人员说话时，喜欢紧盯对方，身体靠近，不断点头，笑容热情，表情夸张有煽动力，动作充满活力，手势变化多。
8	喜欢当主角，希望得到大家的注意，觉得自己值得被爱。别人没付出时，会很沮丧，很生气。
9	忌妒心强，喜欢跟别人比较，并且忽视他人感情需要，经常为了突出自己的优越性而对他人冷嘲热讽。
10	目标性极强，只挑选自己中意的产品，不太愿意接受销售人员对其他产品的推销。
11	多注意高端产品，并喜欢做比较，以便买到最好的那款产品。
12	极注意他们所关注的产品的某个功能，对其他功能则可忽略不计。
13	注重效率，讨厌等待，在等待销售人员取货的时间里情绪暴躁。

告诉3号客户利益所在

3号性格者以目标为导向，他们认为，人生中有太多的追求和目标，相对于这些无休止的目标来说，现有的时间太不够用了，所以他们注重效率，习惯快速沟通和高效办事。他们也希望身边的人能注重效率。

当3号面对销售人员时，如果开始的时候听不到一个话题中的重点，那么很有可能他们大大降低对这次推销的兴趣和耐性。比如推销保险，如果一个销售人员开始交谈的时候用了二十分钟来告诉3号客户买保险有多重要，而且自己公司的信誉有多好，实力有强大保证，而还没有正式进入分析这份保险可以给3号带来什么回报这个重点，也许3号就会开始不耐烦了。而高明的推销人员，会先给3号介绍重点的内容，然后再根据3号的反馈来决定接下来的内容。总之，3号客户只会购买对自己有帮助、能给自己带来利益的商品，推销员在推销的过程中如果能把握住3号客户的这种心理，那么推销就会顺畅许多。

运用诱导法来说服3号客户

3号性格者好胜心强，喜欢以成就衡量自己的价值，常被评价为工作狂，目标感极强，为达成目标不惜牺牲牲完美。这一型的人很累，因为不停地往前冲，像拧紧了发条的钟表。相对来讲，他们更关注近期目标，有成就时愿意站在台上接受鲜花和掌声，关注级别、地位。

由此可知，3号客户最关注的是成果、目标、效率、任务。他们往往果断、干练，最不能忍受拖泥带水之人。其实，他们因为不关注自己的感情世界，并不真正了解自己，也不了解自己的需求，正如九型人格大师海伦·帕尔默所说："他们表现出来的形象总是乐观向上、幸福安康的。他们好像从来不会遭受痛苦，甚至一辈子都不会知道自己实际上与内心生活失去了联系。"

因此，销售人员应该使用诱导法来销售，帮助3号发现他们内心真正的需求，并将这些需求与产品联系起来，促进成交。

李明是一位资深保险推销员。一天，他打电话给蒋先生。蒋先生是一位退役军人。他具备典型的军人气质，说一不二，刚正而固执，做什么事都方方正正、干干脆脆。

李明："蒋先生，保险是必需品，人人不可缺少，请问您买了吗？"

蒋先生（斩钉截铁）："有儿女的人当然需要保险，我老了，又没有子女，所以不需要保险。"

李明："您的这种观念有偏差，就是因为您没有子女，我才热心地劝您投保。"

蒋先生："哼！要是你能说出一套令我信服的理由，我就投保。"

李明："如果有儿女的话，即使丈夫去世，儿女还能安慰伤心的母亲，并孝敬母亲。一个没有儿女的妇人，丈夫一旦去世，留给她的恐怕只有不安与忧愁吧！如果您有个万一，请问尊夫人怎么办呢……"

（蒋先生沉默，以示认同。）

李明（平静的口吻）："到时候，尊夫人就只能靠抚恤金过活了。但是抚恤金够用吗？一旦搬出公家的宿舍，无论另购新屋或租房子，都需要一大笔钱呀！以您的身份，总不能让她住在陋巷里吧！我认为最起码您应该为她准备一笔买房子的钱呀！这就是我热心劝您投保的理由。"

过了一会儿，蒋先生："你讲得有道理，好！我投保。"

3号客户有一个明显的特点，就是对任何事情都很有自信。但是，如果他意识到做某件事是正确的，他就会比较积极爽快地去做。如果遇到了3号客户，就要善于运用诱导法将其说服。比如说，我们可以找出这种客户的弱点，然后一步步诱导他转移到你的产品推销上来。

挑起3号客户的竞争心

3号性格者喜欢与人竞争、比较，因此他们会产生一种凡事都要比较的态度。当在某一领域与比较者无法对比出优势的时候，他们就会与其在别的领域进行比较，直到得出在某方面"他不如我"的结论。针对3号客户的这种心理，销售人员应注意采取"竞争"销售法，让3号将购买产品当成一次竞争，直接刺激3号的购买欲。

3号性格者处处都希望自己"高人一等"，具有极强的竞争欲望和比较心，因此，销售人员在向3号推销时，可采取这样的策略：向此类客户介绍与他地位同等的人也使用了此类产品，来激发他们的好胜心和竞争心，产生销售业绩。

比如，你可以说："您瞧，你们这幢楼家家都安了空调，日子过得多舒服！今天我特地为您带来了一台价格便宜、质量又好的空调机，赶快安上吧！""您瞧，经理们人人手中都是不锈钢保温茶盅，您怎么还提着个玻璃瓶？我这里有质地最好的不锈钢保温茶盅，选一个吧！"

但使用这种销售法的前提是：3 号客户确实需要这个产品。如果你推销的产品不对 3 号的胃口，你使用再多的销售技巧也不管用。

将商品与 3 号的成就联系起来

3 号不仅努力去追求成功，更注重塑造自己的成功者形象，彰显自己的与众不同，以获得他人的关注和赞赏。他们深谙权威效应：一个人要是地位高、有威信、受人敬重，那他所说的话及所做的事就容易引起别人重视，并让他们相信其正确性，即"人微言轻、人贵言重"。

3 号擅长利用权威效应来塑造自己的成功者形象。因此，销售人员在向 3 号客户推销时，不妨投其所好，利用 3 号追求成功者形象的心理，将商品与 3 号的成就联系起来，促进成交。

3 号在与人交往时喜欢表现自己、突出自己，不喜欢听别人劝说，任性且忌妒心较强。有很多时候推销员可以根据客户的表情和语言来判断出 3 号客户：他们在与推销员沟通时会着重显示他们的高贵，即便有时在吹牛。对待 3 号客户，即使你早已看出他在吹牛，也要附和一阵——"你穿上它好漂亮啊""它真适合您的气质呀"，甚至夸奖他（她）道："你真会买东西啊！"只要将产品与 3 号的成就联系起来，3 号的购买欲就会膨胀起来。

总之，销售人员在面对 3 号客户时，要懂得把产品与他们的成功形象联结在一起。直接告诉他们使用某款产品代表的是成就和成功，他们会非常感兴趣。

3 号客户比较功利，非常看重商品的使用价值。因此，直接向其说明商品能给他们带来的好处，是最好的推销方法。

3 号客户自信心很强，不会轻易改变主意，但是只要认为是对的，就一定会去做，所以，诱导是说服他们的最有效方法。

告诉 3 号商品的好处

用诱导说服 3 号

面对 3 号客户的营销策略

挑起 3 号的竞争心

让 3 号感受到成就感

3 号客户喜欢竞争、比较，总想比别人强。只要激起了他们的好胜心，他们的购买欲也会随之增强。

王婆西瓜---名人的最爱

名人的最爱我也要买

自豪　成就

3 号客户喜欢与众不同，那样能让他们有成就感，因此在产品设计和推销上，我们可以试着迎合他们的这种心理。

3号销售人员的销售方法

如果销售人员是3号性格者，在应对其他几种人格类型的客户时，要结合自己的优劣势，分析其他各种人格类型的优劣势，制定相应的销售策略。

3号销售员的销售方法

遇到1号客户时

他们过分挑剔的态度总是让人生气，但我不能表现出来，反而要摆出一副虚心请教的态度，认真记录他们的意见，以掌握他们的需求，针对他们的需求设计一个专业而完美的销售方案。

遇到2号客户时

我总是用自己专业、能干的形象吸引他们，满足他们给予更优惠的价格或更多赠品的要求。而当他们犹豫时，我则会提到他们的父母、朋友等身边人的需求，往往容易促进销售。

遇到3号客户时

我会尽量压抑自己的竞争心和好胜心，直截了当地介绍产品将带给他们的价值，并突出产品的重点功能，适当渲染产品所塑造的成功者的形象，还会尽量多地肯定和赞美他们。

遇到4号客户时

我总是无法理解他们那些稀奇古怪的想法和他们所追求的那种浪漫美感。我一般都是让他们自行挑选，当他们问起我某款产品时，我再着重介绍，并适时突出那些他们感兴趣的功能。

遇到5号客户时

我习惯让他们自行挑选，当他们主动向我咨询时，我再简单而清楚地介绍一下产品的功能，然后等待他们的反馈。

遇到6号客户时

我会十分讨厌他们犹豫不决的态度，但我不能表现出来，而且他们在思考很长一段时间后往往不会购买，这真是让我这个注重效率的3号销售员感到愤怒，我最讨厌浪费时间了。但是，面对6号客户，我只能耐心等待。

遇到7号客户时

他们常常能激发我体内潜藏的热情，让我总能充满激情地为他们介绍产品，并共同体验、分享产品带给使用者的快乐。在和他们交流的过程中，我常常能发现更多的快乐，而我的快乐情绪也常常感染他们，刺激他们的消费欲。

遇到8号客户时

我常常感到莫大的压力，常常会臣服于这种压力，愿意遵从8号客户的指挥，尽心尽责地为他们介绍产品信息。但是当他们过分压低价格时，我则一改"小媳妇"形象，奋起反击，使用激将法来应对，往往能取得不错的效果。

遇到9号客户时

9号做事情拖拖拉拉、吞吞吐吐，常常让我火冒三丈，但我又不能发作。我只能多和他们交谈，找出他们的需求，并引导他们建立一个清晰的消费目标，再根据这个目标来介绍产品。一般来说，一旦目标确定，他们就乐于成交。

总之，在销售过程中，只有做到知己知彼，根据其他几种人格类型客户性格中的优劣势，才能制定有针对性的销售策略，才易促进成交。

第8节

3号的投资理财技巧

3号适宜选择短期目标

3号注重效率，常常只关注事情发展的结果而不顾及发展的过程，因此他们有着极强的功利主义思想，只倾向于选择那些对自己有价值的事物。在投资理财时，3号这种性格特点完全凸显出来，他们总是热衷于短线投资，希望快速得到高回报。虽然短线投资的风险较高，但3号常常能凭借他们敏锐的观察力和超强的变通能力，轻松避开风险，获得高回报。

从另一方面来说，3号也确实缺乏耐心。他们面对一个需要长期付出才能获得回报的项目时，往往选择放弃，因为他们难以忍受长时间不被人赞赏、不被人羡慕的生活。也就是说，3号时刻渴望他人羡慕自己、崇拜自己，以满足自己的优越感。

许多成功的3号投资者在介绍自己短线投资的经验时，总会提到三个字，就是"快、准、狠"。这是他们的经验之谈，是他们经历了股市、外汇市场、基金市场等多种不同的市场繁荣、衰退、复苏后，总结出来的。

"快"	"准"	"狠"
"快"便是要入市快、看价快、投资快、决策快、脱手快，这样才能在最短的时间内获得最大的利润，在市场上灵活地进出。	"准"就是首先要选对可以立刻赚钱的市场，在进入了这个投资市场后，要了解这个市场的发展大势，找准自己的位置。准确计算出升跌的幅度。	"狠"就是要敢于尝试别人不敢尝试的大注买卖，敢于大手入市，大手离市，敢于赚大利润，敢于做高风险投资。

3号认为，只要短线投资者掌握了这三字要诀，一定能够成功。

不做财富路上的"独行侠"

3号性格者追求的成功往往是个人的成功，他们常常为了突出个人的优越感而忽略团队。而21世纪是一个全球一体化的共赢时代，合作已成为人类生存的重要手段。随着科学知识向纵深方向发展，社会分工越来越精细，人不可能再成为百科全书式的全才。每个人都要借助他人的智慧实现自己人生的超越，所以这个世界既充满了竞争与挑战，又充满了合作与快乐。当前，共赢心态成为人们走向成功所必备的一种心态。因此，3号也需要放下"单打独斗"的奋斗精神，而要多寻求和他人的合作，这样更容易获得财富，更容易获得成功。正如波兰著名哲学家叔本华所说："单个的人是软弱无力的，就像漂流的鲁滨孙一样，只有同别人在一起，他才能完成许多事业。"

DNA结构的发现是科学史上最传奇的"章节"之一，沃森和克里克也因此打造了科学合作史上的"完美双璧"。假设他们分开来研究，沃森只能终日沉浸在胡思乱想的美梦中，而克里克恐怕也只能在前人的理论基础上苦苦徘徊。

美国生物学家沃森和英国生物物理学家克里克之间的默契合作一直被科学界传为佳话。他们之间的合作也是一个相互取长补短、共同进步的范例。

1953 年 3 月 7 日，美国生物学家沃森和英国生物物理学家克里克夜以继日、废寝忘食地工作，终于将他们想象中的 DNA 模型搭建成功。沃森和克里克的这个模型正确地反映了 DNA 的分子结构。此后，遗传学的历史和生物学的历史都从细胞阶段进入了分子阶段。

虽然沃森和克里克性格相异，但这并不妨碍他们之间漂亮的配合默契，他俩正像 DNA 链中的互补碱基一样。世界本是一个多样化的存在，沃森的浪漫思维和克里克的严谨推理恰好形成统一体，让他们共同摘取了科学的桂冠。

"众人划桨开大船，众人拾柴火焰高。"这是个崇尚合作的世界，懂得合作的人才是生活的最大赢家。一个人的精力毕竟有限，很多时候，3 号在追求财富的过程中会生出"有心无力"的感叹，喟叹自己没有足够的精力和能力，没有足够的资源和优势，难以达成自己期望的目标。而通过与他人合作，常常能有效地弥补这一切，使 3 号达到他们的目标，获得他们所期望的财富和成功。

3 号要积极地投资理财

3 号性格者是积极乐观的，他们充满自信，做任何事情都抱着"我能"的信念，积极努力地去做，也相信自己的努力会换来美好的结果。因此，当他们面对投资理财时，他们也能积极投入其中，认真做好投资理财规划，搜集全方位的信息，只为了一个目的——财富。

投资理财其实是一种意识，若将这种意识时时贯穿于行动之中，它就能变成生命的本能。投资理财的一个重要的目标就是养成积极投资的习惯。

对于追求成功的 3 号来说，财富就是成功者的一种象征，因此他们能够积极地面对投资，将热情积极地投入投资活动中，并最终聚集财富，获得成功。

培养长期规划的眼光

大多数 3 号性格者，很多时候都会只看重包装、不重内涵。这种个性，打短线战可能横扫千军，但因为内在实力不足，真要面对长久战时却很难应付，故此长远来说，可能会招致失败，而即使取得眼前的短暂成功，也未必可以凭借毅力稳守已经攻克的阵地。因此，3 号在投资时要注意培养长期规划的眼光，而不要被眼前的小利诱惑，丧失了获得财富的机会。

从前有个奇异的小村庄，村里除了雨水没有任何水源，为了解决这个问题，村里的人决定对外签订一份送水合同，以便每天都能有人把水送到村子里。有两个人愿意接受这份工作，于是村里的长者把这份合同同时给了这两个人。

得到合同的两个人中有一个叫艾德。他立刻行动起来，每日奔波于一里外的湖泊和村庄之间，用他的两只桶从湖中打水并运回村庄，把打来的水倒在由村民们修建的一个结实的大蓄水池中。每天早晨他都必须起得比其他村民早，以便当村民需要用水时，蓄水池中已有足够的水供他使用。由于起早贪黑地工作，艾德很快就开始挣钱了。虽然这是一项相当艰苦的工作，但是艾德很高兴，因为他不断地挣钱，并且他对能够拥有两份专营合同中的一份而感到满意。

另外一个获得合同的人叫比尔。令人奇怪的是，从签订合同后，比尔就消失了。几个月来，人们一直没有看见过比尔。这点令艾德兴奋不已，由于没人与他竞争，他挣到了所有的水钱。

比尔干什么去了？他做了一份详细的商业计划书，并凭借这份计划书找到了四位投资者，和自己一起开了一家公司。六个月后，比尔带着一个施工队和一笔投资回到了村庄。花了整整一年的时间，比尔的施工队修建了一条从村庄通往湖泊的大容量的不锈钢管道。

这个村庄需要水，其他有类似环境的村庄也需要水。于是比尔重新制定了商业计划，开始向全国甚至全世界的村庄推销他的快速、大容量、低成本并且卫生的送水系统，每送出一桶水他只赚1便士，但是每天他能送几十万桶水。无论他是否工作，几十万人都要消费这几十万桶的水，而所有的水钱都流入了比尔的银行账户中。而艾德则失业了，不得不寻找新的工作。

这个故事发人深省。最初，你也许觉得建造管道既费时又费力，还似乎没有什么效果，不如打水的工作效益来得立竿见影。但是，几年、几十年后，当你无法继续打水时，麻烦就来了，这个时候你才发现管道的好处是多么多。打水从某种意义上可以称为"以时间换金钱"的辛苦劳作。当你停止打水时，你的收入就没了。所谓的"最好的工作"不过是相对于你年轻健康的身体情况而言的，如果你尚未看透这种潜在的危险，你的麻烦就会出现在以后的生活中。

然而，很多时候，3号是急功近利的"送水工"，希望快速获得结果，小富即安。但是，3号越是急功近利，越不容易得到功利，因为他们往往着眼于眼前的东西，容易被一些现象、利益、信息所迷惑或捆住手脚，弄不好还会屡栽跟头。相反，如果3号能够看得更长远一些，在投资理财时善于长期规划，往往能成为大富豪。

取巧不投机，让3号快速致富

3号性格者是善于变通的人，他们思路异常灵活，能够以敏锐的思维找到问题的症结所在，寻找更好的方法来获得最佳结果。所以，在追求目标的过程中，懂得变通的3号通常会比因循守旧的人更能找到做事的捷径，以较少的代价获得更大的成功。

一个年轻的经理带了些未完成的工作回家处理，他5岁的儿子每隔几分钟就跑过去打断一下他的思路。几次之后，他看见了一张有世界地图的晚报，于是他把地图拿过来撕成几片，让他的儿子把地图重拼起来。

没想到3分钟后，儿子又跑过来兴奋地告诉他已经拼好了，这个经理十分吃惊，问儿子怎么能拼得这么快。小家伙说："图的背面有一个人，我只要把它翻过来，人拼好了，世界地图就拼好了。"

人们不难想到，这个孩子在长大后也能够凭借他善于变通的本事，快速获得他想要的成功。人们在追求财富的路上，也需要学会变通的思维。

3号在努力的过程中遇到挫折时，常常运用变通的思维，寻找到新的成功之道。这就是人们常说的"投机取巧"之道，但要注意的是，投机取巧不是投机倒把，而是用最小的成本换取最大的收益，这就是变通的妙处所在。

3号总是希望比别人更快、更吸引眼球、更投其所好……这些看起来不"老实"、不循常规的"小聪明"，背后却隐藏着变通的大智慧。总之，善于在问题面前走捷径的人，一定比只知拉车、不懂看路的人能获取更大的成功。

拥有赢家的思考习惯

3号性格者喜欢以目标为导向，这常常使3号拥有一种赢家的思考习惯，以目标为本，好胜心和比较心都特别强，事事要求别人的赞美和认同，这成了他们的上进心和追求成功的原动力。也就是说，3号不怕比较，反而最怕没比较，因为这样就会失去突出自己的机会。争强好胜、获得殊荣是他们的人生目标。看到别人成功，他们的第一个反应就是："假以时日，我必定会比你优胜。"

很多事情的成功与失败往往就在一念之间，如果你能拥有好胜心，拥有赢家思维，相信自己的能力，相信自己能够成功，成功的可能性就会大大增加。相反，如果你自己心里认定会失败，甘愿将自己置于输家的位置，那你就很难获得成功。

和其他事情相比，投资理财具有较强的风险性，这就更需要3号能够以积极的心态面对，用赢家的思维去思考。勇于竞争、善于竞争，往往能达成预期的财富目标。正如美国前总统里根在接受《SUCCESS》杂志采访时说："创业者若抱有无比的信心，就可以缔造一个美好的未来。"

DNA 结构的发现是合作的结果，投资的成功也离不开合作的推动。

将投资理财变成一种习惯，积极投资才能获得财富。

寻找自己的投资伙伴

养成积极投资的习惯

把目光投向远处

3号投资理财须知

养成赢家的思考习惯

学会变通思维

只顾眼前的利益，往往会失去获得更大利益的机会。

网球比赛要有十足的信心，投资理财也一样要相信自己能行。

不怕行为古怪，就怕因循守旧，用特殊的方式做特殊的事情。

第9节

最佳爱情伴侣

3号的亲密关系

3号性格者认为，做比感觉更重要，因为"做"才是达成目标的最有效方式。即便是在面对爱情时，3号也秉持这样的观点，他们把情感关系视为一项"重要工作"，认为感情也是可以一步一步搭建出来的。

一般来说，3号的亲密关系主要有以下一些特征：

3号的亲密关系主要的一些特征
1	3号认为爱是一种成就，他们关心"我能拥有多少幸福"，深信幸福的生活能够按照自己的方法一步一步经营出来。
2	3号主张快乐、积极地去爱，否认爱情要与痛苦挂钩，自信可以掌握自己的爱情命运。
3	3号不关心自己内在的实质，不了解自己和他人的感情。由于内在空空如也，他们害怕窥探自己真正的个性和内涵，也不愿意接触真实的亲密关系，因为担心别人会发现他们的空洞。
4	3号忽视自己的感觉。如何不利用巧妙的设计，真实地反映对别人的感受和爱意，反而是一个让他们懊恼的难题。
5	3号认为，爱就是一起做事、一起创造财富、一起快乐，爱不是压倒一切的，也不是令人痛苦的。
6	3号是爱情的高手，他们擅长在伴侣面前扮演"完美情人"。
7	3号愿意通过追求实际可见的成果来表达自己对家庭的热爱、对亲密关系的忠诚。为了创造他们心目中的完美家庭，他们会周详地开列一整套计划。
8	对于爱情，3号有着惊人的克制力。他们能够严格控制自己，不让自己陷入任何感情的旋涡中。
9	即使恋爱关系刚开始，身为工作狂的3号仍然会不经意地忽略伴侣。
10	3号容易停滞于自己完美无瑕的光滑外表，以此自满，允许自己固执己见，不听善意的劝告，任凭自恋式的想象充斥胸腔。
11	当爱情和事业发生冲突时，3号会毅然舍弃爱情，因为他们多视感情为障碍物，惧怕它会毁灭3号辛苦经营的形象，也可能会为事业带来麻烦，拖垮进度和既定的计划。
12	同情心不强，在对待感情时偏向自我中心，会将自己的想象、情绪与现实情境混淆。

综合以上的特征，我们可以发现：从好的方面来说，3号能够对家庭成员的期望和目标给予绝对的支持；他们会努力工作，为他们认同的人带来快乐，也会为这些人的成绩感到高兴；他们擅长帮助他人走出孤独，摆脱忧郁，重整旗鼓。总之，只要3号认同一段亲密关系，他们就会努力成为亲密伴侣；但他们如果认同的是工作，他们肯定不会在家庭和爱情上花费太多时间和精力。

幸福爱情，容不下"工作狂"

3号追求成功，并擅长制定目标来驱动自己不断努力，这容易导致他们过分投入对工作、事业的追逐，从而忽略对自身情感世界的关注，也就容易忽略对伴侣的情感呵护。当然，这不是说3号不爱自己的伴侣，不是指责他们对家人摆出漠不关心的冰冷样子，他们只是过分投入工作，有些分身乏术而已。

罗可是一名建筑设计师，具有典型的3号性格者的"工作狂"特征。她总是将全身心的精力投入工作中去，长期处在紧张、压力中，将自己变成了工作机器。即使是周末，她心里也放不下工作，脑子里总在想工作的事，心神不安，对什么娱乐休闲方式都没兴趣，只有看见图纸心里才彻底踏实。

"工作狂"得不到爱情

不知不觉，罗可身边的好友都相继结了婚，只剩下年近30岁的罗可还单身。为此，罗可的父母十分着急，每天忙着为罗可张罗相亲对象。一次，一个亲戚给罗可介绍了一个搞人力资源管理的相亲对象，罗可见面后觉得还不错，决定交往。可偏偏那段时间工作特别忙，经常加班，根本没时间约会，只得一再推托。待到项目结束，想好好恋爱时，又赶上对方出差。总之，两人约会时间总是不巧，罗可也没在意，总觉得"等我忙完这个项目就好了"。然而，当罗可抽出时间约男方见面时，她却被男方告知："我已经有女朋友了，而且，你太忙了，我希望我的女朋友能多些时间陪陪我。"

3号并不是不爱自己的伴侣，他们只是把工作也当成爱伴侣的一种表现。他们注重物质，看轻情感，而通过工作，3号能够提供给伴侣良好的物质条件，比如为家人安排旅行、为伴侣订购他们喜欢的商品、为孩子购买其喜欢的玩具等，这恰恰是3号表达爱意的表现。换句话说，3号人格在情感的表达上，"做"多于"说"，他们认为拼命地工作也是自己通过实际行动来表达对家人之爱的方式。

然而，在爱情中，人们更注重精神层面的追求。光有丰富的物质基础，而无精神交流，爱情往往难以持久。因此，3号要注意转移注意力到自己的情感世界中去。多抽出时间陪伴爱人，多和爱人进行精神上的沟通和交流，共同体验爱情的悲喜，就能爱得更深入、更长久。

3号须知：爱情与门第无关

3号性格者追求成功，并能够通过不断的努力去追求成功，因此他们常常拥有一流的学历、亮丽的外表、光鲜的衣着、潇洒的风度，还有人人仰慕的社会地位……当这些优越的条件集于3号一身，他们就成了具有强大吸引力的"完美情人"。

为了进一步满足自己的优越感，3号也将爱情视为通向成功的一种工具。因此，3号特别看重伴侣的外貌、能力、成就、财富等是否符合社会所认可的理想尺度，这些也是他们所开列的择偶条件清单。能与优秀的人物并肩同行，他们便可惹来别人艳羡的目光，也会沾上成功人士的光彩。因为紧盯着一心要追求的对象，3号会漠视一些客观的形式而千方百计地但求遂其所愿，为此他们可能并不介意卷入社会不容许的恋爱模式中，甘心成为别人亲密关系中的第三者或已婚人士的秘密情人。

只有当3号把注意力转移到内心，关注自己及他人的感情世界，他们才能真正发现自己及他人的需求，才能凭借共同的需求来找到自己的人生伴侣，才能通过不断满足共同的需求来维系感情，制造浪漫而甜蜜的婚姻生活。

不好意思！

恋爱毕竟是讲究心灵契合的交流，而不是职场的厮杀，光有可以计量比较的客观条件，并不能造就一段幸福的恋情，尤其是不能换来一位可以在下半生并肩同行的生命伴侣。

爱情 与 门第 无关

别再扮演"完美情人"

3号性格者具有极强的社交天分，这常常表现在他们"察言观色"的能力上。他们非常懂得洞察对方在情感上的需要，但这种洞察往往只聚焦在对方渴望怎样的行为表现上。因此3号人格伴侣总能够在其伴侣面前把自己最好的形象（实际上是对方想要看到的形象）表现得非常到位，并以此来取悦对方及增强自己对伴侣的吸引力。

也就是说，3号喜欢在伴侣的家人和朋友面前表现得非常尊重伴侣、宠爱伴侣、支持伴侣，努力给他人一种"好男人／温柔贤惠的女人"式的美好形象。3号喜欢和伴侣在他人面前"秀"甜蜜、"秀"幸福，这是3号人格特征中注重形象以及渴望他人之认可的本质所致。也就是说，3号人格者认为自己的幸福本身也是自我价值体现的一种表现，也需要别人的鲜花和掌声。

秀甜蜜 ≠ 幸福

3号人格伴侣会以在别人面前大秀幸福、甜蜜的行为来赢取他人对自己的羡慕，亦会让伴侣感觉到自己好像是世界上最幸福之人。

其实，当3号在长时间扮演"完美情人"后，不仅不会真正成为完美情人，反而会因为外在行为与内在需求的冲突而崩溃，做出损人利己的极端行为来。

同时，3号人格伴侣的竞争心态在情感交往上就会演变成很强的忌妒心理。他们非常紧张自己的伴侣与其身边的异性相处很好的状态。此时他们总是有意无意地在别人面前展现自己优秀、光鲜的形象，并以此来PK那些异性，到他感觉自己占到了上风为止。

总之，3号十分擅长扮演完美情人的形象，然而这不是他们真正的性格。3号的伴侣一旦和3号深入接触下去，就会逐渐发现3号真正的性格并非他们所扮演的那么完美，就会产生强大的落差感，感到自己被欺骗了，就容易导致感情破裂。

物质不能代替情感沟通

3号性格者不关注自己的情感世界。他们不敢面对自身性格中的缺点，只想向他人展现自己性格中的优点，努力维持在他人眼中的成功者形象。因此，他们将注意力更多地投向了物质世界，不断地工作以获得更多的物质回报，并将物质作为向伴侣表达爱意的重要方式，常常认为给一个人良好的物质环境，就是表达了自己最真挚的爱意。

在这种思想的影响下，3号总给人一种不解风情的感觉，亦因此容易忽略对伴侣内心感受的关注。他们总是以物质来满足对方，给人一种一旦遇到情感问题便会用物质上的表现（如购物、晚餐、送礼物）来逃避情感沟通的感觉，这也是3号人格"不愿意认错"的本质表现。同时，因为他们总是以回避沟通情感作为处理情感问题的方式，所以他们会令人产生一种情感薄弱的感觉。

面对当今社会越来越多的家庭伦理问题，有人做过一个调查：年轻夫妻婚姻家庭不稳定的原因是什么？他们发现，"家庭关系被物化，很多人一切从利益出发"是最多的答案。物欲极度肿胀，也会导致精神的空虚和恐慌，物质化催迫着本真、梦想、性情的幻灭，也就容易导致婚姻的毁灭。幸福的爱情需要丰富的物质条件，但爱情的幸福不由物质决定。钱不能使真爱临临。正如大思想家培根所说："你能用金钱买来的爱情，别人也能用金钱把它买去。"唯有爱，能让爱情长久而甜蜜，能让婚姻稳定而幸福。正如英国文学家狄更斯所说："爱能使世界转动。"可见爱的魔力不知比金钱要大多少。

其实，只要3号明白一点——物质不能代替情感沟通，重拾对个人情感世界的关注，他们就能爱得正确一些，也就能收获真正的爱情。

第10节

塑造完美的亲子关系

3号孩子的童年模式：家长是孩子的镜子

在3号的内心深处，他们早已经把他人给予的爱与自己的表现画上了等号。父母就像他们的镜子，是他们认识自己的途径。3号孩子对在自己成长过程中给予自己关心照顾和肯定的家长是极其认同的，并且会主动找出这位家长对自己的期待，然后尽力完成它，以此来获得更多的肯定和关爱。

3号孩子对父母的认同的表现

真是好孩子！

奖状 三好学生

渴望认可

他们由于渴望家人赞许的微笑或认可，会将家人的喜好与期待内化成自己的行为标准和目标。他们希望看到家人为自己感到骄傲自豪。

顺应家人期待

他们会慢慢学习顺应家人的期待和愿望，家人的情绪和心理健康程度会直接影响到3号孩子的人格特质发展程度。

浓厚的责任感

当3号孩子深感家庭的背景有瑕疵（比方说，父亲有外遇等不可告人的丑闻）或社会地位并不高时，他们会滋生出浓厚的责任感，想要设法将家人从抬不起头的名声中"拯救"出来。

既然3号孩子把家长当作自己的镜子，那么3号的家长就应做好他们的镜子，帮助他们正确认识自己。这就要求家长首先学会自修，因为只有家长自己保持健康的心智，才能映射出孩子的真实特质，这样孩子长大后才能成为一个自尊、自信，且心智健全的健康人。

3号孩子眼里：没有最好，只有更好

3号孩子认为，个人价值完全取决于自己所赢得的成就。他们要求把每一件事情都做到最好，这样父母就会赞美他们出色的表现，从而让他们看到自身的价值。他们学习的努力程度超乎自己的想象。他们的追求并不是一种良好的感觉，而是一种让人产生敬畏的力量。这一点在孩子身上最好的表现就是他们对于分数的执着。

3号孩子力量型孩子特点

领导素质

在做团队的领袖时，他们能坦诚地与人交流，并积极配合团队工作。他们目标明确且具有与生俱来的领导素质，往往能达到自己所在领域的顶峰。

不胜不休

他们的言谈充满说服力，能带领同伴走向美好。他们善于把握机会，满怀信心，能坚守自己的立场，面对困难能顽强对抗，不胜不休。

不懂得自制

3号孩子不会自我放松和减压，他们勇往直前，容易冲动却不会自制。他们容易让周围的人感到可怕的压力，使同学对他们敬而远之。

永远高高在上

3号孩子永远高高在上，往往在心理上对他人造成伤害。因为太重视自身的优点，他们会对其他人的缺点缺乏宽容。他们在团队里往往快言快语，不顾及他人的感受。他们认为自己是在让大家更接近目标，但其他人认为这是专横。

固执

他们固执地认为自己是对的，以自己的标准评判他人。他们懂得用最快最好的方法完成工作，并指使别人去做，得不到响应就认为是别人的错。

对于3号孩子，父母一定要教育他们懂得把握奋进的度和韬光养晦的精神，只有懂得了理解别人，他们才能得到别人的理解。

专制扭曲3号孩子的人生观

3号孩子性格中的缺陷形成的原因，很大程度上在于童年父母的过分专制。3号孩子之所以好胜心切，是因为他们渴望得到保护，他们严重缺乏安全感。在专制型家长的严厉干涉和管教下，3号孩子会长期处于恐慌之中，久而久之，其个性就被扭曲，表现出来的负面性格容易压过正面性格。而家长则认为"不听话"的3号孩子更加需要严厉的管教，于是恶性循环就这样开始，对于一个本应该拥有美好人生的3号孩子来说，这无疑是一件悲惨的事情。为了把孩子培养成性格健全的人，作为父母一定要讲求科学的教育方法，具体可以从这些方面来做：

不要无限制地否定孩子的想法，限制他们的自由

专制型父母要求孩子绝对听从自己的意见，在这样的家庭里，孩子的自由是有限的，因为家长希望孩子的所有行为都受到保护和监督。他们希望自己与孩子之间的关系是一种"管"与"被管"的关系。因此，相对来说，他们之间往往沟通不畅。家长的出发点是好的，却不能向孩子提供切实有效的帮助。所以，不要经常以权威口吻规范孩子的举动，限制他的自由，否定他的想法，孩子是一个独立的个体，请尊重他们。

不要对孩子发号施令及严厉惩罚

简单粗暴地责备和训斥孩子，伤害儿童脆弱幼嫩的心灵和正在成长中的自尊心，常是产生一切邪恶的根源。"你，去写份检讨！""去做作业，不许看闲书！""你真是智力低下！"当孩子懂得了什么是羞辱，这无疑是让他们产生扭曲性格的一种最为强有力的刺激。那些习惯对别人颐指气使和发号施令的孩子，是否因为自己从小就在家庭里被支配才变成这样的呢？

别对3号孩子过度赞美

早在童年时期，3号性格者就多次因为努力上进的表现而受到父母的赞扬，这令他们感觉非常好。为此，他们会不断努力，去完成一些会获得父母赞赏的事情。而当他们得到赞赏后，他们又会不自觉地去指定下一件要完成的事情。久而久之，这个循环会越来越短。3号会不断地完成事情，以期不断获得赞美，形成一种"索取赞美综合征"。

德国著名学者卡尔·威特认为，在教育孩子时，表扬不可过多过高，不能让孩子情绪过热，以免让孩子产生错觉，要么认为自己比任何人都要出色，要么就逐渐形成压力，为了夸奖而去做事。卡尔·威特给父母们的忠告是：我们不能让孩子在受责备的环境中成长，但也不能让他们整天泡在赞美里。

也就是说，过多过分的夸奖，会带给孩子不必要的困扰。夸奖具有启发性和鼓励作用，但夸奖过多，会带给孩子压力，形成焦虑。所以夸奖要适可而止，大人在夸奖孩子时一定要实事求是，不要夸大其词，并在表扬孩子时给他指出不足之处，或者用欣赏、交谈、聆听等方式代替过多的夸奖。

过度赞美易使孩子产生不良心理

过分地夸奖或炫耀孩子的长处，时间久了，易使孩子产生比谁都强的心理，不允许或不能接受别人超过自己的事实。

教3号孩子领悟失败的真义

3号性格者把大量的精力都投入到对成功的追求中，所以一旦失败了，他们要么坚信"失败是成功之母"，要么把失败的责任推卸给他人。总之，他们不敢直面失败，会尽量躲避失败。

早在孩童时期，3号就表现出了较差的心理承受能力。他们往往因为一次考试不理想或老师某一句话对他们的打击就变得消沉起来，学习成绩下降，上课精力不集中，甚至逃学。他们经受不起失败的打击，往往在失败中迷失自己。孩子在学习过程中遭遇失败是难免的，而面对孩子的失败，往往最难受的就是父母，他们对孩子的失败比自己的失败更加看得更严重。有些家长往往采取掩盖和安慰的方法让孩子逃避失败，却不知道这可能会导致孩子一蹶不振，毁了孩子的未来。

教会孩子面对失败

面对失败，3号孩子可能变得精神萎靡，消沉慵懒，做事没劲，完全一副颓废的模样。此时父母们面临的最大挑战，就是让孩子失败后仍有信心去重新开始。

父母应尽早训练3号孩子正确对待失败，和孩子一起分析失败的原因，帮助孩子认识到哪些导致失败的因素是自己可以改变的，哪些是改变不了的。很多时候，给孩子带来最大打击的往往不是失败本身，而是他对失败的理解。作为家长，帮助孩子正确面对失败很重要。

如何培养3号孩子的健全性格

为了把孩子培养成性格健全的人，作为父母一定要讲求科学的教育方法，具体的可以从这些方面来做。

你笨死了！

不要无限制地否定孩子的想法，限制他们的自由

家长的出发点是好的，却不能向孩子提供切实有效的帮助。所以不要经常以权威口吻规范孩子的举动、限制他的自由、否定他的想法，孩子是一个独立的个体，请尊重他们。

不要对孩子发号施令及严厉惩罚

简单粗暴地责备和训斥孩子，伤害儿童脆弱幼嫩的心灵和正在成长中的自尊心，常是产生一切邪恶的根源。

不能不顾孩子的天性和意愿，越俎代庖地为孩子一生画下明确的路线，让孩子完全脱离集体这个大环境，在与世隔绝的状态下按自己的方式成长，会让孩子的心理扭曲变形。这样的做法看起来似乎是为了孩子的将来，实则自私和残酷。

第11节

3号互动指南

3号实干者 VS 3号实干者

当3号实干者遭遇自己的同类——3号实干者时，他们往往很难形成和谐的关系，即使形成了这样的关系，也不会长久。

3号追求成功，喜欢竞争，并认为自己有着绝对的优势。当两个3号走到一起，彼此都追求成功，都具有较强的能力，就容易形成势均力敌的竞争局面，打成平手的概率很大，单方获胜的概率很小，这容易给3号带来深深的挫折感，极大地挫伤3号的积极性。

组成家庭

两个3号的家庭生活很难维持平静。他们都专注于自己的事业，都希望利用对方来获取自己的利益，因此总是尔虞我诈。但是，他们如果能确立共同的大目标，并懂得分工合作，获取共同的成功，也能维持一段较为长久的婚姻，但3号必须注意关心自己的伴侣。

成为工作伙伴

如果两个3号成为工作伙伴，为了生存，他们会携手合作、共同奋斗，并互相取长补短。但是，当生存没有压力时，他们就会互相竞争，试图打倒对方。要避免这种情况，就得给予他们各自的发展空间，这样就能让他们发挥出自己的才能，创造更多的价值。

无论是在家庭中还是在工作中，两个3号相遇，都要学会建立共同的目标，或是选择不冲突、不对立的目标，才能有效避免竞争，友好和平地相处。

3号实干者 VS 4号浪漫主义者

当3号实干者遭遇4号浪漫者，容易出现一个较为和谐的局面，但也存在一些小矛盾。

3号和4号都看重自己的形象和他人对自己的态度，但关注点不同，这就避免了他们之间的竞争关系。但是，他们不同的关注点也会成为矛盾的导火索：3号不关注感情，而4号过于关注感情，这往往导致两人在生活、工作态度上的分歧。

组成家庭

如果3号和4号组成家庭，他们的生活方式会散发出成功的优雅。3号迷恋上4号强烈的内心世界，而3号见多识广，处事老练，也让4号羡慕。但3号过于关注工作，难以给予4号他们所渴望的感情呵护，容易导致4号的犹豫、情绪波动或者抱怨指责。他们应该学会适当收敛自己的追求，适当关注对方的感受。

成为工作伙伴

如果3号和4号成为工作伙伴，3号不断进取的态度能确保他们会源源不断地进行生产，而4号则会确保产品的质量。如果双方都把对方当作竞争对手，他们就会宁愿斗到两败俱伤，也不愿放弃、认输。

总之，无论是在家庭中还是在工作中，3号和4号相遇，都需要建立一个共同的大目标，然后分工合作，高效、优质地完成任务，达成目标。

3号实干者 VS 5号观察者

当3号实干者遭遇5号观察者，容易出现一个较为和谐的局面，但也存在一些小矛盾。

在双方的关系中，3号常常冒冒失失地闯入5号的个人世界，使5号感到自身安全受到威胁，抗拒3号的主动接近。3号开朗活泼，总是积极乐观地面对生活，因此他们多是外向者。而5号冷静沉着，总是静静地观察生活，并不愿意主动出击，因此他们多是内向者。当3号和5号走到一起，他们能使自己的外向性格和内向性格进行融合，促使双方获得更好的发展。

组成家庭

如果3号和5号组成家庭，他们常常是外向和内向性格的完美结合。3号主动靠近的方式能帮助5号增强自身的主动性，5号也能够沉着冷静地观察到3号所忽略的细节问题，并及时给予提醒，使3号更易成功。但是，3号对于工作的过度关注，常常使5号一个人孤独，长此以往，5号内心深处的愤怒就会爆发。

成为工作伙伴

如果3号和5号成为工作伙伴，他们一个有头脑，一个有能力，是商业合作中最常见的伙伴。但当遭遇问题时，3号会去修改负面的信息，来保护自己的形象，5号则会对麻烦置之不理，问题往往得不到解决。他们如果能够把解决问题的过程分为多个阶段，然后通过定期开会来分段处理，往往能取得不错的效果。

总之，无论是在家庭中还是在工作中，3号和5号相遇，都需要彼此去适应对方的生活方式，更重要的是在彼此的分歧中寻找共同的目标，并懂得分工合作，取长补短，才易成功。

3号实干者 VS 6号怀疑论者

当3号实干者遭遇6号怀疑论者时，可能出现一个较为和谐的局面，但也存在一些小矛盾。

3号喜欢唱独角戏，希望自己表现突出，成为工作中的佼佼者，更需要别人认可他们的成绩。而6号恰恰喜欢怀疑他人，这就容易激发3号的恐惧和反抗。因此，当他们走到一起，往往会出现一些小矛盾。

组成家庭

3号和6号常常对立，因此很难组成家庭，即便组成家庭，也难以稳定。但3号不关注自己的情感世界，而6号的怀疑思维会促使他们从新的角度去认识自己，从而发现真正的自我。而对于6号来说，他们渴望主动前进，3号积极乐观的态度正好能有效激励他们。这时，他们就能形成互助的和谐关系。

成为工作伙伴

如果3号和6号成为工作伙伴，他们则是合拍的一对。6号喜欢设计新的规划，而3号具有较强的执行力，同时，他们还有敏锐的市场判断力，能够快速抓住工作的兴趣，完成销售。当3号当领导时，他应该时刻奖励6号的成绩，以激发其战斗力；当6号当领导时，他要注意自己谨小慎微的风格容易激起3号的反抗。

总之，无论是在家庭中还是在工作中，3号和6号相遇，都需要彼此学习尊重他人的生活方式，并懂得相互配合，取长补短，促进双方共同进步。

3号实干者 VS 7号享乐主义者

当3号实干者遭遇7号享乐主义者时，可能出现一个较为和谐的局面，但也存在一些小矛盾。

3号关注自我利益中的财富和地位，而7号关注的是成功带来的快乐，而且，双方都是自我的人，因此他们常常忽视对方，容易闹矛盾。不过，他们都注重自我利益，并且都能为了自己追求的成功而忙碌不停，因此他们只要有相同的目标，就能较好地沟通合作。

组成家庭

如果3号和7号组成家庭，他们共同的兴趣、目标、话题会使他们的关系非常亲密。但是，双方都太忙了，难以抽出时间陪伴对方，就容易出现沟通上的问题。他们应该学会收缩自己的兴趣范围，抽出时间来陪伴对方，并寻找一个共同的事务，共同去体验。

成为工作伙伴

如果3号和7号成为工作伙伴，在项目创办之初，7号会把多样的选择有趣地结合在一起；3号则会用现有的财产作为赌注来争取成功。但是，在合作的末期，因为3号追求目标和结果，可能为效率而牺牲质量，追求快乐的7号会接受不了，双方往往会闹矛盾。

总之，无论是在家庭中还是在工作中，3号和7号相遇，都需要3号放缓前进的速度，更多地关注过程中的细节；7号也要克制自己自私的享乐主义行为，更多地为家庭或团队着想。

3号实干者 VS 8号领导者

当3号实干者遭遇8号领导者时，往往矛盾的局面多于和谐的局面。他们都追求个人的权力，都野心勃勃、富有竞争精神。不同的是，8号看重物质、政治和性等多方面的主动权，而3号则更多地看重社会地位方面的主动权。8号仿佛是3号的升级版，两者相遇时，冲突在所难免。

组成家庭

他们组成家庭的概率微乎其微。8号想要保护对方，而3号想要帮助对方，但彼此都过于强硬而自我，给人以压迫感，而且他们都不关注自身的情感，因而不懂得表达真情，常常会有误会和矛盾。他们如果能够敞开心扉，真诚地表达自己心中的爱意，并能够相互信任、相互肯定，也能拥有甜蜜而持久的爱情。

成为工作伙伴

如果3号和8号成为工作伙伴，他们常常会处于竞争状态。他们都希望掌控工作的主动权，都注重结果而不是过程，当对方妨碍自己时，都会进行激烈的反抗。如果8号成为领导者，他们常常能积极地合作，但前提是8号要对3号的成绩给予奖励。而当3号领导遇到8号下属时，则需要确保8号的发展前途。

总之，无论是在家庭中还是在工作中，3号和8号相遇，都需要3号善用自己变通的能力，避免和8号"硬碰硬"；8号也要注意肯定3号的成就。只要彼此尊重，也能建立和谐的关系。

3号实干者 VS 9号调停者

当3号实干者遭遇9号调停者时，可能出现一个较为和谐的局面，但也存在一些小矛盾。

3号总是目标明确，而且愿意为目标不断努力；而9号总是找不到生活的目标，对自己的目标也缺乏投入和动力。9号往往以3号的目标为目标，并在3号的影响下开始为实现目标而努力奋斗。在受挫时，3号会觉得沮丧，或迅速寻找新的目标，而9号则又会回到无所事事的麻木状态中去。

组成家庭

如果3号和9号组成家庭，9号会以3号的目标为目标，并被3号的生活所鼓舞，有时候会对3号的兴趣迷恋很长时间。9号可能会把3号的迷人形象套在自己身上。当3号的目标遭遇失败，已有的目标丢失，双方沟通的媒介也就消失，直到3号找到新的目标。

成为工作伙伴

3号和9号成为工作伙伴，也是以3号的目标为中心，9号会使自己融入3号的积极中，变成积极进取的人。这样，他们总能有效避免冲突。但是当9号领导者遇到3号下属时，9号的犹豫就常常使3号感到自己的发展受到了极大的限制，双方就容易发生冲突。

总之，无论是在家庭中还是在工作中，3号和9号相遇，都需要9号更多地去适应3号的工作，更积极主动地寻求自我发展；而3号也要学习9号融入他人的能力，才能构建一个和谐的关系。

第五章

4号浪漫型：迷恋缺失的美好

4号宣言：我是独一无二的。

4号浪漫主义者喜欢标新立异，渴望与众不同。他们对自己和他人的情绪十分敏感，也十分在意。因此，他们身上具有很多艺术家的特质，往往情感丰富，习惯忠于自己的感受，凭感觉做事，追求心灵刺激，情绪变化无常，散发出独特的魅力。但他们也喜欢关注负面情绪，活在过去，迷恋缺失的美好，沉溺于痛苦中。

第1节

4号浪漫型面面观

4号性格的特征

在九型人格中，4号是典型的浪漫主义者，他们是天生的艺术家。他们容易被真诚、美、不寻常及怪异的事物吸引，会翻开表面以寻找深层的意义。他们对自己关心的事物表现出无懈可击的品位。他们任凭情感的喜恶去做决定，最好的事物总是最能轻易满足他们。在别人眼中他们可能像感情强烈及浮夸的悲剧演员，或爱管闲事而刻薄的评论家。然而在他们状况最佳时，4号是一个兼顾创意和美感的人，过着热情的生活，并表现得优雅，具有极佳的品位。

	4号的主要特征
1	内向、被动、多愁善感，感情丰富，表现浪漫。
2	关注自己的感情世界，不断追寻自我，探索心灵的意义，追求的目标是深入的感情，而不是纯粹的快乐。
3	重视精神胜于物质，凡事追求深层的意义。
4	被生活中真实和激烈的事物深深吸引，比如生死、灾难、遗弃等。
5	带有忧郁感，被生命中的负面经历所吸引，特别易被人生哀愁、悲剧所触动。
6	总觉得别人不理解自己，认为被他人误解是一件特别痛苦的事。
7	敏感于他人对自己的态度，经常不被人理解，常眼神略带忧伤。
8	害怕被遗弃，内心总是潜藏着一种被遗弃的感觉。
9	能够感同身受，对别人的痛苦具有深层且天赋的同情心，会立刻抛开自己的烦恼，去支持和帮助别人。
10	依靠情绪、礼貌、华丽的外表和高雅的品位等外在表现来支撑自己的自尊。
11	追求真实，但总感觉现实不是真的，相信当个人被真爱包围时，真正的自我将出现。
12	常说一些抽象、幻梦的比喻，让别人听不太懂其隐喻。
13	好幻想，惯于从现实逃到自己的幻想中。
14	被遥不可及的事物深深吸引，把一个不存在的恋人理想化。
15	对已经拥有的，只看到缺点；对那些遥不可及的，却能看到优点。这种变化的关注点加强了被抛弃的感觉和缺失的感觉。
16	对人若即若离、捉摸不定，我行我素却又依赖支持者。
17	一旦爱上一个人，会表现得特别缠绵热烈，会刻意用各种方法引起伴侣的关怀，或利用离离合合的手段，借以掌握关系中的主导权。
18	对不合自己心意的人，会表现出拒人于千里之外的态度。和不熟的人交往时，会表现沉默和冷淡。
19	不愿意接受"普通情感的平淡"，需要通过缺失、想象和戏剧性的行动来重新加固个人的情感。
20	拥有过人的创造力，希望创造出独一无二、与众不同的形象和作品，喜欢用各种方式表达创意。
21	不开心时，喜欢独处，独自承担寂寞和痛苦。

4号性格的基本分支

4号喜欢关注自己的感情世界，尤其喜欢关注自己的爱与失。在他们看来，只有当两颗心相遇时产生了爱，他们才会感到自己是完整的；反之，他们则是残缺的，他们会因为自己的残缺而感到痛苦，这种痛苦主要表现为忧郁。但4号并不以忧郁为苦，反而认为这种因缺失而产生的忧郁具有强大的吸引力，促使他们用情感填补内心的空缺，并与他人建立联系，总之，他们在快乐和悲伤中探寻世界。

4号过于关注自己的情感，使他们对情感中的快乐和悲伤有着强烈的独占心理，因此当他们看到别人在享受他们渴望的快乐时，忌妒之心就会油然而生，如同插在心口的一把尖刀。4号不断产生的忌妒心促使他们无止境地追求快乐。这种矛盾心理往往突出表现在他们的情爱关系、人际关系、自我保护的方式上：

① 情爱关系：竞争

4号性格者喜欢表现自己的独特，他们希望自己在伴侣眼中是独特的、不可取代的。为了凸显自己的独特，他们不得不让自己随时都处于竞争状态，要把自己的对手赶走。

② 人际关系：羞愧

人际交往中，4号常常会遇到比自己优秀的人，这就激发了他们内心中的缺失心理，他们就只会关注别人具有而自己没有的优点，这就容易使他们产生一种羞愧感，变得没有自信。

③ 自我保护：无畏

当4号感到自己没有价值时，他们一方面会变得忧郁，在希望和失望中挣扎不休；另一方面又会铤而走险，努力去体现自己的价值。为了追逐一个梦想，可以忽略基本的生存需要，可以通过极度冒险的方式来追求梦想的生活。

4号性格的闪光点和局限点

九型人格认为，4号性格不仅有许多闪光点，也有许多局限点，那些闪光点值得去关注，而那些局限点则应该警醒。下面我们分别对其闪光点和局限点进行介绍：

4号性格的闪光点	
富有同情心	4号天生富有同情心，他们对于苦难有一种与生俱来的熟悉感，他们特别适合与那些处于危难或悲伤中的人一起工作，因为他们身上有一种独特的毅力，愿意帮助他人走出剧烈的情感创伤。
极高的敏感度	4号注重对自身情感的剖析，因此他们具有很好的敏感度，能轻易发现每一件事物内在的生命力，因此他们善于发现商机，掌握信息，往往能在别人未出手之前就出手，从而大获其利。
甜蜜的忧郁	4号喜欢体验生活中悲伤的一面，他们并不将忧郁视为消极影响，而是将其看作生活中的调味剂，认为忧郁的感觉有着不可抗拒的魅力。对4号来说，体会忧郁才能探索人性的奥秘。
痛苦的创造力	4号享受痛苦的感觉，喜欢在痛苦中创造，就好像一个艺术家宁可忍饥挨饿，也不愿出卖自己的作品来换取舒适的生活，因为痛苦让他们感受到生命的本质。
不断涌现的灵感	4号喜欢沉浸在自己的感觉世界里，经常一不留神就会灵魂出窍，开始天马行空的想象。这种想象使他们灵感不断，能够把一些不相关联的事情联系起来，创造出新鲜独特的东西。

唯美的品位	4号对感情世界的关注，使他们具有良好的审美眼光，讲究品位，容易被美的事物吸引，并爱用美的事物来表达自己的感情，同时他们也善于美化环境。
追求无止境	4号具有较强的缺失感，哪怕他们已经功成名就，他们的注意力仍旧朝向生活中失落的、不完美的部分，始终不满足于现状，于是他们便无止境地追求。

4号性格的局限点

过于专注自己的内心	对于4号性格者来说，深刻的情感是他们精神的支柱。他们非常注重自己的体会，宁可去感受一件消极的事情，也不愿意什么感觉也没有。他们常常把自己和自己的感觉画上等号。
自我沉醉	4号喜将将自己从现实中分离出来，沉迷于自己的想象中，因为他们想要了解自己，认为不了解自己就不知道自己生存在世界上的目的，就无法去发展创造力。
易受负面情绪影响	4号过于关注情感中负面的事物，比如悲伤、失败等，他们容易受负面情绪影响，在做事时给予自己失败等负面暗示，从而让自己活在负面期待的世界里，容易导致4号的失败。
害怕被遗弃	4号心里潜存着这样一种感觉：如果自己毫无价值，就要面临被遗弃或者已经被遗弃的命运。因此，交往过程中哪怕碰到极小的难题，或者自己预见到会被拒绝，他们就会立即推开对方。
容易质疑自己	4号追求自我的独特，因此他们早在童年时期就不被周围人认可，被贴上"任性""无纪律"等负面评价标签。当他们面对的否定多了，他们对自我的评价也不高，会不信任自己。
自我封闭	4号害怕被遗弃，因此，当他们遇见糟糕的事情时，痛苦会比别人久。为了避免这种没完没了的担忧，4号不得不封闭自己，这常常使4号难以客观地看待自己和世界。
情绪化	4号关注感情，又厌恶平庸和单一，因此他们喜欢感情的起伏，而且总是表现得比实际夸张许多，这常常导致他们沉湎于大起大落的情感。这常常给人以不成熟、办事不牢靠的感觉。
自我摧毁	4号带有强烈的悲观情绪，因此他们总是极端地把小问题夸大，将他人身上的任何小毛病视为不能容忍的刺激，这些都容易导致4号的愤怒情绪，使他们做出自我破坏、自我摧毁的行为。

4号的高层心境：本原联系

4号性格者的高层心境是本原联系，处于此种心境中的4号性格者能够通过关注内心的真实情感，尤其是那些负面、悲观的黑暗情绪，找到本体的联系，从而填补内心的缺失感。

和其他人格相比，4号具有较强的悲观情绪。其他人格都是通过抛弃悲伤的方式来寻回本体，而4号恰恰相反，他们要通过深度认知悲伤的方式来寻回本体。这是因为早在4号的童年时期，他们就拥有了强烈的缺失感。当他们成人后，这种缺失变成了一种潜意识，认为自己失去了获得幸福的重要元素。就好像原来美味的牛奶已经找不到了，取而代之的不过是奶粉冲泡的饮料。来自物质生活的奖励并不能帮4号重新建立起与本体的联系，即便他们成为拥有无数财富和巨大权力的国王，他们内心的缺失感也不能消减。总之，4号无法从现实生活中获得满足感，因此，他们不得不寻找现实背后的世界。

在4号看来，生活中不只存在一个现实世界，还应该有另一个潜在的世界与现实世界并存，而且，这个世界必须靠心灵去感知。当4号情感生活特别和谐的时候，当悲剧激发了他们潜在感觉的时候，当他们被爱包围或被爱抛弃的时候，他们就能感受到这个世界的存在。4号说，在这样的时刻，他们就能与自己失去的东西建立起联系，就能感觉到一股外在力量的支持，感到自己充满了自信和活力，能够面对生活中的一切挫折。

正因为4号对现实之外的那个世界的执着，4号总是格外关注自己的情感，在他们看来，无论是情感的光明面还是黑暗面，都是通向另一个世界的道路，因此他们总是顽固地把守着情感的黑暗面。他们宁愿保持自己的独特性，哪怕是痛苦的，也不愿成为一个快乐的普通人。也正是4号的这份坚持，使他们更容易找到本体。而且，他们这种坚持自我的态度也提醒了我们其他人要去寻找与高层意识的联系。

4号的高层德行：泰然

4号性格者的高层德行是泰然，拥有此种德行的4号不再忌妒他人的成就，不再羡慕他人，不再自责，在他人与自我之间寻找到了一种平衡，能够泰然地面对一切，自在地生活。

**在他人与自我之间
找到平衡，才能泰然地生活**

4号天生拥有极强的忌妒心，他们总是被那些自己得不到的事物强烈吸引，因此他们可以花大量时间和精力去追寻某一诱人的事物，却在到手后发现这些东西并不是自己想要的，自己的感觉完全是错误的。

当4号进入了高层德行后，尽管他们也会被某个得不到的人、事所吸引，他们还是能够很快明白这个人、事并不适合自己，于是他们在拒绝和占有间徘徊，就好像跳恰恰舞一样：你退一步，我进一步；你要是进一步，我就退一步。这就是一种平衡的状态。

在4号看来，平衡是帮助他们消除忌妒、解决矛盾的办法。平衡可以化解他们对得不到的东西的占有欲，以及对现实的厌烦感。平衡就是认识到自己所真正拥有的一切。平衡更多的是一种表达，而不是一种思维，或者一种仅仅存在于内心的想法。平衡意味着把注意力放在眼前，从拥有的一切中感受到满足。

而要修成泰然的德行，就需要4号注意加强自己的自我观察能力，时时感受到注意力的变化，并根据这些变化及时做出相应的调整。一般来说，4号在注意力变得虚无缥缈时要及时发现，重新回到现实之中，并感受到眼前的满足。这样，他们就体会到了泰然的境界。总之，只要学会将自己的想象与现实融合，更多地注重现实生活中的快乐，就能泰然地生活。

4号的注意力

4号总在关注那些遗失的事物，比如聚餐中没有出席的朋友，因为对缺失物品和人的关注让他们总是能够注意到遗失的美好。

4号总是认为"距离产生美"。对他们来说，当一个人或事处于一定距离之外时，这些人或事的优点会变得格外突出，并把4号的注意力从现实中吸引过来；但如果这个人或事就在4号眼皮底下，这些人或事身上不那么有趣的方面就会逐渐显露出来，4号的注意力就会转移到其他缺失的事物上。如果4号被强迫把目光转到一件正在发生的事情上，他们会很失望。因为他们看到的都是不好的。原本亲密的爱人会突然失去了光彩，只剩下一堆搭配不当的特征。也就是说，4号总是感觉与不在身边的朋友有一种密切的联系，距离感反而让对方的优点变得更加突出。

从心理学的角度来分析，4号这种对距离感的推崇，是因为他们总是运用自己的想象力去关注遗失的美好和眼前的缺陷，这让他们对眼前的一切毫无兴趣，却拼命追求那些遥远的东西。这其实就是典型的注意力转移的行为，这常常使4号忽略了眼前的真实和美好。

在注意力训练中，4号需要把自己的注意力稳定在一个中立的方向。抛弃漫无边际的想象，学会感受眼前的真实感，才能让自己真实的感觉呈现出来，帮助自己寻找本体，获得更好的发展。

4 号的直觉类型

每个人的直觉都来源于他们关注的东西，因此 4 号的直觉来源于他们对于遥远对象的密切关注，以及与其建立情感联系的渴望，这种习惯往往能给 4 号带来一些令人吃惊的附带作用。也就是说，尽管 4 号与朋友相隔千里，他们也能真切体会到对方的感觉，就好像身处同一屋内。而且，他们还相信自己的情绪能够根据远方对象的感受而改变。

早在 4 号童年时期，他们就常常因为父母不在身边而感到恐惧，恐惧自己已经被父母抛弃。为了消减内心的这种恐惧感，他们开始试着想象父母就在自己身边，开始学着感受父母的感受，这让他们觉得父母还是爱自己的。当他们建立了这种内在情感联系后，他们就不会再担心会失去他们深爱的人，不会再害怕被他人所抛弃，也不会再憎恨他人对自己的忽视，反而能站在对方的立场上考虑问题。

当他们成年后，步入社会或职场，这种从小培养起来的感知能力，让他们能够体会那些重要人物的感觉，能够与对方保持联系，而不至于被抛弃。然而，那些觉得自己能够感知他人情感的 4 号，需要学会区分哪些是真实的情感联系，哪些是因为害怕抛弃而产生的情感假设，才能更准确地抓住他人的需求。

但是这种不自觉的感知他人的直觉也让 4 号感到困扰，尤其是当他们想要快乐而身边的人又充满悲伤时，他们总是轻而易举地被他人的痛苦和感伤击中。他们可能因此抑郁一整天，却不知道自己表现出来的情感原来并非自己真实的情感。一旦他们与他人建立了情感联系，他们很难区分产生这种情感的根源到底是在他人身上，还是在自己身上。总之，只要 4 号身边的人不快乐，4 号也难以快乐。

执着于现实之外的世界，寻找与高层意识的联系。

不忌妒，不羡慕，找到生活的平衡点，享受自在的生活。

高层心境：本源联系

高层德行：泰然

4 号性格者的发展方向

注意力：远方

直觉：遥远的对象

关心远处的人，关心过去和未来；忽视现在，忽视身边的人。

即使远隔千里，也能感受得到，就像同处一室一样。

4号发出的4种信号

4号性格者常常以自己独有的特点向周围世界辐射自己的信号，通过这些信号我们可以更好地了解4号性格者的特点，这些信号有以下4种：

4号性格者发出的信号	
积极的信号	4号是天生的艺术家，他们通过艺术的手法来表现生活。他们不断发掘自己内心深处的感知，追求灵感的不断涌现。他们还能让身边的人更关注自我的内心，更容易寻找到自己的本体。
消极的信号	4号关注情感的黑暗面，常常让自己沉湎在忧郁的情绪中，这时他们的态度就容易忽冷忽热，他们的讽刺、拒绝常让对方受到伤害。
混合的信号	4号因为同时关注情感的光明面和黑暗面，情感常常很矛盾：爱与恨可以同时出现。这时，4号会变得难以捉摸。他们喜欢情感关系中符合理想的那一部分，同时拒绝其他部分。也就是说，他们在把一段情感理想化的同时，又非常害怕遭到抛弃。因此，他们总是给人若即若离的感觉。
内在的信号	4号内心存有强烈的缺失感，因此总是渴望获得他们失去的东西，忌妒由此而生。4号永远在关注他人的快乐，而看不到自己的快乐，因此总是不满足，因而盲目追求不适合自己的东西。只要4号能够转移自己的注意力，多关注自己所拥有的，学会珍惜当下的幸福，忌妒就会消失。

总之，4号过于关注自身情感的性格特征常常使他们忽略了现实生活的真实，容易导致他们形成片面、狭隘的世界观、人生观、价值观，沉湎于自己想象出来的虚幻世界，但又不能完全脱离现实，在这种幻想和现实的不断转换中，4号极容易精神崩溃。

4号在安全和压力下的反应

为了顺应成长环境、社会文化等因素，4号性格者在安全状态或压力状态下，有可能出现一些可以预测的不同表现：

安全状态

处于安全状态下，4号常常会呈现1号完美型的一些特征。

4号追求独特。当他感到自己独特时，他们就会进入安全状态，就会开始放松自己，目光不再局限于生活中的缺失，开始看见生活中的半杯水，而不是空了一半的杯子。他们不再感到悲伤和压抑，工作变得既有意义，又实际可行。

他们会拥有极大的满足感，因而不再用自己的短处和他人的长处做比较了。他们开始注意他人和四周的环境，从精神世界走向了物质世界。而他们对于感情的深度关注，也使他们具有敏锐的直觉，极大地激发了他们的创造力。

在最佳状态下，4号会向1号转化，心思会变得仔细而清楚，越发精益求精。

压力状态

处于压力状态下，4号常常会呈现2号给予型的一些特征。

当4号追求的独特性不被他人认同时，4号会感到痛苦和压力，但他们又不想为了吸引他人而去迎合他人的品位，因此他们往往会孤芳自赏。

但同时，他们会越发关注他人所拥有而自己所没有的事物，心理的缺失感、压力感、悲伤感和被抛弃感倍增，防卫心理会变得更强。如果4号自身不能享受这份痛苦，他们就会向2号转变，误以为对方的爱能使自己摆脱空虚和孤独，想操纵他人，使他人对自己抱有好感。因而，他们不断地帮助他人，为他人付出，希望从他人的认可中找到自己与众不同的价值。

此时的4号会否定自己的要求，表现得很虚假，且过分依赖外界的人和事。别人有什么或没有什么就变得无关紧要了。

对4号有利或不利的做法

看到他人的优点，也要看到自己的长处，更不要拿自己的短处去和别人的长处竞争。

> 你不能给我我想要的生活，你的生活习惯真是糟透了。

渴望奢华的生活，不屑于平淡的生活，对生活百般挑剔。

培养多样的兴趣，结交各种朋友，把自己的注意力从抑郁的情绪中转移出来。

> 我真是太胖了，以后要节食减肥才行。

强烈的自我批评。对自己的形象产生错误的判断，觉得毫无优点。总是觉得自己太胖，常常出现厌食或易饿的症状。

感到不快乐时，就多做做健身运动，能够帮助自己保持良好的心情。

> 她可比我漂亮多了。

把自己和他人比较，忌妒他人的优点。

对4号有利的做法

对4号不利的做法

第2节

我是哪个层次的4号

第一层级：灵感不断的创造者

处于第一层级的4号是富有灵感的创造者，他们最能从潜意识中找到动力，激发自己的创造潜力。随着灵感的不断涌现，他们往往能制造出新鲜独特的产品。

他们关注自己的感情世界，同时又能以开放的心灵从环境中获得启示。他们关注自我，但超越了自我意识，获得了根本意义上的创造自由，总能保持源源不断的灵感，带给世界全新的东西。他们能够真实地面对现实世界，并积极乐观地拥抱生活。他们不再执着于生命的缺失，也不会局限于既有的经验，而是让自己学着对生活说"是"，向生活更多地敞开自己、展示自己。

他们追求独特，却并不轻视平凡。他们超脱了形式主义的创新，激发了灵魂深处的创新意识，从而使他们能够将有关自我和他人的许多知识都变成一种灵感。也就是说，当他们享受平凡时，他们反而不平凡。

第二层级：自省的人

处于第二层级的4号天生有着自省的意识，他们能够在探索自己内心情感的过程中时刻保持清醒，将现实与想象区分开来，但又将两者融合到一起，创造出新奇的事物。

这个层级的4号因为开始担心无法在持续的情感与想法的转变中找到自己，无法定位自己的身份，开始自我反省，而不是对自己的经验放任自流。他们喜欢探索内心深处的感知，将注意力转向了自己的内心情感和情感反应。

4号在自省时，会自发地远离自己的环境，因为在他们看来，对情感的自省可以使4号把他们感觉到的自己与其他一切事物之间的距离作为更清晰地了解自己的有效工具，在一定程度上帮助自己去彰显自己，尽管收效甚微。

他们凭借直觉来感知自己、了解他人，因此他们常常是敏感的，而且，敏感能帮助4号更好地感受直觉，借助潜意识来感知现实。

第三层级：坦诚的人

处于第三层级的4号十分擅长表达自己的感受，他们是所有人格类型中最直接、最坦诚地向别人袒露自己最私人部分的类型。

他们喜欢利用直觉来感受与自己有关的一切事物，并愿意将这种感知传递给他人。他们认为，这些东西的出现并非偶然，而是反映了自己的人格真相。如果不把自己好的方面和坏的方面、怀疑的东西和确定的东西全部向别人说清楚，他们会觉得对别人不够诚实坦白。

这个阶段的 4 号认为，诚实胜过一切。即便情感的坦诚很可能激怒他人，有时会让他人陷入窘态，他们也毫不犹豫地选择诚实。

他们能够正确认识自己，因此他们能够坦然接受自己性格中的黑暗面，也愿意经受痛苦的磨炼，接受他人情感的考验，不会轻易因为他人的"揭露"而心理不平衡。

他们能够看到自己的独特性和唯一性，但他们也知道自己在生活中是只身一人，是一个独立的意识个体。

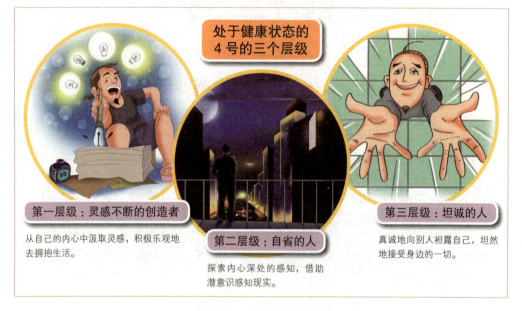

处于健康状态的 4 号的三个层级

第一层级：灵感不断的创造者

从自己的内心中汲取灵感，积极乐观地去拥抱生活。

第二层级：自省的人

探索内心深处的感知，借助潜意识感知现实。

第三层级：坦诚的人

真诚地向别人袒露自己，坦然地接受身边的一切。

第四层级：唯美主义者

处于第四层级的 4 号有着丰富的想象力，并有着独特的审美意识，能够将自己的想象与现实很好地融合起来，创造出独特的美感。

处于这个阶段的 4 号的直觉能力大大下降，他们已经不能长久地维持自己的情感、印象和灵感，这让他们产生了强烈的危机感。为了缓解这种危机感，他们开始用想象力来激发情感，支撑某些他们认为可表达真实的自己的情绪。长此以往，就容易使 4 号陷入对想象的执迷中。

他们的创造力会更多地突出个体性。他们自己具有艺术家气质，是与众不同的，因此他们寻求各种方法进行自我表达，但因为忽略了普遍性，他们的作品很少是自发性的，也很少有连贯性。而且，他们致力于从自己创造的模式中获得灵感。他们的创造力大多数只会停留于想象领域。

没有能力创造艺术作品的 4 号会努力渲染自己的艺术氛围，对美有一种强烈的爱好，力图让环境变得更加美观，例如，把家装饰得有品位一些，或是注重衣装。

第五层级：浪漫的梦想家

处于第五层级的 4 号在偏离现实的道路上更进一步，他们越发重视想象力的美化作用，他们也越来越沉迷于培植有关自身与他人的情绪和浪漫幻想，他们已经开始出现唯心主义的倾向。

他们开始将自己从现实生活中抽离，更多地投入想象的世界中。他们变得自我封闭起来，因为他们开始认为，与世界尤其是与他人太多的互动使自己创造的脆弱的自我形象走向了解体。

注重情感的 4 号比其他人的感受更为精细和复杂。他们想要别人了解自认为真实的自己，但又担心自己会受到羞辱或嘲笑，因此他们开始回避与人交往。但是另一方面，他们也在不断寻找同伴——有着亲切的心灵的个体，同时排除那些不会分享他们感受的个体。

他们开始内化所有的经验，因而任何一件事似乎都与其他事相关联。他们喜欢自我冥想，在做任何事前总是先反省自己的情感，看自己有什么感觉，等待心情平复后再采取决定。

第六层级：自我放纵的人

处于第六层级的 4 号开始有自我放纵的倾向，当遭遇现实生活中的痛苦时，不仅不会主动寻找解决的方法，反而会退缩到自己营造的那个想象世界里寻求心理安慰。

4 号一边沉醉于想象世界的美好中，一边又为现实生活中的痛苦而困扰，夹杂在这种痛苦和欢乐之中，4 号常常觉得自己很受伤，无法自我肯定。当他们发现这两种情绪无法很好地融合时，他们就会以放纵欲望、为所欲为来补偿自己。

4 号不愿意接受生活的平庸，他们瞧不起普通人的生活，他们不愿意做按部就班的工作，不愿意做饭或打扫卫生，不愿让自己卷入任何形式的社交或群体事务。而且，他还时常利用自己独特的审美感觉来抨击他人的平庸，侮辱和蔑视那些无法欣赏他们所欣赏的东西的人。

他们具有极强的个人主义思想，觉得自己与众不同，自高自大，因此不愿和他人按相同的方式生活，完全无视社会规范的约束。当他们受事情或他人所迫时，他们会变得非常暴躁。他们或是以自己的方式、进度来做事，或是干脆什么都不做，并为这种自由感到骄傲。

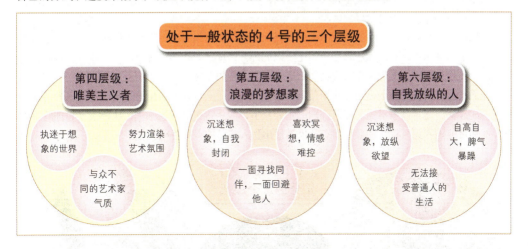

第四层级：唯美主义者 / 第五层级：浪漫的梦想家 / 第六层级：自我放纵的人

第七层级：脱离现实的抑郁者

处于第七层级的 4 号因为长期的自我疏离而开始产生抑郁症状，内心的悲观情绪开始被放大，感到自己的价值在逐渐丧失，因而产生了莫大的恐慌感，抑郁心理也更加严重了。

一般状态下的 4 号因为长期沉湎于自己的想象中，对于现实中的痛苦和挫折的心理承受能力大大降低。一旦他们的想象与现实生活发生冲突，他们就会感到自己的梦想被破坏，会突然觉得与自己隔绝或分离了。他们想要保护自己，使自己免于再失去其他的东西，但他们又发现自己"有心无力"，因此常常陷入长时间的痛苦折磨中，滋生抑郁心理。

这时的 4 号对自己所做的任何事情都感到生气，他们认为自己浪费了宝贵的时间，失去了宝贵的机会，并在几乎每个方面都落在了人后。为了不再做让自己生气的事情，4号开始在潜意识里压抑自己，让自己不能再有任何有意义的欲望。他们转眼间变得精疲力竭、冷漠，与自己和他人隔绝开来，沉浸在情绪的麻痹中，几乎无法正常生活。

第八层级：自责的人

处于第八层级的4号抑郁的症状愈加严重，开始害怕自己会因为抑郁及能力尽失而灭亡。因此，他们对自己的失望最终转化为消磨生命的自我憎恨，从而期望通过精神折磨来拯救自己。

他们陷入深深的自责之中，时刻都在谴责自己，他们开始以绝对的自我鄙视来对抗自己，只关注自己不好的一面，对每一件事都进行严厉的自我批评，在自责的痛苦中越陷越深。

他们丧失了自尊，完全没有自信，也不再期望自己能获得成功。也就是说，他们对人生的追求已降到了最低——生存。他们可能独坐几小时，内心几近窒息，饱受痛苦的挣扎。

他们已经对生活不抱任何幻想，觉得自己已经丧失了价值。为了逃离这无止境的痛苦，他们往往会选择毁灭自己，利用各种方式来破坏自己残存的一点点机会。此时，他们的幻想已成为一种病态，一种对死亡的迷恋，如果有人能结束他们的生命，他们不仅不会怨恨，反而可能感激对方。

第九层级：自我毁灭的人

处于第九层级的4号已经完全丧失了生活的信心，他们开始用各种方式来毁灭自己。对于他们来说，死亡并非痛苦，而是最好的解脱。

他们已经完全陷入负面情绪的泥潭中，比任何时候都更憎恨自我，世界上的每件事情对他们而言都变成了一种谴责，他们无法忍受余生还要以此种方式度过。在尝试心理治疗失败后，他们会觉得自己被人生打败了，就会选择毁灭自己来逃脱这些痛苦的折磨。

他们开始将自身悲惨的命运怪罪于他人，怪罪于整个社会。他们希望通过自己的死来表达他们对社会的谴责，把自己所承受的痛苦都加诸别人身上，以获得报复的快感。在这种报复心理的影响下，他们可能陷入无所畏惧的疯狂状态，极易做出伤人伤己的毁灭性行为。

处于不健康状态的
4号的三个层级

第七层级：脱离现实的抑郁者
悲观恐慌以致抑郁，常常感到有心无力。

第七层级：自责的人
时时刻刻在谴责自己，在悲观痛苦之中挣扎。

第九层级：自我毁灭的人
陷入疯狂，无所畏惧；用毁灭来解脱痛苦。

第3节

与4号有效地交流

4号的沟通模式：以我的情绪为主

在人际交往中，4号更关注自己的需求，他们以自己的情绪为主导，跟着自己的感觉来说话，而不去考虑环境、倾听者的性格等个性特征，因此常常使听他们说话的人什么也听不懂，闹出"牛头不对马嘴"的笑话来。

许多人在说话中总是"我"字挂帅。美国汽车大王亨利·福特曾说："无聊的人是把拳头往自己嘴巴里塞的人，也是'我'字的专卖者。"然而，谈话如同驾驶汽车，应该随时注意交通标志，也就是说，要随时注意听者的态度与反应。如果"红灯"已经亮了仍然往前开，闯祸就是必然的了。

一旦4号因为过于表达自我情绪而遭遇人际僵局，受到人们的嘲笑和抱怨，他们便会感到自己的独特不被理解，感到很受伤，他们会选择保持沉默，不再与人进行交流，以避免类似的伤害。因为4号认为，语言很苍白，他们希望别人

4号常常因为过分表达自我情绪而让人吃不消。这时，他们又会因为得不到理解而开始变得沉默。

能够不需要语言就读懂他们，这样才有意思，如果什么都说出来，那就没意思了。所以，4号很多时候都推崇潜意识的沟通方式。但大多数人难以理解4号的这种沟通方式。因此，4号常常被迫封闭自己。长此以往，他们就容易陷入抑郁的旋涡中。

为了避免自己陷入抑郁的旋涡，4号需要明白：并不是所有的人都具备极强的感应力，你要告诉他们你的感觉，而不是让他们去猜；同时，在讨论时要提防自己陷入情绪化的回应里。如果有必要，告诉人们你可能过度情绪化，或是分散注意力，并请他们帮助你保持稳定。在你觉得自己沉迷于情绪而不可自拔时，邀请人们帮助你开朗起来。

而人们在和4号的沟通中也需要理解4号的感性沟通方式，重视4号的感觉，也要让4号知道你的感觉、想法，并根据4号的感觉做出相应的回应，以便给4号被关注的感觉，并帮助他们抒发情绪，走出情绪低谷。总之，我们不要老是以理性来要求他们、评断他们。听听他们的直觉，因为那可能会开启你不同的视野。

观察4号的谈话方式

4号内心充满忧郁感，因此他们在语言表达上比较温和，给人以娓娓道来的舒缓感和独特的美感。

下面，我们就来介绍一下4号常用的谈话方式：

4号常用的谈话方式	
1	4号语调柔和，讲起话来抑扬顿挫，很容易带动人们的情绪，进入一个想象中的美丽画面。
2	4号喜欢用柔美、哀戚的词汇。
3	4号的语气总是透露出一股忧郁的气息，传递一种内心有深刻感悟的意蕴。
4	4号的话题往往围绕自己展开，总在描述自己的感觉，尤其那些悲伤、痛苦的感觉。
5	4号最常用的词汇是：我、我的、我觉得、没感觉……
6	他们说话时较少配合其他身体动作，但是有着丰富而快速的眼神变化。
7	4号喜欢用形容词来表达自己的情绪，比如："今天的天真蓝啊！""水真绿啊！"

读懂4号的身体语言

人们和4号性格者交往时，只要细心观察，就会发现4号性格者会发出以下身体信号：

4号的身体语言	
1	4号身材适中或偏瘦，常常给人以单薄飘忽的感觉。
2	4号站立、坐卧均以舒服为原则，不会刻意要求自己保持某种体态，因此常常做出不合礼仪规范的举动。
3	4号注重自己的服装打扮，他们喜欢具有独特气质、显现高雅的服装，以使自己既张扬又简约，常常希望给人一种"众里寻他千百度，蓦然回首，那人却在灯火阑珊处"的冷艳感觉。
4	4号说话时，他们的眼神会随着他们的情绪变化而变化，时而忧郁，时而极强，时而悲伤……
5	4号喜欢突出自己的艺术感，因此他们尽量保持优雅迷人的形象。
6	4号不喜欢被人关注，当感到有人关注自己时，常常自动整理身形来掩饰自己的不自然。
7	4号不喜欢使用过多的身体语言，大多数情况下只是安静地坐在那里，倾听或冥想。
8	当4号受到强烈的情感刺激时，他们也不会以突出的形体动作表达内心的情感，哪怕内心已经百感交集，外表依然波澜不惊，只是偶尔也会暗自啜泣。
9	初见陌生人时，4号往往表现出冷漠、神秘又高傲的样子。
10	4号总是一脸不快乐、忧郁的样子，充满痛苦又内向害羞。
11	4号在情绪、情感的体验上太过敏感，以至身边一草一木的变化都牵动他们的心，因此他们总是因为环境（包括人）的一点变化而产生一份情绪、体悟一次情感，因此他们的形体、情感夸张且变化快。

理解4号的忧郁

4号喜欢体验生活中悲伤的一面，他们并不将忧郁看作痛苦，而认为忧郁是生活中的调味剂，忧郁的感觉具有不可抗拒的魅力。因此他们从不回避忧郁或黯淡的情感，而是将其看作一种自然的心理状态，坦然地接受和理解。对于4号来说，体会忧郁才能探索人性的奥秘，因此他们常常通过体验忧郁来逃避因失落感和苦恼而产生的压力。

忧郁意识是一种更为成熟的生命体验。在忧郁体验里我们意识到痛苦、不幸等负面现象所具有的正面意义。忧郁意识的深刻之处就在于：它所悲哀的并非一般意义上的生命流逝，而是生命必须（应该）这样流逝。因为它清楚地意识到，只有这样生命才能真正拥有其价值，实现其意义，故而它在为生命流逝而悲伤之际也为其终于完成自身的历史使命而喜。所以雪莱说道："最甜美的诗歌就是那些诉说最忧伤的思想的，最美妙的曲调总不免带有一些忧郁。"

对于 4 号来说，忧郁感来自童年的缺失，是一种不幸的抑郁。这种感觉让人相信，他们始终处于苦乐参半的状态之中，他们所追求的，是他们所得不到的。4 号性格者说，与普通人所说的快乐相比，他们更愿意接受这种强烈的忧郁。这种伤心的感觉能够唤起他们的想象力，让他们觉得和远方的某种事物建立了联系。对于感到被抛弃的 4 号来说，忧郁是一种情绪，这种情绪能够让他们的生活得到升华，让他们感受到情感的细微变化。

既然人人都有忧郁，忧郁是人生中必不可少的修行，是自我发展中必须经历的阶段，那么我们就应该理解 4 号的忧郁，并像他们一样学着体验忧郁，进一步体验性格中那些黯淡悲伤的情绪，从而更客观、全面地认识自己，找到自己发展的道路。

和 4 号一起珍惜当下

4 号内心有着强烈的缺失感，因此他们总是将注意力放在自己所缺失的部分，总在寻找能够弥补自身缺失的美好事物，然而，现实往往不遂人愿。当 4 号在现实生活中寻找不到自己想要的美好事物时，他们内心的负面情绪就被激发，开始感到忧郁，甚至抑郁。这时他们就会将注意力完全沉浸在自己的想象中，利用丰富的想象来弥补缺失的美好。

当 4 号沉浸在自己的想象中时，他们的注意力总是停留在失去的美好方面，或未来可望而不可即的遥远目标上。他们是关注"遗失的美好"的一类人，总是有意无意地把注意力放在遗失的美好上。这时，他们就忘却了他们所处的现实生活。然而，想象终究不能替代现实，现实生活中的问题终究要在现实生活中解决。4 号必须回到现实生活中，找到切实可循的解决办法，他的痛苦才会消失。也就说，只有 4 号开始懂得珍惜当下，他们才能真正体验生活的快乐。

沉湎过去和未来就会迷失现在的一切，包括自己本身。世界上有三种人：第一种人只会回忆过去，在回忆的过程中体验感伤；第二种人只会空想未来，在空想的过程中不务正业；只有第三种人注重现在，脚踏实地，慢慢积累，一步一步踏踏实实地走向未来。

当面对喜欢沉浸在自己情绪里的 4 号时，人们需要帮助他们珍惜当下的生活，体验真实生活中的欢欣悲喜，才能将他们从哀悼失去的悲伤情绪中解脱出来，才能促使他们去关注那些更积极的事情。紧紧地盯着现在时，才有可能比较全面地考虑问题，才能获得快乐。

理解 4 号的忧郁

怎样与 4 号交流

4 号喜欢体验忧郁，甚于一般人对快乐的喜欢，因为他们认为这样能使自己的生活得到升华，我们应该学会理解他们的这种情绪，进而更好地认识自己。

和 4 号一起珍惜当下

4 号沉湎于失去的美好，或是可望而不可即的未来，而忽视现实中的事物，总是得不到应有的快乐。我们应该努力带他们走进现实，珍惜当下的快乐。

第4节

透视4号上司

看看你的老板是 4 号吗

在工作中，我们会遇到一些十分情绪化的领导。他们一会儿表现得干劲十足，充满竞争力，为了目标全力以赴；一会儿又变得消极起来，对工作感到厌倦，无所事事，甚至会破坏已经完成的工作成果。总之，他们时而高兴，时而悲伤，情绪转变之快，常常让下属们跟不上他们的节奏，苦不堪言。当你在职场中遇到这样的领导风格，你就要看看你的领导是不是 4 号性格者。

4 号性格的老板主要有以下一些特征：

4 号性格老板的主要特征
1　充满活力，精神饱满，能够全身心地投入工作中。
2　善于鼓舞他人达到新的深处——情感与真实的深处。
3　关注个人的情感，凡事都喜欢以自我的感觉为主导，易被情绪控制，可能广受赞扬并大有影响力，也可能专制而无法接近，决定性因素在于他们的心情。
4　追求真实，忠于自己的感情和行为，常常给人以天真率性的印象。
5　真诚、坦率，说话不会拐弯抹角，不会阿谀奉承。如果能接受他们不耍嘴皮的坦白可爱，他们也是可以与人交心的。
6　总是试图寻找事情的真相，并有着不达目的的誓不罢休的倔强劲头。这种特质可能使他们成为充满英雄气概的人，将激进前卫的思想付诸行动；或者变成神经分分却倔强的人，横阻在进步的道路上。
7　极力追求美好的事物，并有着苛求完美的倾向，常常因为努力追寻一个无懈可击的梦想，把他们认为较不重要的细节完全搁置在一旁。
8　较为注重工作过程的感受，而不一定执着于达成目标与获得成果。
9　喜欢做有创造性的工作，在工作中总是勇于尝试创新，力图创造传统以外的气氛。
10　抗拒现存制度和规律，能带领人用全新的角度去理解、欣赏世界。
11　创造力和艺术感极强，对日常事物有着过人的洞察力，而且用意想不到的方式，将其重新排列、整合起来，令人叹服赞赏。
12　在创意中独断专行，不喜欢让别人参与，否则会显示不出其独特性。
13　并不害怕危机和灾难，在危急时刻会表现得比日常工作更加出色，并表现出他们的兴趣和创造力。
14　性情高傲，与人难融合；愿管人，不愿理事。
15　过高评价自己，常常给人以眼高手低的印象。

如果你发现你的上司符合以上特征中的大多数，那么基本可以断定你的上司是一个 4 号性格者，你就要根据 4 号性格者的优劣势来制定相应的相处策略，尽量理解他们的情绪化，多和他们进行情感交流，并努力激发自己的创新力。给予他们独特的印象，才能获得他的认可和赞赏，从而为自己赢得良好的发展机会。

多和 4 号上司进行情感交流

4 号上司关注自己内心的情感变化，因此他们往往极其敏感，较为情绪化。而且，因为 4 号追求独特，他们的情感表达也往往不同于常人，因此人们很难猜透 4 号的心理。

因此，人们在面对 4 号时，容易产生一种探险的刺激感，因为你永远不知道你面对的是鲜花还是地雷。这常常使人们感到极大的不安全感。解决这个问题的最佳办法，就是多和 4 号上司进行情感交流。了解他们对美好和悲伤的判断标准，就能够帮助人们更好地理解、掌握 4 号上司的情绪化，从而排除 4 号对自己的负面影响。

当然，如果你能够针对 4 号上司的情绪进行情感上的交流，以知音般的言行来安抚他们低落的心情，了解他们低落心情背后所经历的事件是什么，针对这些事件给出客观的、冷静的分析以及建议，让他们先因此产生一份被怜爱、被理解的感觉，并把你视为知心朋友，他们便会集中精力聆听你在工作上的想法，并积极主动地支持你、帮助你完成工作。

在和 4 号上司交流感情时，不要泛泛而谈，不要以为简单的一句"我理解您"就会给他们好感。只有真的帮助他们处理情绪、解决事件才能够得到他们的信任，并让他们因此全面支持你的工作。

努力工作，无惧 4 号上司的情绪化

4 号性格者总是倾向于在极度的抑郁和极度的亢奋中生活，他们的生活也确实是跌宕起伏的，或者是在悲喜两个极端之间摇摆不定的。他们的情感大起大落，能把爱变成恨，把激情变成冷漠。当你面对这样的 4 号上司时，常常会受到他们负面情绪的影响，变得消极起来，没有工作效率，在很大程度上阻碍自我的发展。

要避免自己被 4 号负面情绪影响，不仅需要人们多和 4 号上司进行情感交流，帮助 4 号上司找回积极乐观的情绪，更需要人们自己有着极强的情绪控制力，执着坚定地做好自己的工作。

众所周知，乌龟在遭受到外力干扰或进攻时，便把头脚缩进壳里，从不反击，直到外力消失之后，它认为安全了，才把头脚伸出来。面对情绪化的 4 号上司，人们可以将自己当作一只乌龟，缩起自己的不满和冲动，任尔指责和批评，直到上司的负面情绪得以发泄。这种做法或许显得有点懦弱可笑，但是从摆正心态的角度理解是聪明而正确的。

另外需要注意的是，不要陷入 4 号上司的情绪里，因为虽然他们会不断地发泄情绪，但他们仍旧会继续关注你在工作业绩上的表现，所以出色地完成工作是应对他们情绪化的最好方法。

对 4 号上司，关系不能太亲密

4 号性格者喜欢关注个人的情感世界，因此 4 号上司不仅会关注自己的情绪变化，也喜欢关注下属的情绪状况。他们喜欢和员工进行情感交流，并因此而成为关系亲密的朋友，这就容易导致他们很难分清工作与工作之外的关系及时间的区别，甚至出现本末倒置情况。他们会将工作、生活杂糅在一起，往往给人一种为人处世过于情绪化的感觉，让人无所适从。

然而，一旦 4 号上司和你构建起一份亲密朋友式的关系，他们就会以这份关系为由，认为你一定会支持他们的所有决定和想法，因为你是朋友，肯定理解他们想法或决定背后的意思。这常常将你也带入他们负面情绪的旋涡之中，无辜地承受许多痛苦。

要想在竞争激烈的职场中更好地保护自己，人们一定不要将工作上的事情和生活中的问题牵扯到一起，尤其不能在对待上司时公私不分。因为当你和上司距离近了，彼此的了解也就多了，你可

能会知道上司生活中的一些隐私，这很可能在无形中对你的上司造成了威胁感，导致他们刻意压制你，以提醒你保守秘密。而且，每个上司都不喜欢被别人看成只提拔"亲信"的人。此外，和上级的亲密接触往往会暴露你日常生活中别人不易察觉的弱点，这些弱点可能成为你事业发展的障碍。

因此，对4号上司尽量保持中立的态度，不过分亲密，才是应对他们情绪风暴的最佳策略。

对4号上司，不能"令行禁止"

4号性格者十分敏感，外界的任何细微的变化都可能对他们的情绪造成极大的影响，在情感方面总是反复无常。在工作中，4号上司也是如此，不停地受外界影响，不停地改变自己的决策。他们这种反复无常的行为常常对员工的工作造成极大的困扰，极大地浪费人力资源、物力资源。

工作中，4号上司就常常像个善变的女人一样，做了一个决定，不久后推翻；再做一个决定，不久后再推翻；又作一个决定……4号上司往往是根据个人的感觉或情绪来作决定，这往往是靠不住的，因为个人的感情和情绪很快就会发生变化。一旦4号上司的感觉或情绪发生了变化，他们就会修改决策，然后吩咐手下人去做。对于积极执行4号上司命令的员工来说，看到自己的付出一次次被否定，实在是莫大的痛苦。

因此，人们在面对4号上司时，不要追求"令行禁止"的效果，而要放缓你执行命令的脚步，这样才能跟上4号上司的"步伐"，也不至于使自己做了无用功。但是，对于4号上司的命令，人们也不能直接拒绝，而要采取这样的步骤：急答应，慢行动，临行动前再请示一下。也就是说，当人们接到4号上司的命令时，应该采取嘴上虽然答应，但并不行动，而是静静观察一段时间的策略如果没有变化，则要再请示4号上司一次，说不定这个时候他已经改主意了。

4号上司极其敏感，因此对人对事比较情绪化。对于这样的上司，可以多进行一些情感交流，取得他们的信任。

4号上司常常变得极其激动，让员工不堪其扰，这时候，正面交锋的结果只能是你吃亏，只有忍耐才能缓和矛盾。

多进行情感交流

控制好自己的情绪

与4号上司的相处之道

关系不要太密切

不要"令行禁止"

和4号上司关系太密切会给他们造成一种威胁感，还会暴露出自己的弱点，对自己的人际交往和工作都不利。

4号上司情绪化的表现之一在于决策反复无常，"令行禁止"常常造成做无用功的结果，缓一缓反而更好。

第5节

管理4号下属

找出你团队里的4号员工

身为领导，你时常会发现你的身边有这样的员工：他们在工作中非常注重体现或标榜个人的工作风格，对于过程细节的处理非常尽心，并把这些细腻的处理环节看作自己工作风格与众不同的表现。从九型人格的角度来看，这样的员工往往是4号性格者。

下面，我们就来具体介绍一下4号员工的特征：

4号员工的特征
1 4号员工喜欢与众不同的工作，尤其喜欢那些能够发挥创造性甚至需要天赋才能完成的工作。
2 拒绝接受平庸的事物，或走捷径、主张特权，或制造起伏不定的情绪来背叛标准程序，而一切的出发点都只是为了坚持他们伟大而独特的梦想。
3 他们忠于自我感情，认为感情是他们唯一可以相信的东西，并常常因为过于关注现象而脱离现实。
4 喜欢在工作中触及深层感情，常常帮助他人走出情绪低谷。
5 工作效率易受自身情绪影响，当感情生活出现问题时，注意力也就不会集中在工作上，甚至可能因为失恋而毁掉自己的职业生涯。
6 有许多独特的想法，并希望这些想法得到人们的认可和赞赏。
7 他们特有的敏感性、创造性、深度及前卫的处世方法使他们难以处理一般而琐碎的问题，认为那样会浪费他们的时间。
8 执着于追求真实而美丽的梦想，有时他们会在徒劳无功的修改之中，摧毁别人的作品。
9 当他们认为没有必要去完成被他们视为低俗之物的作品时，他们会看不起工作伙伴。
10 有较强的竞争心，对工作领域中的竞争对手保持敌对态度，而对工作领域之外的成功人士保持关注。
11 希望与特殊的权威保持联系，这些权威在工作领域中代表的是品质而不是受欢迎程度。
12 容易自卑，很难与比他们更能干、更有价值、薪水更高的人协同工作。

如果你身边的员工符合以上的特征，基本就可以断定他是一个4号性格者，你就需要根据4号性格者的特点来制定相应的管理方式，才能最大限度地激发他的潜力，凸显他的真正价值。

关注4号员工独特的创意

对于4号性格者来说，目标的完成靠的是创造力。他们总会在那些需要独特表现的工作中脱颖而出。感觉是他们创造力的源泉，他们会凭借这种独有的感受调动他们的智慧，创造出一种完全与众不同的力量，这种力量会非常有创造性地解决当下的一件事情或一个问题。如果领导者能够对4

号员工的创造力给予肯定和支持，必定激发 4 号员工极大的工作热情。

一家建筑公司在为一栋新楼安装电线。在一处地方，他们要把电线穿过一根 10 米长但直径只有 3 厘米的管道。管道被砌在砖石里，还弯了 4 个弯。这让非常有经验的老工程师都感到束手无策。

最后，一位刚刚参加工作不久的青年工人想出了一个非常新颖的主意。他到市场上买来两只白鼠，一公一母。然后，他把一根线绑在公鼠身上，并把它放在管子的一端。另一名工作人员则把那只母老鼠放到管子的另一端，并轻轻地捏它，让它发出吱吱的叫声。公鼠听到母老鼠的叫声，便沿着管子跑去救它。它沿着管子跑，身后的那根线也被拖着跑。工人们把那根线的一端和电线连在了一起，这样，穿电线的难题顺利得到了解决。

故事中的这个青年人的行为就是典型的 4 号浪漫主义者式的行为。4 号员工常常凭借自己的创造力赢得众人的关注和赞赏，从而激发他们的工作激情。因此，领导者在管理 4 号人格员工时，要懂得关注他们独特的创意，并赞赏他们细心、细腻处理工作细节的态度。这不仅代表你留意并理解他们，同时亦向其传递了一份欣赏其创意，明白其与众不同以及尊重其精心付出的感情。4 号员工会因此觉得你非常懂得欣赏他们，把你看作知音般的朋友，会更加细致地配合你的工作，有利于建立一个和谐高效的团队。

帮助 4 号员工处理情绪问题

4 号性格者喜欢生活在极端的情绪波动中，一端是抑郁的低谷，一端是活跃的顶峰，而他们自己则在这两端间来回波动。这常常导致 4 号过度关注自身的情感，而忽略了外在环境的变化，使自己与外界格格不入，给人们情绪化的印象。

孤芳自赏、清高、自恋，这些词汇用来描绘 4 号是最合适不过的了。他们是生活在云端的一族，他们无法忍受庸俗不堪的现实生活，所以才自怜自艾，觉得自己是天底下最失意的人。只有当他们愿意"脚踏实地"地生活，他们才会懂得平平淡淡总是真的朴素道理。

因此，当领导者发现 4 号员工因为情绪波动太厉害而工作有失水准时，要首先与他们沟通，并把沟通的焦点放在了解导致他们失准的事情或原因上，先处理他们的情绪，营造一个与他们有着知音关系的良好氛围，让他们处在这种亲密关系的积极情绪状态中，然后再和他们以讨论的方式探求提升工作水准的方法。如果你直接对 4 号员工提出批评，常常会遭到他们的顽强抵抗，因为他们认为自己是独特的，他们所做的一切不存在失误，只是不合常规而已。总之，要激发 4 号的工作效率，领导者必须先处理 4 号的情绪问题，帮助他们宣泄心中的负面情绪，找回正面情绪。

让 4 号员工变痛苦为动力

4 号性格者喜欢关注性格中的黑暗面，常常使自己置身于一个痛苦的心境，去感受负面情绪所带来的痛苦，而且他们并不认为这是一种痛苦，反而认为这是一种艺术、是美的表现。

他们的生活中，既有艺术的表达，又有为维持自身唯美形象而忍受的痛苦。他们在痛苦中创造，就好像一个艺术家宁可在阁楼里挨饿，也不愿靠出卖自己的作品来换取舒适的生活。

4 号往往将痛苦看作人生的一笔财富。正如法国思想家罗曼·罗兰所说："累累的创伤，就是生命给你的最好的东西，因为每一个伤口，都标志着前进的一步。"古今中外，哪位成就伟大事业的人不是经历了一番痛苦的磨炼，凭借自己坚强的意志从"疑无路"走到了"又一村"？司马迁把宫刑的痛苦化为《史记》，霍金身体上的痛苦成了他向上的动力。

因此，当领导者发现4号员工正处于痛苦的心理状态时，需要注意分辨他们对痛苦的认知：他们以痛苦为苦，还是以痛苦为乐。领导者如果发现4号员工以痛苦为苦，则要尽量帮助他们走出心理阴影，寻找积极的生活理念。相反，领导者如果发现4号员工以痛苦为乐，则不要干涉他们，以免阻碍了4号创作力的迸发。

帮4号员工找回自信

4号性格者有着较强的比较心，经常将自己和他人进行比较。在这些不停的比较中，4号极容易得出结论：他们要么是不完美的，要么是优越的，要么是两者兼并。很多时候，4号会认为自己是不完美的，他们和其他人相比有所欠缺，这时他们就会忌妒他人的优点，或对自己的缺失感到自卑。这时的4号就容易陷入抑郁的情绪中，工作积极性大为降低。

其实，自卑不等于没有自信，而是自己抑制了自信；相反，自信也不等于自身中没有自卑，而是自己战胜了自卑。在人生路途中，让自卑少一点，让自信多一点，你就会发现：原来挫折和痛苦只是人生舞台上的短暂音符，真正的人生乐章才刚刚开始。因此，当领导者面对处于情绪低谷的4号员工时，第一任务就是帮助他们找回自信。

工作中，为了避免4号员工陷入悲伤情绪的旋涡中，消极地对待工作，影响整个团队的效率，领导者需要采用一切方式方法使4号明白：世界上每一个事物、每一个人都有其优势，都有其存在的价值。同时，领导者还要帮助4号员工努力提高他们透过现象抓本质的能力，客观地分析对他们有利和不利的因素，尤其要看到自己的长处和潜力，而不是妄自嗟叹、妄自菲薄。

求实创新

4号长于创新思维，多听取4号员工的新点子，不仅可以加快工作进度，还能让4号获得一种被欣赏的感觉。

听取4号的新点子

4号情绪波动很大，常常陷入情绪的低谷，这时候，帮助他们处理好情绪问题，他们的工作水平才能提高。

帮助4号处理情绪问题

管理4号下属时的注意事项

让4号变痛苦为动力

在4号陷入痛苦时，应该尽量帮助他们化悲愤为力量，以免他们沉溺在痛苦中无法自拔，影响工作和生活。

帮4号找回自信

4号喜欢比较，因而常常陷入自卑，妄自菲薄。这时候，领导应该积极鼓励他们，帮助他们重燃自信心。

如何管理4号下属

你的创意非常好，我一定全力支持。

把球当成你的坏情绪，现在，你可以尽情地将它们打出去。

关注4号员工独特的创意

对于4号性格者来说，目标的完成是靠创造力，如果领导者能够对于4号员工的创造力给予肯定和支持，必定会激发4号员工极大的工作热情，促使他们创造出更多独特的事物来。

帮助4号员工处理情绪问题

要激发4号的工作效率，领导者必须要先处理4号的情绪问题，帮助他们宣泄心中的负面情绪，找回正面情绪。

我在这里要表扬一下小陈，这次他的工作完成得十分出色。

帮4号员工找回自信

4号性格者有着较强的比较心，在不停的比较中，4号极容易得出结论：他们要么是不完美的，要么是优越的，要么是两者兼具。

当领导者面对处于情绪低谷的4号员工时，第一任务就是帮助他们找回自信。

第6节

4号打造高效团队

4号的权威关系

4号性格者追求独特，并时刻展现着自己的独特，更希望自己的独特得到大众的认可和赞赏。许多时候，4号希望自己成为独特方面的权威，而不是喜欢权威方面的独特。

一般来说，4号的权威关系主要有以下一些特征：

4号权威关系的主要特征	
1	4号性格者倾向于忽视那些小权威，比如警察、城管、保安等。
2	4号相当尊敬那些大权威，尤其是在这种尊敬符合4号心中的独特性和精英形象的时候，比如著名画家、著名钢琴家等就容易获得他们的尊敬。
3	他们追求独特，并努力与工作领域中最出色的人结为同盟。
4	4号不喜欢遵从规章制度，认为他们是独特的，因此不应受到那些普通的规章制度的束缚，因此他们常常表现出较强的叛逆性。要注意的是，他们这样做并不是有意颠覆权威，而是完全忘记了要认真对待规章制度。
5	如果违背权威将受到惩罚，4号会在破坏所有规矩后，想方设法溜之大吉，享受这种"侥幸逃脱"的感觉。
6	4号希望因为自己的独特能力而被选中，希望从最优秀的人那里获得教导和支持。他们需要得到杰出人士的认同，需要从那些可信的人那里得到爱。比如，他们会成为世界顶级心理学家的病人，还会与那些性格怪异的天才成为知己。
7	4号对美有着敏锐的洞察力，他们能够感觉到他人身上真正的天赋和感情。他们能一眼看穿模仿或虚假的表现。他们知道"最好"和"最知名"的区别。他们能把一个庸俗的展示变得美丽而独特，能够从普通的商机中看到与众不同的可能。
8	为了获得大权威的赏识，4号会和同事们竞争。如果没有被认可，他们会怀恨在心。
9	他们不愿做毫无新意的工作，也不愿在没有创意的环境下工作，除非这样的工作能够帮他们实现真正的理想。

由此可知，4号总是将自己的注意力投放到个人的独特性上，对有独特之处的人会给予充分的尊重和赞美，甚至产生崇拜之情，不然他们就会忽视对方，甚至鄙视对方的平凡。

4号提升自制力的方式

4号自制力的三个阶段如下：

4号自制力阶段主要特征		
低自制力阶段：有缺陷的人	认知核心：4号害怕面对自身本质上的缺陷，也恐惧彻底的分离。	处于低自制力阶段的4号性格者有着强烈的缺失感。他们因为自身的不完美而痛苦，情绪反复无常、高度敏感。这个阶段的4号往往冲动易怒，或沉默寡言，或争强好斗。即便是他们擅长的艺术表达手法，也带有浓厚的悲剧主义色彩。

中等自制力阶段：独特的人	认知核心：4号感觉到并努力发掘自己的重要性、独特性，并努力寻找自身与众不同的人生意义。	处于中等自制力阶段的4号注重感觉。他们喜欢寻找有意义的关系和真实的交流。他们可能戏剧化地表现自我，也可能会有保留地选择沉默。他们也可能很富于想象，致力于改变自己的内心体验和痛苦，或者用艺术化的表达方式探寻意义。而且，他们在交谈时总是以自我为中心，还喜欢将自己与他人进行比较。
高自制力阶段：欣赏的人	认知核心：4号认为每一件事都有其深层的意义，每一个人都在生命的最深层面相互联结。	处于高自制力阶段的4号更加注重对自己内心世界的剖析，更看重自己的感觉，因此他们往往散发出宁静、恬淡的气息。他们普遍有艺术情结，因为敞开胸怀拥抱生活能带给他们喜悦与悲伤。他们带着感激之情心欣赏他们所得到的，而不是悲伤于他们所失去的。总之，这时的4号能够客观地看待自己及世界，他们既能真诚关心他人，又能在面对困难、挑战时不受情绪困扰，并能回顾以往的经验，理解他人的观点，考量各种相关的因素，从而做出正确的选择。

　　4号性格者总是将注意力集中在自己的情感上，注重自己的感觉变化，并渴望与自己的内心世界以及他人的内心世界深深地联结。只有在当真实地表达个人的体验和感受时，他们才会真正感知到自己的存在。因为过于关注感觉，4号容易受到外界环境的干扰，任何一点风吹草动都可能使他们兴奋或悲伤，使他们给人以情绪化的印象。也就是说，4号的自制力较弱。

　　由此看来，4号提升自制力的重点在于：尽量将注意力从内心转移到外界环境，更理性、客观地看待问题。

<h2 style="text-align:center;">4号可以通过以下方式来提升自己的自制力</h2>

① 不要过度关注自我

4号常常因为过度关注自我而忽视他人等现实因素。他们无论做什么，都容易给人一种自我的印象。这种只关注自我而不关注他人的行为使他们难以获得他人的好感，也就难以和他人形成良好的沟通，也就难以和他人形成和谐的关系。解决这个问题最好的办法，是让4号每天挑战一下自己，找一个人谈话，真正地倾听他人，而不涉及他们自己或讲任何关于他们自己的故事。

② 珍惜已拥有的幸福

4号的注意力总是停留在失去的美好方面，或未来可望而不可即的、遥远的目标上。因此，他们总是把得不到的东西理想化，对于到手的东西则百般挑剔。他们任由思想在过去与未来之间来回游荡，却对现在漠不关心，不能脚踏实地生活。当4号具有反躬自省的能力，紧紧地盯着现在时，他们就能够比较全面地考虑问题，就能够少一点忧郁、多一点快乐。

③ 欣赏生活中的平凡

4号性格者追求特立独行的自我，他们把注意力放置在那些新奇、刺激的事情上，常常被那些理想化但又不存在的东西所吸引，这往往使他们错过现实生活中的积极事物。如果你让4号做一件平凡的事情，他们往往会觉得乏味单调。然而，只要4号认识到，在平凡中也有很多令人感动及喜悦的种子，他们就能够欣赏平凡，也才能开拓一个充满建设性的人生。

④ 乐于看到他人的优点

4号性格者自身存在强烈的缺失感，这使他们总是有意无意地和他人进行比较：这种不断的比较使4号时喜时悲，情绪变化十分迅速，容易导致他们思维混乱。因此，4号要尽量克制自己的比较欲，当你感到自己比对方强时，你要学会发现对方身上的优点；当你感到自己比对方弱时，你要真诚地为对方感到高兴，并激励自己向对方学习。

总之，4 号提升自制力的最大阻碍在于他们对他人的忽视，他们如果将注意力从自己的内心世界转移到外部世界中，让自己更好地融入客观环境中，他们就能有效控制自己，改掉情绪化的毛病，从而促进自己更好地发展。

4 号战略化思考与行动的能力

4 号战略化思考与行动的能力时强时弱，他们如果能够将注意力从自己的内心世界转移到外界环境中，他们就能创造一个为人们工作提供意义和目的组织，激励人们取得卓越的成绩。相反，他们如果沉迷于自己的情感世界，则难以承担团队的领导职责。

4 号战略化思考与行动方面的特点

深入了解企业的运作

4 号喜欢深层次的探讨，常常将了解企业运作排在工作清单上靠前的位置，擅长凭借直觉断定行业发展趋势和客户需要。而且能深入了解企业的全部基础。

创设共同愿景

4 号喜欢创设一个共同愿景，坚信每个人都是这个巨大而重要的愿景的一部分。这个信念能给人一种意义重大和目标远大的感觉，鼓舞大家做出杰出的成果。

团结求实

挑战你不愿意做的事

4 号喜欢按自己的喜好做事，因而难以全面发展。要想获得全面的发展，4 号必须改弦易辙，积极努力地去做好那些自己不喜欢去做的事情。

更清晰地沟通

4 号喜欢挑战复杂，因此常常含蓄婉转地表达自己的情感，常常导致沟通不畅。因此，4 号在表达时要注意尽可能清晰明白、简单易懂。

做好愿景、使命和战略的规划

情绪化的 4 号要从愿景、使命和战略中进行创造和工作，关注战略及其执行情况。首先，写下你的愿景、使命和战略。在每一个战略下面列出你的目标，在每一个目标下列出你的策略，注意有什么因素被遗忘了或者需要添加，将其中一些与你的下属讨论。请记住，有些人需要给予明确的指导和监督。

总之，4 号要从自己的感觉中走出来，将更多的精力投入现实生活中，才能更客观地看待世界，制定更清晰的目标，获得更好的发展。

4 号制定最优方案的技巧

4 号过于关注自我的感觉，而忽视现实世界的变化。由此来看，他们是不擅长制定目标、方案的。但从另一个方面来看，4 号独特的敏感又使他们能够敏锐地捕捉到外界的变化对自身的影响，从而及时改变策略来应对变化。

在制定方案时，4 号往往有着以下一些特点：

制定战术方案时 4 号的特点

凭感觉行事 4 号注重自身情感变化，从心理学的角度来看，他们使用脑中心和身体中心，但是他们最相信他们的心中心。因此，他们对很多事情很敏感：真实情况、他们可能的选择、参与其中的人、可能的结果，甚至他们的自我感受。	**有很强的主见** 对自己的方案，4 号经常有很强的主见，而当这个方案适用于他们最重要的价值观时，4 号就会变得踌躇满志。
擅长高度分析 4 号喜欢深层次地探讨问题，因此他们善于高度分析，确定最佳的行动计划。此外，他们还能把组织文化和方案制定权力架构作为因素加入这个决策的过程中，而他们自己只是做方案的后援。	**喜欢换位思考** 4 号是很敏感的，他们倾向于换位思考，或是从自己的角度出发为他人考虑。他们很难制定一个他们认为可能让某些人受到伤害的方案。这就使 4 号在做决策时常常犹豫不决。

感性因素为主导

4 号过于注重感性因素，过度强调他们的价值观，或者过度强调个人的经验和感受，无论是他自己的还是其他人的。因此，他们在制定方案时常常感情用事，做出一些违背现实发展的事情，对团队发展产生不利影响。

总之，4 号在制定方案时要尽量排除感情因素的干扰，不要过于强调自己的价值观，而要更多地考虑现实条件以及大众的价值观，做出最有利于团队发展的方案。这才是最优的战略方案。

4 号目标激励的能力

在一个团队中，4 号性格者经常从自己内在的核心价值理念、激情或共同愿景出发，来进行运作和管理。当这些力量活跃且充满激情的时候，4 号管理者就会很轻松地感召下属努力，而且支持他们取得高水平的绩效。

4 号目标激励的主要特征

富有创造力

4 号性格者富有创造力，情感丰富，本身愿意努力工作。他们教导、建议、劝说他人对客户要反应敏捷，能提出新的解决方案，问正确的问题，为完成工作加班加点。当工作出现问题时，4 号领导者经常会暂停手中的工作，与他们的下属一起检查问题的原因。

善于发现工作中的意义

4 号性格者非常关注为他们工作的人的感受和需要，因此他们非常善于激励下属发现工作中的意义，以达到高绩效。

将感觉与目标结合起来

很多4号倾向于首先觉察自己的内在体验和感受，然后用自己的分析能力理清自我反应的意思。他们也倾向于过度强调别人的感受，例如，4号更愿意根据什么是他人所考虑的而不是根据什么对组织是最好的来分配工作。关键的是，不是要忽视你和他人的个人体验，而是要把你的感受和对目标合理化的思考有机地结合起来。

关注他人真正的感受

4号喜欢关注他人感受，同情体恤他人，这往往能起到激励他人的作用。但有时，4号也会像2号性格者一样：站在自己的立场上去看待他人的感情问题，这就带有较强的主观倾向，并不能客观地帮助他人解决问题。因此，4号要学会区分其中有多少是你在某种情况下的感知，有多少是其他人真正的感受。最好的区分方法有两个，一个是直接问别人他们的感受是什么、他们想要什么，另一个是直接告诉他们你认为他们需要什么，然后请求他们确认或否认。

4号掌控变化的技巧

和其他人格不同，4号享受痛苦中的创造力，因此他们喜欢变革自我，他们能够享受对大规模变革的领导过程，因为其中的错综复杂刺激着他们的神经，激发了他们很多的能量。当变革涉及一些4号内心深处非常在意的事情时，这种情况特别常见。这会让4号从内心愿景出发来工作，创造性地设计一个共同的未来，感召其他人加入这个事业，直接表露他对组织最大潜力的感受。从4号的观点来说，再也不可能有这样令人快乐的工作了。

善用直觉的力量

4号喜欢关注内心世界的变化，因此他们拥有敏锐的直觉，这能帮助他们理解产生阻碍的原因，也让他们能用一种创造性的方式来应对工作中的各种变化。

从大局上来设计

只要4号在设计上有了合理的规范，过度计划就可能刺激到4号。他们不一定要求按自己的方式做，但也需要感到设计是自己的事。4号喜欢思考大局，把大的目标分解成若干可管理的节点，以便日后执行。

4号掌控工作生活中变化的方式

管理自己的情绪

4号总是十分的情绪化，这导致他们和外界难以维持一个稳定而和谐的关系，从而阻碍了自身的发展。因此，4号需要学会管理自己的情绪，寻找到一个情绪表达的出口，多尝试玩乐器、唱歌、跳舞、画画，或与朋友和家人交谈。

时刻激励自己

4号自身有着强烈的缺失感，为了弥补自己的缺失，他们往往对自己很严格，时时刻刻都在谴责自己，因而难免沮丧。为了避免沮丧，4号需要时刻激励自己，最好能每天给自己最少六次的正面评价。比如对自己说"你做了很好的工作""你这么喜欢你的孩子，真是太好了"。

总之，4号只要能够做好自己的情绪管理，尽量发泄出心里的负面情绪，激发体内的正面情绪，就能够大大提升自己掌控变化的能力。

4 号处理冲突的能力

当4号性格者主动接触别人时，他们心中往往夹杂着和人交流的渴望以及怕被人拒绝的担忧。如果对方没有按照4号所希望的那样做出回应，4号就会开始责备自己。当责备完自己之后，4号就会开始寻找对方的过错。当找到对方的过错时，他们就会从价值观的角度来进行评价，而彼此价值观的不同常常导致4号对彼此之间的关系感到非常烦乱。他们会变得激动，并悔恨自己以往的行为。这时候的4号，情绪变化不断，十分容易引发与他人的冲突。要平息这些冲突，就要考验4号处理冲突的能力了。

4 号处理冲突的能力分析

① 建立坦诚关系

4号关注内心的情感，因此他们十分喜欢与他人进行情感交流。也就是说，他们最喜欢与人建立坦

诚的人际关系，很多4号会把这种关系称为真正的人际关系。但是，4号只喜欢与那些和他们有同样感受的人发展关系，对那些需要长时间发展联系的人、那些不想通过深入的个人分享建立关系的人或者那些4号感觉不喜欢的人，4号则会选择退缩，表现得过度冷淡。

② 有效沟通

在沟通时，4号喜欢用图像、符号和隐喻进行象征性的沟通，他们认为这样能更好地表达自己的艺术感和独特性。而且，当他们全面抓住了一个概念或经验的微妙

所在时，4号就能用表达核心精髓的方法诠释一个复杂的主意或感受。但是，当4号抓住一个多方面议题的意义时，或沉浸在个人体验的痛苦中正在努力整理出各种感受时，他们可能拖长时间去谈论这个项目。这给了4号一个方法去思考和厘清他们真正想说的是什么。

③ 全面倾听

4号喜欢说，也喜欢听。当4号遇到和自己有同样感情体悟能力的人时，或是他们发现有些人十分哀伤、痛苦的时候，他们就会说的比他们听的多；但当他们面对自己不喜欢的人，或者那个讲话的人所说的事情对4号来说特别重要的时候，

他们就会倾听远远超过他们所说。但很多时候，4号的说与听都带有极强的自我意识，常常给他人以压迫感，而且，老生常谈的对话会让4号感到厌烦。

④ 提供有效反馈

当4号给出建设性反馈时，他们会预想其他人的反应，思考什么是其他人真正想要的，用心思考其他人的行为和期望没有匹配的实例，而且努力明白其他人在想什么和怎么想。所有这些都闪现

在4号的脑海里，直到他与那个反馈接收者会面。因此，4号需要小心谨慎，不要假装自己知道其他人脑海里在想什么，也不要假装其他人像他们一样敏感。4号需要特别小心，不要预先假定反馈接收者会像自己所喜爱的那样深入地讨论感受和议题。

总之，当4号被直接卷入冲突时，他们经常感觉不安，担心冲突可能对关系带来潜在的伤害。当4号感觉到被抛弃、被忽视，或长期不被人理解时，他们会非常苦恼。而当他们苦恼的时候，他们不是变得特别安静，就是直言不讳地说些令人惊讶的话。不管是哪种情况，4号内心都开始涌现更多的不安、感受和想法，会变得越来越情绪化，越来越封闭自我、脱离现实，让自己的发展遭遇越来越大的心理阻力。

4号打造高效团队的技巧

当4号沉浸在自我想象的世界中时，他们不仅不能打造一个高效的团队，还会成为打造高效团队的巨大阻力。但是当他们从幻想中走出来，直面现实的时候，他们又是一个称职而出色的领导者。

4号打造高效团队的方式

着眼于团队愿景

4号享受共同的愿景以及团队合作所带来的激情，他们能带领并运用团队中的人才，开创与团队深层目标相契合的团队风格，全部目的都是提供高水平的产品和服务。

大目标与小创意的糅合

4号对团队目标充满激情。为了不让团队感到太气馁，4号喜欢把大项目分成小块。4号经常把他们团队的风格和流程设计成创造力最大化和自我表达最大化的模式。所以，4号并不倾向于过度地架构和过分地组织管理团队。

建设性的管理方式

4号经常用申明注意事项和处理注意事项来管理他们的团队。4号觉得用建设性的方式帮助团队讨论一些困难问题是很让人舒服的。他们相信每个团队成员作为一个个体都是同样重要的。如果有可能，4号也会和所有的团队成员建立紧密的一对一关系。

寻找工作中的刺激感

4号喜欢做他们感觉有意义的工作，喜欢和高效率的团队一起做这样的工作。如果团队的任务看起来太平凡了，或是团队的问题看起来是无法克服的，4号可能不是失去兴趣，就是失落气馁。

善用你的敏感

4号要相信并善用自己的敏感，把它当成解决团队问题的基础是很重要的。但是请记住，只有当问题影响到团队进程时才需要讨论，而不是每个仔细检查出来的问题都需要讨论，这点也是同样重要的。也就是说，4号需要锻炼自己的协调能力。

学会在工作中放松

4号领导者可能是紧张、严肃的，尽管这并不一定是个负面的特征，但是要与轻松愉快达成平衡。在逆境中找出幽默，嘲笑那些你通常认为负面情境的荒谬所在，努力把你的严肃认真与轻松诙谐平衡好。

总之，在打造一个高效团队时，4号的深度敏感既可能是一个优势，也可能是一个障碍。当4号或4号的团队没有被其他组织或个人重视或欣赏时，4号就可能变得沮丧。而这种沮丧的情绪会影响到整个团队的士气，使大家意志消沉。4号如果能够在感到沮丧的时候寻求他人的帮助，有效中止这些反应，就能重新激起团队成员的斗志，从而打造一个高效的团队。

第7节

4号销售方法

看看你的客户是4号吗

作为一个销售员，必须具备较强的识人能力，一眼看出客户的人格类型，制定相应的销售策略。一般来说，4号客户会表现出以下一些特征：

4号客户的特征
1	体型中等或偏瘦，尖下颌，面色往往偏白或偏暗沉。
2	眼神总是很忧郁的样子，喜欢保持静默，思想游离。
3	习惯保持优雅迷人的身姿步态，喜欢头微抬、眼迷离。
4	不习惯受人关注，感到不自然，会自动整理身形来掩饰这种不自然的情绪。
5	情感变化快，且表现形式较为夸张。
6	在和销售人员谈话时，话题多围绕他们自己，力图表现他们独特的审美情趣和购物要求。
7	语调柔和、抑扬顿挫，带有浓厚的个人情绪，极具表现力。
8	喜欢使用优美词汇，多用"啊、呀、唉"等语气感叹词，总给人以柔美、悲伤的印象。
9	喜欢具有独特功能的产品，讨厌平庸的大众产品。
10	具有较高的审美意识，对产品的外观要求很高。

如果你的客户符合以上大多数特点，那么你基本可以断定他是一个4号性格者，你就可以采取针对4号客户的指定销售策略。

4号客户喜欢"稀缺"商品

4号追求独特，并且认为世界上所有"重要""完美""独特"的人和事，包括爱、幸福和快乐的感受，都只与自己擦身而过，有一种悲观情绪。但是，他们又相信，自己终会得到这些"重要""完美""独特"的人和事，只是他们非常特别、难能可贵，不是那么容易遇到的。因此，他们一旦发现特别的人或事，就会想尽办法去接近他们，以免错失走向快乐的机会。

比如，面对商品积压的情况，可以尝试限量销售的策略。这个策略主要目的在于刺激人们的消费心理。我们知道，人们都有这样的心理：越是得不到的东西越想得到，越是不容易买到的东西越要想方设法买到。抓住人们的这种心理，并采用相应的策略，往往可以取得事半功倍的效果。

普通的客户尚且这样坚信"物以稀为贵"的道理，追求独特的4号客户更不会放过任何独特的商品，以便彰显他们的独特。销售人员只要能够突出商品的稀缺性，就容易激起他们的兴趣和购买欲，促进成交。

对4号客户使用探讨法

4号总是处于烦恼之中，这使他们富有同情心，和其他有烦恼的人能合得来，能了解他人微妙的情感，并喜欢帮助有烦恼的人，直到对方完全摆脱烦恼。也就是说，他们渴望被感动，无论是喜是怒、是哀是乐，当他们强烈地感受到时，都能体会到人生的意义。他们天生对生、死、深沉心理等方面都怀有深厚的兴趣，容易被对此进行挑战的人所吸引。由此可见，销售人员在面对4号客户时，可以适当地运用探讨法，制造一种深度聊天的氛围，多和他们谈论生、死等深层的人生话题，把我们对人生的迷惑状态呈现出来，往往能激起他们的兴趣，并获得他们的帮助，从而促进成交。

关注情感的4号客户很容易理解他人的悲伤情绪，并渴望帮助他人摆脱悲观情绪的束缚。因此，如果销售人员能够激发起4号客户的情感，那么就能更容易地销售自己的产品，从而创造更好更高的销售业绩。

对4号客户，多施展创造性思维

4号性格者往往比他人体验更深刻，感觉更敏锐，这会让自己显得特殊，而且，这种技能通常让他们在社交、工作中很受欢迎。然而，一旦感觉自己不再独特，他们的兴趣就会骤然衰退，情绪也变得消沉。然后，他们就将注意力转向其他能够体现他们独特感的事情上。由此可见，销售人员要想赢得4号客户的好感，需要施展自己的创造性思维，采用非常规的独特的销售方法，往往能获得不错的效果。

而且，创造性思维是推销中不可缺少的核心因素。要让企业和产品有一个良性的正常的发展空间，就需要创造销售机会。机会的获取通常是通过以下几种方式：偶遇、寻找、创造。不管是偶遇的还是寻找到的机会，都需要一个又一个新的创造点来支撑，以便引起4号客户的关注。

一个销售人员要想打开销售局面，取得良好的销售业绩，就必须抓住一切可以利用的机会进行创造性思考，并把这种与众不同的创新展示出来，这样才能得到潜在客户的关注和认可。

对于注重独特感的4号客户来说，接受一份独特的销售计划，并享受身处其中的这份独特感，是一件非常让人快乐的事。

面对4号客户的推销策略

突出商品的"稀缺性"

4号追求独特，非常喜欢那些特别的商品，而"稀缺"商品、"限量"商品正对他们的口味。

使用悲情推销法

4号富有同情心，喜欢帮助有烦恼的人，推销时表现出一种烦恼、忧愁的情绪，往往能激起他们的购买欲。

施展创造性思维

运用创造性思维让4号产生特别的感觉，比如，我们可以让他们的形象出现在广告牌上。

4号销售人员的销售方法

如果销售人员是4号性格者，在应对其他几种人格类型的客户时，要结合自己的优劣势，分析其他各种人格类型的优劣势，制定相应的销售策略。

4号销售员的销售方法

59元一只

遇到4号客户时

我会克制自己的狂傲和独特，努力不让他们看出我也是4号性格者，因为相同人格类型的人往往会排斥对方。我会赞美他们眼光独到，并适当制造商品"稀缺""独一无二"的感觉，激起他们的紧迫感，他们往往会乐于埋单。

遇到5号客户时

我会克制自己的感性思维，尽量展现自己理性的一面，以丰富的知识来回答他们的种种疑问，往往能获得他们的信任，促进成交。

遇到6号客户时

我明白他们多疑的心理，也能感受到他们对未来的恐惧，因此，我总是从安全的角度谈起，着重突出不购买此产品可能对他们未来生活造成的威胁，他们往往容易被我说服。

遇到1号客户时

我很难琢磨透他们。因此，我干脆不去琢磨他们的心思，而是竭尽全力表现我的热情去感染他们，使他们更乐观地看到商品的优点，没有时间再去过多地关注商品的小瑕疵。

遇到7号客户时

我很容易受到他们积极乐观的情绪的感染，思维变得极其活跃，常常能想出别出心裁的点子来销售，也就常常给他们新奇刺激的感觉，容易激起他们的购买欲。

遇到2号客户时

我会尽量表现得弱势一些，尽量给予他们"楚楚可怜、需要保护"的形象，往往能激发他们的关爱心，让他们乐于接受我的销售计划，因为他们会将此次销售当作对我的帮助。

遇到8号客户时

我会尽量展现我独特的气质，快乐也行，忧郁也行，只要我能保持对8号的关注，我就能吸引他们的注意，使他们乐于倾听我的销售建议，并乐于接受它。

遇到3号客户时

我会变得实际起来，尽量介绍产品实用的功效，并着重突出产品的高品质、高品位，将产品塑造成成功者的象征，再适当运用点"名人效应"，往往能够刺激他们的购买欲。

遇到9号客户时

我会强迫自己冷静下来，更有耐心地和他们沟通，竭力找出他们的需求，并帮助他们意识到自己的需求，然后再将他们的需求与我们的产品联系起来，这样往往能促进成交。

第8节

4号的投资理财技巧

4号最宜从事艺术创作

在4号的童年时期，他们常常有被忽视、被遗弃、被剥夺的经历，因此他们逐渐将对外界事物的注意力转移到自己的内心世界。他们就像大树一样，在表面枝叶成长的同时，内心深处的成长也像树在扎根一样努力。他们不断地寻求与众不同，以表现不凡的生命力，因此他们经常创造出非比寻常的环境，以展现强烈的私人主张。在投资理财时，他们也倾向于选择有着强烈艺术氛围的行业。

4号总是不甘于平凡，希望自己从内至外、由感觉到衣饰打扮都与众不同，否则会觉得浑身不自在，好像丧失了自我似的。这种对独特性的渴慕便成了他们敏锐的感受力、观察力和创作力的根源。因此，4号可谓天生的艺术家，最适合选择要求高度创意的工作来投资。广告界、演艺界、音乐界、文学界、时装界，乃至各个范畴的艺术界都是他们施展身手的舞台。

4号是高品质的鉴赏家

4号因为关注感觉，追求独特，往往具有独特的审美视角，因此他们常常是赏识极品的鉴赏家。他们希望被别人认定为杰出的高品质生产者及供应者。在投资理财时，他们往往倾向于注重高品质的行业。

而且，4号不仅善于发现生活中独特的美，树立独特的审美观，还希望帮助他人树立独特的审美意识。也就是说，他们不仅是美的最佳赏识者，也是最佳的劝诱者。因此，他们在投资理财时不会保持谨慎的态度，而是敢于冒险去推行他们对美的独特理解，期望提升大众的高雅品位。

4号擅长激发自己内在的灵性，发现自己的独特，并秉持精英的标准。他们利用自己的敏感和痛苦体验来修炼细腻、高雅的品位，感觉自己超凡脱俗，并因这种高雅的优越感而快乐。因此，4号如果从注重品质、品位的高端奢侈品行业入手去投资理财，更容易获得财富。

有强烈艺术氛围的行业

适合4号投资的两类行业

要求高品质和独特审美情趣的行业

另辟蹊径，让4号快速致富

4号追求与众不同，独特的行为促使他们不断地另辟蹊径，从全新的视角，去对待和解决计划实施时所遇到的问题。在投资理财时，他们更是敢于打破原来的游戏规则和商业模式，敢于挑战"权威"，常以别出心裁的方式赢得财富。

① 在很多年以前，美国穿越大西洋底的一根电报电缆因为破损需要更换。这则小消息被人们得知后，并没有引起多大的反响，但是一位毫不起眼的珠宝店老板从中看到了商机。他立刻花钱买下了这根报废的电缆。

另辟蹊径致富的故事

② 没有人知道小老板的意图，"他一定是疯了"，异样的眼光围绕在他周围。他却不理会，独自关起店门，将那根电缆洗净，弄直，然后剪成一小段一小段的金属段，最后再装饰起来，作为纪念品出售。大西洋底的电缆纪念品，还有比这个更有价值的纪念品吗？当然没有，所以他理所当然地发财了。

③ 他用那些光缆换来的钱买下了一枚罕见的钻石戒指。人们不禁问：他自己珍藏还是抬出更高的价转手？其实那是后话。他不慌不忙地筹备了一个首饰展示会。可想而知，梦想一睹钻石戒指风采的那些参观者会怎样地蜂拥而至。这位珠宝店老板从此更是名扬世界。

④ 他在各地置了房产，从此过着衣食无忧的生活。

故事中的珠宝店老板就是一个典型的4号，他有着独特的投资眼光，更敢于走不同的投资道路，所以取得了那样大的成就。很多人之所以成不了有钱人，是因为他们不敢走与众不同的道路，总是在走老路，就难以发现并抓住财富的契机。对于追求独特的4号来说，要充分利用自身的创新思维和创造力，不走寻常路，才更容易成为财富世界里的大亨。

投资理财不要讲攀比

4号性格者有着较强的缺失感，常常因为自己的不完美而忧伤。当他们看到别人拥有自己所没有的东西时，他们内心的缺失感就越发严重，引发强烈的忌妒心理。为了平息这种情绪，他们会努力去追求他人所拥有的东西，努力去学习他人的长处。而一旦他们的努力遭遇现实的阻碍而失败，他们就会悲观、痛苦，忌妒心理就容易恶化成忌恨心理，常常恶意损害别人的利益。

在投资理财时，4号也常常产生忌妒心理，盲目攀比他人，忽略了自己的现实因素，也就常常因错误地"跟风"而招致失败。他们不管现在的经济状况如何，都嫌自己赚的钱少，生活没有某某好。如果对这种攀比心理不加以控制，他们原本美好的生活就会遭到严重的破坏。

理财投资要根据自身的特点，量力而行。不要因为攀比和爱慕虚荣而进行不当的消费，使自己背上债务。4号应该懂得有意识地控制自己，养成理性的投资和消费习惯，找到适合自己的投资理财之道，才能展现出一个独特的自我。

在危机中寻找财富

不少投资者都认为，危机是可怕的，它会给事业带来严重的逆势。但对于4号性格者来说，危机所带来的痛苦体验常常能够激发他们的潜力，帮助他们抓住危机中的商机，变灾难为财富。

俗语说"人生不如意事十有八九"，在追求成功的路上，人人都可能遇到些小困难、小障碍。危机的到来具有很强的不确定性，任何人都无法完全避免危机的出现。有的危机是自身的缺点导致的，有的危机却是竞争对手制造的；有的危机是自然因素造成的，有的却是社会、经济因素造成的。有的危机如一场司空见惯的暴风雪，经过一点冰冻，经历一点折磨，慢慢地就过去了。有的危机却是一场可怕的灾难，会对发展造成重大影响，不经过脱胎换骨的改革就无法渡过危机。

虽然危机的到来无法预知，但人们可以像4号性格者一样，通过体验危机中的痛苦和绝望来激发自身的创造力，化危机为机遇，化危机为财富。

将管理职位委授能者

4号性格者感情丰富，经常沉溺在自己的感觉世界里面，经常一不留神自己的"灵魂"就会出窍，然后就会天马行空，完全忽视现实生活。这种过于感性的性格特征一方面使4号的灵感源源不断地涌现，一方面又使他们脱离现实，常常做出违背现实的举动来，对自己和他人造成损失。

要生性浪漫不羁、崇尚自由、沉浸于感觉的4号成为制定清晰目标并领导员工逐步实现计划的管理人，是十分吃力的事。难以自律的4号并不适合管理层，所以他们靠才气打出名堂后，大可将管理工作授权值得信任的副手，这样他们就不会被复杂烦琐的事务弄得精疲力竭了。当然，如果可能的话，他们理应充实自己处理事务的能力，毕竟投资理财是不能事事都能放手于人的。

因此，4号要想管理好自己的财富，在投资理财上有所突破，一是发挥自己的创造力，采取创新的管理方式，二是要将权力下放。如此，不仅可以减轻自己的负担，发挥自己的长处，更能提高下属的积极性和素质，为自己迎来更多的财富。

第9节

最佳爱情伴侣

4号的亲密关系

　　4号性格者十分关注自身的情感联系，当情感关系被激发时，其他一切都变得苍白无力，吸引不了4号的注意力。外界的任何事物都可能激发他们的情感，他们时而欢喜，时而悲伤，时刻变化，也使他们的亲密关系呈现分分合合的不稳定状态。

　　一般来说，4号的亲密关系主要有以下一些特征：

4号的亲密关系主要的一些特征
1	用艺术的眼睛看世界，认为一切都是表象：心情、态度、品位都是情感关系的布景。
2	有着极强的缺失感，常常将注意力集中在那些别人有但自己欠缺的事物上，并因此自哀自怜："他们有多少，而我什么也没有！"因为这样，常觉得找不到一段绝对心满意足的关系。
3	为自己的缺失而痛苦，认为自己不完美，所以不配被爱，也常暗自做好被离弃的心理准备，但这种所谓的准备其实不过是一种自欺的状态而已。
4	认为眼前的事物是不真实的，遥远的与不能得到的人反而最有吸引。
5	关注未来，把大量的注意力放在等待爱人出现的准备工作上。就好像眼前的一切仅仅是在为未来做准备，在未来的某个时刻，他们会被真爱唤醒。
6	忽略当下的生活，不关注身边的人或事。如果你是4号身边的人，你很容易因为无法获得他们的关注而心情沮丧。
7	他们厌倦日常生活的乏味。"一定不止这样"，他们通过戏剧性的行为，甚至破坏性的行为来增强情感关系的激烈度。
8	期望复杂的情感关系。没有什么是简单的，他们想要得到的是深度，而不是乐趣。
9	喜欢享受追求的过程，而不是快乐。这是一种精致的、苦乐参半的情感体验，一种忧郁的心情。
10	追求激烈的爱情，认为只有激烈的爱情才是真正的爱情。当感情炽烈燃烧时，他们会依感觉行事，眼前一切事物都变得空白一片。
11	喜欢制造多层次、多阶段的爱情，不容易爱上一个人，也不容易放弃一个人。
12	没有安全感，不敢许下长久的承诺，却极端需要被保护、被爱惜。可是当伴侣想许下诺言时，他们便会避开，不敢接受。
13	4号对情感关系的关注总是忽冷忽热。当你在他们眼前时，他们看到的是你的缺点；当你与他们保持安全距离时，他们又会发现你的优点。这种注意的方式会强化4号的缺失感和被抛弃感，但同样也会让他们对你的情感保持敏感，能够在你遭受痛苦时给予支持。
14	他们用独特的外表来弥补内心的缺失，用艺术的表达来抑制内在的情感，一句话、一个眼神都是意味深长的，极力使爱情在浪漫中实现。
15	如果目前的关系在别人眼中是完满无缺的，他们便会倾向于怀念逝去的恋爱。

4号的亲密关系

4号性格者十分关注自身的情感联系，当情感关系被激发时，其他一切都变得苍白无力，吸引不了4号的注意力。一般来说，4号的亲密关系主要有以下一些特征：

他们有很多朋友，我却没有。

人家小张多好，你怎么就看不上呢？

他吸引不了我。

★有着极强的缺失感，常常将注意力集中在那些别人有但自己欠缺的事物，并因此自哀自怜。

★眼前是不真实的，遥远与不能得到的人反而最吸引。

你们俩真般配。

我还是觉得以前的女朋友更好。

★如果目前的关系在别人眼中是完满无缺的，他们便会倾向怀念逝去的恋爱。

我就喜欢这种复杂的追求过程。

想追求我可没那么容易。

★期望复杂的情感关系。没有什么是简单的，他们想要得到的是深度，而不是乐趣。

从好的方面来看，4号丰富的想象力和艺术的情感表达方式能够使他们的爱情保持激情。从不好的方面来看，4号疑心较重，容易伤害伴侣的感情。

综合以上的特征，我们可以发现：从好的方面来看，4号丰富的想象力和艺术的情感表达方式能够使他们的爱情保持激情，即便是在感情危机中，他们也能够与伴侣共渡难关，不会因为强烈的情感变化或者他人的伤悲而放弃爱情。从不好的方面来看，4号强烈的缺失感常常使他们产生严重的自卑情绪，陷入悲观情绪的旋涡中，疑心较重，容易伤害伴侣的感情；甚至可能对伴侣产生强烈的忌妒心理，并因为伴侣对自己的忽视而产生报复心理。

4号爱情观：拥有的一文不值，缺失的价值连城

4号往往多情浪漫、心思细腻，对生活充满了诗意的期待。对待感情，希望能找到与自己灵魂相通的人，在彼此的燃烧中见证真情。

著名诗人徐志摩就是4号人格的典型代表。1915年，张君劢为自己的妹妹张幼仪提亲，徐志摩把从未谋面的新娘娶进了门。虽然婚后张幼仪相夫教子，恪尽妇道，但徐志摩始终不拿正眼看张幼仪，他认为"无爱的婚姻"是可耻的，双方都是婚姻的囚徒。后来，徐志摩在英国念书时结识才貌双全的林徽因，顿时觉得遇到了知己，于是开始疯狂追求林徽因，当得知林徽因顾及他有家室之后，毅然于1922年3月在柏林与张幼仪离婚，11月在国内发表了离婚通告，成为当时的头号新闻。

徐志摩与林徽因两人虽然相知很深，但最后林徽因还是嫁给了著名建筑学家梁思成。林徽因成了徐志摩梦中可望而不可即的一个完美身影。

追求林徽因不得的徐志摩受伤很深，却没有放弃对感情的追求。不久，徐志摩结识社交名媛陆小曼。虽然当时陆小曼已婚，但是以徐志摩的个性，这些世俗的纷扰不能成为阻挡他们追求幸福的障碍。

终于，1926年徐志摩如愿以偿地与陆小曼结婚，但婚后的徐志摩并非进了天堂。他父亲始终不承认陆小曼这个儿媳，而陆小曼整日沉浸在上海的社交圈里，让徐志摩痛惜她浪费才华，她挥金如土的习惯也使诗人入不敷出。在种种矛盾中，徐志摩形容自己的创作陷入了"穷、窘、枯、干"的境地。1931年11月19日，徐志摩搭乘"济南"号邮机从南京飞向北平，飞机在山东党家山上空撞山炸毁，诗人年轻的生命画上了令人遗憾的句点。他此行的目的，是在20日帮助林徽因筹划一个学术讲座。

这就是典型的4号对待感情的态度，永远追求有缺憾的、失去的和未得到的东西，得到的感情在他们看来索然无味，只有失去的才价值连城，值得永远珍藏。他们对不合心意的人表现出可怕的冷漠，同时又是一个很"真"的人，在感情上绝不欺骗自己，也不迁就别人。4号对感情非常热烈而偏执。好就是完全的好，不顾一切地追；坏就是完全的坏，弃之如敝屣。两者中间绝没有姑息和妥协。

改变对伴侣的消极看法

4号性格者总是有着强烈的缺失感，因此他们骨子里总是透着孤独、凄凉的味道。他们喜欢阴郁的天气和忧郁的感觉，喜欢格调忧郁、凄凉的诗词。比如，他们就特别喜欢李清照的词："寻寻觅觅，冷冷清清，凄凄惨惨戚戚。乍暖还寒时候，最难将息。三杯两盏淡酒，怎敌他晚来风急……"

或是顾城的诗："黑夜给了我黑色的眼睛，我却用它寻找光明。"正是因为这种悲凉情绪，4号越发自卑起来，总是害怕被抛弃，因此他们看待伴侣的眼光总是呈现消极色彩。

一旦他们消极地看待伴侣，他们会就越发感到不安全，感到自己随时都会被伴侣抛弃。在这种不安全感的影响之下，他们会变得越来越苛刻，处处对伴侣的行为进行挑剔。然而，挑剔自己的伴侣并不能消除他们的这种不安全感，只会让他们对自己的生活也产生怀疑，改变对伴侣的消极看法会让他们体会到婚姻的美好。

消极思想最大的特点就是太简单，太一般化。例如，你的配偶发怒，你就断定他（她）不再爱你了，就会做出这样的判断："她没希望了""他太自私""她从没关心过我""他从不履行诺言""她太懒惰""他无责任感"。这些绝对的结论在婚姻家庭中会削弱相互之间亲密的关系。而只要你能改变你的消极态度，以积极的态度去看待伴侣的行为，你就能感受到他们行为背后蕴藏的深深的爱意。

对于常常深陷于悲观情绪的4号来说，他们应该意识到这些消极思想正在影响着他们的感情，而且认识到大多数感情不仅来源于周围的环境，更来源于连接环境和感情之间的瞬间思想。只有懂得了这些，4号才能真正改变自己对待爱情的消极态度。

增添生活的小情趣

4号有着丰富的想象力以及细腻的情感体悟，对艺术有着与生俱来的感悟力，总能够很好地感悟艺术创作者在创作时的所思所想，因此他们对于美及艺术品位的追求与解读都较其他人执着深刻。因此，在他人看来，4号是天生的艺术家，他们总能营造一个艺术氛围浓厚的生活环境，凭借自身源源不断的艺术灵感为生活增添无数的情趣。这样的4号，在爱情中往往有着极强的吸引力。

小张是一个大三的穷学生。一个男生喜欢她，同时也喜欢另一个家境很好的女生。在他眼里，她们都很优秀，他不知道应该选谁做妻子。有一次，他到小张家玩。她的房间非常简陋，没什么像样的家具。但当他走到窗前时，他发现窗台上放了一瓶花——瓶子只是一个普通的水杯，花是在田野里采来的野花。

就在那一瞬，他下定了决心，选择小张作为自己的终身伴侣。他下这个决心的理由很简单：小张虽然穷，却是个懂得如何生活的人，将来无论他们遇到什么困难，他相信她都不会失去对生活的信心。

而随着他们接触的日益深入，他越发觉得他的选择没有错。

小张喜欢时尚，爱穿与众不同的衣服。她是被别人羡慕的白领，但她很少买特别高档的时装。她找了一个手艺不错的裁缝，自己到布店买一些不算贵但非常别致的料子，自己设计衣服的样式。在一次清理旧东西时，一床旧的缎子被面引起了她的兴趣——这么漂亮的被面扔了怪可惜的，不如将它送到裁缝那里做一件中式时装。想不到效果出奇的好，她的"中式情结"由此一发而不可收：她用小碎花的旧被套做了一件立领带盘扣的风衣；她买了一块红缎子，稍做加工，就让她那件平淡无奇的黑长裙大为出彩……

由此可见，小张就是一个典型的4号性格者。因为在4号的心里，生活可以很平凡、很简单，却不可以缺少情趣。他们懂得在平凡的生活细节中创造生活的情趣，可以从做家务、教育孩子、为配偶购买情人节礼物等平凡的生活细节中体验到生活的快乐。

总之，在4号的眼里，生活的艺术可以用许多方法表现出来。没有任何东西可以不屑一顾，没有任何一件小事可以被忽略。一次家庭聚会、一件普通得再也不能普通的家务都可以为我们的生活带来无穷的乐趣与活力。也正是这样富有情趣的4号，容易赢得长久而幸福的爱情。

切忌过度制造神秘感

4号性格者喜欢在自己和恋人之间制造若即若离的距离感，以保持自己在伴侣心目中的神秘感和美感。在他们看来，"距离"是维系恋情的重要手段。因此他们对于爱情往往有着这样的念头："因为爱你，我必须离开你。当离开你后，我才发现有多爱你。"这种想法会令其他人无所适从，但的确是他们的心里话，也是他们向自己证明"有多爱你"的方法。

4号总是将自己及伴侣置身一种永无止境的"推—拉"游戏中。当他们感到过分亲密会危害到恋情时，比如朝夕相对导致双方的缺点无所遁形时，他们会将伴侣推开，让自己有足够的空间来重新回想你的好处。在确认真的爱侣后，他们会在伴侣立志要离开前，用尽一切方法说服伴侣回来。可是伴侣希望两人关系稳定下来时，他们却会再次退缩，不会做出一些具体的承诺。在伴侣为他们的冷漠失望时，他们又会重新施展吸引伴侣回来的伎俩。总之，4号就是喜欢在爱情中制造若即若离的感觉，他们称这种恋爱模式为"吸引—拒绝—吸引—拒绝"，如此循环不息。

对于爱情，4号坚信一个理念：枕上无英雄，枕上也无美女，天天在一起，早晚要原形毕露。

生活中存在许多这样的现象：两个刚认识不久的人，一定会非常迫切地希望知道对方的事情；而当彼此深入了解了对方，对彼此的兴趣就会急速冷却。因此，在爱情中确实需要对伴侣保有一点神秘感，让他对你有尚不明白、尚搞不清楚的部分。

4号可谓制造神秘感的高手，他们情绪化的性格往往给人以难以捉摸的神秘感，他们追求创新的性格更使他们变化万千、难以掌控，从而使他们在爱情中具有强大的吸引力。他们如果能够避免自己陷入悲情主义的旋涡之中，就能凭借自身的神秘感赢得长久而幸福的爱情。

接受爱情中平凡的幸福

4号性格者追求独特、浪漫、刺激的爱情，他们不能容忍欠缺"味道"的爱情，因此他们常常幻想在平淡如水的寻常生活里，会发生一些可以刺激起神经的不幸事故，诸如死亡、别离、灾祸、第三者等。有时亦会无缘无故假想自己被遗弃，需要孤身一人面对冷酷的世界，以此来确认伴侣的重要性，说服自己要安于关系中。在他们看来，只有激烈的爱情才是真正的爱情。

但是，大多数人的爱情终究是平淡的，4号一味地追求爱情的刺激感，在自己和伴侣间不断制造矛盾、痛苦，常常起不到增进彼此感情的效果，反而可能导致双方感情的破裂。因此，4号需要接受爱情中平凡的幸福，才能获得更长久的爱情。

凯瑟琳不止一次想象过他们的银婚典礼：在一个用鲜花装饰着的白色帐篷里，有一个6人管弦乐队；几百个客人拥挤在帐篷内外，丈夫和她交换着钻石手镯；乐队奏起乐曲，他俩摇摇摆摆地跳着舞；然后，爬上游船，打开香槟酒，泪水涟涟的儿女们在码头上向他们挥手……

实际情况是：孩子们把两个汉堡包和几个热狗扔在烤架上，扔得乱七八糟的食品等着她和丈夫去收拾，桌子上是他们互赠的礼物——一件看起来什么人都能穿的浴衣，一瓶带喷嘴的淋浴剂。

丈夫从烤架上拿起最后一个汉堡包，问凯瑟琳想不想吃。

"你知道，理查德给利丝买了一枚贵重的钻戒，她给他买了一件长毛皮大衣。"凯瑟琳说。

"住在这么热的地方，毛皮大衣有什么用？"丈夫笑着回答。

丈夫开始收拾东西。凯瑟琳看着他。他们一起经历了两次经济危机、3次流产，住过5所房子，养育了3个孩子，用过9辆汽车，有23件家具，度过了7次旅行假期，换过12种工作，共有19个银行存折和3张信用卡。

凯瑟琳给丈夫剪头发，掖好过33488次右边的衬衣领子；她每次怀孕时，丈夫都给她洗脚；有18675次在她用完车后，丈夫把车子停到它该停的地方。他们共用牙膏、橱柜，共有账单和亲戚，同时，他们也相互分享友情和信任……难道这就是他们在一起生活了25年的一切？丈夫走过来，对凯瑟琳说："我给你准备了一件礼物。"

"什么？"她惊喜地问。

"闭上你的眼睛。"

当凯瑟琳睁开眼睛时，只见他捧着一棵养在坛子里的椰菜花。"我一直偷偷地养着它，叫孩子们看见，就该把它毁了。"丈夫乐滋滋地说，"我知道你喜欢椰菜花。"

也许，在看似琐碎而平常的日子里，蕴藏的就是一个人的爱情与幸福。但并不是谁都能体会到，这需要一颗能够享受平淡、感受生活的心。有了这样一颗心，你就会用它找到爱的真谛。

当4号认识到在平凡中也有许多令人感动和喜悦的种子时，他们就懂得了欣赏平凡，发现平凡背后的爱的深意。

第10节

塑造完美的亲子关系

4号孩子的童年模式：若即若离的家庭关系

在4号的眼里，自己与父母的关系是若即若离的。他们总是觉得自己处在家庭的边缘，觉得自己跟谁都不像，因此就容易产生一种恐慌和被抛弃的感觉。4号自认为与父母的联系不深，最主要的原因是他们感觉父母看不见自己的特质，并且他们往往也无法在父母身上找到自己想要认同的特质，因此很多4号在小的时候都产生过自己是被父母领养或者抱错的孩子的想法。

4号孩子的童年模式

爸爸妈妈
不爱我？

特别敏感

4号孩子的父母大多关系不好，常常吵架，因此他们特别敏感，常常觉得自己被父母抛弃了。

感受无限扩大

有一些4号在成长过程中可能确实是孤单的，但并非所有的4号都真的经历过被遗弃和没人理会的事。例如，有的4号孩子会因为病好之后，妈妈对自己的关心和照料比自己生病时少了，就认为妈妈不再爱自己了。所以，4号不一定有个少爱的童年，但常会把被遗弃的感受无限扩大。

要想使4号孩子健康快乐地成长，4号的父母就要在孩子面前扮演朋友、知己的角色，多与孩子进行交流，尤其要注重心灵上的沟通和关怀，让孩子感到你是理解他、能了解他的感受的。虽然他们总是觉得别人很难真正了解他，但一旦发现有人能感受自己的情绪和想法，他们就会产生一种心有灵犀的感觉，并且很容易与之靠近，这会令4号暂时忘记失落的感受，变得开朗起来。4号的父母角色扮演成功的话，就可以让孩子有心有灵犀的感觉，并因而与他们越来越亲近了。

培养4号孩子的创造力

4号大都感情丰富，思想浪漫有创意，拥有敏锐的感觉和独特的审美眼光，艺术特长是4号最大的潜能所在。4号是非常感性的人，他们几乎每分每秒都在用心感受心底的感受，因此他们情感就更为细腻，更容易将外界的事物延展到一个大多数人看不到的层次，充满创造才能。因此，父母要注意培养4号孩子的创造力，帮助他们塑造出独特的自我。

倘若4号的潜能得到了充分的发挥，那么他们将能以惊人的创造力给这个世界带来意外的惊喜。他们可以源源不断地产生灵感，通过潜意识过滤新的经验素材，创造出与众不同的作品。在一般的健康状态下，他们会具备强烈的直觉，帮助他们了解他人是如何思考、感受和看待世界的。他们拥有别人很难拥有的创造才能，如果得以发挥的话，那么他们所创造出来的作品必定具有感人至深的力量，这是因为他们能够潜入潜意识的深处挖掘自己所能找到的真相，再将其反映到他们的艺术作品中，使人叹服不已。如果在成长期间有意识地注重对他们创造力的开掘和锻炼，无疑对孩子今后的成长和个人发展有着深远的影响。

尊重 4 号孩子敏感的自尊心

4 号孩子喜欢关注自己的内心世界，有着很高的敏感度，比他人体验更深刻，感觉更敏锐，能够轻易发现每一件事物内在的生命力。这种敏感的性格在为 4 号孩子带来大量超前信息的同时，也极大地影响了他们的情绪，旁人一个不经意的眼神或一句不经意的玩笑，都可能使其受到伤害。因此，针对 4 号的这种敏感性格，父母需要尊重他们、理解他们，尽量客观、正面地评价他们。

卡洛是班里家境最不好的学生，呆头呆脑的，常遭大家取笑。

一次课外活动，新来的老师比尔忽然心血来潮，问同学们："为什么袜子有一个洞？"卡洛低头看了看自己的露趾凉鞋，脸有些红。比尔自己解答了："袜子没有'洞'，人们怎么穿呢？"大家都会心地"唔"了一声，卡洛"唔"得最响。突然，比尔问卡洛："卡洛，你的袜子怎么有两个洞呢？"

大家愣了，都去看卡洛的脚，只见卡洛的大脚趾正尴尬地从袜子的破洞里伸到凉鞋外面。大家"哄"的一声笑起来，比尔也笑了，卡洛却涨红了脸。比尔的眼睛里有什么东西一闪而过，他慢慢收敛了笑容，转身蹲了下去，好一会儿，他忽地抬起了自己的脚："喏！我的大脚趾也出来透气了！"大家笑得更欢了，卡洛却呆住了。接着他猛地转身跑开了。

中学时代总是过得飞快，令大家吃惊的是卡洛居然考取了市里最好的高中。"真想不到！真想不到！"老师们都感到吃惊。一天，比尔忽然收到卡洛的一封信："您还记得那次课外活动破袜子的故事吗？就是从那时起，我才知道您懂得我也有自尊心，不愿被人取笑。因为，我清清楚楚地看见您故意把自己的袜子扯破的，谢谢您懂得尊重我。"

4 号孩子格外在乎他人的评价，有着强烈的缺失感，一旦面对他人的嘲笑或负面评价，心中的缺失感就会越发强烈，演变为严重的抑郁感，会越发退缩到自己的想象世界里，逐渐与外界断绝沟通和联系。为了缓解 4 号的自闭情绪，父母要注意尊重 4 号孩子敏感的自尊心，讲话要谨慎一点，不要当众指责、批评他们，还要对他们的才干和长处表示欣赏，尽量避免他们产生负面情绪。

帮助 4 号孩子放下忌妒心

4 号孩子有一种本能的比较心理，这种比较不一定是物质上的比较，还可能是以所得到的爱作比较。他们可能拿父母对自己的爱与弟弟妹妹或同学玩伴从父母那里所得到的爱进行一个孰多孰少的衡量，由于他们一贯的思考模式，他们比较的结果往往是他人拥有的比自己拥有的更好更多，并因而产生忌妒的情绪。当 4 号孩子起了忌妒心，他们不会像某些类型的孩子那样去中伤或是诋毁他人，而会陷入更深的忧郁中并难以自拔，因而更难合群，更深地将自己与外界隔离开来。

针对 4 号孩子的这种性格特征，父母要帮助他们学会理性思考，正确认识自己的忌妒心理。因为 4 号孩子是感性的，但感性有时不利于人际关系的发展。因此，4 号家长要避免孩子总是过分地只注意自己的感觉，有意识地培养和锻炼孩子的理性思考能力。此外，父母还要鼓励他们多与他人交往。4 号家长要让孩子知道的是，一个人只有在不断地完善和提升自己时，他的魅力和能力才会得以发展。所以，4 号的家长要鼓励孩子多投身各项有益的社会活动中，去获取积极的经验，不要设想太多，直接开始做该做的事情就可以了。

别让 4 号孩子陷入悲观主义

4 号孩子从很小的时候就体现出了敏感和爱幻想的倾向，他们的注意力总是集中在远方，他们关注的也总是那些遗失的事物，会从对缺失物品的关注中找出一些美好的感觉并深陷其中。这种运用自己的想象力去关注遗失的美好和眼前的缺陷的惯性，使他们对眼前现实的一切都毫无兴趣。比较矛盾的是，虽然对美好的事物有着敏锐直觉，他们又总觉得这些美好的事物总是与他们擦肩而过，因此他们常会感觉分外失落。最后，4 号便会生发出一种对理想和完美化的一切都怀有强烈渴求的心，以及一种自己总也得不到的落寞抑郁感。

此外，4 号孩子还对未来和生活往往持有一种悲观的迷茫心理。他们对未来缺乏信心，认为自己一无是处，什么事都做不好，认知上否定自己的优势与能力，无限放大自己的缺陷。他们经常失眠多梦，嗜睡懒动，或觉得自己比平时更敏感、更爱掉眼泪等，重者自我意象消极，时常自怨自艾，或心境悲哀，待人冷漠。然而，要想赢得人生，就不能总把目光停留在那些消极的东西上，那只会使人们沮丧、自卑、徒增烦恼，还会影响你的身心健康。结果，4 号孩子的人生就可能被失败的阴影遮蔽它本该有的光辉。

因此，为了让 4 号孩子健康快乐地成长，父母要帮助孩子提升乐观看待生活的能力，帮助他们在困难和不幸中发现美好的事物，促使他们努力向前看，并且相信自己能主宰一切。正如著名科学家牛顿所说："愉快的生活是由愉快的思想造成的，愉快的思想又是由乐观的个性产生的。"

如何让4号孩子健康成长

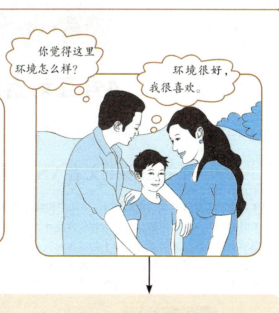

要想使4号孩子健康快乐地成长，4号的父母就要在孩子面前扮演朋友、知己的角色，多与孩子进行交流，尤其要注重心灵上的沟通和关怀，让孩子感到你是理解他、能了解他的感受的。

4号总是觉得别人很难真正了解他，但一旦发现有人能感受自己的情绪和想法的话，那么他们就会产生一种心有灵犀的感觉，并且很容易与之靠近，这会令4号暂时忘记失落的感受，变得开朗起来，心也就变得开放了。

如果4号的父母角色扮演成功的话，就可以让孩子有心有灵犀的感觉，能让他们觉得他与你是血脉相连的，只有你能理解他、欣赏他，这样孩子自然也就会和你越来越亲近了。

第11节

4号互动指南

4号浪漫主义者 VS 4号浪漫主义者

当4号浪漫主义者遇到自己的同类——4号浪漫主义者时，能形成良好的互补关系，但也会因性格的不同而产生一些小矛盾。他们能够欣赏彼此的独特之处，也能在审美方面达成共识，更有着许多共同的兴趣爱好，能够进行情感上的深入交流，并产生强烈的共鸣，更相信对方，也更能坦诚地面对对方。总之，两个4号相遇，往往能成为挚友。他们也会因为双方都想压制对方而产生一些矛盾，但因为他们擅长情感沟通，这些矛盾都能很快被化解。

组成家庭

如果两个4号组成家庭，他们可能因为共同的审美观、温柔态度和强烈的情感表达而相互吸引。但他们都喜欢关注悲伤和痛苦等，因此喜欢制造隔阂和矛盾；而且他们追求完美，总看到伴侣的缺点，因此双方都会抱怨，从而陷入感情危机。他们如果对待伴侣足够坦诚，这对夫妻爱情的火焰可能会燃烧一生一世。

成为工作伙伴

如果两个4号成为工作伙伴，他们会暂时放下自己的悲情主义，追求个人独特的成功，表现出强烈的竞争性。但是，一旦工作进入常规，失望情绪就开始蔓延。他们会觉得自己的努力好像完全是徒劳，每一天都平淡无奇。他们会在对成功的渴望和兴趣的失落之间徘徊，甚至会在即将成功时，把自己的收获毁于一旦。

总之，无论是在家庭中还是在工作中，两个4号相遇，都需要彼此坦诚相对，多进行深入交流，理解对方的情感，尽量关注好的一面，才能逃离悲观情绪的旋涡，创造浪漫而独特的生活。

4号浪漫主义者 VS 5号观察者

当4号浪漫主义者遭遇5号观察者时，也能形成良好的互补关系，但也会因性格的不同而产生一些小矛盾。4号和5号都关注自己的内心世界，都认为真正的生活隐藏在虚假的外表之下，都是生活在自己与众不同的思想世界中。因此，他们常常因为"局外人"的身份走到一起。但是，他们内心世界的关注点是不一样的。4号会对于情感波动格外敏感，5号则可以生活在一个充满抽象智慧的世界里，彼此关注点的差异常常引发误解、矛盾，导致他们自我退缩，自我封闭。

组成家庭

如果4号和5号组成家庭，4号的唯美主义与5号的观察力结合起来，会产生一种唯美的距离。他们的情感表达方式充满象征意义。但是，5号会控制与他人相处的时间来保护自己，4号则渴望亲密。因此4号会感到自己被忽视了，因而开始抱怨；而5号则不断回避，甚至拒绝交流，那样对感情的发展极为不利。

成为工作伙伴

如果4号和5号成为工作伙伴，受4号感染，5号往往不会像情感关系中那么封闭，会更自如地表达自我，并敢于冒险，对工作充满感情；5的积极表现能够增强4号的信心，推动双方向前发展；5号主内，4号主外，是最佳的组合。反之，则容易挫伤彼此的信心，增加彼此间的距离，甚至断绝双方之间的交流。

总之，无论是在家庭中还是在工作中，4号和5号相遇，都需要4号更理性一点，认可5号的智慧；而5号要更感性一点，给予4号特别的关注。彼此间多进行深度的感情交流，就能避免冲突，形成和谐的关系。

4号浪漫主义者VS 6号怀疑论者

当4号浪漫主义者遭遇6号怀疑论者时，能形成良好的互补关系，但也会因性格的不同而产生一些小矛盾。

4号和6号都关注自身情感中的负面影响，4号能够体会6号的害怕情绪，6号能够体会4号的痛苦情绪，因此在悲伤的时候他们会站在一起，也能够分享战胜悲伤、痛苦之后的喜悦。但是4号因为害怕遭到误解和抛弃，而关注那些正在体验深层情感的人；6号认为自己是被排斥、被压迫的人，害怕遭到迫害，会非常支持被压迫者的事业。因此，双方时常产生分歧，双方都会因为缺乏自信心而抱怨对方，都想向对方证明自己，但是谁也不愿主动向前，容易形成僵持的局面。

组成家庭

如果4号和6号组成家庭，夫妻双方都能够看到对方的脆弱，并给予支持的力量，尤其是当他们看到了人性的美好时。但是，夫妻双方也可能因为自身的脆弱而无所作为，陷入负面情绪的旋涡中，如果他们之中有一方能够主动放弃自己的成见，重申他们共同的承诺，就能有效避免危机。

成为工作伙伴

如果4号和6号成为工作伙伴，他们都喜欢关注事物发展的负面影响，时刻感到生存的威胁，因而乐于行动，充满竞争的动力。而且，他们在危险的冒险中，总能感受到创造性的活力。不过，他们都不喜欢公开竞争，这常常暴露他们的缺点，使4号陷入自卑中，6号陷入怀疑中，很容易导致分道扬镳。

总之，无论是在家庭中还是在工作中，4号和6号相遇，都需要双方尽量看到彼此之间的相似性，而不是执著于彼此的差异上，更需要双方都关注事物发展中好的一面，减少自己的负面情绪，才能激发彼此的行动力和竞争力。

4号浪漫主义者VS 7号享乐主义者

当4号浪漫主义者遭遇7号享乐主义者时，能形成良好的互补关系，但也会因性格的不同而产生一些小矛盾。

7号追求享乐的方式具有多样性，这常常满足了4号追求浪漫、独特的心理，而4号独特的审美观也常常给予7号新鲜刺激的享乐。他们能够支持对方的独特天赋，当然也可能在无形中对双方的结合寄予过高期望。

4号的忧伤情绪常常使7号感到困扰，因为他们追求绝对的享乐，拒绝任何形式的痛苦，因此他们常常对4号没完没了的忧伤感到不耐烦，这反而更激发4号的负面情绪，从而激发彼此的矛盾和冲突。

组成家庭

如果4号和7号组成家庭，4号享受悲伤，7号享受快乐，这常常使他们相互吸引。4号通过感觉来体验世界，而7号主要是通过思想，但他们都能够与对方分享心灵和思想上的快乐，并从中追求刺激感。但是7号不关注情感，无法忍受痛苦，而4号则以痛苦为享受，他们常常在面对深层情感的问题上争论不休。

成为工作伙伴

如果4号和7号成为工作伙伴，7号关心各种切实的可能性，4号也不喜欢因为太多计划而失去目标。双方似乎都相信，他们在一起能够创造出前所未有的成绩。但当工作进入平稳期后，4号会因为缺乏新鲜感而感到厌烦；而当遭遇困难和挫折时，7号会逃避痛苦。他们如果都能够脚踏实地，就能让工作善始善终。

　　总之，无论是在家庭中还是在工作中，4号和7号相遇，都需要4号学会区分有利于解决问题的需要，和只能让自己感到舒服却可能引发问题的需要；7号则要真诚与4号进行沟通，而不是一味地表现出厌烦、疲惫或者拒绝。只要彼此端正对待个人情感的态度，就能形成和谐的关系。

4号浪漫主义者 VS 8号领导者

　　当4号浪漫主义者遭遇8号领导者时，能形成良好的互补关系，但也会因性格的不同而产生一些小矛盾。

　　和优雅、成熟的浪漫主义者相比，8号感到自己是粗鲁、生硬的。但是对4号来说，狂妄不知羞耻的8号对他们有一种致命的吸引力。当浪漫主义者的戏剧性与领导者对生活的欲望结合在一起时，就形成极其激烈的一种关系。但是，4号关注情感的表达，而8号则羞于表达自己的情感；4号常常会误解8号表达情感的方式，感到8号不关注自己，从而陷入悲伤情绪中。而8号讨厌自己被情感所束缚，认为那是软弱无能的表现，因此他们会选择离开4号。

组成家庭	成为工作伙伴
假如4号和8号组成家庭，他们都不愿被约束，因此很可能一起反对社会规则。为了摆脱无聊，8号会咄咄逼人，4号的举动也会出人意料，而且他们愿意承受痛苦。当4号陷入忧郁中，8号会感到困扰，会选择离开，这又使4号愤怒，但也摆脱了低迷的情绪。总之，他们是极其和谐的一对。	假如4号和8号成为工作伙伴，4号认为自己是独特的，能够超越法律约束，8号认为自己是权威，比法律更强大，因此他们会一起挑战规则。但他们之间也时常存在竞争问题，他们都想要获得领导地位，谁也不会向谁屈服。他们如果能够进行真诚而深入的情感交流，明白对方的意图，就能在彼此间建立信任。

　　总之，无论是在家庭中还是在工作中，4号和8号相遇，都需要4号把注意力放在能让8号支持的项目上，而不要刻意追求8号的关注，而8号则要开始意识到投入自身情感中的价值。

4号浪漫主义者 VS 9号调停者

　　当4号浪漫主义者遭遇9号调停者时，能形成良好的互补关系，但也会因性格的不同而产生一些小矛盾。

　　4号和9号都被内心的强烈情感缠绕着，因此他们能够理解对方的情感状态，能够很快拉近彼此的心理距离。而且，9号对人态度温和，常常使4号感到安全，4号的活跃和浪漫也是9号渴望的。但是，随着接触的深入，悲伤的4号需要得到9号的更多关注，但又得不到回应，因此常常感到失望，并最终抱怨9号。而越是被抱怨，9号越是退缩到自己的世界中去，矛盾由此而生。

组成家庭	成为工作伙伴
假如4号和9号组成家庭，他们都能够冷静地爱着对方，既没有不切实际的期望，也没有无缘无故的抱怨。但是，前者总想在情感上获得永久的满足，而后者则希望一辈子都能有人支撑，因此他们彼此之间会有莫大的压力。他们如果能够放下彼此对爱的成见，更多地从对方的角度来看待爱，往往是甜蜜而幸福的一对。	假如4号和9号成为工作伙伴，性格差异会让他们在工作上互补，形成工作中较为常见的合作关系。4号负责与公众打交道，而9号则负责监管运作机制。但4号容易对工作感到厌倦；而9号则一味求稳，不愿尝试新的方案，并因此疏远4号。当失望的4号遇到正在"自动驾驶"的9号时，冲突不可避免。

　　总之，无论是在家庭中还是在工作中，4号和9号相遇，都需要4号尽量给予9号积极乐观的印象，而9号也要主动寻找自己的目标，并一步步去实现自己的目标，这样才能形成和谐的关系。

第六章

5号观察型：自我保护，离群索居

5号宣言:世界是复杂而危险的，我必须学会保护自己。

5号观察者关注自己的私密空间，喜欢安静、独立。他们总是带着距离体验生命，他们超脱于生活，着意控制自己的情绪，不被事务和人际关系羁绊。相对于行动而言，他们更喜欢观察，喜欢理性地思考，对知识和资讯尤为热爱。这使他们难以意识到自己内心的情绪，也无法向他人表达内心的感受，常常成为孤独的观察者。

第1节

5号观察型面面观

5 号性格的特征

　　5号十分注重他们的内心世界，他们希望自己成为一个思想者。因此他们喜欢安静、独立、关心自己的私人空间，喜欢独处。在他们看来，精神上的思考比行动更为重要，因为他们认为世界是复杂的，它会侵犯5号的隐私，因此5号只需要躲在自己的私人空间里，就可以认识外部世界，也可以保护自己，回归自我。总之，5号常常给人以"冷眼旁观"的感觉。

　　5号的主要特征如下：

5号的主要特征
1	安静，不喜言辞，欠缺活力，反应缓慢。
2	百分百用脑做人，刻意表现深度。
3	注重个人的私密性，不喜欢他人窥探自己的隐私，当感到威胁时，会选择撤退或系紧安全带。
4	当别人企图控制他们的生活时，会很愤怒。
5	害怕与人相处，不喜欢娱乐活动，宁可埋首工作及书堆，感觉比较安全。在人际关系上显得比较木讷并喜欢保持理性的状态。
6	社交活动大都是被动的，总是由别人主动发起。
7	重视精神享受，不重视物质享受。
8	认为世界是理性的，害怕用心去感觉。
9	希望能够预测到将要发生的事情。
10	是一个理解力强、重分析、好奇心强、有洞察力的人。
11	习惯情感延迟，在他人面前控制感觉，等到自己一个人的时候，才表露情感。
12	分不清精神上的不依赖和拒绝痛苦的情感封闭。
13	过度强调自我控制，把注意力从感觉上挪开。
14	把生活划分成不同的区域。把不同的事情放在不同的盒子里，给每个盒子一个时间限制。
15	对那些解释人类行为的特殊知识和分析系统感兴趣。希望找到一张解释情感的地图。
16	喜欢从一个旁观者的角度来关注自己和自己的生活，这将导致与自己生活中的事件和情感隔离。
17	喜欢独自一人工作，相信自己的能力，也很少寻求他人的意见和协助。
18	虽然有时退缩且不愿意支持别人，但在别人要求时，会帮别人仔细分析，且条理分明。
19	贪求或积攒时间、空间、知识，对时间及金钱很吝啬。
20	关注探究，思考代替行动，基本生活技能较弱。
21	自我满足和简单化。

5号性格的基本分支

5号性格者注重个人的隐私与独立。为了保护自己的私人空间不受打扰，他们喜欢独处，很少外出，只与外界保持有限的联系。他们与心灵做伴，从中获得无穷尽的快乐。但是，即便是隐居的生活，也需要一定的物质必需品和情感必需品作支持。因此，当5号感到缺少了某样必需的东西，他们就会想方设法把这样东西弄到手。这时的他们，表现出强烈的贪婪特征。这种贪婪将影响5号对情爱关系、人际关系和自我保护的态度。

情爱关系：私密

大多数时候，5号为了保守秘密，宁愿忍受分离的痛苦。因为长时间忍受寂寞，使他们内心极度渴望那些短暂、激烈而极具意义的相遇，他们渴望寻找到知己：那些极少数能够分享他们的秘密的人。也就是说，5号喜欢的是私人顾问、个人空间、秘密爱情。

人际关系：图腾

5号性格者希望与具有共同特征的人保持联系，这种共同特征就像一个部落中大家共同信奉的图腾一样。他们希望为这个圈子里的人提供建议，也希望从中获得建议。这种对图腾的信奉也可以发展成对特定知识的探寻，比如对科学公式或其他深奥理论的研究。

自我保护：城堡

5号十分注重自己的私密性，他们渴望建立一个私密的空间，在其中休息、思考，周围都是他们熟悉的物品。在这个地方，他们感到安全，他们能够躲避来自外界的侵犯，并在这个充满记忆和象征性物品的天堂里整理自己的思绪。

5号性格的闪光点与局限点

九型人格认为，5号性格不仅有许多闪光点，也有许多局限点。下面我们就来具体介绍：

5号性格的闪光点	
精神重于物质	5号对物质要求不高，他们不注重衣着，认为那些都是身外之物，与生命本身没有什么关系。而且，他们认为过强的物质欲望容易加深内心的空虚，只愿意用金钱来保护个人隐私，获得良好的环境和可以自由支配的时间，而不是其他物质享受。
敏锐的知觉力	5号具有敏锐的知觉，他们总能透过事物的表面，看到核心的问题及潜在的危险，并且能够整合已存在的知识，找出看似无关的想象与问题的关联，从而很好地预测未来的发展。
极强的专注力	5号喜欢思考，他们总能够全神贯注于引起他们注意的事物上，并能看清事物的真相。
极强的分析力	5号精通心智的分析，他们总能冷静地观察和思考事物，并研究问题，从而得到最公平的认知。
理性	5号喜欢克制自己的感情，事事都会以理性角度来分析。他们喜欢把不同的人、事分门别类，凡事喜欢刨根问底，喜欢用逻辑分析、理性思考来解决人生的所有问题。
以事实为导向	5号喜欢以事实为导向，总是把他们的心思集中在外在世界，"客观"是他们追求的目标。他们总是以冷静沉着、抽离的态度来窥探这个世界，从而发现别人不曾怀疑的问题。
善做准备工作	5号认为准备不足或意外是非常可怕的，因此他们喜欢在做某件事前，设法收集所有相关信息，并预演一番，以便能及时应变。他们要表态或做出结论时，总会注意确保万无一失。

擅长规划	5号能够与人和事保持适当的距离，这使他们不会为琐事困扰。他们理性，不会冲动，总是尽可能地搜集所有问题的资料，注意研究，最后确定解决方案，建立真正细致的拓展蓝图。
善于学习	5号喜欢学习，为拥有知识而兴奋。他们以兴趣为导向，对自己感兴趣的东西，不管能否产生实际的效用，都会一头扎进去，直到找到他想要的原理或真相。

5号性格的局限点

过于看重知识	5号渴望知识，他们总是将注意力集中在对知识的追求上，成天埋首于书籍资料中。他们认为，有了知识就不会焦虑，就知道怎样去面对环境。
行动力较弱	5号的思想很活跃，行动却比一般人迟钝。他们很少有实际行动，而且容易在行动的过程中中途放弃，工作上也时常犹豫不决，导致自己错失机会。
思考过度	5号习惯与自己的情感保持距离，因此总能冷静地考虑问题。即使处在困难或混乱的局面当中，他们也不会感到慌乱，但是，由于他们总是过度思考，他们常常错失行动的先机。
抽离自己	5号看人看事时都刻意保持一定的距离。他们总是将人际关系保持在一种抽离的状态，很少公开谈论自己的事，也不喜欢与人深交，更不喜欢陷入复杂的人际关系。
忽略感觉	5号崇尚理想，拒绝感性，因此他们害怕自己有太多情绪感受，认为这绝非做人的依据。因此他们不喜欢亲密的感觉，害怕情感的介入会打扰自己的情绪及思想世界。
害怕冲突	5号不喜欢与人亲近，也就不喜欢处理人际关系。当他们与他人发生冲突时，他们常常会自动退缩回自己的内心世界，对他人的怒火不予理睬，这往往越发激发他人的愤怒情绪。
吝啬	5号为了维护自己的私密性，尽量减少与他人的来往，因此他们不愿意为他人花费自己的时间和精力，更不愿意和他人分享自己的空间和资讯，容易给人一种吝啬的感觉。
贪婪	5号希望了解天下大事，以更好地掌控自己的私密空间，因此对时间、精力、资讯等个人资源表现出极其显著的贪婪特征。这种贪婪可以帮助他们获得独立生存的资源，也使他们越发表现出一种自我中心的倾向。

5号的高层心境：全知

5号性格者的高层心境是全知，处于此种心境中的5号性格者拥有丰富的知识，能够深刻而全面地认识世界。

对于习惯从身体退缩到内心的5号来说，只有丰富的知识能安抚一个害怕去感觉的人，能满足一个人的预知感，让其免遭潜在的侵犯。因此他们对于知识总有无休止的渴求，他们非常喜欢读书，并坚信世间的一切都可以通过书籍得到。甚至那些人与人之间的情感、情绪的交流，他们也会先进行观察，然后再去书中寻找与自己观察相对应的解释，并把这种解释当作解读某一类情绪、情感的真相，以便自己在下次遇到类似事件以及由此带来的情绪、情感时调用。

和"九型人格"体系中所有其他高层能力一样，5号全知的能力也是通过非思考状态下的心境得到的。全知并不是说要了解一个既定事物的所有知识，或者是建构一个完美的体系来安排所有事情。全知更像让内心的观察者发挥作用，让自我的意识与过去、现在和未来的所有可能联系在一起。也就是说，当5号无惧任何意外和冲突，都能下意识地做出正确的决定，说正确的话，做正确事，快速化解意外和冲突，他们就进入了全知的高层心境。

5号的高层德行：无执

5号性格者的高层德行是无执，拥有此种德行的5号不再贪婪、不再吝啬，真正进入了一种无所求、无所依的生活状态。

一般的5号的"舍"是一种错误的"舍"。他们是因为讨厌让自己感觉到欲望，而表现得无欲无求，他们的"舍"并不是因为内心的满足感。当然，他们也能找到正确的理由来教训我们，因为我们大多数人都渴望得到比足够更多的东西，都花费了大量精力来追求地位和物质财富。这往往会让5号性格者相信自己高人一等，以为自己可以无欲无求，但实际上他们并没有因为已经拥有的而感到满足。也就是说，一般的5号看似无欲无求，实则陷入了对自我隐私的渴望之中。

真正的"舍"，也就是无执，并不是这样的，它需要你能感觉到自己所有的感情，需要你能够接受所有表现出来的现象，然后才放手，脱离一切。当5号拥有无执的高层德行后，他们就能够脱离对自我隐私的渴望和欲望。他们对知识的依赖感日益减少。他们开始明白一个道理：当获得了我们需要的东西时，我们就可以放手，因为我们知道，如果需要的话，我们还能够重新获得它。也就是说，当人们完全放开自己，不为外物所扰的时候，才是真正收获幸福的时候。

5号的注意力

5号性格者的注意力不在自身的感觉上，也不在外界人、事身上，而在如何制造自己与外界的人、事的距离感上。

他们喜欢隔离，却不会完全撤退到自己的私人空间，或者在自己身边竖立起情感的围墙，而是把自己的感情排斥在外，站在自身之外的某个位置来观察一切。这种注意力的支配习惯在面临压力、亲密关系，或者毫无准备的情况时表现得尤为明显。5号可以把自己的注意力全部集中在身体之外的某个点上，通过这种方式让自己消失。

我喜欢做瑜伽，因为我能够把自己完全封闭起来，好像根本感觉不到自己的身体。我常常能将自己的思想从我的身体中分出来，就好像灵魂出窍一样，我能够看着自己做出每一个动作，但是没有任何身体的感觉。我真害怕有一天我的灵魂跑出去回不来了，但只要我一静下来做瑜伽，就容易出现这种抽离的情况。

产生这种思想和身体分离的情况的原因，是5号习惯把注意力与对他们产生威胁的目标分开，通过无视危险来消除内心的恐惧感，这与冥想者有意把观察的自我与自己沉思的目标分开是不一样的。如果5号无法摆脱那些让他们恐惧的事物，他们就失去了让心智和情感分离的防御能力，他们就会变得异常脆弱，很容易受到他人和自身欲望的影响。而冥想者则能够从内在去观察，能够与自己关注的对象融为一体。

在注意力练习中，5号应该让自己远离被侵犯的感觉，忘记那种恐惧感，而不是紧紧抓住那种感觉不放。这时他们才能真正远离外界干扰，敢于面对自己真实的情绪，感到一种强大的控制感。

5号的直觉类型

每个人的直觉都来源于他们关注的东西，5号性格者的直觉来源于他们对于距离感的密切关注。也就是说，当5号被冥想所吸引时，他们往往会选择分离性的练习，比如使用印度最古老的自我观察技巧——内观的方法，通过观察自身来净化身心。这种方法强调的都是通过把心腾空，释放思想和其他干扰，来培养内心的观察力。

但5号选择这种分离性练习的原因并不是他们想要观察内心世界，而是他们不希望介入任何事情，不想让自己感受到来自现实生活的欲望和担忧。也就是说，他们想通过这种方式来保护自己，而不是净化自己。

但要注意是，没有掌握分离奥妙的5号把冥想看作一种能够让他们对所有情感产生免疫的方法，而真正成熟的5号则通过这种分离的心境来了解自己的感情，帮助他们更客观地看待世界，从而使自己获得更好的发展。

高层心境：全知
对知识不懈渴求，能下意识地做出正确决定

高层德行：无执
完全放开自己，不为外物所扰

5号性格者
的发展方向

注意力：隔离
思想和身体分离，就像做瑜伽一样

直觉：内观
通过观察自身净化身心，远离现实的欲望和纷扰

5号发出的4种信号

　　5号性格者常常以自己独有的特点向周围世界辐射自己的信号，通过这些信号我们可以更好地去了解5号性格者的特点，这些信号有以下4种：

积极的信号

5号追求独立，喜欢无拘无束的生活方式，因此他们对于亲密关系十分敏感，从不轻易陷入亲密关系中。但一旦陷入亲密关系中，他们自身丰富的知识与对现实深刻的分析则能为人们带来极大的快乐。

消极的信号

5号喜欢营造距离感，因此常常给人以态度冷淡的感觉，人们常常感觉自己被完全忽视了。这好像5号要保护隐私的需求在对他人发出拒绝的信号。因此，人们必须事事主动，这容易让人们感到负担。

混合的信号

当5号感到自身的私密受到威胁时，他们就会转向自己的内心，他们会清楚地向外界传达"别过来"的信息。但是当他们在扮演一个合适的社会角色，或者面对压力时，他们似乎表达着自己的情感。这就使人们难以分辨他们对感情的态度。

内在的信号

5号习惯以兴趣为导向，当他们对你不感兴趣时，他们的能量会迅速从现实中撤走。他们把自己收回，这种表现十分明显，让你觉得你们虽然还在面对面谈话，却好像是相隔十万八千里。如果你想唤回他们的活力，他们只会把能量向其他地方转移。

总之，5号不喜欢在人际交往中投入过多的感情。面对爆发的情感，5号往往不知所措。在没有准备好时，他们的大脑是一片空白的，情感的浮现让思考变得困难，这让他们失去了稳定的基础。他们亟须回到一个人的状态，找到一个安静的地方让自己冷静下来。比如，5号在遇到突然性的提问、身体接触或拜访时，会主动退缩到他们自己的空间里。他们只在知道要发生什么时，才会放松下来。也就是说，如果能够减少情感关系中的不确定因素，就能减少5号的紧张。

5号在安全和压力下的反应

为了顺应成长环境、社会文化等因素，5号性格者在安全状态或压力状态下，有可能出现一些可以预测的不同表现：

安全状态

当他们在感到安全的办公室里时，他们也会想要去控制一切。在这样安全的环境里，5号放松了基本的防御措施，渐渐表现出8号性格者的强势特征。

这时的5号感到能够全身心地投入自己的生活中，能够很好地丰富自己的生活，他们会变得外向、热情。同时，他们也会变得像8号一样暴躁，容易为小事而动怒。

压力状态

当事情没有办法按逻辑分析时，或是决策没有足够的数据支持时，或是在不理解命令的情况下被迫执行命令时，5号就容易进入压力状态。

这时的5号往往表现出7号的性格特征，他们给自己披上一件能够被社会接受的外衣，并主动与他人接触，但这也使他们根本没有时间思考。

对于视思考如命的5号来说，没有思考，就没有进步的可能，因此压力状态下的5号越发坚定了要远离他人的感觉。

第2节

我是哪个层次的5号

第一层级：有高度创造力的人

处于第一层级的5号是开先河的幻想家，他们有一种深广的参透和领会现实的奇异能力，能够总领万物的要义，从别人只看到虚无与混乱的东西中发现事物的规律，发现全新的事物。

他们拥有丰富的知识，并且能够综合自己已有的知识，在看似无关的现象间建立起联系。他们具有深刻的洞悉现实的能力，能够发现单凭理论思考无法获得的真理，发现事物的内在逻辑、结构及相互关联的模式，能够准确地发掘真相。在其思考天赋发挥到巅峰状态时，他们就像是先知。

他们往往具有艺术天赋，如果从事艺术事业，往往能够创造出全新的艺术形式，或以前所未闻的方式革新已有的形式。

这个层级的5号有着高度的创造力，而这种创造力完全是不自觉的。他们在世界中不再感到紧张，而是如同在家一般的平和。这时他们因为已经超越了对无能和无助的恐惧，所以也就摆脱了对知识和技能没有止息的追寻。

第二层级：智慧的观察者

处于第二层的5号是感知性的观察者，他们拥有卓越的智慧，能够透过事情的表面，很快地进入较深远的层级。

他们是心灵最为敏锐的人格类型，对每件事都非常好奇，因此，他们对周围世界有很敏锐的观察力，能深刻地意识到这个世界的荣耀、恐怖以及不和谐的、无限的复杂性。他们习惯以心理为导向，喜欢观察，如果观察到了某个东西，也就是说被感官或心智所领会了，就可以理解这个东西。

他们喜欢思考，并能够从中获许多乐趣。当他们了解某件事物时，他们常常在心里反复咀嚼这一过程，品味自己的观念，这就是他们最大的乐趣。

他们喜欢以专注的态度去深度了解世界，因此他们似乎透过放大镜观察这个世界，人与物都巨细无遗地呈现在他们眼前。他们习惯跟着自己的好奇心和感知力走，他们不怎么关心社会成规，不想受到其他事务的妨碍，使自己没法从事真正感兴趣的事。

第三层级：专注创新的人

处于第三层级的5号是专注的创新者，他们变得对单纯认识事实或获得技能不感兴趣，而是想用所学的东西去超越以前已被探究过的东西，他们想要"有所推进"。

随着思考的深入，5号常常认为自己智力和感知力非凡，这时他们就开始担心自己会失去这敏锐的感知力，或担心自己的思考不准确。于是，他们开始集中精力积极投身于自己最感兴趣的领域，目标在于真正地掌握它们。

他们的创新可能是革命性的，能够扭转旧有的思考方式。他们的想法具有超前性，而且这些想法在经过他们的刻苦钻研后，往往会带来惊人的新发现或产生出色的艺术作品。

他们愿意和他人分享自己所拥有的知识，因为他们在和别人一起讨论自己的想法时常常可以学到更多。

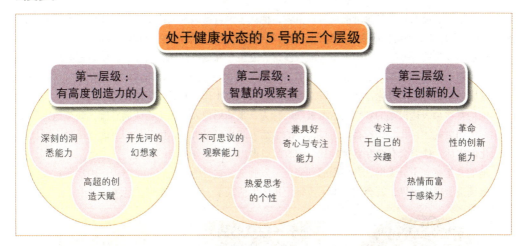

第四层级：勤奋的专家

处于第四层级的5号是勤奋的专家，他们变得不如健康状态下自信，开始担心自己知道得不够多，总是怯于行动，在世界中找不到自己的位置。

他们开始变得不自信，喜欢退回到经验领域，觉得在那里会更加自信、更能控制自己的内心。他们认为，知道得越多，越能发现自己的无知。因此，他们要求自己做更多研究，从事更多实践。

他们不再利用自己的才智去创新和探索，而是将它用来对事物进行概念化和做比较。他们会花大量时间去把某个问题或一首歌的想法概念化，但又犹豫要不要把这些想法付诸实践。

健康状态下的5号运用知识，而一般状态下的5号追寻知识。他们总认为自己不如别人准备得充分，所以必须去搜集自认为"成就自身"所必需的各种资讯、技能或资源。

他们还会成天泡在书店、图书馆以及提供场所让知识分子通宵讨论政治、电影和文学的咖啡屋，更会花大量金钱去购买获取知识所需的工具。总之，他们努力搜集一切资源，以使自己成为某方面的专家。

第五层级：狂热的理论家

处于第五层级的5号是狂热的理论家，他们的兴趣越来越狭窄、越来越怪癖，他们对自身狭窄的兴趣之外的事物投入的时间越来越少，也越来越不愿意尝试新的活动。

他们感到自身对现实的掌控能力在逐渐减弱，他们对自身能力的不安全感却开始增强，因此他们习惯退回到内心的安全范围中，将注意力转向了心灵的高速运作，用自己所拥有的内心力量和财力去获取自信心和力量，使自己能够在生活之路上走下去。

他们不再相信情感力量，认为情感需要会成为自己的负担，转而相信一切都取决于获得一种技能或能力，因此，他们致力于提高自己的专业技能，沉浸于复杂的学术难题和万花筒般的体系。

在与人交往时，他们喜欢隐蔽自己，以维持其独立性和操控整个局面。因此，他们越来越不愿意和他人谈论自己的私生活或情感生活，但他们不会说谎，而是尽量避免向他人提供自己的信息。

第六层级：愤世嫉俗者

处于第六层级的 6 号是挑衅的愤世嫉俗者，他们害怕自己因为人或事的侵扰而延误事情的"进程"，所以决心抵御一切自认为会威胁自己脆弱领地的东西，这常常使他们富有攻击性。

他们越发喜欢思考，并致力于思考那些怪癖、复杂、深刻的问题，而他们心中臆想的那些复杂性引出了新的、更棘手的问题。由于没有任何事情是明确的或确定的，他们心中的焦虑越积越多。他们健康的原创力逐渐退化，变得乖僻、古怪，原先的天才开始变成一个怪异的人。

他们常常会表达极端的观点或采取极端的行为，来动摇他人的确定性或满意度，倾覆他人的安全感。他们更关注自我，比较喜欢通过自己的生活方式来责难世界，因此他们可能选择过一种极端边缘化的生活。他们会有意穿着挑衅社会的衣服或做出一些十分出格的行为。

他们常常感到十分无助，并因而感到痛苦，发脾气。这是他们长时间忽略现实因素所致。他们如果继续逃避现实世界，就会切断本来所剩无几的生活联系，沉入更加可怕的黑暗之中。

处于一般状态的
5 号的三个层级

第四层级：勤奋的专家
勤奋求知的专家，缺乏自信与创新。

第五层级：狂热的理论家
以理智构建安全感，重理论而轻情感。

第六层级：愤世嫉俗者
富于攻击性的愤世嫉俗者，害怕与外界接触的无助者。

第七层级：虚无主义者

处于第七层级的 5 号是孤独的虚无主义者，他们内心有很强的无助感，自我怀疑越来越严重，觉得几乎所有的人和事都成了对他们的威胁，对自认为威胁到自己的所有人都抱一种对立态度。

他们有着强烈的无助感，感到自己时刻受到外界的威胁，因此他们必须与他人保持安全的距离。然而，这种隔离他人的孤独使他们十分绝望，很难适应生活，对世界也十分反感。

他们不允许他人怀疑、嘲笑和不理睬他们的想法，他们认为，这是侵犯他们隐私和自由的行为，容易激起他们的攻击性。这也容易激起人们对他们的排斥，使他们和他人的关系越加疏离。

他们极度推崇节制主义，认为只要清除掉自己的一切，只留下最基本的生活保障，就能使自己获得独立。这往往使 5 号越发脱离现实，越发感到无助、恐惧。

为了逃避自己的孤独，他们常常利用酗酒和滥用药物的方法来麻醉自己。这不仅不能将他们从虚无主义的痛苦中拯救出来，反而会使他们陷入更深的虚无主义，进一步侵蚀他们的自信心，驱使他们进一步走向孤立，并加剧他们的退化。

第八层级：孤独的人

处于第八层级的 5 号会随着内心恐惧感的加深，越发不相信自己应对世界的能力，越发逃避与外界的接触，逐渐退回到与世隔绝的状态。

他们缺乏与他人的接触，完全沉浸在自己的想象世界里。然而，一旦他们回归现实生活中，他们就会发现自己可掌控的太少。这使他们痛苦万分。为了逃避这种痛苦，他们只好继续沉溺在想象世界里，完成自己在现实生活中未竟的梦想。

他们恐惧现实，在他们看来，现实中的一切都是汹涌的、吞噬性的力量，整个世界好像就是一个荒诞的噩梦，一种发了疯的景致。他们开始频繁地出现幻听等幻觉，开始觉得自己的身体就像外星人一样，这让他们感到恐惧，并时刻提高警惕，一刻也安静不下来。

他们开始频繁地失眠，一方面是因为他们害怕自己睡觉的时候可能遭受残暴力量的攻击，一方面他们也害怕自己那些充满暴力倾向的梦境。为了摆脱这种恐惧感，他们常常选择药物或酒精来麻醉自己的心智。然而，这往往造成他们身体状况的恶化，并进一步导致精神状况的恶化。

第九层级：精神分裂症患者

处于第九层级的 5 号已经呈现了病态的心理特征。他们出现幻听等幻觉，失眠，他们不再相信自己能够抵御世上的敌对力量和内心的恐惧了，他们渴望停止他们所经历的一切。

到了第九层级，5 号精神分裂的症状越发严重：一方面，他们希望通过把自己的心理分裂为令人恐惧的碎片，通过认同内心仅存的观念或幻觉，来获得一点力量，以应对自我的解离；但另一方面，他们的恐惧具有一种无情的穿透力量，令他们感到世上已无安全的地方可去。

随着 5 号精神分裂的加剧，他们越发觉得自己的人生演变成了一种持续的痛苦与恐怖体验，他们渴望停止下来，想要在忘却中终止一切体验。

当然，5 号也会选择另一种方式来终止自己的痛苦体验。他们会选择控制自己的心智，尤其是控制因不断蚕食自我而形成的恐惧症，因意识与潜意识分裂为两个部分而产生的巨大焦虑，这样他们就能够退回到看似安全的部分，退回到一种类似精神病的孤独般的状态。

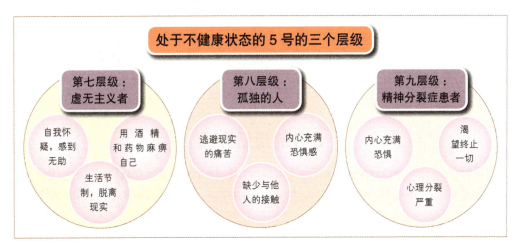

处于不健康状态的 5 号的三个层级

第七层级：虚无主义者 — 自我怀疑，感到无助；用酒精和药物麻痹自己；生活节制，脱离现实

第八层级：孤独的人 — 逃避现实的痛苦；内心充满恐惧感；缺少与他人的接触

第九层级：精神分裂症患者 — 内心充满恐惧；渴望终止一切；心理分裂严重

第3节

与5号有效地交流

5号的沟通模式：冷眼旁观

和九型人格中其他人格类型相比，5号可以说是最不喜欢人际关系的人格类型。他们性情安静，喜欢独处。而当他们置身于人际交往中时，他们常常感到焦虑和不安，害怕他人侵犯自己的私密空间，因此他们总是有意在自己和他人间营造距离感，努力将自己置于一个旁观者的位置，清醒地观察他人的行为，分析每一个人行为背后的动机，并做出正确的判断。

在与他人进行沟通时，5号性格者往往会表现出以下特征：

5号与人沟通时的特征

以自己的兴趣为导向，不太注意别人的感受。

说话有条理，而且言简意赅，喜欢直奔主题。

遇到学术性问题时，喜欢展现自己强大的分析能力。

对非言语的征兆非常敏感，一旦发现冷漠或威胁，就退缩到内心的世界里。

在与5号进行沟通时，人们需要在尊重5号个人私密空间的基础上，主动接触5号，可以从他们喜欢的学术话题入手，激发他们沟通的欲望。

与5号沟通要寻找一个秘密的时刻，并事先知会他们，要给他们单独的时间去做决定。最好让5号自己选择交流的时间和地点，这样他们会觉得是自己在控制着相互之间的交流。而且，初次沟通时，一定要鼓励5号讲出问题的起因，分享他们内心的感受和想法，并给他们留出充裕的时间来整理思绪，然后再给予5号中肯的建议。

总之，在与5号沟通时，要尽量主动一些，但也不要过于主动，以防5号产生压迫感。

5号的谈话方式

大多数时候，5号性格者沉迷于独处的快乐中，他们不喜欢和他人接触，讨厌社交活动，认为这容易侵犯他们苦心维持的私密空间。因此，他们在与人交往时常常沉默寡言，给人以冷漠的感觉。

下面，我们就来介绍一下5号常用的谈话方式：

5号常用的谈话方式	
1	5号很少说话，不仅是因为他们需要以客观的身份来观察和思考，更因为话语本身会引起很多情绪和情感，而他们又拒绝情绪。
2	5号与人交流的语气是非常平板而没有情感色彩的，非常有条理。
3	从5号的嘴里，你经常会听到以下词汇：我想、我认为、我的分析是、我的意见是、我的立场是……
4	在与人交谈时，他们总是言简意赅，直奔主题，因为他们觉得把该说的事说完就好了。
5	谈到学术性话题或5号感兴趣的方面时，5号会变得滔滔不绝，其目的在于为自己搜集更多的材料。而且，当他们搜集到了自己需要的材料或在对方身上找不到新知识时，他们又会变得沉默寡言。
6	遇到自己不喜欢的话题，或者无聊的话题时，5号会沉默寡言，也会敷衍性地说几句。

读懂5号的身体语言

当人们和5号性格者交往时，只要细心观察，就会发现5号性格者常常会发出下面这些身体信号：

5号的身体语言	
1	5号身材瘦弱，常常给人以弱不禁风的柔弱感。
2	5号着装非常简朴，不重视潮流、时尚等因素，因此他们的衣着常常是"过时""老土"的。
3	5号有时会有一种"不修边幅"的"风光"。他们因为过于关注思考而忽略生活细节，从而可能衣服好几天都不换、头发好几天都不洗。
4	5号喜欢安静地坐在一个角落里，不希望引起注意。
5	无论是坐着还是站着，5号身体动作很少，常常给人传递出这样一种感觉：请不要关注我，我只是一个旁观者，并不想投入你们的氛围或话题当中。他们的身体还给人太过僵硬的感觉。
6	他们追求简洁，当他们行走时，习惯径直接近目标。
7	5号外表冷漠，即便正在经历激烈的情绪或情感，他们也神情木然。因为他们总是想提早摆脱所处的环境，回到自己的空间里去。
8	5号漠视自己的情感，因此人们很难从他们的眼神中觉察到情感、情绪，也强化了那份冷漠的感觉。
9	当他们无法回避情绪、情感话题或环境的时候，他们也会以回避对方注视的方式保持低调，这就给人一种眼神"迷离"的感觉。
10	在与人交流时，他们大多面无表情、安静地倾听着，最多是在谈论学术话题的时候微微点头，让人感觉他们的身体只有脖子以上才有生命。
11	当感到无聊时，5号容易陷入自我思考状态，做出皱眉、挠头、在纸上画东西等动作，面部基本没有任何表情，不太注意别人的感受。

与5号交往，适当保持距离

5号性格者就像一位冷眼旁观的裁判，用他的世界观来对整个世界下评断。他们的性格如果用一种颜色表示的话，应该是灰色。他们如灰色一样无所不包，也像灰色一样低调不张扬，还像灰色一样与周围的世界保持距离。他们总是一副不愿意与别人"深交"的样子，保持一种"君子之交淡如水"的交往习惯。有的人喜欢和人"自来熟"，他们看不惯观察者的交往艺术，认为这是种冷漠。其实，这恰是观察者深得与人交往艺术的地方，因为保持距离是一种安全，也是让友谊长久的"保鲜法"。因此，人们在与5号相处时，要注意保持距离。尊重5号的个人私密空间，往往能赢得5

号长久的信任。反之，过于亲密的关系常常使 5 号感到不安全，觉得自己的隐私被侵犯了，容易激发他们的怒火。

"君子之交淡如水"的原则是友谊天长地久的保证。如同两个刺猬，为了取暖不得不靠近，但是太近了就会刺痛彼此，于是远离，太远了又觉得寒冷。只有保持适当的距离才能让彼此既能取暖，又不至于伤害对方。

5 号注重个人私密空间、喜欢独处。亲密关系常常让他们感到不安，感到自己的隐私被侵犯了，这常常促使他们更退缩回自己的世界，更脱离现实，更难以靠近。相反，如果你能在彼此的关系中营造适当的距离感，他们反而能够安心地与你交谈。

热情对待冷漠的 5 号

5 号注重个人的私密，他们努力营造一个不受外界干扰的个人空间，在这个空间里，他们感情丰富，他们的脑海里充满了快乐的空想和有趣的问题。但一旦他们进入现实生活中，他们的注意力就集中在对自我隐私的保护和对他人的防御上。他们总是感到被威胁，也就难以在别人面前表现出真正的自我。只有当他们站在旁观者的位置，冷眼旁观一切，他们内心的恐惧感才有所降低。因此，5 号总给人一种冷漠的感觉。

由此可见，5 号的冷漠不是他们无情的象征，而是他们不懂得表达情感所致。即便他们内心已是情绪激荡的状态，他们表面上也会不动声色。因此，人们在与 5 号相处时，要学会习惯 5 号的冷漠，更要以热情的态度去对待 5 号，激发他们内心的热情，从而增强他们的主动性。

舞蹈家玛莎·格雷厄姆将热情理解为："一种生机，一种生命力，一种贯穿于自我的令人振奋的东西。"在人际交往中，热情的态度是获得他人信任、维持友谊的关键。

5 号多是面冷心热的人，他们在面对人群表达自己时往往有困难，不善于表达自己的情感，因此总给人以冷冰冰的感觉。然而，人们不要被 5 号的冷漠所吓倒，而要表现出亲切的善意，以热情的生活态度去感染他们，激发他们对生活的热爱。

与 5 号交流的注意事项

和 5 号保持适当的距离

热情对待冷漠的 5 号

观察5号的谈话方式

5号性格者沉迷于独处的快乐中，他们在与人交往时常常沉默寡言，给人以冷漠的感觉。我们就来介绍一下5号常用的谈话方式：

★5号很少说话，因为话语本身会引起很多情绪和情感，而他们又拒绝情绪。

你看，这是今天的股市行情。

这正是我想知道的，我得多和他交谈一下。

★谈到5号感兴趣的方面时，5号会变得滔滔不绝，其目的在于为自己搜集更多的材料。当他们搜集到自己需要的材料时，他们又会变得沉默寡言。

第一条原因是……第二……

★5号与人交流的语气是非常平板和没有情感色彩的，非常有条理。

对于这一点，我的意见是……

★从5号的嘴里，你经常会听到以下词汇：我想；我认为；我的意见是；我的立场是。

第4节

透视5号上司

看看你的老板是 5 号吗

工作中，我们会遇到一些喜欢冷眼旁观的领导。他们善于观察，习惯独立思考、独立完成任务，同时也希望员工具有较强的独立性，能够按照他的规划做好本职工作，按时按量完成任务。

当你在职场中遇到这样的领导风格，就要看看你的领导是不是 5 号性格者。

5 号性格的老板主要有以下一些特征：

	5号老板的特征
1	聪明、冷静、敏锐、客观，具有较强的分析与组织能力。
2	专心致志，博学多闻，酷爱资讯和知识，通过探讨抽象的观念而获得内在自足的充实感觉。
3	有不寻常的透视力与洞悉力，心思镇密，可能是一个天才。
4	具有高度抽象思维能力，能够把大量信息浓缩成一个核心思想，以便在内心构建一个有效可行的计划，然后把这个计划原封不动地复制到外在世界中。
5	习惯做准备工作，在决定行动之前，花大量时间与精力去收集数据、分析数据、冷静仔细思考。在没有绝对弄清楚每一件事之前，不轻易行动。
6	有创意和革新精神，也鼓励别人把过去的陈旧观念丢弃。
7	习惯与人保持距离，尊重员工的隐私。
8	理性而不感性，容易给人缺乏人情味的感觉。
9	习惯思考，但常因思考过多而束手束脚，并错失很多唾手可得的机会。
10	不注重亦不懂得处理事务，觉得这些烦琐的事情没有意义，浪费时间。
11	极具策划力，善对环境及策略做出有创意的分析。
12	坚持计划，但对于达成目标的方法保持极度的弹性。
13	他们喜欢采用的沟通媒介是冗长的备忘录，并且十分重视微小的细节。
14	虽然他们全心全意注意细节，但下属有时会觉得他们在重要的事情上得不到足够的指导。
15	是个既不干涉他人，也不建立人际关系的管理者，除非你手上握有他们要的资讯，或者你能影响他们的控制权。

5 号上司喜欢员工按本分行事

5 号上司追求独立，他们努力与他人保持距离的行为，不仅保护了他们自己的私密，同时也是尊重他人独立性的表现。因此，在工作中，5 号上司对于工作职责以及不同级别所对应的权责划分得很清晰，并且喜欢根据这些划分，系统地安排任务和组织管理。在他们的意识里，分配给下属的工作，下属一定要独立处理，下属遇到问题也要独立解决，因为这是早已分类好的，并且一定要按照职责授权的本分行事。

从前，有一个马夫，养着两匹马。他每天都赶着马车出去拉货，两匹马把马车拉得又稳又快。有一天，其中一匹马在拉车的时候偷懒没有全力地拉，另外一匹马只能用更大的力气去拉车，马车还是走得又稳又快。偷懒的马就耻笑另外一匹马说："你看看你，多笨啊！花那么大的力气也没有看见主人多给你吃的喝的，我和你一样每天出去，但是我就像散步一样，有吃有喝还不用出力。"另外一匹马没有说什么，还是照样用心地拉车。终于有一天，马夫拉货回家之后，就把偷懒的马杀了。别人问他为什么，马夫说："既然一匹马就可以把车拉起来，为什么我还要养一匹没有出力拉车的马呢？"

职场上的5号上司就像故事中的马夫，看似漫不经心，对什么都不在乎，其实是在不动声色地观察每一个员工的工作情况。谁在努力工作，谁在偷懒，他们都心中有数。如果员工跟这匹自作聪明的懒马一样，对于领导安排的工作不想方设法做好，更没有想过做好工作是自己的本分，只是应付领导的安排，甚至敷衍了事，还自以为聪明，去笑话认真工作的同事，最终被淘汰的就是自己。

对5号上司，要有敏锐的观察力

5号善于观察，敏锐的神经让他们能够准确地捕捉到有用的信息，触角多得几乎可以深入任何角落。这是他们的优势，也是别的性格的人无法与之比拟的地方。善于观察、勤于思考、喜欢总结就是观察者们最好的写照。他们总是能够看到别人看不到的地方，他们缜密地思考，然后客观地下结论。观察者们的成功多半要归功于他们喜欢观察和思考的个性。

某大公司招聘人才，经过三轮淘汰，还剩11个应聘者，面试现场却出现了12个考生。亲自主持面试的总裁问："谁不是应聘的？"坐在最后一排的男子一下子站了起来："先生，我第一轮就被淘汰了，但我想参加一下面试。"在场的人都笑了，包括站在门口闲看的老人。总裁问："你连第一关都过不了，来这儿又有什么意义呢？"男子说："我掌握了很多财富，我本人即是财富。我有11年工作经验，曾在18家公司任职……"

总裁打断他："你竟然先后跳槽18家公司，太令人吃惊了。我不欣赏。"男子站起身："先生，我没有跳槽，而是那18家公司先后倒闭了。我并不觉得自己倒霉，相反，我认为这是我的财富！"

这时，站在门口的老人走进来，给总裁倒茶。男子继续说："我很了解那18家公司，从那些公司的错误与失败中学到了许多东西。很多人只是追求成功的经验，而我，更有经验避免错误与失败！"

男子站起来，一边继续说话，一边向门口走去，到出门口时，忽然又回过头说："这11年经历的18家公司，培养和锻炼了我超乎常人的洞察力。举个例子吧，真正的考官不是您，而是这位倒茶的老人。"

全场11个面试者哗然，惊愕地盯着倒茶的老人。那老人笑了："很好！你第一个被录取了，因为我急于知道，我的表演为何失败。"

可以说，这个故事中的真正考官——倒茶的老人就是一个典型的5号性格者。他喜欢站在倒茶者这一独特的旁观者位置来观察应聘者的行为就很好地证明了这点。这位应聘成功的男子不一定是5号性格者，但他身上具备了5号的优势——敏锐的观察力，这正是5号所欣赏的特点。

5号上司喜欢系统化的计划

5号具有较强的系统化思维能力。他们喜欢将身边的人、事分门别类，分而治之，以保持清晰、客观、冷静。他们在讨论和分析工作的时候，习惯用图表来系统地表达思路或想法，亦会要求下属也这么做。总之，他们对"简洁、清晰"的追求让他们认为"一幅图胜似万语千言"。

因此，人们在面对5号上司时，要学会客观、冷静地以文字化的结合图表的分析来表达工作意图。把精力更多放在如何更好地收集资料，并对工作进行多方面分析上，以确保自己在5号人格上司组织的团体讨论中得到共识，才是表现自己工作实力的关键。

在注重理性思维的5号上司看来，下属是否具有冷静、客观的工作态度以及系统化分析问题的能力才是最重要的。因此，人们在向5号上司提交计划时，需要着重突出自己的系统化思路，不仅要提出问题，更要提出深刻而有效的解决方案。

5号上司不喜欢面对面沟通

5号上司认为维护自己隐私的最好方法，就是与他人保持距离。因此他们可以回避与他人的亲密关系，尽量避免和他人面对面沟通的情况。他们在管理工作中很少以面谈的形式进行交流。

5号人格上司在沟通上的这一特点，让他们很少与职员产生亲切的人际关系，或者说他们很少与职员"打成一片"，因为过于亲密的关系不利于他们保持冷静、客观的态度，亦会破坏他们对人际关系简单、清晰的划分。

因此，当面对5号上司时，要激发自身的独立性，独立处理5号上司安排的工作，以独自担纲的方式来完成本职工作，尽量不要去打扰5号上司。尽量不要以当面交流的方式与5号上司沟通，除非事情超出了自己的职权，否则不仅会让他们感到措手不及，还会让他们觉得你过多地占用了他们独自处理事务的时间。

按本分行事
不要僭越职权，也不要偷懒耍滑。

培养观察能力
一叶落而知秋，从细节中发现大趋势。

与5号上司的相处之道

学会系统化分析
学着多用图表，注重清晰简洁。

避免当面沟通
尽量少当面交流，多用QQ、MSN、Email等虚拟联络工具。

第5节

管理5号下属

找出你团队里的5号员工

身为领导，你时常会发现你的身边有这样的员工：他们总是默默地工作，热衷于理性地办事，认为稳妥胜于一切，因此他们常常是比较保守的，不会轻易被外界信息干扰，更不会贸然行动。从九型人格的角度来看，这样的员工往往是5号性格者。一般来说，5号性格者在工作中总会表现出以下特征：

	5号员工的特点
1	工作的目的是获得自己的独立，因此他们会为了保护隐私和追求个人爱好而努力工作。
2	感到自己储备的能量有限。不愿意把时间和精力花在他人的安排上。
3	对未来充满畏惧，因此喜欢提前找出事情的脉络与原理，作为行动的准则。
4	做事前善做准备工作，希望能预见所有可能性，以避免过程中出现意外。
5	习惯用数据来说话，因为他们认为有了充分的数据支持，才有安全感，才能去行动。
6	反应不够敏捷，在遇到毫无准备的问题时，或者要求做出自发反应时，会突然僵住，需要退出来，才能把事情想清楚。
7	在工作中严格克制自己的情绪，尽量使自己理性思考。
8	具有极强的观察力和洞察力，能很快分析出他人行为背后的真正需求，能轻易判断出他人是否在阿谀奉承或作秀。
9	把工作和生活区分得很清楚，不会在上班时间和同事讨论私人问题。
10	不喜欢和同事建立亲密的关系，在下班后几乎和同事不联系。
11	不喜欢被他人关注，这让他们感到自己的私密空间被侵略，常常使他们手足无措，或将注意力转移到其他物体上来缓解自己的紧张感。

当你发现你身边的某个员工符合以上的特征时，你基本就可以断定他是一个5号性格者了。这时你就需要根据5号性格者的特点来制定相应的管理方式，才能最大限度地激发他的潜力，凸显他的真正价值。

尊重5号员工的独立性

在领导者眼里，5号是独立、踏实的员工。他们在工作中比较关注"做事情"，很少用言语进行表达或沟通，总是默默勤奋地工作。即便工作成就已经有目共睹，他们也很少表现出为之兴奋的样子，仍旧默默做着事情。当有他人赞赏的时候，他们只是报以微笑而已。

他们擅长思考，他们的每一项行动或决定都是深思熟虑、多方印证的结果。正是这种极强的独立思考的能力，使他们习惯按照职责以及职位层级的本分开展工作，不会出现越级工作的情况。他们对于原本就已经承担或正在开展的事情绝对负责到底，但也极少主动要求承担新的任务。

他们对自己的工作有着较为严格的流程规划，因此他们也时刻关注外在变化。一旦他们发现有新任务出现的迹象，他们就会忙于做好准备工作，防止突发状况出现。

由此可见，5号具有极强的独立思考的能力，他们也擅长独立处理事情，从不轻易与人合作。针对5号员工的独立性，领导者要充分尊重他们的独立性，需要为其明确工作方向，订立具体的工作目标，并且放手让他们去干。你如果对5号进行过多的工作指导，容易使5号感到个人隐私被侵犯，反而使5号无法安心工作。

鼓励5号员工去行动

5号具有极强的逻辑思维能力，能够把他们观察到的一些局部数据很快地上升为一种理论，然后让自己的思维固定在这个理论上。当生活中的事物与他们的理论不相符合的时候，他们会否定生活，强行地用自己的理论去解释生活。也就是说，5号多是重理论而不重实践的人，这就使他们常常做出违背现实的事情，从而阻碍自己的发展。

荣获诺贝尔经济学奖的教授萨缪尔森认为：“人们应当首先认定自己有能力实现梦想，其次才是用自己的双手去建造这座理想大厦。”因此，领导者要帮助5号员工从理论的世界中走出来，勇于面对现实，用行动去实践自己的理想。

黑格尔曾经一针见血地指出：世间最可怜的，就是那些遇事举棋不定、犹豫不决、彷徨歧路、莫知所趋的人；就是那些没有自己的主张、不能抉择、唯人言是听的人。过于注重思考的5号往往就是这种犹犹豫豫、毫无自信的人，缺之的就是敢想敢干的胆略。

因此，领导者在面对爱空想不爱实践的5号员工时，要使他们认识到行动的重要性，让他们敢于实践，敢于将理想付诸行动。因为梦想需要拼搏，没有实践的梦想，终归会化为泡影。

多听听5号员工理性的建议

5号员工在看问题时总是理性多于感性。他们习惯站在理性的角度来研究分析事物发展中方方面面的影响，力求将准备工作做到万无一失。因此，他们在工作中非常注重系统性和条理性，总以系统思考将工作进行体系化、标准化构建，再应用这些工作系统便捷有效地开展工作。特别是对于那些需要发挥很强的技术才能来完成的工作，5号员工总能够胜任，这是他们喜欢钻研特质的表现。他们在工作中所提交的报告或文件系统缜密、逻辑清晰、理论扎实，但很少会出现结论性表述，往往都是进行各种分析并客观描述各种可能，供领导参考决定。

针对5号理性多于感性的性格特征，领导者在管理5号人格下属开展工作时，不妨充分激发他们理性的分析能力，多让他们发表对工作整体的系统化、条理化建议，因为他们平日里真的会对整体工作进行系统化思考和研究，并认真整理这些研究成果，以用作其日后工作的资料。这些资料对于部门整体工作的标准化会有非常深远的影响，甚至因此提高部门的工作效率。

此外，5号系统缜密、认真冷静的思维和客观的观察特质，让他们总是能够留意到部门工作中存在的各种可能性，能够有效帮助部门的全体职员留意到自己工作中疏忽的部分，亦能够帮助领导者对团队工作进行系统构思。

总之，领导者应多听听5号理性的建议。他们总能看到你疏忽的方面，找到发展中潜在的危险，加以分析，制定出周密有效的应对良策，从而避免团队陷入危机之中，以便获得更好的发展。

不要安排 5 号员工去交际

　　5号十分注重自己的个人私密，时刻担忧外人会侵犯自己的私密空间。他们认为外面的世界充满了危险和侵犯性，害怕与人打交道，不愿意处理人际关系，宁愿待在自己的"城堡"里自得其乐。然而，在现实生活中，他们往往难以寻找到可供隐居的世外桃源，他们免不了和他人接触，为此他们选择在自己与他人之间维持一个安全的距离，以免自己丧失防护能力。

　　5号为了保证自己的私密不被侵犯，总是把外界妖魔化，认为外界的一切都富有进攻性，为了抵挡外界侵袭，他们需要时刻警惕，做好防御措施。因此他们恐惧一切社交活动：怕被别人注视，怕自己会做出丢脸的言谈举止或表情尴尬，怕自己在别人面前张口结舌，怕吃饭时由于有人注视而丑态百出……总之，他们经常因为心里的恐惧感而出现生理故障：焦虑、面红、心慌、出汗……

　　由此可知，5号不适宜做交际方面的工作。因此，领导者在工作过程中，要尽量减少或干脆避免让5号人格下属身处或出席社交场合，因为他们不善于或者说拒绝情感交流的特质会让他们很难适应人际交往的环境，有些时候甚至是弄巧成拙。

　　此外，领导者要理解5号员工喜欢独处、善于思考的内在特质，尽量安排他们在研究岗位上，并大力支持他们的研究工作。但是，领导者也要帮助5号员工树立社交意识，要时常提醒5号员工关于公司的人事情况和同事们的工作状态和进度以免工作协调出现问题。

尊重 5 号的独立性
明确方向，订立目标即可，过多的指导会让5号感到隐私被侵犯。

鼓励 5 号去行动
鼓励他们敢想敢干，用实干的精神，建造理想的巨厦。

如何管理
5 号下属

多听取 5 号的建议
从5号的建议中看到被疏忽的地方，制定出有效的应对措施。

避免让 5 号去交际
5号不善社交，在交际工作中容易弄巧成拙。

第6节

5号打造高效团队

5 号的权威关系

5号性格者注重个人私密，因此他们不喜欢与人接触，不喜欢处理人际关系，更讨厌把自己的时间和精力花在处理他人的问题上。他们总觉得自己的精力有限，他人的打扰往往让他们感到疲惫。由此来看，5号对权力没有太强的掌控欲，有时候甚至逃避权威。

一般来说，5号的权威关系主要有以下一些特征：

5 号权威关系的特征
1	5号性格者大多会躲避权威，因为他们喜欢尽量少的控制和监督，尤其不喜欢一个总爱突然出现的老板，或者一个喜欢掌控一切的老板。
2	他们不希望自己变成掌控他人的老板，因为他们不关注他人的需求，他们不愿让他人使用自己有限的精力。
3	在5号看来，职位和薪水就是老板诱惑员工付出时间和精力的工具，而为了保护自己的个人空间，他们宁愿不要这样的奖励和认可。
4	他们不喜欢与人接触，认为这是对彼此私密的一种干扰，除非5号能够提前知道要讨论的话题是什么。
5	做事情前，5号喜欢做准备工作，这能够让他们提前知道别人对他们的期望，他们也会变得友好而外向。
6	如果5号能够自由安排时间，自由选择与他人接触的方式，他们也会愿意在受人管理的体系中努力工作。
7	对于面对面的接触，5号没有找到有效的防卫措施，因此他们不得不选择最易实施的防卫措施——远离他人，远离与权威相关的领域。

由此可知，5号对权威具有较强的抵触情绪，既不愿成为权威，也不愿被权威控制，只想在自己的私密空间里，安安静静地过自己的生活。他们对于权威的这种抵触情绪，能够使他们专注于棘手的决定，让自己不受害怕和欲望的干扰，让他们对于那些需要宏观认识的长远项目和独立规划往往独具慧眼，但也容易使他们进一步退缩，甚至加剧他们的自闭心理。

5 号提升自制力的方式

5号自制力的三个阶段：

5 号自制力阶段主要特征		
低自制力阶段：恐惧的战略家	认 知 核 心：5号因为无助、无力、空虚而备感恐惧。	处于低自制力阶段的5号有着强烈的无助感。他们总是将外界妖魔化，常常为自己臆想出来的负面现象感到恐惧、退缩、孤立无助，并因此而退缩或徘徊不前。他们在自己的负面想象中越陷越深，越来越反抗世界，行为越来越失控而极端。

中等自制力阶段：冷漠的专家	认知核心：5号焦虑自己的内在资源和能量能否保护自己的私密。	处于中等自制力阶段的5号性格者注重隐私，喜欢独处。当被迫与他人接触时，他们往往抽离自己的情感，以免自己的情感外泄。而且，他们会把自己的物质需求降低到最少，以减少因为物质需求和他人接触的机会。
高自制力阶段：整合的向导	认知核心：5号能够整合各种事物，获得真正的智慧。	处于高自制力阶段的5号不再是冷冰冰的旁观者。他们融入现实生活中，忠于自己的感觉，更感性地看待世界，因此他们变得生机勃勃、自然率真、充满快乐，富于想象力。

5号性格者具有较强的自制力，为了保护自己的私密，他们选择抽离自己的情感，与人疏远，并尽量降低自己的物质需求，使自己达到一个自给自足的生活状态。然而，这种过于克制内心情感的行为，使他们忽略了现实生活的变化，在面对现实的冲击时，他们的自制力就不堪一击了。

由此看来，5号提升自制力的重点在于：要敢于面对自己的情感，并根据现实世界的变化，有选择地克制自己的情感。

一般来说，5号可以通过以下方式来提升自己的自制力：

正视自己的情感	5号常常因为沉溺于过度的思考而延误了发展的时机，所以他应该学会正视自己的情感，与自己的感受联结起来，了解自己的真实感受，从而更有效地抓住事物发展的核心因素。
学着融入他人的世界	社会就是人与人的关系的组合，这就决定了身处社会的5号不可避免地要与其他人接触。每个人之间的差异性又决定了彼此的互补关系，这就是促进发展的巨大动力。为了使自己更好地发展，5号需要增强参与的能力，而不是退缩的能力。
适当寻求他人帮助	没有人是完美的，也没有人是全能的。为了使事情得到解决，而不是继续恶化下去，5号需要学着借助外力。重要的不是别人帮不帮你，而是你意识到一种需要，请求别人帮助。

总之，5号提升自制力的最大阻碍在于他们对现实生活的忽视。他们如果能够抽时间关注现实生活的变化，关注他人的需求，关注自身的情感，就能有效控制自己，促进自己更好地发展。

5号战略化思考与行动的能力

5号喜欢思考，因此他们战略化思考的能力较强。而由于5号过于注重思考，又使他们行动的能力较弱。但总体而言，5号还是具有较强的战略化思考与行动的能力。

全面了解企业运作

5号喜欢通过调查、研究和计划来组织工作，喜欢从企业和环境的观点出发去了解企业运作。他们还是企业中的产品、技术、服务、客户和财务的信息库。

5号战略化思考的特点

重视自己的本能

5号最深层的知识是觉察和智慧，因此，5号要尽量做到不再情绪化。此外，5号需要尽可能多地关注并利用自己在事件发生时的本能反应，这就是你的直觉力量。

和他人建立共同愿景

身为领导者，5号不能再以自己的意愿为导向，而要推动自己发展共同愿景，要制定一个清晰、全面的愿景来领导团队。

多和他人交谈

为了获取更多的知识和信息，5号必须多和别人交谈，这样也能让别人在了解企业战略和行动的过程中有同盟者的感觉。

总之，5 号在提升自己战略化思考与行动的能力时，需要更多地关注他人的感受和外界的变化，并且加强和团队成员的沟通，增强团队的凝聚力，才能激发出更大的力量，获得更好的发展。

5 号目标激励的能力

5 号具有较强的目标管理能力，他们热衷于作基础研究、分析，喜欢事先计划和组织安排。为了顺利达成目标，5 号经常会制定系统的、具体的、实际的工作计划。他们监督成果，确保最终结果符合设计要求。而且，他们常常能用较少的资源把项目每一步的时间都分配安排得实际而合理。

5 号目标激励的能力主要包括以下几点：

关注大方向

在做一个项目之前，5 号总是将注意力放在可能影响项目发展的细微问题上，这常常使他们陷入细节的旋涡中，忽略了大方向。因此，5 号要学着关注大方向，注意抓住项目发展的关键因素。

极强的操控能力

5 号追求独立，也注重培养员工的独立性。他们在危急关头，也能有全局意识。而且，5 号喜欢分析和研究，经常在项目完成后进行分析和评估。总之，5 号在项目进行前、进行中、完成后都有较强的操控能力。

将策略付诸行动

5 号注重思考，强调分析、调研和计划，所以有时可能会有所延误。他们花大量的时间来做准备工作，却不愿意付诸行动。然而，如果不将计划付诸行动，一切都没有意义。因此，5 号要提高自己的行动力。

总之，5 号不仅要深度思考事物发展的关键因素，还要抓住时机，快速有效地将自己的策略付诸行动，才能真正掌握事物发展的大方向，引领整个团队进步。

5 号制定最优方案的技巧

5 号追求知识，擅长搜集信息，并有着极强的分析能力，也能够很好地整合所有的信息，得出深刻且富有创造性的理论。由此来看，5 号具有较强的制定最优方案的能力。

在制定方案时，5 号往往有以下一些特点：

超强的分析能力	5 号喜欢对事实进行系统的剖析，找到事物发展的真相。工作中，他们总是思考得很彻底，会分析到可能影响到事物发展的方方面面，并制定相应的对策，以确保万无一失。
习惯独立思考	5 号追求独立，因此他们在工作中往往倾向于自己制定方案。他们依赖自己的分析和理解，而不是在方案制定的不同阶段让别人介入。因此，5 号有时也需要学会适时接受他人的意见。
采取有效行动	5 号喜欢深度思考，因此 5 号的行动都不是很迅速。但是，有些方案是要求快速行动的，因此，5 号在深度思考的同时也要采取有效行动，抓住发展的机遇。
突破公司的结构	5 号十分看重认同作用，因为他们害怕冲突，这常常使他们的方案缺乏创新性、过于保守、跟不上时代的发展。因此，5 号要适时在公司结构的基础上有所突破，制定出富有创造性的方案。

总之，5号要想制定出最优方案，就需要适时关注外界变化，获取外界信息，整合外界资源，再利用自己超强的理性分析能力，制定富有创造性的策略。

5号掌控变化的技巧

在面对变化时，5号的态度往往是矛盾的：他们一方面害怕变化，担心自己的私密空间会因为这些变化而受到侵犯；另一方面，他们又渴望凭借自己拥有的知识来应对变化，有效掌控整个局面，以保护自己的私密。

一般来说，5号喜欢采取以下方式来控工作生活中出现的变化：

5号掌控变化的方式

系统地处理变化

5号喜欢通过系统地处理变化来掌控变化，以确保这个变化的流程有效地运转。无论是做什么事情，在没有调查清楚情况前，5号常常是不会主动拥抱变革的。

倾听他人的建议

5号注重个人的私密，因此很少顾及他人的想法，也常常忽略外界的变化。他们如果能听取他人建议，就能注意到自己以前所忽略的方面，这些被忽略方面可能正好是应对变化的关键因素。

注重情感的力量

在面对变化时，5号要保持冷静，要开始正视自己的情感，并学会关心团队成员的情感变化。当他人感到不安，5号要给予他人积极的情绪。这些情绪可以转化成为采取正面行动的能量。

探索更深的内在反应

面对变化时，每个人都有不同的想法。因此，5号需要适时将大家集中在一起，集中精力，仔细倾听，与人分享你的想法，以便探索更深的内在反应，更深入地思考事情，从而找到应对变化的良策。

总之，只要5号敢于正视自己的情感，并懂得与团队成员分享自己的情感，并注意听从他人的建议，他们就能更客观、深刻地认识变化，从而在变化中寻找到新的发展机会。

5号处理冲突的能力

虽然注重私密的5号不喜欢与人接触，害怕与人发生冲突，但是当他们真正面对冲突的时候，他们一般都能保持冷静的态度，有条不紊地处理冲突。因为他们认为冲突是团队中自然的不可避免的部分。而且通过调解冲突，5号能够习得更多了解事实的方法。

一般来说，我们主要通过4个方面来分析5号处理冲突的能力：

建立坦诚关系

5号注重自己的私密，也尊重他人的私密，让人觉得冷漠、难以接近。同时，喜欢深度思考的5号往往难以忍受人际交往中无聊的寒暄，因此常常表现得极为不耐烦，容易引起他人反感。

5号处理冲突的能力

有效沟通

5号追求知识，常常为了获得知识而与他人交谈，但是不重视自己和他人的感受。当5号对一个话题相当了解时，他们可能滔滔不绝，常常注意不到太多的信息对某些人来说已经超负荷了。

全面倾听

5号注重私密，因此会尽量避免谈及自己的信息。他们也不重视情感，因而不擅长，也不喜欢处理情感。但是，当5号对话题感兴趣时，他们总能专注地倾听，并提供大量详细、正确的信息。

提供有效反馈

5号不擅长表达自己的情感，又注重思考，因此习惯给出精确、简明而清晰的反馈。一般而言，他们一般喜欢给出负面的反馈，因为他们希望自己的反馈对改进绩效而言是必要的。

总之，当5号感到自己的隐私被侵犯的时候，当他们信任某人却发现那人不值得信任的时候，当他们感到自己被不被自己认同的任务和自己不希望面对的环境压倒的时候，他们就容易陷入冲突之中，滋生愤怒的情绪，他们或者直接表露出自己的愤怒，或者进一步控制自己的真实情绪，更加退缩到自己的个人世界里，更加脱离现实。这些都对5号的发展不利，更不利于团队的发展。

5号打造高效团队的技巧

身为一个领导者，5号不再只关注自己的发展，而更多地关注团队的发展。他们把他们的分析与逻辑本能用到了团队领导力上。他们确立精准而明确的团队目标，让每个团队成员都有具体的职位和清晰的职责。由此来看，5号具有较强的打造高效团队的能力。

一般来说，5号喜欢采取以下一些方式来打造高效团队：

充分信任他人	作为一个团队的领导者，5号开始学着与他人建立良好的关系，而建立良好关系的基础就是彼此信任。因此5号总是充分信任团队成员。而且，在5号的观念里，他把信任定义为能够依赖每个团队成员及时交付一流工作成果。面对5号的信任，团队成员们也不会辜负5号的期望。
制定系统的计划	5号有着极强的分析能力，特别享受与那些机智灵活、知识广博的团队成员讨论重要事项，他们尽自己最大可能建立条理清晰、前后一致、系统规律的工作流程，确保团队成员有效率地运用他们的时间。
将工作与生活分开	5号是理性的，他们习惯将工作与生活分开，他们也要求团队成员遵循这个原则。他们认为，团队成员就是来工作的，而不应卷入彼此的生活中。这可能极大地提高员工的工作效率，却也可能给员工一种缺乏人情味的感觉，导致他们产生消极情绪。
给自己思考的时间	做任何事情前，5号都习惯花大量时间来思考，以做好准备工作，在一些急性子的团队成员看来，5号这种慢性子的行为可能延误发展的最佳时机，因此他们容易对5号心生不满。这就需要5号多和他们沟通，直言不讳地告诉他们自己需要时间来仔细考虑现状。

总之，5号要想打造一个高效团队，不仅需要提升自己深度思考的能力，更需要激发团队的力量，增强团队的凝聚力，创造"众人拾柴火焰高"的和谐局面，为自己、为团队赢得更好的发展。

第7节

5号销售方法

看看你的客户是5号吗

作为一个销售员，必须具备较强的识人能力，一眼看出客户的人格类型，制定相应的销售策略。一般来说，5号客户会表现出以下一些特征：

	5号客户的特征
1	坐姿后倾跷腿，双手交叉抱在胸前，俨然一副教导主任的模样。
2	比较斯文，有浓厚的书卷气，多是标准的书生模样：说话慢条斯理，走路慢腾腾。
3	尽量保持优雅迷人的姿势，通常是头微抬、眼眯起，但在公开场合会感到不自在，会借着整理身形来掩饰自己的不自在。
4	不太注重服装打扮，衣着多选中性色，样式普通简单，价格也偏便宜。
5	脸部木然，表情变化较少，笑纹在眼角。
6	眼直直盯住，眼珠略突出，观察时转动头部。
7	不愿意行动，即使行动起来也多数显得笨拙缓慢。
8	爱倾听，不爱说话，一旦发言就很有逻辑性，而且深刻全面。
9	语调平板，没有感情，声音很小。
10	表现得十分专业，任何事物在他们眼里都要逐条分析和区别。
11	说话时会使用大量专业词汇：我认为、我的分析是、我的立场是、我的意见等。
12	使用的词汇多是分析性、逻辑性很强的中性词，不掺杂个人色彩。
13	从自我的角度看问题，自我意识较浓。

如果你的客户符合以上大多数特点，那么你基本可以断定他是一个5号性格者，你就可以采取针对5号客户的指定销售策略了。

迎合5号客户崇拜知识的心理

5号追求知识，也崇拜富有知识的人，因此你可以通过迎合5号崇拜知识的心理，来获得他们的认同。这样往往能快速拉近你们的距离，进而获得成交。

孙兴从美术学院毕业后，一时没找到对口的工作，就做起了房地产推销员。

一天，孙兴的一个大学同学向他提供了一个信息：有位熟人是某大学的教授，他住的宿舍楼正准备拆迁，还没拿定主意买什么样的房子。他劝孙兴不妨去试一试。

第二天，孙兴敲开了教授的家门，说明了来意。

教授半闭着眼睛听完孙兴的介绍，说："既然是熟人介绍来的，那我考虑一下。"孙兴通过观察，发现教授只是出于礼貌而应和，对他所说的房子其实并没有产生多大兴趣，气氛一时变得很尴尬。

这时孙兴看到一旁练画的孩子的画有几处毛病，便站起身来走到孩子跟前，告诉他哪些地方画得好，哪些地方画得不好，并拿过这笔娴熟地在画布上勾勾点点，画的立体感顷刻就凸现出来了。略懂绘画的教授也吃惊地瞧着孙兴，禁不住赞道："没想到你还有这两下子，一看就是科班出身，功底不浅啊！"

接下来，孙兴同教授颇有兴致地谈起了绘画艺术。孙兴的一番话，让教授产生了好感，也开了眼界，一改刚才的敷衍。两个人的谈话越来越投机。

后来，教授主动把话题扯到房子上来。到最后，他还对孙兴说："说心里话，我们当老师的就喜欢学生，特别是有才华的。你的画技真让我佩服！同样是买房子，买谁的不是买？为什么不买你这个学生的呢？这样吧，过两天，我联系几个要买房的同事去你们公司看看，如果合适就非你莫属，怎么样？"

半个月后，经过双方磋商，学校里的十几名教师与孙兴签订了购房合同。

故事中的教授就是一个典型的 5 号性格者，他表现出对知识的崇拜，而且对自己不懂的新知识尤为感兴趣，因此孙兴才能用自己丰富的美术知识抓住稍纵即逝的销售机会，促进成交。

由此可见，在面对渴求知识的 5 号客户时，推销员的知识面越广，左脑实力越强，销售成功的机会就越多。尤其在 5 号客户出现麻烦、需要帮助时，这些知识随时都会派上用场。

应对 5 号客户，要有充足的准备

5 号在做任何事情之前，都会花大量的时间和精力去做准备工作。在产生购买行为之前，5 号就会运用极强的分析能力对此次购买行为进行预测。只有当他们确定值得购买时，他们才会付诸行动。由此来看，销售人员要想对 5 号客户进行推销，就必须在 5 号做出最终决定之前引导他们的分析向成交方向发展，才容易促进成交。也就是说，销售人员在面对 5 号客户之前，需要做比 5 号客户更全面、详细的准备工作，才能顺利完成销售任务。

约翰·加尔布雷斯是全美最大的房地产开发商。他经常绘声绘色地向旁人描述丹是如何为一次重要的推销活动做好准备工作的。

"有一次，我和丹正与一家大公司的总裁商谈一笔生意，这笔生意关系到我们一幢价值 600 万美元的大楼的售后回租事宜。这类生意往往需要你对所谈到的利率和租金了如指掌，利率波动一个小数点就可能导致 10 年或 20 年多收或少收一大笔租金。所以，在与这家公司会谈前，我建议丹背下那些利率幅度为 3.5%~5.5% 的租金表。

"也许你想不到，当我们进入谈判最后阶段时，那家公司的老板要求我们算出几个与不同利率相对应的不同租金数额。他以为我们一定会向他借计算器，但是我们没借，丹毫不费力、飞快地算了出来。那位老总自然也就明白了丹在开会之前早已做好充分准备。他当然知道没有人能够如此快地心算出那些利率，但是丹显然给他留下了深刻的好印象。丹赢得了他的尊敬，他也就对我们充满了信心——我们成交了。"

对于重视准备工作，不打无准备之仗的 5 号客户来说，如果一个销售人员能够对他们所关心和感兴趣的事物表现出共鸣，彼此的距离无疑会缩短。这样，无意中就会对你产生信任。此外，推销员在专业知识精通的基础上，还要涉猎多方面知识，不求精，但求广，以便及时对 5 号客户感兴趣的话题做出回应。

对5号客户，不要轻言放弃

客户对陌生人，尤其是推销员的来访普遍怀有排斥心理。重视个人私密，恐惧外界事物的5号更是如此。

那么，推销员该如何做呢？答案其实很简单，就是绝不放弃、永不言败！只有这种精神，才能在不断地遭遇挫折、失败后崛起，即使百战百败，也仍百败百战，直至成功。

在这个过程中，最重要的就是要遵循三个原则来进行自己的推销讲话，以激发客户对产品的兴趣：第一，在最初说话的几秒钟内用生活或工作中客户最关心的事情把客户的注意力吸引过来；第二，发现客户的情感弱点，然后迫使他们说"是"；第三，尽量避免和客户发生分歧。

当推销员面对5号客户时，被拒绝的概率往往比面对其他人格类型的客户时要大得多。

对于习惯排斥他人的5号，当你能用一套系统化的计划来向他推销时，他们反而容易被你的专业态度所感染，对你提供的大量信息产生浓厚兴趣，这就大大提高了成交的概率。

5号销售人员的销售方法

如果销售人员是5号性格者，在应对其他几种人格类型的客户时，要结合自己的优劣势，分析其他各种人格类型的优劣势，制定相应的销售策略。

遇到1号客户时

无论他们提出什么疑问，我都能以专业的态度为其细致讲解。我发现，只要我保持专业的形象，事无巨细地回答他们，成交往往不是什么难事。

遇到2号客户时

我认识到，他们习惯感性思考，喜欢帮助别人，因此，我尽量把产品与他们对家人或者企业的关爱联系起来，这样往往能让他们痛快地埋单。

遇到3号客户时

我尽量将他们捧在尊位，着重突出产品的高品位，将产品与权威、成功等象征联系起来，适当运用名人效应。

5号销售员的销售方法

遇到4号客户时

我会放弃专业知识，转而关注我的内心情感，在彼此的交流中努力塑造美好、独特的氛围，着重渲染产品的独特性能。

遇到5号客户时

我常常利用心灵、思想、灵修方面的话题来接近他们，取得他们的信任，然后再用专业、全面的态度向他们介绍产品。

遇到6号客户时

我会将产品与他们的安全问题联系到一起，着重突出购买该产品将带给他们的安全保障，他们往往能立即购买。

遇到7号客户时

我会融入他们营造的快乐氛围里，投其所好，介绍那些新颖的、功能独特的产品给他们，往往能收到不错的效果。

遇到8号客户时

我会在保持专业性的基础上，尽量简洁明了地把产品带给他们的好处说清楚，然后等待他们的决定。

遇到9号客户时

我会先和他们深入交谈，了解并帮助他们发现他们的需求，然后根据这个需求来介绍产品，主动提出专业的建议。

第8节

5号的投资理财技巧

5 号喜欢在沉默中投资

5 号关注自己的私密，他们喜欢独处，更喜欢独自思考。他们分心于严密地掌控自己的世界，却采取遥控的方式——在一段距离以外，这样既没有风险，又没有义务。他们逃避生命中的牵累，包括义务与需求、善变的感情与热切，也就是可能让他们受人责备的一切。

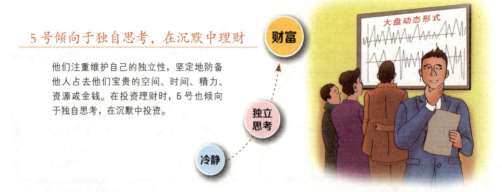

5 号倾向于独自思考，在沉默中理财

他们注重维护自己的独立性，坚定地防备他人占去他们宝贵的空间、时间、精力、资源或金钱。在投资理财时，5 号也倾向于独自思考，在沉默中投资。

在投资领域，很多投资者并不相信自己。他们没有勇气坚持自己的看法，对自己的判断力没有信心，却总觉得别人比自己知道得更多，市场整体比个人更聪明。因此，他们总是喜欢参考别人的意见，观察市场上大多数投资者的行踪，并据此决定自己的行动。

当你让从众心理代替了独立思考时，你虽然可以获得由此带来的安全感，但你最终必然会为你不愿独立思考的懒惰、缺乏勇气的懦弱付出代价。这种代价表现在你想买入别人都在买的股票时，这些股票的价格已经上涨不少了。

然而，对于习惯独立思考的 5 号观察者来说，这种担忧出现的概率小之又小。他们往往能坚信自己的决策，完全不需要通过寻求其他人的认可来支持他们的观点。他们的这种冷静的心态和素质，往往能够使自己总能排除一切干扰和影响，稳坐在投资市场的风口浪尖之上，运筹帷幄，获得巨大的财富。

拥有信息等于拥有财富

5 号追求知识，他们认为，没有知识的人就是无能的人，往往难以生存。他们为了能安全地存活在世界上，穷其一生不停地追求知识，然后用知识去印证一切，也以知识来指导自己的行动。总之，他们是没有知识作基础就无法行动的人。

由于对知识的渴求，5号在投资理财时习惯广泛收集相关知识，以便自己及时掌握最新信息，以便抓住机遇，赢得财富。如果缺少了信息，人们就会成为搏金路上的盲人，即使面对四通八达的财富大路也会举步维艰。

1875年初春的一个上午，一条不过百字的消息吸引了美国亚默尔肉类加工公司老板菲普力·亚默尔的眼睛：墨西哥疑有瘟疫。亚默尔顿时眼前一亮：如果墨西哥发生了瘟疫，瘟疫就会很快传到加州、得州，而加州和得州的牧场是北美肉类的主要供应基地，一旦这里发生瘟疫，全国的肉类供应就会立即紧张起来，肉价肯定也会飞涨。他立即派人到墨西哥去实地调查。几天后，调查人员证实了这一消息的准确性。

亚默尔立即集中大量资金收购加州和得州的肉牛和生猪，运到离加州和得州较远的东部饲养。两三个星期后，瘟疫就从墨西哥传染到联邦西部的几个州。联邦政府立即下令严禁从这几个州外运食品，北美市场一下子肉类奇缺，肉类价格暴涨。

亚默尔及时把囤积在东部的肉牛和生猪高价出售。短短的三个月时间，他净赚了900万美元。这一条信息让他赚取了巨额利润。

信息是这个时代的决定性力量，它就像空气一样无处不在，报纸、杂志、广播、电视里的新闻包含着大量的信息，甚至街头巷尾都有信息。所以，及时拥有信息的人，就等于拥有了财富。

追求知识的5号往往能够敏捷地察觉到市场的最新信息，并及时制定应对之策，如果能够拿出果断的行动，往往能够获得巨大的财富。

面对非理性市场，理性投资

5号崇尚理性，害怕自己有太多的情绪感受，因为他们认为这绝非做人做事的依据。他们倾向于认为唯有理智、客观的人，才是"正常人"。而他们自己，正好是"正常人"。在生活中，5号这种过于理性的态度常常给人以冷漠、不近人情、难以亲近的感觉。然而在投资理财时，5号的冷静和理性往往能够帮助他们规避投资风险，获得巨大的财富。

股神巴菲特的老师格雷厄姆曾经说过："对待价格波动的理性的态度是所有成功的股票投资的试金石。"股神巴菲特也认为："投资必须是理性的，如果你不能理解它，就不要做"，"你不需要成为一个火箭专家。投资并非智力游戏，一个智商为160的人未必能击败智商为130的人。理性才是投资中最重要的因素"。由此可见，投资大师都倾向于认为成功投资的关键在于理性，而非智力。

5号要抓住机遇不放手

5号喜欢思考，习惯将自己所有的精力投入思考，工程浩大地收集资料。也正是由于他们终日埋首书籍中，过度思考事情发展的方方面面，他们往往容易忽略了外界的变化，耽误了行动的先机。这也就是人们只见5号思考，不见他们行动的原因。

大多数人认为选择投资时机是投资的成功关键，但是时机的选择，同样也是相当困难且复杂的问题。对于投资时机的选择，投资大师们的策略非常简单，简单到你可能也做不下去，那就是"随时买"。所谓随时买，意指有钱就投资，不必看时看日。换言之，钱不要存银行，只要有多余的钱，超出日常生活所需的钱，不管未来价格会涨还是会跌，就应尽量将资金投入市场。

在投资领域，空有智慧是没有用的，投资需要的是抓住机遇不放手，即刻行动。正如股神巴菲特所说："一旦我们发现了某些有意义的东西，我们会非常快地采取非常大的行动。"

对于被视为"思想的巨人，行动的侏儒"的5号来说，最重要的就是适当收敛自己思考的时间，将注意力更多地转移到行动上去，在进行较为全面的准备工作时，不要再苛求完美，因为世界上并没有万无一失的准备工作，意外无处不在，所以要果断抓住机遇，快速投资，才能获得财富。

5号不要空想要行动

5号追求知识，喜欢思考，但又喜欢钻进理论的象牙塔中，而忽略外在世界的真实情景。但理论世界就好像一个迷宫一样，越是深入便越难找到出路，结果他们发现自己与现实世界脱了节，根本不知道真实的世界是什么样子，只是搬弄一个架构或系统，将现实套在这些观念结构中，以思想代替现实，闭门造车，他们花大量精力研究出来的成果成了"空想"。其实，5号只要认识到自己有轻视实际感受或实际体验的倾向，尽可能去亲身体验各种事物，就能大大提高自己的行动力。

我们总是计划着未来的富裕生活，但如果不通过行动将其变为现实，计划就永远只是计划。在投资理财时，人们往往会发现财富的机遇转瞬即逝，人们不仅要敏锐地抓住机遇，更要大胆将自己的财富梦想付诸行动，才能够实现自己的财富梦想。试想一下，如果没有工人的艰苦工作去使之实现，那么设计师的蓝图也不过是一张废纸而已。

一个人如果在一扇门外站得太久，就会在想象中无限放大房间内的困难，最后再也没有力气抬起敲门的手。事实上，最好的方法是推门就进，不给自己犹豫、彷徨的机会。不管怎样，先进去再说。只有当5号性格者明白了这个道理，他们才能及时将自己的财富梦想付诸行动，努力去赢取财富。

多看报纸，多看新闻，掌握信息才能运筹帷幄。

在众人的疯狂中，冷静下来好好分析。

及时掌握新信息

投资要讲理性

5号投资理财须知

抓住机遇不放手

不要空想要行动

股市有风险 投资需谨慎

敢于冒险，敢于投资，机会从来不等人。

最好的幻想也只是幻想，付诸行动才能赢取财富。

第9节

最佳爱情伴侣

5号的亲密关系

5号习惯抽离情感，这能有效降低他们的物质欲，帮助他们减少与他人接触的机会，更有利于他们在人际交往中保护自己的私密信息。因此，5号可谓九型人格中最害怕亲密关系的人格类型。

一般来说，5号的亲密关系主要有以下一些特征：

5号亲密关系的特征	
1	5号害怕感觉，他们总是竭力避免将自己的注意力集中到情感上，努力克制情感，因此亲密感会使他们感到紧张。
2	他们喜欢独处。他们与别人的亲密感觉，只发生在幽静的心灵密室里，唯有自己一清二楚。
3	5号注重思考，往往能够看到语言在表达上的局限性，因此他们很少用言语表达感情和爱意，喜欢透过身体的接触来体会情爱。
4	5号的感情反应迟缓。他们很少有什么激烈的表情和动作，别人会因此觉得他们高深莫测，俨如一个世外高人。
5	5号与人越亲密，越容易发生脱离关系或与伴侣保持距离的念头。
6	5号很容易就会对频繁的接触感到厌烦。他们会选择退出，来弄清楚自己到底是怎么想的，会花大量时间反复回顾或预演双方见面的场景。
7	5号不轻易对伴侣做出承诺，但一旦他们做出了承诺，这个承诺就是经得起时间考验的。
8	5号不轻易恋爱，但一旦爱上一个人，就容易对伴侣表现出强烈的占有欲，把对方当作自己情感生活的救生圈，常常让伴侣受到很大的情感压力。
9	当5号感到自己是自由的人，比如不用承担个人责任，也没有人强迫他们去应答时，他们会给予伴侣大力的支持。
10	5号不擅长表达自己的情感，因此他们希望伴侣能够时刻关注自己的情感变化，并及时给予回应。

综合以上的特征，我们可以发现：从好的方面来说，抽离情感对5号具有保护作用，使他们能够在许多抽象的层面上欣赏他人；从不好的方面来看，这会使5号在亲密关系中更趋被动，容易丧失对爱情的控制权。

5号爱情观：理智的巨人，情感的矮子

爱情是人类最强烈、最奇妙的感情，陷入热恋中的人们常常呈现一种非理性的亢奋状态。所以人们常说：感情是没有理智和道理可言的，爱情跟逻辑无关。但是5号偏偏是个理性有余、感性不足的人。他们对待任何事情都习惯用自己的思考和推理去求解，因此在感情上，5号显得很不在状态。

5号在人际关系上不太积极，喜欢自由独立的工作，沉醉在知识、信息的世界里。所以，很多5号很难开始一段感情，因为他们不想被打扰，不愿受束缚。很多人从大学开始谈恋爱，但5号在大学时期对异性一般没什么兴趣。即便身边的朋友同学都开始出双入对，5号也不为所动，因为在他们看来，看些书，做点研究，做一个有思想、有见解、有思考能力的人，比谈恋爱有趣得多。

5号爱情观	
恋爱方面	不相信直觉冲动，更不会一见钟情。
生活安排	喜欢自由独立的工作，不愿意被打扰，宁愿独自思考，也不愿意在情感上花时间。
情感经营	重视情感结果，不愿意付出，当对方需要陪伴的时候会沉迷于自己的事情而不愿意抽身。
两性相处	总是保留着自己私密的领地，难以和对方分享，建立亲密关系。思维特点过于注重理性，而忽略感性。
婚姻观点	主张晚婚，甚至坚持不婚。

让伴侣融入自己的圈子

在5号看来，爱情是爱情，友谊是友谊，工作是工作。他们在这些不同的场景里扮演不同的角色，有着不同的情感态度，因此他们绝不容许自己将这些情感混淆，这容易导致他们个人私密信息外泄，威胁到他们的个人空间。也就是说，职场里的同事只是同事，他们不会发展为亲密知己，业余一起活动的朋友只是在活动中交流便已足够，不必让他们介入自己别的圈子中。同样，他们认为，伴侣只是自己爱情世界的存在人物，也不应当介入他们其他的圈子。

而且，因为5号不擅长表达情感，他们也不愿意让自己处于这样一个会令自己角色分裂的位置，当他们将伴侣带入自己的朋友圈或者同事圈时，他们便不知道如何在众人面前同时扮演家人、朋友的角色，他们会为处境的非单纯化感到十分为难。此外，5号习惯忽略甚至克制自己的情感，因此他们往往不擅长情感交流，就容易使伴侣感到自己被忽略，彼此之间产生强烈的隔阂感。这种隔阂感往往让5号感到独立、自由，因为他们喜欢比较安静的环境。然而，这种隔阂感往往让非5号人格的伴侣感到痛苦，就容易激发彼此间的矛盾。

要化解这种隔阂感引发的矛盾，不仅需要伴侣理解并尊重5号的独立性，更需要5号深刻理解爱情的意义，认识到情感交流对爱情、家庭、生活的深远影响，主动让伴侣融入自己的圈子里，更全面地认识自己，更好地帮助自己发展，以便维系长久而和谐的亲密关系。

对伴侣要敢于做出承诺

5号追求独立，习惯在与人相处时进行情感抽离，克制自己的情感，以避免情感外泄，威胁到自己的私密空间。因此他们在恋爱中不害怕失去对方会令自己崩溃。他们随时精神上出走，越出两人的小圈子，独自一人外出奔跑，享受一个人的自由。也就是说，他们很容易接受爱情中的分离，却对长相厮守的亲密心存恐惧。

5号之所以恐惧亲密关系，是因为他们将爱情中的承诺等同于扰乱自己一个人的生活、心理、思想的规律，它同时预告了私人空间被削减的烦恼即将来临。因此，5号不会轻易做出爱情的承诺。

然而，在爱情的世界里，承诺是维持幸福爱情的关键因素。对于爱情中的女人来说，承诺更是必不可少的爱情宣言，正如著名作家张小娴所说："女人的爱情，离不开承诺，没有承诺，就是没有将来。男人若不向她许下承诺，女人难免想到这个男人只求片刻欢愉。"

因此，如果5号遇见那个能理解自己的爱情伴侣，就不要再固守自己的独立性，而要勇敢地向她/他靠近，勇敢地表达自己的情感，勇敢地许下爱的承诺，并用一生去实践这个诺言，这样才能拥有甜蜜而持久的爱情。

别太忽视自己的外表

5号不太重视自己的外表，他们大多穿着随意，不修边幅，中性色不显眼，样式普通简单，价格相当便宜。而且，他们一般习惯长期穿着款式相同的衣服，很少更换样式，因为他们害怕那些陌生的款式会令自己出丑，因此他们总不敢在服装上有所突破。然而，当他们被迫接受新的服装风格之后，他们又会喜欢上这种新的风格且固守这种风格。此外，当他们真正认识到衣着打扮的重要性后，他们往往会追求精致的服装风格，希望给人以既张扬又简约的印象。

人首先是视觉动物，然后才是感情动物。这在爱情中的初级阶段中表现得尤为突出。当你出现在异性的面前，过分随意甚至邋遢的你，只能被宣告"不及格"。

西方的服装设计大师认为："服饰不能造出完人，但第一印象主要来自于着装，人们往往会根据第一印象来判断你的为人，因此，绝不可掉以轻心。"许多5号就是因为不注重自己的外表，往往给异性留下一个邋遢的坏印象，也就难以获得异性的青睐。因此，对于那些渴望爱情的5号来说，投入适当的注意力在自己的形象上是很必要的。努力塑造一个美丽的外表，往往能帮助你吸引到你心爱的人的注意，并帮助你赢得对方的心。

让伴侣融入自己的圈子

将伴侣带进自己的朋友圈和同事圈，允许伴侣接触自己圈里的人。

在最浪漫的时刻，用誓言为爱情加分。

给人的第一印象来自着装，好看的外表才能吸引心上人的注意。

对伴侣敢于做出承诺

别太忽视自己的外表

5号性格者的爱情攻略

如何化解5号与伴侣的隔阂

5号不擅长表达情感，他们不愿意让自己处于这样一个会令自己角色分裂的位置，他们会为处境的非单纯化感到十分为难。

如何扮好朋友和恋人的角色呢？

5号习惯忽略甚至克制自己的情感，因此他们往往不擅长情感交流，就容易使伴侣感到自己被忽略，彼此产生强烈的隔阂感。

这种隔阂感往往让非5号人格的伴侣感到痛苦，就容易激发彼此间的矛盾。

这种隔阂感往往让5号感到独立、自由。

唉！成天自己憋在屋里，也不跟我交流沟通！

要化解这种隔阂感引发的矛盾，不仅需要伴侣理解并尊重5号的独立性，更需要主动让伴侣融入自己的圈子，更全面地认识自己，更好地帮助自己发展，以便维系长久而和谐的亲密关系。

第10节

塑造完美的亲子关系

5号孩子的童年模式：无知即是无能

5号最怕的是自己无助、无知、无能，他们希望自己是既有知识又能干的人。他们有很强的求知欲，而且在追寻知识的过程中，表现得非常独立，不喜欢被人干涉。对于周遭一切不了解的事物，他们会主动去收集资料，然后集中所有材料去做进一步的分析和了解。在他们的眼里，不了解的事会令他们感到十分不安，所以5号终生的奋斗目标就是获得更多的知识，令自己对每件事都能了如指掌，也好在面对时知道如何反应。但是，当5号完成资料的收集后，他们往往会因为不知道事实与数据间到底有多少距离而不敢贸然行动。他们会进一步寻求更多的资料来核对现有的资料，经过一番缜密的求证过后再采取行动。所以5号做事总是慢吞吞的，但做事的结果，大多时候还是会令人十分满意的。

为了求得安全感，5号孩子有很强的求知欲，而且在追寻知识的过程中又不喜欢被人打扰。父母应该教会孩子多与人接触，在与人的交往中获得更多的资产。

要解除5号孩子的心理负担，家长就要让孩子有这样一种意识——世上的无形资源是取之不尽、用之不竭的，你若能回归人群中用心生活，并多与他人接触，就能给自己带来更多的资产。由于5号孩子通常是比较沉静、独立且不善交际的，家长应给予他们独立的空间去思考和处理自己的问题，尊重他们的决定，不要强行为他们做主。此外，在关注和提高孩子思维能力的同时，还应善用一些灵活的方法来激励他们多多行动。

鼓励5号孩子的求知欲

5号的孩子是不倦的学习者和实验者，特别是在专业或技术类的事情上。他们喜欢详细了解，乐意跟随求知欲花时间去研究他们想要弄清的知识学问。他们对那些深奥的科学，尤其是能够解释人类行为的系统知识特别感兴趣，而且能够对事物进行高度的分析，具有很强的逻辑思考能力和挖掘真知的潜能。对于5号来讲，他们的终极理想就是从思想中找出宇宙一切的脉络，然后分析出一些非常有价值并能帮助社会进步的观念，以卓越的透视力和洞察力，让每个人都能纳入最完美的轨道。他们不会把自己有限的精力花在追求世俗物品上，会把时间和精力全部投入学习和追求中以提升精神境界。

5号的理解力很强，最擅长的是理论性、逻辑性强的学习研究和概念、想象的游戏。他们热衷

271

理智思考，对数据、研究结果、分析等特别敏锐，能够准确地从诸多混乱的材料中找出它们之间的某种关系、逻辑或模式，因此5号孩子的理科成绩是比较好的。而且，他们的个性十分独立，日常需求很少，能从自己的精神生活中找到巨大乐趣，不会为琐事浪费时间和精力。正是他们这种心无旁骛的专注力，使他们能够把自己的注意力从情感和本能中抽离出来，集中精力进行逻辑思考。如果给他们一个相对自由宽松的学习研究环境，不用时间或其他事情去设定干扰他们，那么5号就能展现出他们惊人的思维潜力。

化解5号孩子心中的疏离感

5号随时充满着保证自己不被侵入的警惕感，对父母也是如此。他们心里所向往的与父母家人的一种理想关系是——互不要求，互不干涉。他们希望父母不要对他们有什么要求，因为他们自己也不会对父母有什么要求，并且的确是这么做的。其他性格类型的孩子小的时候都有过向父母索取东西的时候，但5号很少会出现这种情况，他们极少向父母要求什么，大部分时间都是静静地一个人平平淡淡地做自己的事情。

不过，不要因此以为5号对父母和家庭所持的是一种疏离的态度，他们也会思考自己能为家人做些什么。但问题在于，当他们经过一番观察思考后，他们会觉得自己根本没有给家人帮忙的空间，因此常会有种在家里找不到自己位置的不安全感。于是，他们选择了这样一种妥协方式——退回到自己的内心世界，不与家庭发生过多关系，努力培养自己的某种他人少有的技能，期望以后能有机会令家人刮目相看。还有些5号孩子，他们可能认为父母或其他家人是情绪化的，或是有什么不好的生活习惯，令他觉得在家里没有什么依赖感，并且他不知道当如何面对父母。

基于5号孩子的这种特点，很多家长都曾担心过孩子会有某种社交障碍，但实际上绝大多数的5号孩子还是能够健康发展的。虽然他们更喜欢独处，但如果仔细观察他们，家长不难发现孩子虽然在外人面前很害羞，但是在自己的世界里还是很快乐的。他们会对诸如阅读、演奏乐器、做小型生物实验等心智活动或可以发挥想象力的事物特别感兴趣，能自己一个人玩得乐不思蜀。所以，5号孩子的家长不必担忧这点，毕竟孩子的生性如此，他们就是需要更多的个人隐私空间。

5号的家长应扮演的是孩子背后"默默无闻"的支持者，即平时少干涉他们的活动，给他们充分自由的个人空间，当他们自我怀疑、缺乏自信或是感到迷惑时，适时给予温和的支持和帮助，这会令他们觉得和你相处很舒服。如果你能扮演好你的角色，那么孩子就会渐渐接受你，不再认为你是一个侵入者，这样他们就能变得温和开朗起来，这无疑是有利于他们的自我发展的。

帮助5号孩子放下思虑

5号在九型人格中很明显，他们一贯给人的印象就是冷漠和被动，对外界保持着不干涉、不参与、不涉及的状态，喜欢独自工作，投入完全属于自己的世界里，独来独往，朋友很少，喜欢思考很多问题而很少与人讨论。这一切行为都源于他们的价值观——知识等无形资源高于一切。

当5号处于逆境时，他们可能会变得有些愤世嫉俗，加之其本来就喜欢孤立，他们会孤立自己，激烈地排斥或敌视别人。5号是思考型的人，几乎每时每刻都在思考，并且因为担心思考不足而迟迟不敢行动。5号也有七情六欲，可是由于不善交往，不了解别人的情感，别人也不知如何与他们相处，会显得非常孤独。如此恶性循环下去的话，5号会愈加孤独空虚，而他们为了逃避孤独和空虚，往往会继续用更多的资料、学问来填塞它，因而更加孤僻，变得过度思考、死钻牛角尖、麻木不仁甚至与现实环境脱节，彻底将自己封闭起来，甚至有可能只活在自己的幻想中。

因此，父母要帮助5号孩子放下思虑，走出个人的小世界，融入生活这个大世界中，更多地与他们的朋友、同学交流，收获更多知识，看得更远，更容易成为快乐的观察家。

教5号孩子不再贪婪

5号的惯性情绪就是贪婪。当然，这里的贪婪和之前所讲的吝啬一样，都不同于传统意义上的贪婪和吝啬。5号所贪婪的，是与他们眼中的资源有关的事物，例如知识、空间等。5号对于这些事物总是抱着一种多多益善的态度，因此他们会努力去争取获得和保存这些资源。对于5号来说，资源就意味着安全，意味着自我价值的体现，意味着活着的意义。5号对于这些资源的索取之心，可以说是极度贪婪的，而这也容易令他们长期处于一种紧张脱节的状态中。

在5号贪婪惯性的背后，其实还潜藏着一种优越感。5号往往习惯远离那些要受到他人评判的活动。他们会给予自己习惯性的自我保护，为自己营造一种优越感，认为自己比那些追求认可和成功的人更优越。他们相信欲望和强烈的情感代表着自我控制力的减弱，当看到自己能够轻松拒绝那些主宰了他人生活的需求时，会有一种成就感。

为了避免5号孩子在贪婪的心理中越陷越深，父母要帮助5号孩子开始关注他人的世界，真心去关注他人，重视起分享习惯的培养，引导他们将自身优异的理解能力运用到人际关系上，试着从别人的立场去理解他人，这可以让孩子能够更融洽地和周围的人相接触。家长要以身作则，让孩子看到与外界的互动和交流会让自己得到更多的东西。

鼓励孩子的求知欲
给孩子宽松的环境，不要干扰他对宇宙的思考

化解孩子的疏离感
在孩子迷惘不自信时，温和地支持和帮助他们

与5号孩子塑造完美的亲子关系

帮助孩子放下思虑
带他们走出个人的小世界，加入朋友、同学的阵营中

教孩子不再贪婪
不再贪求知识和自我价值，学会关心周围的人

第11节

5号互动指南

5号观察者 VS 5号观察者

当5号观察者遇到自己的同类——5号观察者时，能形成良好的互补关系，但也会因性格的不同而产生一些小矛盾。

两个5号性格者通常能在一起过得很好，因为他们相互尊重对方的界限。在外人看来，他们之间好像没有什么事情发生，因为他们很少交流，很少拥抱，但是那种没有说出口的联系是非常明显的。

长时间的情感分隔也容易阻碍他们彼此亲密关系的发展，尤其是当发生冲突时，他们都会选择退缩回自己的空间，彼此间没有交流，形同陌路人。

组成家庭

如果两个5号组成家庭，他们往往是较为和谐的一对，因为他们不需要言语就能交流，这正是爱情的最高层次。他们虽然住在同一个屋檐下，却各有各的空间。但是这种长期分隔的相处方式也会阻碍亲密关系的发展，他们会逐渐认识到缺乏联系会如此痛苦。

成为工作伙伴

如果两个5号成为工作伙伴，他们则容易遭遇较大的阻碍，因为他们都不擅长与外界联系，也不注重彼此的交流。在工作中，他们都怀有等等看的态度，总是希望对方主动迈出一步，但这种希望常常落空，因此他们极其需要外来的协调者。

总之，无论是在家庭中还是在工作中，两个5号相遇，都需要注重彼此的交流，化被动为主动，以思考辅助实践，才能形成和谐的关系。

5号观察者 VS 6号怀疑论者

当5号观察者遭遇6号怀疑论者，能形成良好的互补关系，但也会因性格的不同而产生一些小矛盾。

5号和6号都是属于思维三元组的一类人，都善于思考和分析，因此，他们在一起时，常常能碰撞出许多思想的火花。而且，5号与外界的分离迫使他们的伴侣成为主动者；怀疑论者通常愿意接受影响他人或指挥他人的机会。一个主动的角色能够增强6号的自信，同时也能让5号摆脱情感的包袱。

5号和6号的差异性极大地阻碍了他们的进一步交流，5号注重个人的私密性，他们在做决定时只愿意信任自己的想法，因为他们觉得6号不如自己那么知识渊博。5号的这种行为常常激起6号的怀疑心，而面对6号的怀疑，5号往往不会回应，反而退缩到自己的世界中，拒绝与6号的交流，就容易引发彼此间的矛盾。

组成家庭

如果5号和6号组成家庭，这对夫妻的主要联系是精神上的，这对夫妻可能不会公开表达情感，因为他们相爱的方式是通过一种安静的联系来爱对方。但因为6号总是想得到对方的肯定，往往把5号对空间和距离的需要当作一种拒绝，他们之间非常容易因为距离感而产生矛盾。

成为工作伙伴

如果5号和6号成为工作伙伴，他们往往会遭遇极大的阻碍，因为思想会轻而易举地取代行动，新鲜构想则会因为不愿冒险而胎死腹中。他们都属于害怕类型，因此他们总是过度地关注困难，犹豫不决，难以得出一个具体的结论。这时，就需要外来的协调者帮助他们做出结论，以使他们进入工作状态。

总之，无论是在家庭中还是在工作中，5号和6号相遇，都需要6号理解5号天生的距离感，给予他们足够的个人空间；也需要5号主动与6号接触，多和6号交流，才能保持长久和谐的关系。

5号观察者 VS 7号享乐主义者

当5号观察者遭遇7号享乐主义者时，能形成良好的互补关系，但也会因性格的不同而产生一些小矛盾。

5号和7号都属于思维三元组，他们都很好奇，有探索精神，喜欢尝试新方法。同时，他们都有搜集的癖好，也都容易紧张和神经质。他们走到一起，往往能够在尊重彼此自由的基础上很好地交流，发掘共同的乐趣。

但是，5号喜欢探索悲伤等负面情绪，7号则努力回避负面情绪。两者的这些差异常常引发彼此的矛盾和冲突。

组成家庭

如果5号和7号组成家庭，他们往往是相敬如宾的一对，他们有着各自的私人空间，忙着各自的兴趣爱好：5号忙着思考，7号忙着享乐。好在7号总能找到夫妻双方都感兴趣的事情。而且，5号佩服7号毫不拘束的自然态度，而7号则在5号身上获得宁静。只要他们能够保持交流，他们的婚姻便能幸福长久。

成为工作伙伴

如果5号和7号成为工作伙伴，他们常常用思想取代行动。他们都被理论所吸引，热衷于各种计划。这对搭档注重的是策略和研究，他们如果不能把同样多的注意力放在贯彻执行上，再好的想法也只是海市蜃楼。

总之，无论是在家庭中还是在工作中，5号和7号相遇，都需要7号积极寻找彼此的共同兴趣，引导5号从观察者的位置走出来，加入参与者的行列；而5号也需要更积极主动地面对生活，化思想为行动，才能维持彼此长久而和谐的关系。

5号观察者 VS 8号领导者

当5号观察者遭遇8号领导者时，他们能形成良好的互补关系，但也会因性格的不同而产生一些小矛盾。

5号和8号都非常自立，他们都常把自己看作全体之外的人，也容易认为自己受到了排斥，并且愿意和任何威胁他们独立的人抗争到底。而且，他们都喜欢直接的交往方式，都富有攻击性，都希望保护自己脆弱的一面。因此，他们往往能够尊重彼此的个人空间，也就容易维持和谐的关系。

但是，当双方遭遇痛苦时，彼此可能都不愿意妥协，而且很难因为自己对他人的影响而内疚。5号有时会认为，8号在情感上的痛苦并不是自己造成的，而是因为对方自己缺乏自我控制。在痛苦中的8号有可能想要报复。复仇也会是双方关系的一部分，主要表现就是8号急于争夺双方关系的控制权。

组成家庭	成为工作伙伴
如果5号和8号组成家庭，他们往往是和谐的一对。在九型人格中，5号性格在安全状态下会向8号靠近；而8号性格在面临压力时，则会向5号发展。双方共有的一条连线让他们在长期相处后会变得越来越像。久而久之，激进的领导者会变得顺从，而观察者则会表现出果敢的特质。	如果5号和8号成为工作伙伴，他们是非常理性的一对，他们的合作从不掺杂感情色彩。5号很少受到外在影响；而8号则能够很好地传达5号的思想，并能够将5号的思想付诸行动。但是8号的进攻性如果表现得太强势，就容易招致5号的反感及反抗，从而激发矛盾。

总之，无论是在家庭中还是在工作中，5号和8号相遇，都需要5号走出自己的象牙塔，敢于为生活奋斗，真实地表达自己的情感；而8号应该相信控制自己情感、保持隐私的5号，建立彼此信任的关系，才能维持长久而和谐的关系。

5号观察者VS9号调停者

当5号观察者遭遇9号调停者时，他们能形成良好的互补关系，但也会因性格的不同而产生一些小矛盾。

5号和9号都不愿让自己成为关注的对象，都喜欢非言语的交流，双方都希望得到对方的理解，但是又不想自己提出来，怕自己提出可能遭到拒绝或羞辱。当他们相处时，他们总是很安静，并且享受这种安静。

9号喜欢以5号的需求为自己生活的中心，格外注意5号的一举一动。而5号无法忍受情感上的依赖，当9号对他们期望过高时，他们的态度反而会变得冷淡，这就使9号产生被抛弃感，激起他们内心的怒火，矛盾就此产生。

组成家庭	成为工作伙伴
如果5号和9号组成家庭，他们的爱情是长流的细水，但偶尔也需要泛起一点波澜。两种人的情感反应都很迟钝。双方在一起时，可能各自允许对方拥有一定的私人空间，但是，夫妻间的这种疏离感会使双方都专注于自己的生活轨道，使双方的关系越来越淡。	如果5号和9号成为工作伙伴，他们信奉和气生财的工作理念，尽量避免冲突，因此他们常常能形成和谐的工作关系：9号扮演了冲锋陷阵的角色，站在前面与公众打交道，而5号则扮演了幕后军师的角色。但是，双方都想被对方带动，因此在表面的和谐气氛下可能隐藏着缺乏动力的问题。

总之，无论是在家庭中还是在工作中，5号和9号相遇，都需要双方主动去融入对方的生活圈子，多沟通交流，享受亲密关系带来的快乐和成就。

第七章

6号怀疑型：怀疑一切不了解的事

6号宣言：世界充满危险，我必须时刻警惕。

6号怀疑主义者是一个十分忠实、小心谨慎的人，他们总是处于无休止的忧虑和怀疑之中。他们倾向于把世界看作一种威胁，而他们对外来的威胁非常敏感，可谓明察秋毫，总是关注生活中最糟糕的事情，并预想出最糟糕的可能结果，事先把自己武装起来。这使他们难以公开发表自己的观点，喜欢征求他们所信赖的权威人物的意见，而且对这些权威人物有较高的忠诚度。

6号怀疑型面面观

6号性格的特征

在九型人格中，6号是典型的怀疑主义者，他们和5号性格者相似，都认为这个世界危机四伏，人心难测，交往不慎，就会被人利用和陷害。但他们又和5号性格者不同，他们不像5号一样享受孤独，而是害怕孤独，恐惧自己被孤立、被抛弃，因此才对人和事都没有安全感。也就是说，其实6号内心里渴望与人接触，并渴望得到他人的保护。

6号的主要特征如下：

6号性格的主要特征	
1	内向、主动、保守、忠诚。
2	有着敏锐的观察力，能够洞察深层的心理反应。
3	能在环境中搜索能够解释内在恐惧感的线索，其直觉来自因内心恐惧而产生的强大的想象力和专一的注意力。
4	疑心重，做事小心谨慎，有着较强的警惕性。
5	因为内心的疑虑太多，所以总是用思考代替行动，导致行动推延，或是使工作无法善始善终。
6	努力克制自己的情感，害怕直接发火，但喜欢把自己的怒气归罪于他人。
7	有着较浓的悲观情绪，因而常常忘记对成功和快乐的追求。
8	渴望别人喜欢自己，但又怀疑别人情感的真实性。喜欢怀疑他人的动机，尤其是权威人士的动机。
9	对权威的态度较为极端：要么顺从，要么反抗。
10	习惯怀疑权威，因此认同被压迫者的反抗事业。
11	一旦信服某个权威，就会由怀疑变得忠诚，因此往往对于被压迫者或者强大的领导者表现出忠诚和责任。
12	以团体的规范为标准，讨厌偏离正轨者，会严厉地批评、责备他们。
13	循规蹈矩，遵守社会规范。
14	经常考虑朋友和伴侣的忠诚度，有时会故意激怒别人进行试探。
15	期望公平，要求付出和所得相匹配，会被他人看成斤斤计较的人。
16	常问自己有否做错事，因为害怕犯错误后被责备，所以犯错往往死不认错。
17	在一个能给予他们足够安全感的环境里，会支持他人成长，分担他人的困难。

6号性格的基本分支

6号性格者往往小心而多疑，他们从小就学会了保持警惕，学会了质疑权威，习惯去思考人们每一个行为背后潜藏的意图。而且，他们注意力的焦点往往集中在生活中那些糟糕的事情上，这使他们把外部世界看成了各种危险因素的潜在来源。他们很容易对他人和客观形势产生怀疑，尤其是当这些人和事在他们毫无准备的情况下出现的时候。因此，他们总是处于无休止的忧虑和怀疑之中。然而，他们内心十分渴望他人的保护，一旦他们发现力量强大的领导者，比如3号性格者和8号性格者，他们又会十分顺从、忠诚。6号对待权威的态度是矛盾的，这种矛盾心理往往突出表现在他们的情爱关系、人际关系、自我保护的方式上：

情爱关系：力量／美丽

6号认为外界的人和事都是不可靠的。他们时刻担心自己被利用、被抛弃，因此他们内心极度渴望寻找到可靠的亲密关系。为了吸引他人的关注，建立稳固的亲密关系，6号热衷于表现出力量和美丽，如果大家都认为他／她是强壮、美丽、性感而聪明的，他们即便是个胆小鬼，也会立刻挺直腰杆。

人际关系：责任感

6号具有极强的责任感，他们认为在社会行为中遵守相关规则和义务是表现忠诚的一种方式，这也是他们压制内心恐惧感的一种方式。在这种责任感的激励下，他们可以完全投入他们的家庭或者集体性的事业，能够为了事业、家庭和理想做出极大牺牲。他们甚至可以鼓励身处困境的其他人，并为扭转局势做出英雄之举。

自我保护：关爱

6号既害怕亲密关系的不稳定，又渴望亲密关系，因为他们认为，维持他人对自己的好感，是驱赶潜在敌意的一种方法。如果人们喜欢你，你就没有必要对他们感到害怕。他们和理解他们、包容他们的人在一起时会很放松，会放下自己的防卫体系。也就是说，来自他人的鼓励和温暖，将促使他们更好地发展。

6号性格的闪光点和局限点

九型人格认为，6号性格不仅有许多闪光点，也有许多局限点，下面我们就来具体介绍：

6号性格的闪光点	
有高度的警觉	6号性格者内心存有较强的不安全感。他们害怕被人利用，因此有着较高的警惕性，总是仔细观察对方，时刻提防他人的花言巧语。可以说，他们是天生的观察者、自然的心理学家，随时警惕着一切外在变化，还不被周围人所察觉。
做事谨慎	6号做事十分谨慎。他们常常对一些事情，甚至是没有发生的事情怀有过多担心。他们总担心事情会出什么状况，因此他们对于职责内的事情、习惯作最坏的打算，作最好的准备。
较强的危机意识	6号算得上九型人格中最有危机意识的人格类型。他们总是关注那些潜在的危险，并主观臆想实际上并不存在的陷阱。因此，当危险真正来临时，他们往往比其他类型的人冷静，具有迅速化解危机的勇气和能力。
有责任感	6号喜欢稳定的生活。他们认为责任感是保证生活稳定的关键因素，因此他们习惯在社会行为中遵守相关规则和义务，并且能够为了事业、家庭和理想做出极大牺牲。
较高的忠诚度	极具责任感的6号往往是个忠诚、值得信赖的人。面对任何挑战时，他们都能够毫不犹豫地去护卫彼此的关系和友谊。他们对盟友忠心耿耿，总是不遗余力地保护自己人。
注重团队精神	6号内心渴望亲密关系，却又缺乏安全感。他们往往认为在一个团队中最易获得安全感，因此他们注重"团结至上、安全第一"的团队精神。
严守时间	6号虽然会因为对安全感的忧虑而行动拖延，但通常为了获得安全感，还是习惯严守时间。

看淡成功	6号习惯怀疑权威，因此他们不希望自己成为权威，也就是说，他们能够为了自己的理想而付出全力，不求回报地孜孜努力，从不在乎这样是否会获得成功和荣誉。

6号性格的局限点

多疑	6号因为随时感到不安全，总是对一切持怀疑态度，而且越怀疑就越不安，因而越发拖延行动。
拖延行动	6号做事谨慎，致力于做好每一个细节的准备工作，因此他们总是沉溺在琐碎事务的处理工作中，在正反意见之中徘徊，很难下结论。致使工作一拖再拖，甚至半途而废。
习惯负面想象	6号有着丰富的想象力，但他们内心强烈的不安全感常常将他们的想象指向最坏的方面，使他们总想着最糟糕的结果。这使他们常常给人以悲观、偏激、神经质的印象。
怀疑成功	6号内心对成功持怀疑心理，认为成功将使他们成为众矢之的，破坏他们的安全感，因此习惯躲避成功，往往在接近事业巅峰时更换工作，或在即将大功告成时不去化解能够化解的危机。
过于保守	6号多是循规蹈矩的人，喜欢照本子办事，照着指引做事，常有怕犯错的心理。所以他们总是畏缩不敢行动，喜欢做成功率高的事，比如那些在别人眼中枯燥的、属于例行公事的事。
缺乏自信	6号习惯自我怀疑。他们对自己的不信任，他们狂热追求能给自己带来安全感的东西，他们对权威者的过度依赖和对安全的寻求，使他们容易被人操控和利用。
过于悲观	6号常常有将一切灾难化的倾向，他们对周围所碰到的一切事物，总喜欢往负面的、悲观的、严重的方面去幻想或揣测，因此他们时常处于非常不安、焦虑的状况。

6号的高层心境：信念

6号性格者的高层心境是信念，处于此种心境中的6号性格者能够客观认识怀疑，正确利用怀疑的力量来使自己的想法更加完美，把发展过程中可能出现的错误和风险都排除掉。

6号有着极强的不安全感，时刻害怕自己被利用、被抛弃，因此对外界的人或事高度警惕，几乎把决策制定的大半时间都花在了怀疑上。他们总是在提出一个想法之后又认真地反对这个想法。6号如果涉足学术研究领域，他们喜欢怀疑的性格往往能够让科学更精准，让程序更可行，让关系更清晰。但他们过于崇拜怀疑主义，往往忽视内心的真实感受，给自己及他人带来巨大的痛苦。

那么，如何将6号从怀疑的旋涡中拯救出来呢？这就需要6号拥有强大的信念来肯定自己、相信自己，从而不再拖延行动，继续自己的修行、自己的爱情和自己的工作。信念就是一种能力，它让你的注意力稳固在那些正确的、积极的感受上，不会陷入带偏见的思维中，让质疑取代真实。当6号拥有了强大的信念，他们就进入了自我发展中的高层心境。

6号的高层德行：勇气

6号性格者的高层德行是勇气，即让身体在不思考的状态下自如活动，让自身的行动不被性格影响。这样的6号不再因为自我怀疑而拖延行动，并敢于突破束缚，挑战自我，寻求更好的发展。

6号的怀疑往往是无意识的，因为他们过于关注自己某一方面的需求，从而忽视了那些控制他们生命的核心问题。6号内心有着强烈的恐惧感，但可能不会觉得自己比别人更害怕，也不会意识到个人的思考方式和情绪表达会导致长期的惯性思维。就像那些长期生活在战争中的人往往是在获得和平后才感到战争的可怕一样，6号往往是在自己的恐惧感消失后，才意识到自己曾经多么畏惧。也就是说，只有当6号拥有了战胜恐惧的勇气，他们才会意识到自己的恐惧心理。

要克服自己的恐惧心理，获得行动的勇气，6号可以选择接受心理治疗或者冥想练习，并结合一些身体练习。许多6号都会接受精神方面的练习，培养对自身直觉的信任，比如密宗瑜伽或是一些武术练习，都能够很好地缓和6号的恐惧心理。

6号的注意力

6号性格者的注意力更多地集中在自己的想象世界里。他们必须先心里想到，才能行动。而且，他们总是根据自己的想法在现实中寻找依据和线索，而忽视了现实生活中那些和他们想法无关的事物。因此，6号的注意力带有极强的主观性和片面性。

他们常常会回忆一个在他们童年时让他们感到害怕的人，并想象这个人就站在他们的面前，想象对方的脸部表情、身体姿态、衣服，尤其是他/她看着自己，而让自己感到畏惧的眼神。而且他们让自己相信：这个人已经和自己在一个很小的房间里一起生活了很长一段时间，控制了房间里的一切，而且随时会带给他们可怕的伤害。这迫使他们形成高度的警惕心。

有时候，他们也会想象自己的朋友可能私下里有从未对自己表达的事情，这个想法可以是正面的，也可以是负面的。这时，他们就会细心观察朋友，竭力寻找被隐藏想法的蛛丝马迹。这时，他们具有典型的多疑症的特征。他们坚信这个空想的真实性，并因此感到莫大的痛苦。

6号的直觉类型

每个人的直觉都来源于他们关注的东西，因此6号性格者的直觉来源于他们对于安全感的密切关注。6号从小致力于摆脱情感上的恐惧。他们生存的一个重要策略就是发现那些潜在的威胁。他们总是对他人没有表达出来的意图特别敏感。具有自我意识的6号知道自己常常把自己的敌意归罪于他人，知道要辨别直觉的准确性需要学会区分自己内心的投影和客观准确的表达。

许多6号都具有较强的自我观察能力，但大部分6号都没有注意去区分内心投影和其他直觉表达。虽然6号对于他人的某些负面特质可能感觉是对的，但是他们往往把它们极度夸大，然后开始保卫自己，与他人恶意斗争。这会让他人感到恼火，而6号反而觉得自己的判断得到了证实。

用强大的信念，将自己从怀疑的旋涡中拯救出来。

不假思索而自如活动，挑战自我，不再恐惧。

高层心境：信念

高层德行：勇气

6号性格者的发展方向

注意力：主观想象

直觉：潜在的威胁

不再因为主观的想象而对人多疑，发现自己的怀疑带有片面性。

不再被并不存在的潜在威胁困扰，学会对内心进行观察。

6号的注意力

6号性格者的注意力更多地集中在他们自己的想象世界，而不是现实生活。他们必须先要心里想到，才能行动。

他们总是根据自己的想法在现实中寻找依据和线索，而忽视了现实生活中那些和他们想法无关的事物。因此，6号的注意力带有极强的主观性和片面性。

他们常常会回忆一个在他们童年时让他们感到害怕的人，并想象这个人就站在他们的面前，这迫使他们形成高度的警惕心，随时警惕房间里的威胁者。

他们也会想象熟悉的一个朋友可能私下想过但从未对6号表达的事情，这时，他们就会细心观察朋友的脸部表情，竭力寻找被隐藏想法的蛛丝马迹。这时，他们具有典型的多疑症的特征。

6号发出的·4种信号

6号性格者常常以自己独有的特点向周围世界辐射自己的信号，通过这些信号我们可以更好地去了解6号性格者的特点，这些信号有以下4种：

6号性格者发出的信号	
积极的信号	6号对于权威的态度是矛盾的。当认为某种权威不可信任时，他们就会反对这种权威；但他们如果认为这种权威是可信任的，他们则会给予全力支持。他们还会信任那些软弱无力的人，那些感到害怕的人。同时，6号具有细微的洞察力和强大的想象力，他们往往是非常具有创意的思考者。
消极的信号	6号喜欢关注负面信息，总往最坏的方面去想象。为了避免出现他们所猜想的那些危机，他们注重细节，有时候会牵强附会，还会用过度的保护来控制局势，加强防御。即便是情况往好的方向发展时，他们内心的担忧也不会消失，这使他们犹豫不决，常常拖延行动或半途而废。
混合的信号	6号总是习惯往最坏的方向去想，因此对身边的所有人和事都抱着怀疑的态度，不愿意对他人表达真实的情感，以免被人利用；但是他们又不确定自己的判断是否准确，因此又不愿意脱身而出。总之，6号经常被内心的怀疑论扰乱自己的思绪，传达出混乱的信息，往往使他人感到十分迷惑。
内在的信号	6号不仅怀疑他人，也怀疑自己。怀疑阻碍了他们的感觉。他们可能会听见你说的话，但是并不完全相信，因为他们并没有完全感觉到。他们常会将他人的赞美看作"客气话"。这并不是说6号认为你在撒谎，而是说他们觉得你话里有话。这时，他们可能会追问他人，以证实自己对他人的负面猜测。

总之，6号需要适当克制自己的怀疑心，更要学会客观看待自己的怀疑主义思想，要学会关注他人的真实情感，而不要用自己的负面心态去看待他人、看待世界，这样就能有效避免自己陷入悲观主义之中。

6号在安全和压力下的反应

为了顺应成长环境、社会文化等因素，6号性格者在安全状态或压力状态下，有可能出现一些可以预测的不同表现：

安全状态

当6号感到安全时，他们的性格向9号性格者靠近。他们会感到放松，内心被解放，思想平静下来，身体意识重新回来，感觉就像返回自己的理性中了。他们开始认识到自己的恐惧感，并主动去改变它。也只有当痛苦远离时，他们才知道自己受到了多大的伤害，并感到如释重负。

6号在感到放松的同时又会担心失去自己的优势。因为他们认为，当感到放松和快乐时，他们的警觉力容易减弱。他们可能像9号一样寻找不到自己的人生目标，感到空虚和寂寞。

压力状态

当6号处于压力状态时，他们的性格向3号靠近。他们内心的恐惧感迅速扩大，这往往促使他们加紧防御。6号想要被拯救，想要摆脱这样的局面，想让其他人来帮助他们完成没有做完的事情。这种内心的紧张达到高峰时。如果得不到放松，恐惧症型的6号就可能长期处于抑郁状态；而反恐惧症型的6号则不愿再等下去，他们主动开始行动。

如果能够让6号学会放松，把注意力集中在要做的事情上，忽略内心的恐惧感和紧张感，反而能极大地提升6号的行动力，有益于6号的发展。

第2节

我是哪个层次的6号

第一层级：自我肯定的勇者

处于第一层级的 6 号能够肯定自己、信任自己，并与自身的内在权威有一种和谐的关系，同时他们也能够相信他人，并以忠诚的形象赢得他人的信任。

他们敢于自我肯定，他们在自身内部、在生命中发现了持久的信念，这使他们从自身内部体验到一种坚韧与刚毅，可以帮助他们完成生活中需要完成的一切。

他们相信自己，同时也能够相信他人，并给予他人信心和勇气。他们的行为举止传达出一种沉着，一种果敢，一种为更大的善不倦努力的意志力。而且，他们在面对挑战的时候也很灵活。

他们相信别人，追求人人平等，与人相互依靠。也就是说，他们支持他人，而自己也受他人支持；关爱他人，而自己也被关爱；既能独自工作，也能和他人合作。

他们相信自己，因此他们可以自由地表达出内心最深处的情感。如果有天分并得到培养，他们会成为出色的艺术家或杰出的领导者，因为他们能够维护自己、滋养自己的心灵。

第二层级：富有魅力的人

处于第二层级的 6 号拥有一种迷人的个人魅力，能够在无意间吸引别人。他们有一种让他人做出回应的能力，尽管他们自己通常意识不到这一点。

他们不能一直做到自我肯定，也无法完全做到与他人和平相处。他们的幸福有赖于维持安全的人际关系和结构。这促使他们投身到世界中，开始审视周围的环境，寻找能够与他人建立联系或介入某些计划的方法，力图发现可能的同盟和支持者，或寻找可以增强自己安全感与自信心的东西。

他们有着较强的在情绪上感染他人的能力。他们对他人有一种真正的好奇心，因为他们想要发现对双方都有利的联系。这时的 6 号具有一种天生的亲切感，易于亲近。对于他人来说，他们是自信、值得信赖的。他们想尽最大努力做一个值得他人信赖的人，总是让人感受到一种坚定。

他们具有敏锐的洞察力，能够在潜在的威胁和问题变得不可收拾之前察觉到它们的存在，并立即采取措施确保周围每个人的安全。也就是说，有 6 号朋友在身边时，人们会感到更安全。

第三层级：忠实的伙伴

处于第三层级的 6 号是忠实的伙伴。为了维持一段真挚的友谊或一段稳定的合作关系，他们会十分忠诚，全身心地投入这段关系之中。

他们自我肯定的能力在日渐减弱，因此开始寻求安全感，努力吸引那些可信赖的、安全的人。

如果不能成功，或者双方的关系发展得不够理想，他们的焦虑感和不安全感就会加重。

他们有着强烈的责任心，习惯把纪律引入到工作中，并坚持执行，同时也一丝不苟地关注细节和工艺。他们力求确保自己在世界上有一个位置，确保自己的安全与安全感。

他们推崇人人平等，注重公平，因此可以帮助企业形成一种平等的精神和一种强烈的公共福利意识。一旦发现不公平、不公正的现象，他们会反对、提出质疑，并尽全力去解决它。

同时，他们也渴望忠诚的伙伴，想要拥有能让自己依赖的人，想要自己能被人无条件地接受，并且有一个可以安身立命的地方，使他们觉得自己并不孤独，减轻自己被抛弃的恐惧。

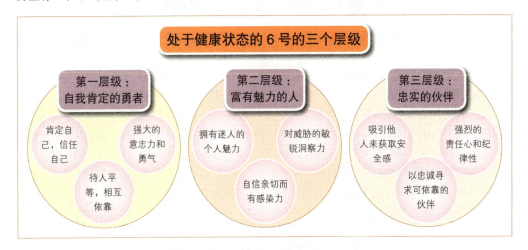

第四层级：忠诚的人

处于第四层级的6号在忠实的性格特征上更进了一步——忠诚。他们越发感到维系一段稳定关系的重要性和迫切性，因此他们选择承担更多的责任，常常以一个尽职尽责的忠诚者形象示人。

他们不再敢于自我肯定，变得越来越没有安全感，担心做任何事都会危害人际关系的稳定。为了加固自己的"社会安全"体系，他们会更努力地工作，以获得同行和权威的接纳与认可。

他们感到压力巨大，迫使他们承担更多的义务，坚持认为自己能够克服困难，把工作做下去。

他们相信权威胜过相信自己，因为他们在健康状态中的那种自我肯定意识逐渐消失，这促使他们更多地依附和认同特定的思想体系和信仰体系，以给自己提供答案和让自己更有信心。

总之，他们把一切托付给朋友和权威，以确保自己的阐释"没有差错"。但要注意的是，这并不是说这个阶段的6号已经丧失了自己做决定的能力，而是说他们在做出重大决定的时候会面对更多的内在冲突和自我怀疑，使他们难以果断做出决定，常常拖延行动。

第五层级：矛盾的悲观主义者

处于第五层级的6号内心的不安全感逐渐加深，这使他们变成了矛盾的悲观主义者：他们一方面能够忠实于自己的责任和义务，一方面又开始担心无法应付肩上的压力和要求，害怕因此而失去来自盟友和支持体系的安全感。

他们认同的权威很多，但他们的能力有限，因此不可能同等满足其所效忠的所有人。当被迫决定谁应当"让路"的时候，难以决断就会令他们甚为痛苦。这时候，他们常常选择逃避。如果必须有所行动，他们会显得极端谨慎，作决定时也很胆怯，总是拖到最后一刻才开始行动。

为了逃避责任，他们往往拒绝接纳任何观念和知识，开始害怕改变并抵制改变。他们的思维和观点因此变得更狭隘、更偏安一隅。他们日渐失去了清晰的推理能力，内心越来越混乱。

因为不断地怀疑别人，以及推卸责任的需要，他们变得十分难相处。他们看似友善，其实自我防卫意识相当强，右手迎接对方，左手却推开他。他们犹疑不定，一会儿赞同别人的做法，一会儿又拒绝接受已经决定的事。

第六层级：独裁的反叛者

处于第六层级的6号是独裁的反叛者。他们内心的恐惧感越发强烈，他们努力控制自己的这种恐惧感，却因为已经与内心的权威失去了联系，常常做出粗暴的反恐惧行为。

他们几乎丧失了自我肯定的意识，只能任由内心的不安全感及被抛弃的恐惧感日益延伸。他们害怕自己失去盟友和权威的支持，因此采取过度补偿的方式，变得过分热情和富于攻击性。

这种反恐惧的粗暴方法常常使他们矫枉过正：他们对威胁到自己的东西怒不可遏，大加责难；他们变得极具反叛性、极其好斗，用尽各种手段阻挠和妨碍他人，以证明自己不能受欺负。他们对自己满腹狐疑，绝望地固守着某一立场或位置，以让自己觉得自己很强大，驱散内心的自卑感。

他们的敌对情绪日益浓厚，严格地将人划分为"支持我们"与"反对我们"的两个集团。如果信仰受到挑战，他们便会竭尽全力去对抗对方。可笑的是，这反而容易促使他们背离自己的信仰：坚定地相信自由和民主的6号居然变成了狂热的偏执者和独裁者，损害他们的支持者的利益。

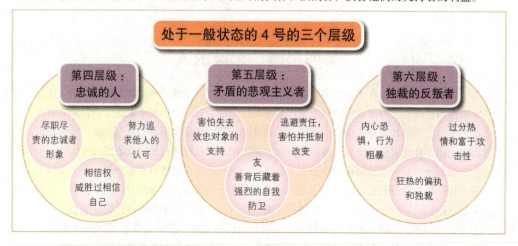

处于一般状态的4号的三个层级

第四层级：
忠诚的人

尽职尽责的忠诚者形象　努力追求他人的认可　相信权威胜过相信自己

第五层级：
矛盾的悲观主义者

害怕失去效忠对象的支持　逃避责任，害怕并抵制改变　友善背后藏着强烈的自我防卫

第六层级：
独裁的反叛者

内心恐惧，行为粗暴　过分热情和富于攻击性　狂热的偏执和独裁

第七层级：极度依赖的人

处于第七层级的6号是过度反应的依赖者。他们一改处于第六层级时嚣张跋扈的独裁者形象，变得胆怯、懦弱起来，因为他们发现在尝试攻击性行为后无法继续坚持。

在6号看似顽固独裁的外表下面，其实是一个被吓破胆的、没有安全感的孩子。他们自身的攻击性危害了自己的安全，破坏了自己和支持者、同盟者及权威的关系。于是，他们常常一边讨好他人，重新赢回他人的信任，一边又厌恶自己不够坚定。

他们有着强烈的自卑情绪，他们不断地自我责难，觉得自己很无能，不能胜任任何事情。随着焦虑感越来越强，他们变得极端地依赖同盟者或权威人物。他们惧怕犯错误，以免仅存的权威因为反感而离他们而去，最后甚至几乎不主动采取任何行动，以避免承担责任。

他们对他人的好意抱着猜疑态度，迷恋那些让他们变得更加依赖、激起他们的妄想或以别的方式引发其不安全感的"损友"，比如暴徒、瘾君子、歇斯底里者、无赖，都容易成为他们的朋友，而善良、正直的人们则被他们排斥在交际圈外。可见，这时的6号已经开始出现自暴自弃的征象。

第八层级：被害妄想症患者

处于第八层级的6号有着更深的焦虑感，这使他们从自我压抑的抑郁症状态逐渐转变到了歇斯底里的被害妄想症状态。这使他们失去了控制焦虑的能力。当他们想到自己的时候，他们会失去理智，变得疯狂；想到他人的时候，则充满歇斯底里与妄想。

因为自身有着强烈的焦虑感，他们往往会非理性地对现实产生错觉，把每件事都视为危机，变得神经质起来，他们会潜意识地把自己的攻击性投射到他人身上，因此开始形成被迫害妄想。

他们的情绪变得十分激动，有着极强的警惕心理，完全陷入了被害妄想症的世界，认为周围的人都想要迫害自己，甚至发展到将任何一个接近他们的人都视为危险分子，给予强烈的攻击。但是，这种高度的警惕感使他们在被害妄想症的深渊中越陷越深。

但值得庆幸的是，发展到这个层级的6号往往能得到足够的支持与帮助，这使他们能够免于因恐惧的纠缠而做出不可挽回的破坏行为，但也只是将他们的暴力倾向引导向抑郁方向发展。

第九层级：自残的受虐狂

处于第九层级的6号是自残的受虐狂。因为他们确信来自权威人物的惩罚不可避免，所以他们干脆自我惩罚，以抵消负罪感，逃避或至少减轻权威的惩罚。

一直以来，6号都希望获得长久而稳定的亲密关系，却发现歇斯底里的自己只能促使他人远离自己，于是滋生出强烈的罪恶感。为了弥补对他人造成的伤害，他们往往会选择自我惩罚。

当然，他们这种自我惩罚并不是为了结束与权威人物的关系，而是为了重建自己的保护者形象。通过把失败加诸自身，他们至少可以免于被别人打败。此外，不管怎样，这种带给自己屈辱与痛苦的行为可以缓解他们的负罪感，使其不致走上自杀之途。

但是，进入第九层级的6号已经丧失了理性，常常在自我惩罚的过程中做出极端的行为。比如，他们会甘愿沦为乞丐，也会甘愿酗酒。这不是因为他们能从中得到快感，而是因为他们希望自己的苦难可以吸引一些人来拯救自己，从而重建他们受人尊敬、值得信任的形象。

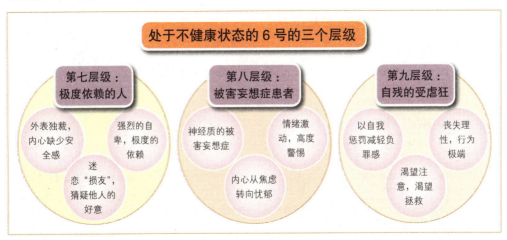

处于不健康状态的6号的三个层级

第七层级：极度依赖的人
外表独裁，内心缺少安全感
强烈的自卑，极度的依赖
迷恋"损友"，猜疑他人的好意

第八层级：被害妄想症患者
神经质的被害妄想症
情绪激动，高度警惕
内心从焦虑转向忧郁

第九层级：自残的受虐狂
以自我惩罚减轻负罪感
丧失理性，行为极端
渴望注意，渴望拯救

第3节

与6号有效地交流

6号的沟通模式：旁敲侧击

在九型人格中，6号绝对属于庸人自扰的一群。他们常常为精神上的单调无趣所困扰，常常质疑自我能力，并焦虑别人在忙些什么。

为了避免这种情况的发生，6号有着极强的警惕性，因为他们坚信，隐藏的动机和未说出口的议题，才是真正驱策言行的因子。即便他们未必清楚自己对抗的是什么，他们依然未雨绸缪，做好一切防范，反正这么做也无伤大雅。

然而，尽管他们内心充满了担忧，他们往往不会在外表上表现出来，而是会以随和且温馨怀柔的态度，以旁敲侧击的方式去试探他人的反应，探知他人的意图。

6号有着极高的警惕性，就像极度警觉的足球守门员一样，不停地防备着真正的或假想的威胁。

人们在与6号进行沟通时，要尽量坦诚相待，不要要什么小心眼，不要兜圈子，内容要精确而实际。因为6号特别敏感，会很容易地觉察到你隐藏的动机和意义。不要赞美他们，因为他们是多疑的，很难相信你对他们的赞美。也不要讥笑或批评他们的多疑，这会使他们更缺乏自信。总之，只要你能保持你的一致性，不言行不一、变来变去，你自然可以让他们对你产生信任。

观察6号的谈话方式

当人们和6号性格者交往时，只要细心观察，就会发现6号性格者常用以下说话方式：

6号常用的说话方式
1	他们讲话的时候声带颤抖，久久不切入正题。
2	经常使用不确定的语言：慢着、等等、让我想一想、不知道，或者可以的、怎么办、但是等，给人的总体感觉是谨慎、拘谨。而这正是他们内心疑惑的表现。
3	讲话时，语气语调比较低沉，节奏比较慢。谈问题时兜兜绕绕，很少切入正题。常从旁敲侧击的角度，去探测对方值不值得信任。
4	6号的话比较多，特别是当他想问一个问题和验证一件事情的时候。他们会不断地说过来说过去，话中充满着矛盾。

5	6号的话语中理性、逻辑的成分非常多，甚至连情感、情绪也是以逻辑的形式表达的，让人很难感受到他们真实自然的情感。
6	在言语表达过程中，6号人格者喜欢绕弯子，做大量铺垫，来强调自己的"理"，最后再让对方通过这些"理"明晓自己内心想要表述的信息，以收获一份被理解和支持的感觉。
7	6号的话语中就很多转折词，比如"这样很好……不过……""虽然……可是""……万一"等。他们总是给人一种过分担忧的形象。

读懂 6 号的身体语言

当人们和 6 号性格者交往时，只要细心观察，就会发现 6 号性格者常发出以下一些身体信号：

6号的身体语言	
1	6号人格者的身材适中，因为他们需要足够的体力或者说能量来让自己感受到充实感。
2	6号人格者的着装以便于打理为原则，朴实无华，但并不老土过时，只是深色居多、款式简洁而已。
3	6号在身体语言上往往会有肌肉绷紧、双肩向前弯的表现。
4	有着慌张、避免眼神接触的面部表情，有时候会瞪起眼睛盯着别人。
5	感到紧张时，他们会做出吞咽口水的不雅动作。
6	6号人格者眼神总是焦虑的、不安的，颧骨部位的肌肉总是紧张的，即便是在笑的时候，眼神的焦虑和颧骨部位肌肉的紧张感也不退场。
7	对环境的敏感，导致他们的眼神总是时刻环顾着环境中的细微变化——多表现为横向移动，因为他们在扫描环境中的人。
8	说话的时候，6号总是边想边说，因此他们的眼睛总配合大脑警惕地转动。
9	行走、站立以及坐卧都会表现得局促不安，与人共处时一定会与对方保持一个安全的距离，特别是他们在陌生环境中或内心不确定是否安全的时候，常给人一种冷冷观察并在内心盘算的感觉。
10	当他人与自己立场不同的时候，6号人格者局促不安的动作会更加明显。

对 6 号，收起你的猜疑心

6号有着强烈的不安全感和怀疑思想，因此他们在为人处世时相当小心谨慎，总是对环境中可能存在的风险及问题忧心忡忡，常常令自己陷入不安境地。

在6号看来，怀疑是必需的，有助于他们做出正确可靠的抉择。因此他们看见和经历的所有事情都在他们质疑的范围之内，别人说的话他们质疑，自己的思想和能力他们也质疑。他们总是设想未来的种种悲惨景象，是为了大难来临时能够从容地应对。然而，6号常常陷入怀疑的误区——猜疑中，使他们过分戒备身边的人，对于别人给予的帮助也要思索几分，那只会遮蔽他们发现善的眼睛。

因此可知，如果人们在与习惯猜疑的6号进行交流时，也采取猜疑的态度，只会加剧6号的不安全感，恶化彼此的关系，甚至可能激起6号强烈的反抗。

6号喜欢怀疑，有时甚至发展到猜疑的程度，总是过分戒备身边的人，别人提供帮助时也要思索几分，这常常让他们发现不了生活中的善。

所以，在与6号进行人际交往时，不仅需要6号克制自己的猜疑心理，多练习对人对事的信心，更客观地看待问题，同时也需要人们自己不要以猜疑的心态去应对6号的猜疑，因为一般情况下，以恶制恶的结局常常是两败俱伤。

向6号学习"中正"

6号喜欢怀疑自己，因而他们常常是不自信的，而且，他们又擅长于负面思考，总是绞尽脑汁地想要找出可能出错的地方，因此他们总是时刻保持沉着冷静。从这两个性格特征来综合地看，我们，就会发现：6号是小心谨慎的人群，因此他们在为人处世中多奉行中正之道，不喜欢表现自己，甚至在成果已经明显是他们所创造的时候，他们也不愿承担这些荣誉和成就，而会强调是大家共同努力取得的成绩。

6号内心总会有一种"枪打出头鸟"的担忧，所以他们更愿意融入团队或环境的氛围里，以共同承担的方式采取行动，分担风险。为了保住这份安全感，他们对团队忠心耿耿且安于现状，因为一旦转换环境，他们就可能要面对人际关系上的风险。

此外，6号反抗权威，却又忠诚于强大的权威。由于不安全感和逻辑判断的思维方式，6号人格者对权威人士怀有一种既尊敬又担忧的情绪。他们一方面希望依靠权威人士收获安全感，另一方面又因为权威人士不可能只让他一人依靠而抱怨对方不能给自己提供绝对的安全感。他们给人一种"万年老二"的感觉。种种迹象都表明，6号是中正主义的忠实信徒。

在中国，中正就是做事有分寸、知晓进退的原则，而绝非毫无原则的世故。中国人做事说话喜含蓄，不会量化，这个分寸究竟是几分几寸，没有人告诉你标准答案，也没有标准答案，完全靠自己去悟。简单来说，起码要做到在原则问题上不动摇。

冯道曾事四姓、相六帝，在时事变乱的80余年中，始终不倒，令人称奇。

冯道事四姓、相六帝，80余年，始终不倒的原因

首先，此人品格行为正直无私、无懈可击，清廉、严肃、淳厚、宽宏。

其次，深谙中庸处世之道，深浅有度，中正平和，大智若愚。

冯道有诗云："莫为危时便怆神，前程往往有期因。须知海岳归明主，未必乾坤陷吉人。道德几时曾去世，舟车何处不通津。但教方寸无诸恶，狼虎丛中也立身。"

总之，保持中正、深浅有度、恰如其分是6号为人处世的最高境界。锋芒毕露往往为世俗所诟病，过于委曲求全又被视为软弱。只有外圆内方、刚柔并济，才能在纷繁复杂的人际场中保持从容淡定、游刃有余。人们如果在与6号交流的过程中能够做到中正主义，就能有效拉近与6号的距离，容易赢得6号的信任，甚至可能赢得6号的忠诚。

第4节

透视6号上司

看看你的老板是 6 号吗

工作中，我们会遇到一些疑心重重的领导。他们对世界、人性充满了质疑，习惯回避面前的一切。他们费心应对，却对鼓舞人心的领导方式不怎么在行。他们天性不擅长发挥自我权威，可能表现得像个严厉的军纪官，狂吼着命令，而且听不得反对的异议，只希望心中时时出现的疑虑能烟消云散。这样的领导方式有利于构建和谐的团队，却不利于构建高效的团队。因此，当你在职场中遇到这样风格的领导，就要看看你的领导是不是 6 号性格者。

6 号性格的老板主要有以下一些特征：

	6号老板的特征
1	天赋逻辑思维的头脑，在参考大量信息后，可以做出复杂的决定。
2	采取行动前，必须对事情有透彻的了解，总是预先设计策略。
3	分析能力强，常常过分考虑事情的负面因素，但也可以事前清晰预见障碍。
4	深具洞察力，能够提出富有建设性的建议。
5	与不喜欢策划的人共事会有烦躁不安的感觉。
6	怕暴露自己的弱点，寻求庇护或者先发制人。
7	事情遇到困难时，可能发挥比顺境中更好。
8	坚持原则，习惯按程序办事。
9	注重传统，循规蹈矩，力求中正。
10	缺乏创新的冒险精神，思想会比较保守。
11	不太喜欢别人当面赞扬自己，因为怕树大招风、招致妒忌。
12	善于自我保护和处理危机，会建立具防御性的领导模式。
13	集体意识强，注重团队发展胜于个人发展。
14	做事负责任、细心、慎重，对下属要求高，能带领团体共同运作。
15	疑心重，常试探别人的忠诚度。
16	注重以人为本，赏罚分明，责任清晰。
17	容易授权不充分，过分论证，犹豫不决。
18	遇到问题时，会尽可能地避免责骂属下，但善于用"柔和"的方式来发动攻击，并怪罪任何来自同事、客户、媒体、上司或公司程序的压力所造成的不悦。
19	教条主义，排斥其他信念不同的团体。

如果你发现你的上司符合以上特征中的大多数，那么基本可以断定你的上司是一个 6 号性格者。你就要根据 6 号性格者的优劣势来制定相应的相处策略，赢得他们的信任和支持。

6号上司注重员工的忠诚度

6号内心有着强烈的不安全感，这使他们坚信这是个对抗外来势力的世界，因此他们非常重视忠诚及团队合作。

因为关注员工的忠诚度，6号上司总是疑心重重的样子。他们对办公室环境的细微变化非常敏感，对于个别人那些窃窃私语、欲言又止的行为都会加一分防范之心，并更加留意这些人的日常工作表现，甚至开始注意收集他们背叛自己或犯错的证据，并时刻准备清理门户，以维护安稳的环境。总之，只要你有一丝的不忠，他们就会立即将你排斥出在他的圈子之外，并给予相应的惩罚。

只有既有能力又忠诚的人才是每一个老板梦寐以求的人才。老板宁愿重用一个虽然能力差一些，却足够忠诚敬业的人，也不愿意重用一个朝三暮四、视忠诚为无物的人，哪怕他能力非凡。

因此，在面对6号上司时，人们一定要表现出高度的忠诚，认可6号上司的工作，服从6号上司的安排。总之，只要你用时间逐步证明自己值得依赖，6号上司就会成为你坚定不移的支持者。

报忧不报喜，更得6号上司欢心

6号性格者富有消极的想象力，总是去设想最坏的结果，总是确信"最糟糕的事情将要发生"。因此，他们宁愿事先做好充分的准备，也不愿意在最后关头紧张万分。潜意识里，他们会以你危机意识的强弱或言行是否一致，来考虑要不要跟你合作。由此来看，6号上司更喜欢下属报忧不报喜。

著名画家郑板桥就是典型的6号性格者，他在潍县任上送给巡抚一幅以竹为主题的画作，上面题着这样四句诗："衙斋卧听萧萧竹，疑是民间疾苦声。些小吾曹州县吏，一枝一叶总关情。"这就是说，身为领导者，不能只听歌功颂德之声，闻报忧则怒，而应该时时闻听"民间疾苦声"，这样才算得上忧国忧民，为上分忧。郑板桥为官善于体恤民情，处事讲究实事求是，深受潍县百姓爱戴，美名遍传大江南北。

时时闻听"民间疾苦声"，正是6号领导者所推崇的管理方式。因此，人们在向6号人格上司提交工作报告等文件性资料时，一定要附带说明存在问题或工作失误，以及这些失误所造成的影响。哪怕这些失误已经解决，影响已经消除，也要汇报，否则他们会认为，你报喜不报忧的做事方式，迟早要让整个部门的工作出现重大纰漏。

对于6号人格上司来说，问题本身不是问题，隐瞒不报或没有及时反映才是严重问题。你如果秉持"报忧不报喜"的做事风格，反而容易赢得6号上司的欢心。

对6号上司坦诚相待

6号性格者总是生活在焦虑和疑惑中，常常会有不安之感。他们认为这个世界充满危机，并期望能预先为即将面临的危机做好准备，以安抚自己不安的心。他们总是寻找现实世界的深层含义，希望能够透过表面看到本质。要打消6号的怀疑，最好的办法就是让他们去验证事实。而且，这还能促使他们把自己心中积极的想法和消极的想法都说出来。

对于疑心重的 6 号上司来说，员工能对自己坦诚相待是最好的。员工喜欢与身边同事窃窃私语，在 6 号上司看来是一种潜在的威胁。因此，即使你们谈论的是"八卦"话题，也大可以在他们面前大方交流。与其被 6 号人格上司误会你们，以致他们暗生防范心，还不如坦率地在其面前暴露"不良嗜好"。他们不但不会批评你们，反而极可能加入八卦话题讨论中，抓住一切可能的机会建立并维护忠诚和谐的团队关系。

而且，6 号上司本身在沟通时容易过分陷入"理"的状态，从而忽略了自己真正想要表达的焦点。因此他们希望别人能坦诚直接地表达自己的意图，拐弯抹角地表达容易让 6 号人格上司以为你正在"搞小动作"或在隐瞒什么。

6 号上司喜欢踏实的员工

6 号上司内心有着强烈的不安全感，使他们时刻渴望拥有安稳的环境。他们在工作中总是作风严谨，行事谨慎，不爱冒险，亦不喜欢让自己的员工冒险，尽管这可能使他们在对一些新创意、新想法的支持方面略显不足，但能极大地消减他们的恐惧感。也就是说，他们追求安稳的内在动力让其大多数时间都会强调以勤奋严谨的态度做好本职工作。他们会全力维护安稳的、安全的团队环境。

老子曾说："轻则失本，躁则失君。"意思是在忠告人们：不管你的能力有多强，你都必须从最基础的工作做起。职场永远不会有一步登天的事情发生，任何人要想脱颖而出，唯一的方法就是把现在的工作做好，在普通平凡的工作中创造奇迹。

要对上司忠诚
上司宁可用能力差的人，也不愿用不忠诚的人。

要报忧不报喜
报忧不报喜体现了你对问题的重视。

对上司要坦诚
不要隐藏心中的想法，只要坦诚老板就不生气。

工作要踏实肯干
像驴子一样任劳任怨，踏实工作赢得老板的信任。

第5节

管理6号下属

找出你团队里的6号员工

身为领导，你时常会发现你的身边有这样的员工：他们对工作中的一切都充满怀疑，总在不停地提问，追寻工作背后的真实目的；而当他们认识到上司出色的工作能力后，又会表现出高度的忠诚，尽心尽责地做事。从九型人格的角度来看，这样的员工往往是6号性格者。

下面，我们就来具体介绍一下6号员工的特征：

6号员工的特征
1	对权力总是持怀疑态度，内心隐藏着恐惧。
2	总是细心观察对方，试图摸透对方的心思，巧妙地指出对方的矛盾之处。
3	害怕被人利用，时刻提防花言巧语，对温柔的对手更是警觉。
4	认为自己的诺言必须一一执行。无论发生何种变化，都会固守诺言。
5	过于拘泥于法律条文、公司制度，常常给人以官僚主义、死脑筋的印象。
6	不善于用语言来表达感受，在不得不表达时，往往缺乏逻辑并带有攻击性。
7	渴望与人建立亲密关系，因此总是表现得温文儒雅、言听计从，即便是面对自己讨厌的人也一样。
8	因为害怕按照自己的意愿行事而比较多疑，大多缺乏行动的能力。
9	行动之前喜欢做大量准备工作，认为做任何事必须先倾听正反两方面的意见，而且并不认为这是在拖延行动。
10	相信"先甜后苦"，在制定计划时能够描绘美好的未来，但终究会拒绝娱乐和享受。
11	在工作中尽职尽责，绝对坚守岗位，具有较好的服从性和执行力。
12	注重团队合作，渴望建立被支持的环境，并以此为自己职场生存的依靠。
13	有着"枪打出头鸟"的担忧，不喜欢突出个人成就，即便是在被领导赞赏个人优秀成绩时，也会谦逊地强调这是集体的功劳。
14	较为保守，使他们创意和决策能力较弱。

当你身边的员工符合以上的特征，基本就可以断定他是一个6号性格者。你就需要根据6号性格者的特点来制定相应的管理方式，才能最大限度地激发他的潜力，凸显他的真正价值。

对6号员工要守信重诺

6号性格者十分看重忠诚的品质，他们要求自己做到守信重诺，同时也要求别人信守承诺，对他们承诺的事情或表示过要为他们争取的利益一定要兑现。哪怕是你玩笑的一句话，只要是与他们的利益收获有关，都会被他们看作你对他们的承诺。因此，领导者在管理6号员工时，要注意察觉自己在与 6 号员工相处时，是否有意无意表达过满足他们某些利益的意思。一旦话出口，就一定要想着给他们兑现，否则会被他们看作不守信用者，会激起他们对权威的反抗情绪，使他们成为让你头疼的员工。

人无信不立，赢得他人信任是我们做事的第一步，尤其是在强调团队精神的现代社会，许多工作需要大家的通力合作。而赢得信任就是这个过程的第一步，别人如果不信任你，就不会与你合作，甚至会给你带来阻力。

领导者要赢得 6 号的信任和支持，塑造"可靠"的形象是打动他们最有效的方式，也是他们要求自己具备的特质，因为他们认为这是友好结盟的第一要件。此外，6 号对权威很敏感，害怕成为上位者滥用权力的受害者，所以，最好不要用专制的口吻命令他做事，那很容易使他们对你采取对立且不信任的立场。

领导者面对疑心重的 6 号员工时，更需要信守承诺，说到做到，才能在 6 号员工心目中树立一个可靠的形象，才能赢得他们的尊敬和信服，从而使他们忠诚地做事。

帮助 6 号员工化质疑为动力

对于 6 号性格者来说，怀疑是他们的天性。他们怀疑一切，而且很欣赏和满足于自己的怀疑态度和做法。他们感觉这种怀疑习惯可以增强他们的活力。但如果过于怀疑一切，陷入猜疑之中，就可能会阻碍行动，久而久之，对 6 号的自我形象和自信会造成颇为严重的损害。

因此，领导者在面对 6 号不断发问的怀疑精神时，不要表现出不耐烦，而要用事实来论证，才能够给予 6 号足够的安全感。而且，领导者还应注意引导 6 号员工的怀疑精神往创新方面发展，帮助他们化怀疑为动力，避免他们陷入猜疑的旋涡。

有一天，爱迪生在路上碰见一个朋友，看见他手指关节肿了。

"为什么会肿呢？"爱迪生问。"我还不晓得真实的原因是什么。每个医生说的都不同，不过多半的医生都认为是痛风症。""什么是痛风症呢？""他们告诉我说，这是尿酸淤积在骨节里造成的。""既然如此，他们为什么不从你骨节中取出尿酸来呢？""他们不晓得如何取。"病者回答。这时的情形好像一块红布在一只斗牛面前摇晃一样。"为什么他们会不晓得如何取呢？"爱迪生生气地问着。"因为尿酸是不能溶解的。""我不相信"这位世界闻名的科学家回答道。

爱迪生回到实验室里，立刻开始试验看尿酸到底是否能溶解。他排好一列试管，每只管内都注入 1/4 管不同的化学试剂，每种试剂中都放入数颗尿酸结晶。两天之后，他看见有两种液体中的尿酸结晶已经溶化了。于是，这位发明家有了新的发现问世，这个发现也很快地传了出去。

直到现在，这两种试剂中的一种，仍然被广泛应用于痛风症的治疗。

对于工作和学习来讲，像爱迪生这样爱刨根问底不失为一种可贵的精神。这是一种虚心研究的态度，也是勤奋的体现。而喜欢用负面情绪去质疑世界的 6 号，也常常在工作中提出无数个"为什么"，也乐于去寻找答案。但寻找答案的过程是漫长的，这常常使他们感到希望渺茫，因而变得悲伤、忧郁。这时领导者如果能给予 6 号充分的鼓励和支持，就能帮助 6 号重拾探索的信心，积极努力地工作，使 6 号的质疑变为他们前进的动力，为他们自己以及团队赢得更好的发展。

引导 6 号员工的负面情绪

6 号想象力丰富，但因为他们习惯将注意力放在生活中的负面事件上，他们的想象力往往在无意中指向最坏的方面。这种倾向负面的想象力就导致了 6 号多疑的世界观，使他们难以描绘美好的未来，迫使他们去预测他人的行为，想象可能发生的结果，以避免自己受到伤害。

许多时候，6 号容易因为过于注意负面想象而使自己行动之前充满了一种悲观的情绪，使行动延误。况且，最坏情况发生的概率往往并不高，却让 6 号耗费了大部分的精力，而忽略了真正该注意的事物，极大地影响了 6 号的工作效率。

但是，从积极的方面来看，6 号虽然考虑问题趋向于负面，却能把一切可能发生的困难都设想到，并做好准备。这确实能够帮助 6 号预见到一些即将发生的灾难，并通过充足的准备来缓解其导致的损害。

因此可知，6 号的负面情绪对他们的发展有利有弊。身为 6 号员工的领导者，应该注意引导 6 号的负面情绪向有利的方向发展，并帮助他们树立积极的生活态度，这将更有益于团队的发展。

大多数时候，一般的 6 号员工就好像那个悲观的小桶一样，只看到自己"空着下来"。这常常让他们感到悲伤，消极做事。而当领导者将 6 号员工的负面情绪向积极的方向引导之后，6 号

两个小桶一同被吊在井口上。

其中一个对另一个说："你看起来似乎闷闷不乐，有什么不愉快的事吗？"

另一个回答："我常在想，这真是一场徒劳，没什么意思。常常是这样，装得满满地上去，又空着下来。"

第一个小桶说："我倒不觉得如此。我一直这样想：我们空空地下来，装得满满地上去！"

员工就变成了那个乐观的小桶，看到"满满地上去"，他们心中的悲伤就被快乐取代了，就能全身心地投入工作中，常常能为团队发展做出卓越的贡献。

帮助 6 号员工培养独立性

有着强烈恐惧情绪的 6 号常常为"安全"的观念所束缚，因此总是依附强有力的人。他们害怕自己单独做决定，害怕犯错，因此他们习惯照规矩及传统做该做的事情，喜欢照本子办事，照着指引去做，尤其听从权威人物的建议和命令，认为这样自己就不用承担错误的责任，便可以逃避惩罚。

6 号比较依赖团队，有事情总是要和大家一起讨论，缺少独立性。因此，培养 6 号独立办事的能力，是上司应该注意的事情。

在这种心理的影响下，内心渴望与他人建立亲密关系的 6 号十分注重团队精神，时刻希望融入一个团队中去。因为他们认为，世界都是充满伤害的，只有在一个团队中，自己被外界伤害的概率才能大大减小。因此，他们总是过分依赖团队、依赖领导，使自己缺乏自信和独立性。

许多时候，6 号会因为固守陈规而"渴死孤岛"。只有当他们善用自己的质疑，开始独立思考的时候，他们才能拯救自己。正如著名科学家爱因斯坦所说："人们解决世上所有问题用的是大脑的思维本领，而不是照搬书本。"只有当 6 号意识到这些，他们才能摆脱"安全"观念的束缚，变得独立起来，从而为自己赢得更好的发展。而身为 6 号的领导者，也要帮助 6 号树立独立意识，培养他们独立思考、独立决定、独立行动的能力，才能使团队中多一员得力干将。

如何管理6号下属

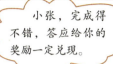

小张，完成得不错，答应给你的奖励一定兑现。

对6号员工要守信重诺

6号性格者十分看重忠诚的品质，他们要求自己做到守信重诺，同时也要求别人信守承诺，因此，领导者在管理6号员工时，要注意一旦话出口，就一定要想着给他们兑现。

化质疑为动力

对于6号性格者来说，怀疑是他们的天性，但不利于其事业的发展。因此，领导者在面对6号不断发问不要不耐烦，而要用事实来论证，给予6号足够的安全感。

小张，你的疑问，通过这个事实可以解释……

经理让我自己完成这个项目，我该怎么办呢？

帮助6号员工培养独立性

强烈恐惧情绪让6号会十分注重团队精神，希望将自己融入一个团队中去。领导者管理6号员工时，一定要注意培养他们独立决定、独立做事的能力。

第6节

6号打造高效团队

6号的权威关系

6号性格者对权威的态度是极其矛盾的。他们总是全神贯注于任何强加在他们身上的权威，对权威充满怀疑的他们倾向去夸张权威，或以违抗、服从或迎合等方式去回应。而且，他们并不认为自己能够成为权威，他们害怕身处权威的位置可能招致更多的攻击和伤害，因此他们不愿运用权威，习惯将自己的力量减到最低。

一般来说，6号的权威关系主要有以下一些特征：

	6号权威关系的特征
1	他们崇拜权威，对于那些能够采取行动并从中受益的人，往往给予过高的估计，并渴望和这些人建立亲密关系。
2	面对自己的软弱，恐惧型的6号向权威寻求保护，反恐惧型的6号会努力去战胜它。
3	6号对权威们所操纵的权力结构、运用手段谋取地位的行为以及公司里可能出现的种种不公平或武断专横的现象变得异常敏感。
4	6号害怕成为他人滥用权力的受害者，因此他们试图去观察领导者的秘密意图，时刻注意对方有没有操控自己的计划。
5	他们会产生一种异常准确的注意力，了解到"最糟糕的情况"，因此他们喜欢严密监视那些有权有势的人，也会关爱那些无助的弱势群体。
6	他们认为，任何扮演权威角色的人，都是具有强大势力、独断专行的，因此害怕领导者发怒，这会加剧6号心中的负面想象。
7	当他们认可一个人时，他们会把这个保护者的形象理想化，愿意紧随其后，将其当成自己的领袖、导师、元首。
8	如果6号认可的权威不再给他们提供保护，或者处事不公正、目标不正确，他们就会重新产生对领导的不信任，甚至会转向反权威的立场。
9	6号可能被那些具有高度危险性和竞争性的体育项目所吸引，因为在这些活动中，他们要被迫迅速做出反应，用行动取代思考。
10	做事容易半途而废，尤其是当成功已经清晰可见时，他们常常因为找不到反对力量而无法集中精力，怀疑开始浮现，常常导致行动延缓。
11	有破坏成功的倾向，会在成功之前把事情搞砸、忘记时间、遗失重要的文件等，使自己最终得不到成功，因为他们认为没有人喜欢权威，因此强迫自己后退。
12	在面对一系列非常清楚的指示时，会工作得非常出色，因为他们被赋予的责任和义务将减少他们内心的疑虑。

由此可知，6号并不希望自己成为权威，但又崇拜强有力的权威，这使他们对待权威的态度十分矛盾。从好的方面来说，他们性格中的多疑、忧郁、寻找潜在动机的习惯可以帮助他们成为一个出色的领导者；从不好的方面来看，他们过于谨慎的态度会使他们常常延缓行动，错失机遇。

6号提升自制力的方式

6号自制力的三个阶段：

6号自制力阶段主要特征		
低自制力阶段：懦夫	认知核心：6号因找不到生存的意义、没有安全感而恐惧。	处于低自制力阶段的6号性格者认为世界充满了危险。他们极度缺乏安全感，总是处于严重的焦虑和极度的激动中。为了寻求安全，他们不得不寻求他人的帮助和保护，而且容不下别人的半点异议。
中等自制力阶段：忠诚者	认知核心：6号焦虑自己不能获得安全感、归属感，不能被人信任。	处于中等自制力阶段的6号负面想象的能力有所减弱，但他们对人依旧在信任与不信任之间徘徊。只有一个团队或个人具有强大的思考力，能够为6号提供保护时，6号才会忠诚于这个团队或个人。
高自制力阶段：勇敢的人	认知核心：6号能清醒地认识到内在世界和外在世界的意义。	处于高自制力阶段的6号已经摆脱了负面想象的困扰。他们不再依赖他人来寻求安全感，而是开始相信自己内在的力量，变得聪明而勇敢。同时，他们还能以深情、沉着、温暖的方式与其他人交往。

6号性格者内心具有极强的恐惧感。他们总是倾向于负面想象，总是幻想自己可能面临的种种悲惨遭遇，并努力将其投射到现实生活中，使自己处于严重的焦虑情绪中。他们认为，预演那些最糟糕的情形，可以帮助自己在事情变坏时感到有备无患。

由此看来，6号人格提升自制力的重点在于：必须尽量压抑自己的恐惧感。

一般来说，6号人格可以通过以下方式来提升自己的自制力：

6号人格提升自制力的方法	
关注积极的事物	6号要摆脱自己的恐惧感，就必须克制自己的负面想象，将自己从无止境的悲惨想象中逃脱出来，把注意力放在有希望的事情上，看到生活中积极、阳光的一面。长此以往，你的焦虑感也就能够大大减轻。
相信内在的力量	每发现一个积极的事物时，6号要注意观察自己的内心情感反应，把所有你听从自己内心的事做出来、最后发现达到了最好效果的事情全部写下来，在每一项的后面写下你听从自己内心带来的全部好处，把这个内心声音当成你内在力量的一种智慧。
区分想象中的虚实	许多时候，6号想象中的悲惨事情都不会在现实生活中出现，这是因为6号往往不能区分哪些是觉察力，哪些只是单纯的投射。因此，6号要在相信内在力量的基础上，区分出觉察力与单纯的投射的差别。最好的方法就是看它是否确实会在现实生活中出现。

总之，6号提升自制力的最大阻碍在于他们对自己内在力量的忽视，以及重视负面影响，并通过投射作用影响阻碍自己的行动力。他们只要能够更多地关注自己的内心情感，激发内在的勇气和力量，就能从负面想象的旋涡中抽身。

6号战略化思考与行动的能力

虽然大多数的6号都具有行动力弱的问题，但当他们成为一个领导者时，他们往往能极大地激发自己的主动性，并能通过发展一个创造性解决问题的环境，让每一个身处其中的成员都感觉到自己就是解决问题方法的一部分，并以此去解决组织问题。由此来看，6号也具备较强的战略化思考与行动的能力。

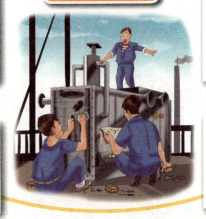

渴望挑战

渴望挑战，喜欢冒险。他们想要完全地了解行业、市场、客户，掌握企业的内部运行和发展，以便及时发现问题，并解决问题。

6号战略化思考与行动的特点

制定清晰的愿景

把注意力放在清晰的愿景上，努力厘清生意的纲领或使命，特别是关注不同的责任和权威，明确团队、业务部门和企业最有效的战略。

注重团队导向

具有较强的团队精神。他们喜欢用团队导向的方式制定目标和策略，全力了解团队的每一个人，打造全员参与的团队氛围。

多给正面反馈

需学会一个有强烈现实意义的乐观主义者，学会用积极的而不是消极的语言构架愿景、使命、战略和目标，多给团队正面的反馈。

总之，6号需要积极乐观地看待事情的发展，努力帮助团队成员找到共同的发展方向，而不是对团队成员吹毛求疵，就能锻炼出较强的战略化思考与行动的能力。

6号制定最优方案的技巧

6号和5号一样善于思考，习惯在做事前进行大量的调查和准备，尽可能地搜集信息，尤其是可能导致危险的信息，从而排除掉他们可能想到的所有意外，力图制定出一个万无一失的方案。由此来看，6号具有较强的制定最优方案的能力。

在制定方案时，6号往往有着以下一些特点：

6号制定方案时的特点	
始终如一	6号缺乏安全感，不喜欢变化，因为变化意味着危险，因此，他们喜欢制定始终如一的方案，而且这个方案应该是解决问题的行动进程。为了保证这个方案的可行性，6号必须考虑到事情发展过程中的方方面面，因此他们通常不制定单方面的方案，而是经常把方案制定当成创造性解决问题的方式，从其他人那里求取大量的参与从而制定出更好的解决方案。
丰富的想象力	6号习惯关注事情发展中的负面影响，因此他们总是试图分析所有可能发生的潜在问题，评估正负两方面每种可能出现时的影响，然后决定最佳的选择。因为6号拥有细致入微的想象力，很多6号领导者脑海中会浮现鲜活生动的未来景象，预期一个个结果，然后制定行动方案。当6号学会了区分直觉和投射作用后，他们往往能够较为准确地预测事情的发展，有效规避危险。
突破旧有规则	6号习惯遵守规则，关注组织的方案制定、权力架构和组织文化，但前提是它们必须公平公正，具有极强的正面影响力。也就是说，6号可能不会服从组织成文或不成文的规则。当6号没有按照规则制定方案时，他们知道自己并没有严格按照期望去做事情，但是他们感到无论如何也要强迫自己这样违背规则，这往往能帮助6号制定更好的方案。
相信自己的判断力	大多数时候，6号是充满自我怀疑的，尤其是在他们感到自己没有得到组织及其领导者的支持，或者从一个必须制定的方案中想象不出什么正面结果的时候，他们会表现出明显的不确定性和矛盾性。他们可能在不同的方案选择中来回摇摆，或者制定了一个方案，然后却没有完全贯彻执行，或者根本什么方案都不制定。但6号只要能够相信自己的判断力，就能迅速做出决定。

总之，6号在制定方案时只要相信自己的内在力量，相信自己的判断力，善用自己的直觉，就能制定出最优的战略方案。

6号目标激励的能力

6号认定一个目标后，往往是勤奋、负责的，有着较强的分析能力，经常能策划出完美的项目计划。他们清楚地知道他们在做什么，也知道为什么做，他们能找出一个方法让所有相关的人都参与计划进程。由此来看，6号具有较强的目标激励的能力。

6号目标激励的能力主要包括以下几点

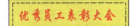

① 关注团队凝聚力

6号喜欢关注团队的力量，因此非常关心团队凝聚力和忠诚度，他们善于监督个人、团队或是整体的绩效表现，能够获得团队成员的支持，并且激励下属达成高水平的绩效。

② 先展示正面计划

6号习惯在准备计划前先对事情做出最坏的打算，过分强调负面信息，可能打击团队的士气。他们应该学会先讨论正面的可能性，然后再讨论负面的可能性。

③ 在危机中保持冷静

在危机面前，6号可能因为事先没能预测到危机而极度激动，不利于解决问题。因此，6号要学会保持冷静，从容不迫地表达自己的意见、计划、选择，冷静处理一切事务。

总之，6号只要能克制自己的负面想象，以冷静、乐观的形象示人，就能有效激励他人，真正提升自己目标激励的能力。

6号掌控变化的技巧

在面对变化时，6号往往能够极大地激发自己的主动力，表现出敏锐的观察力，具有极强的分析能力和高度的执行力，能够很好地掌控局面，甚至创新性地寻找到新的发展模式。由此可见，6号具备较强的掌控变化的能力。

6号喜欢采取以下方式来掌控工作生活中出现的变化：

学会欣赏意外

6号追求安全感，讨厌意外，面对危机时常常心烦意乱。他们应该学会欣赏意外，因为那是大多数变革的必经过程，而且常常能激发人的潜能。

学会相信他人

6号对于他人总是充满怀疑。而且，他们与他人建立的信任关系也十分脆弱，极容易因为一点细微的变化而恶化。因此，6号要学会与他人建立更为长久的信任关系。

承担合理的风险

任何变化都是具有风险的。6号要注意自己的感受，不要因为害怕变革失败而拒绝领导一个变革，也不要仅仅因为兴奋就轻易同意倡导一个变革。

6号处理冲突的能力

通常情况下，6号对于别人是否拥有真正的权威非常敏感，同时还会质疑那些权威人物是否正当地使用了自己的权力。他们总是怀疑对方怀有危险的动机，当他人触怒自己时，会本能地开始抱怨，言辞尖锐，具有极强的攻击性。能不能平息这些冲突，就要看6号处理冲突的能力了。

我们主要通过以下4个方面来分析6号处理冲突的能力

① 建立坦诚关系

6号内心渴望与他人建立亲密关系，他们也能够依赖他人和信任他人。而且，他们有深刻洞察力，善交际，与团队和个人都能建立真挚的关系。当他们身后有一个团队的时候，6号会感到更加确定，因为有人支持而更自信。

② 有效沟通

在与人沟通时，6号能够关注双方的需求，懂得倾听，也能够表达自己的观点。他们习惯从分析内容开始交谈，在需要的时候也能迅速转移到情感方面。在沟通方式上，反恐惧型的6号往往信心十足、勇敢无畏，恐惧型的6号则常常犹豫不决、难以确定。

③ 全面倾听

6号缺乏安全感，喜欢寻求帮助，这就需要他们关注他人的需求，全面倾听他人，从而提供给他人最想要的，赢得他人的信任和支持，并应避免过滤或歪曲他们所听到的东西。

④ 提供有效反馈

尽管6号过分关注负面因素，他们还是能轻易地给出正面反馈，但是要他们综合正、负面反馈，给出一个建设性的反馈比较难，因为这需要他们投入大量的预想计划。

当冲突发生时，6号往往会变得极富攻击性，将自己的负面想象投射到他人身上，进一步激化矛盾。这时就需要6号多和他人进行直接、真诚的沟通，及时进行交流，以有效避免冲突。

6号打造高效团队的技巧

6号认为，当自己处于团队中时，他们能获得更大的安全感，因此他们十分注重团队力量。但是他们又会发现团队动力学可能变得结构复杂、反复无常，这使他们更愿意远距离观察团队，而不是高度地参与进去。也就是说，当他们承担领导职责时，他们会左右为难。

6号喜欢采取以下一些方式来打造高效团队

重视团队合作	6号十分重视团队合作，在一个志趣相投、拥有技能、忠诚负责、有着明确目标的团队中时，会很有安全感。当他们成为领导者时，他们也能出色地构造团队的凝聚力。
强调忠诚度	6号认为，要提高一个团队的凝聚力，首先要提高团队成员对团队领导者的忠诚度，激发团队成员的责任心。他们乐于为那些尽心尽责工作的团队成员提供指导和支持，对于那些喜欢指出领导者的问题的成员和喜欢单打独斗的团队成员，则认为他们不忠诚，会加以提防。
习惯领导角色	大多数时候，6号都不愿意成为领导者，这常常让他们觉得不安全。这时，就需要6号检查一下自己与权力、权威的关系，特别注意并理解大多数权威的形象不会是完全正面或者完全负面的，经常是二者混合的，这样才能更好地看到自己身为领导者的正面特征，规避那些负面特征。
激励自己	6号缺少自信，需要不断地激励自己，才会有勇气带领一个团队。他们可以自我激励，比如写下自己所有正面的特点，经常拿出来看看，关注并欣赏自己，也可以向他人寻求正面反馈来激励自己。

第7节

6号销售方法

看看你的客户是 6 号吗

作为一个销售员，必须具备较强的识人能力，一眼看出客户的人格类型，制定相应的销售策略。一般来说，6 号客户会表现出以下一些特征：

	6号客户的特征
1	大多数脑部比较发达，眼睛亮，善于分析，充满疑虑；小部分神情忧郁或者容光焕发。
2	可能弯腰驼背，外形气质比较随意，害羞；也可能挺胸抬头，昂首阔步，但总是小心谨慎，目光迷离。
3	衣着多选择保守的中性颜色，服饰式样普通，多随群体而变化，不希望引起别人的注意。
4	与人交谈时，眼神闪烁，容易低头，也可能挂着柔和可爱的笑容。
5	总是一脸警惕的样子，身体较为僵硬，肌肉紧绷，双肩向前弯。
6	面部表情有些慌张，避免眼神接触，走路时总是环顾左右前后，随时注意躲避不安全因素。
7	反恐惧型的 6 号会昂首挺胸，多数人肌肉紧绷，刻意挺起胸膛，喜欢瞪着眼睛盯着人，气势上从不输人。
8	在与销售人员交谈时，他们的语言里面疑问多、顾虑多，他们的神情常常闪烁不定。
9	声音微带颤抖，沟通时久久不入正题。
10	面对销售人员的询问，不会直接表达想法，喜欢拐弯抹角地刺探消息。
11	当发现销售人员言行不一致时，会感到愤怒，反恐惧型的会主动出击，挑起事端。

不给 6 号客户拖延的机会

6 号客户做事小心谨慎，不轻易相信别人，为人忠心耿耿，却多疑过虑，觉得安全是第一位的。他们内心常有担心和不安，常常因为担心成果不完全，安全方面考虑得太多而延迟工期。由此可知，6 号客户在做判断时反复无常、难以捉摸，说服他下定决心简直难比登天。

"陈总您好，我是小刘，上次咱们谈了安装机器的事，我今天派人过去，您安排一下吧？"——"呀，今天吗？小刘，我今天很忙，一会儿还要开会，你过两天打电话过来，咱们再谈。"——"陈总，咱们这事已经定过三次了，您对这个机器也满意，现在天也要冷了，尽快安装可以避免很多麻烦，您说对吧？"——"对，这是肯定的。"——"陈总，今天您几点开完会？"——"这个会估计要到 11 点。"——"那您下午没别的安排吧？"——"下午很难说，下午我跟客户有个聚会。"——"陈总，这样，我们的人现在就过去。咱们花半个小时时间，您安排一下，接下来的工作，我们就和其他人具体交涉了，您还去参加您的聚会，没问题吧？"——"那好吧。"

相信许多推销员都会碰到这样一些客户：他们情绪化很强，答应好的事过不了多久就变卦了。面对这种反复无常的客户，趁热打铁，抓住机会就不放手才是最有效的推销手段。

对6号客户，从安全问题谈起

6号追求安全，因为他们内心有着强烈的恐惧感，时刻害怕自己被伤害、被抛弃，他们看到的世界都是充满威胁和危机的，所有事物都难以预测、难以肯定。而为了保存生命，从充满危险的世界中得到那份安全感，他们常常寻求外力的帮助，比如寻求权威人物的保护、加入某个团队等。总之，如果什么人或物能够让6号感到安全，他们会竭尽全力地接近他或者它。

安全，是6号客户考虑的第一要素。因此，销售人员在面对6号客户时，应更多地从产品的安全性能入手推销，着重突出产品可能带给6号的安全感。除了要向6号客户反复说明购买产品可能给他们带来的好处和保障之外，更重要的是要告诉他们不购买此产品有可能面临的坏处和危险，比如："如果你不买此产品，一旦发生灾难……"总之，只要你激发起了6号对安全感的渴望，你就能很容易地激起他们的购买欲。但要注意的是，切忌对6号客户夸大产品的保障功能，这往往会激怒他们。

诚实，让你留住6号客户

6号性格者很容易对他人和客观形势产生怀疑。当这些人和事在他毫无准备的情况下出现时，更是如此。面对这样的客户，销售人员的赞美和恭维不但不会赢得他们的信任，反而会刺激他们的多疑心理，让他们怀疑销售人员别有用心，阻碍彼此关系的进一步发展。

那么，如何取信于多疑的6号客户呢？答案很简单——诚实。销售人员要邀请6号客户检查自己的真实性，帮助他们处在他们的想象力之外，并通过发问帮助他们沉稳下来："有什么事情困扰你吗？你对这样的情况有什么想法？"当你能够以一种不懂感情的理性方式，来再度明确你对他们的肯定，他们会认为你是言行一致的，是值得信任的对象，就容易接受你的销售计划。

许多时候，6号客户会故意试探销售人员的诚实度。如果发现销售人员言行不一，他们就会断然中断彼此的合作；如果发现销售人员是诚实可靠的，他们就会欣然答应销售人员的推销计划，甚至可能超出销售人员的预期。

面对6号客户的注意事项

要抓住一切空隙催促6号成交

有安全问题的产品无法获得6号的心

6号需要你给他们诚实可信的印象

6号销售人员的销售方法

如果销售人员是6号性格者，在应对其他几种人格类型的客户时，要结合自己的优劣势，分析其他各种人格类型的优劣势，制定相应的销售策略。

6号销售员的销售方法

遇到5号客户时

我一方面会表现得冷静、客观，另一方面又积极主动去接近他们，还会注意尊重他们的界限，尽量不触及他们的私密。我会尝试使用旁敲侧击的沟通方式，因而我总是能很好地获知他们的真实需求，也就容易促进成交。

遇到1号客户时

我会尽量用自己谨慎的态度去满足他们对于细节的种种要求。在他们的挑剔面前尽量压抑自己的愤怒，积极寻找新的解决办法。

遇到6号客户时

我遇到6号客户时，他们的怀疑心理我总是感同身受，因此，我总会试着站在他们的角度来看问题，往往能发现他们的真实需求。而且，面对他们的被动，我会试着主动一些，用真诚、客观的态度去介绍产品，往往能赢得他们的认可，也就容易让他们接纳我的销售建议。

遇到2号客户时

我往往很反感他们夸张的语言和行为，他们的热情更是让我吃不消，但我总是表现出很顺从的样子，引导他们将此次购买行为看成对我的帮助，他们往往不会拒绝。

遇到7号客户时

我常常被他们快乐的情绪所感染。我会着重介绍产品的优点，对产品的缺点则略微带过，不做重点陈述。这也恰恰是7号客户想要的结果，因此他们很乐意接受我的销售计划。

遇到3号客户时

我常常为他们强势、高效率的作风所征服，总是能够发自肺腑地赞美他们的成就，重视他们的消费目标，竭尽所能地帮助他们寻找到心目中理想的商品。

遇到8号客户时

我会努力坚持自己的立场、原则，不被他们的霸气、干脆吓倒。而且，我会十分真诚地表示我对他们的欣赏和赞美，更能够积极主动地为他们服务，给他们VIP客户的尊贵享受，往往能赢得他们的好感，促进成交。

遇到4号客户时

他们一会儿高兴、一会儿伤感的脾气总让我觉得很挫败。但我也知道，苦恼是没用的，因此我会调动自己全身的艺术细胞，尽量融入他们的感觉，从感性和艺术性的角度去介绍产品，主动与他们进行交流，往往得到他们的信任。

遇到9号客户时

我很容易发现他们比我更拖拉，更加没有主见。因此我明白，对他们不能急于求成，而要耐住性子慢慢磨，一次不行两次，两次不行三次……只要抱着必胜的信念，我总能拿下9号客户。

总之，在销售过程中，只有做到知己知彼，根据其他几种人格类型客户性格中的优劣势，才能制定有针对性的销售策略，才易促进成交。

第8节

6号的投资理财技巧

6号不要过度节俭

6号重视储蓄，消费带给他们的快乐远远没有看到存折上数目增长带来的力量大，所以要敲开他们的口袋总是很难，因为他们花钱时，总是会有"心痛的感觉"。

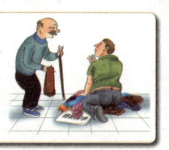

瑞典宜家创始人坎普拉德就是一位6号性格的人。坎普拉德至今仍然开着一辆已有15个年头的旧车，而且乘飞机出门向来只坐经济舱，甚至有人常看到他在当地的宜家特价卖场淘便宜货。他甚至为买了一条像样的围巾、吃了一顿瑞典鱼子酱而心疼老半天。甚至他公开宣称："我小气，我自豪。"这种简朴的作风，无疑是6号的显著特征。

虽然说节俭的消费方式好处多多，但是什么事情都过犹不及。就拿6号的消费来说，如果能够平衡收入与消费，做到既不奢侈浪费，也不吝啬，无疑是最好的。有研究表明，过于小气的人觉得沮丧是因为没有花足够多的钱买那些让他们觉得快乐的东西，而既不太小气，也不太奢侈的人则不会产生这种强烈的内心冲突，是最开心、最幸福的。的确如此，挣了钱也需要花，这才能显示出钱的价值。而且有时候，消费也是一种投资，买一些超值的东西比不买更划算。如果过于省，让生活质量和收入状况严重失衡反而影响生活。

所以我们给6号的消费建议是，钱不是省出来的，要适度消费，在消费中感受快乐。

投资理财，安全第一

大多数6号在童年时有过被抛弃或被利用的经历，因而极度缺乏安全感，常常关心未来的变化可能带来的负面情况，以便很好地规避、化解它们。在投资理财时，6号的这种特征表现得尤为明显，他们倾向于"安全第一"的理财策略。

当然，任何一个投资大师都相信最重要的事情永远是保住资本，但是，将保住资本作为第一原则并不是意味着不投资，因为利润和损失是相关的，永不冒险也就永远不会赚钱。投资大师们重视的是长期效益。他们关注投资过程，而保住资本是这个过程的基础。这并不意味着投资大师在考虑一笔投资时总是会首先问：我怎么才能保住我的资本？事实上，在做出投资决策的那一刻，他们甚至可能不会想到这个问题。

可见，如果6号能够相信自己敏锐的直觉，并将保本意识烙印到自己的思维中，就一样能赢取财富。

不注意保本 = 失败

不把保住资本设为第一目标的投资者经常失败。即便是曾被媒体追捧的大牌知名投资者也不例外。

预测市场不如应对市场

6号追求安全感，因此他们擅长负面思考，强迫自己去预期最差状况，绞尽脑汁地寻找可能出错的地方以及可能犯错的人，让自己时时保持沉着警戒。在投资理财时，他们通常喜欢预测市场，而不去思考如何应对市场，因此经常阻碍了自发性的创造力，减损了革新的进取心，更影响了资源的调拨。

在美国有6万名经济学家，他们中很多人被高薪聘请从事预测股票市场走势的专职工作。他们如果能够连续两次预测成功的话，他们可能早就成为百万富翁了。这应该能让我们认识到，这些经济学家预测股票市场变化的准确率是相当糟糕的。

既然市场是无法准确预测的，那么6号就应该更多地关注当下，关注市场当前的发展状况，从中找到发展的契机。

预测不如应对

未来是充满变化的，没有人能确证未来会发生什么。正如国际投资大师波顿·麦基尔所说："通过对以往股票价格变幻模式的分析来推测将来的市场是徒劳的。"

培养从容果断的决策力

6号因为习惯沉溺于负面想象中，做事总是拖延行动，往往事情不到最后一步或最后时限绝不会处理。也就是说，他们做事很难下结论，很难明确，总害怕还有没有考虑到的危险，常常在"做还是不做"的选择中犹豫不决、挣扎不休，以致错过最佳的时机，甚至导致工作半途而废。然而，在投资理财的市场中，机遇往往一瞬即逝，如果6号在关键时刻犹豫不决，往往错失机遇。

一份分析2500名经历失败的人的报告显示，迟疑不决、该出手时不出手几乎高居31种失败原因的榜首。可见，要想赢得财富，6号必须改掉自己做事拖沓的缺点，提高自己的判断力和执行力，敢于并善于拍板拿主意，培养超乎寻常的决策能力。

公司决策宣讲

决策力最重要

在投资理财市场中，决策力，即不受情绪、建议、批评以及表面现象的干扰，做出正确决定的能力尤为重要。

培养旗鼓相当的对手

6号喜欢唱反调，他们认为怀疑能够产生非同寻常的洞察力。这使他们在投资理财时，能够对竞争对手的行为不断地怀疑，消除怀疑，再怀疑，直到所有的疑虑都消失。而在这种猜测竞争对手行为的过程中，6号往往能够分析出更好的方式。

每个强者身后总有一帮顽强的对手。竞争是残酷的，是你死我活的拼杀，是当仁不让的较量。然而，对手也是一面镜子，能照到自己的不足，能促进我们不断完善自己。对于充满怀疑精神、

当斯特林商店开始用金属货架代替木制货架时，沃尔玛创始人沃尔顿先生立刻请人制作了更漂亮的金属货架，在全美率先在商场百分之百使用金属货架；当本·富兰克特特许经营店实施自助销售时，沃尔顿先生连夜乘长途汽车前去考察，回来后开设了自助销售店。正是靠着这样的竞争与学习，40多年后，沃尔玛公司从籍籍无名的小百货店一跃成了美国最大的私人雇主和世界上最大的连锁零售企业。

喜欢唱反调的6号来说，在投资理财时拥有一个旗鼓相当的竞争对手是促使他们前进的动力，能有效提高他们的决断力和行动力，使其敏捷地抓住机遇，赢得更好的发展。

第9节

最佳爱情伴侣

6 号的亲密关系

6 号尽管习惯怀疑他人，内心还是渴望亲密关系的。他们的亲密关系主要有以下特征：

	6 号亲密关系的特征
1	6 号有着强烈的怀疑情绪，习惯质疑周围的人。因此，要与 6 号建立真正的信任需要一个漫长的过程。
2	6 号十分实际，相信行动胜于感觉，因此不看重浪漫的爱情，着重于彼此做了什么来表达爱意。
3	6 号敢于面对危险和挑战，当夫妻需要一致对外时，6 号会与对方患难与共，会变成忠诚的伙伴。
4	6 号喜欢去设计一个幸福的未来，但是当那样的时刻真正来临时，他们却不太容易感到快乐和轻松。
5	6 号喜欢扮演给予者的角色。为了稳定双方的关系，6 号会选择一种方式来帮助对方实现他或她的目标。
6	6 号希望影响伴侣，而不是被伴侣影响，否则会表现得很生气。
7	他们一般都很清楚伴侣的性格弱点，这些弱点妨碍了双方天长地久的承诺，让 6 号对那些恭维话充满怀疑。
8	他们很难主动追求快乐，因为当他们开始相信时，疑虑和恐惧也在随之增加。
9	6 号自认为能够发现他人内在的企图，一旦发现问题就一定会说出来，否则会形成对对方印象的阴影。
10	6 号会把自己的感受投影到他人身上。比如，他们可能认为你不够专一，实际上是他们自己在东张西望。
11	6 号需要得到肯定信息来消除疑虑，总是不断要对方肯定对自己的爱，不停地问"你还爱我吗"。
12	肯为爱人牺牲，愿意成就别人多于追求自我实现。
13	不容易记得快乐的事，悲观，有不公平感，容易小事化大，情绪失控。

6 号爱情观：信任必须在怀疑中建立

　　6 号常常将自己对安全感的饥渴式追求，演化成一种以怀疑为本的生存手段，习惯提防别人，与人保持距离来对他人进行观察和判断。他们会花很长的时间去了解对方，搜集各方面的信息，直到将不信任的地雷一一扫除，双方才能发展感情。

　　不过，虽然 6 号对人总是疑心重重，一旦确立亲密关系，对感情是非常忠诚的。爱人和家庭对他们来说是躲避风雨的港湾，6 号对家庭十分看重。在婚姻生活中，6 号常常心存疑虑，需要时不时检验婚姻的可靠性和爱人的忠诚度。有时候 6 号的爱人会因为受到质疑而感到非常失望。对此，6 号的解释是："我不是不相信他 / 她，只是想让自己的心更为踏实罢了。"

6 号怀疑一切，喜欢提防别人，常常对恋爱关系造成伤害。

疑神疑鬼会伤害对方

婚姻中，6号性格者本质中的怀疑和不安全感导致他们经常需要确定爱人对他们的爱是否属实，偶尔还会试探爱人的忠诚，以暗示性的询问来寻求所谓的真相，以此获得安全感。他们总是猜测伴侣行为背后的动机，这就导致他们太敏感，常常给人以疑神疑鬼的印象，引起伴侣的反感。而且，生活经验告诉我们，猜疑能让好好的家庭产生缝隙，也会让苦心经营的情感毁于一旦。6号怎样才能不被猜疑牵着鼻子走呢？

6号减少猜疑的方法	
加深了解	6号要和伴侣加深了解，因为了解是互相信任的基础。
宽容大度	6号要学着心胸开阔一些，宽容大度，不要轻信传闻，要允许自己的恋人有自己的社交领地。
开诚布公	6号要对伴侣开诚布公。有话说在当面，有了嫌隙及时弥补。有些猜疑纯属误会所致，一旦把话说开，把事情弄明白，误会当可消释。否则，有话不说，闷在心里，隔阂会越来越大。

忠诚，让爱更幸福、持久

6号在爱情中是极为忠诚负责任的类型。在日常生活中，他们是典型的传统型人物，信奉传统价值，常着眼于一些社会规范，要求自己符合这些标准，也以此为评价伴侣的标准之一。在爱情世界里，他们一旦认可自己的爱人或者与对方步入婚姻殿堂，就绝对会是一位忠诚的伴侣。他们一定会把自己的伴侣放在首要位置，全力满足伴侣的要求，并以此为乐。

6号性格者在选择忠诚的对象时常常犹豫不决，但是一旦选定了爱情伴侣，就能忠诚地陪伴爱侣一直到老。

此外，6号对于伴侣的高度忠诚也会使他们常常犯"帮亲不帮理"的错误。遇到事情时，他们总是先维护身边人。而且，他们也要求伴侣对自己付出同等的忠诚，当他们发现伴侣一直与自己想法有异时，会无法接受，还会有被出卖的感觉。为了合理化自己一直以来的错误投射，他们会歇斯底里地指责伴侣，就容易激发恋爱、婚姻关系中的矛盾。

不要过分指责伴侣

6号喜欢指责别人，习惯将自己的感情及失败归咎于他人。当婚姻中产生矛盾时，他们往往表现出极大的担忧："你似乎另有想法，何不说出来呢？你在隐藏什么？""你是不是想离开我？"而且，内心愈是担心，他们便愈向外搜寻资源，并将谩骂指责投掷在他人身上。

但对于一段婚姻而言，彼此间的抱怨、指责可谓悲剧之源。俄国伟大作家托尔斯泰就是因为无法忍受妻子不断的抱怨、永久的指责、不休的唠叨而离家出走，在寒冷的冬天患肺病死在一个车站上的。他临死的请求是不要让自己的妻子来到他的面前。

当6号性格者对伴侣感到不满时，他们通常反复分析彼此之间的问题，而又因为过度的思考带来的焦虑而把所有的压力归诸伴侣身上。此时，6号会更加生气，并且将内心的恐惧与担忧真实化，自我催眠地认定是伴侣造成的，对伴侣横加指责，往往会伤害伴侣的感情，恶化彼此的亲密关系。因此，要想婚姻长久而稳定，6号需要克制自己的怀疑心，尽量避免指责伴侣的行为。

6号的亲密关系

他送我东西是不是有什么企图?

★6号有着强烈的怀疑情绪,他们习惯质疑周围人的企图,怀疑他人好心的问候,并猜测其行为背后的真实想法。

★在亲密关系中,6号喜欢扮演给予者的角色,这能让他们感到更多的爱。为了稳定双方的关系,6号会选择一种方式来帮助对方实现他或她的目标。

你可以把想法告诉我,我可以帮助你的。

你以后会不会不要我?你什么时候会厌倦呢?

★6号需要得到肯定信息来消除疑虑。"你会一直爱我吗",对于这样的问题没有正确答案。即便你的回答是肯定的,他们也会怀疑你是否诚心。

6号怎样才能不被猜疑牵着鼻子走

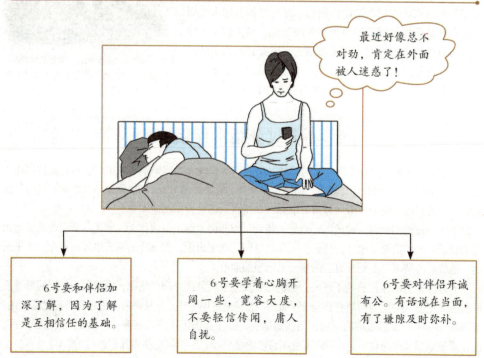

最近好像总不对劲,肯定在外面被人迷惑了!

6号要和伴侣加深了解,因为了解是互相信任的基础。

6号要学着心胸开阔一些,宽容大度,不要轻信传闻,庸人自扰。

6号要对伴侣开诚布公。有话说在当面,有了嫌隙及时弥补。

第10节

塑造完美的亲子关系

6号孩子的童年模式：焦虑源于父母的情绪化

6号孩子天生就被一种焦虑和不安全感所笼罩着。在童年时期，他们最重视的就是自己的父母，很担心受到父母的冷落、得不到支持。因此，6号强大的洞察力最早就从学习预测父母的态度中开始发展，并且在察言观色的过程中还学会了犹豫不决。

莎莎是一个胆子很小的姑娘，她从小生活在爷爷奶奶身边，爷爷奶奶对她呵护有加，关爱备至。那时的莎莎活泼开朗，常常逗得爷爷奶奶哈哈大笑。

莎莎6岁的时候回到了父母身边生活，爸爸脾气比较暴躁，莎莎在他面前经常被吓得什么都不敢说、不敢做。

一天，家里来了客人，爸爸让莎莎给客人倒水，一不小心，茶杯摔在了地上，爸爸当着客人的面劈头盖脸地骂道："你真是个笨蛋！"生性敏感的莎莎羞愧得无地自容，眼泪大滴大滴地往下掉。当天晚上，莎莎做了一个噩梦，梦见爸爸恶狠狠地瞪着她，并用手指着她的鼻子大骂。从那以后，莎莎只要看到爸爸就紧张，越紧张越是出错。每当这时，爸爸都毫不留情地加以训斥。莎莎最后患了恐惧症，每天晚上做噩梦，有一点儿风吹草动都紧张得不行。

像莎莎一样，6号孩子一般都有着十分不幸的童年。父母不高兴的时候，可能毫无原因地就对他们大发雷霆，高兴的时候，又可能对他们有求必应。在这样反复无常的生活中，孩子变得敏感多疑，时刻在对父母脸色的察觉中生活，于是他们最早学会的是揣测父母的态度，以此来检查危险信号。他们童年的无助感，直接在焦虑中导致了怀疑特质的产生。

焦虑是一种可以转移的情感，最后完全可能发展成一种不敢面对他人、不敢面对权威的恐惧。所以，一定要让6号孩子在一个平和的环境中成长，尽量减少他们的焦虑感。

尊重6号孩子的秘密领地

6号孩子对潜在危险和问题的想象力特别丰富，觉得世界上有很多坏人或不可预测的事，所以每个人都应该特别小心，极力顺从，以防受到伤害。正是这种观念，使6号长期怀有一种恐惧和疑惑的心理。因此，6号孩子的心里总是充满了"不能说的秘密"。对于6号孩子的这些秘密，父母要懂得尊重他们，而不要以父母的权威去干涉他们，以免进一步破坏6号孩子心中的安全感。

儿童期的孩子有秘密，说明他内心世界丰富，智商高，主意多。少年期的孩子有秘密，说明他正从幼稚走向成熟，善思考，有独立见解，自尊心也在增强。进入青春期，孩子对成人的封闭性、对伙伴的开放性更显得突出，这个年龄段的6号孩子尤其需要得到尊重。

所以，懂得对个人隐私进行保护是6号孩子走向成熟的标志。父母不但不能偷看偷听6号孩子的隐私，还要帮助他们学习更多保护隐私的方法，为他们日后的社会生存奠定基础。

总之，尊重 6 号孩子的隐私，并非意味着放弃教育 6 号孩子的责任。须知，成长中的 6 号孩子，虽然自主、自尊意识增强了，但正确的世界观还没有形成，爱独立而不知如何独立，求自由却不懂何为自由，心理意识交错复杂而充满矛盾，还不是一个理性的人。所以，对 6 号孩子的隐私要给予积极的引导和保护，这才是明智的父母应该采取的育儿方法。

别对 6 号孩子过多地干涉与保护

6 号很渴望安定，看重安全，他们的内心时刻对预测不到的未来有一份深深的焦虑和恐惧。在他们心里失败的恐惧要比成功的期望要大得多。因此他们在计划一件事时，总是会想到"出了错该怎么办"这样的问题，并因为惧怕犯错而迟迟不敢行动。

如果这时父母帮助 6 号孩子做决定，就容易使 6 号在行动上的犹豫，渐渐成为一种隐藏的习惯，从而导致他们行动力的降低。一些家长一方面在学业上拼命给自己的孩子"加压"，另一方面又为他们在生活上尽可能地创造了很好的条件，这便导致现在的孩子大脑"发达"、四肢无力。在舒适的环境中，孩子人体中的某些机能正在逐步退化。因为他们生活的需要很容易得到满足，几乎不用克服什么困难，不用付出，也就没有发展。孩子成长过程中用于发展自己能力的机会就这样被剥夺了。父母过度保护孩子的做法其实是一种自私心理的反映。因为过分溺爱的背后，一定会有对孩子行动的禁止和干涉。父母总是按照自己的意愿去爱孩子，总是站在大人的角度去判断何事该做、何事不该做，从来没有问过孩子是否真的就需要这样的保护。虽然这些都是出于对孩子的关爱，但是父母们有没有想过，孩子会在这种连续"禁止"中，逐渐失去表达自己要求的能力，甚至会变成"无力量""无意欲""无关心"的"三无人类"？

正确对待 6 号孩子的反抗情绪

6 号孩子从出生时，就下意识地在寻求家中保护者的认同以获得安全感，这个保护者既可能是爸爸，也可能是妈妈，还可能是家庭中其他为其提供指导原则、组织纪律的成年人。他们会强有力地内化自己与这个人的关系，并且在整个成长的过程中持续维持和这个人的关系。如果这个人在 6 号的眼里是慈爱的，那么 6 号在长大后就会从他人那里寻找相似的指导和支持。他们会尽自己的最大努力来取悦这些人或是群体，尽职尽责地按照既定的原则和指导方针办事。但如果早期担任指导者的人在 6 号眼里是暴力的、不公正的，那么 6 号就会认为自己总是无法与他们认为强于自己的那些人相处，因此就会对生活充满恐惧，担心自己会受到不公正的处罚并采取防御措施，对保护者采取极端反抗的态度。

随着孩子的成长，他已经有了自己的想法和看法，所以家长在管教 6 号孩子时经常会遇到孩子的反抗情绪。这种情绪通常通过愤怒、反抗、抵触的态度表现出来。本来父母对孩子说几句便没事了，但孩子一顶嘴，很多父母便可能勃然大怒，而说教也可能升级为一场打骂。

其实，反抗是 6 号孩子精神成熟的重要标志。从根本上讲，孩子自立、有主见就意味着要脱离父母并且开始产生与父母相异的想法；即使想法与父母近似，他们也不会囫囵吞枣地听信父母，而是将其纳入自己的思维框架中进行选择，接受自己认为可以接受的部分。

总之，父母要注意的是，6 号孩子在真正长大之前，做事情总是欠考虑，往往采取较为激进的做法，比如激烈地反驳家长。某段时期孩子总是感情用事，这时做父母的也不要与 6 号孩子计较，而要在孩子面前保持冷静。这一点对于 6 号孩子的成长极为重要。

如何正确对待6号孩子的反抗情绪

随着孩子的成长，他已经有了自己的想法和看法，所以家长在管教6号孩子时经常会遇到孩子的反抗情绪。这种情绪通常通过愤怒、反抗、抵触的态度表现出来。

其实，反抗是6号孩子精神成熟的重要标志。从根本上讲，孩子自立、有主见就意味着要脱离父母并且开始产生与父母相异的想法，当然，其中有些想法可能会与父母近似。

然而，即使这样，他们也不会囫囵吞枣地听信父母，而是将其纳入自己的思维框架中进行选择，接受自己认为可以接受的部分。不服从父母，甚至与父母发生争执，都是伴随着孩子的独立性增强而自然发生的现象。

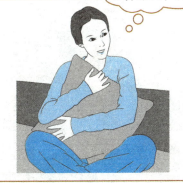

父母要注意的是，6号孩子在真正长大之前，做事情总是欠考虑，往往采取较为激进的做法，比如激烈地反驳家长。某段时期孩子总是感情用事，这时做父母的也不要与6号孩子计较，而要在孩子面前保持冷静。这一点对于6号孩子的成长极为重要。

注意引导 6 号孩子的恐惧

很多 6 号都常常会感到恐惧、不安，虽然有时候连他们都说不清楚他们在恐惧什么。6 号所恐惧的不是所谓的危险，而是缠绕在心头的那种恐惧的感觉。为了避开这种感觉，6 号随时都充满了警惕心和危机感。

在 6 号看来，生命充满了不可知的变量，但只要能够有足够的准备和负责任的态度，就可以安全度过所有的危难。因此，6 号似乎永远在预测着将来的危难，凡事都能让他们联想到各种负面的可能性。他们总是在头脑中想象出各种各样糟糕的状况，并为此感到深深的担忧和恐惧，这种担忧和恐惧又会转换成焦虑不安的情绪。

面对 6 号孩子常常被自己的悲观主义击垮的情况，6 号的家长应引导孩子凡事往好的方面去想，让他们知道有些事情并没有想象中那样复杂或糟糕，并鼓励孩子勇往直前，和他们一起去实践，在实践的过程中坚定他们的信念、鼓舞他们的意志，让他们认识到自己心里所想的那些负面的糟糕的情况根本就是子虚乌有的。长此以往，孩子就能渐渐变得乐观开朗起来，行动力也会有所提高了。

第11节

6号互动指南

6号怀疑论者 VS 6号怀疑论者

当6号怀疑论者遇到自己的同类——6号怀疑论者时，他们能形成良好的互补关系，但也会因性格的不同而产生一些小矛盾。

6号习惯怀疑他们所面对的一切，这种特质让人感觉他们总是在反对。但是当两个6号在一起时，他们往往因为反复询问而避免了相互生疑，能够对彼此忠诚，从而有利于形成稳定和谐的关系。当然，当他们过于怀疑对方时，他们之间很难建立起和谐的关系。

组成家庭

如果两个6号组成家庭，在压迫之下，他们会表现得格外出色，因为这时他们的怀疑就是现实，但在对同一外在事件感到焦虑时，他们则会团结起来，共同坚持错误的观点。而且，他们都关注双方关系的精神意义，可能忽视让他们在一起的生理吸引和情感吸引。

成为工作伙伴

如果两个6号成为工作伙伴，他们总是相互安慰，但也能在困难时刻相互关照。面对恐惧时，恐惧症型的6号会寻找一个强大的保护者，而且会非常感激那些在冲突中坚持站在他们身边的人；反恐惧型的6号则会转变成办公室内的反叛领袖，会质疑当权者的领导。

总之，无论是在家庭中还是在工作中，两个6号相遇，都需要他们尽量克制自己的怀疑心，敢于表达自己真挚的情感，用追求公平、公正的态度来赢取彼此的好感和信任，才能维系和谐的关系。

6号怀疑论者 VS 7号享乐主义者

当6号怀疑论者遇到7号享乐主义者时，他们能形成良好的互补关系，但也会因性格的不同而产生一些小矛盾。

6号和7号都属于思维三元组，他们都受到焦虑感的驱使。当他们遇到一起时，7号可能不自觉地去依赖6号来表现出他们自身固有的偏执，而6号通过7号的享乐活动消减一定的焦虑感。但是，因为他们一个看到最好的可能，一个看到最坏的可能，如果掌握不好两者的协调，他们之间的矛盾会多于快乐。

组成家庭

如果6号和7号组成家庭，他们需要学会相互肯定才行。7号追求快乐，能缓和6号的怀疑心，忠诚的6号也能减少7号的痛苦。7号如果为了更大的自由而花言巧语，就会使6号起疑心，因而威胁退出，以示报复，使7号痛苦，7号会为了逃避痛苦而离开。

成为工作伙伴

如果6号和7号成为工作伙伴，6号会怀疑，而7号则被新的想法所吸引，因此他们在面对问题时，都会选择拖延时间。当然，他们在目标一致的前提下也能够共同奋进。如果能够在合作过程中定时沟通，相互澄清自己的意图，他们也能有较高的工作效率。

总之，无论是在家庭中还是在工作中，6号和7号相遇，都需要双方向对方学习：6号学习7号的轻松，7号学习6号的忠诚，这样才能够减少彼此的不安全感，获得更多的快乐，也有利于建立和谐稳定的合作关系。

6号怀疑论者 VS 8号领导者

当6号怀疑论者遇到8号领导者时，他们能形成良好的互补关系，但也会因性格的不同而产生一些小矛盾。

6号和8号走到一起时，8号往往是十分积极的追求者，这对消除6号的疑虑大有帮助，8号也能通过掌握控制权和提供保护来获得安全感。而当6号将8号视为可信任的权威时，他们就能够对8号忠诚。6号喜欢质疑权威，当8号的力量不够强大时，他们便不太能信任8号了；而当8号的力量过于强大时，6号又会因为感到巨大的压力而反抗8号，激起8号的愤怒，引发矛盾。

组成家庭

如果6号和8号组成家庭，他们会是和谐的一对。6号渴望权威人物的保护，而8号努力将自己塑造成权威人物，因此，他们之间会因为强烈的互补性而相互吸引。他们都对困难有所准备，因此往往能够共渡难关。但是，当8号对6号投入过多的保护时，就会使保护变成干涉，容易激起6号的反抗；而6号的反抗又会激起8号的愤怒，容易导致彼此的对立情绪。

成为工作伙伴

如果6号和8号成为工作伙伴，他们一个谨小慎微，一个鲁莽冲动，容易因此遭遇巨大的挑战。8号想要打破规定，把反对的势力最小化，似乎没有什么能够阻挡他们；6号正好相反，想象力让他们夸大了反对的力量和8号鲁莽行动的负面影响。这就容易激发彼此的矛盾。他们如果能够在合作过程中熟悉规定，并定时进行直接有效的交流，也能形成和谐的合作关系。

总之，无论是在家庭中还是在工作中，6号和8号相遇，都需要8号注意自己权威形象的分寸，既不能太强，也不能太弱，否则都不能赢得6号的信任和支持。

6号怀疑论者 VS 9号调停者

当6号怀疑论者遇到9号调停者时，他们能形成良好的互补关系，但也会因性格的不同而产生一些小矛盾。

6号和9号都注重安全感，都希望维持现状，都能够以家庭为重，这常常使他们走到一起。然而，他们都不是主动性强的人，都觉得以他人的名义行动要比以自己的名义容易得多。结果是他们既可能相互支持，也可能为了"谁该先做"的问题争个不停。

组成家庭

如果6号和9号组成家庭，6号会把心中的担忧表达出来，9号于是往往扮演着安抚、慰问的角色。压力中的9号会表现出明显的6号特征，因而会博得6号的同情。但是，在双方都不愿意完全投入时，9号会失去活力，而6号则会努力加深同9号的亲密关系，这常常使9号觉得受到了威胁，因而变得更加被动。

成为工作伙伴

如果6号和9号成为工作伙伴，他们往往能够彼此信任，形成稳定的合作关系。6号在感到安全时会比较实干，虽然怀疑自己的成就，但会尽量让自己符合工作的要求。但是，这也可能导致他们为自己兜揽太多工作，耽误自己的工作。而且，因为他们都缺乏主动性，在竞争环境中，他们容易因为压力过大而消极行事。

总之，无论是在家庭中还是在工作中，6号和9号相遇，都需要双方更积极主动地对待生活和工作，信任彼此，才能维系和谐而长久的关系。

第八章

7号享乐型：天下本无事，庸人自扰之

7号宣言：我要好好利用生活赋予我的一切机会来享受人生。

　　7号享乐主义者是一个快乐、积极乐观、为新奇事物而感到兴奋的人。他们充满活力、精力充沛，总是喜欢设想好的结果，常常同时做着好几件事情，但不一定能把每件事情坚持到底。因为他们追求行动的自由，因此他们很难从头到尾地完全投入某个长期的计划之中，除非在实施这个计划的同时他还有别的选择。

第1节

7号享乐型面面观

7 号性格的特征

7 号是追求享乐的乐天派。他们天性乐观，喜欢追求新鲜刺激的体验。对于生活中的困难，他们常常抱一种无所谓的乐观心情，他们总是大大咧咧，精力充沛，言谈举止掩饰不住搞笑，甚至给人一种"没心没肺"的感觉。他们的人生信条是："我的快乐我做主！"他们的主要特征如下：

	7号性格的特征
1	乐观开朗，活泼好动，是快乐的天使，常给周围带来快乐。
2	考虑问题很积极，但真的发生问题，可能以追求快乐的行为来逃避。
3	喜欢追求生命中自由自在的感觉，不喜欢被环境或他人束缚手脚。
4	害怕沉闷的生活，总是积极参加各种新奇或刺激的活动，追求多元化的快乐感觉。
5	喜欢拥有多重选择，单一的选择会让他们觉得索然无味。
6	他们常常是社交场合活跃气氛的关键人物，是不可或缺的开心果角色。
7	只要有新奇事物存在，他们就会乐此不疲地去享受这种新奇的感觉。
8	他们待人坦诚率真，感情不加掩饰，常常给人一种没大没小的感觉。
9	眼神古灵精怪，面部表情丰富，常常带着开心的笑容。
10	身体动作比较丰富，手势多且夸张，常常喜笑颜开、手舞足蹈。
11	语速很快，声音洪亮，语气和神态都带搞笑，说话没有重点，常常跑题。

7 号性格的基本分支

7 号性格者喜欢追求快乐，他们害怕生活单调乏味。这样的特点，使其在情爱关系上便常常展现魅力去诱惑他人；在人际关系上表现为牺牲自己的部分快乐，以寻求长久的快乐；会采取和自己的相似者相处作为保护手段。因此，7 号在情爱关系、人际关系和自我保护方面一般会有以下表现：

① 情爱关系：魅惑

7 号性格者渴望进行一对一的接触，并且主动施展魅力，经常喜欢在异性面前表现自己。在恋爱关系上他们常常显得有些风流，总要留下些风流韵事。他们对于一段关系常常开始显得很有热情，但很快就会转移注意力。他们总是想要得到更多的快乐，不希望自己被限制得太死。为了维持婚姻的长久，他们常常需要克制自己的情感。

② 人际关系：牺牲

7号性格者在人际关系中会选择关注团体的快乐，他们甚至愿意牺牲自己眼前的快乐而谋求团体的福祉。他们相信，所有的牺牲都是临时性的，未来的结果还是积极美好的。

③ 自我保护：寻找相似者

7号性格者喜欢寻找相似者。大家志趣相投的氛围让他们感觉有安全感和归属感，从而可以缓解自己对生存的担忧。他们喜欢和他们想法相同的人，与大家一起分享梦想，常常能让人得到鼓励和支持。

7号性格的闪光点和局限点

追求享乐的7号性格有很多优点，也有一些缺点，以下闪光点值得关注，局限点应该警醒：

7号性格的闪光点	
活跃气氛的高手	7号常常是工作或者社交场合的开心果，有他们的地方就有笑声，他们给这个世界带来欢乐，是活跃气氛的高手。
敢于冒险的尝鲜者	7号常常只需要较小的把握就敢于行动。他们寻求刺激。他们更在乎过程，而不是结果。这常常让他们拥有更多的机会。
拥有广泛兴趣	7号兴趣常常十分广泛，是人们眼中的全才，常常多才多艺。
富有创意的点子王	7号常常有很多的主意，他们总能想出一些新鲜的点子来。他们创意不断，称得上是富有创意的点子王。
善于制定计划	7号常常善于制定一个具体的计划。应该采取什么步骤，应该采用什么方法，他们常常能够提前想好。
优秀的公关人员	7号善于交朋友，他们常常拥有各种类型的朋友。他们拥有一颗童子的心，非常能感染别人，是很好的公关人员。
具有抗挫折的能力	7号受到挫折，常常可以很快从悲痛中走出来。他们抗挫折能力很强，具有旺盛的生命力，这对他们的事业和人生发展大有好处。

7号性格的局限点	
缺乏耐性	7号很容易被不同的事物吸引，因此他们做事情常常只有三分钟的热度，总是显得虎头蛇尾。这样缺乏耐性，常常使7号难以成就大事。
过度自恋	7号常常有些过度自恋，常常觉得自己无所不能，觉得自己在生活中是多面手，他们这样的心理常常影响他们不断内省和进步。
做事情浅尝辄止	7号常常把自己的行为面铺得很宽，但是他们很难深入思考。浅尝辄止地去做事情常常使他们不能够成为一个有深度的人，也很难得到很大的成长。
盲目乐观	7号常常抱着盲目乐观的态度去看待周围的事情。他们常常会压抑不好的想法，专注于正面的事情，这也使他们难以看到实质性的问题和真正的困难。
难以注意他人感受	7号常专注于玩乐的事情，却难以注意他人的需求。另外，他们常常非常随性，说话口无遮拦，有可能无意中给别人造成深深的伤害。
难以承受痛苦	7号常常不自觉地逃避现实中的困难，很难对自己严格要求。他们会用享乐来逃避责任，逃避可能让自己痛苦的事情，没有承担痛苦的勇气。
逃避责任	7号如果发生错误，常常会推卸自己的责任，把自己的过错合理化。他们还爱好自由，对于身上所加的责任常常很快摆脱，不断逃避自己的责任。
难于承诺	无论是爱情还是生活，7号常常害怕做出承诺，即使无奈承诺也会不守信用，他们的这种行为难以让他人和他们建立深厚的关系。

7 号的高层心境：工作

7 号性格者的高层心境是工作，处于此种心境中的 7 号性格者对快乐有了更深的认识和了解。

处于低层心境中的 7 号性格者，常常觉得快乐就是要逃避工作，要将加附在自己身上的责任扔掉，不断寻求责任以外的享受。他们常常把工作看成对自己的约束，不愿去面对现实中的枯燥工作。而工作意味着对一件事情做出完全承诺，意味着认真对待一件事情，而不是在多种选择之间徘徊，意味着一定程度的自我约束。这些使命感是 7 号所不愿意面对的，但他们逐渐将意识到，只有使命感和深入达成使命的意愿，才能给自己带来真正的快乐。

只有当 7 号性格者对工作所能产生的快乐有了更多认识，他们才能逐步意识到快乐不一定要靠去享受才能得到，承担自己的责任，自己才能得到真正的快乐，而这种工作态度，也正是 7 号所缺乏的。接受工作的价值，他们能得到更高层次的快乐。

7 号的高层德行：节制

7 号性格者的高层德行是节制，拥有此种德行的 7 号会不迷信于多样化的选择。他们会开始懂得把自己的思想专注下来，能够坚持一项活动，不会被其他事情干扰，不会被兴奋的后备计划吸引。

7 号害怕投入单一的行动中，因为单一的行动总意味着承诺，而承诺对于 7 号总是枯燥和痛苦的。他们渐渐会发现，把自己的注意点缩小，放在真正有价值而且确实存在的事物上，自己的节制反而让自己获得更多的自由。纵容自己的欲望，感受尽可能多的刺激，感受身体上的兴奋，如醉酒般疯狂并不能给他们带来最大的兴奋度，只有在节制中他们才能真正找到满足。

只有当 7 号真正认识到节制的价值，不再放任自己的欲望，总是给自己留太多的选择，他们才能够真正找到满足，也才不至于在漫无目的的寻找中迷失自己。

7 号的注意力

7 号很难把所有的注意力集中到一个问题上，他们常常通过不断转移注意力来忽视具体的问题。他们的注意力最大的特点就是不断游离，从一件事物上飞快地转移到新的事物上。他们在不断寻求新的刺激和兴奋，难以在已有的事物上做较多的停留。

我对什么事情都只有三分钟的热度，对任何吸引我的东西都很快就会腻烦，然后就去选择新的兴趣。因为这个原因，我常常显得多才多艺，但是我很难在某一项事物上做到精通。我的兴趣变化太快，一旦对某一件事物觉得有了一知半解，就觉得这个东西对我丧失了吸引力，新的事物常常能更加吸引我的眼球。

他们是贪多求全的典型，希望自己博览群书，希望自己遍尝美味。他们希望自己拥有多样化的爱人，在日常生活中喜欢各色物品，认为只有拥有这样多样化的选择，自己才能够得到快乐。因而他们总是在不同的事物之间穿梭着，并且难以放下脚步，在某件事物上沉淀和升华。

如果能够投入精力去研究真正的问题，而不是企图把所有问题都

7 号是贪多求全的典型，总希望自己博览群书，遍尝百味，整天穿梭在各种各样的事物之间。

涉及，不断改变计划，他们常常可以得到更好的成就。一旦把所有的注意力集中到一个问题上，而不是通过不断转移注意力来忽视具体的问题，他们常常发现自己拥有非常大的潜能。

7号的直觉类型

7号性格者的直觉特点是喜欢联想，他们总是把新的信息放到相互关联的多个背景中。他们发现一个新问题，常常不会从这个问题着手，而是首先把中心问题放在一边，从一个完全没有关系的事物或场景进入，进行思考和判断，慢慢引到正题上来。他们一般是在不断联想中，突然发现事物真正的奥妙。他们通过不同的场景、不同的角色、不同的事物来曲折表现自己的主题。他们是曲线寻找真理的大行家。

我的爱好非常广泛，我对很多的事物都有一个自己的看法，也都有较为真实的体验，这也使我遇到问题时，常常不是直接去思考解决的方法，我会把自己遇到的问题和以前遇到的问题联系起来，我会感受曾经的成功经验，也会感受曾经的失败体验。甚至有时候，我考虑到完全不同的其他领域，或者是芝麻蒜皮的小事，可以说是天马行空，不拘一格地去乱想。我发现，自己这样不限制自己去思考，一些微小事物给自己的启示，完全可以利用到当前的事情中来。我有时候想，也许这就是所谓的灵感吧。

高层心境：工作
认识到工作中的快乐，接受工作的责任和价值

高层德行：节制
不再放任自己的欲望，在自己的事务中不被干扰

7号性格者的发展方向

注意力：集中
集中注意力解决问题，更深刻地认识事物

直觉：联想
在联想中发现事物的奥妙，曲线寻找真理的大行家

7号发出的4种信号

7号性格者常常以自己独有的特点向周围世界辐射自己的信号，通过这些信号我们可以更好地去了解7号性格者的特点，这些信号有以下4种：

7号性格者发出的信号	
积极的信号	7号性格者不断向周围世界释放一些积极的信号。7号是快乐的天使，他们走到哪里都会带来欢声笑语。他们态度积极，对未来的乐观态度能够鼓舞他人。他们充满想象力和创新力，常常能够化腐朽为神奇，变平淡为美妙，一次简单的散步都可以变成与自然和季节的亲密接触。他们好想法不断，思想天马行空，不按套路出牌，是不拘一格的点子大王。
消极的信号	7号性格者也不可避免地向周围世界释放一些消极的信号。7号过度自恋，常常只是关注自己的安排和自己的快乐，难以注意他人的需求。他们常常不能够做出承诺，即使做出承诺也很难兑现。他们总是在逃避自己的责任，用玩乐来转移自己的烦恼情绪。另外，他们常常非常随性，说话口无遮拦。这些都有可能无意中给别人带去深深的伤害，但是他们可能自己还不知道。
混合的信号	7号性格者发出的信号很多时候是混杂的，会让人难以捉摸。他们经常给自己保留多种选择，甚至有时候他们的选择可能前后矛盾。这样的生活方式会表达出很多信息，让你难以知晓他们到底要怎样，对他们的想法也会有点摸不着头脑。他们寻求自己的兴趣和快乐，真心的承诺对于他们来说显得困难。他们的注意力会时有时无，这些都让人感觉他们游移不定。
内在的信号	7号性格者自身内部也会发出一些信号。7号常常陷入迷态，很难分辨哪些是自己真心想要的，而哪些是自己的一时兴起，因而他们常会陷入选择的困境中。他们的注意力非常分散，游离转移。他们犹豫不决，他们担心自己因为不成熟可能错过正确的选择。他们难以主动去进行取舍。他们的内在因为这种迷态，也会陷入自我的迷失而不断挣扎。

7号在安全和压力下的反应

为了顺应成长环境、社会文化等因素，7号性格者在安全状态或压力状态下，有可能出现一些可以预测的不同表现：

安全状态

在安全的状态下，他们常常会向5号观察型靠近。

在安全状态下，7号会向5号靠近，他们会不断进行退缩。对于他们，多样化的选择丧失了一定的魅力，他们调整心情，不再心猿意马。他们开始重新调整注意力，目标开始单一化，可以耐下性子从头到尾花时间去看一本好书。他们开始发现在选择减少的时候，自己才知道真正的选择是什么。他们逐渐变得相对安静，平和，开始退缩到自己的世界中，而且即使不去找时间独处，也会满足于扮演一个比平日更退居幕后的角色。另外，他们也有可能变得很小气，甚至吝啬。

7号开始为自己做出选择，而不是迫于他人的需求做出选择。他们显得安静而有内涵，开始进行深入的自我评估，关注自己应该优先考虑的事情。

压力状态

在压力状态下，7号的性格开始向1号靠近。

他们开始不断开展自身与他人之间的比较，常常在比较自己比别人强还是差，总是关注自己和他人所缺失的事物。当然，7号关注的是快乐，是有或者没有，而不是像1号那样去强调事情的对与错，或者进行道义上的考量。

他们开始不断变得易怒、挑剔、容易对看似干扰的事情发怒或加以责备，自我批判，而更多呈现1号人格的特征，会变得情感强烈而有意识。

当然，这种压力状态的积极作用在于能够让7号明确自己的目的，然后全身心投入其中。当完全投入一项困难的任务时，他们不会去游戏人生或者游离于不同的选择当中而迷失自我。

这种状态，常常会促发7号善始善终，而且完美无缺地把事情做完，而这样他们也能从出色完成的工作中找到快乐。

第2节

我是哪个层次的7号

第一层级：感恩的鉴赏家

第一层级的7号不会为没有快乐而烦躁，他们会接受现实，怀着一颗感恩的心，用自己的心去欣赏周围的一切。他们发现快乐就在身边，自己只需接受周围的事物，就可以得到足够的快乐。

他们对现实产生信心，不再强求环境给自己提供什么，开始接受现实的本质，无条件地热爱生命，不断肯定生命的价值。

他们对现实的生命开始敬畏，认为现实是神圣和庄严的，因此也开始对这个世界和生命的本质进行赞赏。他们不断感受生命本质的丰富性，甚至能够学会将生命的黑暗面视为生存的一部分。

他们的内心常常充满喜乐，用感恩的心鉴赏周围的一切。他们开始专注于生命中真正美好的东西、有永久价值的东西。对他们来说，现实中的快乐是没有穷尽的。

第二层级：热情洋溢的乐天派

第二层级的7号开始焦虑，他们对生命丰富性的信仰有所缺失，担心生活本身不能满足自己的需求，于是他们开始积极主动地寻求快乐。他们显得精力旺盛，是热情洋溢的乐天派。

他们不能够充分体验现实，开始预期未来的经验，开始思虑自己想要做的事，或思虑如何才能得到快乐和幸福。于是，他们开始渐渐偏离现实，现实的本身状态难以让他们满足，他们的注意力开始指向周围的世界。他们也能深切地意识到自己是快乐的、热情的，而这正是他们生活的目标。

他们面对现实的态度相当积极而富有感染性，是如此的乐观和活跃，有极度的热忱和丰富的好奇心。他们常常拥有许多天赋且得以全面发展，即使年老也依然能够保持着年轻的心态。

他们敢于接受选择的失败，有强烈的冒险意识，不怕自己遭遇失败，也不会轻易为自己的不完美难堪。生命对于他们是一种学习过程，他们重视这种体验。

第三层级：多才多艺的全才

第三层级的7号担心无法维持自己的快乐，为了确保自己可以获得快乐体验，他们开始形成一种务实的实用主义态度。他们相信，只要自己有足够的自由和财力，自己就可以过上令人满意的生活。而要使自己达到这一水平，自己必须多才多艺，为这个社会做出自己的贡献。

他们对于做事非常关注，希望自己产出创造性成果和工作业绩，他们的热情找到了一个发泄的出口。他们是极其多才多艺而且具有创造力的人，只要专心致志，就能把事情做好。

他们显得多才多艺，在很多领域都非常擅长。他们常常拥有广博的知识，也具有相当丰富的实践经验，各种兴趣和天赋都能得到充分发展，他们的业绩常常使他们成为众人瞩目的人物。他们不怕尝试新的领域，显得乐此不疲。他们掌握的知识和技能包罗万象，但并不失务实的态度。

他们学得越多，继续学习的可能性就越大。他们常常不只是自得其乐，而且也能不断给他人提供很多产品和服务，给他们带去快乐和享受。他们乐于分享，让他人愉悦，常常受到人们的欢迎。他们的人生成果不断，他们是多产的生产者和服务者。

处于健康状态的
7 号的三个层级

第一层级：感恩的鉴赏家

无条件地热爱生命，内心充满感恩和喜悦。

第二层级：热情洋溢的乐天派

积极主动地寻找快乐，极度的热情和丰富的好奇心。

第三层级：多才多艺的全才

多才多艺，充满创造力；自得其乐，并给人快乐。

第四层级：经验丰富的鉴赏家

第四层级的 7 号期待快乐和满足，他们开始迷恋多样化的事物，不愿错过所有能使自己快乐的事物。他们的欲望不断增加，对很多事物变得越来越有经验，并想要尝试所有的事物，这样他们的内心才会得到满足。

他们此时更加关注的是自己能够从生活当中得到什么，而不是自己能为这个社会提供什么。他们害怕错失比现有的更令人兴奋的东西，总是迫不及待地要求新的体验，总是想换个口味。

他们有着丰富的体验，依然多才多艺。他们拥有很多肤浅的体验，每天忙忙碌碌，日程表排得满满的，但对新事物尝试的新鲜感消失很快，很快就会产生新的欲求，然后再忙着寻找别的东西，欲求的不断上升使其无法得到真正的满足。

他们常常成为有"品位"的人，知道如何去过高雅的生活。他们讲究饮食，追求衣着，在他们的财力限度内，常常要求自己达到最大的时尚感和刺激感，喜欢奢华的生活。

第五层级：过度活跃的外倾型

第五层级的 7 号是过度活跃的外倾型。他们害怕无事可做，这会让他们感觉焦虑，不断地将自己胡乱投入各种活动中，以寻求新鲜的经验。他们冲动不断，并在这种冲动中不断消耗着自己的生命。

他们不会拒绝任何事情，渴求多彩多姿的变化，其他人很难跟上他们的节奏，但他们对于思索自己的行为或反省自己的生活没有丝毫兴趣。他们爱好公众生活，喜欢任何有趣的宴会和把酒言欢，这每每让他们欢呼不已。

他们极少用严肃的态度看待事物。面对自己的焦虑，他们常常用投入欢乐进行逃避的方法来处理。他们很少用心倾听他人说话，总是渴望自己成为众人注意的焦点。他们频繁转移话题，也会经常打断对方的话，不让人把话讲完。

他们旺盛的精力和创造力，天分和才智常常被浪费，不断的浅尝辄止使他们很难成就一番事业。他们没有办法坚持长时间做一件事，他们太容易感到厌倦并转向其他的事情。

他们开始害怕孤独，不能让自己安静下来。他们无法让自己待在安静的环境中，对生活只重视量，不会去重视质。他们变得越来越幼稚，无休止的浅薄活动严重影响他们的生活，也使他们渐渐失去周围人的支持。

第六层级：过度的享乐主义者

第六层级的7号是个过度享乐主义者，他们需求更多，变得贪婪而急躁，所有需要必须立即获得满足。

他们以财富为最重要的价值标准，认为金钱可以帮助自己得到想要的任何东西。他们把所有的钱都花在自己身上，结果常常陷入财务危机。

他们是贪婪的消费者，过度索求一切，习惯无节制的生活，开始乱交或滥用药物远远超过了自己实际的需要。他们铺张浪费，可能买来很多自己不需要的东西，先是买回来，然后就扔到一旁。

朋友和他人对他们而言只是玩伴，若无法带给他们快乐，他们就会选择放弃。他们的婚姻可能只持续一两年，新鲜感没有了，他们就会放弃，转入新的关系。

他们拥有很多，但并不满足，甚至会忌妒一些似乎比自己拥有更多的人。他们变得不愿意与他人分享，他们只关心自己的利益。他们冷酷无情，做事不顾后果，也不愿意承担自己应尽的责任。

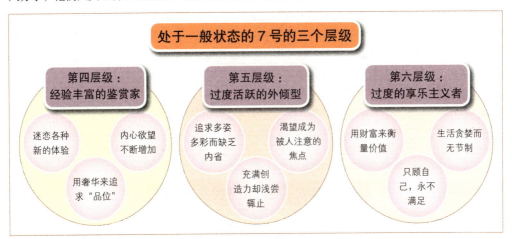

第七层级：冲动型的逃避主义者

第七层级的7号是冲动型的逃避主义者。他们从事的活动给周围的人带来麻烦，也无法追寻到自己的快乐。如果痛苦超出了其所能承担的限度，他们就可能会更加用冲动去进行逃避。他们不会反省自己的经验，把大量时间花在感兴趣的事情上。

他们让自己保持在活跃状态，变成了真正的无可救药的逃避主义者。他们不仅仅是无节制，甚至完全不加甄别，对任何能够提供快乐或有助于消除紧张和焦虑的东西来者不拒。他们滥用刺激物和镇静剂，对它们充满依赖，希望借它们使自己快乐，结果渐渐地步入无法摆脱的恶性循环中。

他们总在寻求新刺激，直到把自己折腾到筋疲力尽，以至于他们无法也不想集中注意力或与外界有真正的接触。只是为了活动一下才这么做。他们因为害怕一人独处，甚至会强迫别人也加入自己的自我毁灭的放纵行为。

他们的行为让人很讨厌和不舒服，可他们也无能为力。慢慢地，他们变得根本不在乎自己是不是伤了别人的感情，会不断把别人当作"替罪羊"或者出气筒来对待。

第八层级：疯狂的强迫性行为

第八层级的 7 号开始陷入疯狂的强迫性行为，他们担心自己完全丧失享受快乐的能力，为了缓解这种焦虑，安抚完全失去了控制且极度不稳定的情绪，他们强迫自己参与到各种行为当中去。

他们陷入妄想，越来越亢奋，觉得自己能够实行一些伟大的计划，事实上他们并没有那样的能力。他们会强迫性地参与各种不同的活动，强迫性地购物，无休止地赌博，滥用药品和酒精，强迫性地进食，甚至去制造各种各样"冒失"的恶作剧。

他们自己正处于危险中，抵御焦虑感的唯一方式就是获得逃避的手段，而疯狂活动本身就是自己的防御手段。一旦失去了维持持续活动的能力，他们常常会变得非常沮丧。

他们让周围的人难以适应，其心情、思想和行为都极为善变。而且，他们很难与他人进行有效沟通，和他们讲理或尝试去限制他们"精神亢奋"的状态，都会遭到他们的极力反对。

第九层级：惊慌失措的"歇斯底里"

第九层级的 7 号陷入了惊慌失措的"歇斯底里"。生活压迫他们至无处可逃的地步，使他们陷入了歇斯底里的恐怖之中，无法以行动或做任何事来帮助自己，似乎只能在恐惧当中迎接死亡。

面对形形色色的现实焦虑，他们无处可逃。所有痛苦的、可怕的潜意识中的东西会全部向他们袭来，恐惧、创伤、混乱纷纷袭来，他们变得惊慌失措，根本不知如何应对。

他们已经完全醒过来，却发现已经无处可以藏身。他们的身心承受力已经发挥到极限甚至超出极限。他们可能疾病缠身，或者拥有早已透支的精力，以免更增加自己的痛苦。

他们迷恋经验和刺激，但很少真正地接触自己的内心，很少注意周围的世界。周围的情况越来越恶化，他们认识到了自己错误，但是一切都已远去，留给他们的只能是无尽的恐惧和绝望。

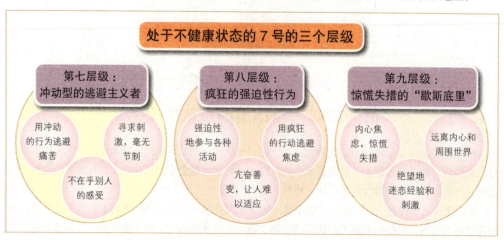

处于不健康状态的 7 号的三个层级

第七层级：冲动型的逃避主义者　用冲动的行为逃避痛苦　寻求刺激，毫无节制　不在乎别人的感受

第八层级：疯狂的强迫性行为　强迫性地参与各种活动　用疯狂的行动逃避焦虑　亢奋善变，让人难以适应

第九层级：惊慌失措的"歇斯底里"　内心焦虑，惊慌失措　远离内心和周围世界　绝望地迷恋经验和刺激

第3节

与7号有效地交流

7 号的沟通模式：闲谈式沟通

7 号的沟通习惯是喜欢没有一定中心地谈无关紧要的话，与人进行闲谈式的沟通，这是他们的沟通模式。

这常常可以帮助他们与别人建立亲密的关系、缓和紧张气氛，也会在别人心目中树立一个平易近人的良好形象。在闲谈中他们显得见多识广、兴趣广泛，是个很好的谈话者。

但是，他们谈话常常没有明确的目的，只是按照自己喜欢的方式来谈。他们的注意力非常分散，他们的谈话似乎都是即兴的。他们喜欢分享自己的想法，分享自己的喜悦和哀愁。当他们兴奋的时候，他们常常会抓住一个人就会说很多，也不管对方感不感兴趣，他们只顾自己一吐为快。

他们谈话的时候，注意力常常被周围的新鲜事物及资讯吸引，仿佛闲谈一般。与人交流，他们常常抱有一种轻松愉快的态度。他们也希望你能以这种态度与他们交谈，他们对于严肃、拘谨、无趣的人没有好感，也会因为受不了沉闷而选择离开。

他们一进入闲谈的圈子，常常便很快就成为"中心人物"，有的人说起来索然无味的话，他们却常常能谈笑风生，让人听了忍俊不禁，又顿开茅塞。不知不觉中一两个小时就过去了，而交谈方根本不会感到丝毫厌烦。

他们的话题不拘一格，可以是体育、餐饮，也可以是从前的电影等，他们海阔天空地谈一些对方感兴趣的事情。当然，他们也可能想到什么说什么，喋喋不休、不着边际地瞎聊，白白浪费宝贵的时间。

关心周围的各种新鲜事物及资讯

7 号的沟通模式

幽默风趣，让人忍俊不禁，常常成为"中心人物"

轻松愉快，不喜欢严肃、拘谨、无趣的人

话题不拘一格，有时不着边际

观察 7 号的谈话方式

7 号喜欢欢乐，他们期待周围的人和事物都让自己快活。他们的这种心理特点使他们的谈话显得轻松有趣，会让周围的人感觉到兴奋和欢快；但是另外，也可能使他人感觉到自己总是被他们捉弄，或者被他们所忽视。

下面，我们就对他们的谈话方式进行一个简单的说明：

	7 号的谈话方式
1	7 号人格语速很快，声音洪亮。他们的谈话显得很有活力和激情，让人很难感受到他们有烦恼和愁绪，但也显得夸张和急躁。
2	他们谈话充满幽默元素，语调欢快、亲切有趣，善于调动气氛，常常让大家在欢快气氛之中乐不可支。
3	他们在说话的过程中特别容易偏离主题，总是被有趣、刺激的事物吸引。他们具有一心多用的特质，谈话似乎是一条没有固定方向的河流，他们随时可能改变河道。
4	他们常常喜欢一个人说，很难有耐心听别人讲述一件事情。他们甚至经常打断对方，努力把话题导引到别的领域。他们这样的特点常常让人感觉有点粗鲁和不近人情。
5	他们说话往往喜欢直来直去、一针见血。他们只求自己的嘴巴快乐，因此常常会说出一些让人可能难堪的话，把人得罪了还不知道。
6	有他们的地方常常有笑声。他们常常语不惊人死不休。他们经常用的词有：快乐、开心就好、无所谓、没事的、这事还没完、快点等。

读懂 7 号的身体语言

当我们和 7 号性格者交往时，只要细心观察，我们就会发现，7 号性格者往往会发出下面这些身体信号：

	7 号的身体语言
1	7 号常常充满活力，他们的身体语言不会给人弱而无力的感觉。
2	由于他们关注环境中一切有趣、好玩的事情，他们很容易走神。
3	他们坐卧站立都显得不安生，很少安安静静待在一个地方。
4	他们走起路来给人风风火火的感觉，似乎总是在蹦蹦跳跳。
5	7 号常常喜欢佩戴一些有意思的饰品来装点自己，但他们很少顾及饰物是否与衣着协调，只是图个新鲜好玩。
6	7 号的眼神充满活力，总是有一种闪耀的光芒，显得古灵精怪。
7	他们常常挂着开心开怀的笑容。
8	他们眼神和面部表情非常丰富，从不掩饰自己的喜怒哀乐。
9	他们快乐的表情远远多过悲伤的表情，他们是天生的乐天派。
10	他们的身体动作常常很丰富，他们的手势不断而且夸张。
11	说到尽兴时，他们常常表现出喜笑颜开、手舞足蹈的夸张表情。
12	他们有时候面露不屑的表情，也经常使用瞪着眼睛去盯人的表情。

通过身体语言，我们可以因此辨别一个人是不是 7 号，去判断他的心理状态，也可将身体语言当成和他们交流的一个重要参考因素。

7号喜欢轻松快乐的氛围

7号具有天真、坦诚和灿烂的个性。他们常常把焦点放在快乐、轻松的氛围上，觉得这样的人生才有意思。

他们就像下边故事中的约翰一样，即使在生命垂危之时，依然可以抱有足够的幽默感和乐观精神，随时保持着旺盛的生命力，总能让周围的人处于他们营造的快乐氛围中。

约翰是一家公司的销售主管，他的心情总是很好。当有人问他近况如何时，他会回答："我快乐无比。"

有一天，他被三个持枪的歹徒拦住了。歹徒朝他开了枪。

幸运的是发现较早，约翰被送进了急诊室。经过18个小时的抢救和几个星期的精心治疗，约翰出院了，只是仍有小部分弹片留在他体内。

6个月后，他的一位朋友见到了他。朋友问他近况如何，他说："我快乐无比。想不想看看我的伤疤？"朋友看了伤疤，然后问当时他想了些什么。约翰答道："当我躺在地上时，我对自己说有两个选择：一是死，一是活。我选择了活。医护人员都很好，他们告诉我，我会好的。但在他们把我推进急诊室后，我从他们的眼神中读到了'他是个死人'。我知道我需要采取一些行动。"

"你采取了什么行动？"朋友问。

约翰说："有个护士大声问我对什么东西过敏，我马上答'有的'。这时，所有的医生、护士都停下来等我说下去。我深深吸了一口气，然后大声吼道：'子弹！'在一片大笑声中，我又说道：'请把我当活人来医，而不是死人。'"

约翰就这样活下来了。

因此，和7号在一起，也应该考虑他们的这一特点，和他们交往的时候，不要太严肃和拘谨，要放得开一点，尽量和他们一起共同营造一个轻松快乐的氛围。这样的话，他们也会和你产生更多的共鸣，而你们的交际也才可以更加顺利地进行。

谈论新奇有趣的事物

7号会在日常生活中安排各种好玩、新奇而刺激的事情，他们天生喜欢这些东西。当然，他们也乐于和别人分享这些事情。同样，你如果能主动和他们谈论这些事情，常常也能引起他们的极大兴趣。

他们似乎总有用不完的精力，什么新鲜、潮流的东西都要尝试一下，比如哪个主题公园开业啊、又出来一种什么新的玩具了等。什么新鲜、刺激、好玩，他们是一定要体验的，虽然很少长久地坚持下来。

7号喜欢谈论新奇刺激的事物，只要是好玩的刺激的东西，都会被他们拿来与人谈论。

和他们在一起，就可以谈论各种各样的事物。比如谈论足球，谈论篮球，谈论魔方的玩法，谈论新出的电影，谈论新开的一家特色饭馆，谈论流行的故事，谈论世界上的奇闻逸事，谈论新开的游乐场、新出的网络游戏和桌面游戏等。只要是新奇刺激的话题，都能引起他们极大的兴趣。

人人都希望谈论自己感兴趣的话题。如果别人对自己的兴趣不予关注，那么他们常常很失落甚至生气。这时候，他们就会不愿意和他进行进一步的合作。谈论对方感兴趣的话是一条重要的交流准则，因此和7号在一起时，一定要学会常常谈论他们感兴趣的话题，而新奇刺激的话题，正是他们所喜欢的。

第4节

透视7号上司

看看你的老板是7号吗

7号上司一般不是那么有架子，经常和员工嘻嘻哈哈的，喜欢办公气氛的活跃和快活，经常有很多新的主意，但有时候可能也让你无所适从。他们的特点可以归纳如下：

	7号性格的特征
1	主意不断，创意丰富，常常是解决方案的提供者，但常因为主意太多且多变而引起下属的混乱和无所适从。
2	虎头蛇尾，爱不断更换项目，常常造成浪费。
3	热情开朗，善于公关，常常有很广泛的人际关系网。
4	想到什么说什么，有时候说话可能会有一些伤人。
5	眼光敏锐，常常可以在平淡无奇中发现商机。
6	喜欢创新，常常被新的管理制度和方法吸引。
7	平民化的领导，规矩不多，只要下属在正式场合保持尊重即可。
8	经常主动调动团队气氛，并经常安排一些娱乐休闲活动来激励自己的员工，团队内部常常充满笑声。

7号老板讨厌办公室政治

7号人格上司喜欢人与人之间关系的无拘无束，他们弱化等级观念，他们的管理是平等化的民主管理。他们希望大家都以率真、坦白的方式相处并开展工作，他们讨厌办公室的政治斗争。对于自己的下属，如果他们私自在办公室发展"小圈子""小派别"，他们会表现出极度的反感。

如果7号的下属卷入办公室政治，拉帮结派，他们很可能像下面故事中的乔尼斯一样。

乔尼斯在某传媒公司工作。有一次，轮到乔尼斯所在频道值班。一位同事因为前一天加班而晚到了一会儿，乔尼斯也因为生病而下午才过去。这些事被总编知道后，公司里开始盛传"××频道的员工不肯值班"的传言。好在频道主编挺身而出，很快把事情平息了下来，但总编和他们的关系从此急转直下。

本来，乔尼斯所在频道的工作已经做得很好了，可在例会上总编要求他们加班，说是"权当作给上面看"，却遭到了频道主编的反驳：效率出工作，没必要做"秀"嘛。看得出来，总编脸上有点挂不住。

两个月后，总编总算钻到了"空子"：频道主编怀孕休假了。总编开始给乔尼斯所在频道每天开三刻钟会议，会议的主题只有一个：反复强调剩下的4个人要归他直接负责，××频道的内容要全面调整。

以后，总编的小动作不断，公司里开始盛传××频道已经被判了"死刑"。

谣言很快变成了现实。一个月后，总编直截了当地对乔尼斯说："公司里要调整职位，你的文笔不错，应该可以找到新的工作。"很快，另外3个人也遭厄运：一个同样被辞退，总编找人传个话，就把他打发了；一个调到市场部；最后一个"独木难成林"，请了病假。

因此，在 7 号的手下干，一定要小心，不要轻易去涉及办公室的政治小团体，这有悖他们的管理原则。否则，你可能受到 7 号老板严厉的打击。

融入轻松欢快的团队气氛

7 号领导为快乐而工作，他们工作的场合常常也会变成快乐的舞台，整个团队的文化是快乐的，让人感觉轻松而愉悦。

他们的人生以快乐为导向，他们最恐惧的就是自己人生的最后阶段，也不想只是忙于工作，成为金钱的奴隶，错失了太多的快乐。因为恐惧错失快乐，7 号上司在工作中常常不要求员工有严格的等级观念，只要员工在正式场合保持基本礼仪就可以。所以，他们的言谈总是给人轻松搞笑的感觉，他们还经常跟员工开各种玩笑。

在这个每天进行重复性工作的环境中，他们很可能在工作期间给大家发一些小笑话、搞笑网页或奇闻逸事的帖子。他们始终注意去激发众人的热情，让大家在轻松、欢快的氛围中开展工作。

如果你能融入并享受他们所带来的轻松气氛，你的生活也会产生变化，不再那么呆板，不再只是埋头工作，不再那么拘谨，这种团队氛围必将促使你更多地发挥你的创造力和热情。

适应 7 号求新求变的管理

7 号人格上司追求新奇、刺激，不喜欢重复的没有创意的工作和管理方式，在工作中总是会有很多新创意或新计划，和他们在一起很少感觉到沉闷状态。

他们喜欢新的工作内容，不断开拓新的市场领域，喜欢新的工作方法，喜欢另辟蹊径。在工作中他们力图避免沉闷，甚至有过分追求新创意、新尝试的倾向，以至于忽略了工作业绩的要求。

他们心急火燎地推广自己的创意，一旦有了新想法，总是希望立即执行，也会不断催促自己的员工去具体实现他们的想法。

7 号老板的下属除了要懂得欣赏他们求新求变的作风，要在自己的工作中加强自己的创新能力之外，也要懂得辨别他们真正的想法和他们的突发奇想。7 号老板有着太多的想法了，而且他们的想法很善变，人们很难知道他们真正的想法。作为他们的下属，应该懂得对他们的新点子进行判断，对他们反复强调的点子要加以重视，但是他们随口所说的一些话，千万不要太当真。

面对 7 号上司的注意事项

适应上司求新求变的个性

融入轻松愉快的团队气氛中去

避免成为办公室政治的参与者

第5节

管理7号下属

找出你团队里的 7 号员工

在工作中，你也许会碰到这样的员工：他们非常善于调动公司内部的人际气氛，是员工中的开心果，有他们的地方就有笑声；他们常常有很多的想法和创意，是点子王，但他们常常说得多，变化也快，很难在一件事情上坚持下来，因为不断求新求异，可能影响工作进度。这样的时候，也许你应该进一步认识到他们可能就是 7 号性格的员工。

7 号性格的员工常常有这样一些特点：

7 号性格员工的特点
1　他们喜欢有意思的事情，不喜欢单调和重复的工作。
2　他们喜欢不断尝试新的工作内容，使用新的工作方法，是充满新主意的员工。
3　他们率真而坦诚，和人交往常常有什么说什么。
4　他们缺乏等级意识，显得没大没小，像一个孩子。
5　他们是团队中的开心果，常常让大家忍俊不禁。
6　他们喜欢开玩笑，喜欢给别人起外号，喜欢用诙谐的方式传达信息。
7　只要人际关系还是和谐的，他们很难感觉到工作中的巨大压力。
8　他们常常在各个部门走动，对于各个部门的情况也比较了解。
9　他们喜欢新奇和令人刺激的事物，也喜欢谈论这些话题。

如果你的员工具有以上特征里的大多数，那么他们很可能就是 7 号类型的员工，你可以根据他们的特点采取合适的管理和沟通方法，让你的管理更加有效率起来，也让你的管理更加人性化。

和他们在一起不要太古板

7 号员工喜欢轻松搞笑，但这并不意味着他们在工作上不优秀。他们也希望自己的轻松搞笑被周围的人接受，并且能够真正地给周围的人带来快乐，这是他们满足自己成就感的一个很重要的方面。

但是，如果老板是一个古板的人，对于 7 号员工营建的快乐、轻松氛围不支持，对他的娱乐人生的态度看不惯，总是板着一张脸讲话，从来不怎么笑，并且对人要求苛刻，那么 7 号员工会非常痛苦。情急之下，他们甚至有可能会选择辞职走人。

因此，如果自己是一个不习惯快乐轻松的人，那么也许你不能做到像他们那样经常那么轻松愉快，但是如果你能放下一些自己的古板风格，也会有助于你和自己的 7 号员工进行有效的沟通。

善用他们开心果的角色

7号在生活当中常常是开心果的角色，有他们的地方就有笑声。在开展工作的过程中，也一定要善用7号人格下属的开心果角色。

单调、重复的工作常常使大家心情沉闷，办事没有效率。这个时候可以发挥7号员工营造快乐气氛的天分，让他们担任一些团队建设或企业文化宣传的任务，这样不仅可以帮助他们发现工作的乐趣，还可以帮助你有效地构建和维护团队和谐、轻松的人际氛围。另外，在消除企业中不同部门之间的陌生感、提升企业文化在员工心中的融合度方面，他们也是很好的人选。

在央视大制作《创业英雄会》上，当牛根生问《西游记》里的四个人谁更适合创业时，马云说："最适合做领袖的当然是唐僧，但创业是孤独寂寞的，要不断温暖自己，像左手温暖右手，还要一路幽默，给自己和团队打气，因此我很希望在创业过程中有猪八戒这样的伴侣。当然，猪八戒做领导是很欠缺的，但大部分的创业团队都需要猪八戒这样的人。"马云回答说。

牛根生问选谁当合当伙伴更好，马云没选，他只说："孙悟空的优秀谁都看得见，但猪八戒则有大家看不见的优点，做领导正是要发现别人的长处。取经是团队的胜利，不能只靠金箍棒。"

是的，像猪八戒这样的7号是团队成功所需要的，正如马云所说的，"我很希望在创业过程中有猪八戒这样的伴侣"。领导如果想给团队加入更多的活力，就一定要学会善用他们开心果的角色。

赞赏他们工作中的新尝试

7号下属常常自发主动承担工作，他们对工作充满各种各样的奇思怪想，尝试发挥自己的创新精神来为公司开创新的局面。他们常常抱着很正面的目的开展工作，因而对于他们自发性的工作风格要充分赞赏，同时要懂得放手让他们自由工作，利用他们的敏锐思维，在工作中开展各种各样新型的尝试。

他们对自己的创新精神经常保持足够的自信，也希望别人能够赞赏自己的这一点。当他们在工作中，自己的这一品质得到赞赏时，他们常常更加勤奋，甚至可以干出很大的成绩，就像故事中的莱特兄弟那样。

多年前，一位穷苦的牧羊人领着两个年幼的儿子以替别人放羊来维持生计。

一天，他们赶着羊来到一个山坡。一群大雁鸣叫着从他们的头顶飞过，并很快消失在远处。

牧羊人的小儿子问他的父亲："大雁要往哪里飞？""它们要去一个温暖的地方，在那里安家，度过寒冷的冬天。"牧羊人说。

大儿子羡慕地说："要是我们也能像大雁一样飞起来就好了。"小儿子也说："做只会飞的大雁多好啊！那样就不用放羊了，可以飞到自己想去的地方。"

牧羊人沉默了一下，然后对两个儿子说："只要你们想，你们也能飞起来。"

两个儿子试了试，并没有飞起来。他们用怀疑的眼神瞅着父亲。

牧羊人说："让我飞给你们看。"于是他飞了两下，也没飞起来。牧羊人肯定地说："我是因为年纪大了才飞不起来，你们还小，只要不断努力，就一定能飞起来，去想去的地方。"

儿子们记住了父亲说的话，并一直不断地努力，长大以后果然飞起来了。他们发明了飞机，他们就是美国的莱特兄弟。

莱特兄弟因为父亲的赞赏和鼓励，才在心目中坚定了自己的梦想。很多新的想法和主意，很多时候需要一个人在旁边进行鼓励，才能生根发芽，最终长成树木、结出果实。

对于 7 号频频想出的好想法，一定要抱着赞赏的态度。有时候也许你会觉得他们的想法很幼稚，但是，很多时候，一些幼稚的想法反而能生发出伟大的成就。就像莱特兄弟一样，想飞的疯狂想法，最终却成就了他们发明飞机的壮举，所以，对于 7 号下属，对他们的创意保持你的赞赏吧。

引导 7 号重视工作结果

7 号人格下属常常把工作当成自己试验各种精彩新创意、新想法的平台。虽然他们有创意和想法是很好的事情，但是他们有可能陷入误区，忘记了自己应该达到的工作目标，忘记了自己任务的截止时间。所以，面对他们应该强调完成工作本身的意义，应该用结果去限定他们的工作，这样才能避免他们工作过程中可能遇到的风险。

在工作中，一定要给 7 号提出结果上的要求，因为结果决定一切，行动的本质就在于抓住结果，实现预期结果。如果没有优异的结果，其他一切都是空谈，纵使 7 号员工有形形色色的创意，也只能是白搭，所以还是要懂得给 7 号提出工作结果的要求，这样他们的创新才具有实际的意义。

怎样针对 7 号的特点管理 7 号

针对他们喜欢轻松搞笑的特点

不要太过古板，接受他们追求快乐的个性，避免对他们过于苛刻，以免让他们感到太过痛苦，甚至辞职走人。

针对他们善于创造快乐的特点

让他们担任团队建设或企业文化宣传任务，营造轻松和谐的团队气氛；让他们承担沟通不同部门间关系的工作。

针对他们频频冒出新想法的特点

多赞赏他们的新想法、新创意，多对他们进行鼓励，放手让他们自由工作，允许他们进行各种各样的新尝试。

针对他们容易忽视工作任务的特点

给他们提出结果上的要求，并不时提醒他们，用结果限定他们的工作，避免他们忘记自己应该达到的目标。

如何管理7号下属

和他们在一起不要太古板

7号员工总是留意身边人的情绪、情感并主动关怀，同时，他们也渴望得到身边人对自己情绪、情感的关注，并且渴望与身边人倾诉。

> 出来聚会就放开些，要是有什么心事你可以和我说说。

赞赏他们工作中的新尝试

7号下属常常自发主动承担工作，尝试发挥自己的创新精神来为公司开创新的局面。当他们在工作中，自己的这一品质得到赞赏时，他们常常会更加勤奋，甚至可以干出很大的成绩。

> 你乐观的工作态度很好，以后继续保持。

采用建议和提供参考的口吻

7号喜欢自由选择，讨厌别人在自己面前的高姿态，害怕自己被强制或者受到催促，所以，和他们在一起，也要注意自己的语气，要表现出给他们提供建议或者提供参考的口吻。

> 我觉得如果这样做可以做得更好一些，你认为呢？

第6节

7号打造高效团队

7 号的权威关系

7号在权威关系中的关键问题就是自由，他们喜欢自己选择需要的事物和方法，而且要有多种选择。他们精力充沛，对感兴趣的工作愿意付出努力。他们喜欢得到别人的好评，但是对别人的权力不感兴趣。他们也不会为了向他人证明自己的能力而放弃自己的兴趣，任何在不受永久承诺约束下获得成功的事情都可能让他们产生成就感和满足感。他们是方针政策飞快变化的领导，是让人难以确定是否在正确道路上行走的员工。他们的权威关系主要有以下特征：

	7 号权威关系的特征
1	7号性格者喜欢平等的状态，没有人在他们之上，也没有人在他们之下。
2	看淡权威，认为权威也是普通人，自己完全可以和他们平起平坐。
3	具有天生的优越感，认为自己有很大的才能，完全可以自己选择要走的路。
4	害怕自由受到任何形式的限制，努力消除权威对自己的控制，面对压力，通常会变成强烈的反权威者。
5	7号相信自己完全有能力说服任何反对他们的人。
6	7号擅长带动团队的整体情绪，他们是团队具有生活气息和快乐的保证。
7	7号表现得几乎无所不知，并且想让人们感觉他们比表面上更加博学。
8	7号表达能力突出，会坚持积极的主张，从不会犹豫不决。
9	7号善于理论结合实践，整合各方面资源来为自己的理想服务。
10	在项目实施的最初阶段，以及项目遇到困难时，他们的效用最高。
11	他们很难对一个项目从头到尾地投入热情。
12	他们不喜欢常规的工作，对于自由度较低的工作也不习惯。
13	7号常用大量的设想和理论来代替枯燥而艰苦的工作。
14	7号常常是很好的计划顾问，他们善于提供形形色色的创意。
15	如果一件事情让他们感兴趣，即使不切实际，他们也不会轻易放弃。
16	7号目光长远，对没有远见的人没有好感。
17	7号喜欢把不相关的或者看似相反的观点进行系统分析，找出不寻常的联系和相似点。
18	7号喜欢做计划和把计划付诸实施的工作。

总之，7号追求自由的选择，强烈追求新奇和创意的刺激享受，反映在权威关系上也是如此。他们常常是一个我行我素的领导和员工，只追求自己那点单纯的快乐。

7号提升自制力的方式

7号自制力的三个阶段：

7号自制力阶段主要特征		
低自制力阶段：推卸责任者	认知核心：7号恐惧痛苦、不能享受快乐，认为周围世界是一种牵绊。	处于低自制力阶段的7号性格者内心充满恐惧。他们疯狂参加刺激的活动，寻求快乐，但是周围的责任常常被他们忽略。他们觉得自己走进了绝境，不断进行自我毁灭和挫败的行为，是一个推卸责任的人。
中等自制力阶段：追求刺激者	认知核心：7号寻求快乐，认为欲望的满足可以解决自己的匮乏。	处于中等自制力阶段的7号常常没有耐心，热衷于新鲜和刺激的体验。他们精力充沛，活泼好动。他们体验众多，内心得到一定程度的满足，但又总是苛求更多更强的刺激和满足。
高自制力阶段：节制的鼓舞者	认知核心：专注于现在，对现实心存感恩，不迷恋多样化的选择。	处于高自制力阶段的7号注意力由散漫变得集中，他们的思想可以停留于现在。他们不注重浅层的尝鲜，可以感受深层次的体验，对别人的激励显得平静。他们的鼓舞是内在力量的感染和带动，他们是节制的鼓舞者。

7号性格者追求享乐，关注个人的兴趣，但他们常常忽略他人和自己的责任，不能接受生活中的痛苦，常常用投入享乐活动来转移自己的意念，他们迷恋多种选择，很少能做到有始有终。

一般来说，7号可以通过以下方式来提升自己的自制力：

学会倾听他人	7号常常是只知道自己一个人喋喋不休，难以注意他人的感受。他们在谈话当中，甚至可能随意打断别人的话。这些行为透露出7号只重视自己的本质，他们如果要学会关心其他人，那么他们一定要从学会倾听他人的谈话开始。
学会情绪观察	7号要学会把注意力集中在自己的生理感觉和情绪反应上，每天进行练习，可以对自己的情绪有一个全面的了解，并且对自己的情绪变化有一个直接的观察。对自己的情绪变化特点认识得比较清楚，也有利于提升自己的自制力。
接受生活中的痛苦	生活并不是一帆风顺的，人生的道路上不仅有鲜花和掌声，也有荆棘和汗水。痛苦是生活的一部分，不能只接受生活当中快乐的部分。对于生活当中痛苦的部分加以接受，7号会发现因痛苦而来的快乐常常显得更加珍贵。
接受生活中的没有选择	7号常常迷恋多种选择，认为只有多种选择才能给自己带来快乐，但是事实上并不一定如此，经验很多，但是感受很肤浅，常常导致深层次快乐的缺失。有时候，7号在自己没有什么的选择情况下，反而能够发现真正的快乐。

7号战略化思考与行动的能力

在战略化思考与行动方面，7号常常具有以下特点：

① 热衷于战略化思考与行动

7号领导者常常热衷于战略化思考与行动，他们关注愿景和战略，爱幻想企业未来的可能情况，喜欢看到他们的梦想成真，关注目标以完成工作，这对于他们是一件很兴奋的事情。

② 善于感召和授权

他们的热情也会帮助他们感召其他人。他们的沟通方式富有吸引力。他们喜欢自由自在，追求快乐，因而非常善于授权，这样他们就可以解放自己，并且自由地投入到创造新的可能性的冒险中了。

③ 敏锐的环境嗅觉

7号领导者善于触摸时代的形势，发现环境中隐藏的威胁，就像隔着墙也能知道有人一样。他们常常可以跟上最新趋势和及时有效满足客户的需求，能快速处理数据、合成信息，并且迅速形成有效的企业创意。

④ 使自己的想法专注下来

7号常常不能专注于手中的任务，而因外在的刺激分散注意力。他们需要全神贯注于自己的想法，而不是思考其他事或被无关的事打扰，这样他们才能谈得上坚持。当他们确立了一个愿景之后，他们需要时刻提醒自己不断坚持某个路线。

⑤ 把自己的想法深化

7号很难停留在一个想法中，从不同角度反复思考它，并且应用于实践，把自己的想法深化。7号也许能很快地学习，但对他同样重要的是去深入地学习，因为只有这样才能使自己的想法深化。

⑥ 给下属一个明确的方向

7号领导者关于战略、目标的想法常常层出不穷。下属常常不知道哪个想法对于他们只是灵光乍现的一部分，哪个想法又是他们真正希望执行的。所以，7号需要不断告诉自己的下属，自己的新想法只是想法，而不是转移行动的指示。这样下属才能有一个明确的方向。

7 号制定最优方案的技巧

在制定方案时，7 号往往有着以下一些特点：

快速的方案制定者

7号领导者思维活跃，他们的方案都制定得飞快，好像在无意识中已经制定好了这些方案。当然，因为迅速，他们可能遗漏重要信息，或者不能够获得足够深入的信息。

7 号制定方案的特点

忽视组织的政治文化

7号制定方案常常忽视组织的政治文化，他们讨厌组织政治，对于各个部门可能也缺少足够的尊重，也不愿意过多思考，这也影响了他们制定方案和采取行动的能力。

注重民主的领导

7号注重民主的领导，喜欢拉其他人一起进行方案制定的讨论。他们是平等主义或民主精神的代表，喜欢让每个人都表达自己的想法或观点。

寻求最佳方案

7号常常不断寻求并确实制定出很多方案备选，此时他们应当加强分析，找出自己的选择中哪一个能带来最佳的结果，找出最佳的方案。

很难坚定不移去执行决定方案

7号常常不能够坚定不移地执行方案，有时候甚至切实执行方案也做不到。他们总是不断移动自己的目标，这对于他们的方案制定是不利的一种行为，常常使他们最终没有一个真正的方案。

7号目标激励的能力

一般来说，7号目标激励的能力主要有以下特征：

7号目标激励的主要特征	
积极的目标激励者	7号常常富有远见且热衷于战略规划，对他人有包容之心，且具有灵活性和创造力。在项目的开展过程中，他们常常是积极的目标激励者，会鼓励大家不断参与到项目的大目标中来，而且在项目的不同发展阶段，他们都会不断激励大家。
快速推进目标的行动者	7号一旦掌握了项目进行成功的基本要素，把握了主要的关键因素，就会快速行动，生怕机会稍纵即逝。5号是准备→瞄准→再准备→再瞄准的类型，而7号是准备→瞄准→射击→射击→再射击的类型。
头脑风暴的组织者	7号经常想法多多，也经常通过头脑风暴让其他人贡献自己的想法，通过观念的撞击寻求各种各样的选择，觉得这些事情让他们兴致勃勃。
善于营造充满活力的工作环境	7号喜欢激励的感觉，会不断激励他人，也喜欢被人激励。他们常常自信满面，生龙活虎地开始一件工作，常常极具感染性。他们善于营造欢快的气氛，因而他们工作的时候，周围的工作环境常常充满活力和新鲜刺激。
需要集中精力	7号常常极具能量，新主意在他们的脑海中不停地进出。他们需要不断让自己和团队成员把精力集中在手头的工作上，不要迷恋新鲜的、刺激的新主意。适当的时候对天马行空的想法加以限制，自己以及自己的团队都可以做到最好。
目标推进前松后紧	7号喜欢同时做很多事，因而常常在项目后期发现自己只有一个选择项可以选择，从而加班加点、快速追赶，犯下项目推进前松后紧的毛病。为了避免这样的局面发生，他们需要给自己订个计划，让每一项工作都提前几天完成。
工作计划需要更细致	7号的项目激励常常没有详细的计划，只是一个大的想法，常常因此步入低效率的旋涡。他们需要学习制定一个详细的工作计划，确定自己足够详细地描述了全部的任务、重要事件、可以采用的方法促进项目准时甚至提前完成。

7号掌控变化的技巧

7号常常是变化的主导者，喜欢拥抱变化，他们掌控变化的技巧常常有如下的表现：

善于描绘改革愿景

7号领导者喜欢创新和变革，能快速识别形势，善于描绘愿景，可以描绘出一个栩栩如生的未来景象。

重规划不重细节

7号喜欢总体掌控变革计划，希望留下足够的细节让他人发挥创造力，所以他们宁愿做总体规划而不愿深入管理细节。

7号掌控变化的技巧

拒绝新方法的诱惑

7号喜欢用很多不同方法来开创新局面，但是不断出现的新主意可能让他们偏离变革的初衷。他们应该学会拒绝新方法的诱惑，对新方法说"不"。

难以识别变革阻力

7号难以学会准确识别阻力，因而难以感受到强烈的和隐形的阻力。如果没有人说出对变革的担心，他们可能误认为其他人都是支持变革的。

对变革事项聚焦

7号总是持续创造新鲜主意，也鼓励别人这样做，但是，如果方向已定，那么大家的资源就应该聚焦在最基本的方向上。

7号处理冲突的能力

7号在团队中也会造成不少冲突，他们需要处理冲突的能力来解决这些冲突，下边的四个方面是他们所需要注意的：

建立坦诚关系	7号为人友善，有童心，很有感染力，显得生机勃勃，他们本身就可以愉悦他人。因为7号的兴趣广泛，他们很容易就可以发现一个可以交谈的共同话题，他们是谈话的高手，因此常常可以交到很多朋友。但是他们常常忽略自己内心当中的深层次感受，也不愿与他人深入谈论自己的内心。
有效沟通	7号冲动、直率，讲话很快，转换话题也很快。7号的语言乐观而有生气，他们善于吸引他人的注意力。他们善于辩解，听到别人对他们的批评，7号常常会讲出一系列来龙去脉，以获得别人的肯定。他们不高兴的时候，也会变得尖酸刻薄、冷嘲热讽。
学会倾听	7号不是好的倾听者，他们总是快速吸收别人所说的，然后就对这个话题或是相关话题发表看法。经常的情况是，别人还没有说完，7号已经开始讲话了，一些人可能会感到自己被打扰了或是根本没有被倾听。
提供建设性反馈	7号常常给出正面的反馈而不是负面的反馈。他们如果能确保自己注意力聚焦在重要的点上，并且不要给出过多细节或是涉及更多相关话题，常常会让被反馈人得到很多有益的信息。7号讨厌冲突，冲突让他们焦虑，他们总是试图减少或化解冲突。不公的批评或忽视，都会让他们发生情绪化的反应。

总之，冲突在7号领导的管理生活中常常不可避免，他们需要不断提高自己在这个方面的智慧和本领，以期成为冲突的灭火大师。

7号打造高效团队的技巧

领导的首要任务是构建和打造自己的高效团队，7号打造高效团队，下边的一些方面是需要加以注意的：

7号打造高效团队的技巧

7号是永恒的幻想家，对未来有着较高的追求和愿景。这些美好的愿景经常吸引那些希望冲破束缚的有才华的人。

用愿景吸引他人

注意个人的权威建设

他们常常忽视自己的领导者角色，一味强调民主，使他们的权威常常难以建立。在需要坚持强硬，把握大方向时，他们会显得有些无力。

7号充满活力，缺乏等待的耐心，一旦主意已定，常常选择快速推进行动。他们希望尽快尝试自己的想法，是引领风气的领军人物。

快速推进行动

重视团队架构和流程

7号强调团队愿景和文化，但常常不太强调团队架构和流程。这种放松的氛围有可能让团队成员丧失目标和方向。

7号常常是注重平等的领导，认为每个人都是平等的，他们的平民化作风常常使团队具有浓厚的民主气味。

注重平等的领导

注意要适可而止

7号新想法不断，常常让团队成员感到超负荷，甚至失去工作的焦点。他们需要学会适可而止，学会对好主意说"不"。

第7节

7号销售方法

看看你的客户是7号吗

7号作为客户具有什么样的特点，是销售人员所应当知道的，这样在面对他们的时候才能够第一时间识别出来。他们的主要特征如下：

7号客户的主要特征	
1	活泼开朗，能说会道，常常主动和你进行攀谈。
2	他们很会搞笑，也会给你说笑话。
3	他们喜欢享受生活，舍得为自己的快乐进行消费。
4	他们喜欢新奇和有趣的事物，面对这样的产品他们会很兴奋。
5	他们喜新厌旧，买东西追赶潮流，经常更换产品。
6	他们常常对各种产品有较多了解，是一个懂行的购买者。
7	他们很放纵，对他们喜欢的事物，常常不惜代价得到。
8	他们做决定很快，只要喜欢，很快就会拿货。
9	感觉到干涉或者压力时，他们常常会急躁或发怒。

满足他们强烈的表达欲

7号非常喜欢表达，常常和销售人员主动攀谈，谈论很多东西。他们具有很强烈的表达欲，如果你中途打断他们，他们常常会感觉自己有很多事物没有讲出来，这样他们的购买欲就会下降，甚至交易也会受影响。因此，和他们在一起，应该懂得满足他们强烈的表达欲。

高珊是一名自然食品公司的推销员。因为一般家庭对自然食品仍认识不清，不敢贸然购买，高珊的业绩始终不见好转。

一天，高珊照常登门拜访客户。对方是一位家庭主妇，高珊再次遭到了客户的拒绝。在准备向对方告辞时，她突然看到阳台上摆着一盆紫色的植物，于是好奇地说："好漂亮的盆栽啊！平常似乎很少见到。"没想到，这位家庭主妇立即提起了兴致，不仅告诉她这种植物叫嘉德里亚，是兰花的一种，接着还倾其所知讲起了所有关于兰花的学问。

等客户谈得差不多了，高珊趁机又提了一次公司的产品，没想到这位太太竟爽快地答应了。她一边打开钱包，一边还说："即使是我丈夫，也不愿听我絮叨这么多；而你却愿意听我说，还能理解我这番话。改天再来听听我谈兰花好吗？"

7号顾客相比故事中的太太，常常更加具有表达欲，因此面对他们更需要注意去倾听，让他们充分表达自己的想法，满足他们的表达欲，这样常常可以更快地促进产品的销售。

采用建议和提供参考的口吻

7号喜欢自由选择，讨厌别人在自己面前的高姿态，在被强制或者受到催促时，常常会难以遏制地发火，这样你们的成交就几乎没有希望了。所以，和他们在一起，也要注意自己的语气，要表现出给他们提供建议或者提供参考的口吻。提供建议或参考的口吻不会夹带强势，因而常常比较容易被人接受。卡耐基对这种方法的效果有切身体会：

卡耐基经常在他家附近的公园内散步。令他痛心的是，公园里的树木经常被野餐的孩子不小心弄出的火灾毁掉。

卡耐基决定改变这种状况。他是怎么做到的呢？有一次，他又看到孩子们在树林里生火，于是微笑着问他们："孩子们，你们玩得高兴吗？我小时候也喜欢玩火，尤其是在野外生火做饭，真是一件有趣的事。"接着，卡耐基停下来和他们聊起了野餐的做法，气氛变得融洽起来。而后卡耐基话锋一转，说道："不过，你们应该知道，在树林里生火是很危险的。当然，我知道你们是很注意的，但是有的人就没这么小心了。他们离开时常常忘了把火弄灭，结果把树林给烧坏了，弄得别人都找不到好玩的地方了。我很高兴看到你们玩得愉快，不过我建议你们现在把火堆旁的枯叶拨开。"孩子们立刻踢开了火堆旁的枯叶。"很好，"卡耐基说，"我希望你们在离开之前用泥土把火堆盖住。下一次，如果你们还想野餐，能不能到山丘那边的沙坑里生火？那样就不会有任何危险了。"孩子们表示同意后，卡耐基说："谢谢你们，祝你们玩得痛快。"

和7号在一起，也是同样的道理，如果要把东西卖给他们，就要懂得学会这个道理，采用建议或者提供参考的口吻，这样常常可以使你的产品成功出售。

描述产品带来的全新的享受

7号追求快乐和享受，常常被能带来刺激和享受的产品吸引，因此，如果你想要获得销售的成功，一定要向他们描述产品带来的刺激和享受，把你的产品与能带给他们的快乐联系在一起。汤姆·霍普金斯就善于利用描述产品所带来的享受，所以才能完成难度系数极高的销售任务，可以做到将冰卖给因纽特人。下面就让我们来看看这个脍炙人口的销售故事吧。

汤姆要向因纽特人推销冰，在说明来意之后，因纽特人很直接地拒绝了他，理由是"冰在我们这儿可不稀罕，它用不着花钱，到处都是"。

汤姆抓住因纽特人用冰不花钱这点，问道："能解释一下为什么你目前使用的冰不花钱吗？""很简单，因为这里遍地都是。""对，您使用的冰到处都是。但是，先生您看，现在冰上有我们——你和我，你看那边还有正在冰上清除鱼内脏的邻居们，北极熊正在冰面上重重地踩踏。还有，你看见企鹅沿水边留下的脏物了吗……"因纽特人开始感到不安了："我宁愿不去想它。""也许这就是这里的冰不用花钱的缘由。""对不起，我突然感觉不大舒服。""我明白。给您家人饮料中放入这种无人保护的冰块，如果您想感觉舒服，你必须先消毒，那您如何去消毒呢？""煮沸吧，我想。""是的，先生。煮过以后您又能剩下什么呢？""水。""这样您是在浪费自己时间。说到时间，假如您愿意在我这份协议上签上您的名字，今天晚上你的家人就能享受到既干净又卫生的北极冰块饮料。噢，对了，我很想知道您的那些清除鱼内脏的邻居，您以为他们是否也乐意享受北极冰带来的好处呢？"

面对喜欢享受的 7 号，对他们描述产品可能带来的全新享受，可以学习汤姆·霍普金斯发掘享受的可能性技巧。汤姆·霍普金斯能把几乎难以挖掘的潜在享受都描述出来。面对 7 号，正需要这样的一种精神，这样你的产品可以更好更快地卖给 7 号顾客。

7 号销售人员的销售方法

7 号销售员是追求享受和制造快乐的销售员，下边分别将其针对九型人格各个类型的客户所应采取的销售方法进行简单的介绍：

遇到 1 号客户时

我觉得 1 号顾客很刻板，有时候会不习惯，我必须对自己的态度有所收敛，不去没头没尾地乱说话和开玩笑。我尽量向他们展示产品可能的好处，并赞赏他们，他们很喜欢和我做买卖。

遇到 2 号客户时

我遇到 2 号顾客时，常常能够感觉到对方身上透露的爱心。我乐观开朗，对他们表示赞赏，向他们描述我们的产品会让他的家人朋友喜欢，夸奖他们有爱心，他们常常很快做出购物决定。

遇到 3 号客户时

我遇到 3 号顾客有时会看不惯，他们太虚伪，而且爱炫耀和自我吹嘘，当然他们也看不惯我吊儿郎当的样子。我尝试去发现他们的闪光点，给他们赞美，说他们有成就，他们常常非常中意这一点。

遇到 4 号客户时

我觉得 4 号顾客特别感性，我的话他们似乎嫌弃太俗了。我学着说些文雅的话，他们就会开始觉得我也有内涵起来，也具有了一定的艺术气质，就开始喜欢购买我的产品了。

7 号销售员的销售方法

神州热汤面……天下第一面

遇到 5 号客户时

我觉得 5 号顾客冷静而又睿智，他们也很有主见，不喜欢我胡乱说话。我就尝试着去请教他们一些产品的问题，他们常常会很喜欢，并且如果产品没有问题，就会很快决定。

遇到 6 号客户时

我常常觉得他们有很多忧虑，有点犹豫不决。我常常不只介绍产品的优点，还介绍产品的缺点。我很有耐心地和他们交流，他们很快就把疑虑打消了，而且很多人成了我的忠实顾客。

遇到 7 号客户时

我遇到 7 号顾客时，很有共鸣，非常理解他们。我常常就是介绍产品多么好玩，多么有趣，多么刺激，让他们自己去选择，他们一般都会很爽快地购买我的产品。

遇到 8 号客户时

我遇到 8 号顾客时，总是觉得他们太强势，想要指挥和控制我。我也不吃他们那一套，我就不卑不亢，有礼有节，表现自己的爽快，我们甚至会互相吵上几句，但我们常常可以顺利达成交易。

遇到 9 号客户时

我遇到 9 号顾客时，觉得这类客户很犹豫，有些浪费时间，但是我还是耐心和他们交流，对他们表示尊重，并且向他适当进行推荐。他们虽然犹豫，但往往也会不知不觉中把东西给包装起来了。

第8节

7号的投资理财技巧

浮躁是 7 号投资的天敌

7号很难专注地面对一件事情，如果稍微专注些，就会感到沉闷。他们喜欢制定一个又一个充满快乐的计划，并且以此证明自己一直在努力。他们很难放弃对所有事物都加以涉猎的习惯，很难做到专注。他们是投资领域的浮躁者，浮躁是 7 号投资的天敌。

7号总是希望自己在投资领域拥有多种选择，各个领域都想凑凑热闹。如果股票不行，就投资房市；如果房产不行，就投资黄金和外汇；如果再不行，就投资债券；如果再不行，就投资实业和生意。他们在各个领域常常都有尝试，他们兴趣很广泛，害怕错过赚大钱的机会。然而，正是这种多重选择，使他们很难定下心来做好一件事情，让他们陷入浮躁中不可自拔。

在投资过程中，他们需要消除自己的浮躁情绪，才能赢得投资的成功。他们应该积极培养自己的专注精神，不要为周围的世界所动，坚持适合自己的投资，这样他们才能取得真正的成绩。

勿放纵自己虎头蛇尾

7号做事欠缺持久力，很容易虎头蛇尾。他们往往开了头，将事情做到一半，就会感觉厌烦，再没有耐性处理下去，常常选择撒手不管，让别人去收拾烂摊子。

在投资理财领域，他们也应当避免自己犯类似的错误。虎头蛇尾不可能真正获得投资理财的成功。他们需要学习的课程是坚持和毅力，就像下边故事中奥本·海默所展示的那样。

原子弹之父奥本·海默正在体育馆作告别职业生涯的演说。

帷幕徐徐拉开，舞台中央吊着一个巨大的铁球。两位身体强壮的人用大铁锤把它打得叮当响，想让它动起来，可是铁球却一动也不动。

这时，奥本·海默从上衣口袋里掏出一个小锤，认真地面对着那个巨大的铁球，用小锤对着铁球"咚"地敲了一下，然后停顿一下，再一次用小锤敲了一下，就这样持续地做。

10分钟过去了，20分钟过去了……大家都等得有些不耐烦了，开始纷纷离去，会场上出现了大块大块的空缺。

一个小时以后，前排一个妇女突然尖叫一声："球动了！"人们聚精会神地看着那个铁球真的以很小的幅度摆动了起来。

敲动铁球靠的不是蛮力，而是坚持。

奥本·海默仍旧一小锤一小锤地敲着。铁球在老人一锤一锤的敲打中越荡越高，它拉动着铁架"哐哐"作响，巨大威力强烈地震撼着在场的每一个人，会场上爆发出一阵阵热烈的掌声。

7号如果能更多地学习和锻炼自己的持久力，不放纵自己虎头蛇尾，那么他们也可以像奥本·海默那样，即使是用一个小铁锤，也可以把巨大的铁球荡起来，他们就可以获得巨大的财富成就。

发挥过人的逆境商数

逆境商数简称逆商，是美国职业培训师保罗·斯托茨提出的概念，指人们面对逆境时的反应方式，即面对挫折、摆脱困境和超越困难的能力。大量资料显示，在充满逆境的当今世界，事业的成败、人生的成就，不仅取决于人的智商、情商，也在一定程度上取决于人的逆商。

7号是拥有过人逆商的一种性格，他们虽然也会经历各种痛苦和烦恼，比如说失恋、失业、人际关系失败、事业不顺利等，但是他们常常很快地把这些烦恼往好的方面转化，使阴暗的情绪"合理化"，甚至变成美好的情绪。

7号有着过人的逆境商数，他们自疗悲伤的能力是很强的，而这一点将有助于他们建立自己的事业，取得投资理财领域的成就。

学会研究准备会有更高成就

7号的内心有一个理想化的自我，他们相信只要稍稍努力，任何事情都能办成。他们常常认为只要有了点子，即使不努力也能做好工作。长此以往，7号的自我观察就会停止了，他们通过各种努力得来的经验只能是肤浅的、表面的。

他们如果懂得学习和研究准备的重要，懂得自我克制、心思缜密，会经过观察和周密的思考去做决定，那么他们所经验到的种种都可以内化成更深刻的感受，他们个人也将变得更有深度，不再老是觉得经验愈多，反而感到愈空虚。

7号在投资理财过程中，应该养成事前积极充分地准备和研究的习惯，这样他们的判断才不会显得肤浅，他们的想法是经过沉淀的，他们的决定也会是扎实的，而他们的口袋也将变得沉甸甸的。

不受别人意见的影响，专注于一个目标投资。

投资如同挖井，深挖才能出水。

克服浮躁心理

避免虎头蛇尾

7号投资理财注意事项

坚强面对挫折

事先做好准备

即便伤痕累累，依旧负伤起航。

学会积极准备研究，积累经验和信息。

第9节

最佳爱情伴侣

7号的亲密关系

7号在亲密关系中，常常喜欢寻求自己的快乐，喜欢去冒险尝试所有的美好，不喜欢做出承诺，而且经常有点见异思迁、有一点花心。

一般来说，7号的亲密关系主要有以下一些特征：

7号亲密关系的特征
1　7号喜欢自由自在的伴侣关系，他们不喜欢被束缚的感觉。
2　7号如果已经进入一段关系，可能同时向其他人施展魅力。
3　7号喜欢刺激和快乐的关系，忽视生活中平淡无奇的一面。
4　7号自我认知较高，常常期待自己的伴侣给自己足够的欣赏。
5　他们非常善于让伴侣高兴起来，他们总是能找到快乐的理由。
6　一旦关系出现了问题，7号往往会选择玩乐来回避，让双方没有讨论问题的时间。
7　他们受不了抑郁的伴侣，常常选择远离他们。
8　7号是不能做恋人，但还可以做朋友的类型。
9　虽然做出承诺很难，但是7号也会在分手后怀念美好的时光。

总之，7号在爱情中常常是追求刺激和享乐的角色，喜欢无拘无束的恋爱关系，希望从爱情中得到很多快乐，但他们可能很难将感情固定在某个对象上，成为情场的一个顽童或者疯姑娘。

7号爱情观：追求快乐的爱情

7号喜欢追求快乐的爱情，他们希望和爱人一起及时行乐，到处发掘可以带来新奇、刺激体验的机会。在爱情中，开朗的他们就像一个永远长不大的孩子，是即使穿着西装革履也会蹦跳个不停的超龄小飞侠，恋爱对于他们似乎是一场游戏，是一桩能令人"提神醒脑"的乐事。

追求快乐的爱情

他们是爱情关系中的享乐者，他们追求爱情的原因，在于爱情能够给他们带去快乐。

他们常常在日常生活中费尽心思地安排各种好玩、新鲜、刺激的事情，以赢取爱人的喜欢。当然，他们也希望与爱人一起亲身体验这些新奇、刺激、好玩的事物。他们希望在这些体验中感受彼此内心的快乐，把这种快乐看作爱情的关键。7号人格害怕沉闷的个性也让他们非常具有生活情趣，也希望爱人能够懂得他们追求快乐、关注情趣的特质，并和他们一起享受这些情趣。他们也需要以与爱人共同体验快乐的方式来避免内心的紧张、沉闷和单调的生活。

但即使在亲密关系中，他们也不希望自由被剥夺，抗拒监管或操控。他们可以许下建立长久关系的承诺，但是前提是不能让他们丧失太多的自主空间。根据他们的爱情观，没有自由就等于失去快乐，这种恋爱是没有意思的。

性自由无法得到真正的爱情

7号善于结交不同类型的朋友，终日周旋于不同的社交圈中而从不言倦。

但他们重视感官的刺激，总是要透过五光十色的世界寻找无限的可能性，很难将注意力凝聚在固定的爱人上，因为一旦将注意力集中，便会觉得快乐被剥夺了。他们的目光总是忍不住投射在不同的异性身上。在婚恋中，7号最大的问题，就是他们的不定性。他们从来不认为与婚外异性发生亲密关系是一种背叛，只认为那是一种正常的娱乐，是他们一种难以抑制的情趣。

他们总期待更好的对象是下一个，总认为下一个对象会让自己更快乐。他们不愿意轻易停留下来，就像下文故事中的柏拉图摘麦穗一样，到结果的时候，还是没有找到适合自己的爱情。他们需要转变一下观念，遇到一个合适的对象，能够做出一定的承诺，就像柏拉图砍大树一样，找到一个不一定最好，但也不差的对象。

① 思想家、哲学家柏拉图问老师苏格拉底什么是爱情，老师就让他先到麦田里去摘一棵全麦田里最大最金黄的麦穗来，只能摘一次，并且只可向前走，不能回头。

柏拉图于是按照老师说的去做了。结果他两手空空地走出了麦田。老师问他为什么没摘，他说："因为只能摘一次，又不能走回头路，其间即使见到最大最金黄的，因为不知前面是否有更好的，所以没有摘；走到前面时，又发觉总是不及之前见到的好，原来最大最金黄的麦穗早已错过了，于是我什么也没摘。"

老师说："这就是爱情。"

② 又有一天，柏拉图问他的老师什么是婚姻，他的老师就叫他先到树林里，砍下全树林最大最茂盛、最适合的树。其间同样只能砍一次，且同样只可以向前走，不能回头。

柏拉图于是照着老师说的话做。这次，他带了一棵普普通通，不是很茂盛，亦不算太差的树回来。老师问他："怎么带这棵普普通通的树回来？"他说："有了上一次的经验，我走到大半路程还两手空空时，看到这棵树也不太差，便砍下来，免得最后什么也带不回来。"

老师说："这就是婚姻！"

接受伴侣的负面情感

7号不愿面对负面情感，让他们坐下来感受悲伤简直是不可能的。当伴侣坚持要讨论负面影响时，7号会觉得是伴侣要强迫他们面对不高兴的事情。他们如果无法摆脱，就会很生气。

从某种意义上说，7号并没有生活在真正的情感关系中，因为他们的内心总是充满了关于情感的种种想象和预设。他们希望伴侣带给他的信念是"生活是美好的"，希望双方是因为快乐才在一起的。他们喜欢与伴侣分享快乐，平日闲谈也不愿触及悲剧性的、严肃的、深刻的话题。

他们有一种自我中心倾向，缺少一种体察别人感情需要的敏感度。他们不接受伴侣有痛苦的一面，希望自己的伴侣像自己一样充满快乐，因而对伴侣缺少慰问，容易让伴侣感觉受到冷落。他们很难指望7号能耐心倾听其痛苦的经验、哀伤的感受，更别说产生感同身受的共鸣了。

7号需要注意自己拒绝伴侣具有负面情感的倾向。他们看上去对伴侣的情况漠不关心，不能依靠，只关心自己的安排和自己的快乐，这样常常会让自己的爱人内心感觉严重被忽视，从而可能给他们的关系埋下隐患。他们要学会接受伴侣的负面情感。

不要逃避现实中的问题

7号的最大问题是不能察觉问题已经发生。他们自己不会被环境扰乱情绪，便以为别人的心情也一样，永远阳光普照，不会乌云蔽日，因此他们理解不到别人的焦虑与哀愁。而且即使他们发现伴侣已积累了满腔愤怨，或者伴侣主动讨论问题，很多时候他们也不会察觉到问题的严重性，而认为不需要花时间费神解决，不断进行逃避，伴侣很可能因为他们这种态度感到沮丧与绝望。

一个雨夜，一只猴子和一只癞蛤蟆坐在一棵大树底下，一起抱怨这阴冷的天气。"咳！咳！"最后猴子被冻得咳嗽起来。"呱——呱——呱！"癞蛤蟆也冷得叫个不停。当被淋成了落汤鸡，冻得浑身发抖的时候，它们商议再也不过这种日子了，于是决定天一亮就去砍树，用树皮搭个暖和的棚子。

第二天一早，当橘红的太阳在天边升起，金色的阳光照耀着大地的时候，猴子尽情地享受着阳光的温暖，癞蛤蟆也躺在树根附近晒太阳。

猴子想起了昨晚说过的话，可是，癞蛤蟆却说什么也不同意："干吗要浪费这么宝贵的时光？棚子留到明天再搭嘛！"

7号有忽视现实问题的倾向，总是把问题拖延到明天。他们需要正视和伴侣相处过程中产生的各种问题，不要去逃避，因为逃避只能使问题越来越严重。

7号在爱情中易出现的问题

不能专注于一个爱人

不专注的爱情是没有结果的，7号应该学会专注于固定的爱人身上。

逃避现实中的问题

逃避现实只会让问题更严重，7号应该回到现实中来，与爱人一同面对问题。

只关心自己的快乐感

7号在自己的快乐中缺少体察别人情感需要的能力，应该多注意练习。

第10节

塑造完美的亲子关系

7号孩子的童年模式：对养育者没有认同感

从孩童时期，7号眼里所看到的就是各种各样令他们觉得被束缚的规范，而父母则是负责监督他们守规矩的人。他们认为父母总是不断地给自己定规矩、设限制，目的就是规范甚至是禁锢自己的某些行为，使他们失去自己，因此对父母有一定的投诉和抵抗心理，对他们缺少认同感。

不过，7号孩子并不会因此而产生诸如怀疑自己、郁闷恐慌的消极心理，他们很快就会发动自身的力量，去寻找快乐的事情来安抚受挫的心灵。虽然感觉到自己被束缚，但7号很少对父母作无谓消极的抵抗或是大发脾气，他们会想出各自不同的方法来逃避父母的监管，并且这个方法总能令他们感到快乐。再有，7号的注意力总是自觉地向积极的回忆靠拢，他们所记得的总是最美好的事情。因此可以说，7号的童年是很丰富、很快乐的。

7号孩子童年时期受到家长的束缚过多，有一定的受挫感，家长应该适当把握管束孩子的度。

优秀的父母是7号孩子的调控者，当他们一时兴起、冲动莽撞或过度活跃时，及时帮他们踩住刹车，控制他们的速度，避免他们横冲直撞留下隐患就可以了。

7号孩子常常只有"三分钟热度"

7号孩子头脑灵活，点子特别多，是名副其实的"点子大王"。他们的想法天马行空、不拘一格、无拘无束。对于他们来说，似乎在这个世界上没有什么事是不可能的。他们是快乐的源泉，最擅长的就是给大家带来积极情绪。他们对那些创造性的可能永远充满兴趣，擅长进行冒险性的计划并且乐在其中，充满了兴趣和能量。

但是，7号孩子比较随性，喜欢我行我素，总认为"只要我喜欢，没有什么不可以"，因此在行动时总是有点散漫。他们很害怕沉闷束缚，因而在做事的时候很少会列出一份周详的计划，更多的时候是随性而起。这种散漫的个性，其实很不利于他们的发展。有的时候，他们还可能被自己的这种散漫个性所连累，给人留下不好或很难放心的印象，从而白白误了很多大好时机。

要改掉7号孩子"三分钟热度"这种毛病，父母不妨和他们一起研究、一起行动，让孩子感受到强大的支撑力，从而满怀信心地坚持做手中的事情。此外，还可以帮助孩子将他们探索的大目标分解成一个个循序渐进的小目标。当孩子每完成一个小目标时，就和他一起庆祝，分享他们达成目标后的喜悦。在将"分解目标"的做事方式变成一种习惯后，他们自然就能够做到坚持了。

父母如何面对7号孩子的无认同感

别气馁，还有下次嘛！成绩只代表过去！

孩子面对父母产生的受挫感，并不意味着父母真的在他们的成长过程中给过他们受挫的体验。

当父母在他们成长的某个关键时刻缺席或是不能提供其所需要的事物时，7号都会产生受挫的心理。

7号孩子并不会因此而产生诸如怀疑自己、郁闷恐慌等消极心理，他们很快就会发动自身的力量，去寻找快乐的事情来安抚受挫的心灵。

你不可以那样顶撞老师，老师的处理方法还是得当的。

优秀的父母是7号孩子的调控者，当他们一时兴起、冲动莽撞或是过度活跃时，及时帮他们踩住刹车，控制他们的速度，避免他们横冲直撞留下隐患。

当他们精神涣散、三心二意或是难以坚持时，要帮他们踩稳油门，让他们脚踏实地地坚持把一件事由始至终地完成。

帮助7号孩子改掉吹牛的毛病

7号孩子总是自认为人际关系很好，能用一副好口才取得他人欢心，为人们带来欢乐。为了制造乐趣，7号有时会把很多事夸大了说，以博取众人的欢笑。他们总是夸夸其谈，显出一副炫耀自得的样子。再有，当他人有求于7号时，7号答应得很爽快，但忘得更快，这自然会令周围的人感觉7号是个很不可信的人。当他人对7号少了一份信赖时，7号就自然面临着信任危机了。

而且，7号孩子很希望得到其他人的关注和喜爱。为了时刻让自己充满吸引力，有时他们便会扮演吹牛大王的角色，挑起别人对自己的兴趣。要改掉7号孩子吹牛的坏毛病，家长最好不要在他们吹牛的时候直接揭穿他或是呵斥教育他，而是假装忽略，让他们自己尝尝因为吹牛而吃亏的滋味。可能刚开始的时候7号孩子即使吃亏也很难改掉这个毛病，家长要有"长期作战"的心理准备，让他们多吃几次亏，适时给予一些提点，这样他们自然就会注意避免这个不好的习惯了。

另外，父母要注意培养7号孩子的承诺感。最重要的是要他们学会换位思考。当7号孩子答应了别人某件事而没去做时，家长可以故意不履行答应过他们的小事情，在他们责问你时引导他们换位思考，让他们亲身感受到被人"骗了"的那种不好的感觉，只有如此他们才能记得住。等到他再忘了做答应别人的事情时，你只要提点他们去回想当时那种感受，他们自然就知道该怎么做了。

鼓励7号孩子面对痛苦

7号孩子很小就喜欢挑战和冒险。即使是面对那些会令其他孩子充满畏惧感的事情，他们也总是一副满不在乎的样子。其实，7号和6号一样，内心深处都潜藏着深深的恐惧，不过他们处理恐惧的方式大相径庭。6号时刻充满了忧虑，总表现出一副谨小慎微、惴惴不安的样子，而7号则永远是大而化之、满不在乎的样子。也就是说，7号孩子并不是没有难过悲伤之时，只是他们会用寻乐的方式来逃避它。换句话说，7号孩子很难面对和承认生活是喜怒哀乐交互充斥的这个现实。

之所以会这样，是因为7号孩子固有的思维模式使他们认定每个人都应该努力破除各种障碍，致力于寻找美好欢乐的体验，同时避开所有不美好的感觉。因此，他们最害怕的就是失去快乐，只有在快乐的环境下，他们才能摆脱内心的恐惧，感到安全。在他们心中，永远充斥着"我要想办法让自己快乐"这样的欲望。正因如此，当7号面临痛苦、麻烦时，他们也会选择以玩乐的方式来麻痹自己，逃避这些负面却真实存在的问题。这种想要逃避的心理，正是7号孩子性格中最大的枷锁。

要让7号孩子获得真正的幸福，有一个健康的身心，最重要的就是陪在他们身边，与他们一起体验生活中各种不同的感受。要让他们知道，困难、痛苦和悲伤没什么可怕的，这些感受和快乐一样都是生活的一部分。对于7号来说，适时让他们去亲身感受一下生活中那些令人难过的场面，对他们的健康成长是大有帮助的。

培养7号孩子的纪律性

一般说来，7号孩子的纪律性是所有孩子中最差的。因为他们生性喜欢变幻，常常无法执着于一件事情，也就与"为某件事情负责"的说法搭不上多少关系。而骨子里就不惧怕权威、渴望公平的他们更不会像完美型的孩子那样，把纪律视为多么神圣而严肃的事情，所以父母会发现，在学校里不惧怕老师、把老师当成朋友的孩子往往是7号性格者。

但是"没有规矩，不成方圆"，生活在社会这个大集体里，没有责任心和纪律性注定会走很多的弯路、吃很多苦。当7号孩子逃避了属于自己的责任，忽视了身边应该遵守的纪律时，他们也就逃避和忽视了本应该降临在他们身上的成功之果。

　　作为 7 号孩子的家长，要适当帮 7 号孩子收敛那种想要不停歇地取悦自己和他人的情绪，节制他们疯狂寻找新鲜刺激的行为。家长可以在孩子的各种需求中帮他们做个筛选，剔出那些并不是很想要的东西，然后引导他们将精力专注在值得参与的事物上，继而慢慢地让他们自己来控制这个过程，让 7 号孩子学会自我节制，慢慢调节性格中的冲动。

　　但要注意的是，培养孩子的纪律性并不是限制他们的行动。纪律应该是一种积极的状态，是建立在自由的基础之上的。积极的纪律包括一种高尚的教育原则，它和由强制而产生的"不动"是完全不同的。孩子的活动应当是自愿的，是一种自然的潜在趋势，不管是责任心还是纪律性，家长都不能强加给他们。想要 7 号孩子养成良好的习惯，重要的是使他们在活动中理解纪律和责任的重要性，由理解而接受和遵守集体的规则，区别对和错，然后负起应有的责任。

针对他们的"三分钟热度"
陪他们一起研究、一起行动，并帮助他们把大目标分解成小目标来完成。

这个颜色也很好看，也试试看吧。

针对他们爱吹牛
假装忽略他们的话，让他们尝尝吹牛吃亏的滋味，并教会他们换位思考。

没问题，你的事包在我身上。

怎样针对 7 号孩子的特点教育他们

爸爸，大雁飞走了！

大雁现在虽然飞走了，到春天还会回来的。

为什么我们要在这里等？

因为大家都在排队，要一个一个按顺序来。

针对他们不敢面对痛苦
多陪伴他们，与他们一起体验生活中的各种感受，培养他们面对痛苦的勇气。

针对他们缺乏纪律性
引导孩子专注于有意义的事，教会他们自我节制，让他们理解纪律和责任的重要性。

第11节

7号互动指南

7号享乐主义者 VS 7号享乐主义者

7号和7号相遇的时候，是两个享乐主义者的交流，他们之间有很多的和谐点，但是也会产生一些沟通上的问题。他们都精力充沛，无拘无束，乐于追求新事物和新体验。他们不只自己快乐，更会把这快乐与身边人分享。他们崇尚自由，不愿受到束缚，他们在一起常常容光焕发。但最大的问题在于他们都只是关注自己，对对方没有耐心，也都很难承诺于一段关系，给双方关系带来阴影。

组成家庭

如果两个7号组成家庭，对方常常符合自己理想伴侣的条件。他们精力充沛、独立、乐观、成功并敢于冒险，正因为如此，两个7号相结合通常都会是非常好的玩伴和知己。但是他们的爱情很难长久，好奇心和对冒险的贪心让7号很难对某段感情保持专一，他们也都害怕枯燥或被束缚，常常很快就彼此失去了兴趣。

成为工作伙伴

如果两个7号成为工作伙伴，向着一个共同的目标前进时，他们总是能看到无限的可能，这让他们有可能产生创造性的合作。但他们都关注自我，也有可能导致双方都固执己见，有可能会觉得自己应该得到更多，在待遇问题上可能不断发生摩擦。他们都喜欢创造构思，而不愿意亲自负责实施，有时候工作可能会难以完成。

总之，两个7号交往的过程中，双方需要寻找共同的目标和爱好，这是他们之间关系保持稳定的重要前提。另外，如果双方都愿意对自己适当加以约束和克制，他们的关系也可以更加平稳地发展下去，不至于发生这样或者那样的矛盾。

7号享乐主义者 VS 8号领导者

7号和8号相遇的时候，是享乐主义者和领导者的交流，他们之间有很多的和谐点，但是也会产生一些沟通上的问题。他们都是自我肯定的类型，充满活力，有坚强意志去达成意愿。在积极行动时，7号会比较轻松愉快，而8号则沉稳有力，他们往往合作愉快。他们都喜欢热闹高兴，在一起常常会很尽兴，但他们常常互有主张，都不愿受到任何束缚或限制，如果意见不合，8号倾向于恐吓，7号会逃避受控，甚至侮辱或蔑视8号的权威，因此他们常常会把小事给闹大。

组成家庭

如果7号和8号组成家庭，他们会是一对前景光明又充满能量的夫妻，生活也会常常充满甜蜜。但8号开始想要限制7号的活动时，双方的矛盾就出现了。7号会寻找借口摆脱，他们并不是那么容易点头屈服的人。面对不断加重的压力，7号开始表现出1号的特征，变得挑剔，这样双方常常形成不断争斗的局面。这对夫妻常常同时拥有5号的特征，和对方分离。如果能用一种安全的交流方式来面对双方的问题，他们便能达到和谐。

成为工作伙伴

如果 7 号和 8 号成为工作伙伴，只有建立了信任，他们的冲动才会立即变成实际行动。7 号的想象力能够产生创造性的技术或者独特的想法，其乐观精神和创造力也能够推动企业不断向前发展，而 8 号则让项目的推动更加迅速和有效。8 号害怕失去控制，而 7 号正好也害怕被人控制。如果 8 号过于强硬，7 号员工就会感觉自己遭到控制，从而会坚决反抗。而只有双方重新建立信任，放弃成见，他们才可以重新回到正常的轨道上来。

总之，7 号和 8 号交往的过程中，双方首先需要建立的是共同的目标和信任，在这样的基础上，他们之间可以获得很多的共同点。另外，8 号需要降低自己的控制欲；而 7 号应该主动承担自己的责任，而不是一味逃避或者放纵，这样他们之间的关系才可以更加和谐。

7 号享乐主义者 VS 9 号调停者

7 号和 9 号相遇的时候，是享乐主义者和调停者的交流，他们之间有很多的和谐点，但是也会产生一些沟通上的问题。他们都友善而不喜冲突，都积极而阳光，7 号更加主动和自信，9 号更为平稳和宽大，因而他们是很好的伙伴。他们的最大问题在于都不愿意去面对和解决困难，往往选择容忍和逃避，因而如果问题无可避免，他们就会相互埋怨，7 号会愤怒急躁，而 9 号会退缩躲避，双方会缺少正常的沟通，甚至越闹越僵。

组成家庭

如果 7 号和 9 号组成家庭，7 号能够给家庭生活带来活力，9 号在他们的带领下常常变得兴趣非常广泛。7 号让自己的生活充满了各种选择，9 号也是那种愿意接受各种思想的人，这种开放的思维让他们都愿意接受多样性的生活。问题在于 7 号专注于自己的兴趣，9 号习惯与 7 号融合。当 9 号的需要被忽略而满面愁容时，7 号可能还在忙碌自己的事情，他们很可能发生冲突；当 7 号愿意面对痛苦，而 9 号找到了自己值得维护的立场时，他们的关系可以发挥得更好。

成为工作伙伴

如果 7 号和 9 号成为工作伙伴，7 号是那种非常灵活的人，而 9 号则非常愿意合作，根据习惯生活，是处理细节问题的能手，二者工作风格上的巨大差异常常可以让他们这段关系更好地互补。但两者都不善于科学管理他们的时间，7 号总是同时做着好几件事情，9 号则会在一些细枝末节中徘徊不前，偏离了原定的工作计划，直到最终期限临近才会紧张和关注眼前要做的事情。9 号对于被忽视很敏感，没有得到夸奖的 9 号会变得沉默、顽固；7 号通常会对 9 号的啰唆感到厌烦，而他们如果有耐心，他们将很可能发现自己容易忽视的信息。7 号的计划变来变去，9 号员工则会有意放慢工作节奏。

总之，7 号和 9 号交往的过程中，最常见的问题就是 7 号容易忽视 9 号的感受，9 号不能顺利表达自己的意见，只是不断保持沉默，这些都会引起双方的误解并造成冲突。如果 7 号更懂得关注对方，而 9 号更注意表达，他们之间的关系常常可以发展得更顺利。

第九章

8号领导型：王者之风，有容乃大

8号宣言：我是天生的领袖，我要做强者。

8号领导者是一个很有条理、有效率，自信、坦率的人。他们有很强的实力，善于利用自己的特长，毫无保留地支持自己认为有价值的事情，并且能够迅速地采取行动。他们追逐权力与地位，争强好胜，但也能尊重那些坚持自己立场的人，即便这个人是他们的对手。同时，他们又追求公平和正义，能够保护弱小者，尤其是保护那些属于他们阵营的人。

第1节

8号领导型面面观

8号性格的特征

8号性格是九型人格中的"统治者"，他们在生活中希望依靠自己的实力来主宰生命，并且喜欢控制身边的一切人和事物。他们处于优势时，常常毫不掩饰自己的王者风范；处于劣势时，也常常在积蓄力量，等待时机去充分反击。他们的人生信条是："一切听我的。"

他们的主要特征如下：

	8号性格的主要特征
1	强调按自己的想法独立思考与决策，以掌控一切的方式主宰自己的人生。
2	关注宏观战略，小事情或细枝末节喜欢让人代劳。
3	相信"强权就是公理"，专横霸道，喜欢掌控身边的一切。
4	富有正义感，喜欢为自己争取公道，也不惧为他人两肋插刀。
5	不允许别人指指点点，或表现出任何不尊重。
6	富有进攻性，可能随时会表现愤怒，但脾气来得快，去得也快。
7	没有耐心倾听反面意见，难以认识自身的缺点。
8	专向难度及规则挑战，是"明知山有虎，偏向虎山行"的典型。
9	轻视懦弱，尊重强者，喜欢在正面冲突中决不退缩的人。
10	喜欢过度而极端的行为，沉迷于美酒佳肴、无休止的夜生活、大运动量的运动，甚至没完没了地去工作。
11	表情威严，昂首阔步，目中无人，笑容爽朗。
12	说话直截了当，常用"我告诉你""听我的""为什么不能"。

8号性格的闪光点和局限点

追求控制的8号性格有很多优点，也有一些缺点，以下这些闪光点与局限点值得关注：

8号性格的闪光点	
疾恶如仇，崇尚正义	8号性格者看重公平正义，对于黑暗的恶势力深恶痛绝，也有大胆反抗的勇气。
不害怕冲突	8号性格者在冲突中不会退缩，反而能站出来维持正义，不惧怕任何挑战。
直率坦诚	8号性格者的言行毫无诈术，想要什么都会告诉你，喜欢打开天窗说亮话。
不知疲倦的工作狂	8号性格者常常给自己设立一个长远目标，并且为之卖命工作，干劲十足，不知疲倦。
重情重义	8号性格者有情有义。只要你忠实可靠，他们会尽一切力量保护你。

善交朋友增强影响力	8号性格者重视朋友，喜欢当主角，常主动和朋友联络聚会。他们选择朋友眼光敏锐，可以很快发现能让自己获利的对象，这种眼光对他们的事业发展极为有利。
富有领袖气质	8号性格者喜欢改变，不喜欢被操控，有成为领袖的欲望。他们善于谋划，愿意承担责任，能为他人出头，也能给他人分配工作，是极具领袖魅力的人。
有开拓精神的创业家	8号性格者喜欢自己当家做主，实现自己的支配欲，有创业欲望；他们常胸怀大志，用梦想吸引他人加入；他们不惧挫折，愈战愈勇。他们是具有开拓精神的创业家。

8号性格的局限点

觉察不到自己内心的愿望	8号性格者关注外部世界，捍卫正义，但是不懂得审视内心，不了解自己的真正愿望。
不能控制自己的愤怒	8号容易发火，而且难以控制自己的愤怒，常常因此伤害别人，影响人际关系。
过分寻求刺激	8号性格者常常依赖酒精、性、毒品、香烟，喜欢无休止的狂欢，喜欢大的运动量，过度信赖速度和力量，对消耗精力感到充实。
行事冲动	8号性格者讨厌反复思考，享受掌控局势的满足感，有时会比较冲动，逞匹夫之勇。
专横独裁	8号性格者脾气暴躁，常常自以为是，一意孤行，可能陷入偏执。
贪恋权力	8号性格者对权力和支配特别迷恋，但常会用权力最大限度地实现自己的欲望。
喜欢报复	8号性格者善于记仇，别人得罪了自己总要报复对方。
盲目自大	8号性格者常常把自己的优点最大化，把别人的优点最小化，对自己常常估计过高，自命不凡，以至于常常轻视别人。

8号性格的基本分支

8号性格者希望一切在自己的控制中，他们讨厌失去控制的感觉，这样的特点使8号性格者往往陷入一定程度的偏执。因为这种偏执，他们在情爱关系上要么是控制对方，要么就是臣服于对方，在人际关系上要么寻求保护者的角色，要么寻求被保护的角色；并且把满足个人欲望视为自我保护的手段。他们在情爱关系、人际关系、自我保护等方面通常有以下表现：

① 情爱关系：控制／臣服

8号性格者希望能够完全控制爱人的行为，不惜使用强迫的手段。但是，当他们完全相信某一个人的时候，却又可能转而臣服于对方。

② 人际关系：保护／被保护

8号性格者喜欢那些受他们保护的人和那些保护他们的人，他们之间常常可以建立友谊。当然，8号性格者常常以冲突的方式和他人建立信任，常常结交众多的朋友，然后一起工作或玩乐，确保每个朋友都享受生活，而且在需要的时候提供相互的支持与保护。

③ 自我保护：满意的生存

8号性格者对周围的一切，比如自己的空间领域，比如自己的物品，比如自己稳定的生活状态都要求控制，这样他们才能够满意地去生活。他们希望一切随自己的心意，而不是随他人的安排，那样被控制的后果只能是让他们恐慌。

8号的高层心境：真相

8号性格者的高层心境是真相，处于此种心境中的8号性格者对真相的认识和了解都达到了更为深刻的程度。

处于低层心境中的8号性格者，常常怀疑别人隐藏企图。他们迫不及待地要求寻找真相，把斗争当作获得真相的基本途径，因为人们在面对压力时，才更容易表现出隐藏的真相。另外，他们认为自己看到的真相就是完全客观的真相，其他不同意见都是愚不可及的，根本不需要加以考虑。一旦发生冲突，8号的思想就会封闭起来，对所有不同的意见都无法倾听。他们逐渐意识到，真相的获得不一定要靠斗争，适当的妥协也是需要的，而且即使在自然与平和的环境中，真相也可以观察到。另外，他们也能一方面审视自己的意见，另一方面去考虑他人的观点。这样，他们对真相的把握才真正全面起来。

只有当8号性格者对真相获得的途径有了更有智慧的认识，不再坚持斗争是唯一产生真相的途径，并认识到自己对真相的了解是不全面的，只有和他人对真相的了解加在一起，才是真正的真相，他们才能对真相有真正的控制。

8号的高层德行：无知

8号性格者的高层德行是无知，拥有此种德行的8号会把自己的成见去除，不受制于个人偏见的干扰，保持一个空杯的心态。他们开始接受眼前事物的本来面目，这让他们更加适应环境，也能采取合适的行动。

8号特别想获得控制的感觉，认为自己的观点应该坚持，周围的情况应该掌控，不能接受不同于自我意志的变化。他们常常为获得控制权而进行斗争，固执于自己的看法，坚持个人不完善的意见，用暴力和愤怒把它们争取过来。而一个成熟的8号常常会把自己的意见放在一旁，不带偏见地去审视周围他人的看法，对周围环境的感受也会更加敏锐而清晰。

只有8号性格者真正认识到了无知的重要，以及无知的好处，他们才会真正谦卑下来，真正地获得事实的真相。他们因为无知而变得拥有更多的智慧；因为不再坚持自己意见的绝对性，反而获得了真正的真理。

8号的注意力

8号总是认为自己比任何周围的人都要强，他们总是关注自己的优点，以及周围人的弱点，这样的态度常常使他们具有心理上的优越感。

而在面对不利情况的时候，8号常常会用两种方式来逃避，让自己感觉舒服：第一种方法是转移自己的注意力，第二种方法是拒绝承认现实中的不完美。

8号惯常使用摆脱威胁的一种方式就是转移自己的注意力，他们常常让自己沉迷于某件事物当中，可以无休止地玩乐，狂吃畅饮，灯红酒绿，周旋于各种聚会不可自拔。他们在这样的时刻，常常可以忘记自己的缺陷、内心的痛苦，以及对周围世界的迷惑。

8号有时候喜欢使用拒绝承认现实的态度面对周围的缺陷。他们拒绝承认烦恼自己的事情存在，并强迫自己相信自己的判断是正确的，他们要让自己的注意力报喜而不报忧。只有自己无视现实的残酷，他们才不会因为这些严酷的情况而害怕。他们坚信自己"绝对正确"的"事实"，却无法承认自己做错了的事实。

8 号的直觉类型

8 号性格者的直觉来源于习惯关注的东西，他们常常关注权力和控制，喜欢展示自己的力量和能力。他们似乎充满能量，总能感觉自己似乎比实际上更强大。

他们对权力和控制特别关注，讨厌被人束缚，希望自己得到最大的自由，希望自己是最强者。所以，每到一个地方，他们都要确认自己的位置，确定会不会有人试图控制自己：如果有，就会努力让自己不被控制；如果没有，就要控制周围的一切，一切必须按照自己设想的样子去发展。他们会让自己的影响力发展到最大，让自己充满自己所到的每一个地方，时常觉得自己的影响力可以更大一些。

8 号性格者常常依赖扩大的自我感，他们即使本身没有那么强大，也似乎总是身体放大了一般，这种感觉影响他们的精神想象，也给他人带去类似的感受。他们天生具有一种征服周围世界的气场。

更加全面地把握真相，懂得审视自己和他人的观点。

不带偏见，认识到自己的无知；谦卑下来，获得真正的真理。

高层心境：真相

高层德行：无知

8 号性格者的发展方向

注意力：优越感

直觉：权力和控制

觉得自己比任何人都强，偶尔不承认现实的不完美。

控制周围一切的欲望，天生的征服周围世界的气场。

8号发出的4种信号

8号性格者常常以自己独有的特点向周围世界辐射自己的信号，通过这些信号我们可以更好地去了解8号性格者的特点。这些信号有以下四种：

8号性格者发出的信号	
积极的信号	8号性格者不断向周围世界释放着一些积极的信号。他们如果对你信任，就会把你视为他们生命的一部分，会为你提供保护；如果你够强大，他们也期待着你的保护。他们可以给你的生活带来兴奋和活力。他们生机勃勃，乐于和人交往，并且能让你感受到他们的热情、坦诚和幽默风趣。他们勇敢果断，善于授权，给他人成长和提高的空间和机会。他们是先开枪后瞄准的积极行动派。
消极的信号	8号性格者也会不可避免地向周围世界释放一些消极的信号。他们不会承认自己有错误，如果别人指责自己，那么他们常常会狡辩。他们特别强势，富有进攻性，总是要让自己控制一切。他们常常主动挑界，常常是冲突的首先制造者。他们把发怒视为力量的展示，认为这样才有真实的掌控感。他们言语肆无忌惮，这样常常伤害亲人和朋友。
混合的信号	8号性格者发出的信号很多时候是混杂的，会让人难以捉摸。他们一方面试图从生活的点点滴滴去控制你和命令你，另一方面又愿意好好照顾你、关心你、讨好你，常常让人感到迷惑。他们身边的人常常不知道他对自己到底是在乎还是讨厌，是支持还是反对，是爱还是恨。事实上，他们这两面都存在。他们讨厌别人利用他们的温柔，一旦发现，就会勃然大怒，对他人展开攻击。
内在的信号	8号性格者自身内部也会发出一些信号。他们难以发现自己的指责实际上代表了内心的脆弱和担心。指责和控制似乎代表强大和控制，但实际上在它们背后是深深的恐惧，他们担心自己无法控制局势。因为这种恐惧，他们总是主动出击，要先把局势稳定下来。即使感觉自己似乎过分了，他们的思想还在告诉他们："千万别示弱，示弱的话情况可能会更糟糕，一定要坚持住。"他们常常提前假设最坏的情况。他们如果对自己的假设进行一定程度的修正，也许可以发现某些情况并没有发生，而自己可以少给别人造成负面的影响，自己也能真正提升自我。

8号在安全和压力下的反应

为了顺应成长环境、社会文化等因素，8号性格者在安全状态或压力状态下，有可能出现一些可以预测的不同表现：

安全状态

在安全的状态下，他们常常会向2号给予型靠近。

他们的内心如果感觉到安定，感觉到身边的人是安全的，他们会变得不那么强势，而且愿意给予，也更加容易受别人影响。面对别人的关怀，他们也会被深深打动。

此时的8号希望与别人相联系，寻求融洽的人际关系，但也可能在转变为2号的过程中，试图通过无微不至的付出，来达到控制和操纵对方的目的。

8号并非转变为2号，而是安全状态让他们不去担心失控，因而慢慢软化，并且乐意提供帮助。他们也可能随时退回攻击的老路子上，但他们只是想证明一下，并且时刻提醒对方，他们才是真正的统治者。

压力状态

处于压力状态下，8号常常呈现5号观察型的一些特征。

他们会开始退缩，陷入独居的状态，不喜欢别人打扰他们，或者陷入对事物深沉的思考。他们不是那么外向，也不会变得狂妄，变得很安静。只有当情况可以在其控制之下的时候，他们才会重现自己活力四射的一面。他们可以无休止地去阅读，也可以不间断地去玩游戏，显得情绪低沉，也不愿意和别人沟通。

8号通过闭关认识自我，思考成熟之后，他们常常开始对周围世界施加压力。此时的他们也非常具有行动力，是执行力极强的行动者。

第2节

我是哪个层次的8号

第一层级：宽怀大度的人

第一层级的8号不试图去刻意掌控他人。他们对他人充满同情心，无微不至地为他人着想，是宽怀大度的人。

他们对自我不断加以控制。他们知道自己该做什么，也知道不能冲动和贸然行事。他们学会了等待，对自己的情绪有良好的觉知和掌控。

他们和他人不刻意对抗，心怀善意，对别人宽容大度，给别人丰富的自由度和选择权。

他们有自己的追求，志向高远，坚守自己所相信的原则，寻求利益的最大化，常常可以成就卓越的事业。他们独立性强，拥有旺盛的生命力和执行力，更加深刻地影响更多的人。

他们拥有独特的精神魅力。他们显得天真纯朴，有一颗赤子之心。他们温和而宽容，体贴而坦诚，对他人深怀爱意。他们常常想减轻他人的负担，希望每个人都能过好，谋求众人的利益。他们造福整个世界，他们的爱带给世界更多的和平，也让大家的生活更加丰富多彩。

第二层级：自信的人

第二层级的8号相信自己的能力，具有极强的自信心。他相信自己可以掌控周围的一切，可以掌控自己的命运。

他们相信自己可以掌控自己的命运。他们相信自己将独立，相信自己不会被现实和他人所控制，按自己的思想去做事情，坚持自己的愿望，扼住命运的咽喉，做自己命运的主人而不是奴隶。

他们相信自己有克服困难的潜能。他们不怀疑，拥有极强的意志力，觉得自己是可以依靠的忠实力量。他们不惧生活中的风雨，勇敢面对一次又一次的挑战。每当自己的美梦成真，他们的内心往往变得更加强大，以至于变得如同超人一样，信奉自己"不怕做不到，就怕不敢想"。

他们在人群中总要把自己的能力展现出来。他们具有谋略，具有力量，他们内心充满各种各样的可能性，拥有敏锐的直觉和判断力，显得机智而又勇猛。他们认为自己能按照自己的方式去做事，自己可以更多地影响周围的世界。他们总是在找各种各样的机会，总是显得充满力量。

第三层级：建设性的挑战者

处于第三层级的8号喜欢掌控的感觉，但是另一方面也担心自己变得弱小，于是一次次地投身于挑战中，显示自己的独立和力量。他们富有建设性，是建设性的挑战者。

他们才干喜人，常常为他人所依赖，为大家的利益而奋斗。他们是天生的领导者，善于帮他人做决定，富有说服能力，善于激励他人，能将人们的积极性充分调动起来。他们具有决断力，有谋略又有过硬的心理素质，善于审时度势并做出艰难的决定，并且能为结果负全责。

他们寻求公平和正义，并且以此来衡量自己和他人的行为。他们在生活和工作中，常常会不自觉做出维护公平和正义的举动。

他们富有远见，能够给别人成长的空间和挑战。他们富有权威，总是激励人们超越自我的极限，在平凡的生活中寻求到不平凡的事业。他们挑战这个世界，也成为众人心目中的英雄，值得每一个人敬仰和跟随。

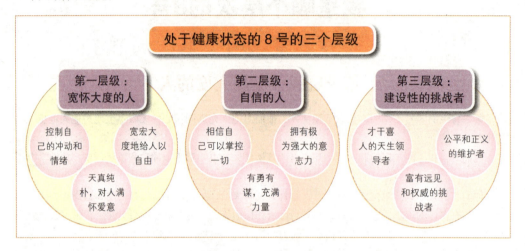

第四层级：实干的冒险家

处于第四层级的 8 号寻求控制，但是发现自己的想法不一定有效果。他们表面自信，其实内心在恐惧和担忧，不知道自己的胜算几成。他们开始集中精力，务实肯干，改变自己身边的世界，是实干的冒险家。

他们变得很务实，要求自己成功，而不是追求卓越的目标。他们满腔热忱，言语简练，工作努力，十分看重金钱的回报。他们要一点一滴积累属于自己的财富，构建自己稳定安全的小王国。

他们很难再去关心其他人，专心于属于自己的事，专心于自己身边为数不多的几个人。他们也许是友善的，但他们很难去尊重别人，也很难从心底去关心他们。他们变得不是特别在意合作，只关心他人能给他们带来的利益。他们身份可以多变，但不变的是他们的控制欲，总是希望自己能控制得更多，对于听命于人常常难以忍受。

他们喜欢竞争，在社会的各个领域显露头角。他们也有承担风险的勇气，愿意挑战自己的极限，特别能享受工作。工作对于他们是让自己热血沸腾的竞技场，让自己出尽风头的好地方。

第五层级：执掌实权的掮客

处于第五层级的 8 号发现控制愈加艰难，他们希望表现自己的力量，获得别人的尊重，目的并非简单的实利，更多的是实现自己的控制能力。他们关注的是别人是否服从，不太关注外界真实。

他们乐于表现自己的意志力，企图把每个人都放置于自身所能掌控的范围内。他们善于说服，而且善用小恩小惠收买他人。他们常常说大话，显示自己的强大，以使别人听从自己。他们常常把他人看成自己的工具，甚至可能对别人施以高压，要求别人服从，要求实现自己的权威。

他们时时处处显示自己的重要。他们出手大方，言语幽默风趣，不忌粗俗。只是想让别人知道，自己是多么的不容忽视。他们表面风光的背后，其实是在恐惧，恐惧他人不随自己而去。

总而言之，他们把自己当成大人物，想支配周围的一切，冲突不可避免。他们期待支配，但是又对他人无比依赖，并需要他们的支持，他们必须和他人分享支配权。他们开始学会玩弄权术，成为执掌实权的掮客。

第六层级：强硬的对手

处于第六层级的8号发现别人不会主动跟从自己，而他们又希冀支配他人，于是开始主动采取重压和斗争的办法，试图让对手屈服。他们态度强硬，是强硬的对手。

他们开始心神不宁，害怕周围的人挑战自己的权威。他们无比愤怒，觉得不能信任任何人，渐渐将自己和别人的关系看成了敌对关系。他们随时准备战斗，不放过每一次斗争的机会。他们不断对别人施加重压，甚至进行威胁和恐吓，只试图让他人受控于自己。

他们迷信斗争，通过表现自己的强势而常占上风，在他们的狂轰滥炸下，他人常常主动缴械投降。他们常常虚张声势，对他人进行恐吓，想动摇他人的自信心，表现得极富攻击性。

他们如果可以给别人所需的好处，其权威常常能发挥到最好。因此他们对于利益特别看重，试图通过控制利益去控制他人。他们特别看重金钱，对于权力也特别迷恋，金钱和权力是其实现控制的不二法门。

他们是典型的好战分子，他们的生活中冲突不断，因为他们总能碰到一些不愿意向他们低头的人，而且有时也会找到一个隐形的对手，对方比自己想象的更加强大。

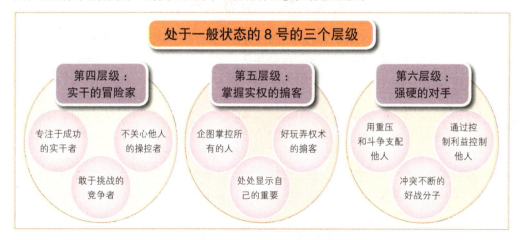

第七层级：亡命之徒

处于第七层级的8号，感觉别人已在公开疏远自己和排斥自己。他们决不允许这一点，于是不断给外界施加压力，要将一切控制在自己的手中。

他们和周围人的斗争升级，准备不惜一切代战胜其他人。在他们的强压政策下，他人开始不断反抗，他们于是便开始进行残暴的反击。他们不再信任任何人。他们很孤独，一次次地给别人无情的打击。他们无法停止，他们害怕自己一旦停止，别人会给自己更大的伤害。

他们此时是危险的，可以不择手段、利用一切，为了达到目标可以牺牲友谊，可以牺牲合约，甚至放弃道德感和良知。他们热衷于使用暴力，而且不会感觉犹豫不决。他们的心变得坚硬，不允许自己有丝毫妇人之仁，他们是无比残暴的刽子手。

他们无法停止自己的残暴，一旦开始，很难回头，只能变本加厉地去进行攻击。他们就像玩命的赌徒，可以舍弃一切，对于报复有深深的恐惧。对自己拥有的资源和权力无比依赖，担心自己一旦失去这些，将陷入最终的危险之中，那样自己就完了。

第八层级：万能的自大狂

处于第八层级的8号，其周围的世界已经充满残忍和报复，他们的残暴引起公然的反抗。别人开始对他们发动攻势，他们开始陷入激烈的斗争，并且自认为自己刀枪不入，成了万能的自大狂。

别人开始疯狂报复，他们所担心的威胁变成现实，局面已经不能控制。他人对其总是欲处之而后快，周围压力重重。但是经过一段时间之后，他们如果发现别人并没有把自己怎样，就会觉得自己是坚不可摧的，自己是不可战胜的，成为绝对的自大狂。

他们打击的对象泛化，不惜牺牲无辜者的鲜血，不断杀鸡儆猴，他们要通过这一点证明自己的强大。他们不承认自己应当臣服于什么之下，认为自己不受这个世界限制，认为自己超乎人类、超乎道德和法律、超乎一切存在。

他们大胆地为所欲为，相信没有什么能阻碍他们。他们内心深处依然有着强烈的恐惧，害怕别人会报复得更加强烈。他们无法止步，直到被完全压制住，才最终停止自己的暴行。

第九层级：暴力破坏者

处于第九层级的8号，发觉周围的世界已完全失控，自己也将被毁灭。他们的选择是在别人毁灭自己之前，先把别人毁灭掉，他们是暴力的破坏者。

他们曾经是最有建设性的建设者，但在这个层次已经痛恨这个世界，他们要把这个世界毁灭掉。他们要牺牲一切，保全自己的性命，家人、朋友、亲戚、工作伙伴等都可以是他的牺牲品。

他们认为这个世界在和自己作对，希望这个世界臣服于个人的意志，开始对这个世界进行变态的攻击。他一贯不认同周围的世界和人，一贯要自己掌控自己的命运，完全以自己的主观愿望为中心。既然不能彰显自己的意志，那么要么战胜一切，要么和这个世界同归于尽。

他们完全以这个世界为敌，他们曾经认为自己是这个世界的主宰，当这个世界不再属于自己时，毁灭它就是自己最好的选择。

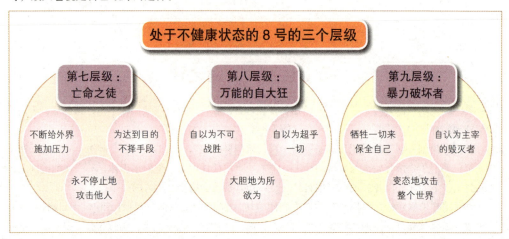

处于不健康状态的8号的三个层级

第七层级：亡命之徒
不断给外界施加压力
为达到目的不择手段
永不停止地攻击他人

第八层级：万能的自大狂
自以为不可战胜
自以为超乎一切
大胆地为所欲为

第九层级：暴力破坏者
牺牲一切来保全自己
自认为主宰的毁灭者
变态地攻击整个世界

第3节

与8号有效地交流

8号的沟通模式：直截了当进行要求

8号的言语常常斩钉截铁，富有霸气。他们的言语不拐弯抹角，开门见山直接说出要求，这是他们典型的沟通模式。

8号的沟通模式

他们与人沟通，非常不喜欢转弯抹角，什么事情都喜欢拿到桌面上谈，有什么说什么，直截了当。

他们显得自信而有魄力，他们语言强势，提出的问题也很尖锐。他们对于等待一个答案很不耐烦，显得很为难，似乎也在无心中说出一些伤害性的话语。

一些人难以适应8号的直接和强势，甚至会感觉到冒犯。但是这是他们的本性，不必因为他们的暴躁而伤害自己的心情。而且，如果试着学习8号的沟通风格，简洁直接说出自己的用意和要求，不回避问题或者避重就轻，这样的交流其实也会更加真实而有效率。

总之，要和8号和谐相处，一定要了解他们的这一特点，这样你才能够理解他们的内心，你也可以减少自己的误会，更不会轻易被他强势的语言伤害，并且能够找出合适的应对之道。

8号的谈话方式

8号喜欢控制，他们期待周围的人和事物都在自己的控制之中。他们的这种心理特点使他们的谈话显得强势和有力量，会让周围的人感觉到力量和召唤力，但是另一方面，也可能使他人感觉到压迫和被控制。

下面，我们对他们的谈话方式进行简单的说明：

8号的谈话方式
1	他们通常是支配者，没有耐心倾听别人的观点。他们认为自己的观点是不容置疑的，应该以实现自己的想法为首要任务，否则一切都将失去控制。他们试图避免倾听他人，害怕自己可能丧失坚持自我的勇气。
2	喜欢直截了当的沟通，讨厌说话拐弯抹角和兜圈子。他们是极其坦诚和真实的人，你所看到的就是他们真实的样子，他们的特点是如此鲜明，使他们显得别具魅力，而且因为这种简单，他们往往显得更加有力量。
3	言语激进偏执，具有攻击性和煽动性。他们常常表现出强势的召唤，面对他们的召唤，一些人会感觉深受鼓舞，但是他们的言语常常也会让一些人受伤。他们在挑战，是如此的具有侵略性。
4	常常在帮别人出主意、想办法，进行热心的指导。他们总是有很多好的办法，是善于发现问题和解决问题的人。他们就凭借这一点，给别人很好的建议，这样他们也会有很大的成就感。

| 5 | 说话很有自信，显得强悍而霸道，常常说"你为什么不""我告诉你""跟我去"等话语。他们说语总是不容置疑，明目张胆地去要求，也常常能得到自己应得的，但也可能给他人造成压力和伤害。 |
| 6 | 如果你公然和他们唱反调，那么他们会非常愤怒，会对你拍案而起，大声对你吼叫，直到完全控制局面为止，否则他们绝不会善罢甘休。 |

读懂 8 号的身体语言

在和 8 号性格者交往时，只要细心观察，我们就会发现 8 号性格者常发出以下身体信号：

	8 号的身体语言
1	无论是站立还是坐卧，他们都会不自觉地向后微倾，给人传递一种高高在上、等待对方主动示好的架势，当然有时候也有让对方尽管"放马过来"的感觉。这种架势不动之中自有威严，他们就像威猛的老虎一样，时时刻刻都透露出独特的魅力。
2	他们如果在走路，常常是抬头挺胸，显得器宇轩昂、气度不凡、目中无人。他们散发出来的气质是富有能量的，他们总是生气勃勃，似乎总是可能跳起来。
3	他们的身体动作可以随情绪而有较大的变化。情绪稳定的时候他们就只是安安稳稳地坐在那里，是一个耐心的观察者，但是他们常常也会表现出自己的威严，比如双手抱在胸前，表明一切都在自己的控制之中。情绪高涨的时候他们会手舞足蹈，采用各种夸张动作，似乎在教导别人怎么做，来表现他们的控制力。
4	他们常常目光中透露着霸气，看人专注，习惯直视对方眼睛，给人一种他们随时都可能被惹火的感觉。他们的眼光富有侵略性，让人不敢轻易去招惹他们。
5	他们面部表情显得自信，但是也不会看起来特别严肃，不过即便是微笑，明朗笑容的背后，也能透露出一股威严而霸气的气势，让人对他们不敢忽视。他们的表情是威严和慈祥的统一体，如何表现全在于他们面对的是自己的保护者，还是自己要面对的敌人。
6	他们相当注重自我形象，着装注重搭配，服装款式和风格种类颇为丰富。他们的衣服看起来相当有身份感，他们看起来也很有威严。他们会为自己花钱配置一些高档的衣服，是在个人身上最舍得投资的一些人。

宽容 8 号的无心之失

8 号比较强势，他们的习惯交流方式就是直截了当地去要求。而且，当需要得到了满足的时候，他们会非常高兴。但是，他们如果的意愿没有得到满足或者重视，他们就会非常生气。

他们的这一特点，本质上缘于他们把自己的地位看得太高，认为自己的需要是最重要的。他们很难真正尊重别人，总是轻视别人，并且喜怒随性，常常在无意中伤害别人，甚至让别人产生敌对的情绪。他们即便学会了弥补自己给别人的伤害，依然会给别人的内心留下不可愈合的伤疤。

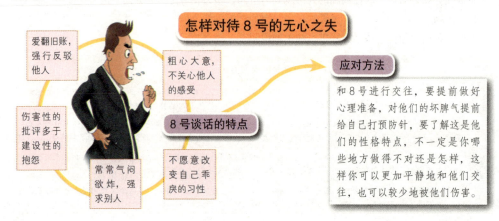

怎样对待 8 号的无心之失

爱翻旧账，强行反驳他人

粗心大意，不关心他人的感受

伤害性的批评多于建设性的抱怨

常常气闷欲炸，强求别人

8 号谈话的特点

不愿意改变自己乖戾的习性

应对方法

和 8 号进行交往，要提前做好心理准备，对他们的坏脾气提前给自己打预防针，要了解这是他们的性格特点，不一定是你哪些地方做得不对还是怎样，这样你可以更加平静地和他们交往，也可以较少地被他们伤害。

可以不喜欢，不能不尊重

8号非常注重个人的尊严。他们非常强势，但是并不一定要求你喜欢他们。他们注重的是尊严，不是欢喜。所以，当你表示你并不喜欢他们的方式时，他们可能不会生气，但是如果你对他们表示出轻视，或者没有应有的尊重，他们会马上怒火冲天，和你进入争斗和冲突的状态。

有一天，年轻的张良悠闲地在桥上散步。有位老人走到他跟前，故意把自己的草鞋丢到桥下，并且对他说："小子，去把鞋给我捡回来！"

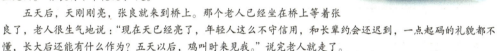

张良愣了一下，但看老人年纪大，就到桥下取回鞋子，递给他。老人坐在桥头，眼皮也不抬一下，说："给我穿上。"于是，张良跪在地上，老人心安理得地伸出脚让张良为他穿鞋，然后老人就笑着离开了。

张良非常吃惊地望着老人的背影。谁知，那个老人走了几步又转过身来，对着张良招招手，示意张良到他跟前去。张良乖乖地走上前去，老人和蔼地对他说："我看你这孩子不错，值得教导。五天后天一亮，和我在这里见面。"张良行了个礼说："是。"

五天后，天刚刚亮，张良就来到桥上。那个老人已经坐在桥上等着张良了，老人很生气地说："现在天已亮了，年轻人这么不守信用，和长辈约会还迟到，一点起码的礼貌都不懂，长大后还能有什么作为？五天以后，鸡叫时来见我。"说完老人就走了。

过了五天，鸡刚叫，张良就去了，老人又已经先到那里了。老人十分生气地说："我已经听见三声鸡叫了，你怎么才来？我在这里已经等你好长时间了。五天以后你再早一点儿来见我吧。"

又过了五天，张良半夜就到桥上等着那个老人。一会儿，老人也来了，看到张良，他高兴地说："年轻人要成大事，就要遵守诺言，说什么时候到就什么时候到。"接着老人从怀里掏出一本又薄又破的书，说："读了这本书，就可以成为皇帝的老师。这话会在十年后应验。十年后天下大乱，你可用此书兴邦立国。十三年后，你会在济北见到我。"说完之后，老头儿就离开了，以后再也没有出现过。

天亮时，张良看老人送的那本书，原来是《太公兵法》，又叫《黄石兵书》。张良非常珍惜这本书，认真学习，还时刻遵守老者的教诲，严格要求自己，立志要做一个信守诺言，懂得尊重别人的人。

尊重8号，你才能得到8号的尊重。如果你对他们不友好、不信任，即便你们之间没起冲突，你们也会慢慢变得生疏。其实8号也是懂得知恩图报的，我们只要用心付出了，就一定会有收获的。

待8号怒火散尽再说

8号特别容易发怒，而且发怒的时候常常有些失去理智。他们在发怒的时候，甚至会非常极端，忘记自己在做什么。他们会摔东西，会口出脏话，会说出一些很过分、很有威胁性的话。他们的身体在跳动，他们面目狰狞，像一团火焰，要燃烧周围的一切。

如何面对愤怒的8号

8号愤怒情绪发生的特点在于短暂，他们的脾气特点是来得快，去得也快。

面对愤怒的8号，我们应该尽量保持冷静，不要和他在气头上进行争辩，而要等他冷静下来，这样你们的沟通才会变得更加顺利。

面对8号，我们一定要学会给他们一些时间，让他们发泄心中的怒火。这样，他们恢复理智的时候，你就可以更好地和他们沟通和交流了。

与8号有效地交流

宽容8号的无心之失

听说她脾气很坏，我内心平静点和她聊就是了。

和8号进行交往，要提前做好心理准备，对他们的坏脾气提前给自己打预防针，要了解这是他们的性格特点，不一定是你哪些地方做得不对还是怎样，这样你可以更加平静地和他们交往，也可以较少地被他们伤害。

可以不喜欢，不能不尊重

8号非常注重个人的尊严，他们尽管非常强势，但是并不一定要求你去喜欢他。他们注重的是尊严，不是被喜欢。

待8号怒火散尽再说

面对愤怒的8号，我们如果要和他很好地相处，应该尽量保持冷静，不要和他在气头上进行争辩，而要等他冷静下来，这样你们的沟通可以更加顺利。

第4节

透视8号上司

看看你的老板是8号吗

在工作中，你也许会有这样一个上司：他非常富有领袖魅力，也比较专断，什么事情都是他一个人说了算，下属如果提出一些反对意见，会勃然大怒；他非常讲义气，一些老员工即使是落后于时代了，他还是不舍得让他们离开。这样的时候，你也许应该考虑一下他可能就是8号性格的老板。

8号性格的老板常常有这样一些特点：

8号性格老板的特点
1 他们是自信的领导者，永远有自己坚定的信念，并且带领大家为之努力。
2 他们能够为下属不断出谋划策，帮助他们解决很多难题。
3 他们进行专断专权的家长式管理，很可能因此和周围的人发生冲突。
4 他们常常关注战略大方向，是战略大师，却忽视具体的战术细节。
5 他们是工作狂，为了达到一个目标可以拼命去做，显得精力十分旺盛。
6 他们善于给员工授权，培养员工成长，是个英明的领导。
7 他们关注自己的战略实现。如果有不驯服的员工，他们会对其进行严格的控制。
8 他们爱护下属，常常给下属很多物质奖励和小恩小惠。
9 他们喜欢直接下命令，不注重和员工进行心灵沟通。
10 他们讲话直截了当，有什么情绪都直接表现出来，是个性情中人。

你如果发现你的老板满足了以上大多数的条件，那就恭喜你终于发现了他的人格类型。根据他的特点有的放矢，更好地理解他的思维特点和管理风格，你就能更好地和他进行沟通，赢得他的信赖，并快速得到提升。

认可8号上司的权威

一般而言，8号上司在方方面面都很高明，如工作经验丰富，有较强的组织、管理能力，看问题有全局观念等，而且性格直爽、办事果断、粗中有细，但他们也有缺点，会犯错误，这是无法避免的。

一些人很反感自己的8号上司，因为他们太专断和强势。他们可能表面服从，心里却缺乏尊重，甚至顶撞、抢白上司，时时处处表现出自己高出上司一等。缺乏对8号上司最起码的尊重，会使你与上司的关系严重恶化，甚至造成严重的后果。

你不管怎样讨厌你的8号领导，都要在他们手下做事。因此，与其痛苦地面对，还不如开始接纳他们，并从心里尊重他们、理解他们。如果你绝对尊重和服从他们的权威，他们会为此欣慰，也会有意栽培你。

不要威胁 8 号老板的地位

8 号老板非常看重自己的地位，在他们看来，自己的地位正是自己实现控制的资源。他们非常看重自己掌握的一切，喜欢这种拥有权力和资源的感觉。

如果突然之间，8 号领导发现自己的手下是一个野心勃勃的人，那么他们会深深防备，并且希望找到机会去疯狂打压。因此，作为他们的下属，要学会韬光养晦，绝不要威胁 8 号领导的地位。

刘邦是个猜忌心极重的人，诸将如淮阴侯韩信等，无一不受到他的猜疑和嫉恨，有的甚至被迫走上了谋反的道路。就连与他交情最为深厚的萧何，也因屡屡受到猜忌而终日战战兢兢。

韩信在讨伐英布期间，萧何仍然留在关中督运粮草。刘邦屡次问押运粮草的官员相国近来都在做些什么事情。押运官答称他无非抚恤百姓、筹办粮草军械等，刘邦听了，默然不语。

押运官回到关中后，把这一情况报告了萧何，萧何也猜不透深意。一天，他偶然与一位幕僚谈起此事，幕僚却叹气摇头："您不久可就要灭族了！"萧何一听，大惊失色，吓得连话都说不出来了。

不要让主上疑忌你呀。

幕僚又说道："您位至相国，功居首位，皇上不可能再给您加封什么了。皇上屡次问您在做什么事情，显然是怕您久在关中，深得民心，一旦趁关中空虚，号召百姓起事，据地称尊，就会使主上无处可归，前功尽弃。现在，您不察主上的意思，还要孜孜不倦地为百姓操心，这是徒增主上的疑忌！疑忌越深，祸来得也就越快。在这种情况下，您不如多买田地，而且要逼着百姓们贱卖给您，使民间诽谤您、怨恨您。这样，主上听说之后方能心安，而您也可以保全家族了。"

萧何认为此话有理，当即采纳施行。押运官回到前线后，把萧何因强买民田而致谤议的情况报告了刘邦，刘邦果然很觉宽慰。不久淮南平定，刘邦回都养伤，到萧何前来问疾时，才把谤书交给萧何，放心地让他自己处理这事。

萧何为了不引起刘邦的猜忌而不惜自己削减实力，不惜自污名声，只是为了让刘邦认为自己没有威胁他的统治地位。和 8 号老板相处的时候，也应当特别注意这一问题。他们对于这一点尤其忌讳。只有这样，你们才可能有正常的上下属关系。

8 号上司不允许方向性的偏差

8 号老板是战略大师，他们常常能够把握大的方向，把细节交给自己的属下去处理。他们特别看中战略管理的重要性，他们认为，战略决定一切。所以，当他们发现自己的员工在方向上和自己的理念不一致的时候，他们会非常生气。他们不允许这样的偏差，他们要让一切朝着自己规定的方向前行。

他们安排好的方向，如果员工私自改变，他们会将其视为最不能容忍的错误，他们一定会尽力把一切纠正到正确的方向上来。他们对战略的重要性是如此清楚，战略胜，则一切顺理成章；战略败，则一切回天乏术。

跟着8号上司，要跟随他们的战略走，要懂得理解他们的战略，要学会适应他们的战略，要在实践当中帮他们验证战略，这样你就是他们最忠实的员工，他们也会深深依赖你。偏离他们的战略，必然会引起他们的最大不满，就使你们很难保持良好和理性的合作关系。

不要大事小事都向8号汇报

8号喜欢抓战略方向，但是他们不喜欢关注太多的细节工作。他们性格和脾气比较急，一旦陷入太多的细节工作，常常会产生厌烦情绪，也很容易发火。作为这样的上司的部下，一定要了解他们的这一特点，和他们汇报工作的时候，抓住主要的工作去汇报，而且自己去做事情的时候，要更多地在大方向上，发挥个人的主观能动性，不要什么事情都向他们汇报，这样他们会更加感觉到你的工作能力强，也会对你更加栽培。

在8号手下做事情，可以学习一下下边故事里的赵蕊女士，她并没有大事小事都向领导汇报，而是发挥自己的主动精神，取得了成果，也使老板对她更加认可了。

赵蕊是一名设计师，供职的是一家大型建筑设计公司。该公司要求设计既考虑到顾客的要求，也考虑到施工方的能力，并考虑到设计者的个性。在工作中，赵蕊的老总要求每一位设计人员对自己的作品负责，不要把问题推给任何人。

有一次，老板要赵蕊为一名客户做一个写字楼的可行性设计方案，时间只有三天，客户的要求很挑剔，但老板只说了一句"所有的事都交给你了"就转身离开了。

接到任务后，赵蕊看完现场，就开始工作了。三天时间里，她都在一种异常兴奋的状态下度过。她跑工场、看现场，光楼梯就爬了25层，去地下车库也是二话不说。为老板的要求修改工程细节，异常辛苦，但赵蕊毫无怨言。能得到老板的信任，可以自由地实现自己的设计理念，这使赵蕊不但不感到委屈，反而挺自豪。她食不甘味，寝不安枕，满脑子都想着如何把这个方案弄好。她到处查资料，虚心向别人请教。

三天后，她带着布满血丝的眼睛把设计方案交给了客户，得到了客户的肯定。客户当着老板的面称赞了赵蕊，说她表现很卓越，设计水平一流。

赵蕊后来对老板说："关键是你的信任和授权让我们都有做事的冲动，你的管理很到位。"老板也对赵蕊说："如果你不能完成，我也许就要把你辞掉，但是你做到了。"

工作中遇到林林总总的问题时，不要幻想逃避，不要依赖他人的意见，要敢于做出自己的判断。对于自己能够判断，而又在本职范围内的事情，大胆地去拿主意，不必全部禀明你的8号老板。否则，只会显得你工作无能，也显得8号老板领导无方。

小心冒犯8号的工作秩序感

8号领导本身是一个桀骜不驯的人，他们常常一方面是规则的制定者，另一方面又是规则的打破者。他们本身常常具有较深的等级观念，他们希望自己的下属服从，那么即使是对自己下属的下属，也希望他们能够服从固有的制度，这样一切才会显得有秩序。

但是有一些人，特别是刚刚参加工作的员工，常常会心高气傲，看不起固有的领导，经常会越过自己的上司，直接找主要领导办事。他们自以为自己很聪明，却不知道自己无意中已经犯了8号领导的大忌，他们会不认可你的行为，到最后让你陷入两头不讨好的境地。所以，一定要记住，即使你的上司只是个"九品芝麻官"，也一定不要越级办事。这样做的后果是扰乱了公司的正常工作程序，造成人为的关系紧张，反而影响了工作效率，更影响了自己的晋升之路。

在8号领导的手下，一定要懂得这个道理。在其位要谋其政，不在自己职责范围内的事便要小心谨慎，尽量少插手、不插手。遇到自己不熟悉的工作时要多请示，否则，往往会不自觉地造成越权行为，好心办错事。"雷池"不可轻越，万事谨慎为先。

第5节

管理8号下属

找出你团队里的8号员工

在工作中，你也许会有这样一个员工：他充满干劲，总是试图显示自己的能力，具有拼搏精神；他口无遮拦，说话很直接也很强势，而且在做工作的过程中总是希望有足够的自由，不喜欢被指导和控制。这样的时候，也许你应该进一步认识到他可能就是8号性格的员工。

8号性格的员工常常有这样一些特点：

8号性格员工的特点
1　他工作积极主动，干劲十足，能够承担艰巨的任务。
2　他野心勃勃，常常希望有更好的表现，以及更好的回报。
3　他要求投入和回报的公平，不能够忍受不公平的报酬体系。
4　他如果出现错误，常常能主动承担责任，并且愿意接受处罚。
5　他工作很有主见，不喜欢被别人指导，希望自由地开展工作。
6　如果对他态度不好，他可能和你针锋相对，并且据理力争。
7　他对人的态度忽冷忽热，热的时候愿为人两肋插刀，冷的时候却又冷若冰霜。
8　他很爱面子，重视在众人面前的形象，受不了在人前被批评和指责。
9　他可以对工作非常投入，甚至无视身体的极限，喜欢让自己筋疲力尽。
10　面对清晰的规则和奖惩体系，他们可以表现得最好。

用你的实力让他信服

8号员工常常有不服情绪，他们只有碰到一个真正有能力的领导的时候，才能够真正地信服他。和8号员工在一起，如果想让他们对你心服口服，就必须用自己的实力向他们证明自己为什么能当他们的领导，你的影响力不是因为你的职位，而是由于你的能力。

处于竞争的年代，一切都靠实力。只有实力强大，别人才能信服，才能心甘情愿地接受你、追随你。很多领导之所以能具有较大的影响力，只是因为他们那出众的实力。要想让你的8号员工信服，你就需要让他们了解你超凡出众的能力，让他们知道你不同于一般人，知道你的独一无二，知道你非凡的战略眼光、丰富的知识及技能、非同寻常的专家影响力，以及他们所没有的实践经验。

这样，8号员工不仅心甘情愿地接受你，而且做出异乎寻常的决定去追随你。因为一旦拥有你个人坚定不移的信念，他们就坚定地认为，你是如此非凡，你肯定知道问题的全部答案，你有办法变理想为现实，这样他们就完全对你心服口服了。

不要过多干涉他的工作

8号员工常常很有主见，在工作的过程中，他们常常主动积极，希望自己能够完全掌控自己的工作。根据他们的这一特点，在他们的工作过程中，应该注意的一点就是，给他们充分的自由，让他们可以在自己的小王国里随自己的心意去做，这样他们反而可以获得更高的成就。

8号特别需要自由的工作空间，他们是淘气的孩子，他们要干大事，但是首先一定要给他们足够的自由主权。让他们放开手脚，他们的成就更大。

注意维护8号员工的面子

8号员工特别关注个人的形象问题，他们认为自己在人前的面子是一件至关重要的事情。他们重视自己的这份尊严，也愿意用一切代价去捍卫自己的这份尊严，他们是为了面子愿意牺牲一切的人。根据他们的这一特点，在和他们交往的过程中，要注意维护他们的面子，这样他们会感激你，从而愿意为你做出最大的贡献。

大多数8号员工都受不了被人当众指责，指点自己工作中的疏忽和漏洞，特别是当着很多人的面，你说得再对，如果他们因此而失去了自己的面子，他们对你有的也只是记恨。他们如果对你不满，也许会做一些对你不利之事，总是挑毛病，分化你和下属之间的感情，造成你的孤立，甚至有可能当众给你难堪。这样的下属对你来说就是一颗炸弹，所不同的是，它炸的不是你的敌人，而是自己的地盘。

为8号员工设定清晰的限制

8号员工总是表现得像领导者一样，而把真正的领导者撂在一边。他们喜欢掌控他们的地盘，而且总是试图对外扩张领土。他们的控制欲可能会让他们反对权威，给领导带来潜在的麻烦。

为了防止你的8号下属一点一滴侵犯你的领土，面对他们你可以透露出自己强悍的一面，甚至可以进入他的领地不断试探。你要为他们设立清晰的限制，这样可以让你对他们产生一定的威慑力。

正如英国克莱尔公司在对新员工进行培训时那样，做事前总是要先介绍本公司的纪律，他们的首席培训师总是这样说："纪律就是高压线，它高高地悬在那里，只要你稍微注意一下，或者不是故意去碰它，你就是一个遵守纪律的人。纪律就是这么简单。"

如何激励你的8号员工

给他们足够的尊重	8号员工经常自我感觉良好，别人也不服气，因而一定要尊重单位里的8号员工，要尊重他们的优点，要承认他们的优势，要以敬重、真诚的态度对待他们。
让他们自由开展工作	8号员工常常要求民主氛围，要求发挥自己的创造性和积极性，因而只有让他们充分享有自由权，才能充分激励他们。只要给他们提供适当的环境，他们就能够做得更好。
给他们挑战自我的机会	8号员工常常能用主人翁的心态去对待工作，他们像老板一样去思考，像老板一样去工作。他们总是期待自己能够表现得更好，期待不断挑战的机会，要激励他们，就要学会给他们不断挑战自我的机会。
给他们公平的竞争环境	公平是规章的第一要义，领导者切不可有偏心，尤其是面对追求公平和正义的8号员工的时候。

如何管理8号下属

这件事你全权负责，所有一切我都不干涉……

不要过多干涉他的工作

8号员工常常很有主见，在工作的过程中，他们常常主动积极，希望自己能够完全掌控自己的工作。根据他们的这一特点，在他们的工作过程中，:给他们充分的自由。

这项工作做得不错，但美中不足，如果是我做应该……

注意维护8号员工的面子

8号员工特别关注个人的形象问题，在和他们交往的过程中，要注意维护他们的面子，这样他们会感激你，从而愿意做出最大的贡献。

关于财务预算你不用考虑。

为8号员工设定清晰的限制

8号员工总是表现得像领导者一样，而把真正的领导者撇在一边。他们喜欢掌控他们的地盘，而且他们天性总是试图对外扩张领土，他们的控制欲让他们可能去反对权威，会给他的领导带来潜在的麻烦。

第6节

8号打造高效团队

8号的权威关系

8号在权威关系中的关键问题就是控制权的问题。他们喜欢掌控的感觉，因此他们的权威关系中不变的旋律就是对控制权进行争夺的拉锯战。他们的权威关系主要有以下特征：

8号权威关系的特征	
1	8号坚持自己是正确的，他们希望一切按照自己想的去办。
2	8号是天生的领导者，他们一方面可以强势去侵犯他人的地盘，另一方面又要保护自己地盘中需要照顾的人。他们总是善于集中盟友，打击共同的敌人。
3	8号特别关注盟友或下属是否值得信任，他们最担心内部所造成的纷争。
4	8号常常会和其他人进入对抗状态，他们习惯通过斗争而不是谈判来解决问题。
5	8号总希望全面占有信息，只有这样，他们才会有真正的安全感和掌控感。虽然坏消息常常让他们大动肝火，但是他们如果发现自己是一个不知情者，他们会觉得自己被欺骗了，就会更加生气。
6	8号常常具有较强的项目推动能力，有他们在，项目常常能顺利完工。
7	8号领导也有干涉别人工作的倾向，他们常常喜欢按自己的一套来办。
8	8号对于下属的错误常常是不留情面地加以批评，甚至不给对方改过自新的机会。
9	8号常常是规则的制定者，但同时也是规则的打破者，他们是只许州官放火，不许百姓点灯的专制领导。
10	8号常常更加关注对人的控制，对于具体的事件有时候反而比较疏忽。
11	8号领导常常很有架子，在员工面前有威严，但显得不够亲切，员工和其在一起会有一定的疏离感。
12	8号常常通过发火来表明自己的控制，但这也可以显示他们内心的恐惧和紧张。
13	8号常常通过斗争来获取信息，他们从来不惧怕斗争，他们是"斗争出真知"的支持者。

总之，8号是喜欢控制的一类人。无论是领导还是员工，他们都希望自己拥有足够的控制权，有一个单独的区域让自己负责，把自己的想法付诸实践。

8号提升自制力的方式

8号自制力的三个阶段：

8号自制力阶段主要特征		
低自制力阶段：恐惧的人	认知核心：8号恐惧自己被控制、被伤害、被给予不公平待遇	处于低自制力阶段的8号性格者内心充满恐惧。他们对外界开始进行残酷的控制，他们内心充满愤怒，不择手段、心狠手辣，对别人进行斥责，只求自己控制一切。

中等自制力阶段：坚持主见者	认知核心：8号害怕自己显示软弱，他们认为只有坚持自己的见解，才能真正实现自己的愿望。	处于中等自制力阶段的8号常常富有主见。即使他们不主动表现出来，其他人也能感觉到他们的力量不容忽视。他们讨厌强迫和命令，仍具有控制欲和侵略性，希望别人对自己的意见迅速回应，当然他们也期待他人的尊敬和欣赏。
高自制力阶段：追寻真理者	认知核心：8号认识到自己不是真理的独占者，自己需要多方接纳外界的各种信息，才能真正透视真理。	处于高自制力阶段的8号拥有宽广的心胸。他们思想是开放的，对于自己内在的控制天性能加以觉察，并能合理发泄自己的愤怒。他们显得富有力量，却依然具有真诚和礼节，他们的控制让人感觉踏实而温暖。

8号性格者常常具有很强的控制欲，他们总是要向外界显示自己的强大，来表明自己的力量，显得强势和具有侵略性。他们的行动常常非常快速，显得冲动，他们还具有火爆的性格。

一般来说，8号可以通过以下方式来提升自己的自制力：

尝试规律适当的生活方式	8号常常喜欢过度的生活方式，没有规律，反复无常，常常让自己陷入筋疲力尽的状况，这样的身体状态，常常使8号具有过多的情绪化反应。可以尝试规律适当的生活方式，睡眠、饮食、运动、学习、工作都可包括其中，这样自己的生活可以更加健康。
避免冲动行事	8号常常容易冲动，他们常常会强迫他人接受自己的观点、按照自己的方案行事或者自己迫不及待地去行动。他们缺乏耐心和倾听他人意见的能力，在感觉到类似的状况时，要尝试让自己慢下来，做几个深呼吸，避免因冲动而造成难以弥补的后果。
接受自己柔软的一面	8号总是以强势的一面示人，他们担心自己一旦软弱，会遭到别人的抛弃和厌恶。他们常常用自己的愤怒来掩盖自己的脆弱，自己的内心有很多恐惧、有很多柔情，自己也有想要流泪和寻求依靠的时候，不要否认自己的需要，要接受自己柔软的这一面。
学会由内而外去控制	8号常常对他人进行直接的控制，他们不是特别具有同理心。他们如果转变思维，更多地考虑他人的感受和需要，那么，他们对别人的控制就不会显得专制，就能从心底调动他人的积极性，从而实现由内而外的有效控制。

8号战略化思考与行动的能力

在战略化思考与行动方面，8号常常具有以下特点：

天生的战略大师	8号常常关注大方向而忽视细节，他们特别喜欢为企业的运作和发展构建愿景，并且根据愿景给下属合理地分配任务来实现远大宏图。他们天生对行业趋势具有敏感性，是天生的战略大师。
有效的战略部署推动者	8号希望其他人和自己制定的战略方向一致，他们态度果敢，领导有力，常善于安排和分配任务，是有效的战略部署推动者。
善于构建领导体系	8号领导常常善于让合适的人去做合适的工作，且习惯设立各级领导负责的等级体系，每一个部分都有专门的人去进行负责和指导。
战略制定和执行可以更灵活	8号领导常精于战略的制定和执行，但是他们会经常显出自己的强势。他们在战略制定和执行的过程中难以保持柔性和灵活，害怕自己一旦灵活，自己就将会丢失自己的观点。如果保持一种率真的心胸，保持一定的灵活性，他们会更加容易为其他人所接受。
需要适当的幽默感	8号领导虽然相比来说比较幽默，但是在战略制定和执行中依然需要更多的幽默感。他们需要把自己的想法看得轻一点，甚至可以对自己的一些缺点进行自嘲。这样的话，他们可以保持更加轻松的心情，而带着这样的幽默感，他们的战略推进也显得更加轻松而有效。

喜欢快速的战略执行	在8号领导的眼里，兵贵神速，他们喜欢快速行动，不愿做一些小的、预备性的步骤。当其他人没有按他们期望的那样快速前进时，他们就会失去耐心，勃然大怒。
需要不断培养自己耐心	8号领导常常会不自觉地去指责其他人，他们会很快驱动自己，也会尽力去指使他人，常常给其他人造成很大的压力。这时8号需要花时间放松，让自己平静下来。可以做一些运动，做几个深呼吸，不断培养自己的耐心，防止自己冲动行事。

8号制定最优方案的技巧

在制定方案时，8号往往有着以下一些特点：

① 独断专行

8号常常只相信自己的观点，而不去相信他人的观点，习惯单方面地制定方案，他们很难质疑自己的假设，难以采取一个多样化的视角。他们常常为自己观察到的事物而兴奋，却可能忽略一些什么东西。

② 关注宏观，忽视细节

8号喜欢关注宏观，对于细节常常关注不够，他们制定方案时常常只关注大局，却忽视制定执行运行层面的计划，需要加以注意，或者找一个助手帮助关注细节。

③ 过于强势

8号常常强势推行自己的方案，他们显得太霸道，常常让别人有被逼迫的感觉，引起别人的不满和愤恨。他们如果态度缓和一些，甚至暴露出自己的一些脆弱，其实更加容易获得别人的认可。

④ 快速而冲动

8号常常喜欢快速制定方案，特别急促拿出自己的行动方案，常常会忽略很多具体的细节和隐患。他们在自己的反应很快速和激烈的时候，如果能够慢下来一下，反思一下自己的方案，常常可以少犯很多不必要的错误。

⑤ 坚定不移却可能思维僵化

8号制定行动方案，常常坚定不移地坚持自己的看法。这是他们身为领导者立场坚定，能够把握方向，能够承担艰巨的领导任务的表现，但是另一方面，8号有可能会思维僵化，完全不能容下不同意见。

⑥ 制定方案的同时背离方案

8号常常是规则的制定者，却常常会打破已有方案的拘束，成为规则的破坏者。他们常常是有意而为之，并且知道可能发生的后果。这样的他们显得极具创新精神，但是常常不能够让自己的下属心服口服。

总之，8号在制定具体方案的时候，如果能够发挥更多的同理心，更具有宽广的心胸、实事求是的追求真理的态度，那么他们制定的方案可以更加出色。

8号目标激励的能力

一般来说，8号目标激励的能力主要有以下特征：

目标激励的高手	8号喜欢让事情按自己的意愿发展，希望所有的事情都在自己的掌控之中，所以事情开展的过程中，他们常扮演挑大梁的角色。在管理的时候，他们很少犹豫不决，总是促使自己的下属在预定轨道上飞快前行。他们是目标激励的高手。

敏锐的战略嗅觉	8号常常拥有本能的直觉，他们在目标激励的时候，常常可以及时识别出战略方向的偏差。他们对大方向把握的正确性，常常使他们具有领袖魅力，为众人所追随。
勇敢无畏，刚毅自信	8号敢于做决定，而且大胆，他们总是能表现出自己独特的领导魅力。他的立场显得坚定，神情显得自信。有他们在身边，下属常常不自觉中产生安全感，有了主心骨，他们本身对于下属就是不小的激励。
对下属会有偏向	8号常常给有能力和自己信赖的下属很多自主权，但是对于他们认为态度有问题或者能力有差距的人不能给予同样的待遇。他们可能轻视这些人，或者可能忽视这些人，这些可能会导致下属的内心产生不满情绪。
需要更多地学习授权的技巧	8号本身习惯关注宏观，而把细节交给下属去处理。他们在授权方面做得应该挺不错的，但是因为他们采取行动可能很快，其他人可能难以赶上他们的节奏。为了避免这样的情况发生，他们自己的态度和方案的表达可以滞后一点。这样，一方面可以减少下属对自己的依赖，另一方面也可以让自己通过广泛的授权获得更大的视野和更多自由时间。
需要更多地学习关注人的因素	8号领导引领工作时，常常显得心浮气躁，不能和他人和睦相处，他们很难耐住性子，不愿意在别人身上浪费时间。这样的态度常常会让其他人感觉心里不满，他们如果能以更温暖的方式回应别人，那么他们会得到更多的支持。
需要学会工作的时候制造乐趣	8号常常抱着严肃认真的态度参加工作，他们总是全力以赴地参与其中，并且要求自己的下属保持和自己一样的节奏。他们的苛求和严肃常常让自己的下属感觉到压力。他们如果自己能够放松一些，那么员工也可以更加放松，相比一直紧绷的心弦，这样的工作效率可能反而更高。

总之，8号在目标激励的时候，如果能更多关注自己的特点，发挥自己的优势，避免和弥补自己的弱点，他们可以做得更好。

8号掌控变化的技巧

8号常常是变化的主导者，他们喜欢拥抱变化。他们掌控变化的技巧常常有如下的表现：

8号掌控变化的技巧

巨大变革的承担者
8号领导常常是巨大变革责任的承担者，而且常常以快速有效的方式促发变革。他们自己发动的变革可能的影响越大，他们的积极性就会越高。

有引导变革的能力
8号善于获得组织中关键人物的支持，而且会运用自己的人际关系、组织能力对其他人进行感召。他们对于一些关键的细节常常也可以及时把握，具有引导变革的谋略和能力。

重视大变革，轻视小变动
8号非常享受掌控变化的过程，但是只喜欢巨大的改变，对于一些细节的小变动不能给以足够的重视，常常使大变革也难以取得真正的进展。

需要清楚表达改革愿景
8号不重视别人的想法，常常按照自己的想法发动改革，不和别人进行有效的沟通，因此需要清楚表达自己的改革愿景，寻求大家的反应。这样他们才能有效开展自己的改革。

需要容忍改革的适应过程
8号缺乏耐性，难以容忍改革推进的适应过程。他们总是要求他人尽快配合自己，并且尽快使改革产生成效。其实改革很多时候需要时间的积累，需要大家从心底认识到改革的必要。

总之，8号在引领变革的时候，要学会发挥自己的优势，避免自己的劣势，取得变革的大成效。

8号处理冲突的能力

8号的强势常常造成不少冲突，他们需要处理冲突的能力来解决这些冲突。下边的四个方面是他们所需要注意的：

建立坦诚关系	8号为人真诚坦诚，但他们喜欢自己把握关系的建立，他们会与那些他所选择的人保持很好的关系，但是对于那些他不尊敬或不信任的人显得不耐烦，难以建立深入的关系，只能成为泛泛之交。这样的态度有时不利于化解已经存在的冲突，需要克服。
有效沟通	8号的沟通方式常常是勇敢无畏、威严有力的。他们的话语显得自信而富有号召力，但是常常显得过于强势，也可能给其他人带来一些压力。他们需要注意调整自己的态度，在发生冲突时适当示弱，才可以更有效地解决冲突。
学会倾听	当8号面对自己喜欢或尊敬的人时，他们也可以是很好的倾听者。但即便如此，他们也常常只是知道最基本的内容就丧失了耐心。特别是当8号与无法信任的人交往，或者与质疑自己权威的人交往，或者对方对自己抱有敌意或横加责备时，他们会用表情直接显示自己的不耐烦，倾听之门全面关闭，对话常常也会因之结束。
提供建设性反馈	8号常常简单而直率，他们的反馈也是如此。其他人应该去做什么、需要改变什么、为什么改变以及怎么改变，他们都有明确的指示。但是他们的态度常常很激动，甚至会让其他人受到威胁。那些需要关怀的人在脆弱的时候更会觉得自己很难适应他们的火爆性格。他们如果表现出自己的尊敬和同理心，他们的反馈会更加具有建设性。

总之，冲突在8号领导的管理生活中常常不可避免，他们需要不断提高自己处理冲突的智慧和本领，以期自己能够不仅是冲突的制造者，还是冲突的平息者。

8号打造高效团队的技巧

8号是天生的领导者，领导的首要任务是构建和打造自己的高效团队，8号打造高效团队，下面的一些方面是需要加以注意的：

注重团队结构和流程建设	有些8号对团队结构和流程不是那么关注。他们喜欢根据需要制定系统，因此他们的团队可能显得没有组织。虽然这可能让8号感到刺激，但是这种无组织的状态常常引起混乱，从而使很多事情失去控制。另外，8号也可能去着手组织每一件事，在架构上也会出现控制过度的现象。他们在团队结构和流程建设上要避免走两个极端，学会平衡。
向团队成员征询意见	8号不大喜欢和团队成员讨论，也不大能够学会征求团队成员的想法，因此，他们的团队成员常常缺乏参与感，而只有让团队成员参与到关于团队建设的讨论中来，才能激起他们的积极主动性。8号完全可以寻求团队的帮助，让他们对团队结构和流程表达自己的看法，对已有的组织方式提出改进的意见。这些都可以让8号的团队建设更加符合企业内部的实际。
把握好掌控细节的节奏	8号喜欢掌控，尤其是掌控大的方向，对于细节并不是特别关注，这样就需要自己在工作进展比较顺利的时候，更加积极主动地参与掌控，使工作细节和战略一致。但是8号的掌控有时过度，有可能导致大方向的受损害。他们对细节的掌控，需要把握好节奏。
合理利用个人权威	8号常常富有权威，因而他们常常可以坚持自己的看法并且开展自己的想法。在团队的建设中，他们可能个人的意思太多，忽视了其他团队成员的看法。他们可能意识不到自己常常主观地给予信任的人过多，造成团队内部的不平衡心理。他们常常过度依赖自己，很少与人一起讨论，对团队成员不能给以足够的自治权。他们确实需要合理利用个人的权威。

8号销售方法

看看你的客户是8号吗

8号作为客户具有什么样的特点，是销售人员所应当知道的，这样在面对他们的时候才能够第一时间识别出来。他们的主要特征如下：

	8号客户的主要特征
1	表情威严，昂首阔步，目中无人，笑容爽朗。
2	不喜欢听你的推销，有自己的主见，显得主动而强势。
3	买东西注重整体的效果，对于小细节不是特别关注。
4	不会求你降价。如果对价格不满，就会强行要求。
5	专横霸道，可能对你和你的东西指手画脚。
6	随时表现愤怒，但脾气来得快，去得也快。
7	买东西下决定比较快，有冲动购物的倾向。
8	喜欢过度的行为，比如沉迷于美酒佳肴、夜生活、高强度的运动、没完没了的工作等。
9	说话直截了当，常用"我告诉你""听我的""为什么不能"等话语。
10	要求公平的买卖，不能够忍受欺骗，对维权特别有热情。

如果你的客户满足以上条件中的大多数，那么很可能他就是8号性格的客户，你就可以利用8号客户的心理特点有效地进行推销活动了。

对8号客户，直截了当一点

8号的讲话风格是直截了当。在销售活动中，他们不喜欢浪费时间，总是希望速战速决，希望你把底线摆出来，合适就买，不合适就不买。根据他们的这一特点，在对他们进行销售活动的时候，也要学会使用直截了当的语言。

向8号顾客推销要直截了当

直接讲重点，把产品的重要价值以及可能的好处直接告诉他们，并告诉他们如果不用你的产品和服务，他们会承受多严重的损失。

对要说的内容分要点以最快的时间讲出，显示你的专业性，并让他们感觉到你的干练和激情。

特价甩货

直截了当的语言是8号顾客最喜欢的。尽管有时候，这样沟通看起来似乎是几个人一起在吵架，但是这种方式可能让8号顾客觉得很过瘾、很有效，而且不麻烦。他们会认为，正是通过针锋相对的谈话，大家才可以把底牌尽快亮出来。对于他们来说，这仅仅是进一步沟通的开始。

有时候，可能你会无法适应8号这种太直接的谈话方式，你觉得一切都太直接了。这个时候，你也不妨直接告诉他们，说出你对这样的谈话感觉不好，他们也会觉得你很坦诚。

但是，需要注意的是，不可以丧失对他们的尊重。你可以直接批评他们，但是绝不能取笑或者讽刺他们，否则他们会把你当成敌人，会非常讨厌你，这样你们的交易就彻底没有希望了。

不要试图用花言巧语欺骗他们，或者引诱他们，让他们感觉到你在操纵他们，否则他们会真正地发怒。这也是你们交易的一个雷区，一旦触碰，便很难有更好的前景。

在谈产品的优点时，不妨谈一谈产品为何可以增加他们掌控外界的能力。这样的时候，他们常常会马上对你的产品产生浓厚的兴趣，因为这是他们十分关注的一个问题。

总之，如果你能够使用直截了当的语言，那么你们的沟通常常比较顺利，而且能使双方以较短的时间达成交易。

不要被他们的强势吓破了胆

8号的讲话风格常常非常强势，他们总是直截了当进行要求，显得粗鲁。他们甚至会对着你的产品和你本人指指点点，大声吼叫，和你讲价的时候，也会显得比较凶。一些比较胆小的销售员甚至会被他们的强势所吓倒。

面对强势的8号，销售员需要的是冷静，因为只有冷静的头脑才可以做出最佳的判断，找到8号顾客的弱点，并且让他们被你所征服，就像下文中的这位女士成功保护住她的名贵耳环一样。

把你的耳环
摘下来。

阿加莎·克里斯蒂参加完一个宴会时已经很晚了，她笑着拦住要送她回家的朋友夫妇，独自一人匆匆上路了。

她独自一人走在行人稀少的大街上时，在一幢大楼的阴影处，一个高大的男子，手持一把寒气逼人的尖刀，向阿加莎·克里斯蒂扑了过来。克里斯蒂知道逃走是不可能的，就索性站住，等那人冲上来。"你，你想要什么！"克里斯蒂显出一副极为害怕的样子问。"把你的耳环摘下来。"强盗倒也十分干脆。

一听强盗说要耳环，阿加莎·克里斯蒂紧锁的眉头舒展了。只见她努力用大衣领子护住自己的脖子，同时，她用另一只手摘下自己的耳环，并一下子把它们扔到地上，说："拿去吧！那么，现在我可以走了吗？"

强盗看到她对耳环毫不在乎，只是力图用衣领遮掩住自己的脖子，便认为她的脖子上有一条值钱的项链。他没有弯下身子去捡地上的耳环，而是重新下了命令："把你的项链给我！""噢，先生，它一点也不值钱，给我留下吧。"

"少废话，动作快点！"克里斯蒂用颤抖的手，极不情愿地摘下自己的项链。强盗一把抢过项链，飞也似的跑了。阿加莎·克里斯蒂深深地舒了口气，高兴地拾起刚才扔在地上的耳环。

原来，阿加莎·克里斯蒂保护项链是假，保护耳环是真，她刚才的表演只不过是为了把强盗的注意力从耳环上引开而已。因为，她的钻石耳环价值480英镑，而强盗抢走的项链，是玻璃制品，仅值6英镑。

处于冷静状态的大脑才有可能做出正确的判断，这是走出困境的关键。克里斯蒂声东击西，用假象使对方上当，不愧是智慧的女子。面对8号顾客，也需要这种冷静的智慧，不要被他们的强势吓破了胆。

不妨使用以柔克刚的诀窍

8号非常强势，对待他们不能硬来，只能智取，而以柔克刚就是应付他们的一种好方法。

他们如果是硬汉，那么可以安排柔情的女推销员和他们对阵；如果他们是强势女，可以给他们安排文雅的男推销员和她们对阵。这些是性别上的以柔克刚。他们如果很强势，那么你不妨主动示弱，承认他们的权威，并且给足他们面子，这样能让他们感觉到自己受到承认，也会让他们淡化自己强硬的态度。这是态度上的以柔克刚。

以柔克刚是一个哲学命题，也是为人处世的一个大智慧，在面对至刚的8号时，其中的道理值得我们认真品味。说到以柔克刚的道理，不妨认真读一下下边这篇小散文。

水可以放入碗中成为碗的形状，放入杯中成为杯的形状。它是如此的具有柔韧性、适应性、协作性，而不会一味用蛮力对抗。

水虽然具有很强的忍耐性，但有时又能显得无比强大，有时它的力量足以轻易推动巨石。因此，一个镇静如水的人，可以凭借其强大的内在力量，对付一位嚣张自负的挑战者。

水，静止时是如此的澄清，而一旦它汹涌咆哮起来，它又变得那样的浑浊而具毁灭性。当我们心灵宁静时，我们的思想是最清朗的，并且能够极好地自我控制。

水能够无视重压而前行。它流过篱笆，流过基底而毫不褪色。它永不分离，没有分裂结帮的特性，在任何情况下都是平等互助的，可以在地球表面的任何物体上流动。

如果你与水协作，那么水就是你的朋友；如果你反击它，那么你就会落入水中，极有可能沉没。正如现实中，如果人们彼此抗争，则极有可能他们就会陷入无底的冲突、猜疑和憎恨的深渊中。只有那些高尚守信的人们，才能彼此适应，而更加和平相处。

偶尔也要和8号客户"硬碰硬"

8号有时候显得特别强硬，这个时候向他们销售产品，可以改变一下自己的策略。礼节性的东西他们不接受，那么你也可以采取冲突的方式，大胆地和他们"硬碰硬"，表现出你强硬的一面，这样说不定反而能赢得他们的尊重，那么成交就是迟早的事了。

中国古典小说《水浒全传》中就有这样一段故事，说的是李逵和张顺是如何成为朋友的：

宋江因触犯法律被发配到江州，与戴宗、李逵三人到江边酒馆去喝酒。

宋江嫌鱼汤不好喝，叫酒保去做几碗新鲜鱼烧的汤来醒酒。正好酒馆里没有新鲜鱼，于是李逵跳起来说："我去渔船上讨两尾来与哥哥吃！"

李逵走到江边，对着渔人喝道："你们船上活鱼拿两条给我。"一个渔人说："渔主人不来，我们不敢开舱。"李逵见渔人不拿鱼，便跳上一只船，顺手把竹篙一拔。没想到他这一拔，就让鱼全跑了。

大家七手八脚地拿竹篙来打李逵。李逵大怒，和众人打得火热。正在这时，绰号"浪里白条"的渔主人张顺来了。张顺见李逵无理取闹，便与他交起手来。张顺水性极好，李逵不是他的对手。他便将李逵按在水里，李逵被呛得晕头转向，连声叫苦。

这时候戴宗跑过来，对张顺喊道："足下先救了我这位兄弟，快上来见见宋江！"原来，张顺认得戴宗，平时又景仰宋江的大名，只是不曾拜识。

听戴宗一喊，张顺急忙把李逵托上水面，游到江边，向宋江施礼。戴宗向张顺介绍说："这位是俺弟兄，名叫李逵。"

张顺道："原来是李大哥，只是不曾相识！"李逵生气地说："你呛得我好苦呀！"张顺笑道："你也打得我好苦呀！"说完，两人哈哈大笑。戴宗说："你们两个今天可做好兄弟了。常言说：不打一场不会相识。"

几个人听了，都笑了起来。

所以，也不要一味回避冲突，偶尔也要和8号顾客"硬碰硬"，这样你们反而可能成为朋友。

8号销售人员的销售方法

8号销售员是具有支配和控制欲望的销售员，下面分别将其针对九型人格各个类型的客户所应采取的销售方法进行简单的介绍：

遇到1号客户时

我觉得1号顾客很挑剔，有时候忍不住催促他们，却常常吵了起来。后来，我学会了用严谨和真诚的语言，避免和他们进行争论，对他们的标准表示欣赏，他们也因此而接受了我的豪爽。

遇到2号客户时

我常常能够感觉到他们对于家人朋友的关心。我不用采取强势，只需站在他们的角度，向他们描述我们的产品会让他们的家人多么开心，他们就会非常高兴，很快就做出购物决定。

遇到3号客户时

我有时看不惯他们的虚伪、爱炫耀和自我吹嘘。我不表现自己的强势和厌恶，学着去发现他们的闪光点，给他们赞美，他们会很高兴，因而很爽快地与我成交。

遇到4号客户时

我觉得4号顾客特别感性，我尝试去理解他们，向他们透露我细腻的感觉。他们开始会觉得我很怪，但是慢慢地会觉得我是一个特别有艺术气质的人，就更加喜欢接受我的产品了。

遇到5号客户时

我觉得5号顾客有点学究气，他常常喜欢自己去研究，不喜欢我在旁边说话，我就尝试着不打扰他们，没有想到，他们很多时候很快就做出了决定，我发现，沉默和聆听也是一种智慧啊。

遇到6号客户时

我常常觉得他们有很多忧虑，有点犹豫不决。我尝试耐心和他们探讨他们心里那些负面的东西，并给出我们的解决方法，他们很快就把疑虑打消了，而且成了我的忠实顾客。

8号销售员的销售方法

遇到7号客户时

我常常觉得他们特别爱享受，我喜欢他们来消费，而且和他们非常合得来，因为我也很喜欢时不时疯狂一下，只要我不给他们太多压力，我觉得他们很容易就从我这里拿货了。

遇到8号客户时

我们常常会有英雄相惜的感觉，我会和他们开门见山，但不会表现自己的强势，不卑不亢。我们常常可以很好地合作。我们有时候会互相吵上几句，但不会影响我的生意。

遇到9号客户时

我觉得他们太犹豫了，当我耐心和他们交流，并且试图让他们自己拿主意的时候，他们会问我的意见，我就给他们讲一下我的推荐和看法，多花点时间货就卖出去了。

销售是有针对性的战斗，如果把握了客户的心理特点，相信8号销售员也可以成为一名优秀的销售人员。如果你想有更好的业绩，那么确实应当好好考虑一下，了解顾客的人格类型，从而采取不同的策略。

第8节

8号的投资理财技巧

强者也需要遵守游戏规则

　　8号常常是规则的制定者，但同时也是规则的破坏者。他们在投资理财领域，常常也恣意妄为，忽视和打破各种规则的限制，这让他们有掌控全局的感觉，但是也可能给他们带来很大的伤害。

　　8号有不遵守规则的习惯，他们总是妄想通过投机取巧来获取意外收入。他们总是想挣快钱，但是最终受伤害的常常只能是他们自己。

各个行业和领域都会有一些游戏规则和限制，如果不遵守游戏规则，强者也会被罚下场来，而只有懂得在规则内进行自己的活动，才是真正的长远发展之道。

　　经济学中有个著名的"木桶定律"：一只木桶装水的最大容量是由最短的一块木板决定的，而"遵守规则"这个经常被人忽视的品质就是那个最短的木板。所以，不管8号在哪个投资理财领域，如果忽略了这一点，他们的"木桶"就难免容量变小，水流外溢。

　　坚守规则，是一种黄金般的品质。只有扎扎实实，8号才有可能坚持到最后，笑到最后，因为强者也需要遵守游戏规则。

学会寻求他人的帮助

　　8号常常有意拒绝承认自己的弱点，把别人的帮助看成怜悯。他们不到万不得已，不会承认自己需要他人的帮助。即使真的去请求帮助，他们的措辞和语气也都像命令一样。

　　实际上，任何一个人都不可能不依靠其他人，在投资理财领域也是如此。8号的生意和事业终究有超出自己控制力的时候，自力更生在很大程度上只是个错觉，他人的帮助不仅不会削弱自己的力量，反而使他们的事业大有发展。8号若想在投资理财领域取得成功，必须学会寻求他人的帮助。

　　8号应该知道，就像右边故事中一样，一些被忽视的力量在关键时刻反而能成为自己的贵人。

　　一只老鼠掉进了一个深深的水坑里，怎么也爬不上来。可怜的老鼠心想，这个水坑大概就是自己的坟墓了。

　　正在这时，一只路过大象救了老鼠。"谢谢你，大象。你救了我的命，我一定会报答你。"大象笑着说："你一只小老鼠怎么报答我呢？"

　　没多久，大象不幸被猎人捉住了。猎人们用绳子把大象捆了起来，准备等天亮后运走。大象正在为逃脱发愁，这时，小老鼠突然出现了。它咬断大象脚上的绳子救出了大象。"你看到了吧，一只小老鼠也有派上用场的时候！"小老鼠对重获自由的大象说。

在投资理财活动中，8号一定要学会利用他人的力量。这些人可能是表面上的弱者，也可能是现实中的强者。与其自己苦苦追寻金钱和财富而不得，不如将视线一转，寻求你身边其他人的帮助。

提前给自己留条后路

生意场上瞬息万变，许多事情都难以预料。再有本事、实力再强的人，都不敢说自己做生意从不会失手。没有不冒风险的生意，获利多少与所冒风险的大小成正比，生意规模越大，获利越大，风险也就越大，但敢于冒险，也要特别注意为自己留条"后路"。

对于8号投资者也是如此。他们喜欢冒险，喜欢"倾巢而出"，孤注一掷，常常具有破釜沉舟的豪情，有置之死地而后生的决心。这种冒险精神固然可贵，但是不可否认风险太大，一旦出现失败，将难以有翻身的日子，所以，在投资理财活动中，应该学会给自己留条后路。

兔子是弱者，为了生存，通常要在觅食区域内挖多个洞穴，这样万一遇到敌人，可以就近藏到一个洞穴里，从而确保自身安全，这就是人们常说的"狡兔三窟"。8号在投资理财过程中，可以学学兔子，不把所有钱押在一个"宝"上，给自己多留几条后路，多选择几个投资渠道，比如追求稳健可以选择储蓄、国债和人民币理财，追求收益可以投资房产、信托和开放式基金，并且要根据形势及时调整和选择更好的"洞穴"，这样就可以最大限度地化解风险，提高理财收益。

有位从事投资多年的李先生说："我是套不怕，不怕套。我买邮票的时候，邮票被套，不过那时股票市场让我大赚一笔；后来股票被套的时候，我投资纪念币又弥补了这部分损失。此消彼长，这几年算下来，我的收益一直在增加。"

李先生之所以能够取得不错的投资回报，原因就在于他的投资策略。通过采取互补型投资方式，把鸡蛋放在不同的篮子里，才不至于一旦失手打翻某个"篮子"，便将自己所有的"鸡蛋"赔光。

再厉害的理财专家，也会出现失误的时候。把所有的资金都集中在一个品种上，一旦出现问题，就会给自己带来难以估量的损失。而采取分散投资的方法，即便局部出现意外，也能保全多数。因此，分散投资已经成为理财的不二法宝。当你的篮子足够多时，鸡蛋的总数又怎会少呢？

很多著名公司也都知道给自己提前留条后路，不把所有的投资都集中到一个"篮子"里，作为保全自我品牌和财富的一条重要方法。

任何投资都会有风险，只赚不赔的买卖永远不存在。8号只要守住自己的钱袋，不冲动，不盲目，不贪婪，不把所有钱押在一个"宝"上，提前给自己留条后路，就能躲开投资的陷阱。

倾听他人意见，8号可以更理智

8号常常认为自己是对的，不愿意倾听他人的意见，认为向别人请教是多余的，即使听到别人的忠告谏言，往往也心怀不平，认为别人驳了自己的面子，会勃然大怒，不予理会。

古人说得好："人非圣贤，孰能无过。"8号只是凡人，在投资理财活动中会犯错误，这个时候，就需要有倾听他人的能力，这样才能变得更加理智，从而避免一些错误。

中国历史上第一位皇帝秦始皇，就是因为倾听了李斯的意见，才恢复自己的理智，避免犯下一个大错。

秦始皇掌权后下令：凡是从别国来秦国的人都不准住在咸阳，在秦国做官任职的别国人，就地免职，3天之内离境。

李斯认为，秦始皇此举实在是亡国的做法，因此上书进言，详陈利弊。他说：从前秦穆公实行开明政策，广纳贤才，从西戎请来了由余，从东边宛地请来了百里奚，让他们为秦的大业出谋划策；而且，当时秦国的重臣蹇叔来自宋国，丕豹和公孙枝则来自晋国。这些人都来自异地，都为秦国的强大做出了巨大贡献，收复了20多个小国，而秦穆公并未因他们是异地人而拒之门外。

李斯直言秦始皇的逐客令实在是荒唐至极，把各方贤能的人都赶出秦国就是为自己的敌国推荐人才，帮助他们扩张实力，使自己的实力被削弱，这样不仅统一中国无望，就连保住秦国也是一件难事。

李斯之言使秦始皇恍然大悟，急忙下令收回逐客令。秦始皇因为听取了李斯的建议，不但留住了原有人才，而且吸引了其他国家的人才。秦国的实力逐渐增强，10年之后，秦始皇终于完成统一大业。

我们常说，一个人不怕他聪明，最怕的是他自作聪明。自作聪明的人常常自以为是，独断专行，不听取他人的意见和忠告。他人的好意在他们看来变成了图谋不轨，一切都当耳旁风。

8号在投资理财活动中，一定要避免这种错误，懂得倾听他人意见，不要自作聪明，坚持自己的狭隘看法。这样8号可以变得更加理智起来，也可以更加容易取得成功。

减少冲动，让8号少走弯路

8号冲动而热情，他们讨厌反复思考，常常在一时激动之下飞快地做出决定。他们常常只是看到机会，却难以看到危险。他们喜欢直来直去，一般不会变通或迂回。他们的眼中往往只有目标，却可能忽略行为的后果和代价。

这些行为都是冲动的表现，在投资理财活动中，这样的冲动是有害的，他们常常会因为冲动而陷入财政危机，走一些弯路，就像故事中的蝴蝶一样，因为自己的天真和冲动，付出惨痛的代价。

一只美丽的蝴蝶在朦胧的暮色中飞来飞去，尽情地享受着傍晚的清凉。突然，远处的一座房子里透出了一点灯光，好玩的蝴蝶立即飞过去想看个究竟。

飞进房子之后，它看见窗台上亮着一盏油灯。蝴蝶一边好奇地打量着油灯，一边绕着油灯上下飞舞着，它觉得这陌生的东西太漂亮迷人了！

单是欣赏还不够，蝴蝶决定跟亮眼的火花认识一下，还要和它一起游戏，就像平时在公园里坐在花瓣上荡秋千似的玩耍一会儿。它转过身子，朝着灯焰直飞了过去。突然，蝴蝶感觉到身上一阵剧烈的刺痛，而且有一股气流把它向上推去。心惊肉跳的蝴蝶赶紧在小油旁停了下来，它吃惊地发现：自己的一条腿不见了，那漂亮的翅膀也被烧了一个很大的洞。

"怎么会发生这样的事呢？"蝴蝶不知所以地问自己。它围绕着油灯飞了好几个来回，始终觉得灯光丝毫也没有伤害自己的意思。于是，它放心大胆地向灯焰扑了过去，想在它上面荡秋千。谁知它一飞到火焰中，立即就跌进了油灯里，被烧成了灰烬。

"可怜的蝴蝶！"油灯说，"你太幼稚天真了，你把我当成了洒满月光的花朵，这难道是我的过错吗？我的使命是给人们带来光明，但谁如果不了解我，不懂得谨慎地使用我，就会被我的火焰烧伤。"

投资理财中使用金钱，就像和油灯做游戏一样，可以享受油灯带来的光明，但使用不慎也可能被它烧伤。对于每一个投资理财的决定，必须进行全面深入的了解。否则，做事盲目冲动，用感情用事的态度对待金钱，常常导致令人不能承受的严重后果。冷静、理性应成为8号的投资理财准则。只有减少冲动，他们才能够少走弯路。

第9节

最佳爱情伴侣

8号的亲密关系

8号在亲密关系中，常常喜欢控制对方的一切，不希望恋人控制自己的生活，但在找到安全的感觉时，他们也有可能屈服于对方，并且把自己当作恋人的一部分。

一般来说，8号的亲密关系主要有以下一些特征：

8号亲密关系的特征
1　8号习惯按照自己的喜好去行事，不习惯征求恋人的意见。
2　8号习惯监督自己的恋人，希望恋人的行为在自己的控制当中。
3　8号常常选择比自己弱小的伴侣，他们希望一切都在控制中。
4　8号希望成为关系的主宰，但是如果伴侣拒绝被控制，他们也会感觉很有吸引力。
5　8号习惯保护自己的恋人，像保护自己一样去保护他们。
6　在困难当中，8号常常是坚定而有力的依靠。
7　8号常常不允许自己表现柔情蜜意，他们逃避自己的脆弱情感。
8　8号如果受到伴侣的伤害，他们常常选择报复。
9　8号不害怕和伴侣争吵，相反，他们还把争吵当作双方沟通思想的手段。
10　8号习惯承担保护者的角色，他们不习惯被呵护的感觉。
11　8号也可能放下武装，认可自己的伴侣，成为一个真诚的爱人。

总之，8号在爱情中常常是极具控制欲的角色，他们也是坚定的保护者，是一个侠心义胆的恋人，是危难之时坚定的依靠。他们在亲密关系中常常会发生一些摩擦，他们的爱情是充满刀光剑影的控制和反控制游戏，充满火药味。

8号爱情观：爱即是保护

在8号的心目中，理想的爱情就是自己一生一世地守卫自己的伴侣，并且忠实地照顾他们。

8号习惯照料和关怀，不习惯别人的呵护。即使是面对亲密的伴侣，他们也很难表现自己柔情的一面。他们认为这种感情代表软弱和依附，总是自觉担当保护伴侣的重任。他们愿意全心全意、一生一世地去照顾自己所爱的人，用实际行动而不是浪漫的言语来实践自己对爱情的承诺。

为了心爱的人，他们对可能的威胁特别敏感，若发现爱人受欺负，他们会不惜一切代价为他们讨回公道。他们绝对是能够为伴侣提供保护的角色。无关痛痒的芝麻小事，也许他们不会在乎；但是涉及原则的大是大非问题，他们绝不会轻言让步。他们会为爱人争取公平而与人争执，甚至不惜大打出手。

8号在生活常常主动承担家庭责任，让对方不受压力和伤害的困扰。他们慷慨大方，总是设法满足爱人的各种物质要求，经常通过买礼物来表达自己的爱意。

他们常常会为家庭打算，制定阶段性的发展目标。他们的目标具体而实在，买什么车、买什么房、要有多少存款、要不要移民，会一点一滴努力，让目标一步步实现，尽管具体实现的时间不一定很明确。

他们是特别实实在在的爱人，是能够过日子和对爱人提供实实在在保护的爱人，他们的心思也许没有那么细腻，他们的态度也许显得过强势和霸道，他们也许显得太爱监督和控制，但是他们是真诚的保护者。有他们在身边，他们的爱人常常感觉到安全和内心的放松。他们的心目中，爱即是保护。

8号在爱情中习惯照料和关怀自己的爱人，愿意为自己的爱人付出一切。他们的重行动甚于重承诺。

甜蜜爱情不需要强势

在爱情中，8号伴侣常常显得过于强势，他们常常以对方认输为停止冲突的条件，他们在爱情中具有强硬的风格，很难表露自己的甜言蜜语，也不愿意表现自己内心的软弱。他们认为一示弱就会破坏自己构建的强势形象，让恋人觉得自己好欺负，甚至会遭到恋人的厌烦。但是甜蜜的爱情并不需要强势，正如下边这个踩鞋的故事所描述的一样：

踩鞋是结婚时的一种风俗习惯，它流传于黄河入海口一个叫作老河口的地方。意思是说，不管是新郎官还是新娘，只要在洞房花烛夜的第二天早上，先踏上对方的鞋子踩一踩，就意味把对方踩到自己的脚下，一辈子不会受气。

小玲和大威的大喜之日，大威心花怒放，能娶到美若天仙的媳妇真是自己一辈子的造化。几位好哥们儿羡慕不已，纷纷敬酒道贺。大威最铁的一个哥们儿叫于飞，对他开玩笑说："哥们儿，到时候可别重色轻友忘了哥们儿啊。"

大威借着酒劲，信誓旦旦地说："你别从门缝里把哥们给看扁了，我是那样的人吗？我肯定不会重色轻友啊。"于飞把嘴一撇，几位哥们儿也随声附和，闹了大威一个大红脸。

他喝完一杯酒，问道："哥几个，你们让我怎么做才相信呢？"

于飞让其他人找来了几个带刺的蒺藜，然后对大威悄声说道："我们给你一个考验友情的机会。明天一早，新媳妇肯定会踩你的鞋，你把这个放进去，她只要一踩就会刺破脚。要是明天我们再来的时候，看到你媳妇的脚破了，我们就会相信你了。"

大威接过蒺藜，义无反顾地说："你们就等好吧，我绝对不会让你们失望的。"

酒席散后，大威脱鞋上炕，顺手把蒺藜放入鞋中，如释重负。大威对新媳妇说："别看我长得不好，我人好、心好、会疼人。你嫁给了我，我会让你一辈子不受任何委屈和伤害，让你永远幸福快乐！"

第二天，天刚蒙蒙亮。大威睁开眼睛就看到小玲准备下炕，就一个激灵爬了起来，正好看到小玲一只脚刚要穿上他的鞋，就一把把她拉到了炕上，自己顺势穿上了鞋子。

小玲坐在炕上，恼羞成怒，站起来狠狠踹了大威后背一脚，大威猝不及防，摔倒在地。

小玲气急败坏道："你说话等于放屁，昨天晚上说得比唱得还好听，说什么不让我受任何委屈和伤害。现

在倒好，我踩踩你的鞋都不让。本来嫁给你就不
如意，难道还让我受你一辈子气？"小玲越说越
伤心，抽泣起来。

大威坐在地上，把鞋慢慢脱下来说："我要是
不害怕你受到伤害，早就让你踩我的鞋了，只是
我鞋里有蒺藜，怕刺破你的脚。"说着从脚底板上
拔下蒺藜，血接着冒了出来。小玲大吃一惊，欲
言又止："你……"

大威急忙解释说："这是我朋友出的主意，为
了考验我是不是重色轻友，让我把这个东西放到鞋子里。我害怕刺到你的脚才抢着穿的，这不是怕你受到伤
害吗。"

一股暖流立即涌往小玲心头，她陶醉了，眩晕了，幸福的感觉浸染了一切，她情不自禁说了一句话："我
们谁也不踩对方的鞋，幸福地过一辈子。"

是的，真正甜蜜的爱情生活，一方压倒另一方是不需要的。在爱情的世界里，只有从内心深
处展现出来的爱，才是真正力量的源泉，也才能真正酿出爱情的甜蜜滋味。对于习惯强势的8号来
说，适当地控制自己对伴侣的掌控欲，尊重伴侣的想法，才能享受爱情的甜蜜。

不要忽略爱人的感受

8号伴侣常常专注于自己的欲望，常常去体验自己对生命的掌控感，但是他们常常可能会忽略
爱人内心的感受。

他们认为"人应该自己争取想要的一切"。如果爱人不主动表达自己的好恶，8号伴侣就会把
爱人的表现看成对自己的认同，并且要求对方支持和配合自己的决定和行动。

他们对爱人认为自己被忽略了的埋怨常常不予理睬，也不去采取行动进行安慰。他们认为一切
都是对方自己选择的，所以对方理应承受应有的结果。如果对方一再强求，他们甚至会觉得对方不
可理喻，并且会以极端的态度去对待对方。

但是人与人之间情感的沟通，是交往得以维持并向更为密切方向发展的重要条件，8号也需要
学习重视爱人的感受。如果是一个女8号，下文的一些方面是她在情爱关系中需要注意的小细节，
这样她们也能成为一个懂得爱人内心的女人：

了解他的口味	他特别喜欢的小点心是什么？他喜欢吃什么饭菜？只要他说过，你能放在心上，那就最好不过了。就算他从来没说过，你也可以观察到。而这些，都是让他快乐的"线索"。
送上细心而细小的体贴	什么时候他最需要一杯热茶或热咖啡？工作了一天，刚刚进门，身心俱疲的时候；受了一些挫折，心情不太好的时候；不为什么，只是想一个人静一静的时候……如果你在这种时刻需要握一杯热茶（咖啡）在手中，那么你的男人一定也喜欢这样。
谢谢他的"好"	你的他把碗洗好了，你拿一张擦手纸或一条毛巾给他，对着他甜甜一笑，说："谢谢你，辛苦了！"你的他为你拿来一杯茶，你马上说："啊！谢谢！你怎么知道我正想喝？"
给足男人面子	男人把自己的面子看得比什么都重要，不管在私下里他有多怕你，在人前你一定要给他面子，男人都不喜欢朋友们取笑他怕老婆。
满足他的虚荣心	男人大多喜欢吹牛，千万别戳破他的这个小把戏，因为这样做可以让他们得到一点力量，找到一点自信，好继续人生征程的拼搏。只要爱人得到快乐，轻松一点装傻附和他一下不是很好吗？
不要让虚荣和功利迷住眼睛	物质的追求是无止境的，你的人生不是活给别人看的，鞋子合不合脚只有自己知道，舒服最重要。千金易得，有情郎难寻。金钱有价，真爱无价。

以柔克刚	男人为何喜欢温柔的女人？因为他们虽然外表坚强，但内心很脆弱，他们需要妻子的柔情似水，轻怜蜜爱。只要你有优雅的外表和气质，有含情脉脉的眼神，以柔克刚就是轻而易举的事。
爱他的父母	爱人的父母就是自己的父母，对他的父母好，他也会对你更好。

同样，男8号也有很多需要注意的地方。只要8号懂得了解自己爱人的内心，那么他们的同理心就会更强，而他们也能更多地赢得自己爱人内心的感激和回应，他们也能成为体贴人心、粗中有细的好爱人。

不要过度干涉爱人的自由

8号在爱情中常常比较强势，他们常常干涉自己的爱人，控制欲特别强。她们肆无忌惮，把男人呼来唤去；他们随意支配，干涉女人的思维和行动。他们的大男子主义和大女子主义显露无遗，一味要求对方妥协，他们的爱人常常没有真正的自由。

他们的爱人常常非常痛苦，不能做自己命运的主人，没有自主权，而自由是每个人都需要的，只有给爱人足够的自由，才可能产生真正的爱情，而8号也才能真正得到爱情的幸福。正像故事中的加温一样，他给了女巫选择的自由，他也拥有了一位白天和夜晚都美丽的新娘。

年轻的亚瑟国王被邻国抓获。邻国的君主没有杀他，并承诺：只要亚瑟能够回答一个非常难的问题，他就可以给亚瑟自由。

这个问题是：女人真正想要的是什么。

这个问题连最有见识的人都困惑难解，何况年轻的亚瑟？于是人们让他去请教一位老女巫，只有她才知道答案。女巫答应回答亚瑟的问题，但他必须首先接受她的交换条件。这个条件是：让自己和亚瑟王最高贵的圆桌武士之一、他最亲近的朋友加温结婚。

亚瑟王惊骇极了，他无法置信地看着女巫，她实在是丑陋不堪，而且浑身发出难闻的气味。亚瑟拒绝了，他不能因为自己而让他的朋友娶这样的女人。

加温知道这个消息后，对亚瑟说："我同意和女巫结婚，对我来说，没有比拯救你的生命更重要的了。"

于是，婚礼举行了。女巫也回答了亚瑟的问题：女人真正想要的是主宰自己的命运。每个人都立即知道了女巫说出的真理，于是邻国的君主放了亚瑟王，并给了他永远的自由。

新婚的夜晚来临了，加温走进新房，却被眼前的景象惊呆了：一个他从没见过的少女正躺在婚床上！加温如临梦境，不知这到底是怎么回事。少女回答说，因为当她是个丑陋的女巫时，加温对她非常体贴，于是她就让自己在一天的时间里一半是丑陋的，另一半是美丽的。她问加温，在白天美丽和在夜晚美丽，你想要哪一种？

但加温没有做任何选择，只是对他的妻子说："既然女人最想要的是主宰自己的命运，那么就由你自己决定吧！"

于是女巫选择——白天和夜晚都是美丽的女人。

是的，每个人都希望命运掌握在自己手里，要做命运的主人。加温懂得这个道理，才拥有了美丽的新娘。8号在爱情中也要特别注意，做自己命运主人的同时，也不要去过多地干涉爱人的想法，这样他们才能真正拥有完美的爱情。

女8号在情爱关系中需要注意的细节

如果你是一个女8号，在情爱关系中需要注意一些小细节，这样也能成为一个懂得爱人内心的女人。

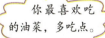

你最喜欢吃的油菜，多吃点。

了解他的口味

他特别喜欢的小点心是什么？他喜欢吃什么饭菜？只要他说过，你能放在心上，那就最好不过了。就算他从来没说过，你也可以观察到。而这些，都是让他快乐的"线索"。

你没有钱我也和你在一起。

不要让虚荣和功利迷住眼睛

物质的追求是无止境的，你的人生不是活给别人看的，鞋子合不合脚只有自己知道，舒服最重要。千金易得，有情郎难寻。金钱有价，真爱无价。

要放假了，去给你父母买些礼物带上吧。

爱他的父母

爱人的父母就是自己的父母，对他的父母好，他也会对你更好。

第10节

塑造完美的亲子关系

8号孩子的童年模式：关爱需要争取

8号孩子在童年常常需要争取自己的权利，否则他们的情感会被忽略掉。他们发现，他们关心的人和在乎的人，并不在乎他们的感受，他们的情感是被忽略的、被拒绝的。他们总是认为，别人并不在乎自己，自己为了维护自己的权利，必须主动去争取才有希望。他们害怕只要自己表现软弱，就不会有人爱自己和关心自己了。

在8号的眼里，所有的事情都与公平与正义相连，他们思考和看待每一件事的方式都是"这件事是否公平""当中是否有有违正义的现象"，因此，他们对父母的看法也取决于父母一贯的处事方式。如果父母的性格

8号孩子从小就对自己的家庭有一种保护欲，会自觉保护自己的家人，以期获得家人的关心。

比较懦弱，敢怒不敢言，遇到不公平不合理的事不敢抵抗，只知道逃避，或者经常出现待人不公的行为，他们就会产生不认同的情绪，年纪较小时一般会默不作声，但长大之后反抗行为就越来越严重，经常不依从父母，和父母顶嘴，因此会给人留下反叛的印象。此时在8号孩子的心里，父母已经不再是能保护他们和能维护公平的人了，他们必须让自己变强大，用自己的力量来主持公平。

8号孩子从很小的时候就坚信保护亲人是他的义务，如果父母能够发挥强者的气势，他们就会乖乖站在一旁随时准备出手协助父母；如果父母不在或比较软弱，他们就会自觉扮演保护家人的角色。如果有人伤害了他们的亲人，他们往往会比自己受到伤害更难受。他们从小就有这样一种信念：你伤害我可以，但如果伤害我的家人，那我一定不会放过你。

8号孩子对父母怀有一种矛盾的情感，既不认为自己与父母有紧密的联系，又不会对父母完全不认同。他们希望自己可以协助家庭中的养育者，成为养育者的补充角色。由于家庭中的养育者一般是母亲，通常具有呵护养育的责任和温和柔暖的品质，8号会自觉代入与之相对应的父亲的角色，扮演家里刚强、坚定、勇敢的保护者，以此来实现一个完整家庭里角色之间的平衡。

帮他改掉"小霸王"的毛病

8号是个很容易让家长感到头疼的类型他们是典型的"小霸王"，做事有些独断专横，凡事随着自己的性子来，喜欢支使别人，完全不受家长的控制。每个8号孩子身体里似乎都充满了爆炸性的能量，必须马不停蹄地尽情释放才能令他们舒缓下来。因此，家长所看到的8号孩子常常是大喊大叫、颐指气使的，说话的时候习惯用手指指着对方或手舞足蹈，不喜欢称呼人家的名字，说的话中常带有"你，干这个""我告诉你啊""跟我来"等命令式的口头语，语调极其坚定。

8号的孩子容易犯争强好胜的毛病。充沛的精力让他们充满热情，但同时如果"精力"用得过了头，就成了一种破坏力。

许多父母心里担心自己孩子在学校被人欺负的同时，也担心过孩子横行霸道，成为人人避而远之的小霸王。

心智尚未成熟的8号孩子心中并无准确辨别是非的概念，他们做一件事情的初衷往往只是因为好玩，认为可以从中得到乐趣。他们大量的精力得不到正确的引导，就容易力往坏处使。一个8号孩子的精力不用到有益的方向，就会成为一种破坏力量，这是很不幸的事情。所以，一定要让8号孩子把精力用在正当的有价值的事情上，用充沛的精力来吸收知识，这是孩子对于智慧的到来最合适的准备。

对于8号孩子来说，父母的态度和教育是关键。他们喜欢挑衅、欺负弱小的同学和自己性格中的抗议性以及喜欢得到别人敬仰的特点有很大关系。或许在他们年幼的时候，偶尔的挑衅没有得到父母及时的阻止，在他们心中形成了一种事事好强的习惯。父母的暴躁和对他们不良行为的过激反应，也是促使孩子性格愈演愈烈的关键因素。

如何应对"小霸王"的毛病

父母不要有过激的情绪反应

当发现自己的孩子欺负人时，先别情绪过激或做出一些过于激动的行为反应，应该先了解事情的始末，让孩子知道父母是可诉说的对象。有些孩子的打斗是属于玩笑、戏弄的，大人如果过于紧张或过度保护，也会让孩子反应过度，往错误的方向发展。

帮孩子寻找事情的解决之道

很多孩子打斗的原因，往往只是很小的事情以及不恰当的做事方法。父母应辅导孩子在非暴力、非报复的情况下，找出事情的解决之道，用一种更好的方法来处理问题，这样对孩子的帮助会更大。父母跟孩子们讨论出一个正确的方法，也可以从中训练孩子解决问题的能力。

培养孩子控制情绪的能力

培养孩子控制情绪的能力，不轻易被激怒，教他们不要太急躁，不要太在意别人的嘲笑。鼓励孩子多说"请""谢谢"和"对不起"，与人建立友善礼貌的关系。教孩子多以谦虚、尊重和欣赏别人的态度交朋友，减少自己情绪失控而暴力解决问题的机会。

总之，面对8号孩子出现的种种变化和可能做出的不良行为，家长要对孩子的行为表现进行了解，不简单地以"好孩子"和"坏孩子"的概念进行划分。试着耐心温柔地询问原因，帮助他分析整个事件，引导他从不同的角度看待事物、明确概念。当8号孩子从积极方面获得了足够的支持，他们就不太可能选择非常规方式满足自己的需求了。

教8号孩子学会倾听

8号孩子很有控制欲，反映在谈话上，8号孩子常常会打断其他人的谈话，他们很少能耐心静静听别人去表达，倾听是他们需要学习的一项重要技能。

父母不妨教8号孩子以下三点倾听方面的小技巧：

要让人家把话说完，尽量控制自己，不要打断对方

有时谈话并不是一下子就能抓住要领的，应该让对方有时间不慌不忙地把话说完。即使对方为了理清思路，作短暂的停顿，也不要打断他的话，以免影响他的思维。

要去体察对方的感觉

一个人感觉到的往往比他的思想更能引导他的行为，愈不注重人感觉的真实面，就愈不会彼此沟通。体察感觉，意思是指将对方的话中隐藏的情感复述出来，表示接受了解他的感觉，有时会产生相当好的效果。所以不要匆忙做结论，不要急于评价对方的观点。

要全神贯注地听，不要做小动作，不要走神

别人说话时，如果你不时朝窗外观看来回行驶的汽车，或低头只顾自己修剪指甲，或面露不耐烦的表情，就会让人觉得你不礼貌，就会使对方对你反感。

别让你的孩子成为孤胆英雄

8号孩子像狮子一样，总自以为能力超群、才华横溢，连走路的时候眼睛都往上看，因此常常难以找到可以合作的同事和朋友，成为"独行侠"孤胆英雄。

但是在社会当中，个人能力再强，也需要他人的协助，否则很多事情都难以成功，正如故事中的音乐家一样，他没有鼓风人员的协助，就连最简单的声音都无法演奏了。

很久以前，只有教堂里才有风琴，而且必须派一个人躲在幕后"鼓风"，风琴才能发出声音。有一次，一位音乐家在教堂举行演奏会，一曲终了，观众报以热烈的掌声。音乐家走到后台休息。负责鼓风的人兴高采烈地对音乐家说："你看，我们的表现不错嘛！"音乐家不屑地说："你说我们？那是什么意思？"说完他又重回台前，准备演奏下一首曲子。但是他按下琴键，却没有任何声音。音乐家焦急地跑回后台，对鼓风的人说："是的，我们真的表现得不错。"于是，风琴又响起来了。

一位音乐家没有他人的协助，便无法完成演出。同样，一名员工，如果没有他人的配合，就不可能顺利地完成工作。这样的话，8号孩子的事业未来就会暗淡无光了。

"独行侠"常常过于炫耀个体的力量，而忽略了整个团体，难以理解合作是团体的最大优势，成员间的默契配合会使团体发挥出最强大的力量。因此，父母要让8号孩子明白，一个人的能力是有限的，只有与人合作，才能弥补自己能力上的不足，达到自己原本达不到的目的。单个的人是软弱无力的，就像漂流的鲁宾孙一样，只有同别人在一起，他才能完成许多事业。

帮助8号孩子化解冲动

遇事冲动是8号孩子的通病，而冲动常常使8号孩子无法让人省心，下边案例中的小波就是一个典型的爱冲动的8号孩子。

小波是个8岁的男孩，从小就非常调皮，常惹事端。上小学后，这种情况更是有增无减。上课不遵守纪律，时常大喊大叫，打断老师的讲课，甚至在课堂上乱跑，不听管教；小动作不断，一会儿做鬼脸，一会儿逗同桌同学；做作业时，注意力不集中，总是东张西望；在班上不大合群，喜欢搞恶作剧，如把沙子往楼下撒，脱鞋子扔同学等，事后却满不在乎；在家里很冲动任性，一旦父母不能满足他的要求，便大喊大叫，甚至恶意破坏家具。

要懂得从小教育8号孩子，让他们合理应对冲动情绪，这样才能防患于未然，让孩子获得健康发展。

父母如何教8号孩子化解冲动

下边的这些方法可以帮助父母教8号孩子有效化解冲动：

想想刚才你为什么生气发怒?

帮助孩子认识到自己有冲动的毛病

父母可以帮助孩子回想自己愤怒的片段，回想自己只顾及行动、不计结果的场景。这样他们才能意识到自己有爱冲动的毛病，而这也是让他们改造自我的一个前提。

帮孩子合理释放冲动

孩子冲动的时候，可以支持孩子参加一些体育运动、去听音乐或者玩电子游戏。当试图和冲动的孩子沟通时，可以把他带到户外，边走边聊，这样可以有效起到舒缓冲动的作用。

那你告诉我为什么要这么做啊?

帮助孩子清除冲动源

父母需要帮助孩子找出冲动的原因，找出脉络和线索，让孩子认识到自己为什么发怒，和孩子一起研究如何避免这些事情的发生，则可以从根本上清除冲动的发生。

第11节

8号互动指南

8号领导者VS 8号领导者

两个8号相遇的时候，他们之间有很多的和谐点，但是也会产生一些沟通上的问题。两个8号在一起常常会有英雄所见略同的感觉，他们都意志坚定而实际，不会空谈，比较务实，在一起常常可使美梦成真。特别是两个8号旗鼓相当时，双方往往可以彼此信任，彼此尊重，真诚地相互沟通。问题是他们都有很强的自尊心，会不自觉地去争夺主导权和控制权，常常有一些摩擦。

组成家庭

如果两个8号组成家庭，双方常常能感觉到生活的活力，常常一拍即合。但是，他们都比较强势，只关注自己想要的，常常忽视对方的感受，所以常常大吵大闹。如果谁也不肯示弱，那么他们很可能会分道扬镳。

成为工作伙伴

如果两个8号成为工作伙伴，他们常常可以很快达成共识，相似的节奏常常让他们的配合特别有效率和推动力。但是他们不愿被他人控制，因此权力之争不可避免，除非他们有着共同的利益，并且需要相互帮助。

两个8号在一起，需要寻求共同的目标和利益，否则他们会遭遇很多内耗。另外，他们中如果有一个懂得妥协，他们的关系也能够发展得更好。

8号领导者VS 9号调停者

8号和9号相遇的时候，他们之间有很多的和谐点，但是也会产生一些沟通上的问题。8号常常以领导者的形象出现，而9号往往会被8号的大无畏精神所吸引；9号对8号往往也有安抚作用。8号能学会9号的平稳安详；而9号也可以学会8号的自信和自我肯定。但是8号的强势常常也会造成9号的退缩封闭，让他进行消极对抗，从而使双方关系陷入僵局。

组成家庭

如果8号和9号组成家庭，8号常常能利用自己兴奋的情感激发伴侣的能量，8号的欲望和9号的忘我常常会让他们共同追求舒适的生活。9号很少拒绝8号的控制欲，但在情绪低落时常常不会配合8号，这样8号往往挑起争端，而9号会不断选择逃避和转移注意力，把问题搁置下来，从而可能引发更大的矛盾。

成为工作伙伴

如果8号和9号成为工作伙伴，8号喜欢控制，会主动发起行动，而期待和谐的9号则会负责调停和提供支持。但是8号性格易怒，而9号善于被动反抗，强硬的8号对柔软而顽固的9号常常无可奈何。不过，愤怒的9号常常会将不满公开化，这样反而能让8号知道真相，而9号也因为说出真相而最终得到解脱。

总之，无论是在家庭中还是在工作中，8号和9号相遇，8号需要学会妥协和柔性，9号需要学习生气的积极意义，这样双方就都能受益。

第十章

9号调停型：以和为贵，天下太平

9号宣言：每个人的想法都有其合理性，我该选择谁呢？

9号调停者性格温和，也喜欢营造和谐的气氛。他们擅长交际，善于了解每个人的观点，却不喜欢表明自己鲜明的立场，而是听取正反两方面的意见，在两种意见之间犹豫不决，难以决断，以避免和他人发生冲突。这往往使他们忽略了自己内心的真正需求，给人以没有主见的印象。

第1节

9号调停型面面观

9号性格的特征

9号是九型人格中的和平主义者，他们的心中最大的渴求是和谐。他们为了追求周围的和谐，不惜牺牲自己的意志，成为一个跟随者和没有主见的人。他们对于和谐的希望非常强烈，他们害怕冲突。他们认为自己的意见微不足道，只要一切能够恢复平静。他们不懂拒绝，也很少坚持。他们的人生信条是："为了和平，我愿意把自己忘记。"他们的主要特征如下：

	9号性格的主要特征
1	善于倾听，很好的调解员，能站在两边为对立的双方说话。
2	关注他人的立场，富有同理心，但难以坚持自己的立场。
3	难于拒绝别人，但对于答应的事，可能依靠拖延来表达不同意。
4	善于欣赏事情好的方面，也能迅速发现他人的优点。
5	认同周围的世界，不挑剔，所以适应能力比较强。
6	常常关注细枝末节，重要的事情常常放到最后才做。
7	保持自己的慢节奏，不愿改变，认为所有的事情都会随时间自然解决。
8	偏爱隐藏自己，不喜欢出风头和争名夺利。
9	性情随和，很少发脾气，但被轻视或被强迫时也会发火。
10	衣着朴实，动作表情平和，女性亲切，男性憨厚，目光真诚。
11	讲话慢慢腾腾，重点不突出，喜欢说"随便、随缘、不用太认真、你说呢、你定吧"等话语。

9号性格的基本分支

9号性格常常将自己的真实愿望隐藏，转而用其他一些感觉来替代它们，这样他们就可以忘记自己的真实想法，而且不会感觉到特别压抑。他们的这种情感转移手段，使他们在情感关系上，使用以恋人为中心的融合手段；在人际关系上，使用紧跟团体的跟随手段；在自我保护上，使用一些小小的爱好来取代自己的真正需求。具体来说，9号性格者在情爱关系、人际关系、自我保护方面主要有以下特征：

情爱关系：融合

9号性格者在情爱关系中，常常习惯和对方融为一体，变得以对方为中心。这样，他们常常把恋人的想法当作自己的想法，两个人似乎变成了一个人。其行为常常围绕恋人而进行，把恋人的喜怒哀乐当成自己的喜怒哀乐。

人际关系：跟随

9号性格者在人际关系以及团体活动中，常常喜欢以团体的需要来代替自己的需要，这样他们就不用考虑自己的需要。这样跟随着，他们总有事情可以做。他们在融入团队的过程中，也可以把自己本身的需要忘掉。

自我保护：爱好

爱好可以成为9号自我保护的一种手段。这些爱好，有时候可以很小，比如说吃一些零食、学习某种技艺。通过这种让自己的心思转移的方法，他们就可以逃避，自己真正的需要就可以暂时忘记。

9号性格的闪光点和局限点

追求和谐与和平的9号，其性格中有不少优点值得关注，它们是9号引人注目的闪光点。9号也有不少缺点，这些缺点局限了9号的发展。9号如果想要突破自我，就必须对这些局限点进行充分的关注。

9号性格的闪光点	
善于调解冲突	他们常理解冲突的任何一方，不利己，态度平和，常为矛盾双方所认同，可以称得上天生的调停专家。
毫不利己，专门利人	9号做事情常常没有利己的目的，把别人的需要放在首位，希望别人能得到应得的一切。
闲适的人生态度	他们可以保持自己闲适的节奏，宠辱不惊，经得起生活中的升降沉浮，不喜欢出风头和争名夺利。
善解人意	9号善于倾听别人的内心，能非常容易地感知别人的需求，也能在真正意义上帮助别人。
个性随和，富有亲和力	只要不触碰9号最基本的底线，他们待人非常有弹性，亲切随和，使人毫无压力感。
思想富有创意	9号的内心是开放的，因而他们接受的信息也具有包容性，丰富的信息也让他们具有较丰富的创意源头，可以想出一些好方法和好点子。
善于捕捉闪光点	9号善于欣赏事情好的方面，也能迅速发现他人的优点，是捕捉闪光点的一把好手。
适应能力强	9号认同周围的世界，可以接受现实生活中的优缺点，不挑剔，所以适应能力比较强。

9号性格的局限点	
缺乏积极主动精神	9号有听天由命的思想，他们不太相信自己能够改变什么，他们不能做到积极主动，这样他们会有些不思进取，难以成就事业。
自我迷失	9号常常关注周围的和谐，很清楚地了解他人的内心和需要，但是，对自己的内心，由于长期压抑，反而看不清，容易陷入自我迷失。
缺少自我规划能力	9号常常不能辨明自己的目标，不分主次，陷在日常的琐事中间，而且对时间常常不能科学安排，自我规划能力的缺乏让他们难以获得成功。
志大才疏	9号常常怀有高远的理想，但是目标常常流于宏大，不具体，不能够落实，而且现实中由于害怕冲突，常常缺乏勇气开展自己的理想，常留下志大才疏的遗憾。
优柔寡断	9号考虑问题喜欢瞻前顾后，害怕影响周围和谐，所以做决定时常常有些优柔寡断。
害怕冲突，自我牺牲	9号喜欢平和，害怕冲突，为了避免或消除冲突，常常牺牲自己的利益。
逃避问题的鸵鸟	9号面对压力和不能解决的问题，常常会像鸵鸟一样，把头扎进沙堆里，希望危险自动消失，而不去采取行动。
自我麻醉	9号为了维护和谐，常常牺牲自己的愿望。他们不会直接面对问题，常用一些爱好或者机械行为麻痹自己，有自我麻醉的倾向。

9 号的高层心境：爱

9 号性格者的高层心境是爱，处于此种心境中的 9 号性格者，对于爱的真正含义将有更加深刻的认识和了解，只有这样，他们才能走向完善。

爱的认识和了解

9 号认为的爱

处于低层心境中的 9 号性格者，常常认为爱就是不断付出，要了解并满足其他人的需要。这种爱常常具有高尚的爱的特质，但是他们常常遗忘自己，容易被他人的愿望和想法所控制，把他人的生活当成自己的生活。他们将自己看成了别人的一部分，一旦被别人丢弃，整个人生将丧失依靠。

9 号体会到爱

只有 9 号性格者认识到了爱的真谛，他们才能够真正地从对别人的依赖中脱离出来。他们可以追求自己的愿望和想法，可以拥有自己的理想，按照自己的方式去活，而不是在什么事情上看别人的脸色。也只有当他们能够真正爱自己，他们才能够真正地去爱别人。

爱自己不是罪过，爱人如己，爱就意味着爱别人，但同时也要爱自己！

9 号的高层德行：行动

9 号性格者的高层德行是行动，拥有此德行的 9 号，可以对行动的看法产生本质变化，理性而科学地看待自己的行为，而只有此时，9 号才能得到解放。

不具备此德行的 9 号，内心常常充满矛盾。他们的行动常常是靠外界促动的，他们行动的原因不是自己要做什么，而是自己要怎样做才能保持和谐。他们在迷恋和平和恐惧冲突之间迷失了自己的愿望。9 号若要进一步向上发展，则必须将自己的愿望整合到行动中来，要有自己的独立思想和意志，要勇敢开展属于自己的新生活，自己想要做什么就去做，自己想要怎么做就怎么做，给自己构建梦想，这样的行动才能称为真正的行动，这样的行动才能成为真正的有活力的行动。

当 9 号性格者认识到行动的真正含义之时，他们将会获得解放，真正为自己而活。他们会变得自由、活泼、有创造力、主动、有进取心、不懒惰，他们不再用虚假的小爱好去欺骗自己，也不再不敢在人群中发出自己的声音，此时此刻，他们将是一个真正的行动者。

9 号的注意力

9 号性格者的注意力常常不在自己身上，他们的关注点在周围。他们全方位关注周围的事物，探究它们中哪些对自己有利。他们只是要考虑到所有的元素，并理解它们之间的内在关系。

他们常常会收集过量的信息，陷入信息的大海之中，不能分清事物的主次，分不清哪些是需要关注的声音、哪些是弥散在周围的噪声。在他们看来，每件事物都很重要，没有哪个事物是没有意义的，它们的存在都具有合理性。他们常常看到一件事情的正面，也能看到这件事情的反面，但是他们不能够为自己找到一个坚定的立场，在他看来，每一个立场都有其可取之处。

他们的注意力探头进行多向扫描，这让他们可以提取到丰富的信息。他们从来不会在一条信息中沉浸下来，总是希望了解所有的情况。他们在倾听别人谈话的时候，常常可以同时进行另外一些思考。他们常常会感觉到目前进行的谈话和曾经发生的一些事情相似。他们的思绪可以四处飘扬，联想到很多方面，但这并不妨碍他们理解别人的话，因为他们和对他们说话的人已经融为一体了。

9号因为这样的注意力，常常可以同时进行多项事务。他们可以轻松进入一个自发的程序，能够在做一些单调的事情的同时，将自己的思绪抽离出来，去思考一些问题，或者进行一些谈话。他们在这方面真的是个好手。

9号的直觉类型

9号的直觉类型常常来自他们的关注点，他们常常能够感觉到周围人的想法，周围环境的状况。因此，他们常常把自己的想法和他人的想法混合，以至于不能够区分出来自己的想法。他们的感觉被抽离，他们的注意力不在自己身上。

9号关注周围和他人的习惯相当明显，这似乎也已经成为他们生命中的一部分了。他们和人说话时，常常会将自己的感觉投射到对方身上，似乎和对方变成了一个人。别人说的话，似乎是自己说出来的，对方的感情、动作、观点似乎都成了他们自己的感情、动作观点。9号的这种直觉类型，有点像一个人观赏画。画挂在墙上，人在墙的前边观赏图画，画和人本是两个不同的事物，但是观赏画的人很投入，他用整个身心去触摸这幅画。他就仿佛进入了画中，走在画中的山路上，观看天上的白云飘飘，聆听四周的流水潺潺，看青翠的山头上盛开的一株山楂树，小鸟飞来飞去，叫声清脆……此时此刻，人就进入了画，分不清是画还是生活了。

9号的这种直觉类型，优点在于能够较清楚地认识周围世界，这种同理心在这个人心常常注重主动表现的时代是难能可贵的；但是其缺点在于，他们得到了整个世界，丧失了自己的心灵。只有他们将立足点从外界抽离，重新关注自身的感觉，他们才可能真正地意识到自己的需要是什么。

将愿望变成行动，敢于追求自己的梦想。

爱别人也爱自己，摆脱对别人的依靠。

高层心境：爱

高层德行：行动

9号性格者的发展方向

注意力：周围的事物

直觉：周围的世界

提取周围丰富的信息，同时进行多项事务。

轻松进入正在观察的世界，却丧失了自己的世界。

9号发出的4种信号

9号性格者常常以自己独有的特点向周围世界辐射自己的信号，通过这些信号我们可以更好地去了解9号性格者的特点。这些信号有以下4种：

	9号性格者发出的信号
积极的信号	9号性格者不断向周围释放着积极的信号。他们乐于付出，不求回报，内心细腻，爱人甚至超过爱自己。他们有敏感的嗅觉，常常清楚别人的需要。他们对别人充满关切，不断付出，自我牺牲，而且能接受最坏的结果。他们心态平和，他们本身就是和平的化身。当感觉到安全时，他们常常会极具行动力。他们可以为一个卓越的理想尽自己最大的努力，会努力构建一个心目中和平的世界。
消极的信号	9号性格者也不可避免地向周围世界释放一些消极的信号。9号虽然立场不坚定，但是也有自己的看法，因此表面虽妥协，内心却很倔强，有些阳奉阴违。他们总是想要照顾到方方面面，因此常常会让亲近他们的人受到伤害。9号还习惯常规，懒于应付变化，显得呆板而没有活力。他们有时候会用一些虚假的东西来取代自己的愿望，可以忘记周围的一切，常常给周围的人带去麻烦和伤害。
混合的信号	9号性格者发出的信号很多时候是混杂的，会让人难以捉摸。9号害怕冲突，所以常常接受别人的请求，但并不会真的去行动。9号常常忘记自己的内在需求，靠迎合他人来行事。他们和别人的关系表面平静，实则暗流涌动，内心深处因为自我愿望不能得到满足，而蕴藏着大量的愤怒，日久之后，常常采取消极抵抗的方式。9号表面上很大度，但是依然会为自己的深层想法不能实现而愤怒。
内在的信号	9号性格者自身内部也会发出一些信号。他们常常在答应别人之后，中途意识到自己的真实意思，但是又因为已经许诺而很难说出拒绝。只要鼓足勇气说出来，他们内心就会无比轻松。他们常常可以轻松感知到别人的需要，而且对于冲突的双方，他们都能有一个贴心的认知。他们的同理心是如此强烈，甚至忘记自己的立场。他们希望周围都是和谐，这是他们常常选择迎合别人的认知原因。有时候，他们内心的愤怒无法释放，又害怕表明立场损伤和谐，便会选择让时间来解决问题。

9号在安全和压力下的反应

为了顺应成长环境、社会文化等因素，9号性格者在安全状态或压力状态下，有可能出现一些可以预测的不同表现：

安全状态

在安全的状态下，他们常常向3号实干型靠近。

他们会开始拥有自己的目标，希望得到周围人的认同。他们办事有效率，为达目标死不罢休。他们肯定自我的价值，认为自己有能力改变世界。

他们的开始变得专注。他们可以做出很多不可思议的事。他们像3号一样关注做哪些事情可以让别人高兴、让别人认可，他们的态度开始积极起来。他们支持他人，不再沉泥于维持和平和和谐。他们是真正的支持者和帮助者，他们渴望得到认可。

他们开始忙碌起来，不是懒懒散散、松松垮垮的样子。他们重视自己的工作，用自己的工作表现获取认可。他们步入发愤图强的大道，跑动的惯性支持他们不断跑下去。

他们也并非真正变成3号，他们在工作或事情完成以后，有时候会把自己放松下来。他们相比而言，也会不可避免地走神，他们的目标有时候会缺失。但总而言之，9号在安全状态下，常常会拥有成就感，在一步步地向实干家的角色靠近。

压力状态

处于压力状态下，9号常常会呈现6号怀疑型的一些特征。

他们感觉到深深的恐惧，感觉周围充满了威胁，不断怀疑别人的企图，很难做出决定。他们开始不断退缩，甚至会完全没有原则地顺从，但当感觉到退缩的危险时，又可能会无比顽固而易怒。

他们可能什么也不去做，只是静静地等待，内心消极，情绪低落。他们的表现似乎平静，但他们的内心已经麻木和冻结。他们害怕自己的任何行动都会导致什么恶果，让自己不可收拾。

他们会痛恨自己，也会迁怒他人。他们会认为自己被别人不断操纵着，最后又会被抛弃。他们不再那么关心他人的看法，只关心自己的想法。他们的目标不再游离，开始变得单一，他们很可能会违背他人的意愿，也会试图捍卫自己的利益。

压力状态常常能使9号更多地认识自我，发现自己的需求和能量。他们的愤怒和恐惧让他们明白自己是有价值的因素，自己可以达到独立的状态。

第2节

我是哪个层次的9号

第一层级：自制力的楷模

第一层级的9号是个完全自制的人，并且和整个世界和谐统一在一起。他们找到了自己内心平静的钥匙，可以控制自己的内心，而且能够给这个世界带来平静。他们是当之无愧自制力的楷模。

他们对自己可以达到全然的自控，向世人展示什么是真正的自律，什么是真正的自制力。他们找到了自己的原则，知道自己应该走什么样的道路。

他们坦然面对自己的内心，知道自己内心有罪恶的想法，也有攻击的冲动，接受自己的罪过，这样，他们爱人的时候才更加发自内心。他们肯定自己的价值和尊严，也更加清楚看到别人的价值和尊严。他们把自己献给这个世界，自己并不迷失，人生的道路上留下了他们独特的脚印。

他们和这个世界和谐统一，他们有坚定的自我，也能投入到无我的自然法则中。他们追求和平，和这个世界联系在一起，相互扶持，但依然闪耀自己独特的光芒。

第二层级：有感受力的人

第二层级的9号心中自我的地位有所降低，对于无我的境界相当有感受，强调自己是大自然的一部分。他们看世间万物，总能用无私的眼光去看待，他们对整个世界相当有感受力。

他们为了追求内心的和平感，倾向于把自己的地位降低。他们使自己的认同成为一种习惯，对周围的人也积极认同。他们对于突如其来的压力具有容忍力，和人交往不用心机。

他们对他人有着天然的信任，乐观看待周围的一切，对生活充满信心。他们没有架子，平易近人，可以包容靠近他的人，让别人受伤的心得到抚慰。

他们热爱自然，自然中的一花一草、一树一木、一鱼一鸟、一泉一石，他们都能感受到其独特的魅力，他们乐于融入其中。他们看淡生死，不惧疾病和年老，愿意跟随自然的节奏，踩着世界本来的节拍，快乐地跳舞和歌唱。

第三层级：有力的和平缔造者

处于第三层级的9号是平和的，能够接受周围的一切，但是认为和平应该是生活的主旋律，愿意为之不断努力和奋斗。他们是有力的和平缔造者。

他们具有很强的同理心，他们的内心深入他人内心深处，知道他人的心情，清楚他人渴求什么，也了解他人恐惧什么。他们是求同存异的专家，纷争常常被他们化解于无形之中。他们性情温和，惹人喜爱，愿意全心全意支持自己周边的人。他们了解他人，并能贴心地关心和支持他人。

他们的态度诚恳，说话直率。他们不怀恶意，不为自己，只求周围的世界真正和谐。

他们虽然并没有十足的冲劲，也没有自己强硬的观点，但是常常能造就一个宽松的环境，思想具有兼容并包性，鼓励百花齐放、百鸟争鸣，这样的环境常常可以促进他人获得最大程度的发展。

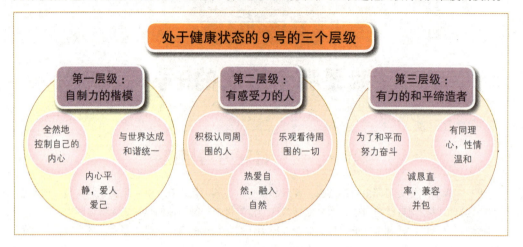

第四层级：迁就的角色扮演者

处于第四层级的 9 号同自己的自我开始断裂，和他人的关系也开始处于比较畸形的状态。在这个层级上，9 号的主要特点是谦让，他总是充当迁就的那个角色。

他们不断地服从社会和他人强加给自己的角色，他们迁就，不断地迁就。他们就这样逐渐变成一个普通人，穿着依照社会习俗，行为保守，从众，缺少自己的坚守，成了迁就的角色扮演者。

他们开始担心和害怕自己的行为，认为它们有可能损害和谐，于是他们为了获取和平的心情，开始降低自己的欲望，试图迁就，但是这样常常也会产生一个问题，那就是别人也难以知道他们到底要什么，别人常常不自觉地伤害他们的底线，让他们承受本不应该承受的痛苦。

于是，他们开始自我泯灭，成为别人要求下的复制品，成为别人希望的样子。他们在长期的不断被复制的过程中，常常不能够区分自己的愿望和环境强加给自己的要求。

第五层级：置身事外的人

处于第五层级的 9 号，心中自我的位置进一步降低，觉得自己不能改变什么。他们试图逃避问题，希望事情能够自己完成，即使在做一件事，也心不在焉。他们就是一个置身事外的人。

该层级的 9 号习惯置身事外，就这样慢慢地排除在大家的生活之外，他们的不参与和不积极，常常让他们的生活处于矛盾的不断积累之中。

他们做事粗心大意，对周围的世界感觉冷漠，虽然对人友善，但是自己并不刻意去追求。他们懒得思考和行动，觉得事情似乎都和自己无关，什么事情都难以引起他们真正的兴奋。

他们的思想常常不去关注自己的周围，而是常常关注自己内心的小幻想，现实世界似乎离他们很远。他们不愿意接触现实世界，除非事情找上门来，让他们必须去解决。他们对自己的现状很满足，不愿放弃固有的生活习惯。他们不喜欢生活，他们的生活就是"不去生活"。

他们试图不做事情，压抑自己的要求。他们的内心其实充满着愤恨，厌恶自己的无力，不能作为，不能够坚持自己的想法。他们也厌恶他人，因为别人给自己太多的不公，也不能理解自己所做出的牺牲。

第六层级：隐修的宿命论者

处于第六层级的9号，为了内心的平静，在面对问题的时候，不是想着抗争，而是把这一切看成老天命运的安排。他们是宿命论者，开始隐修起来，认为只要耐心等待，一切都会好起来。

他们认为发生的事情没什么大不了的，自己也没有必要为了这些事去努力，一切都由天命。他们从来都做不到尽力而为。他们接受一切顺其自然的态度。无论自己周围的情况有多乱，自己面临的事情有多糟糕，他们都坚持无动于衷。

即使因为害怕冲突而行动，他们常常也只是做个样子。他们习惯逃避问题，认为停一段以后，应该可以好起来，使事情变得越来越糟糕。他们在别人试图提供帮助，或者为他们而忙上忙下时，或者向他们了解情况时，会变得固执，甚至生气，认为别人太慌张了，对自己的要求也太多了。

他们无时无刻不在期待奇迹的发生，觉得现在发生的事情没有什么，以后会越来越好，但是他们不知道，期待奇迹实在是不靠谱的事情。

处于一般状态的9号的三个层级

第六层级：隐修的宿命论者
把一切看成老天的安排，消极等待事态的改观。

第四层级：迁就的角色扮演者
谦让迁就别人，放下底线去满足别人。

第五层级：置身事外的人
对周围的世界感觉冷漠，压抑自己，厌恶他人。

第七层级：拒不承认，逆来顺受

处于第七层级的9号，依然只看中自己内心的和平。为此，他们甚至不愿意承认有问题存在，而当外界因为他们没有尽到责任，给他们许多惩罚时，他们常常选择逆来顺受。

他们面对问题的选择是防御，缺乏主动进攻的精神。会坚持自己内心的和平，他们会防御别人来打搅自己的内心。他们会痛恨那些给他们带去问题的人。他们宁愿采取死不承认的态度，哪怕天塌下来了，自己只要装作没看见，那么就还是一切太平的。

他们面对别人的惩罚或者进攻，常常会采取逆来顺受的办法。他们不仅把自己看得不重要，还把别人欺负自己、别人侮辱自己、别人侵犯自己、别人虐待自己，都一一贴上正当的标签。"你们来吧，我选择逆来顺受"。他们内心也有愤怒，但是，"这种愤怒相比于和平，显得不重要，还是忍着吧"。

第八层级：抽离的机器人

处于第八层级的9号，已经无法承受现实的压力，但依然不愿意去面对，固守着内心的和平理念。他们要让自己的思绪和感情转移，仿佛元神出窍，像机器人一样存在，已经没有了自我意志。

处于该层级的9号，他们仿佛初生的婴儿，经不起任何震荡；仿佛一个受苦的人，希望时光倒流，重回母亲的子宫。他们如同行尸走肉般生活，他们的肉体在行走，他们的思想已不在。

他们的大脑经常性保持空白，也会陷入无休止的回忆中，他们有时候会选择歇斯底里地大哭，他们内心依然埋藏着重重怒火，似乎在等待着别人点燃自己身体中满载的炸药。

他们似乎无路可逃，他们不仅逃避现实，也逃避自己。生活当中充满了危机，他们实在不愿意去面对一切。作为一个抽离的机器人，他们要和周围的一切脱离联系。在他们看来，生活只是生活在梦中，生活在噩梦中。但问题是，他们似乎并没有想到过要从这段噩梦中醒来。

第九层级：自暴自弃的幽灵

处于第九层级的9号，其承受的压力超过了自己的极限。他们的内心和精神，在重重压力的挤压之下，最终被压碎。他们的人格已经完全破裂，他们已经完全失去了自我。

他们不再把自己看成一个独立的人，自己的整个思想开始混乱，自己的整个人格已经支离破碎，自己已经没有中心点。他们自己不是，别人不是，他们所一直期待的和平也不是，他们此时此刻，从严格意义上讲，已经不能称为一个真正的人。

他们的生活依靠的是虚假的人格碎片，一些现实中找不到的思维碎片，他们依靠虚空的东西活着，一会儿认同一个碎片，一会儿认同另一个。虽然这些碎片并不是他们自己，但是他们把这些碎片当成自己。他们此时此刻是可悲的，也是危险的，他们时时刻刻都可能伤人伤己。

他们似乎达到了自由，过去束缚他们的东西都解开了，但是他们自己的思想毁掉了，这一切又有什么意义？他们只是成为自暴自弃的幽灵，在人世间来回飘荡罢了。

处于不健康状态的9号的三个层级

第七层级：拒不承认，逆来顺受
死不承认自己的问题，对批评和惩罚逆来顺受。

第八层级：抽离的机器人
没有自我意识的机器人，逃避现实的行尸走肉。

第九层级：自暴自弃的幽灵
支离破碎的人格，没有思想的自暴自弃者。

第3节

与9号有效地交流

9号的沟通模式：追求和谐的交流

9号在沟通的过程中追求和谐，希望通过沟通，周围世界的和谐局面能够保持，自己的内心也能不被打扰。他们在沟通过程中，时时刻刻以这一点为目标，因此这也成了他们沟通的重要模式。

他们谈话的时候，时刻从对方的角度去着想，不敢表现自我。他们认为一旦表现自我，自己就可能对别人造成威胁。他们非常具有同理心，不想让别人难堪，他们的平和态度，常常可以让那些亲近他们的人很放松。但是，从另一个方面来说，他们不表露自我，也常常让自己不为他人所知，被人忽略。这常常会让9号失去表达自我、展现自我的机会。他们没有了强大的自我，那么人生就会显得平淡，生命也会因此缺乏激情和创造力。

但是，9号的沉默并不代表他们的内心没有判断。他们的内心可能有很多的情绪，他们希望别人能够真正了解他们，即使他们不说。所以，和9号进行交流的时候，一定要懂得鼓励他们表达自己的观点，要有耐心地引导他们说出自己的想法，因为他们说出自己的想法，是很困难的一件事，但是，一旦他们开始说，你会发现，他们会说出很多你不知道的东西。

另外，和9号进行沟通时，对他们进行适当的赞美，并表示对他们的认同，常常能让他们感到自己得到了重视，自己的意见不会影响和谐。这样他们就会大胆表达自己的想法了。

观察9号的谈话方式

9号具有追求和平的本质，他们在谈话中也以这一世界观为指导，会采取一些相对应的谈话方式。他们的谈话策略符合他的世界观。他们认为，只有自己退缩，才能换来和平，所以他们的谈话方式也具有克己礼人的风格。

下面，我们对他们的谈话方式进行简单的说明：

9号的谈话方式	
1	他们谈话方式总体特点为不具有进攻性，甚至有一点退缩的感觉。
2	他们的眼光很柔和，看不到锐利的光芒。眼睛是心灵的窗户，他们要表示自己的友好态度。
3	他们经常不断肯定对方的观点，也对你说的话不断给出正面评价，"你说的话太对了""是这样的"或者不断重复你的观点，像一个跟屁虫一样的感觉。
4	他们谈话时节奏慢慢腾腾的，语气常常不坚定，常常在询问。他们很少下肯定的判断，认为自己不能把事情说死，不能把自己的意见固定化，自己的意见应该是可以不断变化的，这样的话，自己就不会威胁他人，而且也表示自己愿意随时调整，愿意跟对方进行合作，希望让对方满意。
5	他们有时候说话不清晰，让人不知道他们在说什么。他们很多时候谈的东西天马行空，好像没有中心思想，让你觉得有点啰唆的感觉。

总之，他们的谈话方式就像一团棉花，放到你的身边，让你觉得软绵绵的，感觉不到压力，而如果你打过去，也感觉软绵绵的，似乎找不到着力点。他们不会让你找到棱角，因为他们常常自己已经把棱角磨去了。

读懂9号的身体语言

当人们和9号性格者交往时，只要细心观察，就会发现9号性格者常发出以下一些身体信号：

9号的身体语言
1	9号常常保持面容的和善，一副菩萨面相，不过男9号常常显得木然；女9号常常笑得较甜，但她们常常似乎只有淡淡的微笑，很少大声地笑。
2	他们保持平和的面容，很少大喜大怒。他们害怕自己的大喜大怒引起他人的不安和骚动。碰到很热烈的事情，他们看起来也相当平静；即使很生气，他们的面容也只是稍微阴沉，不会显出凶神恶煞的样子。
3	他们的身体动作常常迟缓，似乎时间对他们来说，做什么事情都是绰绰有余的。他们的身体动作，让人们感觉到他们的内心似乎很平静，但他们也不会选择静止，害怕别人说他们不作为，他们只是处于中间状态。情势急迫，他们可以很快行动；一旦没有压力，则尽快停止。
4	他们看起来懒洋洋的，如果能够慢走，绝对不会选择快跑；如果能够站着，他们绝对不会走；如果能坐，他们绝不会站；如果能躺，他们也不会坐。他们的身体是柔软无力的，经常是东倒西歪的。
5	他们不讲究穿什么，也不讲究品牌，他们穿衣服只要满足最基本的需要就行了。当然有时候，为了适合一些特殊的场合，他们也会改变装束，但是相比较而言依然很简单，并且随众。

他们这样的身体语言，反映出9号内心追求和平的愿望，通过他们的身体语言，我们可以感觉到他们内心的小心谨慎，他们试图用这样的姿态去赢取和平，他们的内心从外在就能够一览无遗了。

表现你友好的态度

和9号在一起，一定要注意的一点就是要表现出你的友好，这样，他们才能够感觉到你对他们的善意，他们只有这样才能感觉安全，觉得周围是和平的，在和平的心情中他们也能放开，不再把自己的观点掩埋，提出自己独特的看法，或者做出一些富有创造性的活动。

有一个小女孩，特别喜欢身边的小动物，喜欢和它们一起嬉戏玩耍。

小女孩生日的那天，爷爷送了一只小乌龟给小女孩。小女孩高兴极了，把乌龟放在了地板上。她很想和乌龟一起玩，顺便观察乌龟是长什么样子的。可是小乌龟显得很胆小，始终把头缩进自己坚硬的龟壳里。小女孩急了，她可不想让乌龟的头躲起来，把自己扔在一旁，于是找来一把尺子，轻轻地捅小乌龟，想把它的头赶出来，但小乌龟毫无反应。

这时，爷爷看到了小女孩的一举一动，连忙制止了小女孩，并对小女孩说："亲爱的孩子，不要用这种方法来逼迫小乌龟陪你玩，你这样会吓着它的。我有个更好的办法。"他把小乌龟带到院子里，放在阳光底下。几分钟后，小乌龟感觉到热了，便探出了它的脑袋，并且在院子里爬来爬去。小女孩高兴地拍起手来。

看着小女孩高兴的样子，爷爷说："有时候人也像乌龟一样，不要用强硬的手段去逼迫人。只要用善意、亲切、热情去对待别人，别人就会感到温暖，并能和你友好相处。"

对于9号而言，你的友善是让他们表现积极的最好方法。他们的内心特别害怕不和谐，处处都把自己的内心压抑下来，对自己的任何行动，都害怕影响到其他人的利益，从而会引起冲突，而避免冲突是他们的一贯行为方式。只有让他们知道，你对他们是认可的，你对他们是友好的，你在心目中不把他们当作敌人看待，他们内心才会感觉到温暖，并且和你友好地相处。

所以当你试图打开9号朋友的心扉时，表现出你的温和、友善吧，你的温和和友善，能让他们知道你也热爱和平，他们会很欣赏你这样的态度，并且这也是让他们认同你最快、最有效的方式。

引导9号进行思考

9号的头脑常常是发散型的思考，他们很难专心去思考一个问题。他们的头脑里常常充满混杂的信息，虽然信息量比较大，但是条理不清晰，因为他们常常缺少自己的准则，无法把这些信息有效组织起来，他们缺少强烈的自我。这样的时候，他们内心的思想常常也会如一团乱麻一样混在一起，让你难以分清楚。加上他们习惯不表露自我，这样的时候，他们不太清楚自己的想法的同时，你也更加难以知道他们真正的立场。

这时候，你就要懂得发问。比如，在工作中，你可以问他，"关于这个问题，我觉得现在发展得越来越棘手了，你是怎么想的呢""你现在在做什么工作，为什么要做这些事呢""你做这件事有什么打算，准备怎么做，为什么要这么做呢""这件事情和你预想的一样吗？你对这样的结果有什么想法呢？为什么这么想呢"……这样一个个的问题，能够充分激发9号的思考。他们常常是被动的思考者，因为他们自我的迷失，他们做事情的积极性常常会有一些缺乏。他们会懒于思考，也会懒于行动，这些问题可以有效促进他们进行自发思考。

林肯总统讲过这样一个故事：有一次我和我的兄弟在肯塔基老家的一个农场犁玉米地，我吆喝马，他扶犁。这匹马很懒，但有一段时间它在地里跑得飞快，连我这两条长腿都差点跟不上。到了地头，我发现有一只很大的马蝇叮在它身上，于是我就把马蝇打落了。我的兄弟问我为什么要打掉它。我回答说："我不忍心让这匹马那样被咬。"我的兄弟说："哎呀，正是这家伙使马跑起来的啊！"

没有马蝇叮咬，马慢慢腾腾，走走停停；有马蝇叮咬，马不敢怠慢，跑得飞快。再懒惰的马，只要身上有马蝇叮咬，它也会精神抖擞，飞快奔跑，这样的结果就叫作"马蝇效应"。

在和9号进行沟通的时候，适当问一些问题，就像用马蝇去叮咬懒于奔跳的马一样，他们在问题的刺激下，可以发挥极大的积极主动精神，发挥自己应有的才智。

正确看待9号同意的信号

9号为了追求和谐，常常不口头反对周围的事情，对任何事情都会说"可以"，但是他们这样的说法，不代表真正的同意，对这些说法千万不可以直接当真，不然，你就真的会误会9号了。

9号常常将自己的力量隐藏在随和的笑容、殷勤体贴和融洽相处的背后，但揭开伪装的深处，他们的注意力依然在围绕着别人的主张，而不是自己的想法。但是，9号始终在抗争藐视他们的人。对自己表示同意的事情，他们常常不会完全守诺。9号会说："你可以让我同意，但你不能让我动手。"要想真正了解9号的想法，应该记住这样的一条训诫："观察他们的作为，而非他们的言语。"

9号表面随和、殷勤、体贴、融洽，但未必是真的。要了解他们的真实想法，不仅要听他们的言语，还要看他们的行动。

从某种意义上来看，9号是一个相当具有伪装本领的人，他们有点像根据环境而变化颜色的变色龙，他们的表现也似乎有一些阳奉阴违，似乎不讲究原则，不遵守诺言，但是如果能了解他的内心深处，这些行为就都可以理解了。他们之所以这么快同意，只是表明："我很珍视我们之间的关系，所以我不会反对你，但是，我自己内心深处的一些想法没有说出来，我也无法压抑这些想法。虽然我想妥协，但是我做不到。于是，我只有选择不断拖延，把问题忽视掉，这样我就可以一方面不得罪你，另一方面也可以坚持我内心的小小愿望。我也不想自己太委屈，只是事情我真的做不下去，或者实在是不能做。"

避开 9 号愤怒的雷区

9 号虽然是个有着好脾气的"好好先生"，但是这些并不代表 9 号没有任何脾气。他们虽然什么事情都好商量，但是在一些情况下，他们常常不能保持自己的好脾气，会爆发自己强烈的愤怒。他们的愤怒也会非常猛烈，甚至让你刮目相看：原来他们有这么生猛的一面。这些情况包括：

人们轻视他们	9 号的自尊心其实挺强，虽然表面上把自己看得很低，平时开一些小玩笑也就罢了，这些他们是不会和你计较的，但是，他们如果感觉到你言行背后的轻蔑，他们的自尊就会受伤，他们就会怒火中烧。
人们顶撞或者进攻他们	9 号的好脾气也是有限的，当别人直接当面顶撞，或者进攻，他们认为和平最终不能维持的时候，他们也会主动参加战斗。当然他们对他人进攻的力度可能会比较小，因为他们还是期待以后的和平。
人们强迫或者控制他们	9 号讲究自由和随意，讨厌压迫和控制。在他们看来，被强迫或者被控制，意味着自己内心的和谐必须放弃，这个时候他们坚守的能量是很大的，你会发现他们真实的力量和勇气。这些是他们的底线，底线之外，他们笑脸迎人，打骂不还；一旦越过底线，他们就再也无法表示平静了。
人们为难他们	当 9 号感觉到对方是一味为难自己的时候，他们也会觉得和平最终无望，就会放弃妥协，采取抗争。比如说强迫他们立即完成某件事实上不可能完成的工作，或者给出极少的准备时间就让他们做某事，他们就会立刻与你翻脸，或者有可能甩手不干。

一般而言，有一些轻微的愤怒时，9 号会选择忍耐，并且试图不表现出来，他们害怕引起冲突。有时候，表面上甚至看不出来他们有什么愤怒，但是，他们的面部会变得紧张，这也能透露出来一些征兆。如果谁把他们逼急了，他们就会把自己积累许久的愤怒一下子爆发出来，所以，要避免触及 9 号发怒的雷区。

9 号常常提供过量的资讯

9 号和人交流时，总是提供过量的信息。他们一旦开始说话，说的东西总是要超过你所需要的，你会觉得他们像在一条一条地列举，但是你不知道他的重点是什么。

他们常常会站在各个角度来关注问题，而缺少一个固定的立场。他们喜欢了解有关某一个专题的所有信息，这些信息因为没有一个中心架构，所以常常是零散的，也会让人感觉非常烦琐。

9 号对于自己的作用有时候也会低估，他们经常认为别人并没有关注他们，所以会反反复复述说同样的一件事，事无巨细，一条一条地进行讲说，为的是别人能够听到自己要表达的东西。

9 号的问题在于描述过多的细节，让听众陷入资讯的海洋中，这通常会覆盖信息中重要的内容。9 号如果不能够了解听众需要什么东西，并依此进行内容精简，那么他们的谈话就很难吸引人，会让人难

9 号在谈话中常常提供过量的信息，在与他们沟通时，要用提问来限定他们，以免被弄得晕头转向。

以忍受和昏昏欲睡的。

话不在多，够用则行。就如同建造一座房子，该有的材料品种不够，不需要的品种却一大堆，那么这个房子是不可能建造完美的。过多的资讯只会占用别人的时间，就像多余的建筑材料会占用空间一样。

9号在谈话中一定要特别注意这一问题，这样，他们说的话才可能更具有针对性。而那些和9号沟通的人，也应该注意到9号可能犯这样的一个毛病，在和他沟通的时候，要学会用发问的方法，去限定他的资讯，否则，和他们在一起，很快会晕头转向了。

提供具体的细节和要求

9号的思维具有发散性，他们常常需要充足的资讯，需要你提供充足的细节，也需要提供特别的要求。因为，他们对了解自己的沟通对象更感兴趣，他们不善于具有自己的立场和采取自己的行动。他们的这种特点，决定了在和他们进行沟通的时候，我们应该懂得提供具体的细节和要求。

因此，如果你想要让他们做一件什么样的事情，那么一定要把这件事情的方方面面都给他们讲一下，这样，他们会觉得心里有底，而且能感觉到你对他们的理解和重视。

另外，9号做事情常常注意力不集中，因而耽误了工期。

9号思维发散，对资讯的需求量大，与他们交流时，要懂得提供具体的细节和要求。

他们不是特别会安排时间，常常在项目的初期，优哉游哉地工作，到了项目的后期，则因为感觉时间不够而抓紧时间草草完工，或者耽误项目的进行。为了预防这个问题，一定要懂得给他们具体的要求，让他们明确自己的责任，知道自己的项目进度大概是什么样子的，并且时时提醒他。

斯蒂芬·茨威格曾说过："一切艺术与伟业的奥妙就在于专注，那是一种精力的高度集中，把易于弥散的意志贯注于一件事情的本领。"我们给9号提供细节和要求的目的正在于此，这样不断提醒他们专注于目标，可以促进他们把事情做好。

用建议而不是命令让他行动

9号表面顺从，但是内心刚硬，可以表面把事情答应得很好，具体去做的时候却并不尽心尽力。他们这样的特点来源于他们的妥协，他们为了和谐，习惯牺牲自己的想法和愿望，这样的结果是他们做事情的时候，内心充满不满。

这样的时候，如果使用命令的方法，那么他们内心的不满情绪会上升，甚至转变成愤怒。他们可以说是吃软不吃硬的一些人，在命令面前似乎也会有妥协，但是会采取很隐晦的方式表现自己的愤怒。他们会用消极怠工的方式，让你的命令变成无效的命令。他们有行动，但是无作为。

而如果采取建议的方法，则会让他们感觉到你对他们的认可，他们会感觉到内部产生动力。这样的时候，他们会自发地愿意帮助你，他们的意愿和你的意愿会成为交集。

因而，和9号交往的时候，请采用建议的方法，不要采取粗暴的命令。你会发现，建议的效果比命令还要大。

第4节

透视9号上司

看看你的老板是9号吗

在工作中，你也许会有这样一个上司：他总是一副随便的样子，没有一点架子；他要你做一件事的话，常常也不会给你很多压力，希望你尽力就好；他常常让大家讨论，自己并不发表很多看法，决策时尽力把大家的意见都考虑进去。这样的话，他很可能就是9号性格的老板。

9号性格的老板常常有这样一些特点：

9号性格老板的特点
1　没有老板的架子，平易近人，很少发脾气，但被轻视或被强迫时也会发火。
2　衣着朴实、大众化，动作缓慢，有点缺乏活力。
3　对员工不苛刻，只要他们尽到自己的本分，他不会过高要求。
4　只是调动大家自发工作，但不善组织和安排。工作中注重团队协作，自己很少发言，注意调和大家的意见。
5　善于倾听别人的内心，容易感知别人的需求，也能真正去帮助别人。
6　心肠比较软，有点惧怕冲突，容易受别人影响而改变想法，有时候可能为了平衡矛盾，牺牲原则来息事宁人。
7　善于欣赏事情好的方面，也能迅速发现他人的优点。
8　讲话慢慢腾腾，重点不突出，常用词有"随便、随缘、不用太认真、你说呢、你定吧"等。

配合他构建和谐的氛围

在9号看来，世界上的事物都是互相联系、互为因果的，谁也不可能孤立地存在，更不可能独立干成一件事。他们认为，人与人并不一定非要拼个你死我活才行，曲直高低也不一定非要分得清清楚楚。用一颗互相关怀、互相包容的心对待彼此的话，所有人都会从中受益。

9号注重团队和谐，喜欢融洽的气氛。员工如果能自觉地融洽相处，配合他们搞好人际关系，一定能获得他们的信赖。

因此，9号领导在工作中，常常喜欢和周围的人建立和谐的关系，希望自己的机构内外和谐。他们的日常工作，很重要的一部分就是去营造这种融洽的气氛。他们不仅希望自己与他人和谐，也希望周围的人都能保持这种和谐。

你如果要得到他的认可，他的这一特点你一定要认识到。在平时与人的交往中，要讲究礼节，保持和蔼可亲的态度，不要过度表现自己的强势和硬朗，与人为善，帮助他营造这样的一个和谐环境。帮助9号领导追求和谐，他会把你当作知己，你也会因为这一点赢得他深层次的信赖。

尽好自己的本分

和9号老板相处是很容易的一件事，他对你的要求会很简单。他不反对你做到最好，但是也不反对你不以完美为目标。他也有一个底线需要注意，那就是自己的本分应该做到。如果连自己的本分都做不到，9号老板再好的脾气也要生气了，他也会采取一些措施，来应对不尽本分的问题员工。

一位行脚僧到达一座小镇时，恰巧赶上下雨天，来到一位六旬老翁屋里避雨。僧人进门之后发现，这座屋子看上去像新盖不久，却严重漏雨。他忍不住问老翁原因，老翁说："都是我自己不尽本分所导致的啊。"

原来老人本是一名木匠，去年他深感自己年事已高，想及早离开这一行，和妻子儿女尽享天伦之乐，于是向老板请辞。但是老板实在舍不得这么优秀的一位木匠，就要求他在离开之前竭尽自己所能，盖一座自己最满意的房子。碍于情面，老木匠答应了老板的要求，但是在设计房子的时候并没有真正用心，甚至在盖房过程中也偷工减料。当房子真正完成的那一天，他将钥匙交到老板手里准备离开，但是老板握着他的手，把钥匙放进了他的掌心，诚恳地对他说："你是我见过的最好的木匠！这座房子本来就是要用来奖励你的，所以，请你一定要收下。"

老木匠一生中修了无数座好房子，却因为最后不守本分晚节不保，辜负了老板的一片好意，这座粗制滥造的房子给他留下了诸多遗憾，让人为之叹息，也警醒了我们工作中要尽好自己的本分。

时时给他们赞美和认同

9号领导常常考虑外部的和谐，把自己的地位看得较低，为此他们的内心其实是缺乏的。他们的内心非常需要别人的赞美和认同，如果你能时时给他们赞美和认同，他们会很高兴和你交往的，这样也会给你自己带来更多机遇。

很多有成就的人就深谙赞美和认同的技巧，他们知道赞美和认同是人内心深处的普遍需要。你要赞美你的9号老板，就要向他们好好学学。

赞美意味着对一个人价值的认同，这种肯定是一种向上的力量。就算事情进行并不顺利，在受到赞扬和认同后，一个人的斗志很快就会被激发出来。赞美和认同的事件可以很小，比如说赞美他写的字漂亮、他的发型精神，也可以说他的工作有远见，他

9号内心非常希望得到赞美和认同，如果下属能在这方面满足他们，上下级之间的关系就能变得更加融洽。

处理下属关系时的合理，他对员工的优点很了解，这些赞美和认同都能给他带去很多内心的力量。

时时赞美和认同他们吧，你的赞美和认同是你们之间关系的润滑剂，能让你们感情更加融洽。

采取合作的态度

9号领导不喜欢冲突，总是尽力避免冲突，甚至可以为此牺牲自己的一些利益，但是一旦冲突真的发生了、真的不可避免了，他们往往也会采取敌对的态度，让你们的沟通无法正常进行下去。

9号对于不合作的态度特别敏感，因此和他们交往的时候，要懂得采取合作的态度。卡耐基先生就曾讲过下边这样的一个故事，说明合作态度的重要性。

我常带着小猎犬雷克斯去附近的一片森林公园散步，由于一向很少碰见其他的人，我也就不使用皮带或口罩，而让雷克斯自由奔跑，但这是违法的。

一天，我们在公园内碰见一位骑警，我被逮个正着，是无法逃脱的了。我必须为自己开脱。我的做法是，不等他开口，便抢先发言："警官先生，我是被你逮个正着，罪证俱在，没什么借口了。上星期你警告我，假如不戴口罩、不系上皮带的话，不可让狗到这里来，否则便要接受处罚。""是啊，我是这么讲过，"骑警的语气相当温和，"我知道，像这么一只小狗，让它在荒无人烟的地方跑跑，确是很大的诱惑。""的确是很大的诱惑。"我回答，"只是，这违反了法律的规定。""啊，一只这么小的狗，应该不会伤到什么人。"骑警不表示同意。"但它可能咬伤小松鼠。"我又说道。"啊，别把事情看得太严重了，"警察告诉我，"我告诉你怎么办。把这只小狗带到我看不见的地方去——我们就不用再提这件事了。"

卡耐基采取合作的态度，结果骑警不但没有向他追责，还不断为其开脱责任。在和9号领导交往的过程中，也应该注意采取合作的态度，这样他们能感觉到你对和谐关系的诚意，否则，他们常常会从中感觉到你的轻蔑和冒犯，他们会拒绝和你沟通，或者和你发生一些冲突。

提供行动方案，定期征求意见和确认

9号领导常常要么只是考虑战略大方向，要么陷于细枝末节。他们工作中常常需要一位助手，帮助他们实现自己的大战略，提供具体的行动方案。

历史上著名的谋略家诸葛亮，正是凭借提供积极的行动方案，才获得刘备极大重视的。

刘备去拜访诸葛亮，虚心地向诸葛亮请教天下大计。

诸葛亮回答说："自从董卓篡权以来，各地豪杰纷起，占据几个州郡的数不胜数。曹操与袁绍相比，名声小，兵力少，却能战胜袁绍，从弱变强大，不但是时机好，也是人的谋划得当。现在曹操已拥有百万大军，挟制皇帝来号令诸侯，我们的确不能与他较量。孙权占据江东，已经历了三代，地势险要，民众归附，有才能的人也被他重用，我们可以把他当作外援，不可以谋取他。荆州北面控制汉、沔二水，一直到南海的物资都能得到，东面连接吴郡和会稽郡，

西边连通巴、蜀二郡，是兵家必争之地，他的主人刘表却不能守住，这地方大概是老天用来资助将军的，将军难道没有占领的意思吗？益州有险要的关塞，有广阔肥沃的土地，是自然条件优越、物产丰饶、形势险固的地方，汉高祖正是凭借这个地方才成就帝王业绩的。益州牧刘璋昏庸懦弱，张鲁在北面占据汉中，人民兴旺富裕、国家强盛，却不知道爱惜百姓，有智谋有才能的人都想得到贤明的君主。将军您是汉朝皇帝的后代，威信和义气闻名天下，广罗英雄，求贤若渴，如果占据了荆州、益州，可以凭借两州险要的地势，西面和各族和好，南面安抚各族，对外跟孙权结盟，对内改善国家政治。天下形势如果发生了变化，就派一名上将率领荆州的军队向宛阳、洛阳进军，将军您亲自率领益州的军队去攻打秦川，这样老百姓谁会不用竹篮盛着饭食，用壶装着酒来欢迎您呢？如果真的这样了，霸业必定可以成功，而汉朝的政权就可以复兴了。"

刘备说："好！"从此同诸葛亮的情谊一天天地深厚了。

在提供给领导方案之后，还要注意促成方案的实施，定期征求意见和确认是最好的方法。

定期征求意见，可以防止9号领导的思绪漂流得太远，把他们的思想拉回到项目中，而且能使他们感觉到自己被重视，更加积极地投入进来，提出很多好的建议，激发出他们的创造力。

定期确认可以帮助领导克服犯犹豫不决的毛病，尽快促使领导拍板。在你找他们确认一件事情的时候，他们常常会不希望你为难，也会积极主动，在你的压力之下，他们能做出更快的决定。

第5节

管理9号下属

找出你团队里的9号员工

在工作中，你也许会有这样一个员工：他态度非常随和，对于你吩咐的工作不会说"不"，他也很少说出自己的意见，安守本分，但有时候因为不懂拒绝而耽误自己的工作。这样的时候，也许你可以进一步考察一下，因为他很可能就是9号性格的员工。

9号性格的员工常常有这样一些特点：

9号性格员工的特点	
1	态度随和，没有架子，是个老好人。
2	安分守己，工作中能尽自己的本分。
3	有效的安排和他人的肯定，可以让他们达到高效率的工作状态。
4	工作常常请示，没有自己主见，很少主动去做额外工作。
5	工作计划性差，时间安排前松后紧，常出现最后赶工的情况。
6	工作节奏比较慢，很少慌里慌张，但也缺少冲劲。
7	在工作中不懂拒绝，可能承担一些责任以外的工作。
8	很少出风头，没有野心，不主动维护个人利益。
9	很少发表意见，也不背后说人，言语上谨小慎微。
10	对某件事如果有意见，常采取拖拉的方式来表示反对。

如果你的员工具有以上特征中的大多数，那么他们很可能就是9号类型的员工，你可以根据他们的特点采取合适的管理和沟通方法，让你的管理更加有效率起来，也让你的管理更加人性化。

帮助9号设定工作目标

9号员工的缺点是目标性差，也不善于将目标分解，设定阶段性目标，所以他们的注意力常常被不重要的事情打乱，甚至完全忘记自己的目标。

因此，在安排他们工作的时候，一定要帮助他们设定工作目标。你可以告诉他们工作的任务要求，他们所承担的工作对整个项目的意义，他们的责任具体是什么，在做工作的过程中，什么东西是重要的，什么是次要的，并且指导他们思考具体的流程应该是什么，各阶段的时间把握应该怎样。这样的话，就可以帮助他们认清自己的大目标，以及各阶段的小目标。在目标清楚之后，他们的行动常常很有效率。

关于帮助员工设定工作目标，可以参考学习惠普公司的目标管理法：

首先设定目标	目标是根据岗位职责和公司整体目标，由主管经理和当事者一起讨论确定的。
其次制定工作计划	要员工自己动手制定，最重要的内容是对终极目标进行阶段性分解，并提出达成各阶段目标的策略和方法。主管者只是当事者制定工作计划的指导者和讨论对象，不能越俎代庖。
定期进行"进展总结"	由主管经理、当事者和业务团队一起，分析现状与目标的差距，找到弥补差距、达到目标的具体措施。
最后进行总体绩效评估	在任务截止期进行。没有完成的，要检讨原因；如果完成效果超出预期，或是达成了当初看上去难以达成的目标，则要分析成功的原因，并与团队分享经验。

鼓励和支持，而不是施加压力

9 号员工重视和谐，因而他们常常会有效利用时间，自觉完成本分工作，在这点上应该对他们抱有信心。他们在工作中缺少的是激情和勇敢，这个时候，如果给他们施加压力，常常会使他们变得更加退缩，而且变得更加具有 6 号性格的特征，更加逃避问题。因而，要想有效促进 9 号员工的好表现，应该学会更多地鼓励和支持他们，而不是给他们施加压力。

一个小女孩很喜欢唱歌，但是她没有自信，老师也不喜欢她的演唱，把她排除在了合唱团之外。她躲在公园里，心里很难过，低声唱起了歌来。

"唱得真好！"这时，一个声音响起来，"小姑娘，你唱得太好了，谢谢你让我度过了一个愉快的下午。"小女孩惊呆了！她从来没有听到别人这样赞扬过她。说话的是一个满头白发的老人，他说完后站起来顾自走了。

小女孩第二天再去时，那老人还坐在原来的位置上，满脸慈祥地看着她微笑。小女孩于是又唱起来，老人聚精会神地听着，一副陶醉其中的表情。最后他大声喝彩，说："小姑娘，你唱得简直比百灵鸟还要好听！"而真相是，这位老人耳聋好多年了。

小女孩变得越来越喜欢唱歌，也越来越自信。许多年后，小女孩成了大女孩，也成了小城有名的歌星。

无疑，是这个耳聋的老人，用鼓励和支持的力量，让这个小女孩从伤心中走出来，坚持了自己的梦想，最终成为一名歌星。

协助他们说出自己的看法

9 号员工喜欢把想法放在心里，不愿意说出来，主要有两个原因。第一个原因在于他们缺乏自信心；第二个原因在于他们认为自己的意见可能会影响其他人，让其他人受伤害，引起争端。

这样的特点，归根结底缘于他们太关注与别人的和谐。他们为了和谐，习惯妥协，妥协的结果是一方面自己丧失信心，另一方面自己更加恐惧冲突。这是他们的个性缺陷，不可以强求他们，但是在具体的项目实施中，要发挥群策群力的作用，9 号的积极性必须调动，而我们也要协助 9 号员工说出自己的看法。

灌输坚持己见的理念	上司可以在日常工作中向他们灌输一个理念：坚持自己的看法，很多时候并不会造成不和谐；大家的争论也没有什么可怕，这些争论都是很正常的，只有大家争论，才能够更好地看清一些问题，有利于大家共同事业的进步。
鼓励他们树立自信心	我们要在日常工作的过程中，不断地去赞赏和鼓励他们的微小进步，让他们知道自己可以给周围的世界带来改变，可以让项目进展得更好，他们的想法是很有价值的。
对他们保持耐心	上司应该对他们保持最大的耐心，而且要不断去鼓励他们，表现出自己的善意，让他们感觉到，自己说出什么只会让周围更加和谐，不会带来什么冲突。不要因为他们一次、两次不开口就放弃，要保持足够的耐心，不放弃。

帮助 9 号排除不必要的干扰

9号就像下边故事里的赛西莉一样，不能拒绝别人的要求，甚至不惜打乱自己的正常生活。他们在面对别人的要求时，常常都是这么软弱的。

赛西莉上大学一年级时，每个月有5英镑的生活费。本来，这已经足够用了，她却时常感到拮据，因为每次同学邀请她参加聚会，她都不好意思拒绝。赛西莉的姨妈知道了这件事，特意去找她，要捉弄她一下，要她请自己吃午饭。此时的赛西莉只有20先令了。

姨妈要求去路边一家大的咖啡馆吃饭。侍者拿来了菜单，姨妈点了一道法式烹饪的鸡肉，是菜单上最贵的：7先令。赛西莉点点头，为自己点了最便宜的菜——只需3先令。

"这位女士，您还想要什么吗？"侍者说，"我们还有俄式鱼子酱。"

"鱼子酱！"她姨妈叫道，"啊！棒极了！赛西莉，我可以要一些吗？"

赛西莉不好拒绝，她只能答应。于是，姨妈要了一大份鱼子酱，还有一杯酒以及一份鸡肉。

赛西莉只剩下4先令了，可是，她姨妈刚吃完鸡肉，又看见一个侍者端着奶油蛋糕走过。"嘿！"她姨妈说，"那些蛋糕看上去非常好吃，我不能不吃！就吃一个小的。"

只剩下3先令了。这时，侍者又端来一些水果，姨妈说应该吃一些。当然，还得喝些咖啡，尤其是她们在吃了这么好的午饭之后。

账单拿来了：20先令。赛西莉一边在盘里放了20先令，一边为这个月的生活费发愁。

9号员工在工作环境中，就像文中的姑娘一样，常常不善于对别人说"不"，所以他们很可能受到不必要的干扰，被强加一些不必要的工作。作为9号员工的领导，如果能主动帮他们排除一些干扰，那么他们会深深地感激你，会更加用心地工作，来回报你对他们的照顾。

如何激励 9 号员工

人才是公司最大的财富，员工就是人才的具体体现，爱惜员工就是爱惜人才。9号员工的坚持本分虽然值得主管信任，但是我们应该知道的一点是，鼓励和激励对于9号员工同样是不可或缺的，这样可以让他们发展得更好。9号员工有自己的特点，因此我们应该学会根据他们的特点对他们进行激励。下边的一些方法对激励9号员工比较有效，可以考虑采用：

给予大量的支持及认可	9号的内心关注和谐。他们期待大家互相帮助，互相尊重，互相接受双方的优缺点。如果在工作中，他们能感觉到自己的身边很多人在帮助自己，那么他们会感觉很温馨，会干劲十足，并且寻求个人的最大突破。9号常常有自卑情绪，工作当中他们如果能够感觉到认可，那么，他们的自信心和勇气都会倍增，他们会让这种认可变成现实。
寻求清晰无误的承诺	9号员工常常口头答应很快，但是事情并不一定记在心上，他们答应的东西很多时候是出于应付。这个时候，如果想让他们真正地负起责任，就必须寻求他们清晰无误的承诺。只有对事情的各方面的要求界定清楚，日期、责任等就像合同一样确认清楚，才能够真正引起他们的重视，大幅度提升他们做事的效率。
帮他们排除干扰	9号不善于拒绝，很多时候需要领导主动帮他们排除干扰，这样他们会心存感激，觉得领导考虑到了他们的难言之隐。领导可以设立清晰的工作架构，这样每个人都有自己的不同责任，可以帮助9号排除很多干扰，让他们省下很多内心挣扎的精力，安心投入工作本身中去，这也是让他们达到高效率的重要激励方法之一。
让他们意识到身边人的需求	9号的注意力常常在人身上，他们很少关注事情。他们最关注的是人际关系的和谐，会愿意为了别人的需要去努力，以赢得别人的认同，也避免相互之间的矛盾，所以你要激发他们的斗志，最好让他们意识到周围人的需要。

第6节

9号打造高效团队

9号的权威关系

9号在权威关系中所关注的最主要问题就是和谐。他们对于表达自我有一种深深的恐惧，担心表达自我会带来不和谐，所以他们总是避免表达自我。他们如果是下属，他们就会可能牺牲自己的利益来顺应领导的安排；他们如果是领导，他们就可能牺牲自己的利益来顺应员工的需要。他们的权威关系主要有以下特征：

9号权威关系的特征	
1	他们不去表达自我，常常也减少自己的活力和激情。正因为如此，9号的老板和员工，看起来常常有点漫不经心，做事情不紧不慢，时间安排也前松后紧，后期经常出现加班赶进度的情况。
2	他们讨厌多变的环境，因为多变意味着不断表达自我，而表达自我会带来很多风险。按部就班的做法会让他们更有安全感，因为自己不用去冒风险表达自己的选择。
3	9号如果是老板，常常喜欢自己的公司目标清楚、进程清晰。在这样的环境中，他们不需要花费太多的精力去选择，不需要浪费脑力去主动思考。
4	9号员工也喜欢这种目标清楚、进程清晰的环境。在这样的环境中，他们不需要表达自己，自己的权益就可以得到维护。另外，对于工作的方法，他们也不需要特别去思考，这些让他们可以感觉自由。
5	9号常常觉得自己被困住了，自己被别人控制了，成了别人的工具。
6	9号不发表意见，但是不代表他们自己没有想法，因为自己的意见被忽视，他们的内心会产生愤怒情绪。
7	他们的愤怒常常会埋在心里，通过间接的形式表达出来，他们会选择不用心工作、拖延来表示。另外，在无法忍受的时候，他们也会爆发怒火。
8	9号常常喜欢融入他人，他们的意见很可能就是身边人的想法。
9	他们很容易和别人的观点产生共鸣，即使是很多不同的观点，他们都能够比较好地理解，这样的性格使他们非常适合成为一个出色的协调人员。
10	在团队当中出现问题的时候，他们的参与常常可以稳定团队。但是，他们在发现团队的问题时，常常不会提出自己的看法和建议，他们认为，即使自己说了，也不会改变什么。

9号提升自制力的方式

9号自制力的三个阶段：

9号自制力阶段主要特征		
低自制力阶段：自欺欺人者	认知核心：9号害怕被人控制，拒绝面对现实中的问题。	处于低自制力阶段的9号性格者对自己和他人都不关心，他们回避周围出现的各种问题，拒绝面对可能的后果，自欺欺人地认为一切正常。他们完全丧失了行动力和执行力。

中等自制力阶段：关系调停者	认知核心：9号害怕不和谐，愿意牺牲自己的利益去妥协。	处于中等自制力阶段的9号希望创造和平与融洽的气氛。他们对周围的混乱心烦，他们委任自己去调节各种差异，但很少表达自己的意见。他们愿意顺从别人，是一个随大流的关系调停者。
高自制力阶段：自制的智者	认知核心：9号可以表达自我，达到了自我与外界事物的和谐相处。	处于高自制力阶段的9号表达个人立场不再困难，他们开始进行积极而有目的的生活。他们重视自己的权利，与别人和谐相处，在实现自我的同时，也帮助很多人，是一个自制的智者。

9号性格者追求和谐，关注内心的平静和周围的和平局面，但他们常常忽视自己的内心和自我应有的权利，在各种关系中容易遗忘自己、顺从他人。9号若想领导力有一个提升，则必须提升自己的自制力。因为只有真正掌控自己的个性，才能够真正有效地去领导他人。

一般来说，9号可以通过以下方式来提升自己的自制力：

坚守自己的立场	作为一个领导，如果没有自己的立场，如果没有强大的自我，如果不能给自己的员工一个稳定的依靠，如何能承担领导的职务？在日常生活中，应该抓住生活点滴，不断要求自己有一个判断，而不为别人左右，这样，你会越来越有自己的立场。
主动表达自己	9号应该学习主动表达自己。想说什么话就说出来，不要怕后果；如果生气了就去生气，让周围的人感觉到你的愤怒；如果自己需要别人帮忙就直接去要求，而不要犹豫不决。这样不断锻炼，你会越来越为人所知，而自己表达自己的能力也会越来越强。
做对自己重要的事	9号应该学会按自己的意愿安排重要的事。一天开始，想一下对自己重要的事是什么，如果有什么干扰，就去拒绝它，不要管别人有什么看法，坚持做对自己重要的事，不要把别人的问题变成你的问题。

这一切的事情都是9号领导所应该知道的，"有所不为才有所为，有所得必要有所失"，9号领导者失去的只是个性锁链的捆绑，而得到的将是更强而有力的领导能力。

9号战略化思考与行动的能力

在战略化思考与行动方面，9号常常具有以下特点：

9号战略化思考与行动方面的特点	
战略制定和执行比较缓慢	9号战略制定比较缓慢，其原因主要在于，他们害怕过早制定战略。他们需要对细节全盘了解，否则他们觉得自己无法制定合适的战略。他们这样的心理，反映出自我意识的缺乏，他们对自己缺少足够的自信。在迅速多变的商业环境中，这样的保守可能会比较保险，却可能给团队带来一定损失。
过度关注细节	9号的缺陷正在于过度关注细节，需要了解所有的情况才敢于下决定。他们害怕自己无法做出正确的决定，也担心自己的决定不能为别人认可。他们不愿意冒险，于是就可能用不断关注细节来让自己推迟决定，这样他们常常不能及时提出合适的战略。
考虑太多问题	对于战略，9号其实挺重视的，但是他们常常认为战略的制定应该考虑很多，否则不能够制定出合适的战略。他们需要充分了解自己的行业，了解行业的市场，要了解自己的客户，了解自己的产品，了解很多很多具体的细节。他们觉得自己考虑得很多，很多时候，自己的员工已经开展工作了，可是还没有把大方向告诉他们。
需要更加有勇气	他们需要的其实是勇气，而不是一味用沉迷于其他事情来逃避。勇气和冒险可以成就他们，使他们成为一个优秀的领导者，他们会发现原来自己的能力并不弱小，只要有一点点的勇气，其他障碍就只是一扇虚掩的门，轻轻一推就可以推开。

9号制定最优方案的技巧

在制定战术方案时，9号往往有着以下一些特点：

① 注重良好的人际关系

9号战术方案制定的流程，常常是先和团队的各个成员进行沟通，和项目或问题牵涉的各方进行沟通，和他们建立良好的人际关系，在建立关系的过程中，在人际关系的大背景下去考虑这些具体问题，并制定自己的最佳问题解决方案。

② 害怕面对冲突

在工作中很多时候不可避免地会出现一些冲突，这些冲突一些时候甚至是很大的。这样的时候，9号会难以做出最好的选择，他们有时候会假装问题并不存在，采用拖延的方法，不及时地去做决定，把问题放在那里不去管它，他们太害怕冲突了。

③ 试图取悦所有的人

他们回避冲突，试图取悦所有的人，貌似寻求和平，但是很多时候追求的只是虚假的和谐。当问题真正出现的时候，这些问题就必须得到解决。这个时候如果不解决，只会造成项目进展的停滞，给项目带来很大的伤害，也会让团队承受不必要的损失。

总之，9号在制定方案的时候，应该更加大胆，不要奢求人人满意，应该接受冲突的存在。如果能够把原则而不是人际和谐看得更重，他们可以更好更快地制定出独特而有效的最佳方案。

9号目标激励的能力

一般来说，9号目标激励的能力主要有以下特征：

注重团队和谐	9号领导常常非常关注团队的和谐，这样在项目进展不顺利的时候，他们有可能不愿意采取强势的态度。他们也很难说要按照自己的想法来办。这些特点常常使项目的进展出现问题。
忽视自己的领导作用	他们常常忽略自己在目标激励中的作用。一个团队一定需要一个领军人物，他们的意志直接影响整个团队的命运。当团队成员希望他能够给出指导时，或者希望得到一个方向时，他们却常常选择独处，这种独处只能给团队带来伤害，他们应该承担自己的责任。
对领导能力不自信	他们常常不愿意表明自己的态度。他们有一种深层恐惧，害怕被拒绝，害怕自己说出来给周围世界带来冲突，自己也就无法收拾了。他们选择保留态度，但是这种保留态度只能让下属迷惑。
过度关注细节	他们为了逃避指导别人的痛苦，常常用关注细节来解脱。但是关注细节对团队并没有太大意义，因为对于他们而言，关注细节并不是他们的本职工作。他们采取这样的一种方法，只能说是领导责任的渎职。他们一定要从细节中脱离出来，专门做自己的本职工作，那就是，做一个领路人，帮助团队聚焦一个大目标，这才是他们的本分。
害怕做出承诺	他们时常害怕说出自己的观点，因为他们认为一旦说出，就相当于一个承诺。开弓没有回头箭，他们担心不可收拾的结果。但是他们忘记了一点，那就是：只有给出承诺，才能真正实现自己的承诺，这也是承诺的价值。
不能给出明确的指示	他们在激励大家向目标而奋进，但是常常给出无力的指示。他们给别人的不是命令，常常只是选择，多样化的选择常常无法让别人明白他们的真实想法。他们应该更加干练一点，这样下属才能得到真正有用的命令。

总之，9号领导应该大胆进行目标激励，只有他们进行目标激励，团队才能真正有正确的方向；只有他们进行目标激励，他们才能建立真正的自信；只有进行目标激励，他们才能让下属得到真正的指导；只有进行目标激励，他们也才真正履行自己的承诺，成为一个真正合格的领导。

9号掌控变化的技巧

9号内心常常有变化的欲望，也喜欢拥抱变化，他们掌控变化的技巧常常有如下的表现：

9号掌控变化的技巧

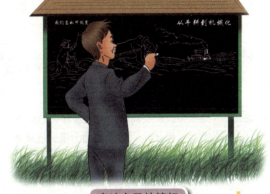

希望变化自主发生

9号内心也会有掌控变化的欲望，不过他们内心的欲望常常会有所压抑。一旦他们决定有所变革，改变现状，建立一个新面貌，他们的内心也有冲动，但他们特别希望外界有人来支持他。他们不希望变革由自己引发，更希望员工能够认同他们的愿望，自主参加进来。

注重人际和平

他们总是要和大家讨论，希望大家参与，或者请求大家参与。他们态度诚恳，目光真诚，要用真挚的感情鼓动大家参与进来。他们希望自己变革的愿望不被大家反对，希望自己变革的愿望能正常实现。他们小心谨慎，希望自己的变革带来的是和平而不是冲突。

表达自己的愤怒

他们在遭遇别人的反对时，常常不让自己的怒气显露。这样别人就无法真正理解他们的观点，感觉不到他们的愤怒，意味着大家认为改革是可以取消的，因为他们的热情还不够，他们的热情还不足以燃起愤怒。而只有他们发怒的时候，别人才能真正意识到他们的需要，因为他们一直都太平静了，大家都忘记了他们还有什么需要。

需要大声说出自己的愿望

他们的改革有时候为人所忽视，因为他们的呼声太小，大家感觉不到他们十分的热情，甚至不理解。9号如果想让自己的变革为大家所知，必须学会让自己为人所知，让别人真正理解自己要求进行改革的渴望是多么强烈，他们要学会大声说出自己改革的愿望。

需要主动寻求帮助

他们在改革的过程中，常常需要帮助，却常常不习惯主动向别人请求帮助，他们是害怕影响了别人，也担心被拒绝。他们如果要改变这一点，必须真正认识到：虽然一些人会拒绝，但是还是有很多人会支持自己的，可以直接要求自己的员工，委派他们成为自己的助手，这样改革成功的希望也就会更大了。

9号处理冲突的能力

9号在团队当中也会面对不少冲突，在处理冲突时，以下几个方面是他们所需要注意的：

与他人既紧密又陌生	9号领导善于和其他人亲切交谈，富有亲和力，这使他们可以很好地和别人相处，并且保持长久的友谊。但是，9号领导常常不把自己内心的真实想法表达出来，害怕引起紧张或者不愉快，这也使他们显得和别人关系很紧密，但又很陌生。

善于倾听和调和	9号领导是个善于倾听的领导。他们富有同理心，能够很容易地了解他人内心深处的想法，而且他们可以不断地口头给予赞同。虽然他们内心不一定同意，但是他们常常不会说出来，或者只是隐隐约约地透露出自己的意思。因为这一点，如果团队和外界发生了矛盾，或者员工内部出现了一些问题，他们常常具有很好的调和能力，能够让团队内外保持和谐。
不能表达出自己的想法	他们透露给外界的信息要么是认同别人，就是将大家的意见综合，得出一个结论；要么是把自己观察到的很多信息逐条列出，仿佛给选择题的选项一样，让大家去选择，绝不强迫别人接受其中的哪一条；要么就是自己有一个意见，希望大家执行或按照他们说的做，但是语气常常很弱，不能很强势地表达出自己内心的想法，也很难有力地影响外界。
有躲避冲突的倾向	他们常常以为自己可以躲避起来，这样别人就不会和自己有冲突了，自己的言辞就不会伤害别人了，但是，他们这样隐藏起来，也常常会被人遗忘。在团队当中，领导被人遗忘可能意味着他擅长无为而治，但是从另一个角度来看，当团队处于危难之际，需要强而有力领导的时候，他们不拿出有魄力的措施，就常常可能给团队造成不可弥补的损失。
难以发挥出最大的影响力	在团队沟通中，9号最大的特点是不强势，喜欢了解别人的看法，喜欢认同别人，很难拥有自己的见解，也很难最大化地坚持自己的看法。这一行为一方面可以让他们获得别人的认同，使他们发挥出最大的影响力；但是另一方面，因为自我意志的不强大，他们常常不能发挥最大的影响力。

总之，9号领导如果要提高自己处理冲突的能力，就要提升自己的沟通能力，就应该学会更多地表达自己的想法，给团队一股支撑的力量，这样才是真正发挥团体众智。自己的意见必须考虑进去，因为只有这样才能真正建立起强而有力的领导。

9号打造高效团队的技巧

领导的首要任务是构建和打造自己的高效团队，9号打造高效团队，下文的一些方面是需要加以注意的：

喜欢无为而治	9号喜欢无为而治的管理方法，他们往往只是告诉团队成员，自己期待成员有什么样的表现，然后在以后的工作开展中给他们支持。这样的方法虽然会让人感觉亲切，便于大家自由开展工作。但是对人的放纵也必须讲求原则，人如果没有制度的约束，太放任自流，也可能丧失积极性，不能正常完成任务。
常常忽视制度建设	9号如果在团队建设中，用心设计合理的制度，那么他们的管理风格将实现真正的无为而治。水流有河道才能造福人类，而水流没有固定的方向则会成为洪水，对人类的发展反而不利。制度的作用正在于此，9号领导的缺陷也可以靠制度来保证，制度面前，他们就可以避免过度人情化。
个人魄力不够	9号在团队的建设中，常常喜欢组织成员讨论，确保每个成员的观点都被重视。这样固然可以发挥众智，但是9号常常被群体率被牵着鼻子走，并且难以树立自己的权威。他们如果在听取大家意见的基础上，能够大胆提出自己的见解，那么可能使他们的意见更加具有执行力。
过度关注细节	9号回避冲突，不太积极提出自己的看法，他们常常会用关注细节来代替这一需要，这样的情况下，很可能出现的情况是，下属等着他给出指令，或者等他给出指导，他却沉迷在细节当中，甚至忽略团队成员面对的困难，忘记团队的战略目标，舍本逐末，不能发挥最大的领导价值。

总之，9号在团队的建设中，喜欢无为而治，但是常忽略制度建设；喜欢发挥群策群力，但是个人魄力常常却嫌不够，在团队内部难以树立权威；另一方面，9号常常过度关注细节，而忽视大的战略。这几个问题是9号团队建设中常常出现的问题，要打造高效的团队，9号需要特别注意这几个方面。

第7节

9号销售方法

看看你的客户是9号吗

9号作为客户具有什么样的特点，是销售人员所应当知道的，这样在面对他们的时候才能够第一时间把他们识别出来。他们的主要特征如下：

9号客户的特点
1 穿衣服比较朴实，也不特别打扮自己，整体比较大众化。
2 体态放松随意，动作缓慢，经常表现出有气无力的样子。
3 性情随和，表情亲切，但感觉有一点点木讷。
4 很少发脾气，但被轻视或被强迫时也会发火。
5 讲话慢慢腾腾，不直接，喜欢说"我随便看看""这个东西我不知道适合我不""你觉得我适合哪个""你说呢""是吧""可以吗"等话语。
6 能够倾听你讲话，并且给你认同，但是不怎么发表个人意见。
7 很少批评你的产品和服务，不是一个挑别的顾客。
8 如果不愿买，很少拒绝你的推销，但也迟迟不去购买。
9 买东西没有主见，常常需要花很长时间去选择。
10 买东西出现问题比较好说话，很少主动维权。

赢得9号好感的4个方法

面对顾客，首先需要赢得顾客的好感，这样他们的购买行为才会发生，否则只能让购买行为受到阻碍，或者导致没有购买行为的发生。以下4个方法，可以帮助你有效赢得9号顾客的好感：

① 保持足够的耐心

面对9号，首先一定要有足够的耐心。他们作购物决定一向都比较慢，常常会反复比较，不知道到底该选哪个。这样的时候，如果你没有耐心，开始催促他们，或者表现出不耐烦，他们常常会迫于压力选择逃避，那样你的努力就白费了。

② 学会倾听9号的内心

9号客户不是特别爱表达自己，常常隐藏自己的内心世界。在和他们交流的时候要学会倾听他们，他们感觉到你在倾听的时候，会对你产生好感，会愿意告诉你更多的事情。这样，你不仅能知道9号的购买标准，也能了解他们内心深处的矛盾。

③ 不要吝惜你的赞美

9号客户对赞美缺乏免疫力，他们常常降低自己的愿望去适应外界，并且在自己的认知上会偏于自卑。这样的客户，内心非常需要赞美，在被你赞美时，会对你产生好感，并且会减少对产品或服务的挑剔。

④ 给他们足够的认同

9号客户特别需要认同，内心有深深的孤独，也有深深的不安。他们常常怀疑自己买东西的标准是否正确，买东西的方法会不会让人不适应，买的东西是不是合适的东西。这个时候，如果你能给他们足够的认同，他们的内心会感觉到勇气，从而迅速做出购买决定。

帮9号构建一个梦想并说服他

　　9号顾客容易被他人感染，很容易受他人观点影响，因此，如果你能帮助他们构建一个美好的梦想，然后用这个梦想说服他们，那么，你的举动往往可以很好地促进他们购买行为的发生。

用梦想说服9号客户

第一步，帮助9号构建一个梦想

对9号而言，产品本身不是梦想，梦想是产品带给自己的非凡经验。比如在推销洗发水时，不要只给他们讲洗发水的特点，还要告诉他们用了它之后头发会有什么变化，他们的形象会有什么改变。

第二步，给9号以强有力的说服

用权威的腔调讲话，以显深刻、透彻；使用具体和专门的词汇、词语，以显专业；说话直截了当且中肯，以显真诚、干练；站在他们的角度为他们提建议，注重双赢。

注意事项

不要过度夸口，不可盛气凌人，不能嘲讽，否则他们会觉得自己被欺骗和胁迫了，或者不被重视，心生怀疑和不满。

　　总之，这种方法对于9号顾客常常特别适用，在对他们进行销售活动的时候，不妨多多尝试一下这种方法，当梦想在他们的心中扎下了根，购买活动就像开花结果一样自然了。

学会利用团体和权威的力量

　　9号对于他人有很强的认同感，是一个跟随者，在团体中常常融入其中，放弃自己的个人意志，权威人物对他们的影响也很大。因此，进行销售活动时，应该学会利用团体和权威的力量。

用团体和权威的力量说服9号客户

利用团体的力量

9号常常有认同团体的倾向，他们如果一下子无法下定决心，你可以安排他们去和购买你产品的人交流，利用别人的购买经验，他们很快就会被卷进去，变成你的顾客。他们具有相当强的从众心理，即使你只是拿一些客户资料给他看，他们也会心动不已，感觉到自己是安全的。

利用权威的力量

9号喜欢认同别人，尤其是权威人物，如果你能知道他们重视的人，或者他们生命中重要的人，直接或者间接通过他们，你常常可以更快取得进展。他们常常认可一些高级别的专业认证，比如ISO认证，比如品牌排名报告。如果你的产品或服务有这方面优势，可以及时告诉他们。

另外，如果首先说服他们重视的人，他们往往不会拒绝他们重视的人的推荐。他们常常会听从这些人的意见，丢弃掉自己的想法。

9号销售人员的销售方法

9号销售员是调停者类型的销售员，下边分别将其针对九型人格各个类型的客户所应采取的销售方法进行简单的介绍：

9号销售员的销售方法

遇到5号顾客时

我常常觉得他们富有理性，他们会嫌我不够专业，宁愿自己去研究。我常常是帮他们介绍好知识性的内容，就站在旁边，留一些时间让他们自己研究。他们常常觉得我比较了解他们，不会随便打扰他们做决定。

遇到6号顾客时

我常常觉得他们顾虑很多，常常害怕以后产品出什么问题。我会抱着平静的态度，给他们不断解释产品的安全保障、售后服务之类的详情，消除他们的顾虑。

遇到1号顾客时

我会表现得更加积极，我说话的语言显得自信而有活力，我会用一些具体的数据和标准来说明我们产品的可靠，我继续发挥善于聆听的优势，不去直接和他们争论，我也会对他们的专业表示称赞，因为我的改变，他们对我更加认可了。

遇到7号顾客时

我觉得自己活得太拘谨了，从来不像他们那样有活力，很羡慕他们，但我总是站在他们的角度，和他们一起想象和体验可能的乐趣，以及不断的惊喜，他们就是这么喜欢享受，我应该向他们学。

遇到2号顾客时

我常常能够感觉到他们的爱心，我觉得我们这一点很类似，我用同样的方式和他们交往，他们也很认可我。他们很少给我使劲压价，也不会为难我。我不时称赞他们有爱心，喜欢帮助人，他们常常更加喜欢和我说话。

遇到8号顾客时

我会一直坚持自己的意见，有什么事情都底气十足大声讲出来。我和他们之间这才有了正常的沟通，他们也开始欣赏我的强势起来。

遇到3号顾客时

我觉得他们比较虚伪，特别爱面子，喜欢扮演成功人物。我会大胆克服自己的害羞情绪，赞美他们，并告诉他们，我的产品都是他们这样有成就的人喜欢的，很多有钱人和官员都喜欢用，他们常常毫不犹豫就买下来了。

遇到9号顾客时

我发现他们常常犹豫不决，不愿意下最后的决心。他们常常会对我抱歉地微笑，我这个时候，就会大胆告诉他们，下一个决心吧，想也想了，是时候了，相信你的判断，你不会后悔的。他们在我的一点强势下，常常会最终决定埋单。

遇到4号顾客时

我觉得他们显得感性而神秘，他们喜欢的产品是有独特艺术独特气质的产品，我需要向他们阐述我们产品的独特性，以及所散发出来的艺术气息，同时我不时提到，来这里的人都是很有个性的人，他们常常很感兴趣。

第8节

9号的投资理财技巧

别让不可取的意见左右你

9号非常缺乏主见，一味模仿别人，追随他人，不做任何思考，完全没有自己的见解。他们总觉得自己没有独立做事的能力，没有独立思考的能力，不可能超越其他的人，只能跟在别人后面。

1 布谷鸟要盖一幢房子，它又拾木棍又和泥，累得大汗淋漓。这时，一只麻雀飞过来，落在房场附近。知道布谷鸟在盖房子之后，麻雀说："布谷鸟哥哥，我看这房址不好。这儿正是路边，你下蛋、抱巢，容易受伤害呀！"

2 它觉得麻雀的话很有道理，就决定不在这儿盖房子了，而移到森林深处的大树上盖房子。这时，一只猫头鹰飞了过来。它对布谷鸟说，房子盖在树上，位置太高了，风可以刮掉它，雨可以淋湿它，雷电也可以击毁它。

3 它觉得猫头鹰的话很有道理，就决定移到大树的下面去盖房子。这时，一只啄木鸟飞了过来，对布谷鸟说："房子盖在树底下，位置太低了，天旱草木干，起山火时，可是先从地面上着啊！"

4 它觉得啄木鸟的话很有道理，就决定移到树木较多的地方盖房子，可是黄鸽又告诉它，在树多的地方冬天树招风，太冷；夏天又密不透风，太热；况且，树林里毒蛇多，也是个威胁。

5 它觉得黄鸽的话很有道理，就决定不在这儿盖房子了，而移到别的地方盖房子……布谷鸟从春到夏，从秋到冬，为盖房子的事东奔西走，但总也没能盖成一幢房子。

布谷鸟没有自己的主见，盲从他人的意见，最终没有建成自己的房子。9号要想成就一番事业，就不能像布谷鸟一样，必须有自己的主见。该做什么，应该怎样做，为什么这样做，都是自己应当思索的问题，而别人的意见只能用做参考。

提高自己的规划能力

9号的能量极低，很容易陷入迷惑中，小看自己，不敢为自己设定目标，总以为别人比自己聪明，也不敢轻易为自己定下实现目标的流程和限期，不懂得分配工作的先后次序、轻重缓急，因而，他们的投资理财常常不能有更好的表现。9号若想取得更好的表现，则必须学会提高自己的规划能力，只有良好的规划，才能保证自己投资理财的真正成功。

洛克菲勒是善于超前思维的人。在美国宾州，当时石油开采只有一年多，而且用途并不广泛，但洛克菲勒已十分敏锐地意识到，石油的生产与发展将有远大的前景，于是21岁的他来到了宾州，考察研究石油行业的发展行情。

洛克菲勒并不盲目蛮干，他几次去产油区实地勘察，密切注视石油的涨落行情。最后，他认为此时石油的需求还很有限，受往外运输条件的限制，盲目乐观、不加限度地开采必定带来生产的严重过剩，介入石油行业为时尚早。南北战争爆发后，石油行情继续暴跌，但洛克菲勒不为所动。南北战争结束后，洛克菲勒了解到产油地正计划修筑铁路，他觉得时机到了，便立即找人合作成立了"洛克菲勒—安德鲁斯公司"，不久便就成了这个行业的佼佼者。此时，洛克菲勒刚满26岁。

9号要想拥有一个简单、快乐、幸福的人生，就应当懂得"你不理财，财不理你"的道理，培养自己的财务规划能力。在遇到困难时，可以向理财专家、投资顾问或财务计划师们寻求帮助。

9号适合长线价值投资

在理财上，9号的慢热性格令他们倾向谋定而后动，不易被身边人煽动，在做重大的投资决定时尤其如此。在稳定的经济环境下，他们常常可以有良好的投资表现。

9号的思维追求内心和谐，他们喜欢思考一些宏观的东西。他们其实还是比较有战略眼光的，只是他们常常忽略自己的能力。根据这一特点，他们适合的投资方式是长线价值投资。

长线价值投资需要投资者懂得判断某个企业真正的发展，判断它会发展到什么程度。通过研究某个行业过去10年左右的成长规律，再看未来50年左右的发展情况。这样长期的结果可以是一个非常了不起的数字，比如投资了100万元，每年可以增长20%左右，那么50年后就可以达到80亿元以上，从这个数字可以看到，只要从发展行业中找到优秀的企业，那么胜出的概率也是非常大的。

9号性格属于慢热型，而且比较有战略眼光，适合长线价值投资

9号如果能把握好长线价值投资的方法，那么他们的前程不可限量。

压力太大时有逃避的倾向

投资和理财面对重大困境时，9号内心常常会更多地具有6号性格的特征，常常选择逃避，用一些琐事或者小爱好来麻醉自己，以减轻痛苦。他们认为问题无法解决，没有挑战的勇气，畏缩不前，战战兢兢，这样常常会拖延问题，导致他们投资或理财的失败。

很多时候，他们具有足够的智慧和力量来解决这些问题，但是他们总是觉得自己做不到，于是也不敢尝试。他们就像遇到危险的鸵鸟一样，把头深埋在沙子里，以为自己看不到危险，危险就不存在了。其实鸵鸟的两条腿很长，跑得快，遇到危险的时候，它逃跑的速度足以摆脱敌人，如果不是把头埋藏在草堆里坐以待

9号具有鹰的能力，但总是把自己当成一只鸡，在投资理财时畏缩不前。他们如果不逃避，勇敢积极地解决问题，常常可以做到像鹰一样自由飞翔。

毙的话，是足以躲避猛兽攻击的。

9号应该认识到自己有这样的缺点，在遇上财政危机时，如果不能主动出击，那么也不要实行鸵鸟政策，要马上找可信及可靠的人帮忙，这样你才不致于进入真正的财政困境。

小心你的盲目乐观

9号常常去看事情光明的一面，用积极的眼光看待周围的一切，看人看优点，看投资更看可能的收益，却容易忽视潜在的危机。他们就像下文中的达摩克利斯一样，只能看到国王的幸福生活，却难以看到国王四周隐藏的很多危险。

从前有个国王叫狄奥尼西奥斯，他住在一座美丽的宫殿里，里面有无数价值连城的宝贝，一大群侍从恭候两旁，随时等候吩咐。他最好的朋友达摩克利斯常对他说："你多幸运呀，你拥有人们想要的一切，你一定是世界上最幸福的人。"

有一天，狄奥尼西奥斯对达摩克利斯说："你真的认为我比别人幸福吗？或许你愿意跟我换换位置。""噢，我从没想过，"达摩克利斯说，"但是只要有一天让我拥有你的财富和幸福，我就别无他求了。""好吧，跟我换一天，你就知道了。"

就这样，达摩克利斯被领到王宫，成了狄奥尼西奥斯一样的人。他坐在松软的垫子上，感到自己成了世上最幸福的人。"噢，这才是生活。"他对狄奥尼西奥斯感叹道。可是，他举起酒杯的时候，抬眼望了一下天花板，身体顿时便僵住了：他头顶正悬着一把利剑，仅用一根马鬃系着，锋利的剑尖正对准他双眉之间。

"怎么啦，朋友？"狄奥尼西奥斯问。"那把剑！剑！"达摩克利斯小声说，"你没看见吗？""当然看见了，我天天看见，它一直悬在我头上，说不定什么时候什么人或物就会斩断那根细绳。或许哪个大臣垂涎我的权力欲杀死我，或许有人散布谣言让百姓反对我，或许邻国的国王会派兵夺取王位。如果你想做统治者，你就必须冒各种风险，风险与权力同在，这你知道。"

9号盲目乐观的态度，在投资中是非常有害的，他们过度信赖周围的世界，过度关注可能的收益，认为自己能够很容易就一帆风顺，不愿意提前做准备，应付可能发生的危机，这样的盲目乐观常常会害了他们，是应该非常小心的。

把风险控制在能承受的范围内

9号在面对巨大的财政危机时，常常会大脑停摆，不知所措，甚至施行鸵鸟政策，变得非常消极。这是非常危险的情况，这一特点限定了他们的风险承受能力。他们在投资理财的时候，要注意把握风险的度，这样才能真正让自己平稳发展，不会因为一次失败而没有东山再起的时刻。

著名商人李嘉诚就是一个善于规避风险的人，我们可以从他身上学到很多规避风险的智慧：

李嘉诚规避风险的智慧

我会不停研究每个项目要面对可能发生的坏情况下出现的问题，所以往往花90%的时间考虑失败。

我们中国人有句做生意的话："未买先想卖"，你还没有买进来，你就先想怎么卖出去，你应该先想失败会怎么样。因为成功的效果是100%或50%之差别根本不是太重要，但是如果一个小漏洞不及早补，可能带给企业极大损害。

我凡事必有充分的准备才去做。一向以来，做生意处理事情都是如此。例如天文台说天气很好，但我常常问我自己，如5分钟后宣布有台风，我会怎样。做生意亦要保持这种心理准备。

扩张中不忘谨慎，谨慎中不忘扩张……我讲求的是在稳健与进取中取得平衡。船要行得快，但面对风浪一定要挺得住。

第9节

最佳爱情伴侣

9号的亲密关系

9号在亲密关系中，常常喜欢把注意力集中在对方身上，与对方融合，丧失自己的意志，一切围绕着伴侣转。但他们外在的顺从常常伴随着内在的不满足，也会隐藏不少矛盾。

一般来说，9号的亲密关系主要有以下特征：

	9号亲密关系的特征
1	9号常把伴侣的兴趣爱好和需求看作他们自己的，一切围绕着伴侣转，仿佛自己和伴侣就是一个人。
2	9号可能因为对方的行动深受鼓舞，并深深卷入其中，也可能因为很不认同对方而顽固地与对方僵持和抗争。
3	9号能够轻而易举地感受恋人的感觉，但是他们很难发现自己的感觉。
4	9号常常把双方关系的控制权交给对方，让对方做决定，如果对方的决定没有产生好的效果，又会抱怨对方。
5	9号能够强烈地感受到恋人的愿望，并为实现对方的愿望而不断努力，甚至把恋人的愿望当成生活的动力。
6	9号一旦陷入一段关系，就很难放手，分手就像割肉一样，这意味着自己认同的一部分消失了。
7	9号即使和恋人在一起味同嚼蜡，也会习惯性地去保持关系，他们习惯性忽视自己的真实愿望。
8	9号如果想要摆脱一段关系，常常犹豫不决，既不想分手，又不愿好好过日子，处于不断煎熬之中。
9	9号如果没有找到依靠，可能不加选择地四处留情，或者参加一些活动来麻痹自己，忘记自己的真实需要。

9号爱情观：安详和谐才是真

在9号的心目中，爱情安详和谐是最重要的。他们对轰轰烈烈的爱情敬而远之，渴求细水长流的爱情。两个人无风无浪、平平淡淡地共度一生，就是他们一生最大的追求。

他们的高认同性，让别人很难和他们发生冲突。这也是他们乐于看到的，因为他们也是千方百计地避免冲突。如果生活当中充满了冲突，他们会无比焦躁，难以忍受。

他们自己常常无所谓，怎样都好。他们期待对方去做主，常常认为爱人喜欢的就是自己喜欢的。他们很少故意说一些甜言蜜语感动对方，也很少设计一些小惊喜，让对方出乎意外。他们只希望平稳和快乐地生活着，就一切都好。

他们忽略自己的感受，很少或者基本不发脾气，他们愿意在发生争执的时候妥协，是一贯的好脾气持有者。他们有时候也感觉自己被忽略，或者被控制

9号与人为善，愿意为他人放弃自我，在爱情中追求双方之间的安详和谐，喜欢与爱人平平静静地过日子。

了，这个时候，他们内心也会产生怒火，但常常是隐而不发，希望对方了解自己的需要，但是不说出来常常让别人不能理解他们，他们就感到压抑，偶尔也会发出无明业火，让周围的人都吓一跳。

情感不要拖泥带水

9号的情感常常是模糊的，不敢大胆表达出来，拖泥带水。他们总是在逃避关键的东西，在无关系的东西上浪费时间，不敢直接进入主题，或者表明自己的态度。他们这样的态度使他们不仅耽搁自己的生命，也影响别人的幸福，实在是令人着急。他们的人生模式就像下边故事中犹豫的哲学家一样，因为自己的拖泥带水、犹豫不决，而留下了遗憾。

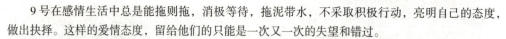

我女儿已经嫁人了。

一天，一个女子造访一位著名的哲学家。她说："让我做你的妻子吧！错过我，你再也找不到比我更爱你的女人了！"

哲学家很中意她，但仍回答说："让我考虑考虑！"然后，哲学家用他一贯研究学问的精神，将结婚和不结婚的好与坏分别列出，才发现，好坏均等，真不知该如何抉择。于是，他陷入了对婚姻问题的长期思索中。最后，他得出一个结论：人若在面临选择而无法取舍时，应选择自己未经历过的那一个。"对！我该答应那个女子的请求。"

哲学家来到那个女子的家中，告诉她的父亲自己决定娶她为妻的事，女子的父亲冷漠地回答："你来晚了10年，我女儿现在已经是3个孩子的妈妈了。"

9号在感情生活中总是能拖则拖，消极等待，拖泥带水，不采取积极行动，亮明自己的态度，做出抉择。这样的爱情态度，留给他们的只能是一次又一次的失望和错过。

敢于表明自己的立场

9号为了息事宁人，总是向别人的意见屈服，常被他人的意见左右，逐渐没有了自己的立场。在爱情中，他们也是如此，总是把恋人的想法当成圣旨一样供奉起来，自己的立场却不说出来。

他们以为自己这样的做法利人利己，因为自己的小损失，换来的是大家的真正和谐的关系，但是忽视和压抑了自己的立场，常常会给爱情双方都带来很多问题。他们意识不到，自己表面压抑，其实内心在不断反抗，自己不真正地爱自己，也就使自己不能够真心地去爱另外一个人，自己的付出是被动的而不是主动的，因而自己是不幸福的，爱人也能感受到自己没有诚意。另外，当爱人想要表达对他们的爱，他们却不愿说出自己的想法，也会让人觉得很无趣，导致误会丛生。

在9号的爱情生活中，只有当他们懂得拥有自己的意志，并且懂得说出自己的立场的时候，他们才能坚守自己的立场，他们的爱情才能真正走向正常化，才能真正地发展起来。所以，9号好好学习表明自己的立场吧，这样你的爱情之花才能真正绽放。

学会用"吵架"沟通

对于夫妻之间的争吵，人们普遍认为是一件正常的事情。9号没有必要将生活中的吵架当成一件多么了不得的事情，应以一颗平常心对待彼此之间的分歧和争吵。而且，从另外一个角度来说，吵架反而是你们夫妻之间沟通的一个很好的手段。因为9号本身什么东西都是一味认同对方，自己内心的需求无法满足，这样不满就不自觉地产生，憋在心里只会让夫妻双方的感情处于冷战状态。这个时候，吵架就可以帮助你们沟通彼此的见解了。夫妻之间争吵时应遵循以下三个原则：

夫妻争吵时应遵循的原则	
一是先调整心情，再处理事情	夫妻吵架往往不在于是谁的对错，而在于双方的心情好坏。一些夫妻往往把对方的优点、长处忽略不计，或看作理所当然，而单单斤斤计较对方的缺点、毛病，总是将这些看在眼里、烦在心里，就会挑剔、指责不断，吵架不止。夫妻间如果一方长期被挑剔、否定、指责，一定会不快，导致心情沮丧，夫妻吵架就在所难免。
二是别老想改变对方，要先改变自己	夫妻之间在一起共同生活，但是二人的兴趣、爱好、性格以及思维模式和行为习惯很少有完全相同的。恩爱夫妻都有着共同的特点就是，都能互相包容和顺应，而不会企图抹杀或改变对方，更不会企图把自己的兴趣、爱好、思维模式及行为习惯强加给对方。
三是不求胜利，只求沟通	夫妻吵架不必争谁输谁赢，只要在吵架中把自己心中的不满"吵"给对方就够了。尽管吵架是一种被动的沟通，但是，它比夫妻间有气发不出来而闷在心里好得多。

9号如果能够熟练学会吵架的技巧来沟通，那么对他们和自己爱人的关系只有好处，没有坏处，所以，好好学习用吵架的形式来沟通吧。

洞察和宣泄自己的愤怒

9号本身常常为了和爱人和谐相处，不断忍让自己的爱人，把自己的想法什么的都压抑下去，表面上和自己的爱人风平浪静，内心里却已经是波涛汹涌。这样的情况只会给双方关系埋下隐患，也会在长期的生活中，给双方都带来很大的伤害。

所以，9号应该学会洞察和宣泄自己的愤怒，这样的话，他才能真正认识自我，想问题、做事情才能真正拥有自己的角度，才能作为一个独立的人参与到双方的关系中。这样的人是成熟的，这样也才能形成真正和谐的关系。

在日常生活中，当9号遇到情绪困扰时，不妨找老师、同学或亲朋好友，向他们倾诉自己的积郁情绪。除了倾诉的方法，还可以选择很多方法来宣泄情绪。如果你喜欢运动，可以在生气和郁闷的时候拼命跑步、使劲打球，或者打沙袋——把气你的人想象成沙袋；如果你喜欢音乐，心情不好时可以听听让人愉快的音乐，音乐会把你带入另一个时空，然后，你会发现让你不快的事情可能已经没有那么严重了；你也可以到歌厅里去吼几嗓子，你的不快情绪就会随着你的歌声冲上云霄；另外，到大自然里去也可以使人心情舒畅。

敢于表明自己的立场

大胆行动而不拖泥带水

9号爱情攻略

学会用"吵架"进行沟通

适当宣泄自己的愤怒

第10节

塑造完美的亲子关系

9号孩子的童年模式：对父母的附和

9号小孩童年的时候，父母常常忽略他们的看法。他们偶尔可能争取自己的想法，但是父母依然没有重视。他们逐渐找到了一个模式，那就是完全妥协，不再把自己看成是重要的，通过向父母认同以获得内心的和谐，同时，也找到自己的位置。

"你乖乖听话才是好孩子，知道吗？"

"宝宝，听话，不听话爸爸妈妈就不喜欢你了。"

"今天妈妈给你报了个辅导班，以后要好好听讲。"

"隔壁阿姨给他儿子买了架钢琴，妈妈也给你买了把小提琴，好好学，超过他。"

"听说画画很能培养人的艺术修养，明天给你请个美术老师。"

似乎只有"乖"，才是父母评判好孩子的唯一标准。父母总是教育小孩从小要听话，不要淘气，但忽略了一点，那就是听话的孩子不一定就是好孩子，淘气的孩子也不等于坏孩子。这些听话的儿童，常见的特点是有问题提不出来，不敢与长辈辩论。这些听话的儿童，逐渐变得毫无个性和独立性，遇事没有自己的主见，不敢反抗邪恶势力。

在这样的成长环境中，很多孩子会形成9号的性格。他们把自己的愿望放弃，附和自己的父母，看上去很听话，但是最终失去了个性，也失去了追求自我愿望的能力。有识之士针对这一问题，已经提出"淘气的男孩是好的，淘气的女孩是巧的，听话的儿童是问题儿童"的观点，主张让孩子自由发展，一定程度上释放孩子的天性。

对9号孩子多说"你真棒"

清代著名教育家颜元有一句教育名言："数子十过，不如奖子一长。"一旦孩子得到了激励，他们的长处就会进一步发展，那么缺点和不足也就很容易得到纠正或自然消失。可惜的是，我们的许多家长都把"数落"当成了家常便饭，结果使教育效果大打折扣。

对于9号孩子而言，更是如此。他们内心偏向于认同他人，认为自己不重要，没有能力，有着深深的自卑，迫切需要鼓励和赞美。如果你时常夸奖他们，那么他们会得到极大的满足，也能拥有较高的自我认知，也就能更好地发挥自己的潜力，真正创造奇迹。

人们常听说这样的话："说你行，你就行，不行也行；说你不行，

9号孩子内心偏向于认同别人，比较自卑，要树立起他们的自信心，就应该多夸夸他们，给他们以一定的满足。

你就不行，行也不行。"要想使9号孩子发展更好，就应该给他传递积极的期望。积极的期望促使9号向好的方向发展，所以不要吝惜你的夸奖，时时对9号孩子说："其实你是最棒的！"

不懂拒绝常让9号孩子陷入困境

9号孩子习惯认同他人，他们自己的想法比较模糊，而且即使有自己的想法，可能也选择妥协。他们是如此不懂拒绝，也没有勇气去拒绝别人，这样只能活在别人的意志里，从而常常会因为这一点而不断陷入困境。

如果万事都不知拒绝，9号孩子将时常被他人左右，会答应别人自己很难办到的事，没有自己的时间和空间，渐渐地也会失去自己的主见。他们还有可能受到别人的欺负，承受不必要的委屈。他们一味退让，很多该说"不"的时候总是难说出口，即使在自己利益受到侵害的时候，还是忍在心里。因为他们这种懦弱的性格，别人常常得寸进尺，甚至进一步地向他提出无理的要求。

在风沙弥漫的大沙漠，骆驼在四处寻找能避风休息的地方。近两个小时后，他终于找到了一顶帐篷。

最初，骆驼对帐篷里的人哀求说："好心人，我的头都被冻僵了，让我把头伸进来暖和暖和吧！"这个人可怜它，就答应了。过了一阵子，骆驼又说："好心人，我的肩膀都冻麻了，让我再进来一点吧！"这个人可怜它，又答应了。接着，骆驼不断地提出要求，想把整个身体都放进来。这

个好心人有点犹豫了，他害怕骆驼，可是外面风沙那么大，他也需要这样一位伙伴和他共同抵御风寒和危险。于是，他无可奈何地背转身去，给骆驼腾出更多的位子。等到骆驼完全恢复精神并且可以掌握帐篷的控制权的时候，它很不耐烦地说："好心人，这顶帐篷如此狭小，以至连我转身都很困难，你就给我出去吧！"

因为不懂拒绝，9号孩子甚至可能跟别人走上歧路，成为问题孩子，遭遇事故，或者干出违法乱纪的事情。他们可能跟坏孩子一起学习抽烟喝酒，可能因为不懂拒绝别人邀请打游戏染上网瘾，也可能和其他孩子一起去偷窃或者参与打架。

主动询问9号孩子的想法

很多9号孩子把想法憋在心里，不愿意表达出来，他们害怕说出自己的看法后，父母会不喜欢自己，或者不爱自己。这种情绪延伸到其他人身上，他们和其他人交往的时候，也是这样，一次次选择沉默，只是为了逃避可能的冲突。

他们在父母面前，常常会忽略个人的意见，认为自己的意见不算什么，因为自己的父母总有看法，自己的想法从来不能实现，他们在父母面前很自卑。

父母如果想了解自己的孩子，一定要学会主动询问9号孩子的想法。让他们感觉到你的诚恳，感觉到你真的在乎他们的意见，他们才肯透露自己的心声。

9号孩子害怕自己的意见招来冲突或者别人的厌恶，喜欢隐藏自己的想法，父母要学会主动询问他们心中的想法。

平时烧菜，可以问他们喜欢什么菜，而不让他总是说随便；去超市买东西的时候，可以征求孩子的意见，甚至允许他们挑几件自己需要的东西；要不要上辅导课程、上什么辅导课程、要上哪个学校、要学什么专业，父母都应该给孩子足够的表达机会。这样他们才能真正发展自我，成为一个健全的人。

小心9号孩子利用爱好去逃避

9号孩子在现实中常常不如愿，他们有什么想法，一般都不能实现。这个时候，为了寻求和谐，他们常常忍了下来。但是内心的情绪无法排解，他们又不愿意直接面对冲突，于是常常会利用一些爱好去逃避，装作什么事情都没有发生，这样他们才能保持平静。

有一些9号孩子可能以睡觉为爱好，他们不停地睡，用来逃避生活。他们认为睡觉就是逃避一切的办法。醒着的时候，一切都是父母安排好的，一切都要看别人脸色；而睡觉的时候，自己就可以逃避要面对的所有事情了。

有一些9号孩子可能以疯狂地吃零食为爱好。偶尔寻机满足一下口欲，也没有什么，然而这种"爱好"若是过了头，整天不停地抓东西往嘴里塞，甚至暴食，那就有些不正常了。这个时候，要好好考虑，孩子内心是不是有太多阴暗的情绪了。

有一些9号孩子可能以疯狂地看电视为爱好。很多9号小孩都喜欢看电视，而且一看就是半天甚至一天，当他们看得入迷的时候说什么都听不进去。他们在看电视的时候，思想才能真正把压力转移走，自己可以不去思考这些东西。

有一些9号孩子会以看书为逃避的一种方法。爱看书是难得的优点，但是"小书虫"可能是有难言之隐，这一点就要特别注意了，他们可能是对父母的安排不满意，可能是在和同学的交往中遇到了挫折，等等。

9号孩子有爱好固然是个好事，但是要注意的是，孩子是不是把爱好当成了逃避的手段。如果是这样，就要学会帮助他从爱好中走出来一些，去面对和解决困扰他们的现实问题。

🐾 不"乖"才是好孩子

似乎只有"乖"，才是父母评判好孩子的唯一标准，总是教育小孩从小要听话，不要淘气，但忽略了一点，那就是听话的孩子不一定就是好孩子，淘气的孩子也不等于是坏孩子。

这些听话的儿童，逐渐变得毫无个性和独立性，遇事没有自己的主见。

我要把儿子培养成音乐家。

我喜欢画画，既然爸爸想把我培养成音乐家，那就听爸爸的吧！

给孩子一个相对自由的童年很重要。

有识之士针对这一问题，已经提出"淘气的男孩是好的，淘气的女孩是巧"的观点，主张让孩子自由发展，一定程度上释放孩子的天性。

如何帮助9号孩子计划生活

让孩子相信自己可以计划生活

家长可以引导他们从小事做起，引导他们实现一个个小愿望，从而让孩子感受到自己的掌控能力，产生自信。

协助孩子养成系统思维的习惯

要教会孩子做计划，就一定要教会他们系统思维的习惯。孩子要做一件事之前，要教会他认清自己的目标。在孩子有了一定的基础之后，就可以鼓励他把一天要做的事情理清楚，然后提前做好方案，并且按照方案去做事了。

帮助孩子去落实自己的计划

制订计划的目的就是落实计划，在每天，要注意提醒他，另外可以抽出时间对孩子计划的落实情况进行检查。

帮助孩子去反思自己的计划

在孩子不断养成做计划的习惯后，还要教会孩子去反思自己的计划。一些计划本身就有问题，及时的反思有助于完善计划内容。

第11节

9号互动指南

9号调停者 VS 9号调停者

两个9号相遇的时候，是两个调停者的沟通，他们之间有很多的和谐点，但是也会产生一些沟通上的问题。

他们都安静温和，希望和谐，对别人还是自己都不苛刻，乐观而豁达，这使他们在一起常常很舒适，也有很多共鸣。但是他们都寻求和谐而不愿意主动提出问题，从而有很多表面和谐之下的成见，双方常常在隔阂中痛苦忍受和不断回避，甚至导致最终必须面对冲突。

如果两个9号组成家庭，很少发生冲突。他们对彼此也不会施加很多压力，这让他们在一起常常特别舒服，关系也会非常稳定和长久。问题在于双方都不主动，在一起常常没有一个固定的意见，两人会因此而经常迷迷糊糊。而关系如果出现问题，双方都习惯回避而带来更多隐患。若要更好相处，他们要更加独立，建立自己的想法。每个人都有自己的兴趣，每个人也都有自己的奋斗目标，而不要单纯把爱人当成生活的中心。这个时候，他们常常会成为最好的伴侣，因为他们本身就是都愿意帮助对方，是彼此支持的最好典范。

如果两个9号成为工作伙伴，他们常常彼此尊重，彼此妥协，都不想影响他人和制造冲突，因而常常能保持长期合作的关系。问题在于，在合作中，他们常常忘记自己的想法，也不愿意明确自己的立场，常常带来一些隐患，而他们的回避常常使问题恶化，以致忍无可忍而最终爆发。

总之，无论是在家庭中还是在工作中，两个9号相遇，都应更多地关注自己的需求和目标，知道坚持自己的方向，而不是为了和谐，将注意力完全放在对方身上，这样才能有效避免可能的隐患，从而营造一个良好的合作关系。

组成家庭

两个9号组成家庭，一般能够很少给对方压力，能和谐相处，绝少冲突。但却容易失之于双方都过于妥协，都缺少自己的见解可主张，使生活的意义变得模糊不清。出现问题也不容易找到根源并良好地向对方表达。

成为工作伙伴

如果两个9号成为工作伙伴，也是彼此尊重，彼此妥协，都尽量回避冲突。但也因此而在出现问题的时候，不能及时地提出意见和解决问题。过分的妥协回避常常使问题恶化，积重难返。9号们需要学会明确自己的立场，及时地表达自己的意见和想法。他们需要了解冲突的不可避免性，了解妥协不是万能的药方，只会带来更多的隐患。